Joeckel/Stober/Huep

Elektronische Entfernungs- und Richtungsmessung und ihre Integration in aktuelle Positionierungsverfahren

Rainer Joeckel/Manfred Stober/Wolfgang Huep

Elektronische Entfernungs- und Richtungsmessung

und ihre Integration in aktuelle Positionierungsverfahren

5., neu bearbeitete und erweiterte Auflage

Wichmann · Heidelberg

Bibliografische Information der Deutschen Nationalbibliothek

Die Deutsche Nationalbibliothek verzeichnet diese Publikation in der Deutschen Nationalbibliografie. Detaillierte bibliografische Daten sind im Internet über http://dnb.d-nb.de abrufbar.

ISBN 978-3-87907-443-3

Druck: Media-Print, Paderborn

Printed in Germany

Inhaltsverzeichnis

1 Vorwort und Einleitung

Vorwort zur 1. Auflage

Wohl wenige Entwicklungen haben das Berufsbild des Geodäten so verändert und sein Betätigungsfeld so erweitert wie die der elektronischen Entfernungsmessgeräte und Tachymeter.
Die Entwicklung dieser Geräte begann schon in den dreißiger Jahren und führte 1949 zu einem ersten von dem Geodäten BERGSTRAND mitentwickelten und für geodätische Aufgaben einsatzfähigen Entfernungsmesser. Dieses nach dem Prinzip der Phasenmessung arbeitende lichtelektrische Entfernungsmessgerät mit dem Namen GEODIMETER wies schon alle Merkmale auf, die auch die neuesten elektrooptischen Entfernungsmesser auszeichnen.
Zur Erreichung großer Reichweiten wurde parallel zum Geodimeter u.a. von WADLEY ein Mikrowellengerät entwickelt. Diese Entwicklung führte 1956 zu einem einsatzfähigen Gerät, dem TELLUROMETER, das das Prinzip der Phasenmessung mit Radiowellen verwirklichte.
Vor allem die elektrooptischen Geräte sind seither stetig weiterentwickelt worden. So wurden kontinuierlich ihre Genauigkeit erhöht, die Reichweite gesteigert, äußere Abmessungen und Gewicht verkleinert und die Preise gesenkt. Durch Kombination der elektrooptischen Entfernungsmesser mit elektronischen Theodoliten sind elektronische Tachymeter entstanden, die inzwischen nur noch die äußeren Abmessungen und das Gewicht eines herkömmlichen Theodoliten aufweisen. Während sich die elektronischen Tachymeter vor allem auch durch die Integration leistungsfähiger Mikrocomputer und Speichereinheiten zu Universalinstrumenten entwickelt haben, ist die Bedeutung der Mikrowellenentfernungsmesser zurückgegangen. Den Mikrowellengeräten ist mit den neuen Satellitenempfängern eine jetzt schon mindestens ebenbürtige Konkurrenz erwachsen.

Das vorliegende Buch basiert auf dem Vorlesungsstoff, wie er an der Fachhochschule für Technik Stuttgart den Studenten im Fach „Elektronische Entfernungsmessung" angeboten wird. Das Buch soll vor allem Grundkenntnisse über die Messprinzipien, die Funktionsweise der Geräte, die zu erwartenden Fehler und deren Ausschaltung bzw. Reduzierung vermitteln. Es wird dabei weitgehend auf die Vorstellung technischer Details verzichtet. Den Schwerpunkt der Ausführungen bilden die elektrooptischen Entfernungsmessgeräte und die dazu gehörigen Messverfahren einschließlich der neueren Entwicklungen wie Impulsmessverfahren, interferometrisches Messverfahren und weitere Spezialverfahren zur Präzisionsstreckenmessung. Auf die in ihrer Bedeutung zurückgedrängten Mikrowellenentfernungsmesser wird nur noch kurz im Zusammenhang mit den Mehrwellengeräten eingegangen.

Den Herren Dipl.-Ing. (FH) Bansbach, Hilden, Oster und Walter danken wir für die Anfertigung der zahlreichen Abbildungen. Herrn Dipl.-Ing. (FH) Hilden und Herrn Dipl.-Ing. (FH) Oster danken wir außerdem für die Erfassung und Anordnung des Textes.

Stuttgart, im Januar 1989 *Rainer Joeckel, Manfred Stober*

Vorwort zur 5. Auflage

Dem mehrfach vorgetragenen Wunsch, der nun schon acht Jahre zurückliegenden 4. Auflage eine neue Auflage folgen zu lassen, wurde mit der nun vorliegenden 5. Auflage entsprochen.
Ziel dieser Auflage ist es, einen kompakten Überblick über die Technologie der Tachymetersysteme, Industriemesssysteme, Laserscanner und Satellitenmesssysteme zu geben. Darüber hinaus sollen auch die Fehlerquellen dieser Systeme und die Ausschaltung bzw. Reduzierung dieser Fehlerquellen aufgezeigt werden.
Hierzu wurde im Prinzip das Konzept der vorangegangenen Auflagen nicht verändert, jedoch der Themenkreis um terrestrische Laserscanner und Satellitenmesssysteme erweitert.
Nicht nur durch diese Themenerweiterung sondern auch durch eine Vielzahl von Neuentwicklungen bei den Tachymetern und Industriemesssystemen hat sich der Buchumfang um nahezu 50% vergrößert und das, obwohl ein Abschnitt der 4. Auflage ganz herausgenommen und weitere Abschnitte zum Teil sehr stark gekürzt wurden.
Der Grundcharakter des Buches, vor allem Messprinzipien und weniger technische Detaillösungen der verschiedenen Instrumentenfirmen vorzustellen, wurde beibehalten. So werden auch einige ältere Methoden und Messverfahren, sofern sie methodisch interessant und beispielhaft für die instrumentelle Entwicklung sind, noch vorgestellt.
Die Darstellung der systematischen Messabweichungen der Distanzmesseinheiten wurde zwar gekürzt, aber die Messabweichungen werden immer noch ausführlich behandelt, da trotz der enormen technologischen Fortschritte bei den neuesten Instrumenten auch noch ältere Geräte im Einsatz sind, die eine gründliche Prüfung erfordern. Durch eingefügte Hinweise im Text soll dem Leser kenntlich gemacht werden, was „ältere“ Verfahren sind, damit er ihre geringere Bedeutung für neueste Instrumente leichter einschätzen kann.
Unser besonderer Dank gilt Herrn Dipl.-Ing. (FH) Jörg Hepperle für die Anfertigung der zahlreichen neuen Abbildungen, die Digitalisierung sämtlicher beibehaltener Abbildungen, die Erfassung der neuen Textteile und den neuen Satz des gesamten Textes. Wir danken auch unserem Lektor Herrn Dipl.-Geogr. Gerold Olbrich von der Verlagsgruppe Hüthig Jehle Rehm für die hervorragende Betreuung.

Stuttgart, im Juni 2008 *Rainer Joeckel, Manfred Stober, Wolfgang Huep*

2 Einige physikalische Grundlagen

2.1 Elektromagnetische Strahlung

Die bei der elektronischen Entfernungsmessung verwendete elektromagnetische Strahlung wird durch ein periodisch schwingendes Element erzeugt.
Als Ergebnis dieser mit der Frequenz f vorgegebenen Schwingung entsteht eine sich mit Lichtgeschwindigkeit c ausbreitende elektromagnetische Welle der Wellenlänge λ. Zwischen diesen Größen besteht die einfache Beziehung

$$\lambda = \frac{c}{f} \quad . \tag{2-1}$$

Man kann sich die elektromagnetische Welle als sinusförmige Welle vorstellen und mathematisch als Funktion der Zeit t und des Ausbreitungsortes x darstellen:

$$w(t,x) = A \cdot \cos\left(2\pi f\left(t - \frac{x}{c}\right)\right) \quad . \tag{2-2}$$

Betrachtet man die Welle zu einem bestimmten Zeitpunkt t, z.B. $t = 0$, so geht die Gleichung (2-2) in die Form

$$w(x) = A \cdot \cos\left(2\pi f\left(-\frac{x}{c}\right)\right) = A \cdot \cos\left(2\pi f\frac{x}{c}\right)$$

oder mit $c = \lambda \cdot f$ in die Form

$$w(x) = A \cdot \cos\left(2\pi\frac{x}{\lambda}\right) \tag{2-3}$$

über (Bild 2-1).

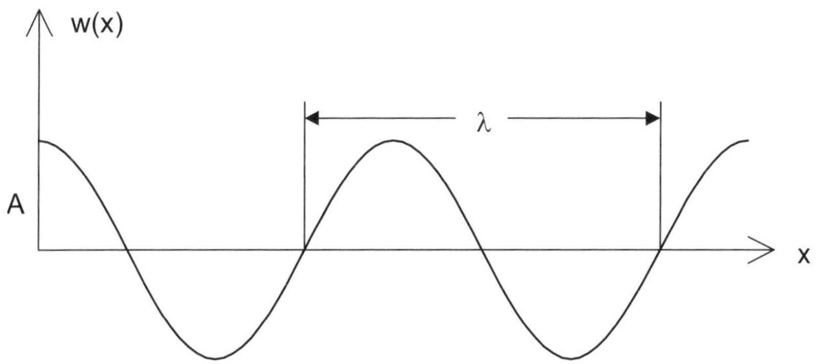

Bild 2-1: Elektromagnetische Welle, betrachtet zu einem konkreten Zeitpunkt t

Hierbei bedeuten:

x-Richtung = Ausbreitungsrichtung
A = Amplitude = maximale Auslenkung quer zur Ausbreitungsrichtung
c = Ausbreitungsgeschwindigkeit in x-Richtung

Lässt man die Welle in Abhängigkeit von der Zeit t an einer bestimmten Stelle x, z.B. $x = 0$, vorbeilaufen, so kann man sie in der Form

$$w(t) = A \cdot \cos(2\pi ft) \tag{2-4}$$

darstellen.
Die Amplitude A ist dabei ein Maß für die Stärke der elektromagnetischen Strahlung.
Die Ausbreitungsgeschwindigkeit c ist abhängig vom Medium, in dem sich die elektromagnetischen Wellen ausbreiten, und außerdem von der Wellenlänge der elektromagnetischen Wellen.
Es gilt

$$c = \frac{c_0}{n} \quad . \tag{2-5}$$

Die Konstante c_0 stellt die Vakuumlichtgeschwindigkeit dar und ist als Naturkonstante auf den Wert

$$c_0 = 299\,792\,458 \ \frac{m}{s}$$

festgesetzt. Damit ergibt sich für die neue Meterdefinition vom 20. Oktober 1983 der CGPM (Conférence Générale des Poids et Mesures) in Paris:

<u>Ein Meter ist die Strecke, die das Licht im Vakuum während eines Zeitintervalls von 1/299 792 458 Sekunde zurücklegt.</u>

In jedem Medium ist die Lichtgeschwindigkeit c kleiner als die Vakuumgeschwindigkeit c_0. Das Verhältnis dieser beiden Geschwindigkeiten beschreibt die Brechzahl n, auch Brechungsindex genannt, mit

$$n = \frac{c_0}{c} \quad . \tag{2-5a}$$

Bei der elektronischen Entfernungsmessung breiten sich die elektromagnetischen Wellen in der Atmosphäre aus und es gilt dann

$$n = n(p, t, e, \lambda) \quad .$$

Die Brechzahl n ist also eine Funktion des Luftdruckes p, der Lufttemperatur t, des Dampfdruckes e und der Wellenlänge λ.
Da nach (2-1) die Wellenlänge λ von der vorgegebenen Frequenz f und der Ausbreitungsgeschwindigkeit c abhängt und diese Wellenlänge λ als Maßeinheit für die Streckenmessung verwendet wird, ist es erforderlich, jeweils die Parameter p, t und e der aktuellen Atmosphäre zu ermitteln (siehe auch Abschnitte 5.1 und 7.1).
Das Spektrum der elektromagnetischen Strahlung reicht von der extrem kurzwelligen kosmischen Strahlung bis zu den Radiowellen von einigen Kilometern Länge (Bild 2-2).

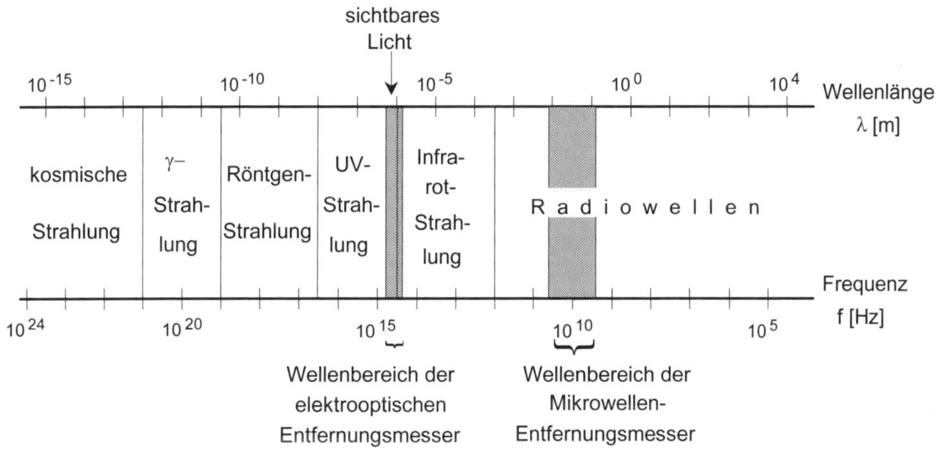

Bild 2-2: Elektromagnetisches Spektrum

In diesem Spektrum gibt es zwei Wellenbereiche (Fenster), für die die Atmosphäre relativ gut durchdringbar ist. Das erste Fenster liegt im Bereich des sichtbaren Lichtes und der kurzwelligen Infrarotstrahlung mit $0{,}4\ \mu m \le \lambda \le 1{,}3\ \mu m$. Das zweite Fenster liegt im Bereich der Radiowellen mit $\lambda > 8$ mm. Beim Einsatz der elektronischen Entfernungsmessgeräte beschränkt man sich auf diese beiden Fenster. Geräte, die die elektromagnetische Strahlung aus dem Bereich des ersten Fensters verwenden, nennt man elektrooptische Entfernungsmesser. Eine zweite Gerätegruppe, die die Strahlung des zweiten Fensters verwendet, bezeichnet man als Mikrowellengeräte (Bild 2-2). Im Folgenden werden wir uns jedoch überwiegend mit den elektrooptischen Entfernungsmessgeräten beschäftigen.
Auch innerhalb des ersten Fensters ist die Durchlässigkeit der Atmosphäre durch die Streuung der elektromagnetischen Strahlung an Staubteilchen, Luftmolekülen und Wassertröpfchen und die Absorption durch diese Teilchen beeinträchtigt (Extinktion).

Wird von einer Strahlungsquelle eine Strahlung mit der Anfangsintensität I_0 abgegeben, so beträgt die Strahlungsintensität I nach Durchlaufen einer Strecke D nur noch

$$I = I_0 \cdot e^{-z \cdot D} \quad . \qquad (2\text{-}6)$$

Der Extinktionskoeffizient z und damit die Abschwächung ist umso größer, je größer die Zahl der streuenden und absorbierenden Teilchen pro Volumeneinheit ist. Außerdem gilt für z:

$$z \sim \frac{1}{\lambda^4} \quad .$$

Je größer die Wellenlänge ist, umso kleiner ist z. Daraus folgt, dass man innerhalb des ersten Fensters mit infraroter Strahlung größere Reichweiten erzielt als mit sichtbarem Licht.

Nicht nur die Extinktion bewirkt eine Abschwächung der elektromagnetischen Strahlung, sondern auch die Divergenz der ausgesandten Strahlen, denn diese lassen sich nicht beliebig scharf bündeln.

Die Erzeugung eines scharfen Bündels mit parallel verlaufenden Strahlen ist theoretisch nur mit einer punktförmigen Strahlungsquelle möglich. Selbst die kleinsten Strahlungsquellen haben jedoch einen nicht zu vernachlässigenden Durchmesser d (Bild 2-3).

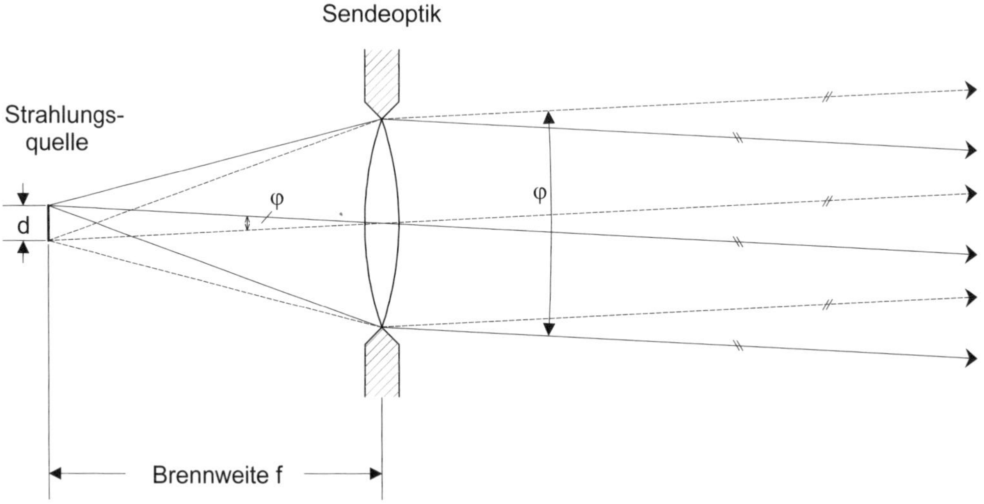

Bild 2-3: Strahldivergenz

Für den Divergenzwinkel φ des ausgesandten Bündels gilt

$$\varphi \approx \frac{d}{f} \quad ,$$

wobei f die Brennweite der Sendeoptik ist.
Aber auch bei einer ideal punktförmigen Strahlungsquelle wäre wegen der Beugung der Randstrahlen am Linsenrand die Erzeugung eines streng parallelen Strahlenbündels nicht möglich.
Auf Grund des Divergenzwinkels vergrößert sich mit zunehmender Entfernung von der Strahlungsquelle die Querschnittsfläche des Strahlenbündels und die Strahlungsintensität pro Flächeneinheit nimmt ab. Da die Querschnittsfläche F mit dem Quadrat der Entfernung D zunimmt

$$F \approx \pi\left(\frac{\varphi}{2}\cdot D\right)^2 \quad ,$$

nimmt die Intensität I' gegenüber der Anfangsintensität I_0 wie folgt ab:

$$I' \sim \frac{I_0}{\varphi^2 \cdot D^2} \quad .$$

Bei einem Divergenzwinkel von $\varphi = 5'$ (durchschnittlicher Wert für ein modernes Gerät) beträgt die Querschnittsfläche des ausgesandten Strahlenbündels in 5 km Entfernung etwa 41,5 m^2. Ein in dieser Entfernung aufgestellter Prismenreflektor (siehe auch Abschnitt 4.3.6) mit einem Durchmesser b von 5 cm und damit einer reflektierenden Fläche von 0,002 m^2 kann dann nur noch etwa 1/20 000 der ausgesandten Strahlungsenergie reflektieren. Von diesem Energiebruchteil trifft dann wiederum nur ein Teil zurück in den Empfänger (Bild 2-4), denn auch das reflektierte Strahlenbündel weist einen Divergenzwinkel φ' auf mit

$$\varphi' \approx \frac{b}{D} \tag{2-7}$$

und die Querschnittsfläche des zurückkommenden Strahlenbündels ist dann wiederum größer als die Empfängerfläche.

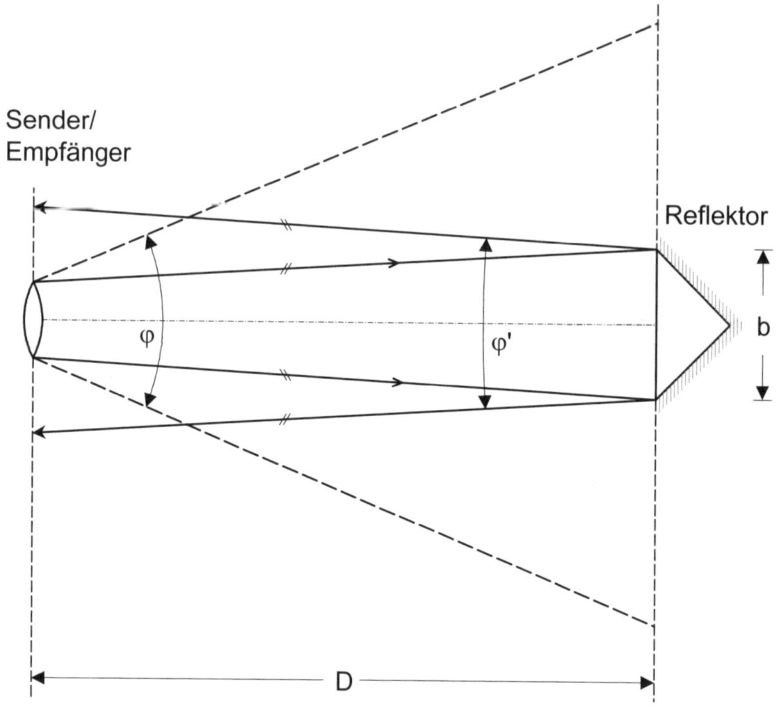

Bild 2-4: Auswirkungen der Strahldivergenz

Zusätzlich erfolgt, wie zuvor schon gezeigt, durch die Extinktion eine weitere Abschwächung. Setzen wir in Gleichung (2-6) für z = 0,26/km (λ = 0,6 μm und Sichtweite 15 km „klar") und für D = 10 km (Hin- und Rückweg) ein, so erhalten wir

$$I = I_0 \cdot 0{,}074 \quad \hat{=} \, 7{,}4\% \; .$$

Das heißt, von dem schon sehr kleinen Bruchteil der Strahlungsenergie, der wegen der Divergenz noch zum Empfänger gelangen kann, gehen hier noch einmal 92,6% durch die Extinktion verloren. Bei größeren Entfernungen kann also nur ein sehr kleiner Bruchteil der ausgesandten Strahlung, die ja das Messsignal enthält, wieder in den Empfänger gelangen.

Soll eine Entfernungsmessung noch möglich sein, so muss das empfangene Messsignal immer noch so stark sein, dass es von Störsignalen getrennt werden kann.

Um große Reichweiten zu erzielen, muss vor allem die Ausgangsintensität I_0 groß und der Divergenzwinkel φ klein sein. Eine Vergrößerung des Prismendurchmessers b erhöht die Reichweite nicht, da mit Zunahme von b nach (2-7) auch der Divergenzwinkel φ′ zunimmt. Durch Zusammenfassung mehrerer Einzelprismen mit konstantem Divergenzwinkel zu einem Mehrfachreflektor lässt sich jedoch die Reichweite erhöhen.

Um mit elektrooptischen Geräten überhaupt große Reichweiten erzielen zu können, muss, wie schon gezeigt, die elektromagnetische Strahlung innerhalb des ersten Fensters liegen. Sie muss also relativ kurzwellig sein. Die verwendeten Messsignale sind jedoch wesentlich langwelliger und liegen im Bereich der dm- bis km-Wellen. Diese langwelligen Messsignale werden nun der kurzwelligen Licht- bzw. Infrarotstrahlung durch Modulation (siehe auch Abschnitt 4.3.2) aufgeprägt. Man verwendet also die kurzwellige Strahlung als Trägerwelle für die langwelligen Messsignale.

Es gibt hier vor allem zwei Möglichkeiten der Modulation:

- die Amplitudenmodulation und
- die Frequenzmodulation.

Amplitudenmodulation

Bei der elektrooptischen Entfernungsmessung wendet man überwiegend die analoge Amplitudenmodulation an (Bild 2-5).

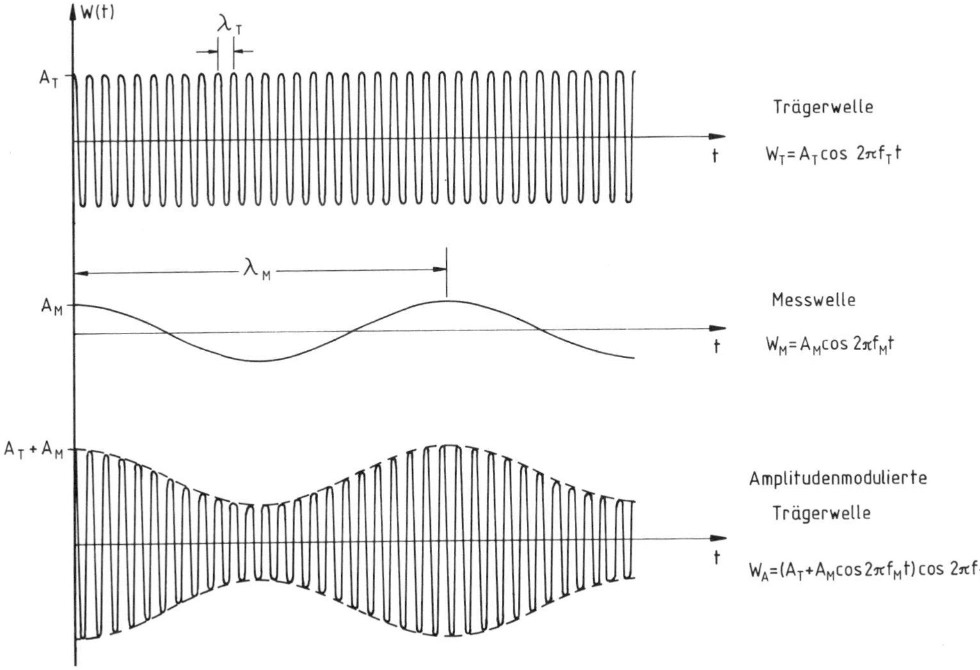

Bild 2-5: Amplitudenmodulation

Die nicht modulierte Trägerwelle lässt sich nach (2-4) in der Form

$$W_T = A_T \cdot \cos(2\pi f_T t)$$

und die Messwelle in der Form

$$W_M = A_M \cdot \cos(2\pi f_M t)$$

darstellen.

Soll nun die Amplitude der Trägerwelle der Cosinusfunktion der Messwelle folgen, so ergibt sich die amplitudenmodulierte Trägerwelle zu

$$W_A = (A_T + A_M \cdot \cos 2\pi f_M \cdot t) \cdot \cos(2\pi f_T t) \quad . \tag{2-8}$$

Die Trägerwelle ist also nur das „Transportmittel" für die (langwellige) Messwelle. Reichweite, Ausbreitungsgeschwindigkeit und Bündelungsmöglichkeit hängen dabei allein von der Trägerwelle ab. Man kann also, obwohl man die Messung mit Wellen großer Wellenlänge durchführt, die günstigeren Ausbreitungseigenschaften der kurzwelligen Licht- und Infrarotstrahlung nutzen.

Frequenzmodulation

Eine weitere Modulationsart ist die Frequenzmodulation. Bei der analogen Frequenzmodulation wird der Frequenz f_T der Trägerwelle die Frequenz f_M der Messwelle aufmoduliert. Wird wieder cosinusförmig aufmoduliert, ergibt sich die modulierte Frequenz f (Bild 2-6).

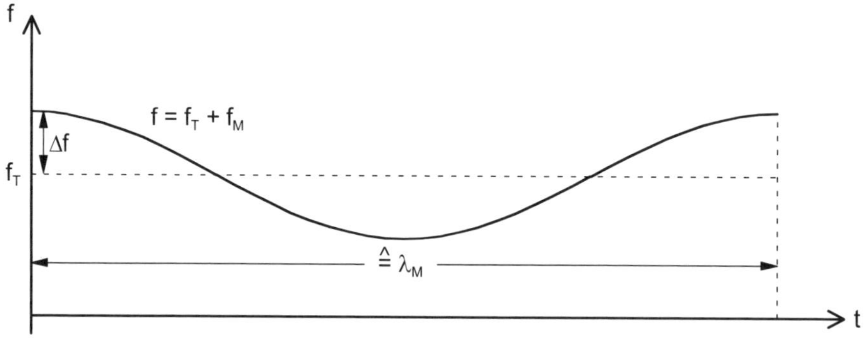

Bild 2-6: Frequenzmodulation

Hierbei ist Δf der Frequenzhub des Messsignals. Daraus folgt der so genannte Modulationsindex J mit

$$J = \frac{\Delta f}{f_M} \quad .$$

Damit erhält man schließlich die frequenzmodulierte Trägerwelle zu

$$W_f = A_T \cdot \cos(2\pi \cdot f_T \cdot t + J \cdot \cos(2\pi \cdot f_M \cdot t)) \quad . \tag{2-9}$$

Eine spezielle Art der Frequenzmodulation ist die lineare Frequenzmodulation („Chirp-Modulation"). Hier wird die Trägerfrequenz f_T für ein kurzes Zeitintervall ΔT zeitlinear verändert (Bild 2-7).

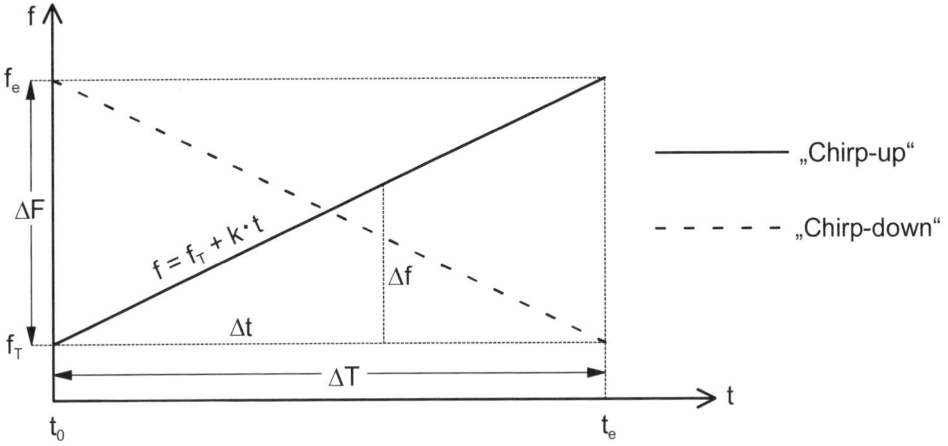

Bild 2-7: Chirp-Modulation

Mit den gegebenen Kenngrößen

$$\Delta T = t_e - t_0 \quad ,$$

$$\Delta F = f_e - f_T \quad \text{und}$$

$$k = \frac{\Delta F}{\Delta T}$$

folgt für die modulierte Frequenz f

$$f = f_T + k \cdot t \qquad \text{„Chirp-up"} \qquad \text{oder}$$

$$f = f_e - k \cdot t \qquad \text{„Chirp-down"} \quad \text{mit} \qquad t_0 \le t \le t_e \quad .$$

Außerdem lässt sich hiermit aus einer Frequenzänderung Δf das Zeitintervall Δt ableiten (Bild 2-7).

$$\Delta t = \frac{\Delta T}{\Delta F} \cdot \Delta f = \frac{\Delta f}{k} \quad .$$

Für die chirp-modulierte Trägerwelle erhält man

$$W_C = A_T \cdot \cos\left(2\pi\left(f_T + k \cdot t\right) \cdot t\right) \qquad \text{bzw.} \qquad (2\text{-}10)$$

$$W_C = A_T \cdot \cos\left(2\pi\left(f_e - k \cdot t\right) \cdot t\right) \qquad (2\text{-}11)$$

mit $t_0 \le t \le t_e$.

Weitere Modulationsarten

Bei den analogen Modulationsverfahren erfolgt die Modulation gewöhnlich linear zur Zeit, so dass eine sinusförmige Änderung der Amplitude oder der Frequenz oder der Phase (je nach Verfahren) des Trägers entsteht. Es gibt jedoch auch digitale Formen der Modulation, bei denen ein digitales Informationssignal auf einen Sinusträger aufmoduliert wird. Dieses Vorgehen wird auch Umtastung oder Shift Keying genannt.

Bei der digitalen Form der Amplitudenmodulation erfolgt zum Beispiel eine Amplitudenänderung im Rhythmus einer Bitfolge 0 oder 1 mit größerer bzw. kleinerer, aber sonst konstanter Amplitude. Die Amplitude ändert sich also sprunghaft. Dazwischen verläuft das Signal weiterhin sinusförmig mit der Frequenz des Trägers.

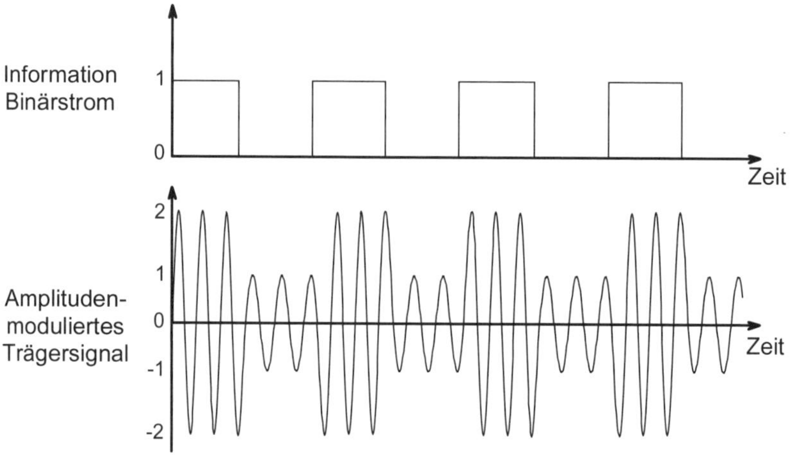

Bild 2-8: Prinzip der digitalen Amplitudenmodulation (Amplitude Shift Keying)

Die digitale Version der Frequenzmodulation (Frequency Shift Keying, FSK) ändert die Frequenz des Trägersignals entsprechend dem Eingangsbitstrom des Modulationssignals.

Bei der digitalen Phasenmodulation (Phase Shift Keying, PSK) wird anstatt der Amplitude oder der Frequenz die Phasenlage des Trägersignales dem digitalen Bitstrom entsprechend verändert. Man spricht hier auch von Phasenumtastung.

Wird z.B. bei einem sinusförmigen, hochfrequenten Trägersignal entsprechend der durch die Rechteckkurve vorgegebenen Binärfolge 0 oder 1 eine periodische Phasenschiebung um 180° vorgenommen, so entsteht das in Bild 2-9 dargestellte phasenmodulierte Sendesignal.

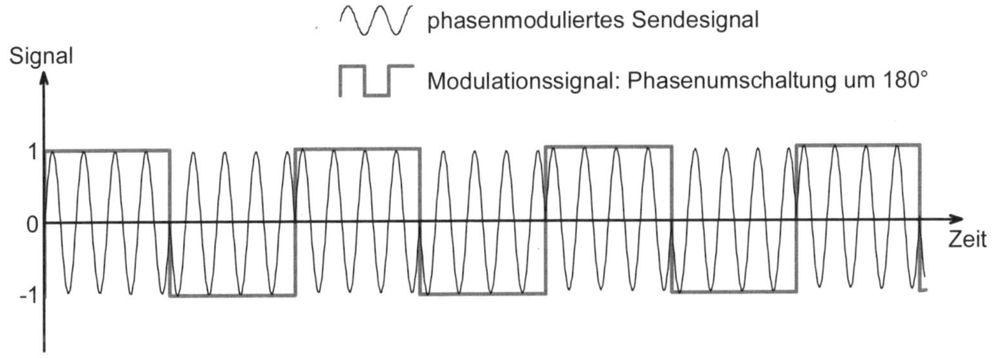

Bild 2-9: Prinzip der digitalen Phasenmodulation

Es ist möglich, mehrere phasenmodulierte Frequenzen gleichzeitig zu senden. Im Fall von zwei verschiedenen Modulationsfrequenzen kann man sich die ausgesandte und zum Empfänger eines EDM wieder zurückkehrende Strahlung wie eine durch Überlagerung dieser zwei Frequenzen entstandene Schwebung vorstellen (Bild 2-10).

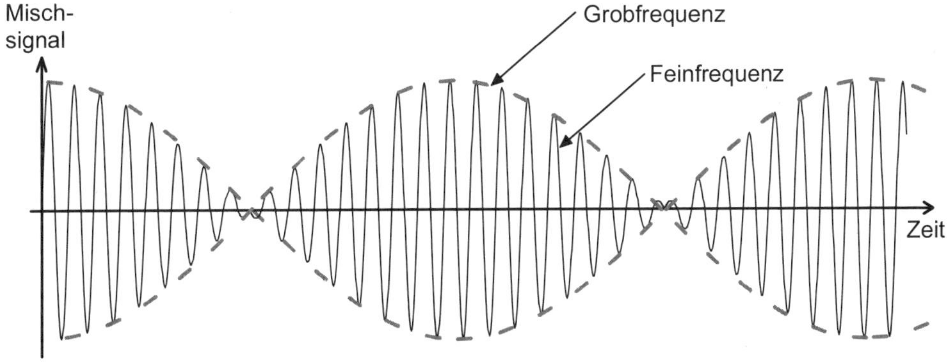

Bild 2-10: Überlagerung zweier phasenmodulierter Frequenzen

Eine Anwendung hierfür ist die gleichzeitige Messung einer Strecke mit Grob- und Feinmaßstab. Zur Auswertung der Phaseninformationen wird das resultierende Signal mit einem konstanten Zeitraster abgetastet. Natürlich muss dieses Zeitraster fein genug sein, um auch die kürzeste Schwingung noch eindeutig rekonstruieren zu können, was bei Einhaltung des NYQUIST-SHANNON Abtasttheorems gewährleistet ist.

Die Überführung von Signalen aus der Darstellung (Zeitwert, Abtastwert) in die Darstellung (Frequenzanteil, Amplitude, Phase) ermöglicht die Fourier-Transformation, auch Fourier-Analyse genannt. Bei großen Datenmengen, wie es bei der EDM vorkommt, bedient man sich der Schnellen Fourier-Transformation (FFT).

Die nun in zeitdiskreten Abständen vorliegende Punktfolge wird deshalb mittels einer Fourier-Analyse ausgewertet, wobei die Modulationsfrequenzen bekannt sind. Für eine einzige Frequenz könnte prinzipiell die Phasenberechung aus den Abtastwerten entsprechend dem in Abschnitt 4, Gleichung (4-24) skizzierten Berechnungsverfahren erfolgen. Die Zerlegung einer Punktreihe mittels der Fourier-Analyse in ihre Grund- und Oberschwingungen geschieht mathematisch im Prinzip wie bei der Bestimmung des zyklischen Phasenfehlers (Abschnitt 6.3.2.3), wo für die Fehlerkurve ebenfalls die Grund- und Oberschwingungen gesucht sind.

2.2 Strahlungsquellen

Als Strahlungsquellen sollen hier vor allem thermische Lichtquellen und Laser betrachtet werden.
Im vorigen Abschnitt wurde die im Bereich des ersten Fensters liegende elektromagnetische Strahlung als Wellenvorgang vorgestellt. Mit dieser Modellvorstellung lassen sich jedoch einige physikalische Erscheinungen, die bei der Licht- und Infrarot-Strahlung auftreten, nur schwer oder gar nicht erklären. Diese Schwierigkeiten treten jedoch nicht auf, wenn man sich die Licht- und Infrarotstrahlung nicht nur als Wellenvorgang, sondern auch als Teilchenstrahlung vorstellt. Man spricht auch vom Wellen-Teilchen-Dualismus dieser Strahlung. Diese Teilchen (Quanten) der elektromagnetischen Strahlung bezeichnet man bei Licht als Photonen. Die Teilchen haben bestimmte diskrete Energiewerte. Nach PLANCK gilt für die Energie E eines Photons

$$E = h \cdot f \quad . \tag{2-12}$$

Dabei ist h eine universelle Naturkonstante, das PLANCKsche Wirkungsquantum, und f die Frequenz der Strahlung.
Zur Erklärung der Strahlungserzeugung geht man vom BOHRschen Atommodell aus. Danach kreisen um den positiv geladenen Atomkern Elektronen auf schalenförmigen Bahnen. Wird einem Elektron von außen Energie zugeführt, dies kann thermische,

elektrische oder Strahlungsenergie sein, so wird es auf eine höhere, energiereichere Bahn angehoben (Bild 2-6), von der es aber nach sehr kurzer Zeit wieder auf die ursprüngliche Bahn zurückspringt. Die Energie kann dabei nur in diskreten Mengen, einem Vielfachen des PLANCKschen Wirkungsquantums, zugeführt werden.

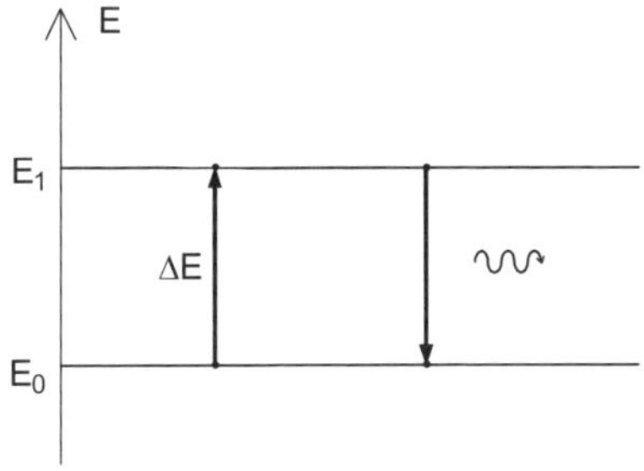

Bild 2-11: Spontane Emission

Wird also ein Elektron vom Ausgangsniveau E_0 um den diskreten Energiebetrag $\Delta E = E_1 - E_0$ auf das höhere Energieniveau E_1 angehoben (Bild 2-11), so kehrt das Elektron ohne jede äußere Beeinflussung „spontan" auf das Ausgangsniveau zurück. Dabei sendet es ein Photon mit dem Energieinhalt $\Delta E = h \cdot f$ oder, was gleichwertig ist, eine Strahlung der Frequenz f aus. Diesen Vorgang nennt man spontane Emission. Lichtquellen wie Glühlampen und Leuchtstoffröhren strahlen immer durch spontane Emission.

Es ist jedoch noch eine andere Emissionsart möglich. EINSTEIN schloss aus theoretischen Betrachtungen, dass ein Übergang vom höheren zum niedrigeren Energieniveau nicht nur spontan erfolgen, sondern auch gezielt hervorgerufen werden kann.

Ein solcher Übergang kann durch ein von außen auf das Atom auftreffendes Photon ausgelöst werden. Das Photon muss dabei die Energie aufweisen, die genau dem Energieunterschied ΔE der beiden Niveaus E_1 und E_0 entspricht.

Trifft ein solches Photon auf das Atom auf, so wird bei dem dadurch ausgelösten Rücksprung des Elektrons ein Photon mit wiederum dem Energieinhalt ΔE ausgesandt. Diesen Vorgang nennt man induzierte oder stimulierte Emission. Da das auslösende Photon bei diesem Vorgang erhalten bleibt, sind jetzt zwei Photonen gleicher Eigenschaft vorhanden. Die diesen Photonen entsprechende Strahlung hat die einheitliche Frequenz f, sie ist also monochromatisch. Es entsteht bei diesem Vorgang eine kohärente Strahlung.

Man kann die stimulierte Emission also zur Lichtverstärkung verwenden. Genau dies geschieht beim Laser (Light Amplification by Stimulated Emission of Radiation – Lichtverstärkung durch stimulierte Emission der Strahlung).

Die stimulierte Emission ist aber nur möglich, wenn, wie schon gezeigt, die Elektronen der Atome sich auf einem angehobenen Energieniveau befinden. Auf diesem angehobenen Energieniveau halten sich die Elektronen jedoch nur sehr kurze Zeit (10^{-7} s).

Die Elektronen müssen also zuerst durch Energiezuführung auf dieses Niveau gebracht und dort ausreichend lange (etwa 10^{-3} s) festgehalten werden. Diesen stark vereinfacht dargestellten Vorgang nennt man Pumpprozess.

Wird nun in ein Medium, dessen Atome sich in einem angehobenen Energiezustand befinden, Licht (Photonen) eingestrahlt, so erfolgt eine Verstärkung dieser Strahlung (Bild 2-12).

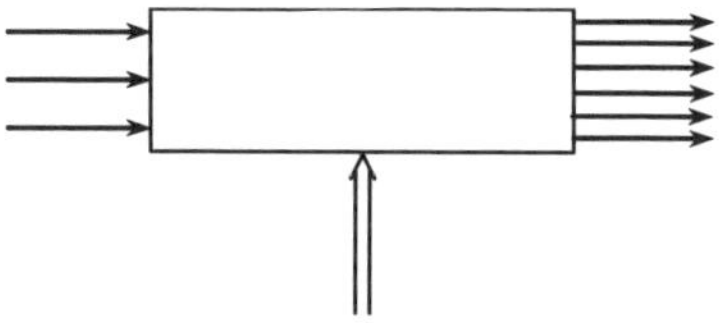

Bild 2-12: Laser-Verstärker

Stellt man diesen Laser-Verstärker zwischen zwei parallel ausgerichtete Planspiegel, so kommt es durch die Reflexionen und das wiederholte Durchlaufen des Mediums zu einer lawinenartigen Verstärkung des anfänglich eingestrahlten Lichtes (Bild 2-13).

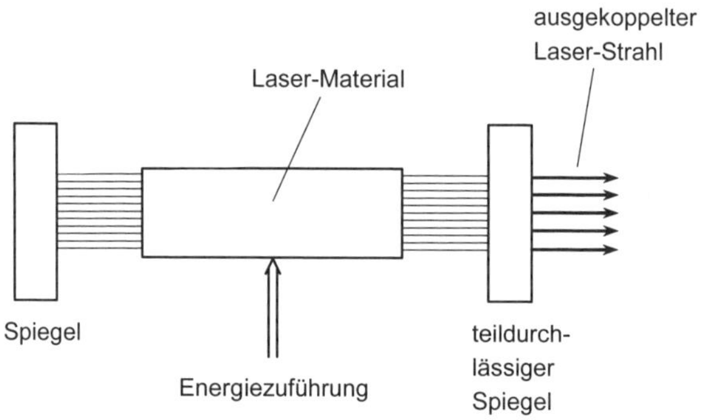

Bild 2-13: Laser-Anordnung

Ist einer der beiden Spiegel teildurchlässig (Bild 2-13), so kann ein Teil der Strahlung ausgekoppelt werden und es tritt dann ein sehr energiereiches, weitgehend paralleles und kohärentes Lichtbündel aus.

Innerhalb des Laser-Materials findet die optische Verstärkung der Strahlung statt. Als Laser-Material kommen vor allem Gase, Kristalle, Halbleiter und Flüssigkeiten in Frage. In Abhängigkeit vom eingesetzten Laser-Material spricht man dann von einem Gas-Laser (z.B. Helium-Neon-Laser, He-Ne-Laser), einem Festkörper-Laser (z.B. Rubin-Laser) und einem Halbleiter-Laser (z.B. Gallium-Arsenid-Laser, GaAs-Laser).

3 Messprinzipien der elektronischen Entfernungsmessung

Der Benutzer der modernen Entfernungsmessgeräte und Tachymeter ist sich der komplexen inneren Abläufe dieser hochwertigen Geräte kaum bewusst. Da die Handhabung dieser Instrumente heute auch für den Nichtfachmann äußerst einfach ist, sind oft auch kaum Kenntnisse über die bei diesen Geräten angewandten Messprinzipien vorhanden.
Andererseits sind trotz aller technischer Reife auch die modernen Geräte nicht frei von zufälligen und systematischen Fehlern. Ohne Kenntnis der Messprinzipien kann jedoch auch keine sinnvolle Vorkehrung zur Ausschaltung bzw. Einschränkung dieser Fehler getroffen werden.
Erfreulicherweise sind die angewandten Messprinzipien in ihren Grundzügen leicht zu verstehen.
Bei den meisten Messprinzipien wird eine elektromagnetische Welle von einem Sender erzeugt, über die zu messende Distanz zu einem Reflektor gesandt, dort reflektiert, von einem Empfänger empfangen und dann ausgewertet. Überwiegend wurde hierbei aus dem elektromagnetischen Spektrum der Bereich von 0,5 μm bis 1,5 μm, also der Bereich des sichtbaren Lichtes und des nahen Infrarots, verwendet.
Bei zwei Messprinzipien dient die vom Sender ausgesandte Welle direkt als Messsignal und bei einem weiteren Messprinzip wird dieser ausgesandten Welle ein periodisches Messsignal aufmoduliert. Man unterscheidet folgende Verfahren:

- Impulsmessverfahren:
  Der Sender sendet nur während sehr kurzer Zeit und das ausgesandte Wellenpaket (Puls) dient als Messsignal.

- Entfernungsmessung mittels Dopplereffekt:
  Aus der Relativbewegung zwischen Sender und Empfänger wird eine Entfernungsänderung abgeleitet.

- Entfernungsmessung durch Interferenzen:
  Die vom Sender kontinuierlich abgestrahlte Welle dient direkt als Messsignal.

- Phasenvergleichsverfahren:
  Der vom Sender kontinuierlich abgestrahlten Welle wird ein periodisches Messsignal aufmoduliert.

- Distanzmessung durch Lasertriangulation:
  Aus der Änderung eines Triangulationswinkels bei vorgegebener Basis wird eine Distanz abgeleitet.

Diese Verfahren werden im Folgenden kurz vorgestellt. Das derzeit noch am häufigsten eingesetzte Verfahren, das Phasenvergleichsverfahren, wird darüber hinaus in Abschnitt 4 ausführlich besprochen.

3.1 Impulsmessverfahren

Grundlage des Impulsmessverfahrens ist die Messung der Laufzeit eines Laserimpulses (Bild 3-1).

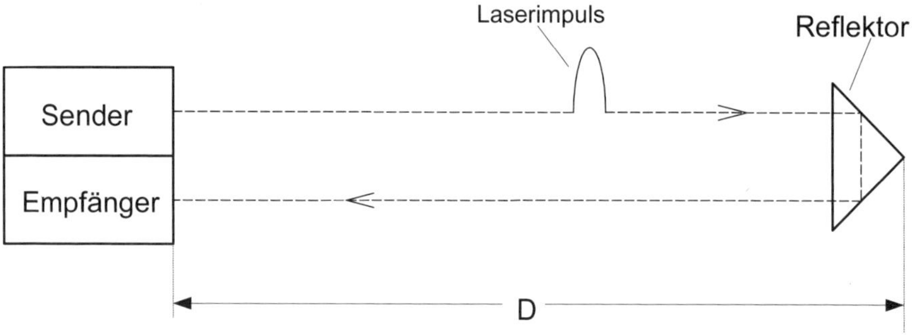

Bild 3-1: Impulsmessverfahren

Misst man die Laufzeit t eines Impulses, der vom Sender zum Reflektor und wieder zurück zum Empfänger läuft, so kann man die gesuchte Distanz D direkt aus der Laufzeit t ableiten:

$$D = \frac{c_0}{2n} \cdot t \tag{3-1}$$

mit c_0 = Lichtgeschwindigkeit im Vakuum,
= 299 792 458 m/s,
n = Brechzahl der Atmosphäre

oder mit der Signalgeschwindigkeit c

$$c = \frac{c_0}{n} \tag{3-2}$$

folgt

$$D = \frac{c \cdot t}{2} \; . \tag{3-3}$$

Die Impulse werden hierbei von einem durch die Sendediode fließenden Stromstoß von ca. 10 ns ($1\,ns = 10^{-9}\,s$) Dauer erzeugt. Die Impulslänge von 10 ns entspricht einem „Lichtbalken“ von 3 m Länge. Die Laufzeitmessung erfolgt mit Hilfe eines elektronischen Zählers (Bild 3-2).

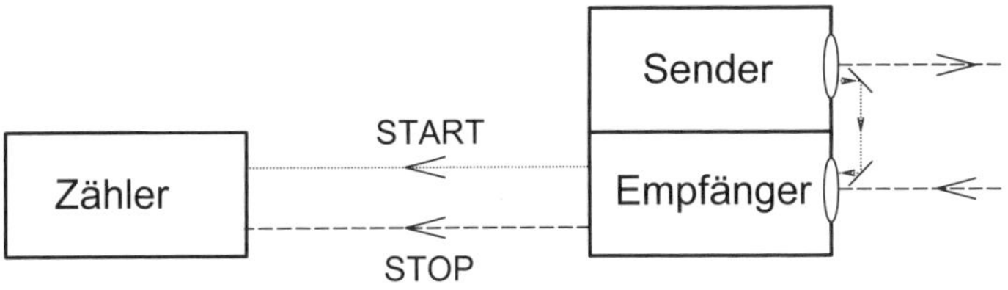

Bild 3-2: Prinzip der Laufzeitmessung

Beim Aussenden des Impulses wird ein Teil des Impulses direkt auf den Empfänger gelenkt und damit der Zähler gestartet. Der Zähler zählt dann so lange, bis der vom Reflektor zurückkommende Impuls den Zählvorgang beendet.
Da die Lichtgeschwindigkeit sehr groß ist, werden an die Laufzeitmessung sehr hohe Genauigkeitsanforderungen gestellt. Nach

$$D = \frac{c}{2} \cdot t \quad \text{und}$$

$$t = \frac{2}{c} \cdot D$$

folgt für die Genauigkeit der Zeitmessung s_t bei vorgegebener Streckenmessgenauigkeit s_D

$$s_t = \frac{2}{c} \cdot s_D \quad .$$

Soll die Streckenmessung auf ±0,5 cm genau erfolgen, so folgt für die geforderte Genauigkeit der Laufzeitmessung

$$s_t = \frac{2 \cdot 0{,}005\,m}{3 \cdot 10^8\,m \cdot s^{-1}} = 0{,}33 \cdot 10^{-10}\,s = 0{,}033\,ns \quad .$$

Bemerkenswert ist hierbei, dass diese hohe Genauigkeitsforderung unabhängig von der Länge der zu messenden Strecke ist und somit auch für Kurzstrecken gilt.
Um diese hohe Genauigkeitsanforderung zu erfüllen, werden zur Zeitmessung bei der geodätischen Streckenmessung zwei Verfahren, die digitale und die analog-digitale Zeitmessung, angewandt.

Bei der digitalen Zeitmessung wird die Laufzeitmessung nach HIPP 1983 mit Hilfe einer relativ hohen Oszillatortaktfrequenz von 300 MHz bestimmt (Bild 3-3).

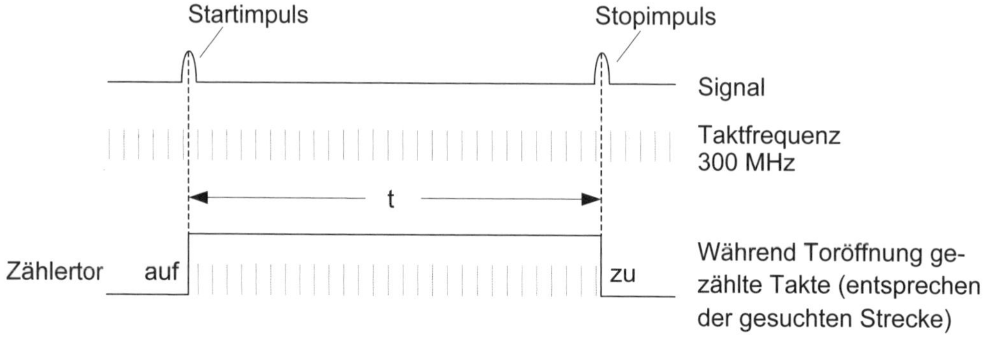

Bild 3-3: Digitale Laufzeitmessung

Der ausgesandte Impuls (Startimpuls) öffnet das Zählertor und der anschließend vom Reflektor zurücktreffende Impuls (Stopimpuls) schließt es wieder. Die während der Laufzeit gezählten Takte entsprechen dann der vom Impuls durchlaufenen Strecke.
Mit dieser hohen Taktfrequenz erreichen diese Geräte eine Auflösung bei der Einzelmessung von einigen dm. Durch sehr viele Einzelmessungen mit anschließender Mittelbildung kann die Auflösung in den mm-Bereich gesteigert werden.
Die analog-digitale Zeitmessung (GRIMM, FRANK & GIGER 1986) erfolgt mit einer wesentlich niedrigeren Taktfrequenz von 15 MHz (Bild 3-4).

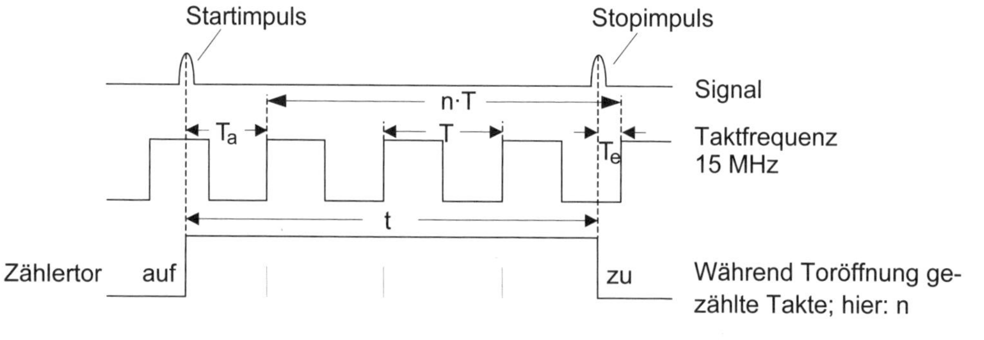

Bild 3-4: Grobwertermittlung bei der analog-digitalen Laufzeitmessung

Durch den Zähler werden während der Toröffnung die ansteigenden Flanken der Takte, also n Takte und damit das Zeitintervall $n \cdot T$, erfasst. Nicht erfasst sind dabei die Restintervalle T_a und T_e. Bei einer Taktfrequenz von 15 MHz ist außerdem nur eine Auflösung von 10 m erreicht. Das Zeitintervall $n \cdot T$ ist somit erst ein Grobwert, der verfeinert werden muss.

Zur Messung des vollständigen Intervalls t müssen die Restintervalle T_a und T_e noch bestimmt werden und man erhält dann

$$t = T_a + n \cdot T - T_e \quad . \tag{3-4}$$

T_a und T_e können mit Hilfe eines Zeit-Spannungswandlers mit sehr hoher Auflösung gemessen werden (Bild 3-5).

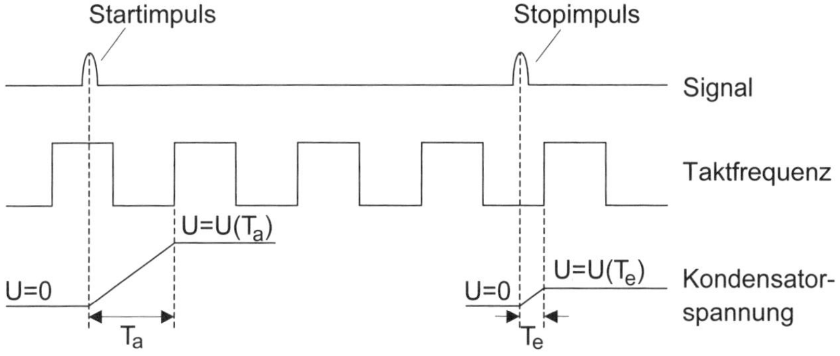

Bild 3-5: Feinmessung mit Zeit-Spannungswandler (nach GRIMM, FRANK & GIGER 1986)

Ein Zeit-Spannungswandler ist im Prinzip ein Kondensator, der durch einen während der Zeit T_a bzw. T_e konstant fließenden Strom aufgeladen wird. Die am Kondensator anliegenden Spannungen $U(T_a)$ und $U(T_e)$ sind dann ein Maß für die Zeitintervalle T_a und T_e. Dieses analog-digitale Verfahren ermöglicht eine Auflösung bei der Einzelmessung schon im mm-Bereich. Zur weiteren Steigerung der Auflösung wird auch hier innerhalb kurzer Zeit eine große Zahl von Impulsen ausgewertet. Die Impulsrepetitionsfrequenz ist allerdings nicht beliebig steigerbar. Um ein eindeutiges Streckenmessergebnis zu erhalten, muss vor Aussenden eines neuen Impulses der vorhergehende Impuls schon in den Empfänger gelangt sein.

Soll ein Gerät für eine maximale Reichweite von 50 km ausgelegt werden, so müsste der Impuls eine maximale Strecke von 100 km zurücklegen und wäre dann $0{,}33\overline{3}$ ms (1 ms = 10^{-3} s) unterwegs. Es wären hier also theoretisch rund 3000 Einzelmessungen pro Sekunde möglich.

Beim DI 3000 beträgt der Impulsabstand 0,5 ms. Es sind also 2000 Einzelmessungen pro Sekunde möglich und der eindeutige Entfernungsbereich geht hier bis 75 km. Die erreichte Auflösung liegt bei diesem Gerät dann im 0,1 mm-Bereich.

Eine weitere Steigerung der Auflösung vor allem für die Messung mittlerer und größerer Entfernungen (>1 km) ist nicht mehr sinnvoll, da dann z.B. die unsichere Erfassung atmosphärischer Parameter Streckenfehler verursachen kann, die weit über der erreichten Auflösung liegen.

Bei beiden Verfahren ist die Taktfrequenz mit einer relativen Genauigkeit von $\Delta f / f = 1 \cdot 10^{-6}$ vorgegeben. Die Relativgenauigkeit der von dieser Frequenz abgeleiteten Zeit bzw. Strecke ist dann von derselben Größenordnung.

Ein weiteres Streckenmessverfahren, das mit dem Impulsmessverfahren verwandt ist, da es auch auf einer Laufzeitmessung beruht, ist das Verfahren mit „Chirp"-Modulation (siehe Abschnitt 2.1). Hierbei wird die Frequenz einer Trägerwelle bzw. eines Impulses zeitlinear verändert (Bild 3-6).

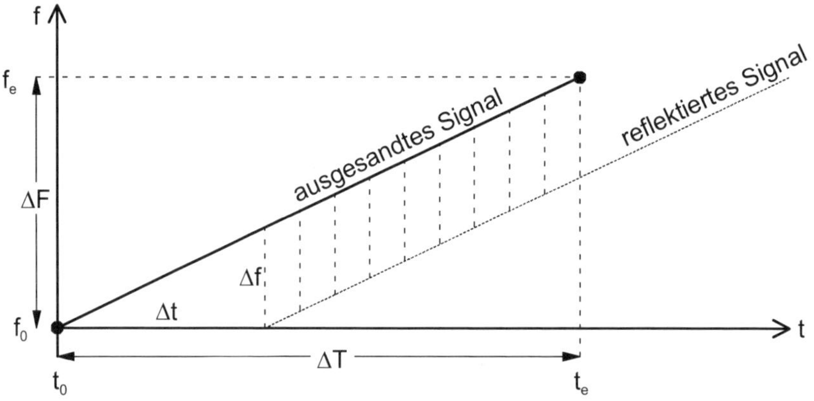

Bild 3-6: Verfahren mit „Chirp"-Modulation

Es wird hier ein langgestreckter „Impuls" mit der Zeitdauer ΔT erzeugt, der zum Startzeitpunkt t_0 die Frequenz f_0 und zum Endzeitpunkt t_e die Frequenz f_e hat. Der Impuls wird vom Zielpunkt reflektiert und gelangt zum Instrument zurück. Ausgesandtes und reflektiertes Signal weisen dabei die Frequenzdifferenz Δf auf. Aus Δf lässt sich die Laufzeit Δt wie folgt ableiten:

$$\Delta t = \frac{\Delta T}{\Delta F} \Delta f \quad .$$

Die Kenngrößen $\Delta T = t_e - t_0$ und $\Delta F = f_e - f_0$ müssen dabei bekannt sein.
Schließlich folgt für die Strecke

$$D = c \cdot \frac{\Delta t}{2} = \frac{c_0 \cdot \Delta T}{2n \cdot \Delta F} \Delta f \quad . \tag{3-5}$$

Der eindeutige und damit maximale Messbereich D_{max} ist durch die Impulslänge ΔT begrenzt

$$D_{max} = \frac{c_0}{2n} \cdot \Delta T \quad .$$

Den hierdurch festgelegten maximalen Messbereich wird man jedoch bei den praktischen Messungen nicht ausnützen. Denn je mehr sich die zu messende Strecke D_{max} nähert, umso kleiner wird der Überlappungsbereich zur Messung von Δf.
Bei einer Impulsdauer von z.B. 1 ms wäre D_{max} ≈150 km. Es wären dann theoretisch bis zu 1000 Einzelmessungen pro Sekunde möglich.

Am effizientesten wird die Chirp-Modulation derzeit bei dem Coherent Laser Radar (CLR) von METRIS genutzt. Hier werden „Chirp-up" und „Chirp-down" gekoppelt (siehe auch 2.1).

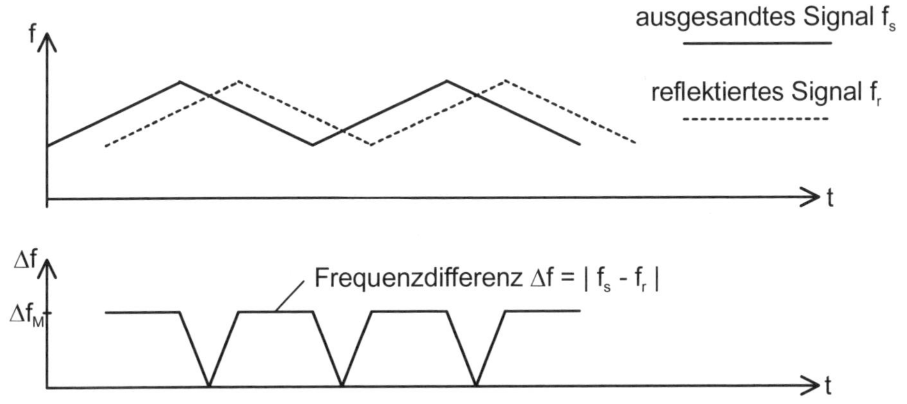

Bild 3-7: Frequenzdifferenz beim Coherent Laser Radar

Der maximale Wert Δf_M für die Frequenzdifferenz $\Delta f = |f_s - f_r|$ ist hier wiederum ein Maß für die vom Signal durchlaufene Strecke (Bild 3-7).
Mit den zuvor beschriebenen Kenngrößen ΔT und ΔF erhalten wir nach (3-5) für die Strecke zum reflektierten Punkt der Objektoberfläche

$$D = \frac{c_0 \cdot \Delta T}{2n \cdot \Delta F} \cdot \Delta f_M \quad . \tag{3-6}$$

Je kürzer die zu messende Strecke D gegenüber D_{max} ist, umso länger liegt der Maximalwert Δf_M an und umso genauer kann er dann und damit die Strecke D bestimmt werden.

Bei den folgenden Kenngrößen: 1,55 μm Laserdiode $\hat{=}$ Basisfrequenz $f \approx 200$ THz, $\Delta T = 2$ ms, $\Delta F = 100$ GHz und einer Reichweite von 60 m wäre die zu messende Frequenzdifferenz $\Delta f_M \leq 20$ MHz.

Sollte die Entfernung auf 0,1 mm genau bestimmt werden, so gilt nach

$$D = \frac{c \cdot \Delta T}{2 \cdot \Delta F} \cdot \Delta f_M$$

und damit

$$d\Delta f_M = \frac{2 \cdot \Delta F}{c \cdot \Delta T} dD = 333\left[\frac{Hz}{mm}\right] \cdot 0{,}1[mm] = 33[Hz] \ .$$

Die Frequenzdifferenz Δf_M wäre also auf 33 Hz genau zu ermitteln, was derzeit auch technisch erreicht wird.

Vorteile des Impulsmessverfahrens
- Dieses Verfahren ermöglicht innerhalb kurzer Zeit eindeutige Streckenmessergebnisse mit hoher Auflösung.
- Da die ausgesendeten energiereichen Impulse sehr kurz sind, können hier im Vergleich zur Phasenmessung (Abschnitt 3.4) bei gleicher Sendeleistung wesentlich größere Reichweiten erzielt werden.
- Wegen der energiereichen Impulse ist auch eine Streckenmessung ohne besonderen Reflektor, also auch zu unzugänglichen Objekten, möglich.
- Einige systematische Fehler, die das Messergebnis bei der Phasenmessung wesentlich beeinflussen, treten beim Impulsmessverfahren von vornherein nicht auf.

Nachteile des Impulsmessverfahrens
- Wegen Sicherheitsbestimmungen kann der Energieinhalt eines Impulses nur bis zu einer zugelassenen Grenze gesteigert werden.
- Es ist ein hoher technischer Aufwand erforderlich, u.a. um die durch atmosphärische Einflüsse hervorgerufenen Impulsdeformationen zu erfassen.

3.2 Entfernungsmessung mittels Dopplereffekt

Unter dem Dopplereffekt (benannt nach seinem Entdecker Christian Doppler, 1803 bis 1853) versteht man die Veränderung der wahrgenommenen bzw. gemessenen Frequenz einer elektromagnetischen Welle, während sich Sender und Empfänger relativ zueinander bewegen, sich der Abstand also ändert.

Mit den Bezeichnungen:

f_D = empfangene, dopplerverschobene Frequenz,
f = Sendefrequenz,
v = Radialgeschwindigkeit von Sender oder Empfänger,
c = Ausbreitungsgeschwindigkeit der Welle im Medium

gelten folgende Beziehungen, wobei zwei Fälle grundlegend zu unterscheiden sind, je nachdem, ob sich der Sender oder der Empfänger in Ruhe befindet.

Fall 1: Empfänger in Ruhe, Sender bewegt

Bewegt sich der Sender bei mit konstanter Frequenz f abgestrahltem Signal mit der (gleichförmigen) Geschwindigkeit v z.B. auf den Empfänger zu, so verkürzt sich der Weg zum Empfänger zwischen zwei aufeinander folgenden Wellenbergen auf den Betrag

$$\lambda_D = \lambda - \frac{v}{f} \quad .$$

Mit den bekannten Beziehungen

$$\lambda = \frac{c}{f} \qquad \text{und entsprechend} \qquad \lambda_D = \frac{c}{f_D}$$

ergibt sich nach einigen Umstellungen

$$f = f_D \cdot \left(1 - \frac{v}{c}\right) \text{ oder } f_D = f \cdot \frac{1}{1 - \frac{v}{c}} \quad ,$$

also eine erhöht wahrgenommene Frequenz f_D. Entfernt sich der Sender vom ruhenden Empfänger, so gilt das umgekehrte Vorzeichen

$$f_D = f \cdot \frac{1}{1 + \frac{v}{c}} \quad ,$$

oder allgemein

$$f_D = f \cdot \frac{1}{1 \mp \frac{v}{c}} \qquad (3\text{-}7)$$

oberes Vorzeichen bei Annäherung,
unteres Vorzeichen bei Entfernung.

Eine Besonderheit kann im Fall der Annäherung, also

$$f_D = f \cdot \frac{1}{1 - \frac{v}{c}} \quad ,$$

auftreten.

Ist die Geschwindigkeit des Senders (v) größer Null, aber kleiner als die Ausbreitungsgeschwindigkeit (c), so gilt

$$0 < v < c \qquad \text{und damit} \qquad 0 < \frac{v}{c} < 1 \ .$$

In diesem Fall gilt (3-7) uneingeschränkt. Jedoch für den Fall, dass v = c wird, was bei bewegter Schallquelle durchaus sein kann, wird der Nenner Null, es entstehen die Verhältnisse wie beim Überschallknall, die hier nicht weiter behandelt werden sollen.

Fall 2: Empfänger bewegt, Sender in Ruhe

Bewegt sich der Beobachter (Empfänger) auf den Sender mit der Geschwindigkeit v zu, so scheinen die Wellen auf ihn mit der Geschwindigkeit (c + v) zuzukommen. Damit ändert sich die Zeit, die die Wellen bis zum Erreichen des Empfängers benötigen.
Es gilt dann

$$\frac{c}{f} = \frac{(c+v)}{f_D} \qquad \text{und umgestellt} \qquad f_D = f \cdot \frac{(c+v)}{c}$$

oder allgemein für Annäherung oder Entfernung

$$f_D = f \cdot \left(1 \pm \frac{v}{c}\right) \tag{3-8}$$

oberes Vorzeichen bei Annäherung,
unteres Vorzeichen bei Entfernung.

Umformung von (3-7) mittels der Potenzreihe für

$$(1 \pm x)^{-1} = 1 \mp x + x^2 \mp x^3 + x^4 \mp \ldots$$

für den Fall x < 1 ergibt eingesetzt in (3-7)

$$f_D = f \cdot \left(1 \pm \frac{v}{c} + \left(\frac{v}{c}\right)^2 \pm \left(\frac{v}{c}\right)^3 + \left(\frac{v}{c}\right)^4 \pm \ldots\right) \ .$$

Bricht man die Reihe nach der 1. Ordnung ab, vernachlässigt also Glieder höherer Ordnung, so folgt

$$f_D \approx f \cdot \left(1 \pm \frac{v}{c}\right) \quad ,$$

was formal identisch ist mit Gleichung (3-8).

Um das Prinzip der Entfernungsmessung mittels Dopplereffekt darzustellen, genügt es also, auch unter Verzicht auf relativistische Effekte, nur Gleichung (3-8) weiter zu betrachten.

Ist die Sendefrequenz f bekannt und wird die Dopplerfrequenz f_D gemessen, und berücksichtigt man die Beziehung

$$\lambda = \frac{c}{f} \quad , \quad \text{so folgt weiter} \qquad f_D - f = \Delta f = \pm f \cdot \frac{v}{c} \tag{3-9}$$

$$\text{und} \quad \Delta f = \pm v \cdot \frac{f}{c} = \pm \frac{v}{\lambda} \quad \text{oder umgestellt} \qquad v = \lambda \cdot \Delta f \quad , \tag{3-10}$$

wobei v(t) und Δf(t) zeitabhängige, veränderliche Größen sein können.

Der Zusammenhang mit der gesuchten Distanz folgt aus der Grundbeziehung

$$D = v \cdot t \quad \text{bzw. differentiell} \qquad dD = v(t) \cdot dt$$

$$\text{und mit (3-10) folgt} \qquad dD = \lambda \cdot \Delta f(t) \cdot dt$$

aus deren Integration zwischen 2 Messzeitpunkten t_1 und t_2 sich schließlich die Distanz berechnen lässt

$$D = \int_{t_1}^{t_2} v(t) \cdot dt = \lambda \cdot \int_{t_1}^{t_2} \Delta f(t) \cdot dt \quad . \tag{3-11}$$

Hierbei ist zu beachten, dass also mit dem Doppler-Verfahren nur Entfernungsdifferenzen (zwischen zwei Messzeitpunkten) bestimmt werden können.

Anwendung findet das Verfahren bei der Satellitenpositionierung, z.B. mit den Transit-Satelliten beim ersten funktionsfähigen Satelliten-Positionierungssystem NNSS (Navy Navigation Satellite System) oder in Verbindung mit der interferometrischen Längenmessung (Abschnitt 3.3), wobei durch den Dopplereffekt auch das Vorzeichenproblem der Verschieberichtung beseitigt wird.

3.3 Entfernungsmessung durch Interferenzen

3.3.1 Entfernungsmessung durch Lichtinterferenzen

Bei diesem Verfahren wird die Lichtinterferenz zur Längenmessung höchster Genauigkeit angewendet. Unter Interferenz versteht man hier die Überlagerung zweier Lichtwellen mit einheitlicher Wellenlänge. Die Erzeugung dieser beiden Lichtwellen erfolgt mit einem Laser, dessen kohärente – d.h. mit einer konstanten Frequenz und gleicher Phase vorgegebene – Strahlung durch einen Strahlungsteiler (Interferometer) in zwei kohärente Teilstrahlen gleicher Intensität geteilt wird. Legen diese Strahlen verschiedene optische Wege zurück und werden sie anschließend wieder zusammengeführt und überlagert, so werden sie sich je nach Phasenverschiebung verstärken oder abschwächen. Schwingen beide in Phase, so kommt es zur größten Verstärkung; beträgt die Phasenverschiebung hingegen $\lambda / 2$, so löschen sie sich aus (Bild 3-8).

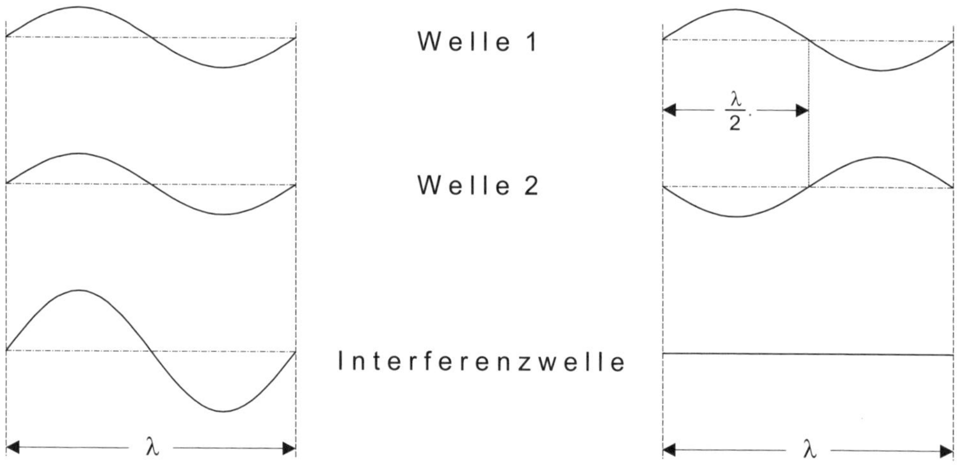

Interferenz zweier in Phase schwingender Wellen mit gleicher Amplitude und Wellenlänge

Interferenz zweier um λ/2 phasenverschobener Wellen mit gleicher Amplitude und Wellenlänge

Bild 3-8: Interferenz

Die Phasendifferenz hängt dabei vom Wegunterschied ab, den die beiden Teilstrahlen durchlaufen.

Lenkt man die beiden Teilstrahlen auf einen Photodetektor und verändert den Weg des einen Teilstrahls kontinuierlich, so registriert der Photodetektor eine Serie von Hell-Dunkel-Wechseln. Die Zahl der Hell-Dunkel-Wechsel ist dabei ein Maß für die Veränderung des einen Lichtwegs gegenüber dem anderen.

Dieses Prinzip ist bei der Entfernungsmessung mit dem Michelson-Interferometer verwirklicht (Bild 3-9).

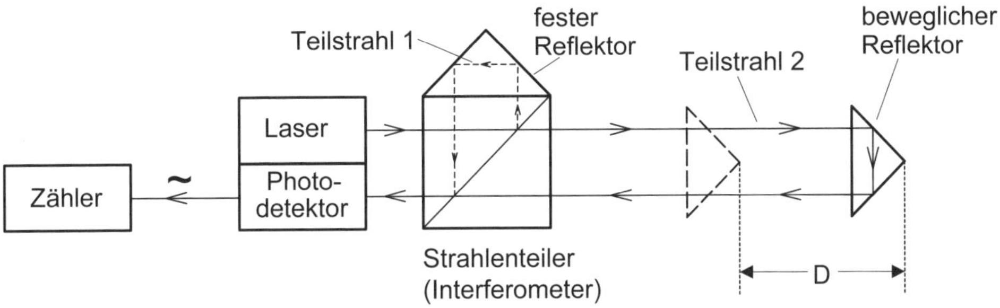

Bild 3-9: Michelson-Interferometer

Der vom Laser ausgesandte kohärente Lichtstrahl mit der Wellenlänge λ wird von einem Strahlenteiler (Interferometer) in zwei kohärente Teilstrahlen gleicher Intensität aufgeteilt. Teilstrahl 1 verläuft über einen ortsfesten Reflektor und Teilstrahl 2 verläuft über einen beweglichen Reflektor. Beide Teilstrahlen werden im Interferometer wieder zusammengeführt und die sich überlagernden Teilstrahlen treffen dann auf den Photodetektor.

Als Ausgangssituation sei angenommen, die beim Photodetektor ankommenden Teilstrahlen schwingen in Phase. Der Photodetektor liefert eine der Maximalhelligkeit entsprechende Anfangsspannung. Beim Verschieben des beweglichen Reflektors um den Betrag $\lambda/4$ durchläuft der Teilstrahl 2 die zusätzliche Strecke von $\lambda/2$. Die beim Photodetektor ankommenden Teilstrahlen weisen dann eine Phasenverschiebung von $\lambda/2$ auf und löschen sich aus. Die am Photodetektor anliegende Spannung nimmt den Wert Null an. Bei weiterer Verschiebung des Reflektors um $\lambda/4$ tritt wieder ein Helligkeits- und damit Spannungsmaximum auf. Jeweils nach weiterem Verschieben des Reflektors um $\lambda/2$ wird ein neues Maximum erreicht.

Wird nun die Zahl N der neu erzeugten Maxima mit einem dem Photodetektor nachgeschalteten Zähler gezählt (Bild 3-9), so erhält man für die Gesamtverschiebung des Reflektors

$$D = N \cdot \frac{\lambda}{2} \,. \qquad (3\text{-}12)$$

Die Auflösung dieses Verfahrens beträgt also $\lambda/2$ und damit bei $\lambda = 0{,}6\ \mu m$ etwa 0,3 μm. Diese Auflösung lässt sich jedoch durch elektronische Interpolation weiter steigern.

Stabilisierte Laser können über einen langen Zeitraum hinweg Wellenlängen mit einer relativen Genauigkeit von $\Delta\lambda/\lambda < 10^{-8}$ erzeugen. Die Genauigkeit der direkt von der vorgegebenen Wellenlänge λ abgeleiteten Strecke D wäre somit von derselben Größenordnung.

Dieses im Prinzip einfache Verfahren weist beim praktischen Einsatz zwei wesentliche Mängel auf.

Zur Erzeugung der Interferenzen ist eine äußerst empfindliche Justierung erforderlich und man erhält bei diesem Verfahren zunächst keine Information über die Bewegungsrichtung des Reflektors.

Das im Folgenden beschriebene Zwei-Frequenzen-Verfahren ist frei von diesen beiden Mängeln. Bei diesem Verfahren sendet der Laser Lichtwellen mit den Frequenzen f_1 und f_2 bzw. den Wellenlängen λ_1 und λ_2 aus. Intern im Gerät wird durch Frequenzüberlagerung die Schwebungsfrequenz $\Delta f = f_1 - f_2$ gebildet und von einem Zähler gezählt (Bild 3-10).

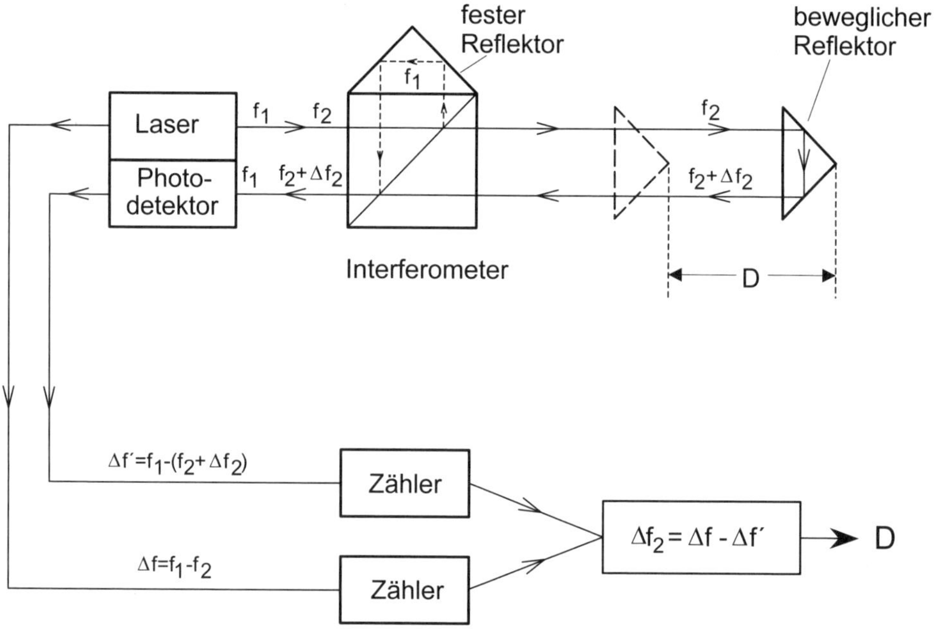

Bild 3-10: Prinzip des Zwei-Frequenzen-Verfahrens

Beim ausgesandten Strahl erfolgt durch ein polarisierendes Interferometer eine Aufteilung in die Frequenzen f_1 und f_2. Der Teilstrahl mit Frequenz f_1 läuft über eine feste Messstrecke. Der Teilstrahl mit Frequenz f_2 wird vom beweglichen Reflektor in das Interferometer reflektiert, dort mit dem Teilstrahl mit Frequenz f_1 vereinigt und auf den Photodetektor gelenkt. Der Photodetektor liefert dann ebenfalls das mit der Schwebungsfrequenz modulierte Ausgangssignal $\Delta f = f_1 - f_2$.

Wird nun der bewegliche Reflektor verschoben, so wird auf Grund des Dopplereffektes die Frequenz f_2 um Δf_2 frequenzverschoben. Mit vorgegebener Verschiebegeschwindigkeit v(t) gilt für den reflektierten Strahl, der wegen Hin- und Rückmessung gegenüber (3-10) um den Faktor 2 erhöht ist

$$\Delta f_2 = f_2 \frac{2 \cdot v(t)}{c} \quad . \tag{3-13}$$

Bei Verschiebung des Reflektors zum Interferometer hin ergibt sich Δf_2 als positiv und bei Verschiebung vom Interferometer weg als negativ.
Vom Photodetektor und dem angeschlossenen Zähler (Bild 3-10) wird dann die Frequenzdifferenz

$$\Delta f' = f_1 - (f_2 + \Delta f_2) \tag{3-14}$$

gezählt.

Aus (3-13) und (3-14) lässt sich nun der Verschiebungsbetrag D des Reflektors ableiten.

Formen wir (3-13) um, so folgt

$$v(t) = \frac{\Delta f_2 \cdot c}{2 \cdot f_2} \quad . \tag{3-15}$$

Die dabei zunächst unbekannte Frequenzverschiebung auf Grund des Dopplereffektes Δf_2 erhält man aus (3-14) zu

$$\Delta f_2 = f_1 - f_2 - \Delta f'$$

oder mit $\Delta f = f_1 - f_2$ zu

$$\Delta f_2 = \Delta f - \Delta f' . \tag{3-16}$$

Mit

$$\frac{c}{f_2} = \lambda_2 \qquad \text{gilt} \qquad v(t) = \frac{\lambda_2}{2} \cdot \Delta f_2 \quad .$$

Wird der Reflektor während eines Zeitraumes $t = t_2 - t_1$ mit der variablen Geschwindigkeit v(t) verschoben, so ergibt das Integral über die Zeit die gesuchte Verschiebungslänge D:

$$D = \int_{t_1}^{t_2} v(t)\,dt = \frac{\lambda_2}{2} \int_{t_1}^{t_2} \Delta f_2\,dt$$

oder mit (3-16)

$$D = \frac{\lambda_2}{2} \int_{t_1}^{t_2} (\Delta f - \Delta f')\,dt \quad . \tag{3-17}$$

Die Lösung dieses Integrals erfolgt bei den in der Praxis eingesetzten Geräten durch Aufsummieren der Zählimpulse während des Verschiebungszeitraumes t (Bild 3-10). Auch hier gilt die beim Michelson-Interferometer genannte Relativgenauigkeit von 10^{-8}. Die Auflösung hingegen liegt beim Zwei-Frequenzen-Verfahren noch höher und kann bis auf 0,01 µm gesteigert werden. Diese extrem hohe Auflösung kann jedoch nur bei der Messung sehr kurzer Strecken im dm-Bereich sinnvoll genutzt werden, denn auch bei diesem Verfahren stellt die Erfassung der atmosphärischen Parameter die eigentliche Schwachstelle dar.

Bei Entfernungen bis 50 m beträgt die Genauigkeit der Streckenmessung auf Grund der unsicheren Erfassung der atmosphärischen Parameter etwa $5 \cdot 10^{-7}$. Nur unter optimalen Bedingungen (klimatisierter Messraum) lässt sich diese Genauigkeit auf maximal $1 \cdot 10^{-7}$ steigern.
Der Messaufwand bei den interferometrischen Verfahren ist beträchtlich. So ist eine Streckenmessung nur möglich, wenn der Reflektor vom Anfangspunkt der Strecke kontinuierlich bis zum Endpunkt so verschoben werden kann, dass er sich immer auf der Messstrahlachse befindet. Auch die kürzeste Unterbrechung des Messstrahles muss ausgeschlossen sein. Die seitlichen Abweichungen von der Messstrahlachse dürfen dabei den mm-Bereich nicht überschreiten. Damit ist dieses Verfahren mit Ausnahme von Eichungen für geodätische Aufgaben kaum praktikabel gewesen. Eine spezielle Reflektorentwicklung (Bauart Baechler) eröffnet aber auch hier weitere Anwendungsmöglichkeiten.

Dieser automatisch ausrichtbare Reflektor kann frei Hand über die Messstrecke bewegt werden (Bild 3-11). Dazu ist das Prisma auf einem Wagen montiert, der von je einem Servomotor in horizontaler und vertikaler Richtung auf dem Reflektorgestell im Bereich ±5 cm bewegt werden kann. Eine Vier-Quadranten-Photozelle (siehe Abschnitt 9.2), auf die ein Teil des reflektierten Laserstrahls gelenkt wird, steuert dabei die Servomotoren so, dass sich das Prisma immer auf der optischen Achse des Laserstrahls befindet.

Eine weitere Möglichkeit flexibler interferometrischer Streckenmessung bietet das 3D-Interferometer SMART von LEICA (siehe Abschnitt 10.2.2).

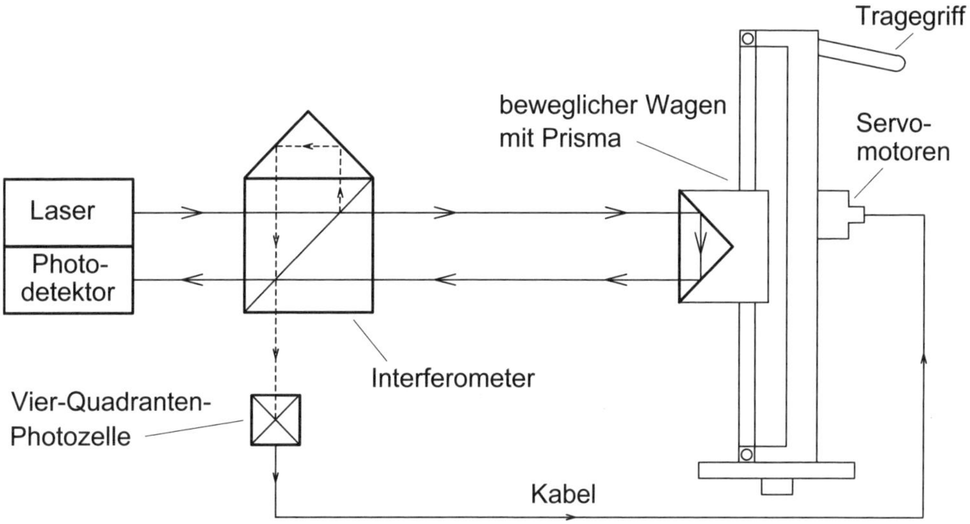

Bild 3-11: Automatisch ausrichtbarer Reflektor, Bauart Baechler

<u>Vorteile des interferometrischen Verfahrens:</u>

- Es ist das genaueste Längenmessverfahren überhaupt.
- Es ist das Längenmessverfahren mit der höchsten Auflösung.

<u>Nachteile des interferometrischen Verfahrens:</u>

- Das Verfahren erfordert einen sehr hohen Messaufwand und sehr teure Geräte.
- Das Verfahren ist auf einen Messbereich bis etwa 50 m beschränkt.
- Das Verfahren ist nur anwendbar, wenn der Reflektor auf der optischen Achse des Laserstrahls ohne Unterbrechung über die gesamte Messstrecke bewegt werden kann.

Vor allem der letztgenannte Nachteil schränkt den Einsatz des interferometrischen Verfahrens stark ein. Kann eine Unterbrechung des Laserstrahls während der Messung nicht ausgeschlossen werden, ist der Einsatz von <u>absolut messender Laserinterferometrie</u> erforderlich. Bei der Absolut-Laser-Interferometrie wird der Reflektor nicht verschoben und somit werden keine Interferenzen gezählt. Nach Strahlunterbrechung liefert das absolute Verfahren sofort wieder korrekte Messwerte, ohne dass das Messverfahren auf Referenzpunkten neu gestartet werden muss.

Derzeit wird mit zwei verschiedenen Ansätzen versucht, absolute Distanzmessung mit Interferometern bzw. interferometerähnlichen Instrumenten zu erreichen.

Der eine Ansatz entspricht im Prinzip der Phasenmessung, wie sie in Abschnitt 4 dargestellt ist. Es wird hierbei die Distanz D als Vielfaches der Laserwellenlänge λ_1 und dem Reststück $\Delta\lambda_1$ ermittelt (Bild 3-12).

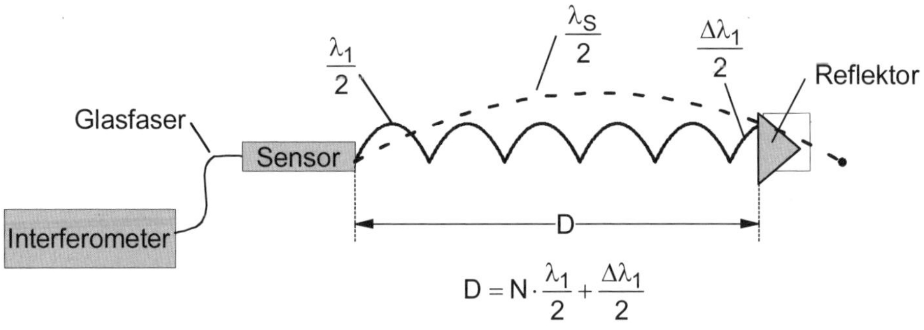

Bild 3-12: Distanz als Vielfaches von $\lambda_1/2$

Die Auflösung bei diesem Verfahren liegt bei etwa 1/200 von λ_1. Da keine Interferenzen gezählt werden, wäre der Eindeutigkeitsbereich auf $\lambda_1/2$ beschränkt. Um eine Information über die Anzahl N der Wellenlängen λ_1, die in die Distanz D passen, zu erhalten, müssen zusätzliche Messungen mit größeren „synthetischen" Wellenlängen λ_S durchgeführt werden (siehe Abschnitt 4.2). Die synthetischen Wellenlängen λ_S werden als Schwebungswellenlängen zweier Laserstrahlen mit unterschiedlichen Wellenlängen λ_1 und λ_2 erzeugt:

$$\lambda_S = \frac{\lambda_1 \cdot \lambda_2}{|\lambda_2 - \lambda_1|} \quad . \tag{3-18}$$

Zahlenbeispiel für einen in JENNEWEIN et al. 2000 vorgestellten Prototyp:

$\lambda_1 = 780{,}2$ nm
$\lambda_2 = 788{,}5$ nm
$\lambda_3 = 780{,}5$ nm

$$\lambda_{S_1} = \frac{\lambda_1 \cdot \lambda_2}{|\lambda_2 - \lambda_1|} = 74{,}1\ \mu\text{m}$$

$$\lambda_{S_2} = \frac{\lambda_1 \cdot \lambda_3}{|\lambda_3 - \lambda_1|} = 2{,}030\ \text{mm}$$

Mit λ_{S_2} wäre also erst ein Eindeutigkeitsbereich von $\frac{\lambda_{S_2}}{2} \approx 1$ mm erreicht.

Durch weitere größere Wellenlängen λ_S lässt sich der Eindeutigkeitsbereich bis etwa 10 m steigern. Die Nachteile dieses Verfahrens nach jetzigem Entwicklungsstand wären also ein eingeschränkter Eindeutigkeitsbereich und die Erfordernis, mit vier oder mehr Laserdioden zu arbeiten, falls der Eindeutigkeitsbereich über den mm-Bereich hinaus ausgedehnt werden soll. Dem steht als Vorteil gegenüber, dass mit einer Auflösung von einigen Nanometern absolut gemessen werden kann.

Der zweite Ansatz entspricht einer Weiterentwicklung des in Abschnitt 3.1 vorgestellten Verfahrens mit Coherent Laser Radar und Chirp-Modulation (SLOTWINSKI 2006). Hierzu ist eine linear durchstimmbare Laserdiode erforderlich.
Der Eindeutigkeitsbereich bei diesem Verfahren stellt kein Problem dar (siehe Abschnitt 3.1) und die mögliche Messreichweite liegt derzeit schon bei knapp 100 m, allerdings bei einer Auflösung, die etwas schlechter als 0,01 mm ist. Diese Auflösung ist also wesentlich geringer als bei der klassischen Laser-Interferometrie. Sie reicht aber für viele Aufgaben der industriellen Messtechnik jetzt schon aus und für die Auflösung besteht noch weiteres Entwicklungspotential.
Beide Verfahren sind noch in der Entwicklung und ihr praktischer Einsatz steht noch bevor.

3.3.2 Very Long Baseline Interferometry (VLBI)

Bei der Very Long Baseline Interferometrie, auch Radiointerferometrie genannt, nutzt man die Radiosignale extragalaktischer Strahlungsquellen. Als Strahlungsquellen kommen hier hauptsächlich Quasare, aber auch Radiogalaxien in Frage. Quasare sind Milliarden von Lichtjahren entfernt und somit kann man die auf die Erde treffenden Wellenfronten als eben betrachten (Bild 3-13).

Ziel der Very Long Baseline Interferometrie ist es unter anderem, die Basislinie b zwischen Paaren von Radioteleskopstationen (z.B. Station 1 und 2) zu bestimmen. Bei der im Bild 3-13 dargestellten Konstellation wird das Signal zuerst die Station 2 und danach die Station 1 treffen. Die zeitliche Verzögerung Δt entspricht der Signallaufzeit von P nach Station 1 und mit

$$d = c \cdot \Delta t$$

erhält man die Entfernungsdifferenz.

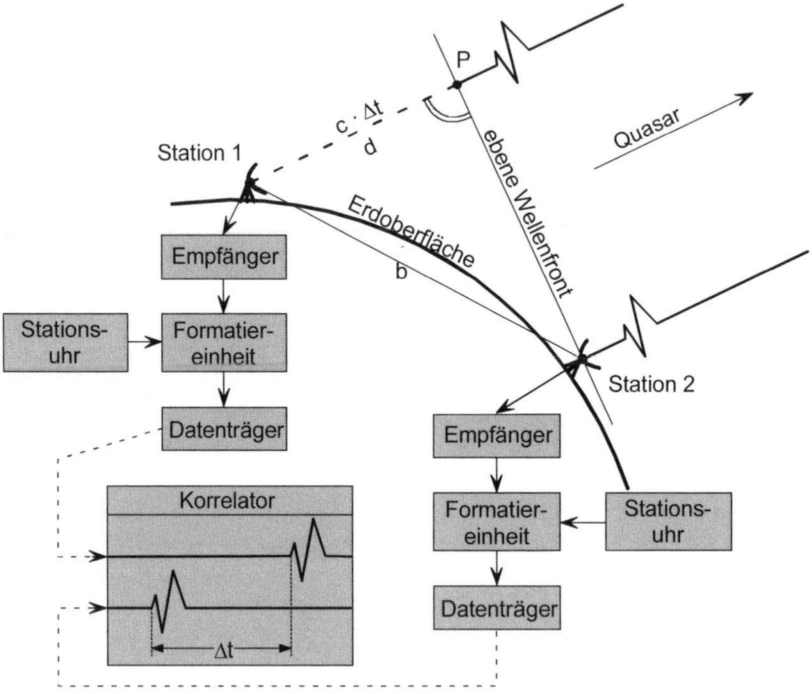

Bild 3-13: Radiointerferometrie

Bei diesem Verfahren ist also die Laufzeit Δt zu ermitteln. Hierzu werden auf beiden Stationen die Signalströme aufgezeichnet und digitalisiert und mit Zeitmarken der jeweiligen Station versehen. Die Daten der beiden Stationen werden dann in einem Korrelator zeitlich gegeneinander bis zur maximalen Korrelation verschoben. Das zeitliche Verschiebemaß entspricht dann der gesuchten Signallaufzeit Δt. Bei der Korrelation treten Interferenzen auf, deswegen spricht man hier von Interferometrie. Die Frequenz der Interferenzstreifen ändert sich zeitlich wegen der Rotation der Erde. Man erhält aus diesen Messungen also noch nicht die Basislinie b, sondern nur ihre Projektion d auf die Sichtlinie von Station 1 zum Quasar. Um die Basis b zu erhalten, wird die Zeitverzögerung Δt zu mindestens drei Quasaren gemessen. Hierbei wird vorausgesetzt, dass die Richtungen von der Erde zu den Quasaren bekannt ist. Modellhaft kann man sich vorstellen, die drei Richtungen zu den Quasaren stünden senkrecht aufeinander, dann stünden auch die drei Entfernungsdifferenzen d_1, d_2 und d_3 senkrecht aufeinander, entsprechend den drei Komponenten von Koordinatenunterschieden in einem dreidimensionalen kartesischen Koordinatensystem, und man erhielte

$$b = \sqrt{d_1^2 + d_2^2 + d_3^2} \quad .$$

Bei beliebiger Anordnung der Quasare sind die Zusammenhänge leider komplexer (CAMPBELL, WITTE 1978), worauf hier allerdings nicht näher eingegangen wird. In der Praxis werden wesentlich mehr als drei Quasare gleichzeitig beobachtet und es muss ausgeglichen werden. In der Ausgleichung können dann weitere Parameter wie z.B. säkulare Polwanderung, Nutation oder Schwankungen der Tageslänge modelliert werden.

Die Basislängen b können Tausende von Kilometern betragen. Die längste ausgewertete Basislinie ist etwa 10 000 km lang. Die Basislinien lassen sich mit einer Genauigkeit von 1 cm oder besser bestimmen. Da einige Basislinien über Kontinente hinweg verlaufen, lässt sich mit VLBI auch die Drift der tektonischen Platten nachweisen. Mit Hilfe der VLBI können die weltweit verteilten Stationen in einem einheitlichen globalen System koordiniert werden und dienen dann als Rahmen für Folgenetze.

3.4 Phasenvergleichsverfahren

Bei diesem Verfahren wird einer kontinuierlich ausgestrahlten Trägerwelle ein sinusförmiges Signal aufmoduliert. Die aufmodulierte Welle dient dann als Maßeinheit für die Streckenmessung. Eine fest vorgegebene Modulationsfrequenz f legt dabei nach der einfachen Beziehung

$$\lambda = \frac{c}{f}$$

die Wellenlänge λ fest.

Die Messwelle wird vom Sender abgestrahlt und vom Zielreflektor zum Empfänger zurückreflektiert (Bild 3-14). Dort trifft die über die doppelte Messstrecke gelaufene Welle mit einer Phasenverschiebung gegenüber der ausgesandten Welle ein.

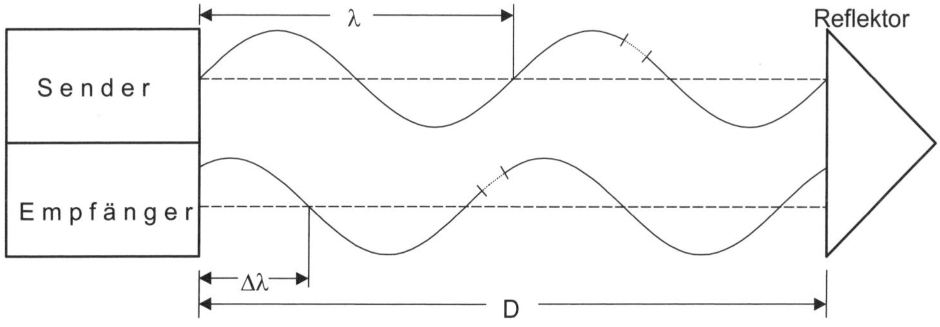

Bild 3-14: Messprinzip

Die durchlaufene Strecke 2D setzt sich aus dem Vielfachen N der Modulationswellenlänge λ und dem der Phasenverschiebung entsprechenden Wellenreststück $\Delta\lambda$ zusammen.

$$2D = N \cdot \lambda + \Delta\lambda$$

oder

$$D = N \cdot \frac{\lambda}{2} + \frac{\Delta\lambda}{2} \tag{3-19}$$

Wellenreststück $\Delta\lambda$ und Anzahl N müssen also ermittelt werden.
In einem ersten Schritt erfolgt die Bestimmung des Wellenreststückes $\Delta\lambda$ durch Messen der Phasenverschiebung zwischen ausgesandter und empfangener Welle (Bild 3-15).

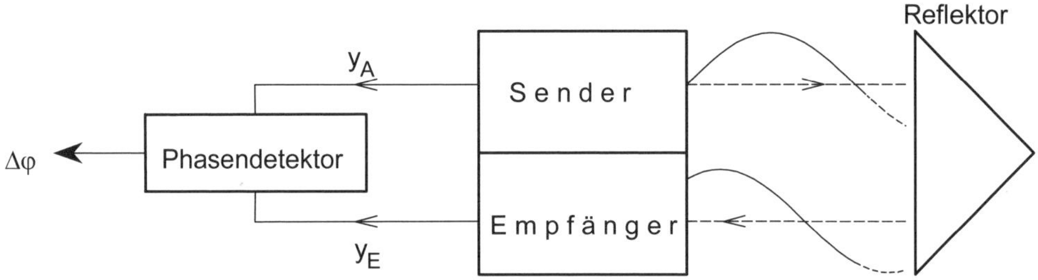

Bild 3-15: Phasenvergleich

Das ausgesandte Sinussignal hat die Form

$$y_A = A \cdot \sin(\omega \cdot t) \quad \text{mit} \quad \omega = 2\pi f$$

und das empfangene Signal hat die Form

$$y_E = \overline{A} \cdot \sin(\omega \cdot t + \varphi_{2D}).$$

Das empfangene Signal ist also gegenüber dem ausgesandten um φ_{2D} phasenverschoben mit

$$\varphi_{2D} = N \cdot 2\pi + \Delta\varphi .$$

Dabei entspricht 2π einer vollen Wellenlänge λ. Der Phasendetektor kann von der Phasenverschiebung φ_{2D} nur den Anteil $\Delta\varphi$ bestimmen. Aus $\Delta\varphi$ lässt sich dann $\Delta\lambda$ zu

$$\Delta\lambda = \frac{\Delta\varphi}{2\pi}\lambda \tag{3-20}$$

ermitteln.

Mit der Bestimmung des Wellenreststückes $\Delta\lambda$ ist das Ergebnis für die Streckenmessung aber noch nicht eindeutig, denn die Anzahl N der ganzen Wellenlängen bzw. Phasenverschiebungen ist bisher noch unbekannt. Ein eindeutiges Ergebnis würde man jedoch erhalten, wenn man die Maßstabswellenlänge λ so wählen könnte, dass sie größer als die zu messende doppelte Maximaldistanz wäre. Die gemessene Phasenverschiebung $\Delta\varphi$ und damit das Wellenreststück $\Delta\lambda$ entspräche dann der gesuchten doppelten Strecke 2D. Dem steht jedoch entgegen, dass die Auflösung bei der Phasenmessung auf etwa 1/5000 bis 1/10 000 der verwendeten Maßstabswellenlänge beschränkt ist. Bei einer Maßstabswellenlänge von z.B. 10 km wäre somit eine Messung auf 1 bis 2 m genau, also nur die Bestimmung eines Grobwertes möglich.
Möchte man ein bis zur Maximalentfernung eindeutiges und außerdem genaues Ergebnis erhalten, so sind bei der Phasenvergleichsmessung mindestens zwei verschiedene Maßstäbe erforderlich.
Die Messung besteht dann aus einer Fein- und mindestens einer Grobmessung. Die Feinmessung mit einer kleinen Maßstabswellenlänge λ_1 ergibt mit hoher Auflösung das Wellenreststück $\Delta\lambda_1$. Der Grobwert $\Delta\lambda_2$ aus der Messung mit der großen Maßstabswellenlänge λ_2 (mit $\lambda_2 > 2D$) wird dann nur dazu verwendet, die Anzahl N der ganzen Wellenlängen λ_1 bzw. Phasenverschiebungen zu bestimmen. Für die Strecke D gilt mit beiden Maßstäben

$$2D = N \cdot \lambda_1 + \Delta\lambda_1 \qquad \text{und} \qquad 2D \approx \Delta\lambda_2$$

und damit folgt

$$N \approx \frac{\Delta\lambda_2 - \Delta\lambda_1}{\lambda_1} \quad .$$

Für N ist dann die diesem Wert nächstgelegene ganze Zahl zu wählen.

Die Zusammenfassung der Fein- und Grobmessung zum Gesamtergebnis erfolgt geräteintern mit einem Mikroprozessor.

Zur Bestimmung des Phasenunterschiedes $\Delta\varphi$ werden verschiedene Techniken angewendet:
- die analoge Phasenmessung,
- die Phasenmessung mit variabler Modulationsfrequenz,
- die digitale Phasenmessung und
- die Phasenmessung aus Intensitätsmessungen.

Bei der <u>analogen Phasenmessung</u> (Abschnitt 4.3.4) werden ausgesandte und über die Messstrecke gelaufene Wellen mit einem Phasenschieber so lange gegeneinander verschoben, bis beide in Phase schwingen. Der Verschiebungsbetrag wird dabei gemessen.

Das Verfahren der Phasenmessung mit variabler Modulationswellenlänge (Abschnitt 4.2 „2. Möglichkeit") beruht darauf, dass im Gerät die Modulationsfrequenz und damit die Maßstabswellenlänge so lange verändert wird, bis die Phasenverschiebung und damit das Wellenreststück $\Delta\lambda$ zu Null wird. Die gesuchte Strecke besteht dann aus einer ganzzahligen Anzahl von Wellenlängen. Wird diese Frequenz gemessen, so ist nach $\lambda = c/f$ auch die dazugehörige Wellenlänge bekannt.
Bei der digitalen Phasenmessung (Abschnitt 4.3.4) wird die Phasenverschiebung durch einen Zählvorgang bestimmt. Mit diesem Zählvorgang wird der zeitliche Abstand der Nulldurchgänge der beiden Wellen ermittelt.
Bei der Phasenmessung aus Intensitätsmessungen (Abschnitt 4.3.4) werden die Phasenwinkel sowohl des empfangenen Signals als auch des ausgesandten Signals aus jeweils vier Intensitätsmessungen rekonstruiert und verglichen.
Viele Nahbereichsentfernungsmesser verwenden bei der Feinmessung eine Maßstabswellenlänge von 20 m. Die Auflösung der Phasenmessung von $\lambda/5000$ bis $\lambda/10\,000$ entspricht dann einer Auflösung der Streckenmessung von 2 – 4 mm.
Nach der Beziehung $\lambda = c/f$ ist die Maßstabswellenlänge durch die Frequenz f vorgegeben. Bei den einfachen Nahbereichsentfernungsmessern wird die Frequenz mit einer relativen Genauigkeit von $\Delta f/f$ von $1 \cdot 10^{-5}$ bis $1 \cdot 10^{-6}$ erzeugt. Diese relative Genauigkeit gilt dann auch für die aus der Maßstabswellenlänge abgeleiteten Strecken.
Die Messergebnisse beim Phasenvergleichsverfahren sind von einer Reihe weiterer Fehlereinflüsse, die bei den anderen Streckenmessverfahren nicht auftreten, überlagert. Zu diesen Fehlern zählen u.a. die Phaseninhomogenität, der zyklische Phasenfehler und die Phasendrift (siehe auch Abschnitt 5).

Vorteile des Phasenvergleichsverfahrens:

- Ausgereiftes Verfahren, das inzwischen mit sehr kompakten und preiswerten Geräten umgesetzt wird.
- Das Verfahren ist unempfindlich gegenüber kurzzeitigen Messstrahlunterbrechungen.

Nachteile des Phasenvergleichsverfahrens:

- Bei der Phasenmessung treten Fehler auf, die in dieser Form bei den anderen Verfahren nicht vorhanden sind.
- Eine eindeutige Streckenmessung mit hoher Genauigkeit ist mit einer einzigen Maßstabswellenlänge nicht möglich.
- Im Vergleich zur Laufzeitmessung ist hier eine aufwendigere Optik und eine leistungsfähigere Stromversorgung erforderlich.

3.5 Distanzmessung durch Lasertriangulation

Vor allem in der Fertigungsmesstechnik dient die Lasertriangulation zur automatischen Abstandsmessung im Dezimeter-Bereich. Das Messprinzip beruht auf den einfachen trigonometrischen Zusammenhängen im rechtwinkligen Dreieck (Bild 3-16).

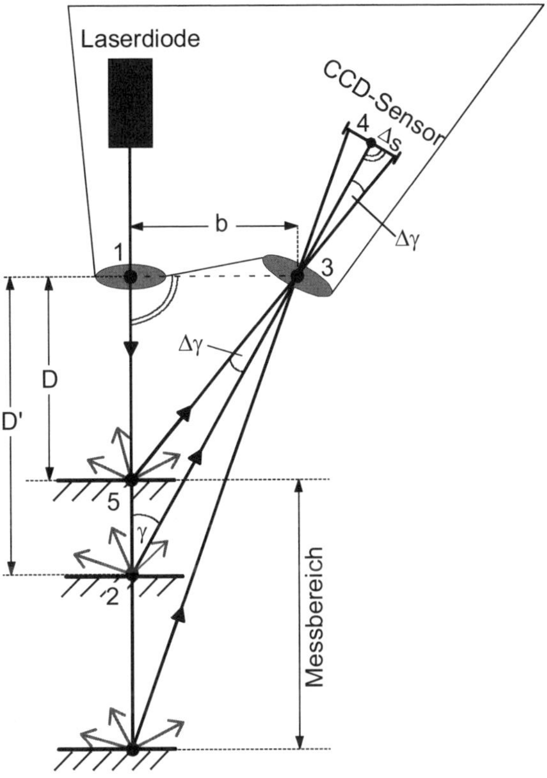

Bild 3-16: Messprinzip und Aufbau eines Triangulationssensors

Mit Hilfe einer Laserdiode und der Sendeoptik (1) wird ein Laserpunkt (2) auf das sich im Grundabstand D' befindliche Objekt projiziert. Dieser Laserpunkt wird mit der Empfangsoptik (3) unter dem Triangulationswinkel γ betrachtet und in der Mitte (4) des linearen CCD-Sensors abgebildet. Bei vorgegebener Basis b und bekanntem Schnittwinkel (Triangulationswinkel γ) der beiden optischen Achsen 1-2 und 2-3 erhält man den Grundabstand D' zu

$$D' = \frac{b}{\tan \gamma} \quad . \qquad (3\text{-}21)$$

Befindet sich der Laserpunkt (5) nicht im Grundabstand D' zum Triangulationssensor, so wird er nicht mehr in der Mitte des CCD-Sensors abgebildet. Aus der Auslenkung Δs des reflektierten Strahls zu der Sensormitte lässt sich die Winkeländerung $\Delta\gamma$ ableiten und die gesuchte Distanz D beträgt dann

$$D = \frac{b}{\tan(\gamma + \Delta\gamma)} \quad . \tag{3-22}$$

Die Länge des CCD-Sensors legt hierbei den Messbereich fest. Die Lasertriangulationssensoren haben einen typischen Messbereich von 1 mm bis wenige dm und eine Auflösung von 0,5 μm bis 50 μm in Abhängigkeit von der Auflösung des CCD-Sensors, vom Objektpunktabstand D und von der Oberflächenbeschaffenheit des Objektes.

Die Lasertriangulation bildet auch die Grundlage für das Lichtschnittverfahren. Beim Lichtschnittverfahren wird vor der Laserdiode eine Zylinderlinse oder ein oszillierender Spiegel angebracht und damit der Strahl zu einem ebenen Fächer aufgeweitet. Es wird dadurch eine Profillinie auf das Messobjekt projiziert und dann auf einen flächigen CCD-Array abgebildet (Bild 3-17). Das Ergebnis ist somit ein Abstandsprofil.

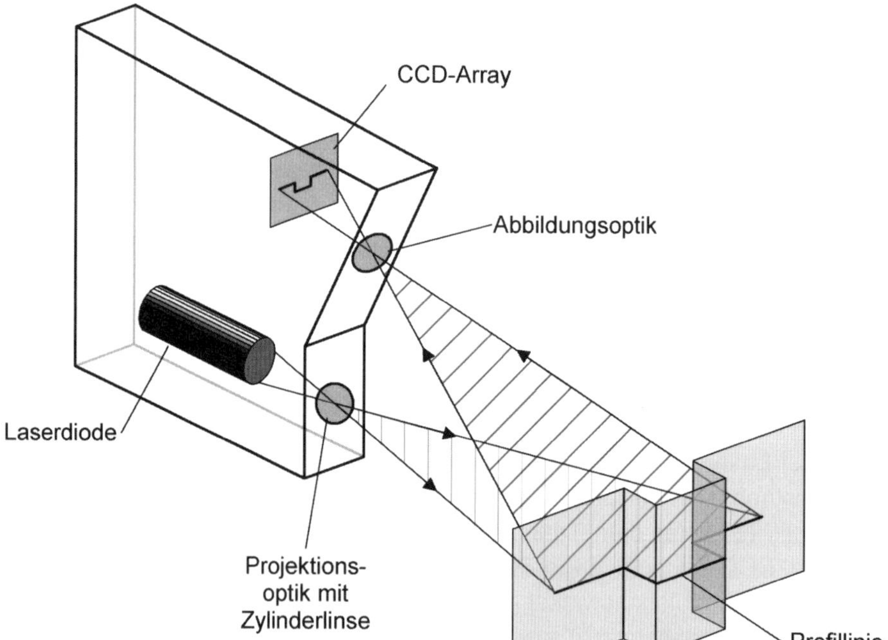

Bild 3-17: Lichtschnittverfahren nach PFEIFER 2001

Die Lichtschnittsensoren können relativ zum Messobjekt bewegt werden. Es können also durch Scannen dreidimensionale Objektkoordinaten erzeugt werden. Voraussetzung hierfür ist allerdings, dass zu jedem Messzeitpunkt die räumliche Position und Ausrichtung des Lichtschnittsensors bekannt sind. Dies kann dadurch erfolgen, dass der Lichtschnittsensor mit einem Koordinatenmessgerät (KMG) gekoppelt und von diesem geführt wird. Als Koordinatenmessgeräte werden hierbei stationäre 3D-Messsysteme mit einem Messvolumen bis zu 3 m x 5 m x 15 m eingesetzt. Es können aber auch mobile Messsysteme, die z.B. als polare Messarme ausgestaltet sind, eingesetzt werden.

Die neuesten Lichtschnittsensoren sind so klein und leicht, dass sie sich als Handgeräte einsetzen lassen. Der Operateur kann den Lichtschnittsensor von Hand führen und beim Scannen der Objektoberfläche folgen, so dass auch komplexe Objekte dreidimensional erfasst werden können. Räumliche Position und Ausrichtung des Handgerätes werden dabei in Echtzeit photogrammetrisch erfasst. Dazu ist das Handgerät redundant mit Messmarken ausgestattet und der Operateur muss darauf achten, dass während des gesamten Messvorgangs eine ausreichende Zahl von Messmarken durch das digitale photogrammetrische System erfasst werden kann.

4 Elektrooptische Entfernungsmessung durch Phasenvergleichsmessung

4.1 Messprinzip

Eine kurzgefasste Darstellung des Grundprinzips erfolgte schon in Abschnitt 3.4.
Bei der Phasenvergleichsmessung wird das Messergebnis von einer Maßstabswellenlänge abgeleitet. Ein Schwingungsvorgang mit der Frequenz f erzeugt dabei die Maßstabswellenlänge λ, wobei gilt

$$\lambda = \frac{c_0}{n \cdot f} \quad . \tag{4-1}$$

Die Strecke wird dann als ein Vielfaches der ausgesandten Maßstabswellenlänge λ bestimmt (Bild 4-1):

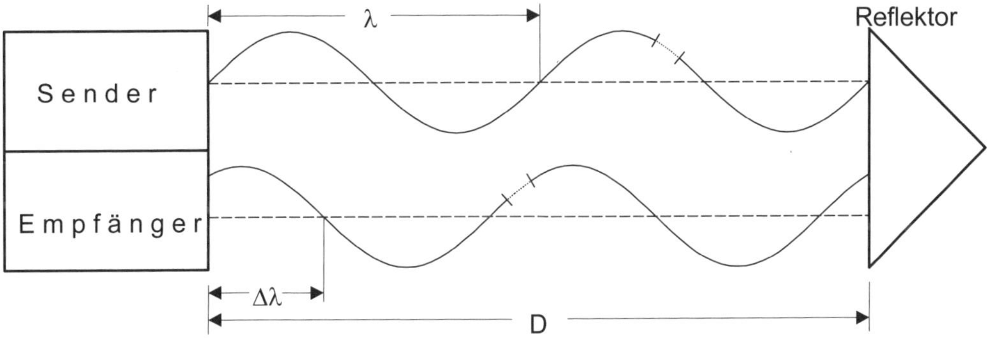

Bild 4-1: Strecke D als Vielfaches der Maßstabswellenlänge

Es gilt:

$$2D = N \cdot \lambda + \Delta\lambda \qquad \text{oder} \qquad D = N \cdot \frac{\lambda}{2} + \frac{\Delta\lambda}{2} \tag{4-2}$$

mit N = Anzahl der Maßstabswellenlängen,
$\Delta\lambda$ = Wellenreststück.

Mit $\frac{\lambda}{2}$ = U = Maßstab und

$\frac{\Delta\lambda}{2}$ = R = Reststück folgt

$$D = N \cdot U + R \quad . \tag{4-3}$$

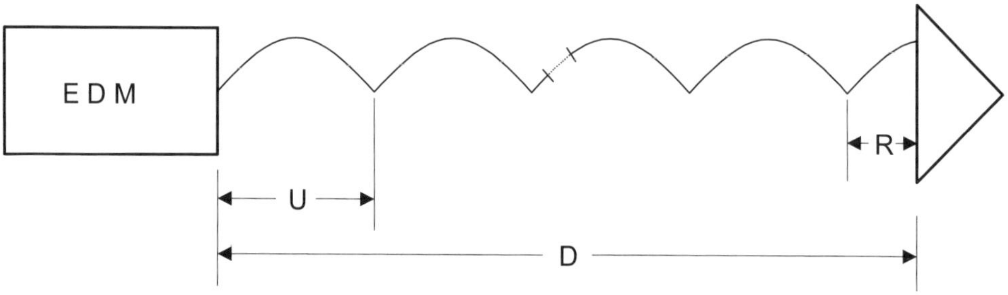

Bild 4-2: Strecke D als Vielfaches des Maßstabes U

Bei diesem Verfahren ist nur das der Phasenverschiebung entsprechende Wellenreststück $\Delta\lambda$ bzw. das Reststück R mit einem Phasenmesser bestimmbar. Die ganzzahlige Anzahl N der Maßstabswellenlänge λ bzw. des Maßstabes U kann nur indirekt abgeleitet werden.

4.2 Möglichkeiten zur eindeutigen Streckenbestimmung

Um die Anzahl N festzulegen, sind zusätzliche Messungen mit weiteren Maßstäben erforderlich. Diese weiteren Maßstäbe werden im Gerät durch Frequenzteilung oder Frequenzmischung erzeugt. Können in einem Entfernungsmessgerät n verschiedene Frequenzen und damit n verschiedene Maßstäbe erzeugt werden, so gilt allgemein für eine zu bestimmende Distanz D:

$$\begin{aligned} f_1 &: \quad D = N_1 \cdot U_1 + R_1 \\ f_2 &: \quad D = N_2 \cdot U_2 + R_2 \\ &\quad\vdots \\ f_n &: \quad D = N_n \cdot U_n + R_n \quad . \end{aligned} \tag{4-4}$$

Bei vorgegebenen bekannten Frequenzen f_1 bis f_n sind auch nach

$$U = \frac{c_0}{2nf} = \frac{c}{2f} \tag{4-5}$$

die Maßstäbe U_1 bis U_n bekannt.

Die Reststücke R_1 bis R_n werden durch Phasenvergleich bestimmt. Unbekannt sind in diesem Gleichungssystem (4-4) die gesuchte Strecke D und die jeweiligen Anzahlen N_1 bis N_n der Maßstäbe.

Das Gleichungssystem (4-4) ist so nicht lösbar, da bei n Bestimmungsgleichungen n+1 Unbekannte vorliegen. Es wird aber lösbar, wenn wir eine weitere Gleichung ohne neue Unbekannte hinzufügen können. Hierzu gibt es verschiedene Möglichkeiten:

1. Möglichkeit

Wählen wir einen Maßstab z.B. U_1 so, dass er immer größer als die zu messende Strecke D (Bild 4-3) ist, so gilt:

$$N_1 = 0 \ .$$

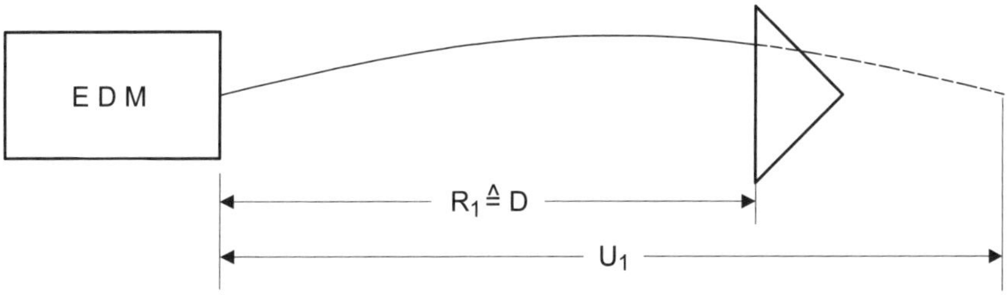

Bild 4-3: Grobmessung mit $U_1 > D$

Damit ist das System (4-4) lösbar. Setzen wir $N_1 = 0$ in die erste Gleichung des Systems ein, so erhalten wir

$$D = R_1$$

und somit schon einen eindeutigen Wert für D. Allerdings ist dies nur ein Grobwert für die gesuchte Strecke, da die Auflösung bei der Phasenmessung begrenzt ist. Beträgt der Maßstab U_1 mehrere Kilometer, so kann die Strecke hierbei nur mit Meter-Genauigkeit bestimmt werden. Ein genaueres Ergebnis lässt sich erst aus den weiteren Messungen ableiten.

Beispiel:

	Frequenz f [kHz]	Maßstab U [m]	Ablesung A am Phasen-messer	Reststück R [m] R = A·U
1. Messung	15	10 000	0,622	6220
2. Messung	150	1 000	0,216	216
3. Messung	1 500	100	0,156	15,6
4. Messung	15 000	10	0,573	5,73
			Ergebnis:	6215,73 m

In diesem Beispiel werden mit dezimal abgestuften Frequenzen vier Messungen durchgeführt. Die 4. Messung mit dem Feinmaßstab 10 m bezeichnet man als Feinmessung. Die ersten 3 Messungen, die nur der eindeutigen Festlegung der Gesamtstrecke dienen, werden als Grobmessungen bezeichnet.
Das Gesamtergebnis erhält man in diesem Beispiel, indem man vor den Zahlenwert der Feinmessung jeweils die erste Ziffer der Grobmessungen fügt. Die Unbekannten N_2 bis N_4 müssen hierbei gar nicht direkt bestimmt werden.
Bei einigen Nahbereichsentfernungsmessern mit begrenzter Reichweite kommt man schon mit nur zwei Maßstäben aus.
Das Gleichungssystem (4-4) lautet dann

$$f_1: \quad D = N_1 \cdot U_1 + R_1 \tag{4-4a}$$

$$f_2: \quad D = N_2 \cdot U_2 + R_2 \quad . \tag{4-4b}$$

Auch hier wählt man den Maßstab U_1 so, dass er immer größer als die zu messende Strecke ist. Damit ist wiederum

$$N_1 = 0 \quad .$$

Daraus folgt mit (4-4a) wieder ein Grobwert für D mit

$$D \approx R_1 \quad .$$

Mit (4-4b)

$$D = N_2 \cdot U_2 + R_2 \approx R_1$$

folgt

$$N_2 \approx \frac{R_1 - R_2}{U_2} \quad .$$

Der Zahlenwert für N_2 ist dabei auf die nächstliegende ganze Zahl zu runden:

$$N_2 = \mathrm{Rnd}\left(\frac{R_1 - R_2}{U_2}\right) \quad . \tag{4-6}$$

Beispiel:

Gegeben: $U_1 = 1000$ m, $U_2 = 10$ m
Gemessen: $R_1 = 743$ m, $R_2 = 2{,}92$ m

Mit (4-6) folgt

$$N = \text{Rnd}\left(\frac{743 - 2{,}92}{10}\right) = \text{Rnd}(74{,}008) = 74 \quad .$$

Nach (4-4b) erhält man dann

$$D = 74 \cdot 10 \text{ m} + 2{,}92 \text{ m} = 742{,}92 \text{ m}.$$

N kann immer eindeutig durch Rundung erhalten werden, wenn der Fehler bei der Phasenmessung mit dem Grobmaßstab U_1 kleiner als $\pm U_2/2$ ist.
Grob- und Feinmaßstab müssen bei vorgegebener Auflösung des Phasenmessers (siehe Abschnitte 3.4 und 4.3.4) vom Hersteller so aufeinander abgestimmt werden, dass diese Bedingung erfüllt ist.

2. Möglichkeit

Zwei Modulationsfrequenzen f_1 und f_2 werden so aufeinander abgestimmt, dass zwischen N_1 und N_2 z.B. die einfache Beziehung

$$N_2 = N_1 + 1$$

gilt.

Das Gleichungssystem (4-4) wird also nur um diese Gleichung erweitert und lautet in seiner einfachsten lösbaren Form dann:

$$\begin{aligned} D &= N_1 \cdot U_1 + R_1 \\ D &= N_2 \cdot U_2 + R_2 \\ N_2 &= N_1 + 1 \end{aligned} \qquad (4\text{-}7)$$

Die Bedingung $N_2 = N_1 + 1$ kann auf die folgende Weise erfüllt werden.
Für eine Ausgangsfrequenz f_0 gilt:

$$D = N \cdot U_0 + R \quad .$$

Man erhöht nun die Frequenz kontinuierlich so lange, bis der Phasenmesser für das zu messende Reststück R den Wert Null anzeigt.
Diese Frequenz f_1 wird gemessen und damit ist nach

$$U_1 = \frac{c}{2f_1}$$

auch der Maßstab U_1 bekannt und es gilt

$$D = N_1 \cdot U_1 \quad . \tag{4-8}$$

Die gesuchte Strecke D ist jetzt ein ganzzahliges Vielfaches von U_1 (Bild 4-4).
Wird die Frequenz nun kontinuierlich weiter erhöht, bis der Phasenmesser erneut für das Reststück R den Wert Null anzeigt, so ist die gesuchte Strecke D wiederum ein ganzzahliges Vielfaches des Maßstabes U_2, wobei U_2 aus der ebenfalls gemessenen Frequenz f_2 ableitbar ist. Es gilt

$$D = N_2 \cdot U_2 \quad . \tag{4-9}$$

Da die Frequenz von f_1 auf f_2 erhöht wurde, hat sich dabei der Maßstab von U_1 auf U_2 so verkleinert, dass U_2 einmal mehr in D enthalten ist als U_1 (Bild 4-4) und es gilt:

$$D = N_1 \cdot U_1 = (N_1 + 1) \cdot U_2 \quad . \tag{4-10}$$

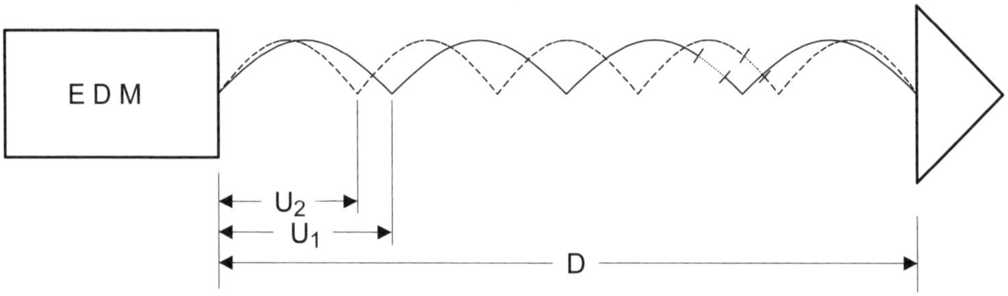

Bild 4-4: Strecke D als ganzzahliges Vielfaches von U_1 und U_2

Aus (4-10) folgt

$$N_1 = \frac{U_2}{U_1 - U_2} \quad .$$

Mit $U = \frac{c}{2f}$ gilt

$$N_1 = \frac{\frac{c}{2f_2}}{\frac{c}{2f_1} - \frac{c}{2f_2}} = \frac{f_1}{f_2 - f_1} \tag{4-11a}$$

und

$$N_2 = N_1 + 1 = \frac{f_1}{f_2 - f_1} + 1 = \frac{f_2}{f_2 - f_1} \quad . \tag{4-11b}$$

Aufgrund von Fehlern bei der Frequenzmessung werden sich N_1 und N_2 nicht exakt als ganze Zahlen ergeben. Die Zahlenwerte für N_1 und N_2 sind dann auf die nächstliegende ganze Zahl zu runden:

$$N_1 = \mathrm{Rnd}\left(\frac{f_1}{f_2 - f_1}\right) \tag{4-12a}$$

und

$$N_2 = \mathrm{Rnd}\left(\frac{f_2}{f_2 - f_1}\right) \quad . \tag{4-12b}$$

Die Formeln (4-12a) und (4-12b) in (4-8) und (4-9) eingesetzt ergeben

$$D = \mathrm{Rnd}\left(\frac{f_1}{f_2 - f_1}\right) \cdot U_1 = \mathrm{Rnd}\left(\frac{f_1}{f_2 - f_1}\right) \cdot \frac{c}{2f_1} \tag{4-13a}$$

oder

$$D = \mathrm{Rnd}\left(\frac{f_2}{f_2 - f_1}\right) \cdot U_2 = \mathrm{Rnd}\left(\frac{f_2}{f_2 - f_1}\right) \cdot \frac{c}{2f_2} \quad . \tag{4-13b}$$

<u>Beispiel:</u>

Für c sei zur Vereinfachung angenommen:	$c = 3 \cdot 10^8$ m/s
Gemessene Frequenzen:	f_1 = 14,90750 MHz
	f_2 = 15,14413 MHz

Damit erhalten wir

$$U_1 = \frac{c}{2f_1} = 10{,}06205\ \text{m}$$

$$U_2 = \frac{c}{2f_2} = 9{,}90483\ \text{m}$$

und

$$N_1 = \text{Rnd}\left(\frac{f_1}{f_2 - f_1}\right) = \text{Rnd}\,(62{,}99920) = 63$$

und damit

$$D = N_1 \cdot U_1 = 63 \cdot 10{,}06205 = 633{,}909\ \text{m}$$

oder

$$D = N_2 \cdot U_2 = 64 \cdot 9{,}90438 = 633{,}909\ \text{m}\ .$$

<u>3. Möglichkeit</u>

Zwei Maßstäbe U_1 und U_2 werden fest so vorgegeben, dass entweder die Beziehung

$$N_2 = N_1 \quad \text{oder} \quad N_2 = N_1 + 1$$

besteht.

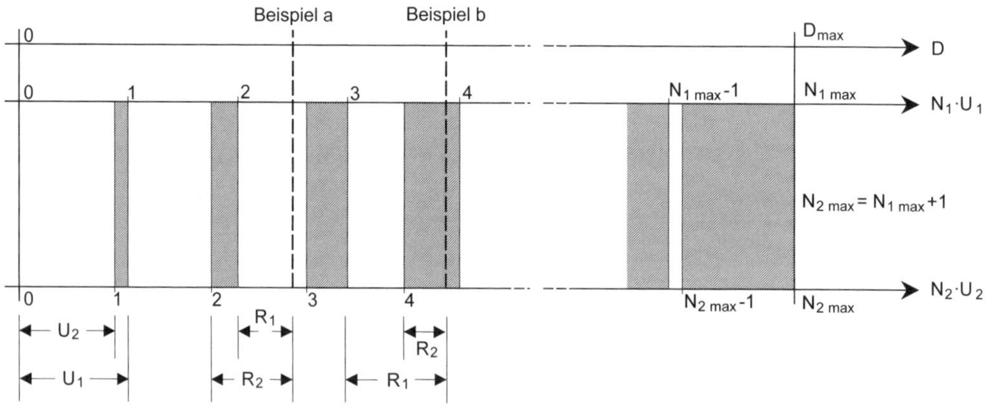

Bild 4-5: Streckenbestimmung mit zwei nahe beieinander liegenden Maßstäben U_1 und U_2

Hierzu stimmt man die beiden nahe beieinander liegenden Frequenzen bzw. Maßstäbe so aufeinander ab, dass für eine Maximalentfernung D_{max} (Bild 4-5) gilt:

$$N_{1_{max}} \cdot U_1 = N_{2_{max}} \cdot U_2 = D_{max} \tag{4-14}$$

wobei

$$N_{2_{max}} = N_{1_{max}} + 1$$

und damit

$$N_{1_{max}} \cdot U_1 = \left(N_{1_{max}} + 1\right) U_2 = D_{max} \ .$$

Daraus folgt

$$N_{1_{max}} = \frac{U_2}{U_1 - U_2} \ . \tag{4-15}$$

(4-15) in (4-14) eingesetzt ergibt

$$D_{max} = \frac{U_2 \cdot U_1}{U_1 - U_2} \ .$$

Der Gerätehersteller legt dabei U_1 und U_2 so fest, dass D_{max} mindestens so groß ist wie die größtmögliche Reichweite des Gerätes.

Für Strecken $D < D_{max}$ sind nun zwei Fälle zu unterscheiden.
In dem nicht schraffierten Entfernungsbereich (Bild 4-5) stimmt N_1 immer mit N_2 überein und für die zu bestimmende Strecke D gilt dann

$$D = N_1 \cdot U_1 + R_1 = N_1 \cdot U_2 + R_2 \ .$$

Im schraffierten Bereich ist N_2 immer um die Zahl 1 größer als N_1 und es gilt dann für die zu bestimmende Strecke

$$D = N_1 \cdot U_1 + R_1 = \left(N_1 + 1\right) \cdot U_2 + R_2 \ .$$

Die Entscheidung, welcher der beiden Fälle vorliegt, kann durch Vergleich der Reststücke R_1 und R_2 getroffen werden.
Im schraffierten Bereich gilt

$$R_2 < R_1$$

und im nichtschraffierten Bereich gilt

$$R_2 \geq R_1 \ .$$

Ist also $R_2 \geq R_1$, so folgt

$$N_1 = N_2 = N$$

und damit

$$D = N \cdot U_1 + R_1 = N \cdot U_2 + R_2 \ . \tag{4-16}$$

Daraus N abgeleitet:

$$N = \frac{R_2 - R_1}{U_1 - U_2} \ .$$

Da sich auf Grund von Messfehlern N nicht exakt als ganze Zahl ergeben wird, ist der Zahlenwert für N auf die nächstliegende ganze Zahl zu runden:

$$N = \mathrm{Rnd}\left(\frac{R_2 - R_1}{U_1 - U_2}\right) \tag{4-17}$$

Formel (4-17) in (4-16) eingesetzt ergibt

$$D = \mathrm{Rnd}\left(\frac{R_2 - R_1}{U_1 - U_2}\right) \cdot U_1 + R_1$$

oder

$$D = \mathrm{Rnd}\left(\frac{R_2 - R_1}{U_1 - U_2}\right) \cdot U_2 + R_2 \ .$$

Ist $R_2 < R_1$ so folgt $N_2 = N_1 + 1$

damit

$$D = N_1 \cdot U_1 + R_1 = (N_1 + 1) \cdot U_2 + R_2 \tag{4-18}$$

und daraus

$$N_1 = \frac{R_2 - R_1 + U_2}{U_1 - U_2}$$

bzw.

$$N_1 = \mathrm{Rnd}\left(\frac{R_2 - R_1 + U_2}{U_1 - U_2}\right) \ . \tag{4-19}$$

Mit (4-19) in (4-18) erhält man

$$D = Rnd\left(\frac{R_2 - R_1 + U_2}{U_1 - U_2}\right) \cdot U_1 + R_1$$

oder mit $N_2 = N_1 + 1 = \frac{R_2 - R_1 + U_1}{U_1 - U_2}$

$$D = Rnd\left(\frac{R_2 - R_1 + U_1}{U_1 - U_2}\right) \cdot U_2 + R_2 \quad .$$

<u>Beispiele (siehe auch Bild 4-5):</u>

Gegeben: $U_1 = 10$ m
$U_2 = 9$ m

a) Gemessen: $R_1 = 6{,}105$ m
$R_2 = 8{,}095$ m

Da $R_2 > R_1$ ist, folgt:

$$N_1 = N_2 = N$$

$$N = Rnd\left(\frac{R_2 - R_1}{U_1 - U_2}\right) = Rnd\left(\frac{1{,}990}{1{,}000}\right) = 2$$

$$D = N \cdot U_1 + R_1 = 2 \cdot 10{,}000 + 6{,}105 = 26{,}105$$

oder

$$D = N \cdot U_2 + R_2 = 2 \cdot 9{,}000 + 8{,}095 = 26{,}095$$

Mittel: <u>26,100 m</u>

b) Gemessen: $R_1 = 8{,}895$ m
$R_2 = 2{,}905$ m

Da $R_1 > R_2$ ist, folgt:

$$N_2 = N_1 + 1$$

$$N_1 = \text{Rnd}\left(\frac{R_2 - R_1 + U_2}{U_1 - U_2}\right) = \text{Rnd}\left(\frac{3{,}010}{1{,}000}\right) = 3$$

$$D = N_1 \cdot U_1 + R_1 = 3 \cdot 10{,}000 + 8{,}895 = \quad 38{,}895 \text{ m}$$

oder

$$D = (N_1 + 1) \cdot U_2 + R_2 = 4 \cdot 9{,}000 + 2{,}905 = \quad 38{,}905 \text{ m}$$

Mittel: <u>38,900 m</u>

4.3 Aufbau eines elektrooptischen Entfernungsmessgerätes

Die Grundbausteine und die Wirkungsweise eines elektrooptischen Entfernungsmessgerätes sind in Bild 4-6 stark vereinfacht dargestellt.

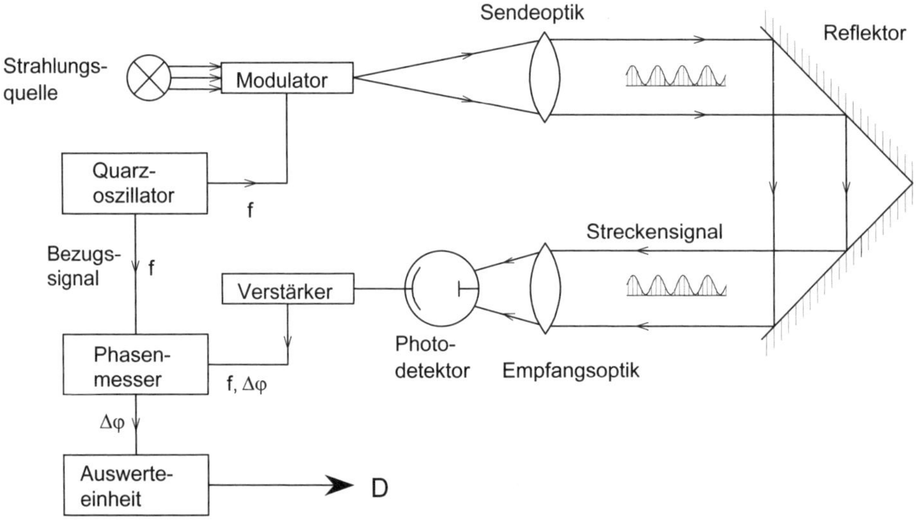

Bild 4-6: Aufbau eines elektrooptischen Entfernungsmessgerätes

Die von einer Strahlungsquelle ausgesandten Trägerwellen werden mit der Frequenz f des Quarzoszillators intensitätsmoduliert und von der Sendeoptik gebündelt. Nach Reflektion an dem im Streckenendpunkt stehenden Reflektor gelangt der Messstrahl über die Empfangsoptik zu einem Photodetektor. Die von dem Photodetektor ermittelten Intensitätsschwankungen mit der Frequenz f werden verstärkt und einem Phasenmesser zugeführt. Da das über den Reflektor laufende Streckensignal einen anderen Weg zurückgelegt hat als das Bezugssignal, schwingen beide Signale nicht in Phase. Der Phasenmesser ermittelt die Phasenverschiebung $\Delta\varphi$ dieser beiden

Signale. Die Phasenverschiebung $\Delta\varphi$ entspricht dabei dem in Abschnitt 4.1 angesprochenen Wellenreststück $\Delta\lambda$ bzw. Reststück R.
Ein elektrooptischer Entfernungsmesser ist also immer aus den folgenden Elementen aufgebaut:

- Oszillator, der die Grundfrequenz erzeugt, über die der Maßstab nach U = c/2f festgelegt wird,
- Sendeeinheit, die aus Strahlungsquelle, Modulator und Sendeoptik besteht,
- Empfangseinheit, die sich aus Empfangsoptik, Photodetektor und Verstärker zusammensetzt,
- Phasenmesser, der die Phasenverschiebung zwischen Streckensignal und Bezugssignal ermittelt und
- Auswerteeinheit, die von einem Mikroprozessor gesteuert wird.

4.3.1 Oszillator

Die Frequenzen, mit denen sowohl Fein- als auch Grobmaßstäbe vorgegeben werden, erzeugt ein Oszillator. Der Oszillator besteht aus Resonator, Rückkopplung und Verstärker (Bild 4-7).

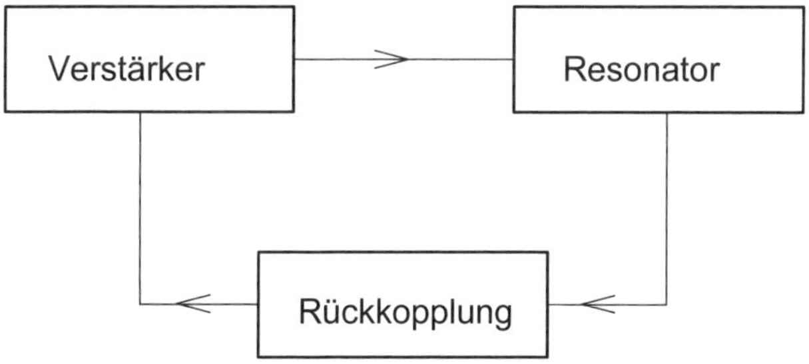

Bild 4-7: Oszillator-Prinzip

Der Oszillator ist ein Schwingelement mit einer Eigenfrequenz. Damit die Resonatorschwingung aufrecht erhalten werden kann, muss dem Resonator im richtigen Takt durch Rückkopplung ständig Energie zugeführt werden. Diese Energiezufuhr erfolgt über den Verstärker.

Als Resonator verwendet man entweder einen Schwingkreis oder einen Schwingquarz.
Ein Schwingkreis setzt sich im Prinzip aus einem Kondensator mit der Kapazität C und einer Spule mit der Induktivität L zusammen. (Bild 4-8).

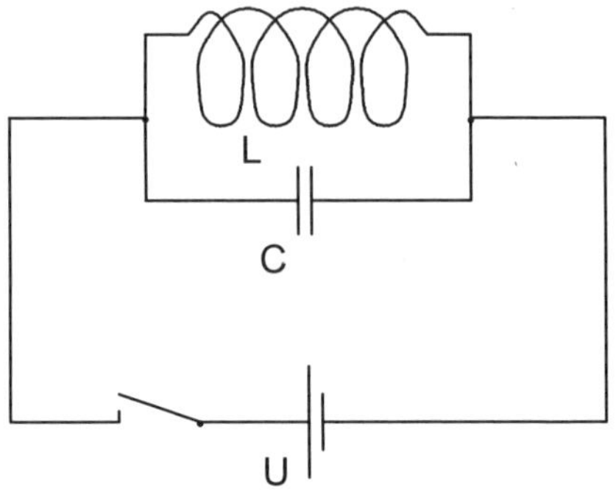

Bild 4-8: Schwingkreis

Bei einem angeregten Schwingkreis „schwingt" die Energie ständig zwischen Kondensator und Spule hin und her. Die Frequenz f dieser Schwingung ist abhängig von L und C:

$$f = \frac{1}{2\pi\sqrt{LC}} \quad .$$

Die bei den elektronischen Entfernungsmessgeräten eingesetzten Quarzoszillatoren haben als Resonator einen Schwingquarz.
Ein Schwingquarz besteht aus einem dünnen Kristallplättchen, das aus einem gewachsenen Quarzkristall herausgeschnitten wurde. Bringt man dieses Plättchen zwischen zwei Kondensatorplatten und legt an den Kondensator eine Wechselspannung an, so führt das Plättchen elastische mechanische Schwingungen aus (Bild 4-9).

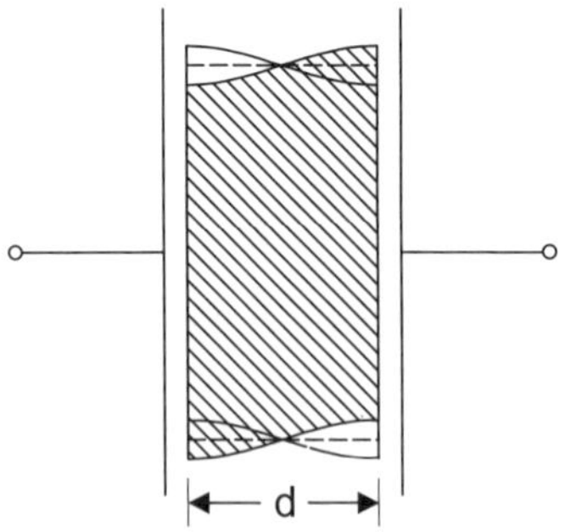

Bild 4-9: Grundschwingung eines Quarzplättchens

Stimmt die Frequenz der Wechselspannung mit der Eigenfrequenz des Quarzplättchens überein, so lässt sich mit Hilfe des piezoelektrischen Effektes über Rückkopplung eine Schwingung mit stabiler Frequenz aufbauen.
Die Frequenz ist dabei umgekehrt proportional zur Plättchendicke d:

$$f \sim \frac{1}{d} \ .$$

Außer von den äußeren Abmessungen und der Schnittform des Plättchens ist die Oszillatorfrequenz auch abhängig von der Umgebungstemperatur. Da Entfernungsmessgeräte bei den verschiedensten Außentemperaturen eingesetzt werden, kann die Oszillatorfrequenz nur begrenzt stabil gehalten werden. Auf Grund der Temperatureinflüsse erzeugen die Quarzoszillatoren die Frequenz nur mit einer Relativgenauigkeit von $\Delta f/f$ von etwa $1 \cdot 10^{-5}$.
Sind höhere Genauigkeiten gefordert, so muss der Oszillator temperaturstabilisiert werden. Die Frequenz wird dann in Abhängigkeit von der Umgebungstemperatur korrigiert. Dies kann dadurch erfolgen, dass die Frequenz von temperaturempfindlichen Halbleiterbauelementen direkt gesteuert wird. Es ist aber auch eine rechnerische Temperaturkorrektion möglich. Bei der rechnerischen Korrektion wird der temperaturbedingte Frequenzgang des Oszillators schon vom Hersteller im Werk ermittelt (Bild 4-10).

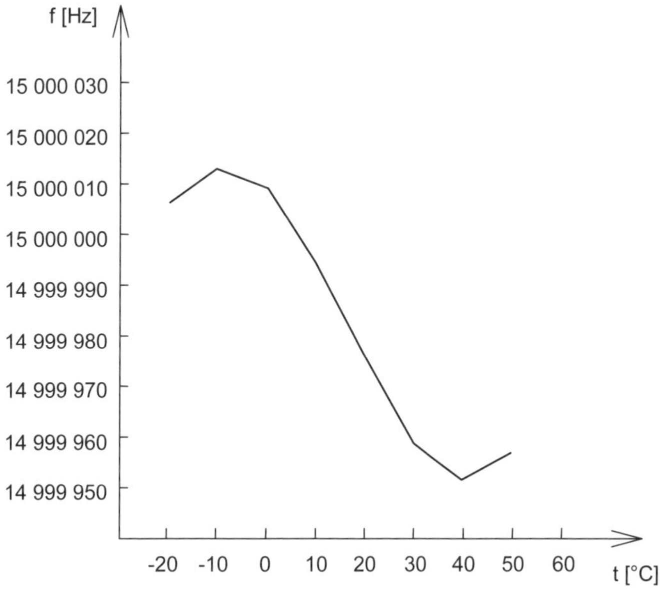

Bild 4-10: Temperaturbedingter Frequenzgang am Beispiel des WILD Di 3000 (Ser. Nr. 63010)

Für jede Temperatur ist somit die Abweichung der Oszillatorfrequenz von der zur Erzeugung des Maßstabes erforderlichen Sollfrequenz bekannt. Aus dieser Frequenzabweichung kann dann ein Korrekturwert (siehe Abschnitt 6.1.2) für die gemessene Strecke abgeleitet werden.

Beim Distomat Di 3000 von WILD z.B. sind diese Frequenzabweichungen intern gespeichert. Außerdem kann im Gerät mit einem Temperaturfühler die Oszillatortemperatur gemessen werden. Entsprechend der Oszillatortemperatur werden dann die bekannten Frequenzabweichungen automatisch als rechnerische Korrektur am Messergebnis angebracht.

Bei den temperaturkorrigierten Oszillatoren ist eine relative Frequenzgenauigkeit $\Delta f/f$ von etwa $1 \cdot 10^{-6}$ erreichbar.

Bei noch höheren Genauigkeitsanforderungen versucht man, die Quarztemperatur konstant zu halten. Hierzu wird mit Hilfe eines Ofens der Oszillator auf eine Temperatur gebracht, die mindestens so hoch sein muss wie die höchstmögliche Umgebungstemperatur. Diese Temperatur liegt bei etwa +50 °C. Diese Temperatur lässt sich mit hoher Genauigkeit konstant halten und ein temperaturbedingter Frequenzgang ist dann weitgehend ausgeschlossen. Nachteilig bei dieser Vorgehensweise ist jedoch, dass nach Einschalten des Gerätes mit der Streckenmessung erst begonnen werden kann, wenn der Oszillator seine Betriebstemperatur erreicht hat. Außerdem verbraucht der Oszillatorofen viel Energie und es ist deshalb eine aufwändige Stromversorgung erforderlich.

Mit diesen Quarzoszillatoren ist es möglich, alle bei der elektronischen Streckenmessung erforderlichen Frequenzen im Bereich von 5 MHz bis 300 MHz zu erzeugen.

Wie in Abschnitt 4.2 schon gezeigt, wird mit verschiedenen Maßstäben gemessen, zu deren Erzeugung verschiedene Frequenzen erforderlich sind. Auch muss für den Phasenvergleich (siehe Abschnitt 4.3.4) aus der Messfrequenz eine phasengleiche Niederfrequenz abgeleitet werden. Aus diesen Gründen verfügt ein elektronisches Entfernungsmessgerät meist über zwei Oszillatoren, deren Frequenzen in der Regel nahe beieinander liegen. Durch Mischung oder Teilung dieser Frequenzen lassen sich dann Frequenzen für weitere Maßstäbe und auch die phasengleiche Niederfrequenz erzeugen.

Bei der Frequenzmischung wird durch Überlagerung der Frequenz des Oszillators mit der Frequenz eines Hilfsoszillators eine dritte Frequenz erzeugt.

Aus einer Oszillatorschwingung

$$S = A \cdot \sin(\omega \cdot t)$$

und einer Schwingung des Hilfsoszillators

$$S_H = A_H \cdot \sin(\omega_H \cdot t)$$

entsteht durch Mischung u.a. folgende Schwingung:

$$S_M = A_M \cdot \sin((\omega_H - \omega) \cdot t)$$

oder mit $\omega = 2\pi f$ und $\omega_H = 2\pi f_H$:

$$S_M = A_M \cdot \sin(2\pi t(f_H - f)) \quad .$$

Es entsteht also ein neuer Schwingungsvorgang mit der Mischfrequenz

$$f_M = f_H - f \, .$$

Beispiel: Mischung zweier hochfrequenter Schwingungen zur Erzeugung einer niederfrequenten Schwingung.

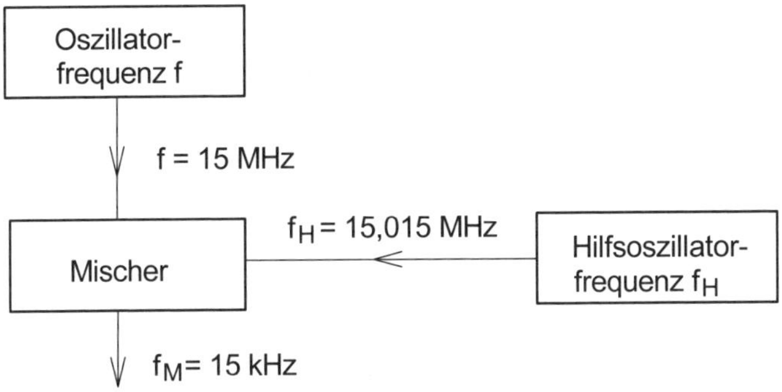

Eine weitere Möglichkeit, um aus einer hochfrequenten Schwingung eine niederfrequente Schwingung zu erzeugen, besteht in der Frequenzteilung.
Hierzu wird dem Oszillator ein Frequenzteiler nachgeschaltet. Ein Teiler ist im Prinzip ein Zähler, der die vom Oszillator kommenden Impulse zählt, bis eine bestimmte Summe erreicht ist, und dann erst einen Impuls weitergibt.

Beispiel: Teilung der Feinmaßstabsfrequenz f in die um den Faktor 100 kleinere Grobmaßstabsfrequenz f_G.

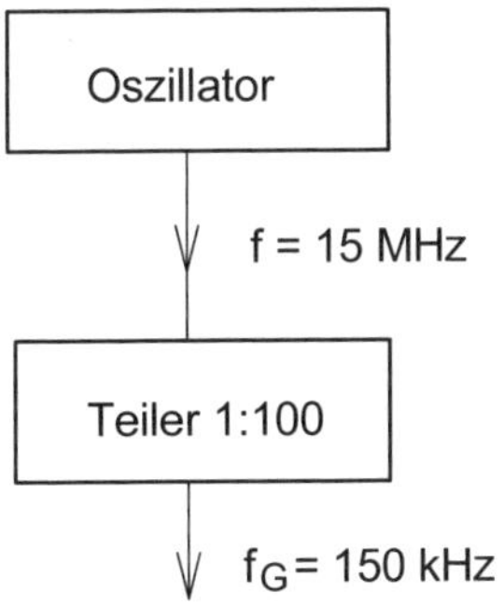

4.3.2 Sender

Die bei der Phasenvergleichsmessung verwendeten Wellenlängen liegen im Bereich von einigen Dezimetern bis zu einigen Kilometern. Wellen dieser Länge haben aber ungünstige Ausbreitungseigenschaften. Deshalb sendet man diese Wellen nicht direkt aus, sondern prägt sie einer kurzwelligeren Trägerwelle durch Modulation auf (siehe auch Abschnitt 2.1). Diese kurzwelligen Trägerwellen (sichtbares Licht oder nahes Infrarot) lassen sich in ihren Ausbreitungseigenschaften wesentlich besser erfassen. Bei den elektrooptischen Entfernungsmessern erfolgt die Modulation hauptsächlich durch Amplitudenmodulation.
Die Sendeeinheit besteht somit aus einer Strahlungsquelle zur Erzeugung der kurzwelligen Trägerwelle, einem Modulator, der der Trägerwelle die Messwelle aufprägt, und der Sendeoptik, die den Sendestrahl bündelt (Bild 4-6).

<u>Strahlungsquellen</u>
Bei den Strahlungsquellen erfolgt eine Umwandlung elektrischer Energie in optische Strahlungsenergie.
Als Strahlungsquellen (siehe auch Abschnitt 2.2) kommen in Frage:

- Thermische Strahlungsquellen, z.B. Glühlampen, eingesetzt u.a. bei der AGA Geodimeter 6-Reihe (bis ca. 1975 gebaut)
- Gasentladungslampen, z.B. Quecksilberdampfhöchstdrucklampen, eingesetzt bei AGA Geodimeter 6-Reihe oder Xenon-Blitzlampe bei KERN Mekometer ME 3000 (bis ca. 1990)
- Lumineszenzdioden (LED), z.B. Gallium-Arsenid (GaAs)-Dioden, eingesetzt bei den meisten modernen Nahbereichsentfernungsmessern
- Laser, hier vor allem Gaslaser, z.B. Helium-Neon (HeNe)-Laser, eingesetzt bei Geräten großer Reichweite oder hoher Genauigkeit, u.a. bei AGA Geodimeter 600, KEUFFEL & ESSER Ranger IV, KERN Mekometer ME 5000
- Laserdioden, z.B. Gallium-Arsenid (GaAs)-Laserdioden, eingesetzt vor allem bei den nach dem Impulsmessverfahren arbeitenden Geräten

Laser und Laserdiode senden kohärentes Licht aus. Sie ermöglichen eine kontinuierliche Strahlung mit hoher Bündelungsschärfe bzw. Impulse mit einer hohen Energiedichte und sind deshalb in der Reichweite den Lumineszenzdioden weit überlegen. Lumineszenzdioden und Laserdioden lassen sich gegenüber Lasern und den älteren Strahlungsquellen wie Glühlampe und Gasentladungslampe direkt modulieren.

Direkte Modulation

Eine direkt modulierbare Lumineszenzdiode besteht im Prinzip aus einem in zwei Bereiche aufgeteilten Halbleiterelement. Durch Dotierung mit Fremdatomen entsteht im N-Bereich (Bild 4-11) ein Elektronenüberschuss und im P-Bereich ein Elektronenmangel (Defektelektronen). Legt man wie in Bild 4-11 dargestellt eine Spannung an, so gelangen Elektronen in den P-Bereich und Defektelektronen in den N-Bereich. Bei der Vereinigung (Rekombination) dieser Ladungsträger kann die freiwerdende Energie in Form von Photonen ausgestrahlt werden. Nimmt die angelegte Spannung zu, so nehmen auch die Zahl der Rekombinationen und somit auch die Strahlungsleistung zu.

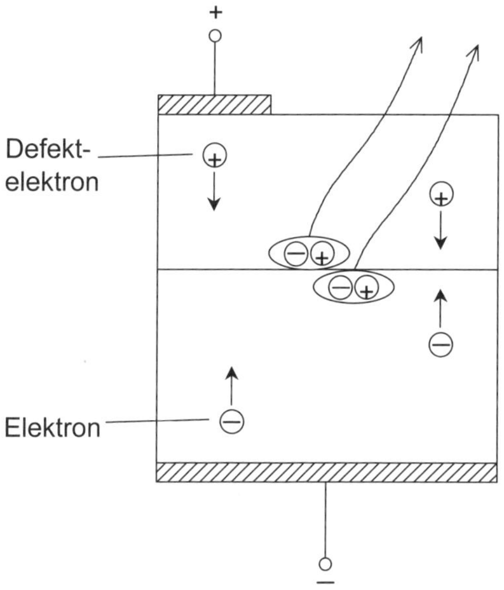

Bild 4-11: Schematischer Aufbau einer Lumineszenzdiode

Betreibt man eine Diode im linearen Bereich ihrer Kennlinie (Bild 4-12) mit einer Modulationsspannung U_M, die sinusförmig um den Wert U_0 schwankt, so gibt sie eine Strahlungsleistung Φ ab, die sinusförmig um den Wert Φ_0 schwankt. Die Modulationsspannung muss vollständig im linearen Bereich der Kennlinie liegen, um systematische Modulationsverzerrungen auszuschließen.

Steuert man die Modulationsspannung U_M so, dass sie mit der Oszillatorfrequenz f um den Wert U_0 schwankt mit

$$U_M = U_0 + U \cdot \sin(2\pi f t) \quad ,$$

so wird dem Lichtstrom der Diode eine Modulationswelle mit der Wellenlänge $\lambda = c/f$ aufgeprägt (Bild 4-13).

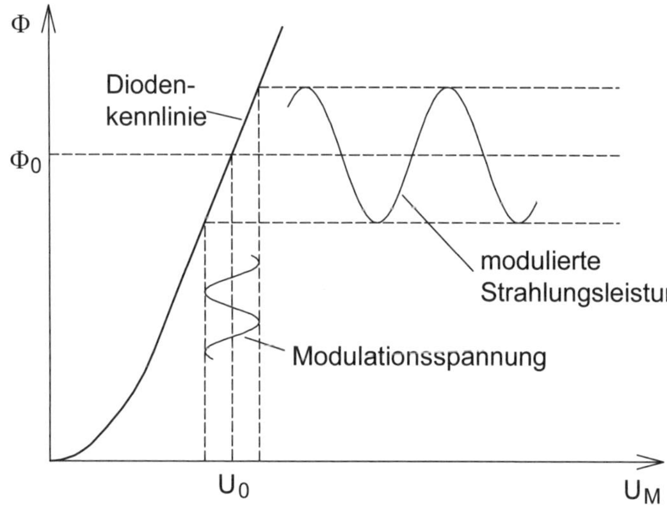

Bild 4-12: Sinusförmige Modulation der Strahlungsleistung

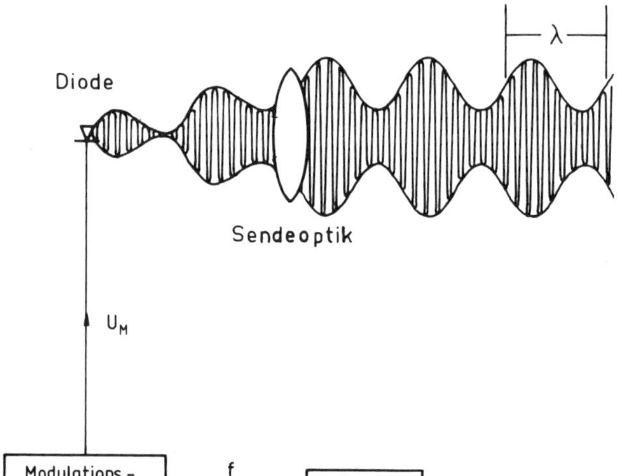

Bild 4-13: Direkte Modulation mit variabler Diodenspannung

Voraussetzung bei der direkten Modulation ist, dass die Strahlungsquelle die hochfrequenten Spannungsänderungen nahezu verzögerungsfrei in Lichtstromänderungen umsetzen kann. Für Gaslaser, thermische Strahlungsquellen und Gasentladungslampen trifft dies jedoch nicht zu. Bei diesen Strahlungsquellen lässt sich die Modulationswelle nur durch indirekte Modulation erzeugen.

Indirekte Modulation

Bei der indirekten Modulation erzeugt die mit konstanter Spannung versorgte Strahlungsquelle einen Lichtstrom gleichbleibender Intensität. Dieser konstante Lichtstrom wird dann durch Abschwächung moduliert (Bild 4-14).

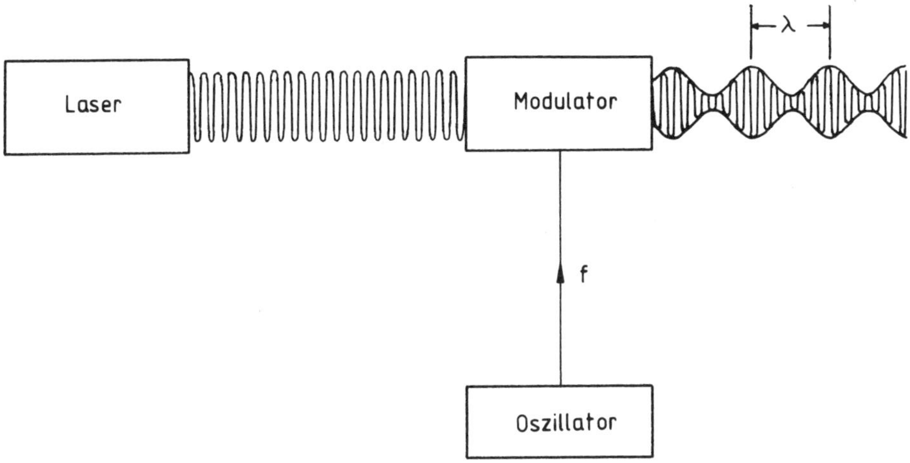

Bild 4-14: Indirekte Modulation

Zur Modulation verwendet man hier elektrooptische Modulatoren (u.a. KDP-Modulatoren und bis ca. 1975 auch Kerrzellen).

Die von einer Strahlungsquelle ausgesandte Strahlung kann in allen möglichen Richtungen senkrecht zur Ausbreitungsrichtung schwingen (Bild 4-15). Trifft diese Strahlung auf ein Polarisationsfilter (Polarisator) mit horizontaler Ausrichtung, so kann nur die horizontale Komponente des Strahles den Polarisator durchdringen. Ein weiteres Polarisationsfilter (Analysator) mit vertikaler Ausrichtung ist für diese Strahlung dann undurchdringlich. Legt man an den elektrooptischen Modulator eine Spannung an, so wird die Schwingungsebene der polarisierten Strahlung gedreht (Pockels-Effekt bzw. Kerr-Effekt). Bei Drehung um 100 gon durchdringt diese Strahlung den Analysator ungeschwächt, bei Drehung um weniger als 100 gon erfolgt Abschwächung. Die Intensität I der aus dem Analysator austretenden Strahlung ist dabei abhängig vom Drehwinkel φ (Bild 4-15).

Da der Drehwinkel φ andererseits abhängig ist von der angelegten Spannung, kann man also mit einer Wechselspannung die Intensität des aus dem Analysator austretenden Strahles periodisch variieren.

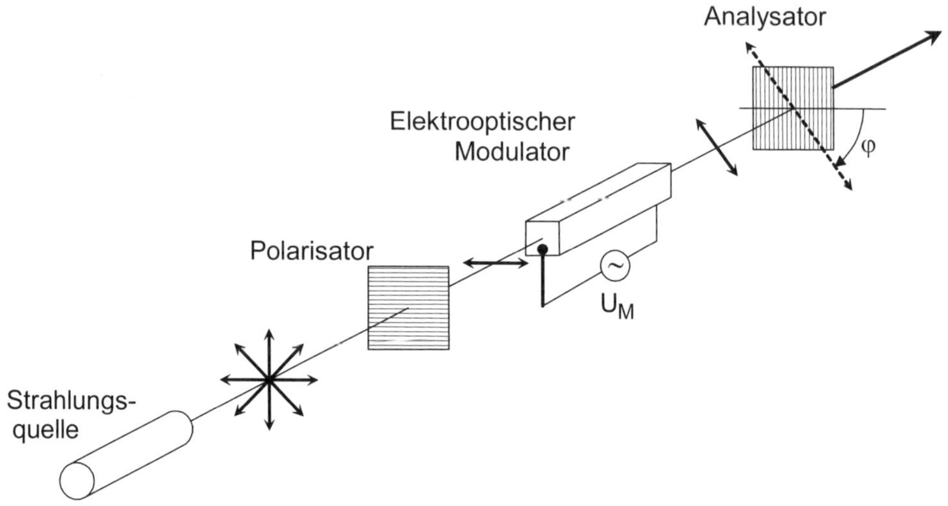

Bild 4-15: Elektrooptischer Modulator

Die heute hauptsächlich als elektrooptische Modulatoren eingesetzten KDP-Modulatoren verwenden zur Drehung der Schwingungsebene einen KDP (Kaliumdihydrogenphosphat)-Kristall.
Die indirekte Modulation ist wesentlich energieaufwendiger als die direkte Modulation, da bei der indirekten Modulation nur ein Bruchteil der von der Strahlungsquelle erzeugten Strahlung ausgesandt werden kann.

4.3.3 Empfänger

Die Empfangseinheit demoduliert das über die Messstrecke gelaufene Signal und verstärkt es. Die Demodulation ist die Umkehrung des Modulationsvorganges. Es werden die aufgeprägten Schwankungen der Strahlungsintensität mit Photodetektoren in elektrische Signale umgewandelt.
Bei den elektronischen Distanzmessern setzt man zwei verschiedene Gruppen von Photodetektoren ein. Eine Gruppe von Photodetektoren nutzt den äußeren und eine andere Gruppe den inneren Photoeffekt aus. Beim äußeren Photoeffekt treten durch von außen eingestrahlte Photonen aus der Oberfläche fester Körper (z.B. Cäsium) Elektronen aus. Ein Beispiel für einen Photodetektor mit äußerem Photoeffekt ist die Photozelle (Bild 4-16).
Treffen Photonen auf die Cäsiumkatode, so fliegen die freigesetzten Elektronen zur Anode und es fließt ein Strom, der Photostrom. Er ist abhängig von der Zahl der auftreffenden Photonen, also von der Intensität des auftreffenden Lichts.

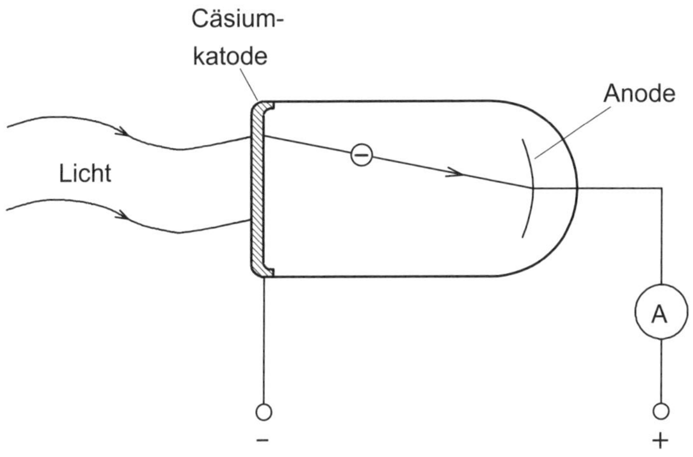

Bild 4-16: Aufbau einer Photozelle

Zur Verstärkung des Photostroms setzt man Sekundärelektronenvervielfacher (SEV), auch Photomultiplier genannt, ein (Bild 4-17). Hier werden zwischen Katode und Anode bis zu 16 Prallelektroden mit zunehmendem elektrischem Potential angeordnet.

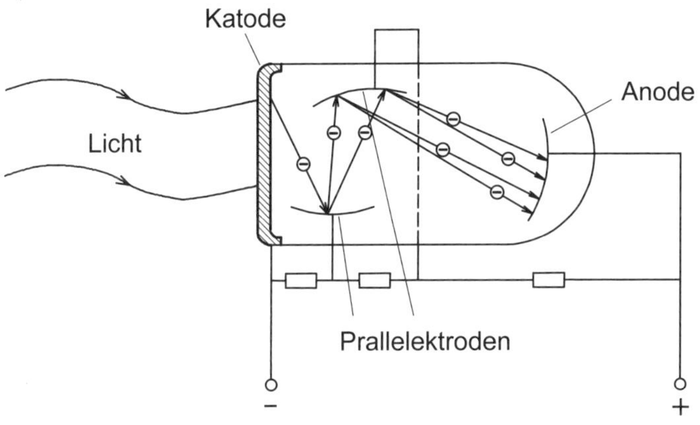

Bild 4-17: Prinzipieller Aufbau eines Sekundärelektronenvervielfachers. Dargestellt mit nur zwei Prallelektroden.

Durch die große Potentialdifferenz werden die Elektronen stark beschleunigt und setzen beim Aufprall auf die Prallelektroden weitere Elektronen frei. Hierdurch wird eine Vervielfachung des Elektronenstroms und damit des Photostroms erreicht.
Beim inneren Photoeffekt verlassen die durch optische Strahlung freigesetzten Elektronen die Materie nicht. Photodioden und auch Lawinenphotodioden nutzen den inneren Photoeffekt.

Die Wirkungsweise einer Photodiode kann man sich am einfachsten als Umkehrung der Funktion der Lumineszenzdiode (Bild 4-11) vorstellen. Dringen die Photonen in den Halbleiter ein, so erzeugen sie dort Ladungsträgerpaare (Elektronen und Defektelektronen). Durch die angelegte Spannung werden die Ladungsträgerpaare getrennt und es fließt ein Strom. Die Stärke dieses Photostroms hängt dabei wieder von der Zahl der eingestrahlten Photonen ab.
Eine Verstärkung des inneren Photoeffektes wird mit der Lawinenphotodiode (Avalanche-Photodiode) erreicht. In ihr werden die erzeugten Ladungsträger durch die angelegte Spannung so stark beschleunigt, dass ihre Bewegungsenergie ausreicht, um durch Stoßionisation weitere Ladungsträger zu erzeugen. Durch das lawinenartige Anwachsen der Ladungsträger wird ein hoher Verstärkungsfaktor für den Photostrom erreicht.

4.3.4 Phasenmesser

Der Phasenmesser ermittelt die Phasenverschiebung zwischen dem direkt vom Oszillator abgeleiteten Bezugssignal y_A und dem über die Messstrecke gelaufenen Streckensignal y_E (Bild 4-18).

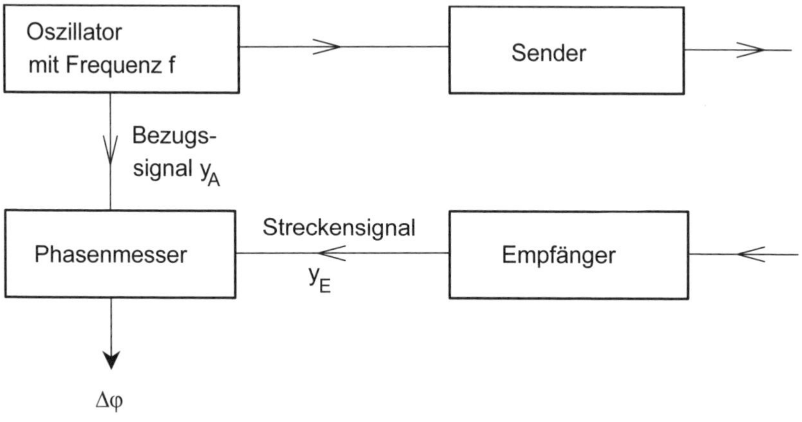

Bild 4-18: Prinzip der Phasenmessung

Das direkt vom Oszillator zum Phasenmesser gelangte Bezugssignal hat die Form

$$y_A = A \cdot \sin(2\pi f t)$$

und das über die Messstrecke gelaufene Streckensignal hat die Form

$$y_E = \overline{A} \cdot \sin(2\pi f t + \varphi) \quad .$$

Zwischen Bezugssignal und Streckensignal besteht also ein vom Unterschied der durchlaufenen Strecken abhängiger Phasenunterschied φ mit

$$\varphi = N \cdot 2\pi + \Delta\varphi \quad .$$

Der Phasenmesser ermittelt von der Phasenverschiebung φ nur den Anteil $\Delta\varphi$. Die ganze Zahl N muss entsprechend einem in Abschnitt 4.2 beschriebenen Verfahren bestimmt werden.
Aus $\Delta\varphi$ erhält man das Reststück R zu

$$R = \frac{U}{2\pi} \cdot \Delta\varphi$$

oder mit

$$U = \frac{c}{2f}$$

zu

$$R = \frac{c}{4\pi f} \cdot \Delta\varphi \quad .$$

Wie schon zu sehen war, betragen die Oszillatorfrequenzen für die Feinmessungen zum Teil 15 MHz und mehr. Bei diesen hohen Frequenzen ist ein Phasenvergleich schwierig durchzuführen. Aus diesem Grund werden Bezugssignal und Streckensignal durch Frequenzteilung bzw. Frequenzmischung (siehe Abschnitt 4.3.1) in phasengleiche Signale mit niedrigerer Frequenz umgewandelt. Diese niederfrequenten Signale werden dann verglichen (Bild 4-19).
Auch bei der Grobmessung erfolgt in der Regel eine Umwandlung in phasengleiche Signale niedrigerer Frequenz (Bild 4-20).

In diesen beiden Beispielen (Bilder 4-19 und 4-20) erhält man das niederfrequente Bezugssignal y_A durch Frequenzteilung und das niederfrequente Streckensignal y_E durch Frequenzmischung. Bei den meisten elektrooptischen Entfernungsmessern wird aber auch das niederfrequente Bezugssignal y_A durch Frequenzmischung erzeugt (Bild 4-21).

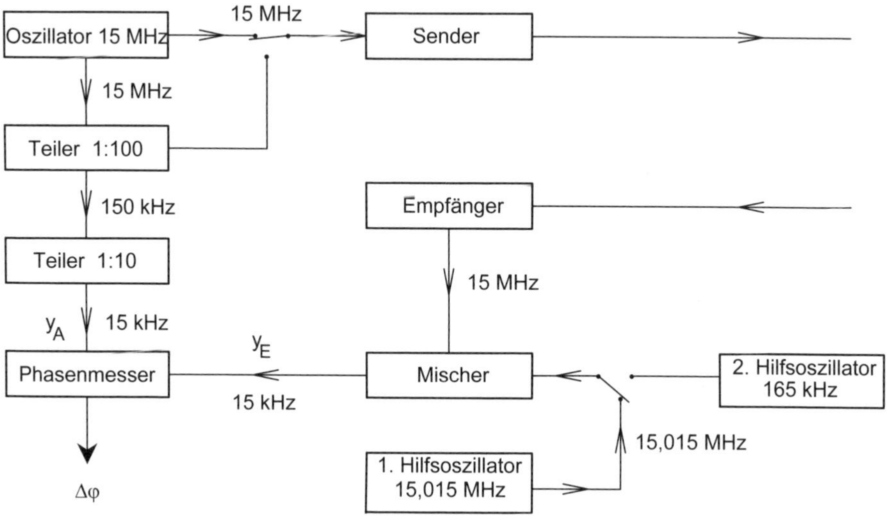

Bild 4-19: Beispiel zur Erzeugung der phasengleichen Niederfrequenz von 15 kHz bei einer Feinmessung mit dem Maßstab U = 10 m

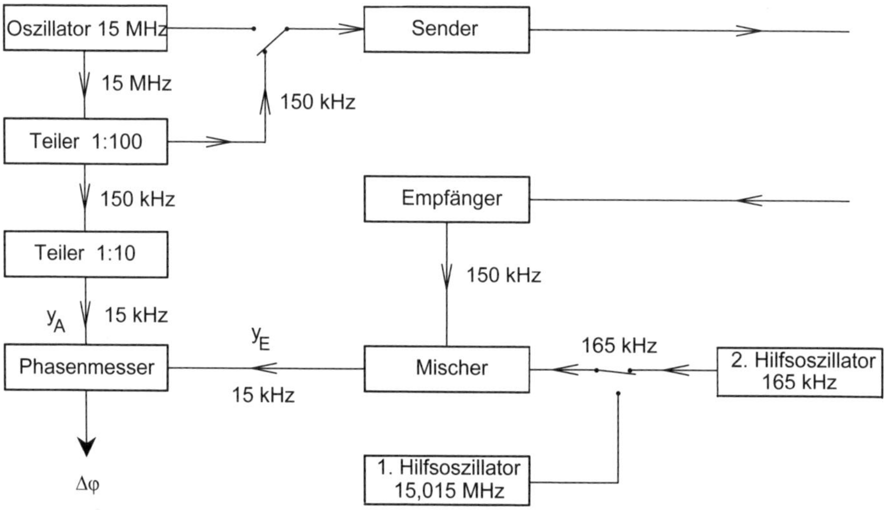

Bild 4-20: Beispiel zur Erzeugung der phasengleichen Niederfrequenz von 15 kHz bei einer Grobmessung mit dem Maßstab U = 1000 m

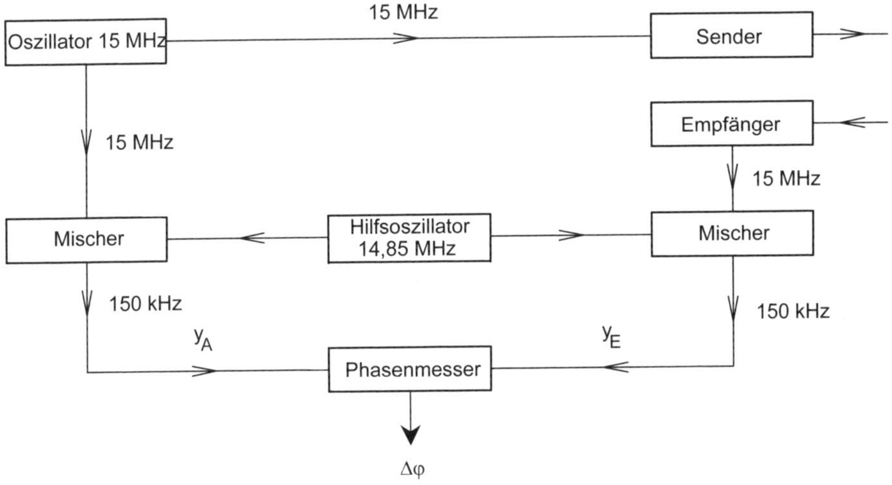

Bild 4-21: Erzeugung der phasengleichen Niederfrequenz von 150 kHz durch Frequenzmischung

Zur Phasenmessung selbst gibt es verschiedene Techniken:

- die nur noch bei älteren Geräten eingesetzte analoge Phasenmessung,
- die digitale Phasenmessung und
- die Phasenmessung aus Intensitätsmessungen.

<u>Analoge Phasenmessung</u>

Bei der analogen Phasenmessung besteht der Phasenmesser aus einem Phasendetektor mit Nullindikator (Bild 4-22) und einem Phasenschieber (Resolver).

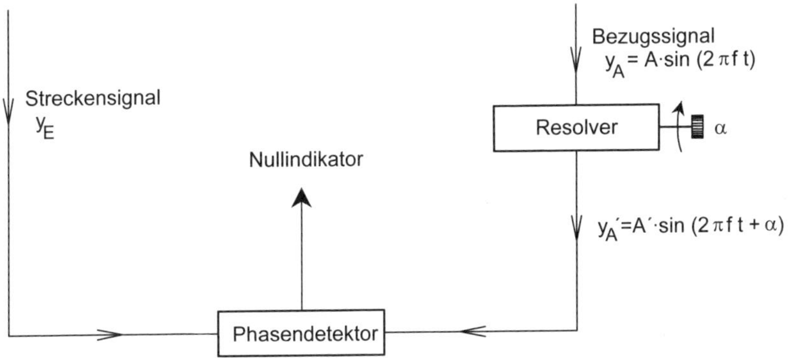

Bild 4-22: Prinzip der analogen Phasenmessung

Legt man die beiden niederfrequenten Signale y_E und y_A' am Phasendetektor an, so liefert dieser an seinem Ausgang eine Spannung, die den Wert Null annimmt, wenn y_E und y_A' eine Phasenverschiebung von $\pi/2$ (90°) bzw. $3/2\,\pi$ (270°) aufweisen. Diese Phasenverschiebungen lassen sich mit dem Phasendetektor besonders gut feststellen. Deshalb versucht man, bei der analogen Phasenmessung einen dieser Phasenunterschiede zu erzeugen, indem man z.B. das Bezugssignal (Bild 4-22) mit einem Resolver in seiner Phasenlage so verändert, bis die beiden Signale mit der Phasenverschiebung $\pi/2$ am Phasendetektor anliegen.
Die Phasenverschiebung $\Delta\varphi$ kann also mit dem Phasendetektor nicht direkt gemessen werden, sondern muss aus der mit dem Resolver erzeugten Phasenverschiebung abgeleitet werden. Wichtig ist hierbei, dass sich alle Messungen auf dieselbe Phasenverschiebung, z.B. $\pi/2$, beziehen. Die zweite Möglichkeit, die Phasenverschiebung $3/2\,\pi$, muss dann ausgeschlossen sein. Diese Eindeutigkeit kann dadurch erreicht werden, dass beim Nullabgleich der Drehsinn des Indikatorzeigers immer mit dem der Resolverachse übereinstimmen muss.
Ein Resolver ist ähnlich wie ein Elektromotor aufgebaut. Er besteht im Prinzip aus zwei senkrecht zueinander angeordneten Statorspulen und einer drehbaren Rotorspule (Bild 4-23).

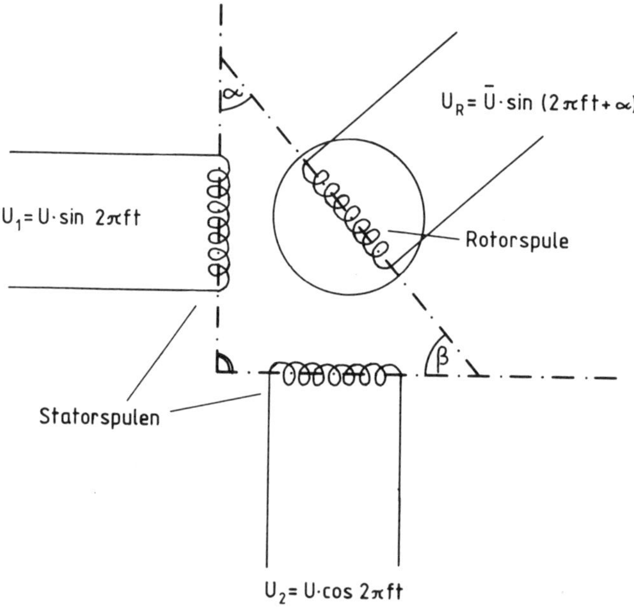

Bild 4-23: Resolverprinzip

An die beiden Statorspulen legt man zwei um $\pi/2$ verschobene Wechselspannungen U_1 und U_2 an, die vom Bezugssignal y_A abgeleitet werden.

Statorspule 1:

$$U_1 = U \cdot \sin 2\pi f t \quad , \tag{4-20}$$

Statorspule 2:

$$U_2 = U \cdot \sin\left(2\pi ft + \frac{\pi}{2}\right) = U \cdot \cos 2\pi ft \quad . \tag{4-21}$$

Die in der Rotorspule induzierte Spannung U_R hängt dann vom Drehwinkel α bzw. β der Rotorspule gegenüber den Statorspulen ab (Bild 4-22):

$$U_R = k(U_1 \cdot \cos\alpha + U_2 \cdot \cos\beta)$$

mit $\beta = \frac{\pi}{2} - \alpha$ folgt

$$U_R = k(U_1 \cdot \cos\alpha + U_2 \cdot \sin\alpha)$$

oder mit (4-20) und (4-21)

$$U_R = k(U \cdot \sin 2\pi ft \cdot \cos\alpha + U \cdot \cos 2\pi ft \cdot \sin\alpha) \quad .$$

Mit dem Additionstheorem folgt schließlich

$$U_R = k \cdot U \cdot \sin(2\pi ft + \alpha) = \overline{U} \cdot \sin(2\pi ft + \alpha) \quad .$$

Die Wechselspannung der Rotorspule lässt sich also mit einer Phasenverschiebung erzeugen, die proportional („analog“) zum Drehwinkel α ist. Der Rotor des Resolvers wird so lange gedreht, bis das Ausgangssignal am Phasendetektor den Wert Null annimmt. Direkt am Phasendetektor liegen dann Bezugssignal und Streckensignal mit der Phasenverschiebung $\pi/2$ an. Außerdem wurde der Rotor des Resolvers um α gedreht und somit beträgt die gesamte Phasenverschiebung zwischen Bezugssignal und Streckensignal

$$\Delta\varphi = \frac{\pi}{2} + \alpha \quad .$$

Bei den älteren Geräten musste der Rotor von Hand gedreht und der Drehwinkel α an einer Skala abgelesen werden. Die neueren Instrumente mit analoger Phasenmessung steuerten den Resolver automatisch (Bild 4-24).

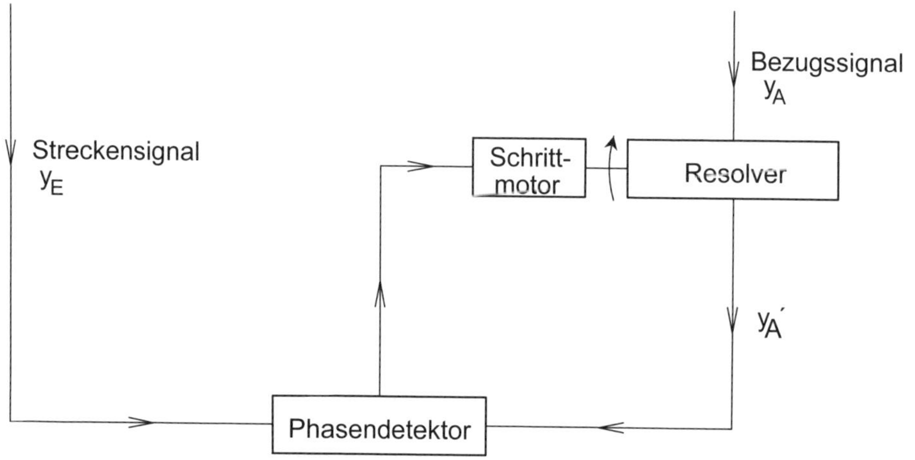

Bild 4-24: Automatische Resolversteuerung

Das Ausgangssignal des Phasendetektors steuert den Schrittmotor. Der Schrittmotor dreht den Rotor des Resolvers so lange, bis das Ausgangssignal am Phasendetektor Null ist. Der Drehwinkel α kann dann aus der Zahl der Einzelschritte des Schrittmotors abgeleitet werden.

Eine Phasenmessung mit Phasendetektor und Nullindikator ist auch ohne Resolver möglich. Bei Geräten mit variabler Oszillatorfrequenz werden die Oszillatorfrequenz und damit der Maßstab kontinuierlich so lange geändert, bis das Ausgangssignal am Phasendetektor Null ist. Bezugssignal und Streckensignal weisen dann auf den jeweiligen Maßstab bezogen immer die bekannte Phasendifferenz von $\pi/2$ auf. Die zu bestimmende Strecke setzt sich dabei immer aus einem ganzzahligen Vielfachen des Maßstabs U und einem Reststück R mit

$$R = \frac{U}{2\pi} \cdot \Delta\varphi = \frac{U}{2\pi} \cdot \frac{\pi}{2} = \frac{U}{4}$$

zusammen (siehe auch Abschnitt 4.2 „2. Möglichkeit“).

Digitale Phasenmessung

Bei der digitalen Phasenmessung werden die niederfrequenten sinusförmigen Signale y_E und y_A mit Triggerstufen in Rechteckimpulse umgewandelt (Bild 4-25).

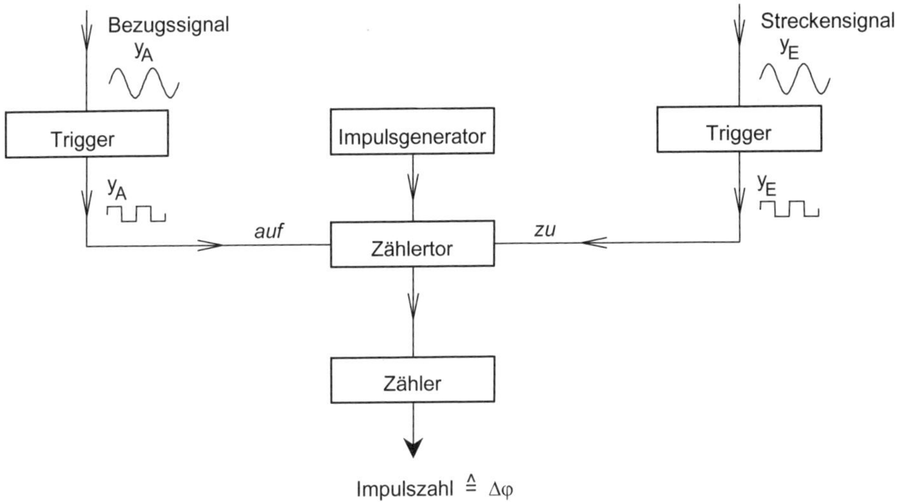

Bild 4-25: Digitale Phasenmessung

Mit den positiven Impulsflanken erfolgt die Steuerung eines Zählertors, indem z.B. die positive Impulsflanke des Bezugssignals das Zählertor öffnet und die positive Impulsflanke des Streckensignals das Zählertor wieder schließt (Bild 4-26). Werden während der Toröffnungszeit die von einem Impulsgenerator vorgegebenen hochfrequenten Impulse gezählt, so kann aus der Zahl dieser Impulse die Phasenverschiebung $\Delta\varphi$ abgeleitet werden.

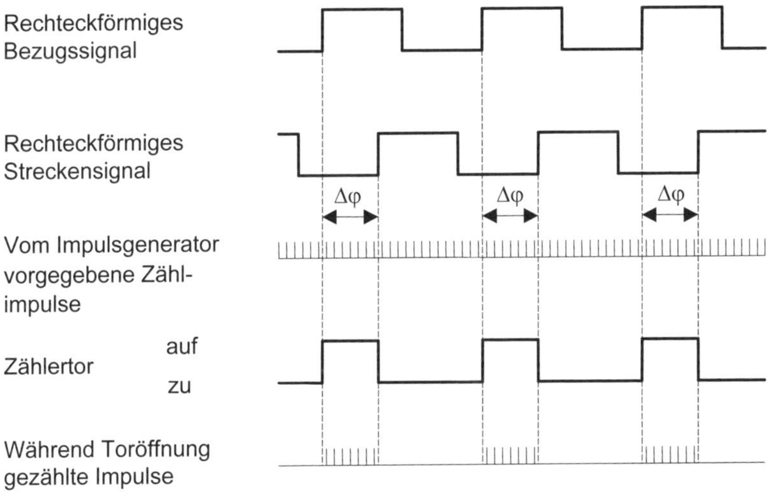

Bild 4-26: Prinzip der Zählersteuerung

Zur Genauigkeitssteigerung werden die Impulse sehr vieler Toröffnungen, bei einigen Geräten sind es mehrere tausend, aufaddiert und dann durch die Anzahl der Toröffnungen dividiert. Außerdem kann intern die Standardabweichung für diesen Mittelwert bestimmt und mit einer oberen Schranke verglichen werden. Bei Strahlunterbrechungen wird die Messung so lange fortgesetzt, bis die intern festgesetzte Zahl von Toröffnungen erreicht ist.

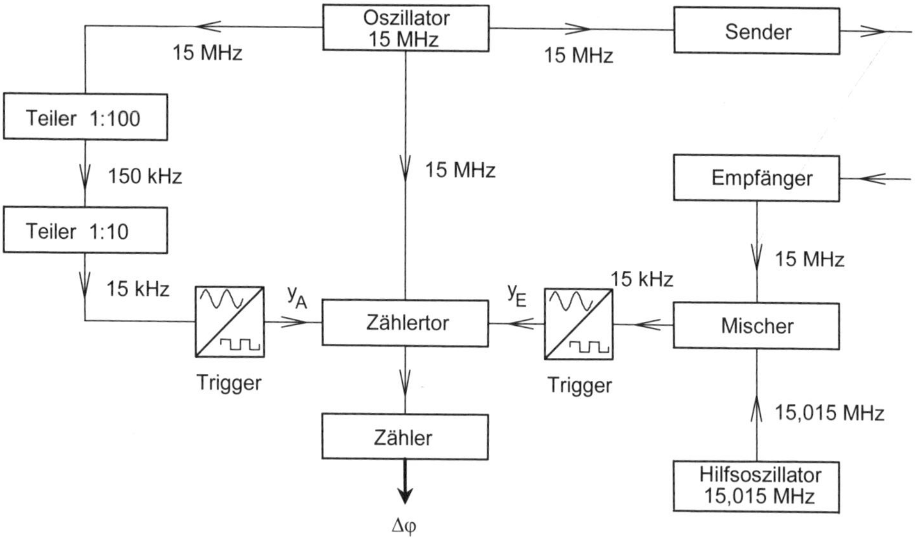

Bild 4-27: Digitaler Phasenmesser, bei dem der 15 MHz-Oszillator zugleich als Impulsgenerator dient

Die meisten Geräte benötigen zur Erzeugung der Zählimpulse keinen zusätzlichen Impulsgenerator, sondern verwenden hierfür den vorhandenen Quarzoszillator. Die Frequenz der Zählimpulse ist dann mit der Oszillatorfrequenz f identisch (Bild 4-27).
In diesem Beispiel ist die Frequenz der Zählimpulse um den Faktor 1000 höher als die Frequenz der niederfrequenten Messsignale. Es könnte dann schon bei einer Toröffnung der Phasenunterschied und damit das Reststück R theoretisch auf U/1000 genau aufgelöst werden.

Phasenmessung aus Intensitätsmessungen

Hier wird wiederum die Phasenverschiebung eines vom Messobjekt reflektierten Signals gegenüber dem ausgesandten Signal ermittelt. Das Signal besteht aus der Messwelle λ_M, die der Trägerwelle durch Amplitudenmodulation (Intensitätsmodulation) aufgeprägt wurde. Der Empfänger ist hier ein Photoelement, das die Intensität des Signals messen kann. Die Intensität I wird aber nicht kontinuierlich, sondern zu vier äquidistanten, kurzen Zeiträumen Δt gemessen (Bild 4-28).

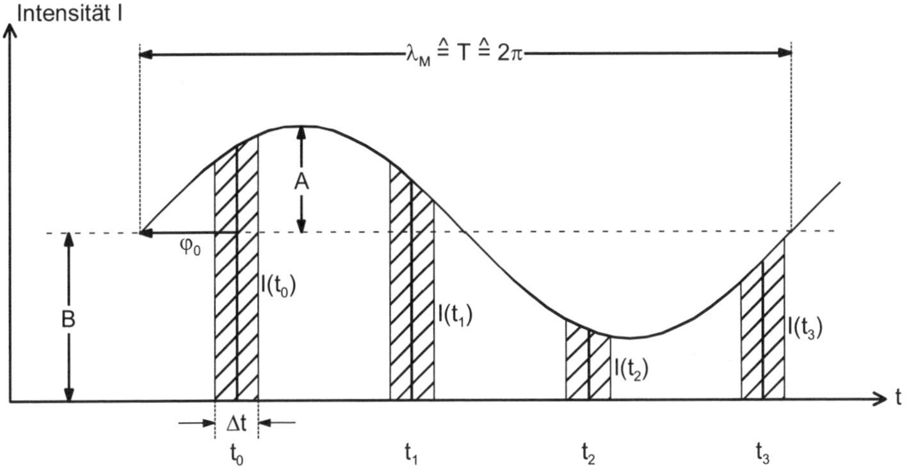

Bild 4-28: Getaktete Intensitätsmessung bei sinusförmigem Signal

Die mittleren Zeitpunkte t der Zeiträume Δt sind nicht bekannt, sie müssen aber die Bedingung

$$t_{i+1} - t_i = \frac{T}{4}$$

erfüllen.

Aus den vier Intensitätsmessungen $I(t_0)$ bis $I(t_3)$ lässt sich das sinusförmige Signal rekonstruieren. Für die Amplitude A folgt

$$A = \frac{\sqrt{(I(t_0) - I(t_2))^2 + (I(t_1) - I(t_3))^2}}{2} \tag{4-22}$$

und für den Offset B folgt

$$B = \frac{I(t_0) + I(t_1) + I(t_2) + I(t_3)}{4} \quad . \tag{4-23}$$

Den Phasenwinkel φ_0 erhält man aus

$$I(t_0) = B + A \cdot \sin\varphi_0$$

$$I(t_1) = B + A \cdot \sin\left(\varphi_0 + \frac{\pi}{2}\right) = B + A \cdot \cos\varphi_0$$

$$I(t_2) = B + A \cdot \sin(\varphi_0 + \pi) = B - A \cdot \sin\varphi_0$$

$$I(t_3) = B + A \cdot \sin\left(\varphi_0 + \frac{3\pi}{2}\right) = B - A \cdot \cos\varphi_0$$

$$I(t_0) - I(t_2) = 2A \cdot \sin\varphi_0$$

$$I(t_1) - I(t_3) = 2A \cdot \cos\varphi_0$$

und damit

$$\frac{I(t_0) - I(t_2)}{I(t_1) - I(t_3)} = \frac{2 \cdot A \cdot \sin\varphi_0}{2 \cdot A \cdot \cos\varphi_0} = \tan\varphi_0$$

oder

$$\varphi_0 = \arctan\frac{I(t_0) - I(t_2)}{I(t_1) - I(t_3)} \quad . \qquad (4\text{-}24)$$

Um die Phasendifferenz $\Delta\varphi$ zwischen ausgesandtem und empfangenem Signal zu bekommen, müssen nun gleichzeitig die Phasenwinkel der beiden Signale φ_a und φ_e mit der Formel (4-24) rekonstruiert werden (Bild 4-29).

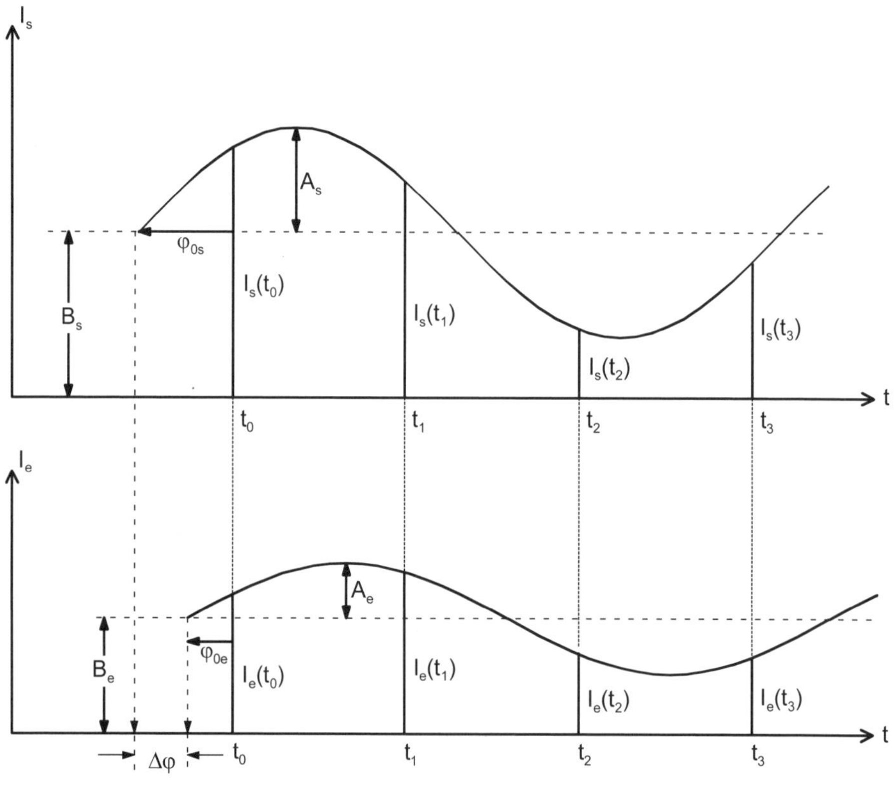

Bild 4-29: Ermittlung der Phasendifferenz $\Delta\varphi = \varphi_{0s} - \varphi_{0e}$

Die gesuchte Phasendifferenz $\Delta\varphi$ erhält man somit zu

$$\Delta\varphi = \varphi_{0s} - \varphi_{0e} = \arctan\frac{I_s(t_0) - I_s(t_2)}{I_s(t_1) - I_s(t_3)} - \arctan\frac{I_e(t_0) - I_e(t_2)}{I_e(t_1) - I_e(t_3)} \quad .$$

Da die Phasenverschiebung $\Delta\varphi$ ein Maß für die zurückgelegte Signalstrecke ist, erhält man daraus die Distanz D zum Messobjekt:

$$D = \frac{\lambda_M}{2} \cdot \frac{\Delta\varphi}{2\pi} \tag{4-25}$$

oder mit

$$\lambda_M = \frac{c}{f_M}$$

$$D = c \cdot \frac{\Delta\varphi}{2f_M \cdot 2\pi} \tag{4-26}$$

wobei

c = Lichtgeschwindigkeit und
f_M = Modulationsfrequenz.

Das Ergebnis ist dann eindeutig, wenn die zu messende maximale Distanz D_{max} die Bedingung

$$D_{max} < \frac{\lambda_M}{2}$$

einhält.

Bei einem in LANGE 2000 vorgestellten Prototyp mit $f_M \approx 20$ MHz und damit $\lambda_M \approx 15$ m ist der eindeutige Messbereich dann auf 7,5 m begrenzt.
Die Genauigkeit dieses Verfahrens, das beim Range Imaging (RIM) eingesetzt wird, liegt bei etwa 5 – 10 mm.

Range Imaging ist eine zweidimensionale Bildmesstechnologie, bei der die Distanzmessung nach dem oben beschriebenen Verfahren pixelweise erfolgt. Diese zusätzliche Entfernungsmessung ergibt die dritte Dimension, so dass mit nur einer RIM-Kamera dreidimensionale Objektkoordinaten erzeugt werden.

4.3.5 Auswerteeinheit und Steuereinheit

Zur Angabe der gesuchten Strecke ist die Umrechnung der Zählimpulse bzw. des Phasenwinkels $\Delta\varphi$ in das Reststück R und die Zusammenfassung der Ergebnisse aus Grob- und Feinmessungen erforderlich.

Hierzu benötigt ein elektronisches Entfernungsmessgerät einen internen Mikrocomputer. Dieser Mikrocomputer besteht im Prinzip aus einem Mikroprozessor mit angeschlossenem Programm- und Datenspeicher und verschiedenen Ein- und Ausgabeeinheiten (Bild 4-30):

- Mikroprozessor: bestehend aus auf einem Chip untergebrachten Rechen- und Steuerwerk
- Datenspeicher: hier hauptsächlich für die Zwischenspeicherung
- Programmspeicher: hier nur als Read Only Memory (ROM) erforderlich
- Eingabeeinheiten wie: Bedienungstastatur und Refraktions- bzw. ppm-Schalter
- Ausgabeeinheiten wie: Sichtanzeige und Datenschnittstelle mit Ausgaberegister

Der Mikroprozessor ist hier nicht nur die zentrale Einheit bei der Auswertung der Messergebnisse, sondern er steuert auch den gesamten Ablauf des Messvorganges (Bild 4-30).

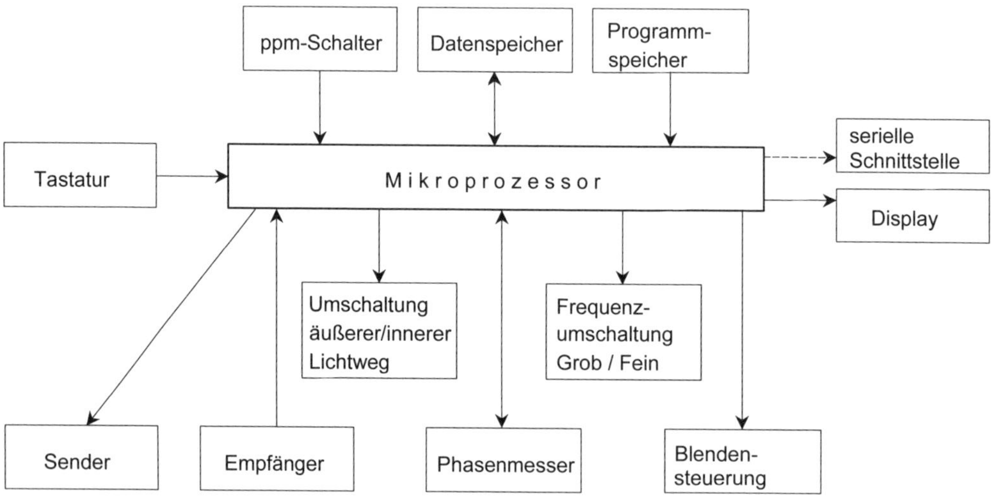

Bild 4-30: Steuerung durch Mikroprozessor

Nach Auslösung der Messung über die Bedienungstastatur laufen, vereinfacht dargestellt, automatisch folgende Vorgänge ab:

- Aktivierung der Strahlungsquelle und des Modulators
- Überprüfung des von der Empfangseinheit empfangenen Signals, Anzeige der Signalstärke und evtl. Regelung der Signalstärke mit einer Blende
- Auslösung der Fein- und Grobmessungen über inneren und äußeren Lichtweg (siehe Abschnitt 5.2.3) nach fest vorgegebener Reihenfolge und Speicherung der Einzelergebnisse im Datenspeicher
- Abrufen des am ppm-Schalter eingestellten Wertes
- Auswertung mit dem im ROM gespeicherten Programm und Übergabe des Ergebnisses in die Sichtanzeige und zusätzlich zur Datenschnittstelle

Die erforderliche Zeitdauer für den gesamten Ablauf liegt bei den modernen Geräten zwischen 0,1 und 2 Sekunden.

4.3.6 Reflektoren

Bei der elektrooptischen Streckenmessung verwendet man als Reflektoren hauptsächlich Tripelprismen.
Ein Tripelprisma ist eine aus einem Glaswürfel mit Kantenlänge a herausgeschnittene dreiseitige Pyramide (Bild 4-31).
Die Grundfläche ABC dieser Pyramide ist die Ein- und Austrittsfläche für den Lichtstrahl. An den anderen drei Ebenen, die senkrecht aufeinander stehen, wird der Lichtstrahl jeweils einmal reflektiert.
Im Bild 4-31 ist der Strahlengang im Einzelnen dargestellt. Der ankommende Lichtstrahl trifft hier im Punkt 1 unter dem Einfallswinkel α auf die Grundfläche ABC und wird dort gebrochen. Der Einfallswinkel α ist hierbei der Winkel zwischen dem auftreffenden Lichtstrahl und dem Lot L auf der Grundfläche ABC. Im Punkt 2 der Ebene ABD, im Punkt 3 der Ebene BCD und im Punkt 4 der Ebene ACD erfolgt jeweils eine Reflektion des Lichtstrahles. Im Punkt 5 trifft der Lichtstrahl wieder auf die Grundfläche ABC und wird um denselben Winkel gebrochen wie beim Eintritt. Der ausfallende Strahl ist dabei immer parallel zum einfallenden Strahl. Außerdem gilt für den Strahlengang in einem Tripelprisma, dass sämtliche Strahlen eines parallelen Strahlenbündels vom Eintrittspunkt bis zum Austrittspunkt die gleiche optische Weglänge zurücklegen.

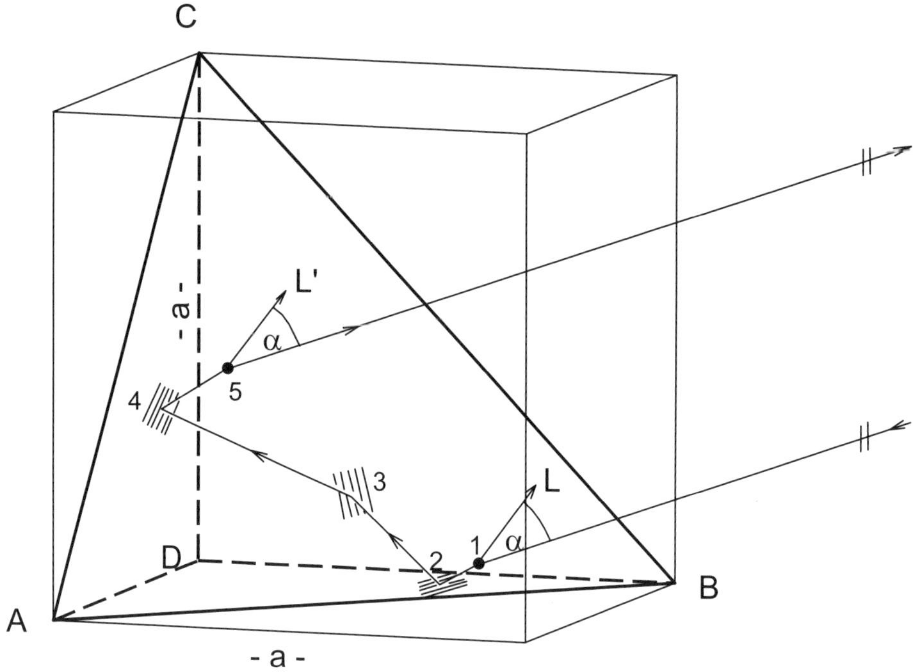

Bild 4-31: Strahlengang in einem Tripelprisma

Der Abstand d der Prismenecke D von der Grundfläche ABC (Bild 4-32) beträgt

$$d = \frac{a}{3} \cdot \sqrt{3} \quad .$$

Treffen die Lichtstrahlen senkrecht ($\alpha = 0$) auf die Grundfläche ABC auf, so beträgt der optische Weg W der Lichtstrahlen im Tripelprisma immer

$$W = 2dn \quad ,$$

wobei n der Brechungsindex des Prismenglases ist. Verläuft die Stehachse des Prismengehäuses im Abstand e (Bild 4-32) zur Grundfläche ABC, so sind die gemessenen Strecken um die Reflektorkonstante K_R mit

$$K_R = e - n \cdot d \tag{4-27}$$

zu verbessern.

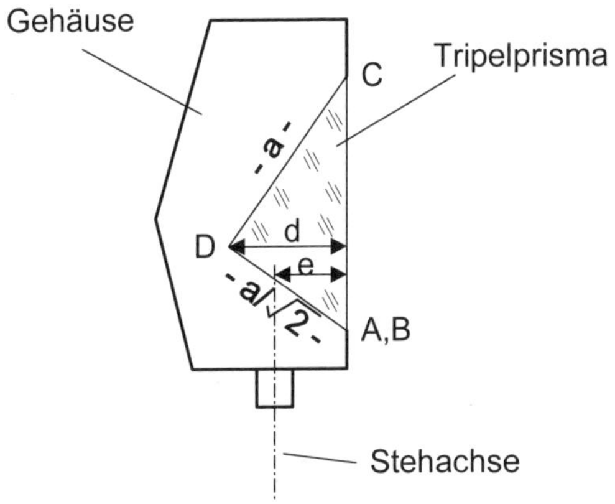

Bild 4-32: Schnitt durch ein im Gehäuse montiertes Tripelprisma

Ist der Reflektor nicht genau auf den elektrooptischen Entfernungsmesser ausgerichtet, sondern um den Winkel α verschwenkt, so treffen die Messstrahlen nicht senkrecht, sondern mit Einfallswinkel α auf die Grundfläche ABC auf. In Abhängigkeit vom Einfallswinkel α ändert sich dann der optische Lichtweg im Prisma geringfügig. Nach PAULI 1969 entsteht ein Streckenfehler

$$\Delta D = e(1-\cos\alpha) - d\left(n - \sqrt{n^2 - \sin^2\alpha}\right) .$$

Beispiel:

Für einen Reflektor mit e = 40 mm, d = 60 mm und n = 1,5 erhält man

$$K_R = -50 \text{ mm}.$$

Mit diesen Zahlenwerten und einem Verschwenkungswinkel α = 30 gon ergibt sich hier ein Streckenfehler von

$$\Delta D = 0{,}1 \text{ mm}.$$

Der Streckenfehler infolge ungenauer Ausrichtung eines Einprismenreflektors ist also in der Regel vernachlässigbar. Trotzdem sollte auch der Einprismenreflektor ausgerichtet werden, da sich die wirksame Reflektorfläche mit zunehmender Verschwenkung verkleinert. Mehrprismenreflektoren müssen immer genau ausgerichtet werden, damit der bei unsymmetrischer Ausleuchtung der Prismen oder nicht zentrischer Anzielung auftretende Streckenfehler F_D klein gehalten werden kann (Bild 4-33).

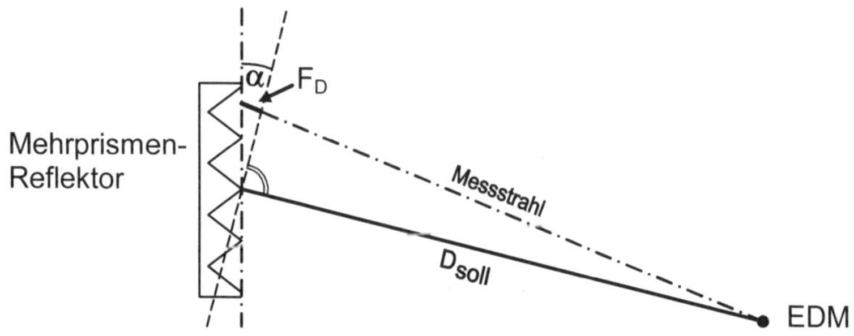

Bild 4-33: Streckenfehler bei ungenauer Ausrichtung des Mehrprismenreflektors

Bei Entfernungsmessgeräten mit hoher Strahlungsleistung (Laser) ist unter Umständen auch eine Messung zu Reflexfolien möglich. Bei starken Laserimpulsen kann auf kurze Distanzen ganz auf Reflektoren verzichtet werden. Hier reicht der bei der diffusen Reflektion an einer rauen Oberfläche zurückkommende geringe Strahlanteil noch für eine Messung aus (siehe Abschnitt 4.3.7).

Inzwischen gibt es auch aus mehreren Prismen zusammengesetzte Rundumreflektoren. Diese Rundumreflektoren erlauben die gleichzeitige Anzielung von mehreren Instrumentenstandpunkten aus. Außerdem erleichtern sie bei bewegten Reflektoren die automatische Zielverfolgung (siehe Abschnitt 9.3). Derzeit bieten einige Hersteller auch „aktive" Rundumprismen an (Bild 4-34 „TRIMBLE"). Am Rundumprisma angebrachte Sendedioden erlauben die eindeutige Zielidentifikation und verhindern, dass auf andere Prismen oder sonstige reflektierende Oberflächen (Autos, Warnwesten oder Verkehrsschilder) gemessen wird.

Bild 4-34: Rundumreflektoren

Statt Prismenreflektoren (Retroreflektoren) können auch Kugelreflektoren eingesetzt werden. Auch mit Kugelreflektoren kann man erreichen, dass einfallende und ausfallende Strahlen immer parallel sind.

Für die Brechung an einer Kugelfläche mit Radius r gilt folgende Beziehung, die auch Abbesche Invariante genannt wird (Bild 4-35):

$$n'\left(\frac{1}{r}-\frac{1}{s'}\right)=n\left(\frac{1}{r}-\frac{1}{s}\right) \quad . \qquad (4\text{-}28)$$

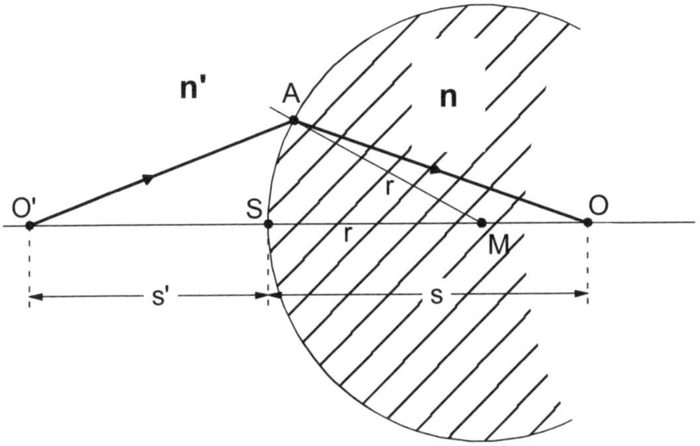

Bild 4-35: Brechung an Kugelflächen

Nehmen wir an, dass der in A auftreffende Strahl parallel zur Achse S-O verläuft (Bild 4-36), so geht s' gegen unendlich. Setzen wir zusätzlich $n'=1$ so erhalten wir folgende Gleichung

$$\frac{1}{r}=n\left(\frac{1}{r}-\frac{1}{s}\right) \quad .$$

Nach s aufgelöst folgt

$$s=\frac{n\cdot r}{n-1} \quad . \qquad (4\text{-}29)$$

Gelingt es, die Kugel aus einem Material mit der Brechzahl n = 2 herzustellen, so gilt

$$s=2\cdot r \quad .$$

Damit liegt O auf der Kugel mit Radius r.

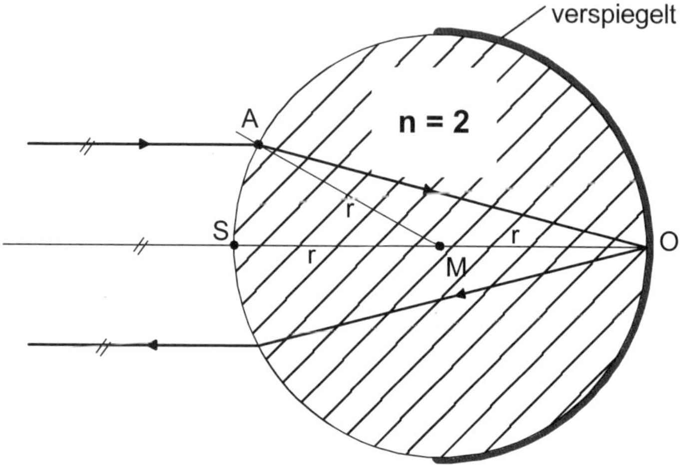

Bild 4-36: Kugelreflektor für den Spezialfall n = 2

Ist die Kugel halbseitig verspiegelt, so erfolgt Totalreflexion und der Strahlverlauf ist symmetrisch zur gedachten Achse S-O, und damit ist der ausfallende Strahl parallel zum einfallenden Strahl.

Mit diesem Effekt lassen sich auch sehr wirkungsvolle Retroreflektoren aus Reflexfolien erzeugen.
Kleine Glas- oder Kunststoffkügelchen mit $r < 0{,}05$ mm und $n = 2$ werden z.B. in eine silberfarbene Folie ausreichender Dicke gedrückt (Bild 4-37). Das Folienmaterial wirkt dann als Verspiegelung.

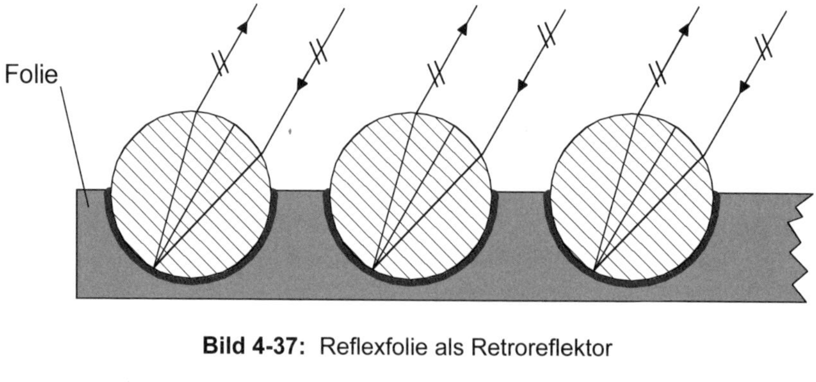

Bild 4-37: Reflexfolie als Retroreflektor

Die meisten Glasarten haben einen Brechungsindex, der deutlich kleiner als 2 ist. Damit folgt aus (4-29)

$$s = \frac{n \cdot r}{n-1} \qquad \text{mit } 1 < n < 2 \text{ , dass} \qquad s > 2 \cdot r \quad .$$

Für diesen Fall müssen dann zwei Halbkugeln mit unterschiedlichen Radien, aber identischem Brechungsindex n zusammengefügt werden (Bild 4-38), so dass gilt

$$s = r_1 + r_2 \quad .$$

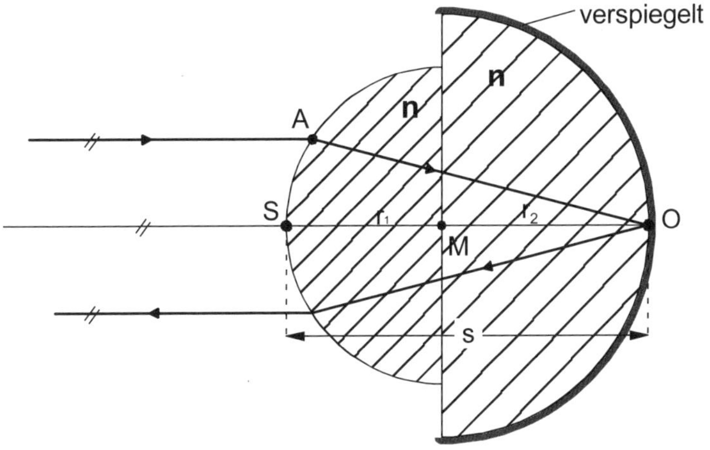

Bild 4-38: Kugelreflektor aus zwei Halbkugeln

Der Radius r_2 wird gegenüber r_1 dann wie folgt festgelegt:

$$r_2 = s - r_1 = \frac{n \cdot r_1}{n-1} - r_1$$

und damit

$$r_2 = \frac{r_1}{n-1} \quad .$$

Für Quarzglas mit $n = 1{,}459$ folgt dann $r_2 = 2{,}179 \cdot r_1$.

Bei Kugelreflektoren ist es sinnvoll, den Bezugspunkt für die Entfernungsmessung in den Mittelpunkt M der beiden Kugeln zu legen (Bild 4-38). Der im Glaskörper von einem fein gebündelten Messstrahl zurückgelegte optische Lichtweg W beträgt

$$W = 2 \cdot n \cdot (r_1 + r_2) \quad .$$

Der Abstand des Bezugspunktes M von der Eintrittsfläche beträgt r_1. Somit sind die zu dem Kugelreflektor gemessenen Strecken um die Reflektorkonstante k_R mit

$$k_R = r_1 - n(r_1 + r_2)$$

zu verbessern.

Ein wie im Bild 4-38 dargestellter Kugelreflektor eignet sich nicht für die Messung zu diskreten Punkten. Er ist aber sehr geeignet für Flächenantastungen (Bild 4-39), wobei jedoch nicht die Fläche F, sondern eine Parallelfläche PF im Abstand r_2 bestimmt wird. Bei stark gekrümmten Flächen muss dann eventuell berücksichtigt werden, dass PF ein anderes Krümmungsverhalten aufweist als F. Der Unterschied im Krümmungsverhalten wird aber umso geringer, je kleiner der Kugelreflektorradius r_2 ist.

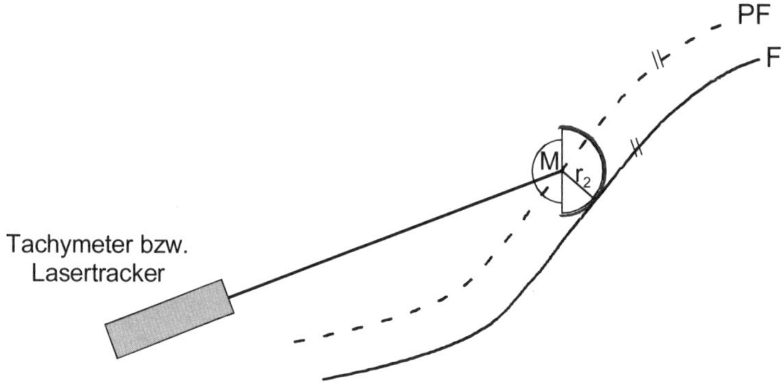

Bild 4-39: Flächenantastung mit Kugelreflektor

Wird der Kugelreflektor in einem Reflektorgehäuse untergebracht, so wird er zweckmäßigerweise so montiert, dass die Stehachse des Gehäuses durch M verläuft. Ein solcher Kugelreflektor lässt sich dann wie ein Prismenreflektor einsetzen mit dem großen Vorteil, dass der Kugelreflektor einen wesentlich größeren Winkelbereich für den einfallenden Messstrahl hat als ein Prismenreflektor.

4.3.7 Reflektorlose Entfernungsmessung

Damit reflektorlos gemessen werden kann, muss die Oberfläche des Messobjektes selbst als Reflektor wirken. Alle nicht polierten oder nicht lackierten Materialoberflächen weisen eine gewisse Rauheit auf. Diese Rauheit ist der Grund dafür, dass ein auf die Materialoberfläche fallendes Strahlenbündel diffus reflektiert wird (Bild 4-40).

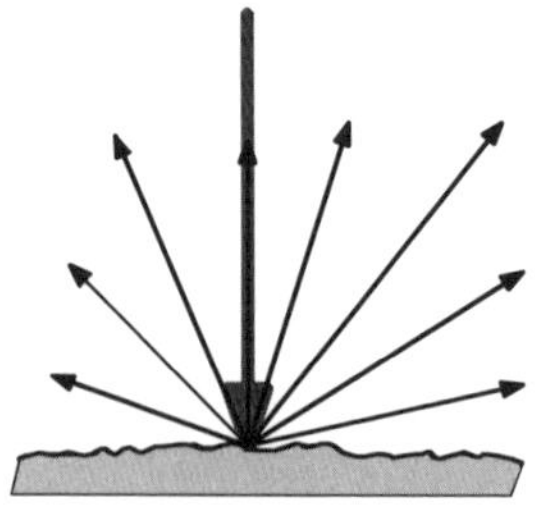

Bild 4-40: Diffuse Reflexion

Die raue Oberfläche kann man sich modellhaft aus sehr vielen differentiell kleinen Spiegelflächen zusammengesetzt denken. Diese kleinen Spiegel haben unregelmäßige Ausrichtungen im Raum, aber einige wenige sind zufällig senkrecht zum Messstrahl ausgerichtet und reflektieren dann einige wenige Strahlanteile zum Messgerät zurück. Dies bedeutet, dass nur geringe Bruchteile der ausgesandten Energie wieder in den Empfänger zurück gelangen können und somit die Reichweite bei der reflektorlosen Entfernungsmessung deutlich geringer ist als bei der reflektorunterstützten Messung. Die Reichweiten sind in der Regel auf 100 m bis 300 m begrenzt. Dem Versuch, größere Reichweiten durch leistungsstärkere Laser zu erreichen, sind durch die Forderung, dass die eingesetzten Laser der Gefahrenklasse 1 („augensicher") angehören sollen, enge Grenzen gesetzt.

Als Messverfahren bei der reflektorlosen Entfernungsmessung kommt sowohl das Phasenvergleichsverfahren als auch das Impulsmessverfahren in Frage. Etwas vereinfacht dargestellt kann man sagen, das Phasenmessverfahren erlaubt höhere Genauigkeiten und das Impulsmessverfahren größere Reichweiten. Derzeit überwiegt das Phasenmessverfahren auch bei der reflektorlosen Entfernungsmessung.
Die meisten neueren Tachymeter erlauben sowohl die reflektorlose als auch die reflektorunterstützte Messung. Es sind dann manchmal zwei koaxial messende Entfernungsmesssysteme integriert (Bild 4-41).

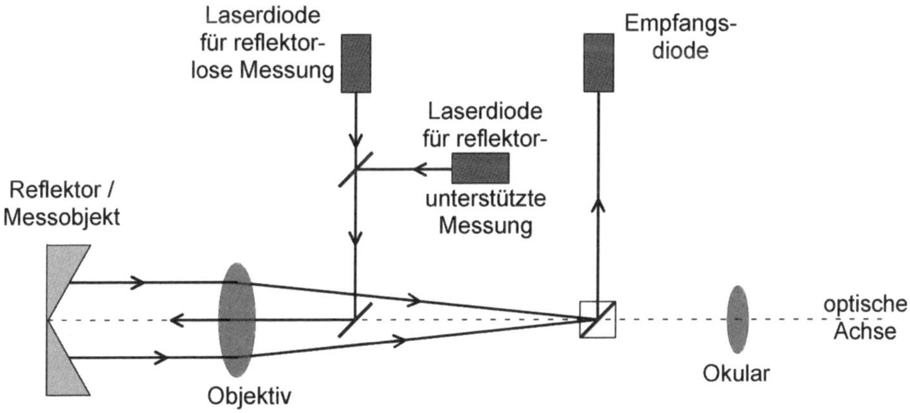

Bild 4-41: Tachymeter mit zwei koaxialen Messsystemen

Im Messmodus „reflektorunterstützt", meist mit Infrarotlaser, werden deutlich größere Reichweiten und höhere Genauigkeiten erzielt als im Messmodus „reflektorlos", bei dem meist mit einem Laser im sichtbaren Bereich gemessen wird.

Beim Einsatz dieser Instrumente muss darauf geachtet werden, dass am Instrument der Modus angewählt ist, in dem man messen möchte, da es sonst durch falsche Berücksichtigung bzw. Nichtberücksichtigung der Reflektorkonstanten zu Fehlmessungen kommt.
Es kann bei der reflektorlosen Messung mit Laserlicht im sichtbaren Bereich ($\lambda < 0{,}7\ \mu m$), aber auch im nichtsichtbaren infraroten Bereich ($0{,}75\ \mu m < \lambda < 1{,}5\ \mu m$) gearbeitet werden. In der Praxis sind jedoch Instrumente, die im sichtbaren Bereich arbeiten, vorzuziehen (siehe auch Abschnitt 6.6).
Wird, um größere Reichweiten zu erzielen, der Messstrahl stark gebündelt, so kann dies bei kurzen Distanzen zu Problemen führen. Ist der Radius r des durch Strahldicke und Strahlöffnungswinkel α erzeugten Lichtflecks auf dem Messobjekt kleiner als der Abstand e zwischen Sende- und Empfangsachse, so wird kein Signal mehr empfangen (Bild 4-42).

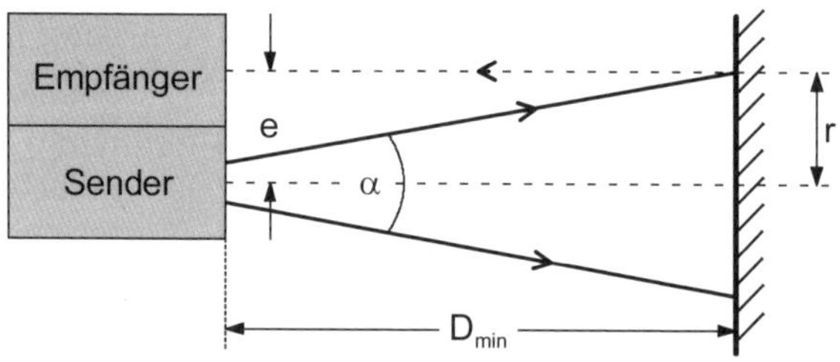

Bild 4-42: Beschränkung des Messbereichs auf $D \geq D_{min}$

Dieses Problem tritt auch bei Instrumenten mit konzentrischer Sende- und Empfangsoptik auf (siehe auch Bild 4-41). Die maximale Reichweite bei der reflektorlosen Entfernungsmessung ist abhängig vom Material und der Oberflächenbeschaffenheit des Messobjekts und vom Auftreffwinkel. Zur Abhängigkeit der Reichweite vom Auftreffwinkel lässt sich zusammenfassend sagen, je flacher der Messstrahl auftrifft, umso geringer wird die Reichweite. Dieser Effekt ist umso stärker ausgeprägt, je glatter die Materialoberfläche ist.
Bei der Ermittlung der in Bild 4-43 zusammengestellten Reichweiten wurde darauf geachtet, dass die Materialoberflächen möglichst genau senkrecht zum Messstrahl ausgerichtet wurden. Aluminium und Stahlblech waren mattiert. Andere Instrumente zeigen eine ähnliche Materialabhängigkeit der maximalen Reichweite.

Systematische Entfernungsabweichungen in Abhängigkeit von Material und Oberflächenbeschaffenheit sind eher gering. Eine Ausnahme bilden hier poröse Oberflächen oder Materialien mit zum Teil transparenten Partikeln (z.B. Styropor). In diesen Fällen wurde zu lang gemessen.

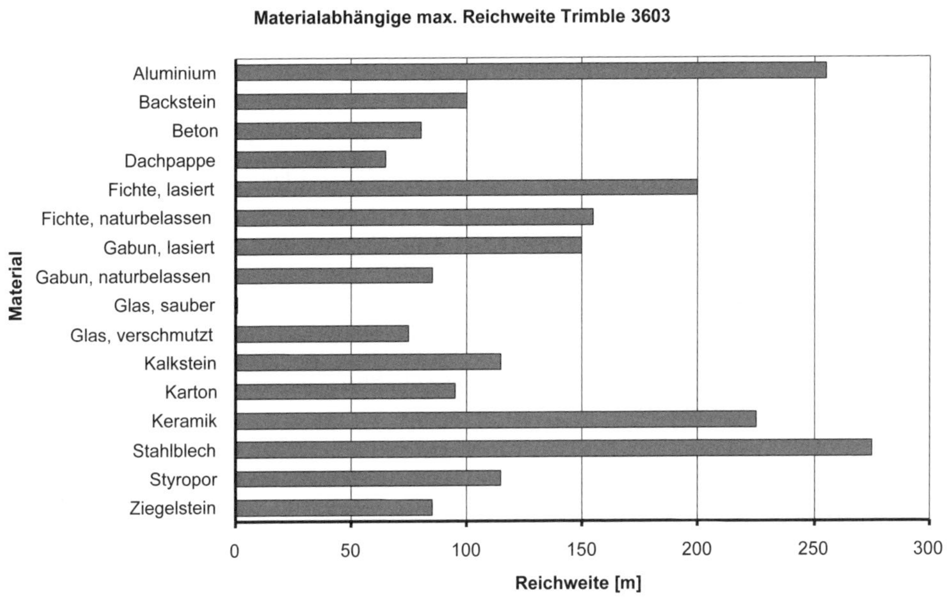

Bild 4-43: Materialabhängige maximale Reichweite (TRIMBLE 3603)

Vorteile der reflektorlosen Entfernungsmessung:

- Der Hauptvorteil liegt sicher darin, dass unzugängliche oder nur schwer zugängliche Punkte bequem aufgemessen werden können.

- Es können Objekte in ihrer Gesamtheit ohne Markierungsaufwand erfasst werden. Das Messobjekt kann gescannt werden z.B. rasterförmig oder in Profillinien. Bei motorgesteuerten Tachymetern ist auch eine automatische Erfassung des Messobjektes möglich.

Nachteile der reflektorlosen Entfernungsmessung:

- Messung zu glatten Oberflächen (polierte oder lackierte Oberflächen, Glasflächen) ist nur dann möglich, wenn diese Flächen zufällig senkrecht zur Messrichtung ausgerichtet sind. Ist dies nicht der Fall, so kommt kein Signal zurück. Bei Instrumenten mit starker Sendeleistung kann diese Spiegelung (reguläre Reflexion) an glatten Flächen zu erheblichen Fehlmessungen führen (Bild 4-44).

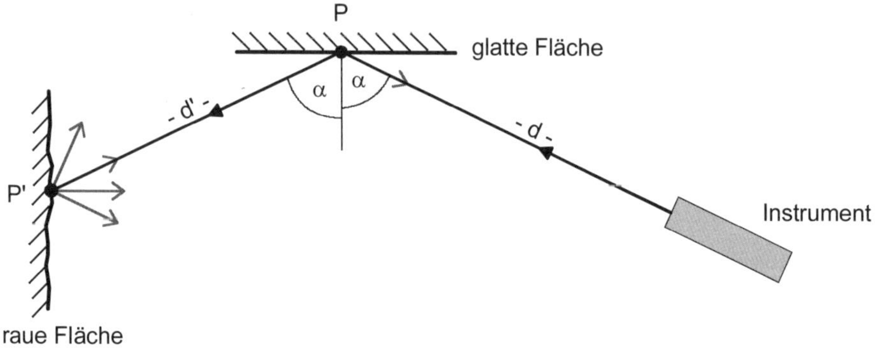

Bild 4-44: „Mehrwegeffekt“

Der in P auftreffende Messstrahl wird an der glatten Fläche regulär reflektiert und trifft in P’ auf eine raue Fläche, an der er diffus reflektiert wird. Geringe, aber bei kurzen Distanzen ausreichende Strahlanteile gelangen über reguläre Reflexion in P zum Empfänger zurück. Es wird dann nicht die gesuchte Strecke d, sondern d + d’ gemessen.

– Da nicht nur ein diskreter Punkt, sondern die gesamte vom Strahlenbündel überdeckte Oberfläche als Reflektor wirkt, entsteht das Messergebnis als Mischung vieler Einzelmessungen. Die Mischergebnisse können systematisch verfälscht sein (Bild 4-45).

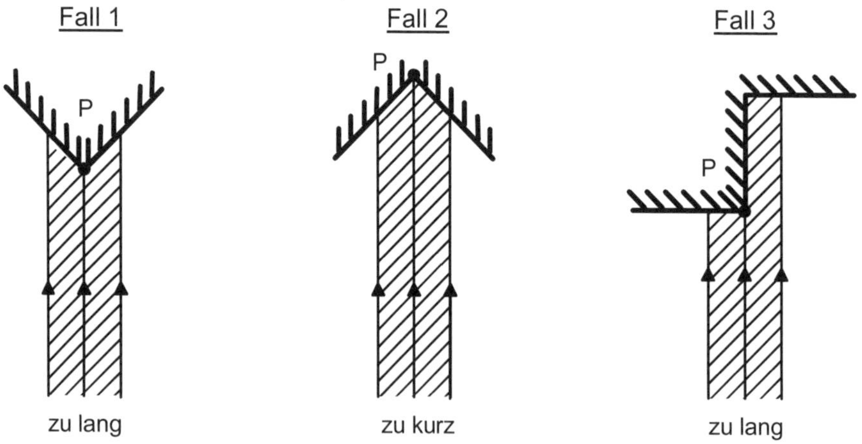

Bild 4-45: Verfälschung durch Mischergebnisse

Je größer der Messstrahldurchmesser in den Fällen 1 und 2 ist, umso größer ist die systematische Verfälschung. Eine eingehende Untersuchung (BAUMEISTER, HÖCKER 2007) bei der Messanordnung „Mauerversatz“ (Fall 3) hat ergeben, dass bei allen untersuchten Instrumenten je nach Anzielung des Eckpunktes P entweder die gesuchte Entfernung zum Punkt P oder die Entfernung zur rückversetzten Mauer oder aber auch ein beliebiger Zwischenwert, der sich aus der Mischung der beiden Entfernungen ergibt, als Ergebnis angezeigt werden kann. Eine klare Trennung der beiden möglichen Ergebnisse z.B. durch Filterung ist bei keinem der untersuchten Instrumente vollständig gelungen. Mit einer neuen, erstmals beim LEICA TPS1200 realisierten Messmethode ist es nun möglich, aus den zurückkommenden Signalen zwei Ziele zu identifizieren und beide Entfernungen getrennt anzugeben. Grundlage dieses neuen Verfahrens ist ein sehr aufwendiges, aber schnelles Analyseverfahren, das Messfrequenzen zwischen 100 MHz und 300 MHz auswertet (HINDERLING 2004).
Instrumente mit großem Strahldurchmesser bzw. großem Öffnungswinkel des Messstrahls eignen sich somit nicht zur Gebäudeaufnahme mit direkter Anzielung der Gebäudekanten. Hier müssen dann Gebäudekanten bzw. Eckpunkte indirekt als Schnitt zweier Ebenen bzw. als Schnitt einer Ebene mit einer Geraden erzeugt werden.

- Bei Instrumenten mit nicht sichtbarem Messstrahl (λ > 0,75 μm) wird bei Nichtidentität von Zielachse und Messachse zu einem anderen Punkt gemessen als dem angezielten, ohne dass der Beobachter dies bemerkt (siehe Abschnitt 6.6).

5 Fehlerquellen und Genauigkeit der elektrooptischen Entfernungsmessung

Ergänzt man die Grundgleichungen um die Nullpunktskorrektion K_0, so lauten sie für das Phasenvergleichsverfahren (vgl. (4-3) mit (4-1))

$$D = N \cdot \frac{c_0}{2 \cdot n \cdot f} + R + K_0$$

sowie für das Impulsmessverfahren (vgl. (3-1))

$$D = \frac{c_0}{2 \cdot n} \cdot t_l + K_0 \quad .$$

In diesen Gleichungen müssen mit Ausnahme der ganzzahligen Anzahl N und der Vakuumlichtgeschwindigkeit c_0 alle anderen Größen

n = Brechungsindex der Atmosphäre,
f = Modulationsfrequenz,
R = Phasenreststück,
K_0 = Nullpunktskorrektion,
t_l = Laufzeit

als fehlerbehaftet angesehen werden, die – teils systematisch, teils zufällig – die Genauigkeit der Strecke beeinflussen.

5.1 Einflüsse der Atmosphäre

Die Atmosphäre beeinflusst die Strecke in zweierlei Hinsicht:

1. Einfluss des Brechungsindexes n auf die Ausbreitungsgeschwindigkeit und damit unmittelbar auf die Messwellenlänge λ nach

$$\lambda = \frac{c}{f} = \frac{c_0}{n \cdot f} \quad ,$$

2. Einfluss der Refraktion auf die geometrische Form der Bahnkurve. Näheres hierzu siehe Abschnitt 7.2.1.

5.1.1 Der Brechungsindex n bei Licht als Trägerwelle

Der Brechungsindex bei Licht als Trägerwelle ist abhängig von

- der Trägerwellenlänge (Dispersion) $n = n(\lambda_T)$
- den meteorologischen Daten $n = n(t, p, e)$

mit t = Temperatur,
p = Druck,
e = Partialdruck des Wasserdampfes.

Für ein vollkommen monochromatisches Licht wird die Abhängigkeit des Brechungsindexes von der Trägerwellenlänge λ_T – die sog. Dispersion – nach einer Reihenentwicklung von CAUCHY dargestellt

$$(n-1)\cdot 10^6 = N = A + \frac{B}{\lambda_T^2} + \frac{C}{\lambda_T^4} \quad . \tag{5-1}$$

A, B, C sind hierbei Konstanten, welche unter Laborbedingungen empirisch bestimmt wurden. Die Ausbreitungsgeschwindigkeit einer monochromatischen Welle nennt man Phasengeschwindigkeit und sie wird durch

$$c_{Ph} = \frac{c_0}{n_{Ph}} \tag{5-2}$$

beschrieben.

Vollkommen monochromatisches Licht, welches sich mit der Phasengeschwindigkeit ausbreitet, ist jedoch bei geodätischer Anwendung die Ausnahme: Lediglich bei der Laser-Interferometrie (Abschnitt 3.3.1) mit Ausnutzung der kohärenten, unmodulierten Strahlung treffen diese Verhältnisse zu. Jedes andere in der elektrooptischen Entfernungsmessung verwendete Licht (auch Laserlicht) verhält sich wie ein schmales Frequenzband von Wellen unterschiedlicher Wellenlängen und Ausbreitungsgeschwindigkeiten. Alle diese harmonischen Schwingungen überlagern sich und ergeben eine sogenannte Wellengruppe. Die Energie breitet sich dabei mit dem Intensitätsmaximum dieser Wellengruppe mit der so genannten Gruppengeschwindigkeit c_{Gr} aus. Als Gruppenbrechungsindex wird nun definiert

$$n_{Gr} = \frac{c_0}{c_{Gr}} \quad , \tag{5-3}$$

wobei n_{Gr} wieder mit einer Reihe nach CAUCHY berechnet wird:

$$\left(n_{Gr}-1\right)\cdot 10^6 = N_{Gr} = A + 3\cdot\frac{B}{\lambda_{eff}^{2}} + 5\cdot\frac{C}{\lambda_{eff}^{4}} \tag{5-4}$$

mit λ_{eff} = effektive Trägerwellenlänge [μm] der Wellengruppe.
Die wirksame (effektive) Wellenlänge λ_{eff} ist nicht nur abhängig vom Frequenzband der Lichtquelle, sondern zusätzlich abhängig von den Filtereigenschaften von Sende- und Empfangsoptik, des Modulators (z.B. der Kerrzelle im ehemals gebauten Geodimeter 6BL), eventueller Polarisationsfilter sowie des Empfängers. λ_{eff} wird experimentell von den Geräteherstellern bestimmt. Wie schon erwähnt, stammen die Konstanten A, B, C aus Laborexperimenten.

Auf der XXII. Generalversammlung der Internationalen Union für Geodäsie und Geophysik (IUGG) und der Internationalen Assoziation für Geodäsie (IAG) 1999 in Birmingham wurden für die Berechnung des Phasen- und Gruppenbrechungsindexes folgende Formeln empfohlen, die gegenüber den früheren Empfehlungen von 1963 folgenden Aspekten Rechnung tragen:

- exaktere empirische Bestimmungsmethoden,
- zunehmender Kohlen-Dioxid-Gehalt der Luft (375 ppm anstatt 300 ppm),
- erweiterter Gültigkeitsbereich ins Infrarot (zwischen 350 nm und 1300 nm),
- gültig für alle atmosphärischen Bedingungen (−40 ... +100 °C, 800 … 1200 hPa, 0 … 100% Relative Luftfeuchtigkeit),
- Berücksichtigung aktueller physikalischer Parameter und Einheiten,
- Einbeziehung der Lorentz-Lorenz Beziehung (Einfluss: $1\cdot 10^{-8}$).

Bei den empirischen Untersuchungen von CIDDOR zeigte sich, dass die Zunahme des CO_2-Gehalts von 300 auf 375 ppm sehr gut durch eine lineare Multiplikation der früher geltenden BARRELL&SEARS-Konstanten mit dem Faktor 1,000 040 07 berücksichtigt wird.

Nach Resolution 3 der IAG 1999 gilt nun für den Phasenbrechungsindex von Licht bei Kontinuum Refraktivität (Dispersion)

$$N_{ph} = \left(n_{ph}-1\right)\cdot 10^6 = 287{,}6155 + \frac{1{,}62887}{\lambda_T^{2}} + \frac{0{,}01360}{\lambda_T^{4}} \tag{5-5}$$

für λ_T in [μm].

Diese Formeln beziehen sich auf eine dem zunehmenden Kohlendioxid-Gehalt angepasste Normalatmosphäre

$t = 0\ °C$ ($T = 273{,}15$ K),
$p = 1013{,}25$ hPa,
CO_2-Gehalt = 0,0375% = 375 ppm,
und trockene Luft ($e = 0{,}0$ hPa).

Der zugehörige Gruppenbrechungsindex berechnet sich zurückgehend auf CIDDOR, HILL 1999 und CIDDOR 1996 für dieselbe Normalatmosphäre zu

$$N_{Gr} = (n_{Gr} - 1) \cdot 10^6 = 287{,}6155 + \frac{4{,}88660}{\lambda_T^{\,2}} + \frac{0{,}06800}{\lambda_T^{\,4}} \quad . \tag{5-6}$$

Die dispersive Abhängigkeit des Gruppenbrechungsindexes wird mit Bild 5-1 verdeutlicht, gültig für die Normalatmosphäre ($t = 0\ °C$, $p = 1013{,}25$ hPa, CO_2-Gehalt = 375 ppm).

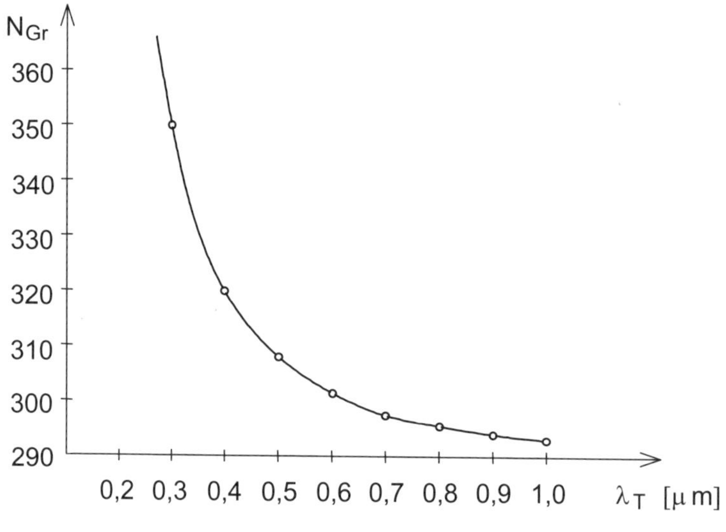

Bild 5-1: Abhängigkeit des Brechungsindexes von der Wellenlänge bei Licht

Zur Reduktion von der Normalatmosphäre auf die tatsächlichen atmosphärischen Verhältnisse empfiehlt Resolution 3 von IAG 1999 die Beziehung

$$N_L = (n_L - 1) \cdot 10^6 = N_{Gr} \cdot \frac{273{,}15}{1013{,}25} \cdot \frac{p}{T} - \frac{11{,}27}{T \cdot e} \tag{5-7}$$

wobei

n_L = Gruppenbrechungsindex für Licht bei den aktuellen Verhältnissen (t, p, e),
t = Trockentemperatur in °C ($T = t + 273{,}15$),
p = Luftdruck in hPa,
e = Partialdruck des Wasserdampfes in hPa.

Der Einfluss des Dampfdruckgliedes erreicht bei Licht für $e = 15$ hPa (Durchschnittswert) nur $0{,}6 \cdot 10^{-6}$ und wird meist vernachlässigt.

Der Forschungsstand der IAG-Arbeitsgruppe, welcher den Resolutionen 1999 zu Grunde liegt, sowie Vergleiche mit älteren Formeln sind ausführlich in RÜEGER 1998 und CIDDOR 2002 diskutiert. Die Genauigkeit der Formeln liegt bei ca. 0,5 ppm.

In der Resolution 4 der IUGG/IAG 1999 wird darauf hingewiesen, dass weiterer Forschungsbedarf hinsichtlich anormaler Refraktivität wegen der Absorbtionslinien verschiedener Gase besteht, was zu Abweichungen bis zu mehreren ppm führen kann. Für praktische Belange ist dies weniger bedeutsam, da EDM-Instrumente nicht mit einer einzigen Spektrallinie arbeiten.

Da auch die früher geltenden Bestimmungen von 1963 noch weit verbreitet angewandt werden und vielen älteren Messungen zu Grunde liegen, sollen hier auch diese erwähnt werden. Auf der XIII. Generalversammlung der Internationalen Union für Geodäsie und Geophysik (IUGG) und der Internationalen Assoziation für Geodäsie (IAG) 1963 in Berkeley wurden für die Berechnung des Gruppenbrechungsindexes folgende Formeln empfohlen, die jedoch – darauf sei nochmals hingewiesen! – seit 1999 nicht mehr aktuell gültig sind:

a) nach EDLÉN 1953

$$\left(n_{Gr} - 1\right) \cdot 10^6 = N_{Gr} = 287{,}569 + 3 \cdot \frac{1{,}6206}{\lambda_T^{\,2}} + 5 \cdot \frac{0{,}0139}{\lambda_T^{\,4}} , \qquad (5\text{-}8)$$

b) nach BARRELL, SEARS 1939

$$\left(n_{Gr} - 1\right) \cdot 10^6 = N_{Gr} = 287{,}604 + 3 \cdot \frac{1{,}6288}{\lambda_T^{\,2}} + 5 \cdot \frac{0{,}0136}{\lambda_T^{\,4}} , \qquad (5\text{-}9)$$

für λ_T in [μm].

Diese Formeln beziehen sich auf eine Normalatmosphäre

$t = 0$ °C,
$p = 1013{,}25$ hPa = 760 Torr,
CO_2-Gehalt = 0,03% = 300 ppm,
und trockene Luft.

Eine ausführliche Diskussion dieser und weiterer älterer Formeln ist in DEICHL 1984 gegeben. Erwähnt werden sollten vor allem die nach 1963 entwickelten Konstanten von EDLÉN 1966:

$$N_{Gr} = 287{,}583 + 3 \cdot \frac{1{,}6134}{\lambda_T^{\,2}} + 5 \cdot \frac{0{,}0144}{\lambda_T^{\,4}} \quad . \tag{5-10}$$

Die unterschiedlichen Dispersionsformeln unterscheiden sich hauptsächlich im Geltungsbereich:

BARRELL, SEARS	(1939)	$0{,}43 < \lambda_T < 0{,}65$ [µm]
EDLÉN	(1953)	$0{,}18 < \lambda_T < 0{,}65$
EDLÉN	(1966)	$0{,}18 < \lambda_T < 2{,}10$.

Die von der IUGG 1963 empfohlenen Formeln galten also streng genommen nicht für den heute am meisten genutzten Bereich der Infrarotstrahlung ($\lambda \approx 0{,}9$ µm). Eine Gegenüberstellung zeigt, dass alle bisher gebräuchlichen Formeln im Bereich

$$0{,}3 < \lambda < 1{,}0 \ [\mu m]$$

um maximal $1{,}5 \cdot 10^{-7} \cdot n_{Gr}$ voneinander abweichen, was in den meisten Fällen bedeutungslos ist, aber bei manchen Präzisionsdistanzmessern die Größenordnung der Messgenauigkeit erreicht!

Zur Reduktion von der Normalatmosphäre auf die tatsächlichen atmosphärischen Verhältnisse interpolierte man 1963 nach BARRELL, SEARS in der von KOHLRAUSCH vereinfachten Form

$$n_L = 1 + 98{,}7 \cdot 10^{-5} \cdot \frac{n_{Gr} - 1}{1 + \alpha \cdot t} \cdot p - \frac{4{,}1 \cdot 10^{-8}}{1 + \alpha \cdot t} \cdot e \qquad \text{für p, e in [hPa]}$$

oder (5-11)

$$n_L = 1 + \frac{n_{Gr} - 1}{1 + \alpha \cdot t} \cdot \frac{p}{760} - \frac{5{,}5 \cdot 10^{-8}}{1 + \alpha \cdot t} \cdot e \ , \qquad \text{für p, e in [Torr]}$$

wobei

n_L = Gruppenbrechungsindex für Licht bei den aktuellen Verhältnissen (t, p, e),
t = Trockentemperatur in °C,
p = Luftdruck,
e = Partialdruck des Wasserdampfes,
α = Ausdehnungskoeffizient der Luft.

$$\alpha = \frac{1}{273{,}16} = 0{,}003661 \quad .$$

Formelvergleiche zwischen den Resolutionen 1999 und 1963:

Gruppenbrechungsindex N_{Gr} bei Normalatmosphäre, Vergleich IUGG 1963 mit IAG 1999				Brechungsindex N_L bei aktueller Atmosphäre (t=20 °C, p=1000 hPA, e=15 hPa)		Differenzen aktueller Brechungsindex bei verschiedener Temperatur N_L BS&K 63 - N_L Ciddor IAG 99		
Formel	**(5-9)**	**(5-6)**	**(5-9) - (5-6)**	**(5-11)**	**(5-7)**	**(5-11) - (5-7)**		
λ_T [μm]	**N_{Gr} BS, IAG 1963**	**N_{Gr} Ciddor, IAG 1999**	**Differenz 63 - 99**	**N_L BS&K IAG 1963**	**N_L Ciddor IAG 1999**	**p=1000 hPa, e = 15 hPa**		
				t=20 °C	**t=20 °C**	**t=0 °C**	**t=20 °C**	**t=40 °C**
0,2	451,11	452,33	−1,22	414,29	415,38	−1,17	−1,09	−1,02
0,4	320,51	320,83	−0,31	294,19	294,45	−0,28	−0,26	−0,25
0,6	301,57	301,72	−0,15	276,77	276,88	−0,12	−0,11	−0,10
0,8	295,33	295,42	−0,09	271,03	271,09	−0,06	−0,06	−0,05
1,0	292,51	292,57	−0,06	268,44	268,47	−0,03	−0,03	−0,03
1,2	291,00	291,04	−0,05	267,05	267,06	−0,02	−0,02	−0,02

Tabelle 5-1: Vergleich der Brechungsindexformeln für Licht von IUGG 1963 gegenüber IAG 1999. Abkürzungen: BS = Barrell, Sears, BS&K = Barrell, Sears mit Kohlrausch-Formel.

Ein Vergleich der Formeln zwischen den Resolutionen 1999 und 1963 gibt folgende Erkenntnisse (Tabelle 5-1): Der größte Unterschied entsteht bei der Berechnung des Gruppenbrechungsindexes in Abhängigkeit von der Trägerwellenlänge, Formeln (5-6) gegen (5-9). Er beträgt 1,22 ppm bei $\lambda = 0{,}2\ \mu m$, abnehmend zu 0,05 ppm bei $\lambda = 1{,}2\ \mu m$. Im häufig genutzten nahen Infrarotbereich $\lambda = 0{,}8$ beträgt der Unterschied nur 0,09 ppm. Die BARREL, SEARS-Formel von 1963 weist immer kleinere Werte auf als die von 1999, welche den größeren CO_2-Gehalt mitberücksichtigt.

Die Interpolationsformeln von der Normalatmosphäre auf tatsächliche Atmosphäre von KOHLRAUSCH (5-11) und IAG 1999 (5-7) ergeben nur Unterschiede von maximal $5 \cdot 10^{-8}$.

Insgesamt entsteht zwischen den Formelgruppen der Empfehlungen von 1963 und 1999 ein Unterschied in n_L zu −1,09 ppm bei $\lambda = 0{,}2\ \mu m$, abnehmend bis −0,06 ppm bei $\lambda = 0{,}8\ \mu m$ und −0,02 ppm bei $\lambda = 1{,}2\ \mu m$, (berechnet für p = 1000 hPA, e = 15 hPA und t = 20 °C).

Diese Unterschiede sind im meist genutzten Trägerwellenbereich (nahes Infrarot) so klein, dass sie im Allgemeinen nicht ins Gewicht fallen. Trotzdem sollten die neuen Empfehlungen der IAG 1999 einheitlich angewandt werden, insbesondere von Herstellerfirmen, die eine atmosphärische Korrektur an der abgelesenen Strecke geräteintern automatisch anbringen.

5.1.2 Der Brechungsindex n bei Mikrowellen

5.1.2.1 Terrestrische Streckenmessung mit Mikrowellen

Nach der Resolution 1 der XII. Generalversammlung der IUGG in Helsinki 1960 wurden für terrestrische Entfernungsmessungen mit Mikrowellen folgende Formeln von ESSEN, FROOME empfohlen:

$$(n_M - 1)\cdot 10^6 = N_M = \frac{77{,}624}{T}\cdot(p-e) + \frac{64{,}700}{T}\cdot\left(1+\frac{5748}{T}\right)\cdot e$$

für p, e in [hPa] (5-12)

$$(n_M - 1)\cdot 10^6 = N_M = \frac{103{,}49}{T}\cdot(p-e) + \frac{86{,}26}{T}\cdot\left(1+\frac{5748}{T}\right)\cdot e$$

für p, e in [Torr]

mit p = gesamter Luftdruck (Trocken- und Feucht-Anteil),
e = Partialdruck des Wasserdampfes,
T = 273+t .

Nach Umstellen folgt der identische Ausdruck

$$(n_M - 1)\cdot 10^6 = N_M = A\cdot\frac{p}{T} - B\cdot\frac{e}{T} + C\cdot\frac{e}{T^2} \qquad (5\text{-}13)$$

wobei

für p, e in [hPa]	für p, e in [Torr]
A = 77,624 B = 12,924 C = $37{,}1897\cdot 10^4$	A = 103,49 B = 17,23 C = $49{,}5822\cdot 10^4$

Häufig ist auch eine Aufspaltung des totalen Luftdruckes in die Partialdruckanteile für trockene Luft (p_d) und feuchte Luft ($p_w = e$) zweckmäßig

$$p = p_d + p_w \quad ,$$

dann folgt aus (5-12)

$$N_M = 77{,}624 \cdot \frac{p_d}{T} + 64{,}700 \cdot \frac{e}{T} + 371897 \cdot \frac{e}{T^2} \qquad (5\text{-}14)$$

für Druckdimensionen in hPa.

Die Genauigkeit dieser Formeln der IUGG 1960 wird mit ±0,1 ppm unter „normalen" Bedingungen und ±1,0 ppm unter extremen Bedingungen angegeben. Jedoch berücksichtigen die früheren Empfehlungen nicht die neueren Erkenntnisse durch absolute und relative Refraktivitätsbestimmung sowie durch Zunahme des CO_2-Gehaltes der trockenen Luft von 300 ppm auf 375 ppm. Obwohl es bis 2007 noch nicht zu einer neuen, verbindlichen Resolution der IUGG/IAG gekommen ist, werden hier die auf dem FIG Kongress 2002 in Washington vorgestellten Empfehlungen (RÜEGER 2002b) genannt. Eine ausführliche Diskussion erfolgt in RÜEGER 2002a.

Folgende Formel wird favorisiert:

$$N_M = 77{,}6890 \cdot \frac{p_d}{T} + 71{,}2952 \cdot \frac{e}{T} + 375463 \cdot \frac{e}{T^2} \qquad (5\text{-}15)$$

für p, e in hPa. Die Genauigkeit der Trockenkomponente liegt bei 0,02%, die der Feuchtkomponente bei 0,2%.

Brechungsindexformeln IUGG 1960 gegenüber FIG 2002				
e in hPa	0	8	15	30
t in °C	20	20	20	20
P_d in hPa	1000	1000	1000	1000
N_M (5-14)	264,79	301,18	333,02	401,24
N_M (5-15)	265,01	301,91	334,20	403,38
Differenz (5-15) - (5-14)	0,22	0,73	1,18	2,14

Tabelle 5-2: Vergleich von Brechungsindexformeln für Mikrowellen nach IUGG 1960 und FIG 2002

Ein Zahlenbeispiel (Tabelle 5-2) für mittlere atmosphärische Verhältnisse zeigt, dass die alte IUGG-Formel (5-14) gegenüber FIG 2002 (5-15) schon bei Feuchte e = 0 einen Unterschied von 0,2 ppm, bei zunehmender Feuchte sogar 1 bis 2 ppm ausmacht.

Terrestrische Entfernungsmessungen mit Mikrowellengeräten haben heute in der Praxis keine Bedeutung mehr. Jedoch bei Satellitenmessverfahren und VLBI erlangen die Mikrowellen heute neue Aktualität.

5.1.2.2 Satelliten-Streckenmessung mit Mikrowellen

Mikrowellen werden heute vor allem bei den Satellitenmessverfahren (z.B. GPS) eingesetzt, wo die Signale aus großen Höhen kommen können. Dabei wird die Laufgeschwindigkeit der Mikrowellen durch die Einflüsse der troposphärischen und ionosphärischen Refraktion verfälscht. Diese Einflüsse sollen nun behandelt werden.

Der vertikale Aufbau der Atmosphäre ist im Hinblick auf die für Mikrowellenmessung entscheidenden elektrischen Eigenschaften in zwei grundlegend unterschiedliche Bereiche zu unterteilen:

a) Elektrisch neutraler Bereich:
Dieser Teil umfasst die so genannte Troposphäre (0 bis ca. 15 km Höhe). Er stellt damit den untersten Teil der Atmosphäre dar, in dem sich fast 90% der Atmosphärenmasse (trockene Gase, Wasserdampf) befindet. Darüber bis in eine Höhe von ca. 90 km reichen Stratosphäre und Mesosphäre, die sich jedoch für Mikrowellen schon fast wie Vakuum verhalten. Dieser elektrisch neutrale Bereich wird insgesamt auch als Neutrosphäre bezeichnet, doch wird in der geodätischen Literatur wegen des vorherrschenden Anteils der durch Wasserdampf- und temperaturbedingten Schichtung geprägten Atmosphärenmasse im Bereich bis 15 km Höhe auch für den Gesamtbereich oft nur von Troposphäre gesprochen.

b) Durch elektrisch geladene Teile (Elektronen, Ionen) wirksame Bereiche (Plasma):
Diese Schicht, genannt Ionosphäre, reicht von ca. 70 km bis in große Höhen (mehrere Tausend Kilometer Höhe). Entscheidend sind hierfür die geomagnetische und die Sonnenaktivität, letztere macht sich auch in der Sonnenfleckenzahl bemerkbar. Wegen der unterschiedlichen Strahlungswirkung der Sonne ändert sich die Elektronendichte sowohl mit der Tageszeit als auch Jahreszeit.

5.1.2.2.1 Der Brechungsindex für Mikrowellen in der Neutrosphäre (Troposphäre)

GPS-Signale werden beim Durchlaufen der Neutrosphäre verlangsamt. Der Brechungsindex ist größer als 1 (Vakuum), jedoch ist er nicht konstant, sondern er nimmt verschiedene Werte an.

Bei der Berechnung des Brechungsindex geht man i. Allg. von einer Zweiteilung aus, einem trockenen (dry) Anteil n_d und einem feuchten (wet) Anteil n_w:

$$n = n_d + n_w \ .$$

Dann lässt sich die ESSEN, FROOME-Formel gemäß (5-12) als 2-Term-Modell oder (5-13) als 3-Term-Modell anwenden. Die neutrosphärische Laufzeitverzögerung (und damit die Streckenkorrektur) ergibt sich durch Integration von n (bzw. N, in (5-9) und (5-10)) längs des Ausbreitungsweges unter Verwendung von Profilen für die meteorologischen Parameter T, p und e. Diese erhält man z.B. aus NCEP-Druckflächendaten (National Centers for Environmental Prediction www.ncep.noaa.gov).

Häufiger greift man jedoch auf vertikale Modellierung der atmosphärischen Daten zurück.

<u>Das Modell von HOPFIELD</u>
Ein oft verwendetes Modell wurde von HOPFIELD 1969 entwickelt. Ausgehend von der Brechzahl $N = (n-1)\cdot 10^6$ wird diese wieder in einen trockenen und einen feuchten Anteil zerlegt

$$N = N_d + N_w \ , \tag{5-16}$$

die durch folgende Ausdrücke gegeben sind

$$N_{d,H} = N_{d,0} \cdot \left(1 - \frac{H}{H_d}\right)^4 \qquad \text{für } 0 < H \le H_d \quad [\text{H in Meter}]$$

$$N_{d,H} = 0 \qquad \text{für } H > H_d$$

und (5-17)

$$N_{w,H} = N_{w,0} \cdot \left(1 - \frac{H}{H_w}\right)^4 \qquad \text{für } 0 < H \le H_w \quad [\text{H in Meter}]$$

$$N_{w,H} = 0 \qquad \text{für } H > H_w \ ,$$

wobei unter Verwendung der Konstanten von SMITH, WEINTRAUB 1953

$$N_{d,0} = 77{,}6 \cdot \frac{p_0}{T_0} \qquad \text{und} \qquad N_{W,0} = 373\,256 \cdot \frac{e_0}{T_0^2}$$

gesetzt wird. Mit den Konstanten von ESSEN, FROOME (5-12) würde wenig differierend

$$N_{d,0} = 77{,}624 \cdot \frac{p_0}{T_0} \qquad \text{und} \qquad N_{W,0} = 371\,896 \cdot \frac{e_0}{T_0^2}$$

folgen.

Wegen der empirischen Unsicherheit wird für das Feuchteglied auch oft der runde Wert

$$N_{W,0} = 373\,000 \cdot \frac{e_0}{T_0^2}$$

verwendet.

Die Höhe H stellt die laufende Höhe in der Säule über dem Messpunkt dar. Der Index „Null" bezeichnet Werte an der Erdoberfläche. Die Brechzahlen $N_{d,0}$ und $N_{w,0}$ hängen also nur von den Wetterdaten (Luftdruck (p_0), absolute Temperatur (T_0) und Partialdampfdruck des Wasserdampfes (e_0)) an der Erdoberfläche (am Messpunkt) ab. Dagegen sind die Höhen H_d und H_w konstante Werte, berechnet aus bestimmten Temperaturwerten T_0 an der Erdoberfläche mit

$$H_d\,[\text{m}] = 40\,110 + 148{,}72 \cdot (T_0 - 273{,}16) \qquad \text{mit } T_0 \text{ in [K]}$$

bzw. (5-18)

$$H_w\,[\text{m}] = 13\,268 - 97{,}96 \cdot (T_0 - 273{,}16) \qquad \text{mit } T_0 \text{ in [K]}\ .$$

Es ist zu betonen, dass nur der Term $N_{d,H}$ auf einer theoretischen Ableitung beruht, wobei der vertikale Temperaturverlauf mit einem konstant linear abfallenden Temperaturgradienten β (bei HOPFIELD β = 6,71 K/km) angenommen wird, so dass die (absolute) Temperatur gemäß $T = T_0 - \beta \cdot H$ modellierbar ist. Dagegen ist der Feuchtanteil $N_{w,H}$ theoretisch nicht begründet, für ihn wird mangels besserer Kenntnis ein analoger Term benutzt. Wegen der Unsicherheiten im Feuchtemodell wird von manchen Autoren auch H_w konstant zu 11 000 m angesetzt. Auch die anderen Zahlenwerte sind empirisch bestimmt.

Für typische meteorologische Oberflächendaten

t_0 = 15 °C entsprechend T_0 = 288,16 K, p_0 = 1013 hPa, e_0 = 20 hPA

ergeben sich beispielsweise folgende Werte:

H_d = 42 341 m und $N_{d,0}$ = 272,8
H_w = 11 799 m und $N_{w,0}$ = 89,8 .

Der gesamte Verlauf der Brechzahl N in der Troposphäre bei Mikrowellen ist in Bild 5-2 dargestellt. Daraus ist ersichtlich, dass

- der Feuchtanteil in der bodennächsten Schicht immerhin 20 - 25% der gesamten Brechungszahl ausmacht, erst in größeren Höhen ab 3,5 km ist der Anteil kleiner als 10% und geht ab 10 km gegen Null;
- ab einer Höhe von ca. 35 km praktisch Vakuum herrscht.

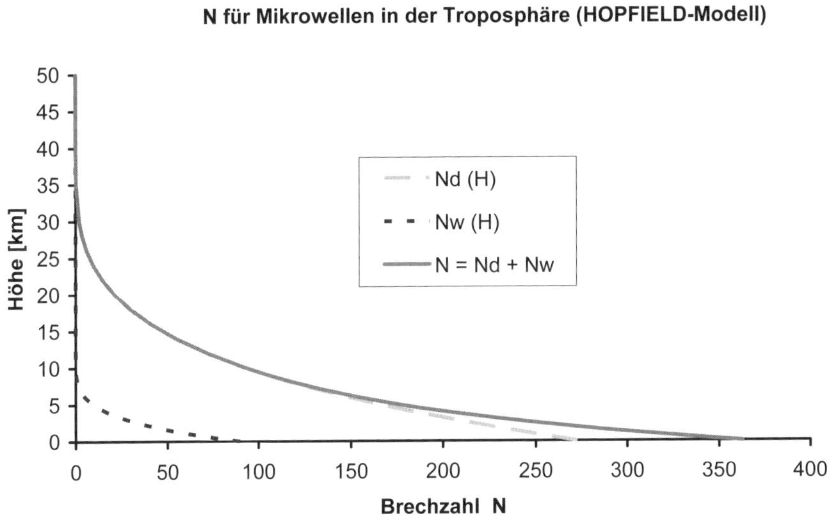

Bild 5-2: Die Brechzahl N = (n – 1) 10^6 bei Mikrowellen in der Troposphäre (HOPFIELD-Modell)

Das HOPFIELD-Modell gilt zunächst nur für den vertikalen (zenitalen) Signalweg.
Zur Umrechnung auf andere Zenitdistanzen benutzt man verschiedene Mapping-Funktionen (z.B. SEEBER 2003, MAYER 2006).

Es gibt noch weitere Modelle und Modifikationen des HOPFIELD-Modells, hierzu wird auf die Spezialliteratur verwiesen, etwa HOFMANN-WELLENHOF et al. 1994 oder MAYER 2006.

Das Modell von SAASTAMOINEN:

Das Modell von SAASTAMOINEN 1973 beruht auf Untersuchungen zur astronomischen Refraktion, also auf Richtungsverfälschungen infolge Strahlbrechung durch Atmosphärenschichten unterschiedlicher Dichte. Grundlage ist das sphärische Snellius'sche Brechungsgesetz einer konzentrisch angenommenen Schichtung der Atmosphäre.

Die Dichte der feuchten Atmosphäre wird in Anteile der trockenen Luft und des Wasserdampfdrucks aufgespalten. Unter Verwendung des Gasgesetzes erfolgt eine Darstellung der Dichte als Funktion der meteorologischen Größen p, T, und e.
Damit folgt für zwei dünne Atmosphärenschichten mit unterschiedlichen Brechungsindizes n_0 und n_1 in zenitaler Richtung

$$\frac{n_0 - 1}{n_1 - 1} = \frac{p_0 \cdot T_1}{p_1 \cdot T_0} \quad . \tag{5-19}$$

Weiter nimmt Saastamoinen in der Troposphäre (ca. 0 – 10 km) eine gleichmäßige Temperaturabnahme mit dem Gradienten 6,2 K/km und in der Stratosphäre den Gradienten Null an und setzt einen konstanten Wasserdampfgradienten an.
Die dimensionslose Abnahmerate des Wasserdampfes ist dann gegeben durch

$$\frac{e}{e_0} = \left(\frac{p}{p_0}\right)^4 \quad . \tag{5-20}$$

Im Übrigen benutzt er die Konstanten von ESSEN, FROOME. In den verschiedenen Literaturstellen findet sich zwar keine Formel für den Brechungsindex nach SAASTAMOINEN, jedoch findet sich stattdessen die Angabe der troposphärischen (= neutrosphärischen) Streckenkorrektur

$$\Delta_{trop}[m] = \frac{0{,}002277}{\cos z} \cdot \left(p_0 + \left(\frac{1255}{T_0} + 0{,}05\right) \cdot e_0 - \tan^2 z\right) \tag{5-21}$$

als Funktion von Zenitwinkel z sowie der meteorologischen Daten p_0, T_0 und e_0 an der Erdoberfläche. Eine ausführliche Diskussion dieser Formel mit Ergänzungen um weitere Korrekturglieder ist z.B. in HOFMANN-WELLENHOF 1994 oder MAYER 2006 nachzulesen.

5.1.2.2.2 Der Brechungsindex für Mikrowellen in der Ionosphäre

Mikrowellen im L-Band liegen im Bereich zwischen 0,390 GHz und 1,550 GHz (Dezimeterwellen). Beim Global Positioning System (GPS) ist das L-Band in die zwei Frequenzbänder L1 und L2 unterteilt. Die Mittenfrequenz von L1 beträgt 1,57542 GHz, die von L2 beträgt 1,22760 GHz.

Die Ionosphäre ist für Mikrowellen im L-Band ein dispersives Medium, das heißt, dass der Brechungsindex von der Wellenlänge abhängt.

Der Phasenbrechungsindex n_{Ph} einer monochromatischen Welle mit konstanter Frequenz ist definiert durch

$$n_{Ph} = \frac{c_0}{c_{Ph}} \quad , \tag{5-22}$$

wobei c_{Ph} die Phasengeschwindigkeit, also die Ausbreitungsgeschwindigkeit der Trägerwelle darstellt.

Entsprechend ist der Gruppenbrechungsindex n_{Gr} definiert mit

$$n_{Gr} = \frac{c_0}{c_{Gr}} = \frac{n_{Ph} \cdot c_{Ph}}{c_{Gr}} \quad . \tag{5-23}$$

Bei GPS-Signalen breitet sich die Signalwelle mit der Phasengeschwindigkeit aus, während sich die transportierte Information (vor allem der Impuls, bei GPS also das Code-Signal) mit der Gruppengeschwindigkeit ausbreitet. Dieser Unterschied besteht nur im dispersiven Medium (Ionosphäre), während im neutralen Medium (Neutrosphäre/Troposphäre) kein Unterschied in den Ausbreitungsgeschwindigkeiten beider Wellenarten besteht.

Der Zusammenhang zwischen Phasen- und Gruppengeschwindigkeit ist durch die Rayleigh-Gleichung gegeben (z.B. HOFMANN-WELLENHOF et al. 1994):

$$c_{Gr} = c_{Ph} - \lambda\left(\frac{dc_{Ph}}{d\lambda}\right) \quad . \tag{5-24}$$

Die modifizierte Rayleigh-Gleichung führt nach HOFMANN-WELLENHOF et al. 1994 dann zu

$$n_{Gr} = n_{Ph} + f\left(\frac{dn_{Ph}}{df}\right) \quad . \tag{5-25}$$

Nach SEEBER 2003 kann der frequenzabhängige Phasenbrechungsindex durch eine Reihenentwicklung angenähert werden

$$n_{Ph} = 1 + \frac{c_2}{f^2} + \frac{c_3}{f^3} + \frac{c_4}{f^4} + \ldots$$

die bei Beschränkung auf das quadratische Glied weiter vereinfacht wird mit

$$n_{Ph} = 1 + \frac{c_2}{f^2} \quad . \tag{5-26}$$

Der Koeffizient c_2 ist eine Funktion von der zeit- und höhenabhängigen Elektronendichte N_e (Einheit: Elektronen pro Kubikmeter), deren Wert nach SEEBER 2003 mit

$$c_2 = -40{,}3 \cdot N_e \; [Hz^2] \tag{5-27}$$

anzusetzen ist. Damit folgt für den Phasenbrechungsindex, der außerdem quadratisch von der Trägerfrequenz f abhängt,

$$n_{Ph} = 1 + \frac{c_2}{f^2} = 1 - 40{,}3 \cdot \frac{N_e}{f^2} \quad . \tag{5-28}$$

Durch Differentiation von Gleichung (5-26) folgt

$$dn_{Ph} = \left(-\frac{2c_2}{f^3} \right) \cdot df \tag{5-29}$$

und eingesetzt in (5- 25)

$$n_{Gr} = 1 + \frac{c_2}{f^2} - f \cdot \frac{2c_2}{f^3} = 1 - \frac{c_2}{f^2} = 1 + 40{,}3 \cdot \frac{N_e}{f^2} \quad . \tag{5-30}$$

Hieraus ist ersichtlich, dass Gruppen- und Phasenbrechungsindex bei Mikrowellen in der Ionosphäre vom Wert Eins um gleiche Beträge, aber entgegengesetztes Vorzeichen abweichen.

Für die Ausbreitungsgeschwindigkeiten gilt dies analog:

$n_{Ph} < 1$, somit ist $c_{Ph} > c_0$

(was der Relativitätstheorie angeblich nicht widerspricht), und

$n_{Gr} > 1$, somit ist $c_{Gr} < c_0$.

Dies bedeutet, dass Trägerphasenmessungen zu kurze Streckenergebnisse liefern, während Code-Pseudostrecken um denselben Betrag zu lang gemessen werden gegenüber der auf das Vakuum (n = 1) bezogenen, geometrischen Strecke zwischen Satellit und Empfänger.

Da sowohl Trägerphasen als Pseudostrecken frequenzabhängige Streckenergebnisse liefern, kann der ionosphärische Effekt mittels 2-Frequenz-Messung (L1, L2) eliminiert werden. Im Prinzip erfolgt dies wie bei der optischen Streckenmessung mit zwei verschiedenen Trägerwellen, siehe Abschnitt 8.2 und Abschnitte 11.3.2.2 und 11.4.3.3.2.

Die Elektronendichte N_e variiert stark mit dem Ort und der Zeit. In der Höhe unterscheidet man mehrere Ionisationsschichten („D-, E-, F_1- und F_2-Schicht") und nimmt dafür ein kugelsymmetrisches Modell für $N_e(H)$ an. Unter Verwendung von zwei so genannten Chapman-Funktionen kann $N_e(H)$ folgendermaßen dargestellt werden (HARTMANN et al. 1992):

$$N_e(H) = N_{e,max} \exp\left[c_i\left(1 - z - e^{-z}\right)\right] \qquad \text{mit} \quad z = \frac{(H - H_{max})}{A_i} \,. \qquad (5\text{-}31)$$

Hierbei steht $N_{e,\,max}$ für die maximale Elektronendichte in der Höhe H_{max} = 417 km. Über dieser Höhe wird c_i = 0,402 und A_i = 45 km, darunter c_i = 1,863 und A_i = 101 km gesetzt. Im Normalfall setzt man $N_{e,max} = 6 \cdot 10^{12}\,m^{-3}$, starke Sonnenaktivität $N_{e,max} = 20 \cdot 10^{12}\,m^{-3}$.
Für diese beiden Bedingungen wird das Höhenprofil der Elektronendichte in Bild 5-3 dargestellt und der resultierende Phasenbrechungsindex

$$n_{Ph} = 1 - 40{,}3\frac{N_e}{f^2}$$

für die beiden GPS-Frequenzen L_1, L_2 in Bild 5-4 dargestellt.

Für die praktische Berechnung der Streckenkorrektion ist neben der Elektronendichte N_e das Maß TEC (total electron content) von Bedeutung, das die Elektronen auf eine Säule mit einer Grundfläche von 1 m^2 entlang des zenitalen Signalweges bezieht. TEC steht mit der Elektronendichte N_e über das Streckenintegral

$$TEC = \int (N_e \cdot ds) \qquad (5\text{-}32)$$

in Beziehung. TEC-Werte sind z.B. vom Astronomischen Institut der Universität Bern erhältlich (http://www.aiub.unibe.ch/ionosphere.html).

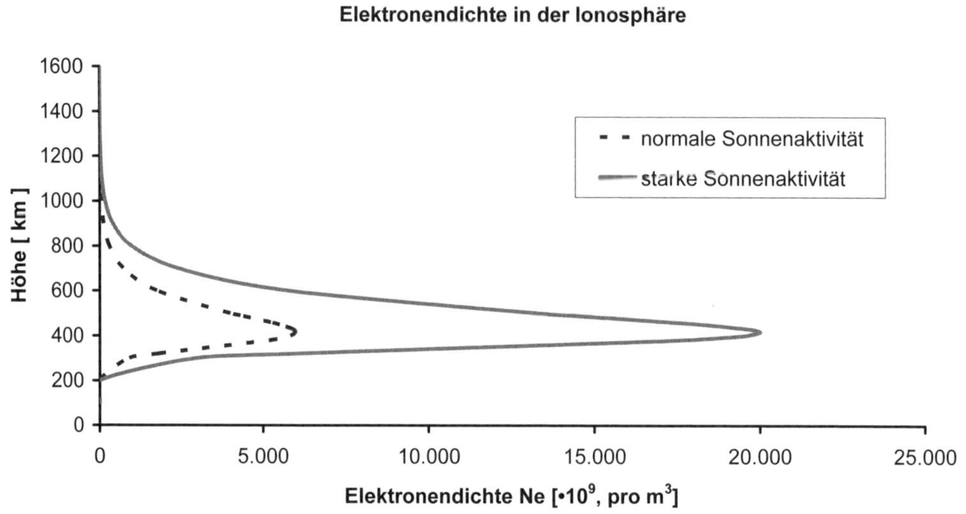

Bild 5-3: Elektronendichte in der Ionosphäre für normale und starke Sonnenaktivität

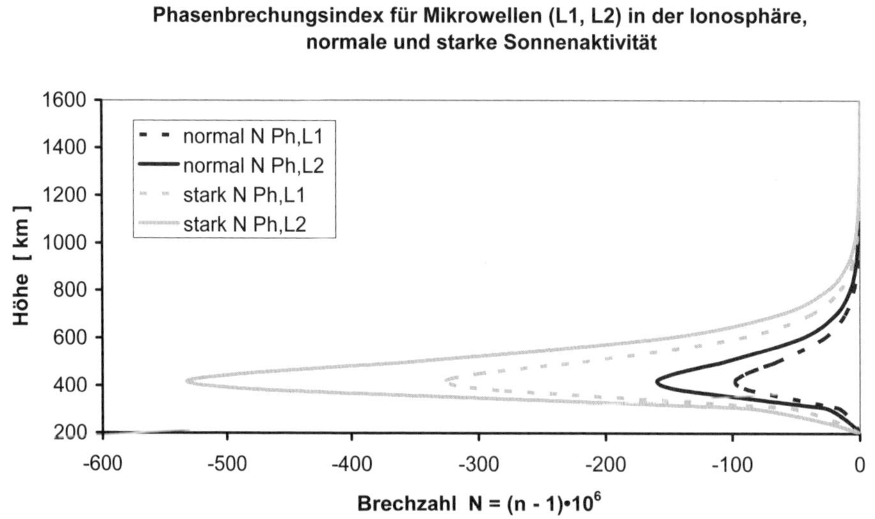

Bild 5-4: Phasenberechungsindex für Mikrowellen in der Ionosphäre für die GPS-Trägerfrequenzen L1 ≈1,57 GHz und L2 ≈1,22 GHz

5.1.3 Bestimmung der meteorologischen Werte

5.1.3.1 Luftfeuchte

Die Luftfeuchte kann als Partialdampfdruck des Wasserdampfes oder als relative Luftfeuchtigkeit bestimmt werden.

Der Partialdruck des Wasserdampfes (e) wird am genauesten mit Hilfe eines Psychrometers ermittelt. Hierbei fällt auch die Lufttemperatur an, so dass es von Vorteil ist, dieses Messverfahren zuerst zu besprechen. Mehrere Ausführungsformen sind gebräuchlich:

a) Schleuderpsychrometer:

Als Messelemente werden zwei parallel angeordnete Quecksilber-Glasthermometer verwendet. Über das Quecksilbergefäß des einen Thermometers ist ein Gewebedocht („Strumpf") gezogen, welcher mit destilliertem Wasser befeuchtet wird. Während der Messung wird das Schleuderpsychrometer durch kreisförmige Bewegung an einem ausgeklappten Handgriff in Drehung versetzt, so dass die Luft an den Thermometergefäßen vorbeiströmt. Die Mindestgeschwindigkeit muss 2 m/s betragen, dies entspricht etwa 2,5 ... 3 Umdrehungen pro Sekunde.

Wirkungsweise: Von der nassen Oberfläche geht Wasser in die gasförmige Phase über (Verdunstung). Die hierzu benötigte Wärme wird der umgebenden Luft und dem Thermometer entzogen (Verdunstungskälte) und die Temperatur des befeuchteten Thermometers sinkt so lange, bis Gleichgewicht zwischen dem Wassergehalt der Luft und des Dochtes erreicht ist. Die dabei entstehende Differenz zwischen der Temperatur des trockenen (t) und des befeuchteten (t_W) Thermometers ist umso größer, je trockener die Luft ist; diese psychrometrische Differenz $(t - t_W)$ ist demnach ein Maß für die Feuchte. Zusätzlich benötigt man hierzu noch den Sättigungsdampfdruck (E bzw. E_W). Das ist derjenige Wasserdampfgehalt, den die Luft maximal bei gegebener Temperatur (t bzw. t_W) haben kann.

b) Aspirations-Psychrometer nach ASSMANN:

Als Messelemente (für t und t_W) dienen ebenfalls zwei parallel angeordnete Quecksilber-Thermometer, die in einem gemeinsamen Gehäuse zusammengefasst sind. Die Belüftung geschieht hierbei aber durch ein federkraftgetriebenes Windrad. Auch elektrisch angetriebene Windräder sind in Gebrauch. Befeuchtung und Wirkungsweise sind gleich wie beim Schleuderpsychrometer.

Zur Auswertung von Psychrometermessungen benutzt man die SPRUNGsche Formel:

$$e = E_W - (t - t_W) \cdot \frac{K}{1006{,}6} \cdot p \qquad \text{für Druck in [hPa]}$$

$$e = E_W - (t - t_W) \cdot \frac{K}{755} \cdot p \qquad \text{für Druck in [Torr]} \tag{5-33}$$

mit t = Trockentemperatur [°C],
t_W = Feuchttemperatur [°C],
p = Luftdruck,
E_W = Sättigungsdampfdruck für die feuchte Temperatur,
K = Psychrometerkonstante.

Sowohl die Konstante K als auch der Sättigungsdampfdruck E_W ist davon abhängig, ob die Feuchttemperatur (t_W) mit nassem oder vereistem Thermometer gemessen wurde.

Nach MAGNUS-TETENS gilt empirisch für E_W :

$$E_W = 10^{\left(\frac{\alpha \cdot t_W}{\beta + t_W} + \gamma\right)}$$

oder (5-34)

$$\log E_W = \frac{\alpha \cdot t_W}{\beta + t_W} + \gamma$$

mit

Konstante für	Feucht-Thermometer	
Druck in [hPa]	nass	vereist
K	0,67	0,57
α	7,5	9,5
β	237,3	265,5
γ	0,78571	0,78571
Druck in [Torr]	nass	vereist
K	0,50	0,43
α	7,5	9,5
β	237,3	265,5
γ	0,66077	0,66077

In manchen Fällen wird die relative Feuchte R benötigt oder diese stellt die Messgröße dar. Unter ihr versteht man das Verhältnis der tatsächlich in der Luft enthaltenen zur maximal möglichen Masse des Wasserdampfgehaltes in der Luft; sie ist dimensionslos und wird in Prozent angegeben:

$$R = \frac{e}{E} \cdot 100 \quad [\%] \tag{5-35a}$$

mit e = gesuchter Dampfdruck nach (5-33)

$$E = 10^{\left(\frac{\alpha \cdot t}{\beta + t} + \gamma\right)} \quad .$$

Da die maximal von der Luft aufnehmbare Feuchte (E) temperaturabhängig ist, ändert sich die relative Feuchte mit der Temperatur, auch wenn die absolute Feuchte konstant bleibt.

c) Mechanische Feuchtemessung:

Das mechanische Verfahren beruht auf der Ausdehnung oder dem Zusammenziehen von meist organischen Messelementen, z.B. Haare oder Darmsaiten. Die Längenänderung wird auf ein Zeigerwerk übertragen. Ein bekanntes Instrument stellt das sog. Haarhygrometer dar, welches meist die relative Feuchte anzeigt. Ein Haarhygrometer muss regelmäßig überprüft werden, indem es in ein mit destilliertem Wasser befeuchtetes Tuch eingehüllt wird, so dass Sättigung eintritt. Es müsste dann nach einiger Zeit (etwa 1 Stunde) ca. 98% anzeigen, andernfalls ist über eine Stellschraube der Zeiger zu justieren.

d) Elektronische Feuchtemessung:

Dieses Verfahren beruht auf der Änderung der Kapazität C eines Plattenkondensators nach folgender Beziehung

$$C = \varepsilon_0 \cdot \varepsilon_r \cdot \frac{A}{d} \quad , \tag{5-36}$$

wobei

ε_0 = die absolute Dielektrizitätskonstante,
ε_r = die relative, feuchteabhängige Dielektrizitätskonstante,
A = gemeinsam überdeckte Fläche der Platten,
d = Abstand der Platten

bedeuten.

Die Kapazität eines Kondensators ändert sich laut obiger Formel, wenn die gemeinsam überdeckte Fläche der Platten, der Abstand der Platten oder eine der beiden Konstanten sich ändert. Bei der Feuchtemessung befindet sich zwischen den Platten (Elektroden) eine elektrisch isolierende, hygroskopische Kunststoffschicht

(Dielektrikum), welche das in der Luft befindliche Wasser absorbiert. Mit steigender Luftfeuchte steigt auch die Kapazität des feuchteempfindlichen Kondensators.

5.1.3.2 Lufttemperatur

Die wichtigste Messmethode zur Bestimmung der Lufttemperatur ist bereits mit dem psychrometrischen Verfahren (vgl. Abschnitt 5.1.3.1) unter Verwendung eines Quecksilberthermometers besprochen. Zu beachten ist hierbei, dass außer einer guten Belüftung (z.B. durch Schleudern) das Thermometer stets beschattet ist, denn es darf keine direkte Sonnenstrahlung die Lufttemperatur verfälschen. Die Messung der Lufttemperatur sollte in 2 Meter Höhe über dem Erdboden erfolgen.

Es gibt auch elektrische bzw. elektronische Temperaturmessverfahren. Bei einem Thermoelement wird die an der Lötstelle zweier verschiedener Metalle entstehende, temperaturabhängige Spannung gemessen. Thermoelemente zeichnen sich durch einen großen Messbereich aus (was für meteorologische Zwecke weniger wichtig ist).

Außerdem gibt es Widerstandsthermometer. Ein besonders genau arbeitender Sensor verwendet einen Platinwiderstand (Pt100), dessen elektrischer Widerstandswert bei einer Temperatur von 0 °C genau gleich 100 Ohm beträgt und der bei steigender Temperatur wächst. Vorteil der Platin-Sensoren ist ihre hohe Genauigkeit (absolut ca. 0,15 °C + 0,002·T) und ihre Langzeitstabilität. Mit ihnen lassen sich besonders gut (auf wenige 0,01°C genau) Temperatur-Differenzen messen, wie es z.B. zur Bestimmung der vertikalen Temperaturschichtung in Bodennähe zum Zweck der Refraktionsberechnung angewandt werden kann (STOBER, STOHRER 1994).

NTC-Widerstände (N = negative, T = temperature, C = coefficient) verringern ihren Widerstandswert, je stärker das Bauteil erwärmt wird. Ausgangsmaterialien sind verschiedene polykristalline Mischoxidkeramiken. Der Widerstand von NTC-Widerständen ist nahezu exponentiell von der Temperatur abhängig. Sie sind somit wesentlich nichtlinearer als Pt100-Widerstände, aber auch preiswerter. Ein solcher Sensor ist z.B. im Thermo-Hygrometer C200 der Firma LUFFT eingesetzt. Die Genauigkeit der Lufttemperatur im Bereich –20 ... +50 °C liegt bei 0,5 K.

Quarzthermometer nutzen die Eigenschaft von Schwingquarzen, deren Resonanzfrequenz stark temperaturabhängig ist. Während taktgebende Schwingquarze in Uhren oder als maßstabsgebender Modulator in der EDM möglichst wenig temperaturabhängig sein sollen, wird zur Temperaturmessung genau das Gegenteil angestrebt. Dies wird durch einen bestimmten Schnittwinkel des Quarzes zum Kristallgitter erreicht. Bei neueren Entwicklungen werden Quarze mit sog. HT-Schnitt eingesetzt, die sich durch einen großen linearen Temperaturkoeffizienten auszeichnen. Bei entsprechender Quarzfrequenz (im Bereich zwischen 1 MHz und 200 MHz) können folgende Genauigkeiten erreicht werden:

Auflösung :	0,02 K
Genauigkeit absolut:	0,1 K im Bereich −20 ... +130 °C
Empfindlichkeit:	1 kHz/K

5.1.3.3 Luftdruckmessung

Der Luftdruck wird in der Dimension Hektopascal (hPa), früher Millimeter Quecksilbersäule (mmHg, Torr), angegeben. Der lineare Zusammenhang zwischen beiden (immer noch gebräuchlichen) Dimensionen ist durch

760 mmHg = 760 Torr entsprechend 1013,25 hPa

gegeben. Der Luftdruck nimmt mit der Meereshöhe (nicht-linear) ab, im Durchschnitt entspricht 1 hPa etwa einem Höhenunterschied von 10 Metern. Der Absolute Luftdruck ist der Luftdruck in Standorthöhe. Der Reduzierte Luftdruck ergibt sich aus der Reduktion des Absoluten Luftdruckes auf Meereshöhe (DIN/ISO 2533).

Herkömmliche Instrumente zur Druckerfassung sind Aneroid-Barometer. Diese bestehen im Prinzip aus einer evakuierten Dose, die mit einer biegsamen Membran verschlossen ist. Bei Einwirkung des Luftdruckes von außen auf diese Membran wird diese mehr oder weniger eingedrückt. Diese – sehr kleine – Membranbewegung wird mit Hilfe einer mechanischen Übersetzung auf eine runde Skala übertragen und soll dort den Druckwert anzeigen. Die Genauigkeit solcher Instrumente wird begrenzt durch:

- Nullpunktsfehler,
- lineare und nicht-lineare Teilungsfehler,
- Temperaturabhängigkeit,
- Hysteresefehler bei Umkehr zwischen Aufstieg und Abstieg,

so dass mit einem ungeprüften Barometer leicht Fehler von mehreren hPa entstehen können. Selbst nach guter Eichung können Fehler in der Größenordnung von absolut 2 – 3 hPa verbleiben. Nur mit Präzisions-Aneroiden sind Druckgenauigkeiten von ca. 0,1 – 0,2 hPa zu erreichen. Der Vorteil der Aneroide besteht in der robusten Ausführung und damit guter Feldtauglichkeit.

Elektronische Luftdrucksensoren erfassen die Bewegung der Membran durch elektrische Größen mit verschiedenen Verfahren. Beim Kompensationsverfahren wirkt dem Messdruck ein vom Aufnehmer erzeugter Druck entgegen, so dass das Messelement (die Membran) keine wesentliche Lageveränderung zeigt. Das mit der Erzeugung der Gegenkraft verknüpfte elektrische Ausgangssignal ist ein Maß für den Messdruck (Luftdruck). Druckaufnehmer nach dem Ausschlagverfahren arbeiten entweder mittels piezoresistivem Effekt oder kapazitiv.

Unter dem piezoresistiven Effekt versteht man die Eigenschaft eines Materials, seine Leitfähigkeit unter Druckeinwirkung zu ändern. Mechanische Spannungen (durch Druck) verändern die Ladungsträgerbeweglichkeit eines Materials und bewirken eine Änderung des elektrischen Widerstandes. Der piezoresistive Druckaufnehmer besteht aus einem Silizium-Block, der sich unter Druckeinwirkung verformt. Hierdurch entsteht eine Widerstandsänderung nach dem piezoresistiven Effekt und führt zu einer druckproportionalen Spannung. Die Genauigkeit piezoresistiver Druckaufnehmer liegt bei ca. 0,08 hPA.

Der kapazitive Druckaufnehmer beruht wieder auf den Beziehungen des Plattenkondensators (5-36), wobei jetzt der Plattenabstand (d) infolge der Druckeinwirkung die veränderliche Größe darstellt. Eine Platte ist die Referenzelektrode, die andere eine Membrane. Die Genauigkeit soll bei 0,03 – 0,04 hPa liegen.

Eine weitere Möglichkeit zur Druckmessung besteht mittels Vibrationsdruckaufnehmer. Dieser besteht aus einem Oszillator, dessen Resonanzfrequenz sich in Abhängigkeit eines einwirkenden Druckes ändert. Als Resonatoren dienen Metallsaiten, Zylinder oder Quarze. Vibrationsdruckaufnehmer sind die präzisesten Drucksensortypen.

Alle elektronischen Druckmessverfahren eignen sich auch für automatische Datenregistrierung.

5.1.3.4 Meteo-Stationen zur Erfassung mehrerer Komponenten

Sehr praktisch erweisen sich Geräte, die mehrere meteorologische Größen erfassen. Hier soll nur von Handgeräten mit geodätisch ausreichender Genauigkeit gesprochen werden, größere, meist stationär betriebene Instrumente bleiben unberücksichtigt.

Die meisten Meteo-Stationen – wie diese Gruppe von Geräten genannt wird – beschränken sich auf die Erfassung von Temperatur und Feuchte. Dies ist darauf zurückzuführen, dass die Feuchte oft aus der Differenz von Trocken- und Feuchttemperatur abgeleitet wird (siehe Abschnitt 5.1.3.1).
Bild 5-5 zeigt den Aufbau eines solchen Gerätes (AHLBORN THERM) als Schnittbild. Der batterie-betriebene Ventilator sorgt für die notwendige Anströmgeschwindigkeit der beiden Thermometer (Tf und Tt), wobei das Feuchtthermometer in einem

Wasserbehälter steckt. Der Strahlungsschutz soll direkte Sonneneinwirkung vermeiden. Am Anzeigeteil, der mit dem Messkopf über ein 3 Meter langes Kabel verbunden ist, können folgende Größen wahlweise abgerufen werden (Genauigkeitsangaben in Klammer): Trockentemperatur (0,05 K), Feuchttemperatur (0,05 K), Taupunkttemperatur (0,2 K), Relative Feuchte (1%) und Absolute Feuchte (0,5%). Die interne Auflösung der Temperaturen erfolgt auf 0,01 K. Der Mikroprozessor berechnet daraus die Feuchtewerte nach der SPRUNG'schen Formel (5-33 mit 5-34), wobei der Beobachter darauf zu achten hat, dass bei Feuchtemessungen unter 0 °C (vereistem Feuchtthermometer) durch Umschaltung eines Codierschalters die richtigen Berechnungskonstanten angewandt werden.

Schnittbild

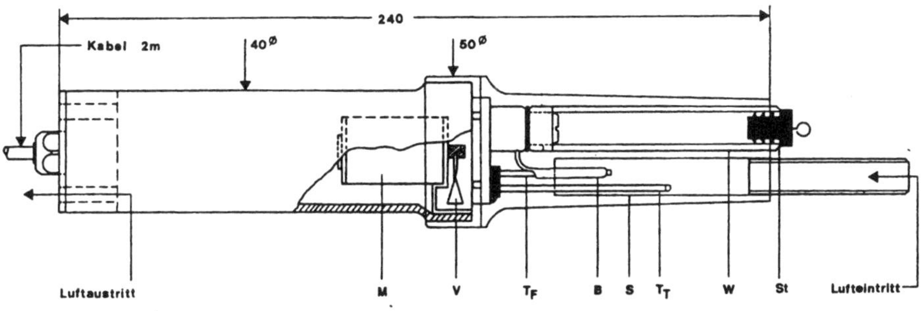

M = Motor
V = Ventilatorflügel
B = Baumwolldocht
Tf = Temperaturfühler „feucht“
S = Strahlungsschutz
Tt = Temperaturfühler „trocken“
W = Wasserbehälter
St = Stopfen mit Druckdorn

Bild 5-5: Schnittbild einer Meteo-Station für Temperatur- und Feuchtemessung am Beispiel des Typs AHLBORN THERM

Bei den Meteo-Stationen der Firma ROTRONIC AG (Bassersdorf/Schweiz) handelt es sich ebenfalls um Instrumente, welche sowohl die Temperatur als auch die relative Luftfeuchtigkeit messen. Die Feuchtemesszelle basiert hier auf einem kapazitiv arbeitenden Kondensator, bei dem sich zwischen zwei porösen Platinschichten (Platten) ein Polymer (Isolation) befindet, welches das Dielektrikum der so aufgebauten Kapazität darstellt. Das Polymer ist stark hygroskopisch, d.h. feuchteabhängig. Ändert sich die Feuchte, so ändert sich auch das Dielektrikum, was den kapazitiven Feuchtesensor ergibt.

Die Temperaturmessung erfolgt dabei über eine Widerstandsmessung (PT100). Der Hersteller gibt für den Messbereich zwischen −30 ... +70 °C eine Genauigkeit von < 0,2 °C und eine Zeitkonstante von 10 Sekunden (für Luft) an. Vergleichsmessungen der ETH Zürich haben diese Werte bestätigt.

Die Firma ROTRONIC bietet mit ihrer akkreditierten SCS-Prüfstelle (Swiss Calibration Service) auch Neu-Kalibrierungen für Feuchtesensoren an.

Eine Meteo-Station, die außer Temperatur und Relativer Feuchte auch den Luftdruck erfasst, bietet z.B. die Firma THOMMEN an. Beim Gerät HM30 beruht die Temperaturmessung auf einem Pt100-Sensor. Aus dem gemessenen absoluten Luftdruck und der Temperatur wird die Höhe berechnet (nach DIN/ISO 2533), wenn zuvor an einem bekannten Standort die Soll-Höhe eingestellt wurde. Folgende Fehlergrenzen werden angegeben: Luftdruck 1 hPA, Feuchte 1,5% rF, Temperatur 0,3 K, Höhe 10 m.

Die Firma REVUE THOMMEN AG bietet als SCS-Kalibrierstelle auch Neu-Kalibrierungen für Druck-Sensoren an.

Von der Firma LUFFT wird mit dem Thermo-Hygrometer C200 ein Handgerät zur Messung von Temperatur, Relative Feuchte, Taupunkt geliefert.
Die Temperatur wird nach dem Prinzip des NTC-Widerstandes im Bereich −20 ... +50 °C mit einer Genauigkeit von 0,5 K gemessen, die Relative Feuchte kapazitiv im Messbereich 5 ... 95% r.F. mit einer Genauigkeit von 2% r.F.

5.1.4 Einfluss von Messabweichungen in den meteorologischen Daten

Die Länge der Bahnkurve D ergibt sich z.B. nach der Grundgleichung für das Impulsmessverfahren zu

$$D = \frac{c_0}{2n} \cdot t_l \qquad \text{mit} \quad t_l = \text{Impulslaufzeit.} \tag{5-37}$$

Die Änderung des Brechungsindexes verursacht eine Streckenänderung

$$dD = -\frac{1}{2} \cdot \frac{c_0 \cdot t_l}{n^2} \cdot dn = -\frac{1}{n} \cdot D \cdot dn \quad ,$$

d.h. die relativen Fehler sind betragsmäßig gleich, aber die Vorzeichen verhalten sich umgekehrt

$$\frac{dD}{D} = -\frac{dn}{n} \quad . \tag{5-38}$$

Mit der Vereinfachung $n \approx 1$ und $dN \cdot 10^{-6} = dn$ folgt

$$dD = -D \cdot dn = -D \cdot 10^{-6} \cdot dN \quad . \tag{5-39}$$

Für den Einfluss der meteorologischen Daten t, p, e bzw. t, t_W, p auf den Brechungsindex ist das totale Differential zu bilden

$$dn = \frac{\partial n}{\partial t} dt + \frac{\partial n}{\partial p} dp + \frac{\partial n}{\partial e} de \quad , \tag{5-40}$$

wobei für Licht- bzw. Mikrowellen von den Formeln (5-11) bzw. (5-13) auszugehen ist. Der Fehlereinfluss des Dampfdruckes erfolgt über das totale Differential

$$de = \frac{\partial e}{\partial t} dt + \frac{\partial e}{\partial p} dp + \frac{\partial e}{\partial t_W} dt_W \quad .$$

Setzt man mittlere atmosphärische Daten ein

t = 17 °C
t_W = 12 °C entsprechend e = 11 hPa (entspricht ca. 60% Feuchte)
p = 1000 hPa

so wird für Druckdimension hPa:

$$de = -0{,}003 \cdot dp - 0{,}67 \cdot dt + 1{,}59 \cdot dt_W \quad . \tag{5-41}$$

Für Licht berechnet sich die Änderung des Brechungsindexes zu:

$$dN_L = dn_L \cdot 10^6 = 0{,}29 \cdot dp - 1{,}00 \cdot dt - 0{,}04 \cdot de$$

oder mit (5-41)

$$dN_L = dn_L \cdot 10^6 = 0{,}29 \cdot dp - 0{,}98 \cdot dt - 0{,}06 \cdot dt_W \quad .$$

Die Streckenänderung für Licht wird damit

$$\underline{\underline{dD_L = (-0{,}29 \cdot dp + 0{,}98 \cdot dt + 0{,}06 \cdot dt_W) \cdot 10^{-6} \cdot D}} \quad . \tag{5-42}$$

Für Mikrowellen folgt analog:

$$dN_M = dn_M \cdot 10^6 = 0{,}26 \cdot dp - 1{,}24 \cdot dt + 4{,}38 \cdot de$$

oder mit (5-41)

$$dN_M = dn_M \cdot 10^6 = 0{,}25 \cdot dp - 4{,}16 \cdot dt + 6{,}95 \cdot dt_W$$

$$\underline{\underline{dD_M = (-0{,}25 \cdot dp + 4{,}16 \cdot dt - 6{,}95 \cdot dt_W) \cdot 10^{-6} \cdot D}} \quad . \tag{5-43}$$

Vergleich von Licht- und Mikrowellen:
Eine Messabweichung im Partialdruck des Wasserdampfes e beeinflusst die Streckenmessung mit Mikrowellen ca. 100-mal stärker als mit Lichtwellen. Während der Dampfdruck bei Lichtwellen vernachlässigbar ist, kommt bei Mikrowellen seiner Bestimmung über Trocken- und Feuchttemperatur entscheidende Bedeutung zu.

Fehler in den meteorologischen Daten haben zweierlei Ursachen:

1. Ungenaue Messung von p, t, t_W am Standort (Stand- und Zielpunkt)

2. Daten sind nicht repräsentativ für die Verhältnisse entlang der Bahnkurve

Zu 1.:
Bei sorgfältiger Messung mit einem Aspirationspsychrometer können die Temperaturwerte auf ca. ±0,2 °C abgelesen werden. Bei Verwendung guter Barometer ist der Druck auf ca. ±0,2 hPa ablesbar. Diese Genauigkeit ist jedoch nur einzuhalten, wenn die Eichkorrekturen (Nullpunkts- und Teilungskorrekturen) angebracht werden. Insbesondere Nullpunktsfehler können den Druckwert um einige Hektopascal verfälschen (vgl. Abschnitt 5.1.3).

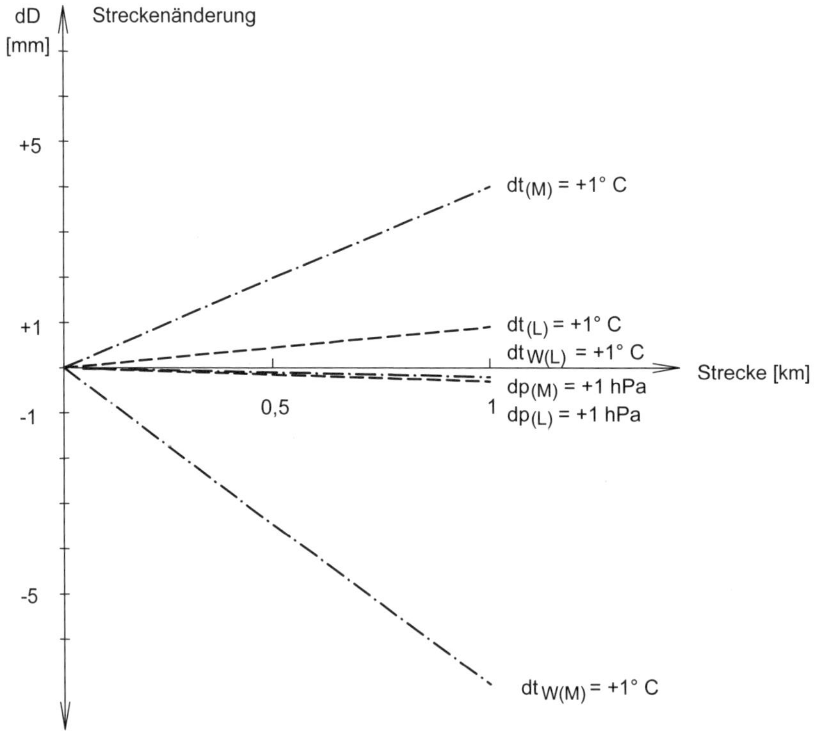

Bild 5-6: Einfluss fehlerhafter meteorologischer Daten bei Licht- und Mikrowellen

Unter Annahme rein zufälliger Messabweichungen

$$s_t = s_{t_w} = \pm 0{,}2\ °C$$
$$s_p = \pm 0{,}2\ hPa$$

folgt für den Streckenfehler aus (5-42)

$$s_{D_L} = \pm 0{,}2 \cdot 10^{-6} \cdot D$$
$$s_{D_M} = \pm 1{,}6 \cdot 10^{-6} \cdot D \ .$$

Bei gleicher Genauigkeit der meteorologischen Daten ist die elektrooptisch gemessene Strecke um etwa eine Größenordnung genauer als die mit Mikrowellen gemessene. Da die Vorzüge der Mikrowellenmessung bei langen Strecken (bessere Durchdringung der Atmosphäre) durch die weite Verbreitung von GPS-Systemen in den Hintergrund getreten ist, hat die direkte, terrestrische Streckenmessung mit Mikrowellen heute nur noch geringe praktische Bedeutung. Sie hat jedoch bei aktuellen Satellitenmessverfahren beim Durchgang der Signale durch die Troposphäre (Neutrosphäre) wieder große Bedeutung erlangt (siehe Abschnitt 5.1.2.2.1).

Zu 2.:

Gewöhnlich werden die meteorologischen Daten nur an den Streckenendpunkten gemessen:

P_1: p_1, t_1, t_{w_1}

P_2: p_2, t_2, t_{w_2}

Aus dem Mittel wird der Brechungsindex n_m berechnet. Für ein einzelnes Streckenelement dD gilt nach (5-37)

$$dD = \frac{1}{2} \cdot \frac{c_0}{n_{(D)}} \cdot dt_l \ .$$

Das zugehörige Laufzeitelement lautet demnach

$$dt_l = \frac{2}{c_0} n_{(D)} \cdot dD \ .$$

Integration liefert die gesamte (gemessene) Laufzeit t_l

$$t_l = \frac{2}{c_0} \cdot \int_0^D n_{(D)} \cdot dD \ . \qquad (5\text{-}44)$$

Vergleich mit der Grundgleichung

$$t_l = \frac{2}{c_0} D \cdot \overline{n}$$

ergibt den „mittleren“, repräsentativen Brechungsindex $\overline{n}$

$$\overline{n} = \frac{1}{D} \cdot \int_0^D n_{(D)} \cdot dD \quad . \tag{5-45}$$

Es wäre nun zu fordern, dass der in die Berechnung eingeführte Brechungsindex n_m mit dem Integralmittel $\overline{n}$ übereinstimmt. Je nach Geländeprofil und atmosphärischer Schichtung können diese beiden Werte jedoch beträchtlich voneinander abweichen. Problematisch ist in dieser Hinsicht vor allem die Temperatur. Besonders bei längeren Strecken liegen die Streckenendpunkte häufig auf Bergkuppen, während der Messstrahl überwiegend über Tal in wesentlich größerem Bodenabstand verläuft.

Die Temperatur ist einerseits abhängig von der absoluten Höhe des Punktes; bei der Standardatmosphäre (DIN 5450/ISO 2533) beträgt der Freiluftgradient ca. –0,65 °C pro 100 m. Wegen der Temperaturausstrahlung des Bodens sind die bodennahen Luftschichten zusätzlich durch einen mit dem Bodenabstand stark veränderlichen Temperaturgradienten gekennzeichnet. Diese labile Unterschicht erreicht ca. 20 bis 30 m Höhe. Ein Beispiel mit typischem Temperaturverlauf zeigt Bild 5-7.

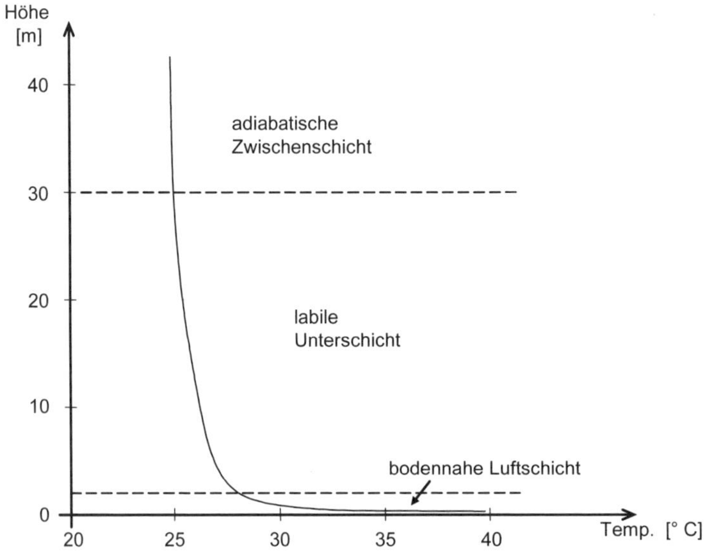

Bild 5-7: Temperatur-Höhen-Profil eines warmen Sommertages (nach BAHNERT 1971)

Die unzutreffende Bestimmung der Temperatur kann leicht einige °C betragen; sie übersteigt meist die reine Messgenauigkeit bei weitem und bewirkt einen systematischen Maßstabsfehler. Gehen mehrere Strecken von einem Standpunkt aus, der durch eine starke Temperaturanomalie geprägt ist, so besteht eine physikalische Korrelation zwischen diesen Strecken.

Wesentlich unproblematischer ist die Angabe eines repräsentativen Druckwertes $\bar{p}$, weil der Druck an einem Punkt im Wesentlichen von der Punkthöhe und nicht von Einflüssen der Erdoberfläche abhängt. Wird nur in einem Streckenendpunkt der Druck gemessen, so lässt sich der mittlere Druck aufgrund der JORDANschen Formel zur barometrischen Höhenmessung mit der Näherungsformel angeben:

$$\bar{p} = p_1 \cdot \left(1 - 1{,}7 \cdot 10^{-2} \cdot \frac{\Delta h}{T} + 1{,}9 \cdot 10^{-4} \cdot \frac{\Delta h^2}{T^2} \right) , \qquad (5\text{-}46)$$

wobei $\bar{p}$ = mittlerer Druck entlang Messstrahl,
p_1 = gemessener Druck im Punkt P_1,
$\Delta h = H_2 - H_1$ = Höhenunterschied in Meter,
T = absolute Temperatur.

Erst bei einem Höhenunterschied von 700 m bewirkt das quadratische Glied einen Einfluss von 1 hPa, so dass es in der Regel vernachlässigt werden kann.

5.2 Instrumentell bedingte Messabweichungen beim Phasenvergleichsverfahren

5.2.1 Abweichungen der Modulationsfrequenz

Durch Modulation der Trägerwelle mit der Modulationsfrequenz f soll eine bestimmte Wellenlänge erzeugt werden

$$\lambda = \frac{c_0}{n \cdot f} .$$

Verfälschungen der Modulationsfrequenz verursachen eine Maßstabsabweichung

$$d\lambda = -\frac{c_0}{n} \cdot \frac{1}{f^2} \cdot df = -\frac{\lambda}{f} \cdot df \quad . \qquad (5\text{-}47)$$

Mit der Grundgleichung, z.B. für das Phasenvergleichsverfahren,

$$2D = N \cdot \lambda + \Delta\lambda$$

folgt die Streckenänderung

$$dD = \frac{1}{2} N \cdot d\lambda \approx \frac{D}{\lambda} \cdot d\lambda$$

weil $N \cdot \lambda >> \Delta\lambda$

und mit (5-47) ergibt sich der Zusammenhang

$$dD = -D \cdot \frac{df}{f} \quad . \tag{5-48}$$

Genauso wie ein Fehler des Brechungsindexes verursacht eine Frequenzabweichung somit eine streckenproportionale Entfernungsabweichung. Maßgeblich hierfür ist die kleinste Modulationsfrequenz, welche den Feinmaßstab liefert. Werden zur Erzeugung mehrerer Grobmaßstäbe verschiedene Quarze benutzt, so können deren Frequenzabweichungen unter Umständen auch Fehler in der Bestimmung der ganzen Anzahl von Feinmesswellenlängen nach sich ziehen.

Ursachen für Frequenzabweichungen sind:

Die Resonanzfrequenz eines Schwingquarzes ist temperaturabhängig. Bei der Herstellung des Quarzes sollen die Schnittflächen in einem ganz bestimmten Schnittwinkel zum Kristallgitter liegen (Bild 5-8).

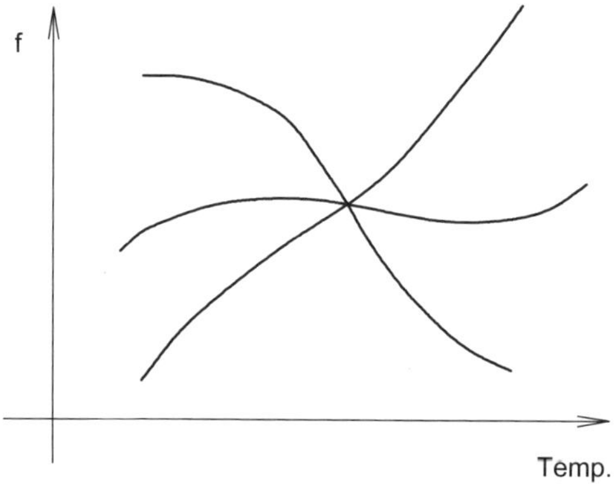

Bild 5-8: Temperatur-Frequenz-Funktion in Abhängigkeit verschiedener Schnittwinkel (nach KAHMEN, ZETSCHE 1974)

Der ideale (horizontale) Verlauf der Temperatur-Frequenz-Funktion wird in der Praxis nur mehr oder weniger gut erreicht. Selbst innerhalb derselben Geräteserie sind ganz unterschiedliche temperaturbedingte Frequenzabweichungen möglich. Temperaturschwankungen können sowohl von den äußeren Bedingungen (Tagestemperatur, Aufstellung in der Sonne oder im Schatten usw.) als auch durch betriebsbedingte Aufheizeffekte elektrischer Bauteile im Gerät entstehen.

Als Gegenmaßnahme wurde früher insbesondere bei Geräten mit langer Reichweite (bis 60 km) der Quarz in einer wärmeisolierten und thermostatisierten Kammer verpackt. Solche Geräte benötigten eine lange Anlaufzeit, bis die erforderliche Betriebstemperatur mit konstanter Frequenz erreicht wurde.
Bei heutigen Nahbereichsentfernungsmessern, deren Reichweite selten über 5 km liegt, wird auf einen Thermostaten normalerweise verzichtet. In vielen Fällen wird werkseitig die Temperatur-Frequenz-Funktion ermittelt und rechnerisch berücksichtigt. Allerdings ist hierzu die Kenntnis der aktuellen Gerätetemperatur erforderlich.

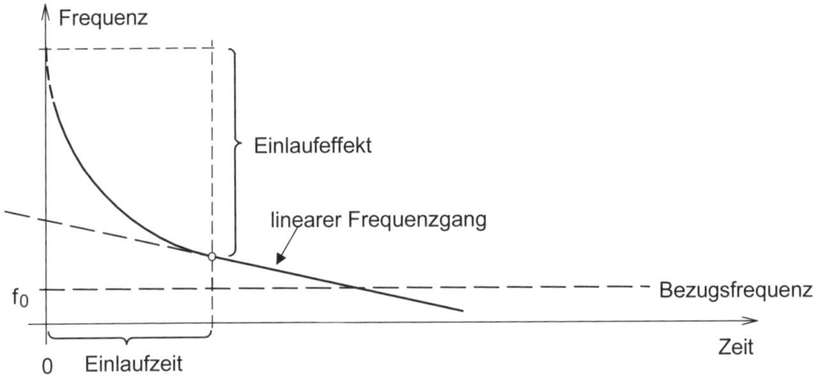

Bild 5-9: Grundsätzlicher Verlauf einer Frequenzänderung

Bei längerem Betrieb kann der prinzipielle Frequenzverlauf in folgende Abschnitte und Begriffe unterteilt werden:

Einlaufeffekt:	Nicht-zeitlineare Frequenzänderung
Einlaufzeit:	Zeit vom Einschalten bis zum Übergang der Kurve in den genähert zeitlinearen Bereich
Frequenzgang:	(Genähert) lineare Änderung der Frequenz mit der Zeit
Frequenzablage:	Tatsächliche Frequenz minus Bezugsfrequenz: $\Delta f = f - f_0$

Eine weitere Ursache für Frequenzabweichungen ist die Alterung des Quarzes (siehe z.B. Bild 5-17). Hier handelt es sich um eine langsame und stetige Änderung im Kristallgefüge. Dieser Effekt muss durch regelmäßige Frequenzprüfung erfasst werden. Von Seiten der Hersteller wird versucht, den größten Teil der Frequenzänderung durch künstliche Alterung bereits vor dem Einbau in das Instrument vorwegzunehmen.
Schließlich können Änderungen der Betriebsspannung Frequenzabweichungen hervorrufen.

Beispiele für Frequenzprüfungen sind in Abschnitt 6.1 gezeigt.

5.2.2 Messabweichungen bei der Phasenmessung

Nach der Grundgleichung zum Phasenvergleichsverfahren

$$D = N \cdot \frac{\lambda}{2} + \frac{\Delta\lambda}{2} = N \cdot U + R$$

ist es Aufgabe des Phasenmesssystems, Maßstabsreststücke R zu bestimmen. Die Genauigkeit der Strecke wird durch die Fehler bei der Messung im Feinmaßstab begrenzt, wobei U in der Größenordnung 0,3 m < U < 30,7 m liegt.

5.2.2.1 Auflösevermögen

Im Sinne der industriellen Messtechnik wird unter „Auflösevermögen“ die Fähigkeit eines Instrumentes verstanden, zwei eng beieinander liegende Messwerte als verschieden erkennen zu können. Wegen Signalabschwächung und insbesondere Verzerrung beim Durchgang durch die Atmosphäre (z.B. Flimmern) ist die Auflösegenauigkeit nicht allein vom Phasenmesssystem, sondern auch vom Zustand der Atmosphäre und von der Entfernung abhängig.
Bei elektrooptischen Nahbereichsentfernungsmessern kann man unter optimalen Verhältnissen eine Auflösegenauigkeit in der Größenordnung bis zu $10^{-4} \cdot U$ bis $10^{-5} \cdot U$ erwarten; dies entspricht bei dem am häufigsten vertretenen Feinmaßstab U = 10 m einem Fehler der Phasenmessung von ±1 bis 0,1 mm. Dieses Ergebnis beruht auf der Mittelung sehr vieler (ca. 1000 – 2000) Phasenmessungen der kontinuierlich ausgesandten Messwelle.

5.2.2.2 Zyklischer Phasenfehler

Ein zyklischer, d.h. periodisch auftretender Phasenfehler kann bei der elektrooptischen Entfernungsmessung verschiedene Ursachen haben:

<u>a) Ursachen abhängig vom analogen Phasenmesssystem</u>

- <u>Resolverfehler:</u>
  Ähnlich der Teilkreisexzentrizitätsfehler bei Theodoliten ist beim Resolver eine Exzentrizität zwischen Rotor- und Statorachse möglich. Zusätzlich erzeugen Fehler in den Windungszahlen der Statorspulen einen Linearitätsfehler. Nach KAHMEN 1973 verursachen Resolverfehler einen zyklischen Phasenfehler mit der Periode U/2, d.h. auf den Feinmaßstab treten zwei volle Fehlerschwingungen auf. Resolver werden heute jedoch nicht mehr verwendet.

b) Sonstige Ursachen, unabhängig vom Phasenmesssystem

- Elektrische Signalüberlagerung (α_e):
  Die Modulationsfrequenzen elektrooptischer Entfernungsmesser liegen im Kurzwellen-Bereich. Da Sender und Empfänger im gleichen Gehäuse untergebracht sind und sehr nah beieinander liegen, ist eine elektrische Überlagerung von Teilen des Sende- bzw. Referenzsignals direkt auf das im Empfänger empfangene Streckensignal unvermeidlich. Trotz der Bemühungen der Hersteller, Sender und Empfänger gegeneinander abzuschirmen, bleiben doch einige gemeinsam genutzte Bauteile und zumindest die Kabel zur Stromversorgung als Verbindungen bestehen. Diese unerwünschte Überlagerung nennt man auch „elektrisches Übersprechen".

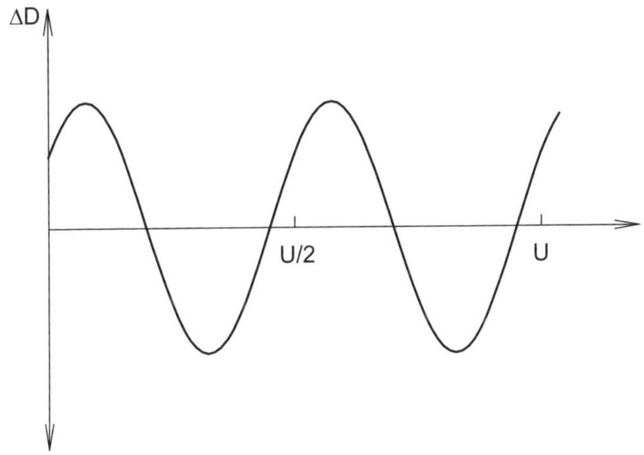

Bild 5-10: Zyklischer Phasenfehler mit der Periode U/2

Für die mathematische Beschreibung des elektrischen Übersprechens wird ein Ansatz von KAHMEN 1973 und RÜEGER, COVELL 1980 erweitert:

Bezeichnen

$$a_1 = A_1 \cdot \sin(\omega \cdot t)$$
$$a_2 = A_2 \cdot \sin(\omega \cdot t + \varphi) \qquad (5\text{-}49)$$

das ausgesendete Referenzsignal a_1 und das um die Phasendifferenz φ verschobene empfangene Signal a_2 (ohne zyklischen Fehler), so gilt ebenso für das Signal des elektrischen Übersprechens

$$a_3 = A_3 \cdot \sin(\omega \cdot t + \varepsilon_e) \quad , \qquad (5\text{-}50)$$

wobei die Phasenverschiebung des Störsignals ε_e wegen der kurzen Laufzeit meistens eine kleine Größe ist. Die Überlagerung der Signale a2 und a3 zum resultierenden Streckensignal a mit Amplitude A kann durch die Vektoraddition

$$\vec{a} = \vec{a}_2 + \vec{a}_3$$

berechnet werden, wobei die Vektorbeträge durch die Amplituden A, A_2, A_3 anschaulich darstellbar sind (siehe Bild 5-11).

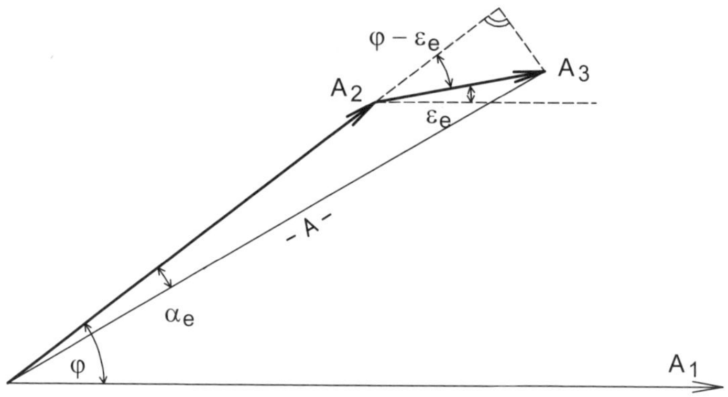

Bild 5-11: Zyklischer Fehler bei elektrischem Übersprechen

Der zyklische Fehlerwinkel α_e der Phasenmessung ergibt sich aus

$$\tan\alpha_e = \frac{A_3 \cdot \sin(\varphi - \varepsilon_e)}{A_2 + A_3 \cdot \cos(\varphi - \varepsilon_e)} \quad . \tag{5-51}$$

Mit den Vereinfachungen

$\tan\alpha_e \approx \alpha_e$ wegen α_e = kleiner Fehlerwinkel

$A_2 + A_3 \cdot \cos(\varphi - \varepsilon_e) \approx A_2$ wegen $A_3 << A_2 < A_1$

$\cos\varepsilon_e \approx 1, \quad \sin\varepsilon_e \approx \varepsilon_e$ wegen ε_e = kleiner Winkel

folgt

$$\alpha_e \approx \frac{A_3}{A_2} \cdot \sin(\varphi - \varepsilon_e) \approx \frac{A_3}{A_2} \cdot \sin\varphi - \frac{A_3}{A_2} \cdot \cos\varphi \cdot \varepsilon_e \quad . \tag{5-52}$$

Hieraus lassen sich einige Schlüsse ziehen:

1. Die Amplitude des zyklischen Fehlers α_e wächst mit zunehmender Streckenlänge, weil die Amplitude A_3 des Störsignals konstant von der Amplitude A_1 des Referenzsignals abhängt, während die Amplitude des rückkehrenden Streckensignals meist mit zunehmender Streckenlänge kleiner wird. Das Amplitudenverhältnis A_3/A_2 nimmt also mit der Strecke zu. Dieses Verhalten wird durch Untersuchungsergebnisse bestätigt.

2. Für Phasenwinkel $0 < \varphi < 2\pi$ variiert der Phasenfehler ebenfalls um eine volle Periode. Daher stammt die Bezeichnung „zyklischer Phasenfehler“. Er wiederholt sich mit ganzzahligen Vielfachen des Feinmaßstabes.

3. Wenn die gemessene Strecke ein ganzzahliges Vielfaches des Feinmaßstabes ist ($\varphi = 0$), ist der zyklische Phasenfehler im Allgemeinen nicht gleich Null. Der Nulldurchgang des Phasenfehlers kommt im zweiten Term in Formel (5-52) zum Ausdruck. Auch diese Aussage wird durch Untersuchungsergebnisse gestützt.

- Optische Signalüberlagerung (α_0):
  Dieser Fehler – auch optisches Übersprechen genannt – entsteht durch streuende Infrarot-Strahlung, wobei moduliertes Licht direkt vom Sender zum Empfänger gelangt und sich dort dem von der Messstrecke kommenden Licht überlagert. Beim Durchgang durch gemeinsame optische Bauteile – z.B. bei koaxialer Sende- und Empfangsoptik – ist der Laufweg des Störsignals a_4 sehr kurz, so dass gegenüber dem Referenzsignal a_1 nur eine kleine Phasenverschiebung ε_0 auftritt:

$$a_4 = A_4 \cdot \sin(\omega \cdot t + \varepsilon_0) \quad . \tag{5-53}$$

Das direkte optische Übersprechen bewirkt einen zyklischen Fehler α_0, der analog (5-49) bis (5-52) darstellbar ist:

$$\begin{aligned} \alpha_0 &= \frac{A_4}{A_2} \cdot \sin(\varphi - \varepsilon_0) \quad , \\ &\approx \frac{A_4}{A_2} \cdot \sin\varphi - \frac{A_4}{A_2} \cdot \cos\varphi \cdot \varepsilon_0 \quad . \end{aligned} \tag{5-54}$$

- Mehrwegsignale:
  Weitere zyklische Fehlerkomponenten (α_m) können durch Signale entstehen, welche infolge von Reflexionen an Linsen, Sende- und Empfangsdioden die zu messende Strecke mehr als nur einfach hin- und zurücklaufen. Bei jedem reflektierten Lauf entsteht ein Streckensignal m_k mit weiter abgeschwächter Amplitude M_k und neuer Phasenverschiebung φ ($k = 1 \ldots n$).

  Die von den Mehrwegsignalen verursachten zyklischen Fehler lassen sich in Perioden zerlegen, die sich aus der Division des Feinmaßstabes durch ganze Zahlen (1, 2, 3, ... n) ergeben. Bei Instrumenten mit U = 10 m ergeben sich z.B. zyklische Fehler höherer Ordnung mit Perioden von 10 m, 5 m, 3,33 m, 2,5 m usw. Die Amplituden M_K der einzelnen Summanden werden immer kleiner, je öfter das Signal hin- und herläuft.

c) Zusammenwirken zyklischer Fehlerkomponenten des Feinmaßstabes

Da sowohl die Phasen (ε_i) als auch Amplituden und Periodenlängen der zyklischen Fehlerkomponenten je nach Ursache verschieden sind und sich überlagern, erfordern sie eine Gesamtkorrektion K_Z wegen zyklischem Phasenfehler zu

$$K_Z = (\alpha_e + \alpha_o + \alpha_m) \cdot \frac{U}{2\pi} , \tag{5-55}$$

welche häufig auch durch eine FOURIER-Reihe beschrieben wird

$$K_Z = \sum_{j=1}^{m} K_{1j} \cdot \sin(j \cdot x) + \sum_{j=1}^{m} K_{2j} \cdot \cos(j \cdot x) \tag{5-56}$$

m = Ordnung der höchsten aufzulösenden Fehlerfrequenz,
$x = D \cdot \frac{2\pi}{U}$,
U = Feinmaßstab,
D = gemessene Distanz.

Näheres hierzu wird im Abschnitt 6.3 erläutert.

Bei neueren Kurzstreckenentfernungsmessern bleiben die größten zyklischen Fehler im Bereich ±5 mm, so dass im Mittel Abweichungen von ca. ±3 mm zu erwarten sind.

d) Zyklische Fehler mit der Periode des Grobmaßstabes

In vielen Instrumenten liegen die Modulationsfrequenzen des Grobmaßstabes dauernd an einigen Bauteilen vor, z.B. am Ausgang des Frequenzteilers. Durch elektrisches Übersprechen während der Feinmessung ist dann ein zyklischer Fehler mit der Periode des Grobmaßstabes zu erwarten. Wegen des Messungsrauschens ist dieser langwellige zyklische Fehler in Eichmessungen oft kaum nachzuweisen, denn er verwischt sich zu einer entfernungsabhängigen Änderung der Nullpunktskorrektion.

e) Maßnahmen zur Minderung des zyklischen Fehlers

- Messung in 4 Phasenlagen und Mittelung (bei historischen Instrumenten):
  Bei den mit Kerrzelle modulierten, ehemals gebauten Geodimetern wechselte man durch Umschalten die Polung der Kerrzelle. Dadurch wurde der Nulldurchgang der Sinuswelle vom positiven zum negativen Ast verlegt, was einseitige Fehler des analogen Phasenmessers eliminieren sollte.
  Ähnlich wirkte beim ebenfalls historischen EOK 2000 das Umschalten mittels eines Phasendrehgliedes.

- Das elektrische Übersprechen kann auch künstlich erzeugt werden. Durch ein in Phase und Amplitude einstellbares Gegen-Sinus-Signal wird der bei der Eichung vorgefundene zyklische Fehler kompensiert. Diese Lösung wurde früher bei Instrumenten der Firma KERN verwirklicht.

- Zur Verminderung des elektrischen Übersprechens wird das Referenzsignal nicht über Kabel, sondern mit einem Lichtleiter zwischen der Sendediode II und der Photodiode II weitergeleitet (siehe Bild 5-12). So sind Sender und Empfänger elektrisch voneinander getrennt, mit Ausnahme der notwendigen Stromversorgung.

- Trennung von Sende- und Empfangsoptik:
  Dadurch wird die gegenseitige Durchdringung von Sende- und Empfangsstrahlen und damit das optische Übersprechen vermindert.

- Werkseitige Ermittlung des zyklischen Fehlers und rechnerische Vorwegkorrektion der angezeigten Messwerte im Mikroprozessor.

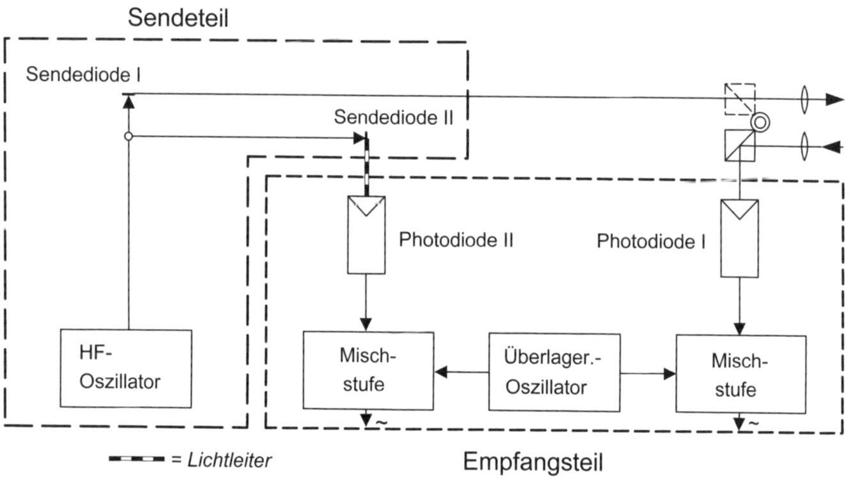

Bild 5-12: Signalübertragung mittels Lichtleiter

5.2.2.3 Phaseninhomogenität

Von Phaseninhomogenität spricht man, wenn nicht alle modulierten Strahlen des gesamten Strahlenkegels zur gleichen Zeit dieselbe Phasenlage haben (vgl. Bild 5-13).

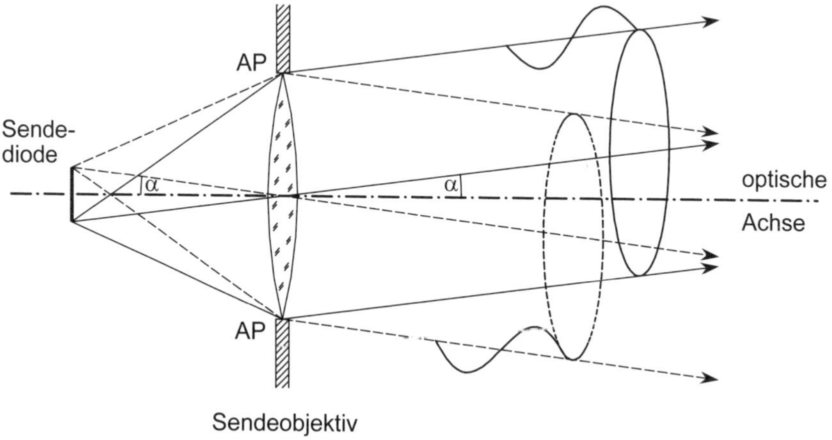

Bild 5-13: Prinzip des Sendestrahlenbündels bei Phaseninhomogenität

Phaseninhomogenitäten haben verschiedene Ursachen.

Die Sendedioden in den heute gebräuchlichen Nahbereichsentfernungsmessern sind nicht völlig fehlerfrei herstellbar. Inhomogene Dicke der Sperrschicht (PN-Übergang) bewirkt punktuell verschiedene Reaktionszeiten und damit unterschiedliche Modulation des emittierten Lichtstrahles. Es besteht also eine Abhängigkeit der Modulationsphase vom Sendeort auf der Diodenoberfläche. Jedem Diodenpunkt entspricht ein Strahlzylinder, welcher durch den Durchmesser der Austrittspupille (AP) des Sendeobjektivs begrenzt wird. Die Gesamtheit aller das Sendeobjektiv verlassenden Strahlzylinder bilden einen Strahlkegel mit dem Öffnungswinkel α. Je nach Entfernung des Reflektors wird nun ein jeweils anderer Ausschnitt aus dem Strahlenbüschel zur Messung genutzt. Dem Phasenmesser wird dabei der integrale Mittelwert aller ankommenden Phasen als resultierendes Streckensignal zugeleitet.

Inhomogenitäten der Empfangsdiode sind zwar ebenfalls vorhanden, wirken aber konstant, da stets die gesamte Fläche der Empfangsdiode zur Wirkung kommt.

Da die interne Vergleichsstrecke unabhängig von der Entfernung stets dasselbe Strahlenbüschel verwendet, entsteht durch die Differenzbildung zwischen äußerer und innerer Strecke (siehe Abschnitt 5.2.3) ein entfernungsabhängiger Streckenfehler, welcher als Veränderung der Nullpunktskorrektion aufgefasst werden kann.

Auch bei konstanter Reflektorentfernung macht sich die Phaseninhomogenität bemerkbar. Verschwenkt man systematisch die Zielrichtung (horizontal und vertikal oder rasterförmig) um konstante Winkelbeträge, so geben die Entfernungsänderungen gegenüber der optimalen Zielung (Maximumpeilung) den Einfluss der Phaseninhomogenität wieder.

Aus den Beispielen (Abschnitt 6.4) ist ersichtlich, dass mit Fehlern bis zu ±20 mm der Einfluss der Phaseninhomogenität insbesondere bei älteren Entfernungsmessern eine der größten Fehlerquellen ist. Der Fehler wirkt sich in der Praxis auch dann aus, wenn durch Sichthindernisse (z.B. Blätter, Zweige) Teile des Strahlenbüschels ausgeblendet werden.
Sowohl Hersteller als auch Benutzer streben danach, den Effekt der Phaseninhomogenität zu verringern.

Von Seiten der Hersteller bemüht man sich,
- nur ausgesucht gute Dioden zu verwenden, oder durch konstruktive Maßnahmen eine weitgehende optische Durchmischung der Strahlen zu erreichen, bevor sie das Sendeobjektiv verlassen.

Der Benutzer sollte dafür sorgen,
- immer denselben Ausschnitt aus dem Strahlenbüschel zu verwenden. Hierzu ist eine exakte Ausrichtung auf den Reflektor mittels Aufsuchen der maximalen Empfangssignalstärke (= Maximumpeilung) bzw. gute Justierung des Zielfernrohres unbedingt zu beachten.

5.2.3 Fehler bei der Festlegung des Gerätenullpunktes

Bei jedem elektronischen Entfernungsmesser wird die Strecke D = A – R durch die Differenz zwischen

A = äußerer Messstrecke,
R = innerer Eichstrecke

gewonnen. Dadurch werden solche Fehler eliminiert, welche beim Messvorgang beide Strecken in gleicher Weise beeinflussen, insbesondere allmähliche Phasendrift zwischen Strecken- und Referenzsignal durch thermische Effekte in den elektrischen Schaltungen und Dioden.

Als Beispiel für die technische Verwirklichung sei auf das ZEISS Eldi 2 (Bild 5-14) verwiesen, eines der ältesten elektrooptischen Distanzmesser. Durch eine Umlaufblende wird das Messlicht abwechselnd direkt zum Empfänger (innerer Lichtweg) oder über ein Umlenkprisma und einen Spiegel zum Zielreflektor und zurück (äußerer Lichtweg) geschickt.

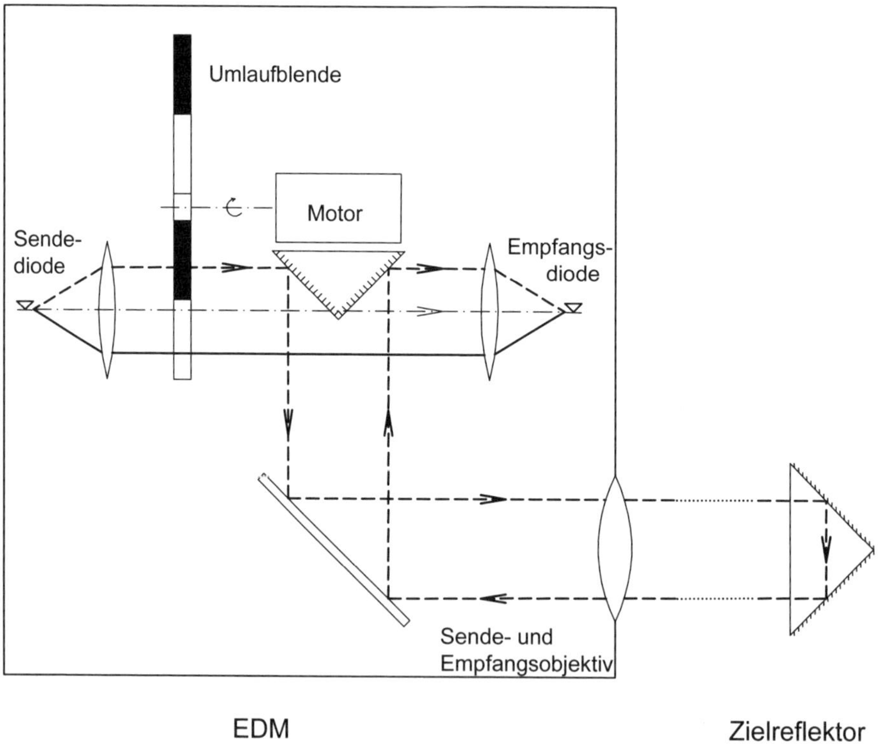

Bild 5-14: Schematischer Strahlengang von innerem und äußerem Lichtweg bei einem ZEISS Eldi 2 (nach LEITZ, MICHELBACHER 1977)

Bezogen auf den wirksamen Reflexionspunkt des inneren Lichtweges entsteht somit im Instrument die Exzentrizität K_I (vgl. Bild 5-15), die sich aus geometrischen Lichtwegen und elektronischen Laufzeiten in den Bauteilen zusammensetzt. Am Streckenendpunkt kommt eine geometrische Exzentrizität K_P hinzu. Die Exzentrizität hängt stark vom Prismentyp ab, aber auch einzelne Prismen desselben Typs können untereinander geringfügige Abweichungen (±1 – 2 mm) aufweisen.

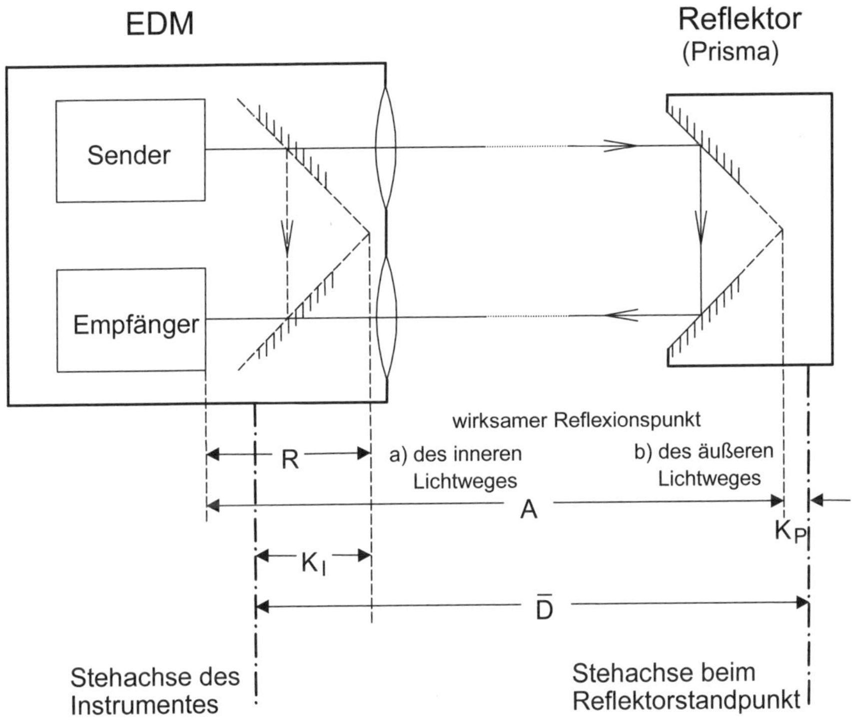

Bild 5-15: Nullpunktsfehler von EDM und Reflektor

Die Nullpunktskorrektion K_D lässt sich formal im Vergleich zur Sollstrecke $\bar{D}$ definieren zu

$$K_D = \bar{D} - D \tag{5-57}$$

$$\text{mit } D = (A - R) + \sum K \text{ , } \quad \text{wobei } \sum K$$

alle Modellkorrektionen für reproduzierbare Messabweichungen (Atmosphäre, Frequenz, zyklischer Fehler sowie Bahnkrümmung) umfasst. Änderungen der geometrischen Exzentrizitäten K_I , K_P sowie im physikalischen Modell (A – R) führen zu Abweichungen von K_D , zum Beispiel

- kurzfristige Phasenungleichheit zwischen dem modulierten Streckensignal und dem zur Phasenmessung benutzten Referenzsignal,
- Einfluss der Phaseninhomogenität in Abhängigkeit der Entfernung,
- Abweichungen im Modell zur Korrektion des zyklischen Fehlers.

Aus diesen Gründen kann K_D nicht als Konstante angesehen werden. Sie ist sowohl entfernungsabhängig als auch im Laufe der Zeit veränderlich; sie kann nur experimentell bestimmt werden.
Da die Nullpunktskorrektion alle Modellabweichungen auffangen muss, ist ihre Bestimmungsgenauigkeit ein wesentlicher Anteil der resultierenden Streckenmessgenauigkeit.

5.3 Instrumentelle Fehler beim Impulsmessverfahren

5.3.1 Fehler der Quarzfrequenz beim Impulsmessverfahren

Auch beim Impulsmessverfahren wird die Quarzfrequenz benötigt. Während die Frequenz beim Phasenmessverfahren zur Modulation der Messwelle dient, wird sie hier jedoch zur Messung der Laufzeit nach dem gleichen Prinzip wie bei der digitalen Phasenmessung verwendet. Der Referenzoszillator erzeugt eine Zählfrequenz f_Z, die mit Hilfe einer Start-Stop-Torschaltung die Laufzeit des Messimpulses ermittelt. Bei dem (schon seit längerem nicht mehr auf dem Markt befindlichen) Impulsentfernungsmesser FENNEL FEN 2000 beträgt die effektive Zählfrequenz ca. 300 MHz; sie wird aus einer TCXO-Grundfrequenz (TCXO = Temperature Compensated Crystal Oscillator) mit einer Genauigkeit von 2 ppm hochtransformiert. Die Auflösung der vollen Zähltakte entspricht einer Entfernungsgenauigkeit von ±0,25 m. Beim – ebenfalls nicht mehr produzierten – LEICA DI 3000-S wird die Zählfrequenz f_Z = 15 MHz benutzt, wobei 1 Takt der Messstrecke 10 m entspricht. Deshalb muss die Laufzeit t_l aus der Anzahl N voller Zähltakte T und Resttaktzeiten am Start (T_a) und Ende (T_e) über Spannungsverhältnisse abgeleitet werden (siehe Bild 3-5 in Abschnitt 3.1):

$$t_l = N \cdot T + T_a - T_c \tag{5-58}$$

Dieses Verfahren liefert je Impuls eine Streckengenauigkeit von ca. ±1 cm, die durch Wiederholungsmessungen in 100 ms Messzeit auf mm-Genauigkeit gesteigert wird.

In allen Fällen bestimmt die Zählfrequenz f_Z direkt den Wert der Laufzeit und damit den Maßstab der Strecke. Im Gegensatz dazu wird die Zählfrequenz beim Phasenvergleichsverfahren nur zur Feinmessung innerhalb i.Allg. U = 10 m benutzt; ein Zählfrequenzfehler Δf_Z würde dort nur einen Maßstabsfehler innerhalb der Feinmessung verursachen, während Δf_Z beim Laufzeitverfahren die ganze Strecke maßstäblich

verfälscht. Allerdings wird auch beim Phasenvergleichsverfahren die Strecke durch einen Fehler der Modulationsfrequenz maßstäblich verfälscht.
Aus Bild 3-4 und Formel (5-58) folgt, wenn vereinfachend hier nur volle Takte T betrachtet werden,

$$D = c \cdot t \quad \text{und} \quad t = N \cdot T \quad .$$

Der Zusammenhang zwischen Zählfrequenz f_Z und der Anzahl N ist gegeben durch

$$f_Z = \frac{N}{t} \quad ,$$

eingesetzt in die Strecke folgt damit

$$D = c \cdot \frac{N}{f_Z}$$

oder

$$T = \frac{1}{f_Z} \quad .$$

Die entsprechenden Abweichungsdifferentiale lauten:

$$df_Z = \frac{1}{t} \cdot dN \qquad \text{oder} \qquad dN = t \cdot df_Z = \frac{D}{c} \cdot df_Z$$

$$dD = c \cdot T \cdot dN \quad ,$$

und ergeben für die Streckenabweichung

$$dD = T \cdot D \cdot df_Z$$

oder

$$dD = \frac{D}{f_Z} \cdot df_Z \quad . \tag{5-59}$$

Bei fehlerhafter Zählfrequenz (Fehler df_Z) wird zur Streckenberechnung von der gemessenen, verfälschten Taktzahl (N+dN) ausgegangen, während die Taktlänge T beibehalten wird (obwohl sie sich in Wirklichkeit ebenfalls verändert hat).
Ist die Zählfrequenz zu klein, so sind die Zählabstände (Zeitintervalle $\hat{=}$ Wellenlänge) zu groß, Laufzeit und Strecke werden also zu klein erhalten. Die erforderliche Streckenkorrektion hat dann das umgekehrte Vorzeichen.

Beispiel (entnommen aus GRIMM, FRANK & GIGER 1986):

Sollfrequenz für DI 3000 (abh. von Temp.)		$= f_{Z_0}$	= 15 000 006 Hz
aktuelle Frequenz an Frequenzmessbuchse		$= f_Z$	= 14 999 995 Hz
Frequenzdifferenz	$\Delta f_Z = f_{Z_0} - f_Z$	=	+ 11 Hz
Streckenkorrektur	$\frac{f_{Z_0} - f_Z}{f_{Z_0}} \cdot D$	=	$+ 0{,}73 \cdot 10^{-6} \cdot D$
gemessene Schrägdistanz			12 463,242 m
Streckenkorrektur			+ 0,009 m
frequenzkorrigierte Schrägdistanz			12 463,251 m

Wie jeder Quarzoszillator unterliegt auch die Zählfrequenz weiteren Fehlereinflüssen:

Die Temperaturabhängigkeit, z.B des LEICA DI 3000-S, wird durch eine ausgleichende Funktion erfasst. Bild 4-10 gibt ein Beispiel hierfür.

Zusätzlich unterliegt auch dieser Quarzoszillator einer Alterung, die im ersten Jahr ca. ±15 Hz bzw. ±1 ppm beträgt. Danach verlangsamt sich die Alterung und die Frequenz ändert sich nur noch sehr wenig. Eine typische Alterungskurve zeigt Bild 5-16.

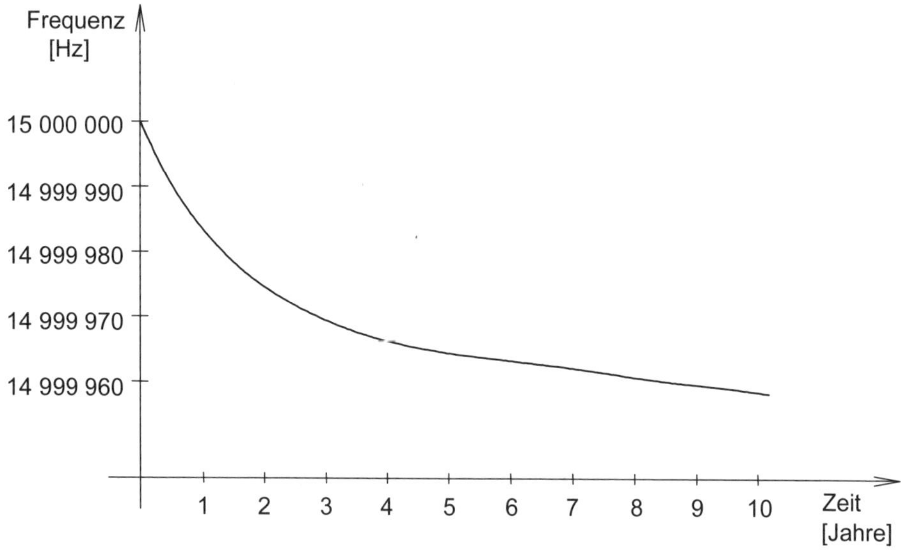

Bild 5-16: Alterungskurve einer Quarzfrequenz

5.3.2 Auflösungsvermögen

Eng mit der Laufzeitmessung verbunden ist das Problem der Impulsform. Gefordert wird zur klaren Impulsflankendefinition:

- Erzeugung von Lichtimpulsen mit kurzer Anstiegszeit und kleiner Halbwertsbreite von wenigen Nanosekunden
- Regelmäßige Impulsfront, um Messabweichungen entsprechend der Phaseninhomogenität beim Phasenvergleichsverfahren zu vermeiden
- Impulsdeformationen durch die Atmosphäre (z.B. Flimmern) müssen mit regelungselektronischen Methoden ausgeglichen werden

Beim FEN 2000 wurde dies dadurch erzielt, dass die zeitlichen Mitten der Start- und Endimpulse als zeitsignifikante Torbegrenzungen herangezogen wurden. Dadurch ist der Messwert nicht mehr amplitudenabhängig. Beim LEICA DI 3000 stößt der empfangene Lichtimpuls einen Schwingkreis an, dessen zweiter Schwingungs-Nulldurchgang detektiert wird; auch dieser Nulldurchgang ist unabhängig von der Signalamplitude.
Die Standardabweichung für das angezeigte Mittel aus vielen Einzelmessungen (ca. 1000 beim DI 3000) liegt unter ±2 mm.

5.4 Genauigkeit bei der elektrooptischen Entfernungsmessung

5.4.1 Phasenvergleichsverfahren

Die um die Nullpunktskorrektion erweiterte Grundgleichung für das Phasenvergleichsverfahren

$$D = N \cdot U + R + K_0 \tag{5-60}$$

$$\text{mit} \quad U = \frac{c_0}{2 \cdot n \cdot f_0}$$

ergibt über das totale Differential (vgl. (5-39) und (5-48)),

$$dD = -\frac{D}{f_0} \cdot df_0 - D \cdot dn + dR + dK_0$$

die Standardabweichung der Strecke

$$s_D = \sqrt{\left(\frac{s_{f_0}}{f_0} \cdot D\right)^2 + (s_n \cdot D)^2 + s_R{}^2 + s_{K_0}{}^2} \quad . \tag{5-61}$$

Aus dem Koeffizientenvergleich mit der gebräuchlichen Formel

$$s_D = \sqrt{a^2 + b^2 \cdot D^2} \tag{5-62}$$

lassen sich die einzelnen Fehlerkomponenten zuordnen und mit Untersuchungsergebnissen beziffern:

Streckenunabhängige Fehler (a):

Auflösevermögen der Phasenmessung	a_1 = 1 ...	2 mm
Phaseninhomogenität	a_2 = 1 ...	7 mm
zyklischer Fehler	a_3 = 1 ...	3 mm
Konstanz der Nullpunktskorrektur	a_4 = 1 ...	5 mm
Gesamter Fehler $a = \sqrt{a_1^2 + a_2^2 + a_3^2 + a_4^2}$ =		(2 ... 10) mm

Von der Streckenlänge D abhängige Fehler (b):

Modulationsfrequenz		
Einlaufeffekt	b_1 = 1 ...	5 ppm
Frequenzgang	b_2 = 0 ...	2 ppm
Änderung bei Intervallbetrieb	b_3 = 0 ...	3 ppm
Temperaturabhängigkeit	b_4 = 1 ...	10 ppm
Spannungsabhängigkeit	b_5 = 0 ...	2 ppm
Alterung des Quarzes	b_6 =	1 ppm
Brechungsindex		
Messgenauigkeit	b_7 =	1 ppm
repräsentativer Durchschnittswert	b_8 =	1 ... 10 ppm
Maßstäblicher Gesamtfehler $b = \sqrt{\sum b_i^2}$ =		(2 ... 16) ppm

5.4.2 Impulsmessverfahren

Auch für dieses Messverfahren ist die Grundgleichung um eine Nullpunktskorrektion zu erweitern:

$$D = \frac{c_0}{2 \cdot n} \cdot t + K_0 \quad . \tag{5-63}$$

Wird die Laufzeit aus einer Zählfrequenz f_Z nach (5-58) abgeleitet,

$$t = N \cdot T + T_a - T_e = N \cdot T + \Delta T \quad ,$$

so ergibt sich über das totale Differential (vgl. (5-39) und (5-58)),

$$dD = \frac{D}{f_Z} \cdot df_Z - D \cdot dn + d(\Delta T) + dK_0$$

die Standardabweichung der Strecke

$$s_D = \sqrt{\left(\frac{s_{f_Z}}{f_Z} \cdot D\right)^2 + (s_n \cdot D)^2 + s_{\Delta T}{}^2 + s_{K_0}{}^2} \quad . \qquad (5\text{-}64)$$

Die Fehleranteile lassen sich aufgliedern in:

<u>Streckenunabhängige Fehler (a):</u>

Im Vergleich zum Phasenmessverfahren entfallen beim Impulsmessverfahren der zyklische Fehler und die Phaseninhomogenität, während die anderen Fehlerkomponenten etwa in gleicher Größe auftreten.

Auflösevermögen der Impulsmessung	$s_{\Delta T} \triangleq a_1 =$	0,1 .. 10 mm
Konstanz der Nullpunktskorrektur	$s_{K_0} \triangleq a_2 =$	1 ... 10 mm
Gesamtfehler $a = \sqrt{a_1^2 + a_2^2}$ =		(1 ... 14) mm

<u>Von der Strecke abhängige Fehler (b):</u>

Fehler der Zählfrequenz haben die gleichen Ursachen und Auswirkungen wie die Modulationsfrequenz beim Phasenvergleichsverfahren. Auch die Einflüsse des fehlerhaften Brechungsindexes sind gleich. Somit gilt auch hier:

Maßstäblicher Gesamtfehler	b = (2 .. 16) ppm

6 Prüf- und Kalibrierverfahren bei der elektrooptischen Distanzmessung (EOD)

Die Grundbegriffe der Messtechnik sind in der DIN-Norm 1319, Teil 1, geregelt. Neuere, umfassendere Norm ist die DIN EN ISO/IEC 17025 (DIN, EN, ISO: DIN-Norm, Europa-Norm und Norm der Internationalen Standardisierungs-Organisation). In ihr sind auch die Vorschläge verarbeitet, die aus dem sog. GUM-Dokument stammen (GUM: Guide to the Expression of Uncertainty in Measurement, herausgegeben 1993 von 7 internationalen Organisationen). Danach ist zwischen den Begriffen Prüfen, Kalibrieren, Justieren und Eichen zu unterscheiden.

„Prüfen" heißt feststellen, ob der Prüfgegenstand (das Messgerät) die vereinbarten (erwarteten) oder vorgeschriebenen Bedingungen erfüllt, insbesondere, ob vorgegebene Fehlergrenzen oder Toleranzen eingehalten werden. Mit dem Prüfen ist daher immer eine Entscheidung verbunden.
Durch „Justieren" wird ein Messgerät so eingestellt oder abgeglichen, dass die angezeigte Messgröße möglichst wenig vom richtigen Wert abweicht. Dies erfolgt durch einen Eingriff in das Messgerät, der es bleibend verändert. Nach dieser Definition sind also sowohl mechanische oder elektrische Einstellungen wie auch rechnerische Maßnahmen möglich, die eben bewirken, dass der angezeigte Messwert dem Sollwert entspricht.
Unter „Kalibrieren" versteht man in der Messtechnik, die Messabweichung am fertigen Messgerät festzustellen, also die Differenz zwischen angezeigtem Messwert und Sollwert zu bestimmen.
Das Wort „Eichen" bezeichnet nach DIN die von einer Eichbehörde vorzunehmende Prüfung, ob das Messgerät den Anforderungen entspricht. Das Eichergebnis wird mit einem amtlichen Eichschein oder Eichstempel beurkundet. Im Bereich der Technik wird jedoch fälschlicherweise „Eichen" häufig im Sinne von „Kalibrieren" oder „Justieren" gebraucht.

Geodätische Messgeräte unterliegen nicht der Eichpflicht. Trotzdem gehört es zum sachgerechten Umgang des Vermessungsingenieurs, dass er die Genauigkeitsangaben des Herstellers nicht vorbehaltlos akzeptiert, sondern dass er seinen elektrooptischen Distanzmesser, wie jedes andere Messgerät auch, von Zeit zu Zeit überprüft und kalibriert.

Für den routinemäßigen Einsatz genügt hierbei eine Überprüfung, ob das Gerät noch die Messgenauigkeit erbringt, für welche es vom Hersteller spezifiziert ist. Eine solche Überprüfung erfolgt am besten auf einer mit übergeordneter Genauigkeit bestimmten Teststrecke, die auch von der Länge her den vorgesehenen Einsatzbedingungen entspricht.

Möchte man die Genauigkeit des Instrumentes steigern, z.B. für spezielle Anwendungen im Bereich der Ingenieurvermessung, oder möchte man einen besseren Einblick in die einzelnen Fehlerwirkungen gewinnen, so empfehlen sich Kalibrierverfahren, welche vor allem die reproduzierbaren Fehlerkomponenten erfassen.
Diese Kalibrierverfahren sind so anzulegen, dass andere als die zu untersuchende Fehlerursache möglichst nicht oder zumindest nur konstant zur Wirkung kommen. Durch die Berücksichtigung von systematisch wirkenden Messabweichungen (früher „systematische Fehler" genannt) kann die Messgenauigkeit des betreffenden Gerätes erheblich gesteigert werden. Umgekehrt gehen alle nicht erfassten systematischen Messabweichungen in die Berechnung der Standardabweichung (früher „zufälliger Streckenfehler" genannt) ein und mindern die erreichbare Instrumentengenauigkeit.

6.1 Frequenzprüfung

Nach Abschnitt 5.2.1 wird der Maßstab eines nach dem Phasenmessprinzip arbeitenden EDM durch die Modulationsfrequenz festgelegt. Diese Aussage gilt jedoch bei vielen modernen Instrumenten nicht ohne Einschränkung, da der Temperatureinfluss auf das Schwingverhalten des Quarzes nicht mehr mit hardwaretechnischen Lösungen (z.B. Konstanthaltung der Temperatur), sondern heute meist mit rechnerischen Verfahren mikroprozessorgesteuert berücksichtigt wird. Unterschiede bestehen hierbei bei der Erfassung der aktuellen Quarztemperatur und bei der Wahl der Temperatur-Frequenz-Funktion.
Unabhängig davon werden zunächst die relativ einfachen Verfahren dargestellt, mit denen die aktuelle Modulationsfrequenz messbar ist. Die indirekte Ableitung der Frequenz aus den Ergebnissen von Vergleichsstrecken ist wegen der vielfältigen Abweichungsüberlagerungen und rechnerischer Aufbereitung der Messwerte nicht zu empfehlen.

6.1.1 Methoden der Frequenzmessung

Zur Messung der Modulationsfrequenz dient ein temperaturstabilisierter Frequenzzähler, welcher seinerseits von Zeit zu Zeit mit einem Frequenznormal (z.B. das in Mainflingen bei Hanau ausgestrahlte Signal DCF 77 mit der Frequenz 77,5 kHz) zu vergleichen ist. Zur Frequenzmessung gibt es mehrere Möglichkeiten:

a) Direkte Koppelung des Entfernungsmessers mit dem Frequenzzähler
Voraussetzung ist eine Anschlussbuchse für das Koaxialkabel, wie sie von den Geräteherstellern bei Nahbereichsentfernungsmessern nur selten vorgesehen ist. Andernfalls muss das Gerät geöffnet werden, um an die vom Hersteller zu erfragenden Abgriffstellen zu gelangen. Da beim Öffnen des Gehäuses jedoch die

thermischen Betriebsbedingungen und außerdem beim Anschluss von externen Messgeräten die Messgröße selbst verändert werden kann, ist eine Beeinflussung der Frequenz nicht auszuschließen.

b) Indirekter Abgriff durch eine Photodiodenschaltung
Da die meisten Nahbereichsentfernungsmesser moduliertes Infrarotlicht verwenden, kann die Messwelle unmittelbar vor der Sendeoptik des EDM auf eine externe Empfangsdiode geleitet, demoduliert und auf einen Frequenzzähler geführt werden. Dieser relativ einfache Aufbau ist jedoch nur möglich, wenn die Modulationswelle nach dem Einschalten des EDM kontinuierlich abgestrahlt wird (z.B. bei den früher gebräuchlichen Geräten der Firmen KERN und WILD), oder zumindest ausreichend lange gesendet wird, wie z.B. bei den meisten Instrumenten der Firmen SPECTRA PRECISION, LEICA, NIKON u.a. (Bild 6-1).

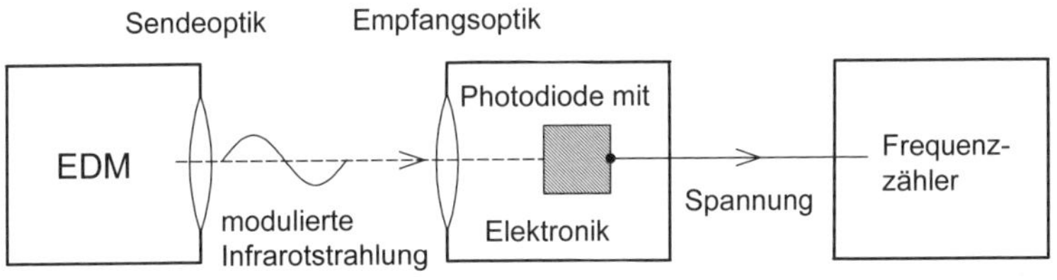

Bild 6-1: Frequenzmessung mittels Photodiodenschaltung für kontinuierlich abstrahlende Distanzmesser

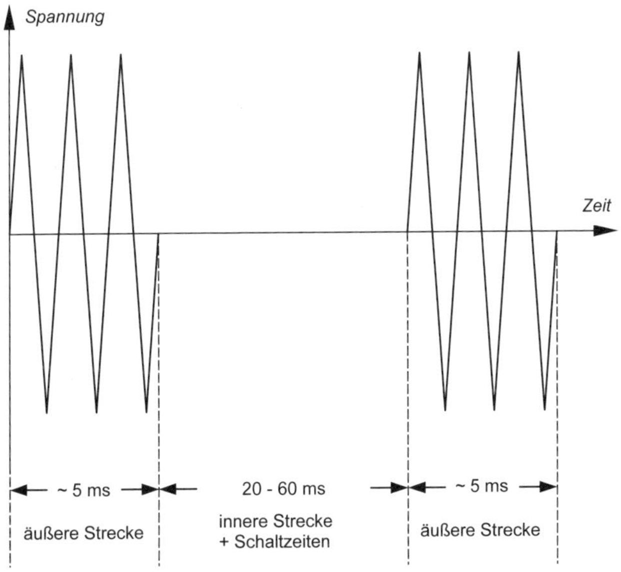

Bild 6-2: Zeit-Spannungs-Diagramm bei gepulst abstrahlendem Distanzmesser

Bei einigen Instrumenten (z.B. ZEISS) wird aber die Messwelle nur abgestrahlt, wenn eine Messung ausgelöst wurde. In diesem Falle läuft das vom Mikroprozessor gesteuerte Streckenmessprogramm ab, welches abwechselnd die innere und äußere Strecke misst, so dass das Streckensignal nur für einige Millisekunden pulsartig nach außen abgestrahlt wird (Bild 6-2).

Die kleinstmögliche Torzeit am Zähler ist sowohl durch die Bauart als auch durch die geforderte Frequenzgenauigkeit von ca. 10^{-7} begrenzt. Bei der am häufigsten verwendeten Frequenz $f = 15$ MHz erfordert die Frequenzmessgenauigkeit von 1 Schwingung eine Torzeit von mindestens 0,67 Sekunden, der Signalimpuls steht dagegen nur während eines Bruchteils davon zur Verfügung. In diesem Fall kann mit einer Entwicklung des Geodätischen Instituts der RWTH Aachen und Weiterentwicklung an der Universität Bonn (Prof. Dr. B. WITTE) ein quarzstabilisierter Hilfsoszillator über einen Phasenregelkreis (PLL-Schaltung), der speziell für 15 MHz ausgelegt ist, mit der Frequenz f_1 des pulsartig abgestrahlten Messsignals automatisch synchronisiert werden. Die exakte Übereinstimmung von Modulations- und Hilfsoszillatorfrequenz f_2 wird über ein Zweikanaloszilloskop kontrolliert. Dem Frequenzzähler wird die kontinuierlich vorhandene Oszillatorfrequenz f_2 zugeführt (Bild 6-3).

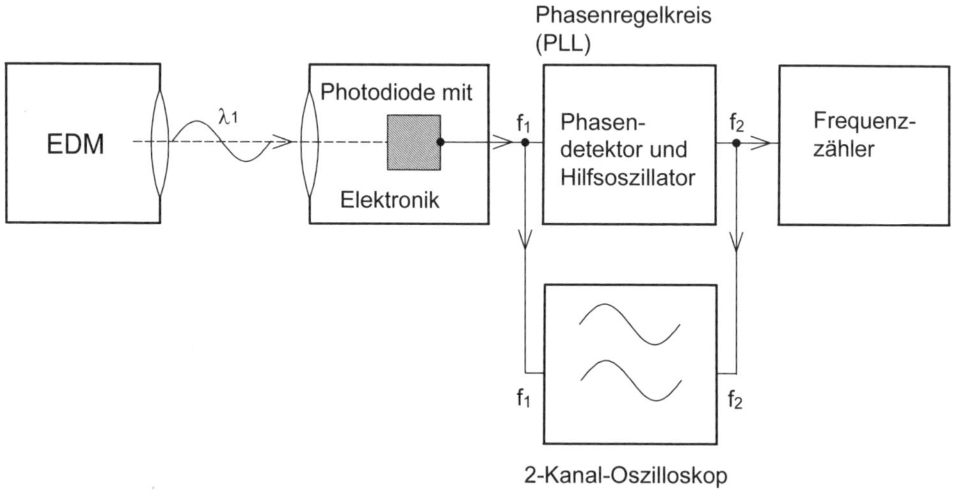

Bild 6-3: Frequenzmessung mittels Photodiodenschaltung und Phasenregelkreis für gepulst abstrahlende Distanzmesser

c) Indirekter Frequenzabgriff durch eine Induktionsschaltung
Bei manchen älteren Distanzmessern (z.B. beim ZEISS Eldi 2) ist die kontinuierlich nach dem Einschalten im Gerät vorhandene Modulationsfrequenz durch einen induktiv angekoppelten Schwingkreis außen am Gehäuse messbar.

d) Reine Impuls-Entfernungsmesser
   Bei diesen Instrumenten wird die den Maßstab repräsentierende Frequenz nicht über den optischen Strahl geschickt, sondern es wird eine Laufzeitmessung durchgeführt. Die Zeitbasis hierzu muss man deshalb im Gerät messen, eine optische Frequenzmessung über den Strahl ist nicht möglich.

Wie bereits in Abschnitt 5.2.1 erläutert, kann die gemessene Frequenz eine Funktion der Quarztemperatur und der Einschaltzeit sein. Deshalb sollten die vom Frequenzzähler ermittelten Werte direkt einem Computer übergeben werden. Die an der HfT Stuttgart realisierte Konfiguration zeigt Bild 6-4.
Der Rechner liest die Frequenzwerte in bestimmten Zeitabständen ein und gibt sie auf einem graphikfähigen Drucker aus.

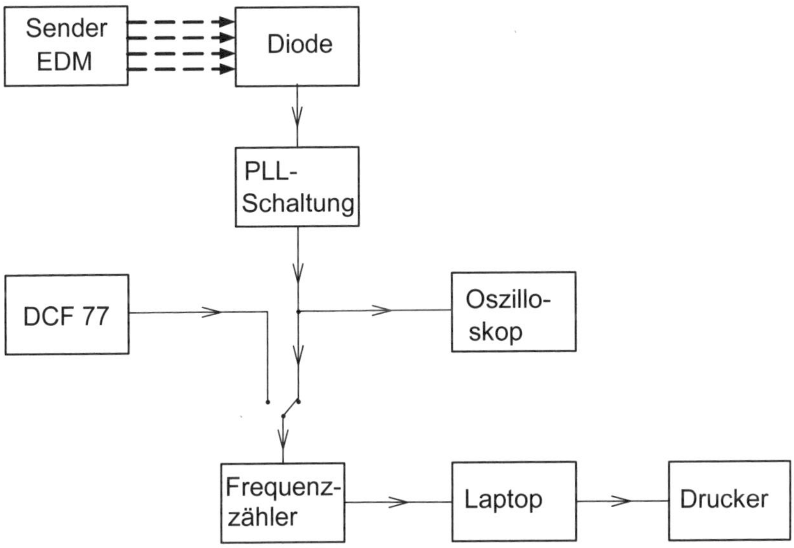

Bild 6-4: Datenfluss bei automatischer Frequenzprüfung

6.1.2 Ergebnisse

Die Abhängigkeit von der <u>Betriebsdauer</u> wird durch ein Instrument mit geringer Frequenzänderung (Bild 6-5) und durch ein Instrument mit ausgeprägtem Einlaufeffekt (Bild 6-6) gezeigt.
Während der Einlaufzeit von ca. 5 Minuten fällt die Frequenz um ca. 4 ppm (Bild 6-6), danach stellt sich ein linearer Gang von ca. −1 ppm pro 10 Minuten ein. Wird das Instrument zwischendurch abgeschaltet, so kann sich in abgeschwächter Form ein erneuter Einlaufeffekt ergeben.

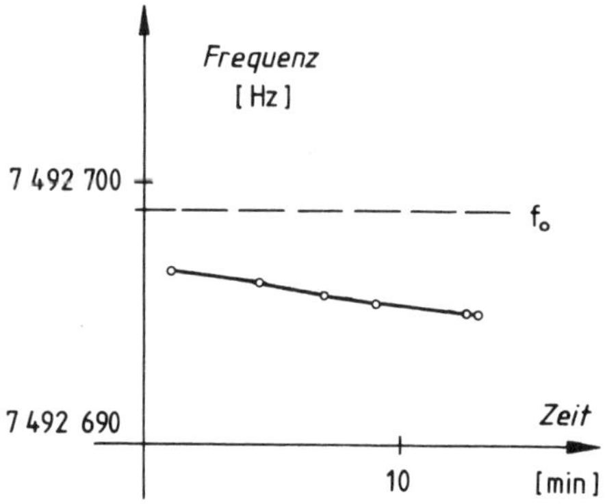

Bild 6-5: Abhängigkeit der Frequenz von der Betriebsdauer für ein Instrument mit sehr geringem Einlaufeffekt

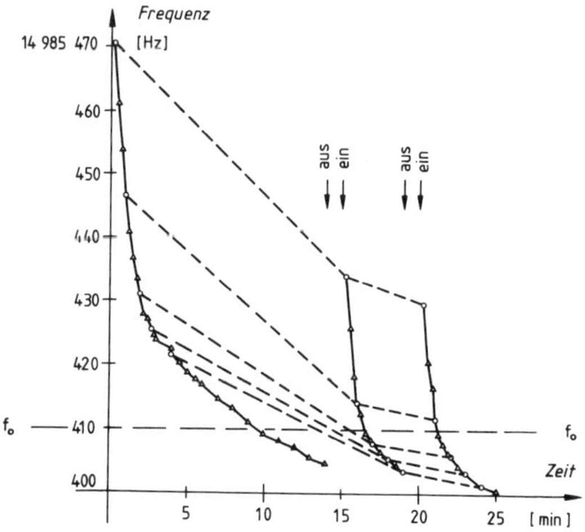

Bild 6-6: Frequenzänderung eines Gerätes bei Intervallbetrieb

Die Frequenzabhängigk,eit von der Temperatur ist bei manchen Instrumenten deutlich nachweisbar (z.B. Bild 6-7). Die Frequenzänderungen von ca. 140 Hz entsprechen bei der Modulationsfrequenz von 15 MHz einer Streckenänderung von ca. 9 ppm, was bei höheren Genauigkeitsanforderungen nicht zu vernachlässigen ist.

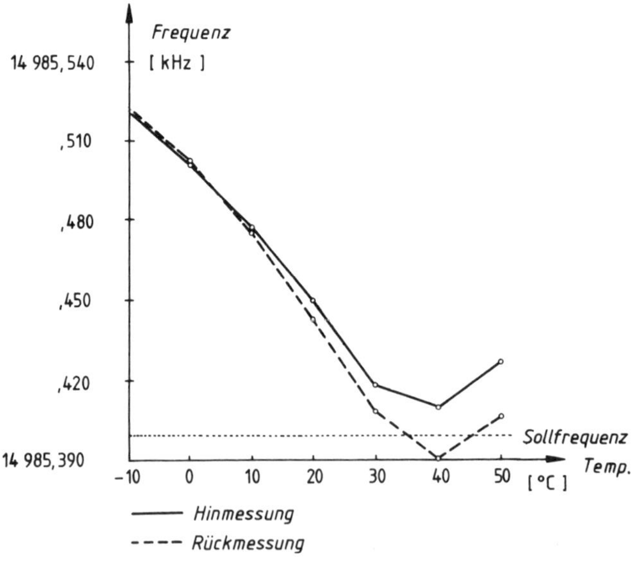

Bild 6-7: Frequenzprüfung bei verschiedenen Temperaturen

Gegenüber den anderen Ursachen ist die Abhängigkeit der Frequenz von der Batteriespannung verschwindend gering. Selbst bei einem Instrument mit deutlich nachweisbarem Einfluss (Bild 6-8) beträgt die maximale Frequenzänderung nur ca. 10 Hz, entsprechend 0,7 ppm.

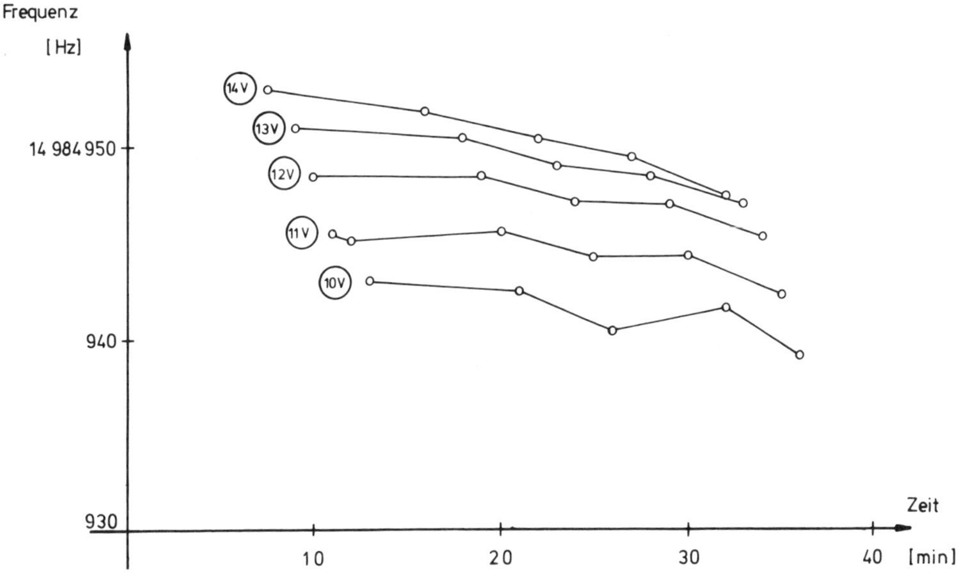

Bild 6-8: Abhängigkeit der Frequenz von der Betriebsspannung

6.1.3 Streckenkorrektion wegen Frequenzabweichung (K_f)

6.1.3.1 Instrumente ohne interne Frequenzkorrektion

Die bei der Frequenzprüfung ermittelte aktuelle Frequenz kann nur bei älteren Instrumenten, welche keine rechnerischen Frequenzkorrektionen im Mikroprozessor verarbeiten, direkt zur Streckenverbesserung verwendet werden. Auch wenn dies heute bei vielen Distanzmessern nicht mehr zutrifft, soll zunächst dieser einfache Sachverhalt erläutert werden.

Nach (5-48) gilt für die Änderung der Strecke (dD) infolge einer Frequenzänderung (df) die Beziehung

$$dD = -D \cdot \frac{df}{f} \; .$$

Mit den Bezeichnungen

f_0 = Bezugsfrequenz, d.h. diejenige Frequenz, für die der Hersteller zusammen mit dem Bezugsbrechungsindex n_0 den Sollwert der Modulationswellenlänge λ

$$\lambda = \frac{c_0}{n_0 \cdot f_0}$$

festgelegt hat,

f = aktuelle Frequenz,

D_a = mit der aktuellen Frequenz erhaltene, abgelesene Strecke (Ist-Strecke),

D = mit der Bezugsfrequenz f_0 erhaltene Strecke (Soll-Strecke),

N = ganze Anzahl von Wellenlängen,

ΔN = Bruchteil der Wellenlänge ($0 < \Delta N < 1$),

t = Laufzeit,

c = Ausbreitungsgeschwindigkeit

ergeben sich die Grundgleichungen für Phasenvergleichs- und Pulslaufzeitverfahren

$$2D = (N + \Delta N) \cdot \lambda = (N + \Delta N) \cdot \frac{c}{f} \tag{6-1}$$

$$2D = c \cdot t \quad . \tag{6-2}$$

Durch Gleichsetzen findet man

$$(N + \Delta N) = f \cdot t$$

eingesetzt in (6-1) ergibt somit

$$2D = \lambda \cdot f \cdot t \quad . \tag{6-3}$$

Da die Signallaufzeit t konstant ist (n wird hier nicht als variabel betrachtet) und auch für die Wellenlänge stets mit dem theoretischen Sollwert λ gerechnet wird (obwohl sie in Wirklichkeit wegen der variablen Frequenz nicht konstant ist!), können zwei Gleichungen angesetzt werden:

Mit Bezugsfrequenz f_0: $$2D = \lambda \cdot f_0 \cdot t \tag{6-4}$$

mit aktueller Frequenz f: $$2D_a = \lambda \cdot f \cdot t \quad . \tag{6-5}$$

Die Streckenkorrektion K_f wegen abweichender Frequenz lautet somit

$$K_f = D - D_a = \frac{\lambda \cdot t}{2} \cdot (f_0 - f)$$

oder

$$K_f = D_a \cdot \frac{f_0 - f}{f} \quad . \tag{6-6}$$

<u>Beispiel:</u>

Instrument: Autoranger A

Angaben aus der Betriebsanleitung:

λ_T = 0,910 μm
λ_M = 20 m

Maßstab = 1 (ppm = 0) gilt für atmosphärische Bezugsdaten

p_0 = 750 mm Hg
t_0 = −17,8 °C (= 0 °F)

Frequenzprüfung: Die aktuelle Frequenz ergab 14 984 906 Hz.

Berechnungen:

Gruppenbrechungsindex nach BARRELL, SEARS n_{Gr} = 1,000 293 6
Reduktion nach KOHLRAUSCH auf Bezugsatmosphäre n_0 = 1,000 310

Bezugsfrequenz $f_0 = \frac{c_0}{n_0 \cdot \lambda} =$ 14 984 978 Hz

Streckenkorrektion wegen abweichender Frequenz:

$$K_f = D_a \cdot \frac{f_0 - f}{f} = 4{,}8 \cdot 10^{-6} \cdot D_a$$

$$K_f = +4{,}8 \text{ mm/km} \quad .$$

6.1.3.2 Instrumente mit interner Frequenzkorrektion

Wesentlich schwieriger gestaltet sich die nachträgliche Streckenverbesserung wegen Frequenzabweichungen, wenn – wie bei modernen Instrumenten häufig anzutreffen – der Hersteller die Temperaturabhängigkeit der Quarzfrequenz im Werk bestimmt hat und der angezeigte Messwert aufgrund werkseitig gespeicherter Korrekturdaten bereits die im Mikroprozessor aktuell errechnete Temperatur-Frequenz-Korrektion enthält. Man spricht hier auch von „rechnenden" EDM-Instrumenten (SCHAUERTE, FASSBENDER 1997).
Im Sinne der DIN-Begriffe handelt es sich hierbei um eine rechnerische „Justierung" mit dem Ziel, das angezeigte Messergebnis möglichst genau dem wahren Wert anzunähern.
Dieses Vorgehen macht es erforderlich, den Begriff der Bezugsfrequenz f_0 inhaltlich zu erweitern (vgl. Bild 6-9): Sie setzt sich zusammen aus der so genannten Basisfrequenz (f_B), dies ist oft ein rein nomineller, runder Wert (z.B. 50 MHz), sowie dem zusätzlich modellierten, temperaturabhängigen Frequenzanteil (f_M), also

$$f_0 = f_B + f_M \quad .$$

Dabei wird der temperaturabhängige Term oft als Polynom in der Form

$$f_{M(t)} = A_0 + B_0 \cdot (t - t_0) + C_0 \cdot (t - t_0)^2 + \ldots$$

werkseitig bestimmt und im Konstantenspeicher des Gerätes vorgehalten. Wenn zum Zeitpunkt der Produktion das EDM vom Hersteller justiert (Index 0!) wird, werden die Polynom-Koeffizienten (A_0, B_0, C_0 ...) so festgelegt, dass sie zusammen mit der Bezugsatmosphäre, also insbesondere mit der Bezugstemperatur t_0, bei welcher die Bezugsfrequenz f_0 zusammen mit dem festgelegten Bezugsbrechungsindex n_0 nach der üblichen Beziehung

$$U = \frac{\lambda}{2} = \frac{c_0}{2 \cdot f_0 \cdot n_0}$$

die exakte Maßstabseinheit U ergibt, möglichst genau dem tatsächlichen Temperatur-Frequenz-Verlauf entsprechen.
Für diese Temperatur $t = t_0$ folgt die exakte Bezugsfrequenz aus

$$f_{0(t_0)} = f_B + A_0 \quad ,$$

das heißt, dass auch bei korrekter Bezugstemperatur die Oszillatorfrequenz von der Basisfrequenz um A_0 abweicht und der Hersteller also gar nicht versucht hat, einen bestimmten Frequenzwert zu erzeugen.

Bei manchen Instrumenten lässt sich die temperaturabhängige Bezugsfrequenz $f_{0(t)}$ aus einem Instrumentenspeicher abrufen. Wird dann nach einer der in Abschnitt 6.1.1 beschriebenen Methoden die aktuelle Frequenz (f) gemessen, kann wie üblich die Streckenkorrektion gemäß Gleichung (6-6)

$$K_f = D_a \cdot \frac{f_0 - f}{f}$$

berechnet werden.

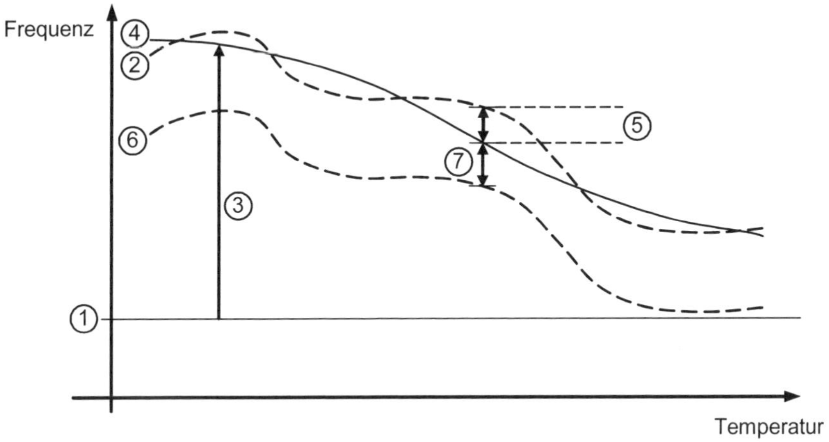

1: Basisfrequenz f_B

2: Oszillatorfrequenz bei Herstellung

3: Modellierter Frequenzanteil, Polynom $f_{M(t)}$

4: Gespeicherte Bezugsfrequenz, $f_{0(t)} = f_B + f_M$, bei manchen Geräten anzeigbar

5: Restabweichungen je nach Güte der Modellierung

6: Aktuelle gemessene Frequenz f(t), nach Alterung

7: Aus aktueller Frequenzprüfung feststellbare Abweichung $\Delta f_{(t)} = f_{0(t)} - f_{(t)}$

Bild 6-9: Prinzipielle Zusammenhänge bei geräteinterner rechnerischer Frequenzkorrektion

Eigentlich sollten in diesen Fällen überhaupt keine Korrektionen wegen abweichender Frequenz mehr erforderlich sein. Trotzdem können zusätzliche Korrektionen nötig sein, wenn die werkseitig fest eingespeicherten Werte nicht oder nicht mehr zutreffen, wobei drei Fälle zu unterscheiden sind:

a) Die Frequenz hat sich wegen Alterung geändert.
Bei neueren Instrumenten kann mit einer Alterung von nur noch 1 bis 2 ppm pro Jahr gerechnet werden.

b) Die Annahmen über die modellierte Frequenz-Temperatur-Funktion treffen nicht oder nicht mehr zu.
   Der Frequenz-Temperatur-Verlauf wird z.B. unzureichend modelliert, wenn ein stark gekrümmter Kurvenverlauf nur durch eine stark vereinfachte Funktion angenähert wurde, wie etwa durch eine Gerade anstatt durch ein Polynom, und deshalb Modellabweichungen entstehen.
   Die Güte der Modellierung bestimmt den maßstäblichen Streckenfehler dieses Instrumentes. Er sollte den Herstellerangaben entsprechend im Bereich 1 bis 2 ppm bleiben.
c) Die interne Quarztemperatur wird (gerätetechnisch) falsch ermittelt.
   Trotz korrekter Temperatur-Frequenz-Modellierung entstehen hierdurch Modellabweichungen, die stark vom Temperatur-Frequenz-Verlauf abhängen.

Beispiele:

Geräte der Firma LEICA

Bei den meisten Geräten der Firma LEICA kann die vom Mikroprozesssor zur Streckenberechnung benutzte Frequenz $f_{0(t)}$ am Gerät angezeigt werden. Im Labor ist zu überprüfen, ob die tatsächliche Frequenz-Temperatur-Funktion $f_{(t)}$ damit übereinstimmt.

Die neueren Instrumente von LEICA, z.B. die TPS1200-Serie, benutzen eine Basisfrequenz von f_B = 100 MHz entsprechend einem Feinmaßstab von etwa 1,5 Meter. Etwas ältere, aber noch regelmäßig in Gebrauch befindliche, arbeiten mit der Basisfrequenz 50 MHz. Das Beispiel bezieht sich auf ein solches Gerät (Tachymeter TC 1800):

Den Herstellerangaben entnimmt man:

Bezugsbrechungsindex n_0 = 1,000 282
Basisfrequenz f_B = 50 MHz
Maßstabseinheit U = 3 m

Während der Bezugsbrechungsindex sich aus den ebenfalls genannten atmosphärischen Bezugswerten (t_0 = 12 °C, p_0 = 1013,25 hPa) bestätigt, zeigt sich sofort, dass ein runder Maßstab von 3 m weder mit der glatten Basisfrequenz noch mit geringfügig anderer Frequenz verträglich ist. Er ergibt stattdessen ungefähr 2,997 m, also um 0,1% beträchtlich abweichend. Schon wegen dieses Widerspruchs gelingt es dem Anwender nicht, den werkseitig angestrebten Wert der Bezugsfrequenz berechnen zu können.
Somit bleibt dem Geräteprüfer nur die Annahme, dass zumindest bei der Herstellung die Frequenz korrekt modelliert wurde. Deshalb sollte der Gerätebesitzer sofort nach Auslieferung den temperaturabhängigen Frequenzverlauf im Labor bestimmen, um so

eine Art „Erstkalibrierung" zu erhalten. Ein solches Zahlenbeispiel zeigt Bild 6-10 (entnommen aus SCHAUERTE, FASSBENDER 1997). Die obere Kurve zeigt die intern am Tachymeter abgerufene Frequenz (also die Bezugsfrequenz $f_{0(t)}$, mit der die angezeigten Strecken vom Mikroprozessor berechnet werden), während die untere Kurve die tatsächlich an der externen Frequenzmessanlage gemessenen Frequenzen $f_{(t)}$ darstellen.

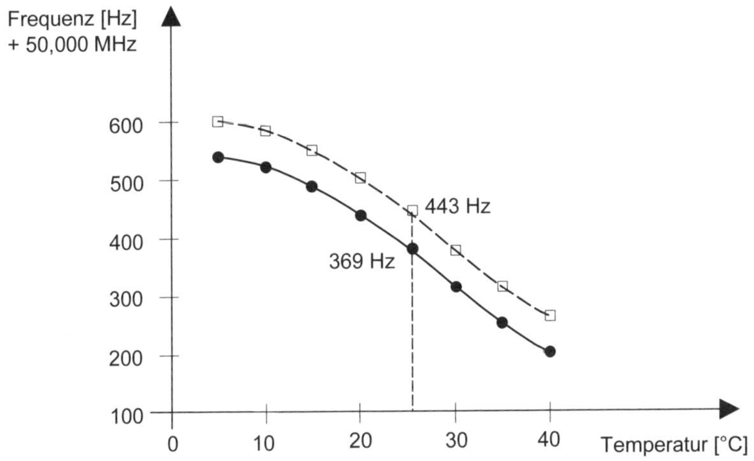

Bild 6-10: Frequenz-Temperatur-Verlauf mit gemessenen (•) und intern angezeigten (□) Frequenzen

Aus dieser Prüfung ist zu entnehmen:

1. Die abgerufene Bezugsfrequenz $f_{0(t)}$ beträgt bei der Bezugstemperatur (t_0 = 12 °C) 50 000 575 Hz.
   Mit der Basisfrequenz f_B = 50 MHz gilt also
   $f_0 = f_B + A_0 = 50\,000\,575$ Hz
   und damit folgt für A_0, wie er beim Gerätehersteller einprogrammiert wurde,
   $A_0 = +\ 575$ Hz.

2. Bei derselben Temperatur (t = 12 °C) liegt die gemessene Frequenz bei f = 50 000 515 Hz, also um 60 Hz niedriger als die Bezugsfrequenz. Damit folgt aus $f = f_B + A_a = 50\,000\,515$ Hz nun der aktuelle Polynomkoeffizient A_a
   $A_a = +\ 515$ Hz.

3. Die beiden Kurven stimmen in ihrem Verlauf gut überein, sind jedoch auf der vertikalen Frequenzachse um einen fast konstanten Betrag (zwischen 60 und 75 Hz), durchschnittlich um Δf = 68 Hz verschoben. Dieser Parallelversatz Δf kann als Quarzalterung gedeutet werden, da die gespeicherte Temperaturmodellierung

(durch die temperaturabhängigen Polynomkoeffizienten B, C ...) offensichtlich noch weitgehend richtig ist und nur der Wert A_0 = 575 Hz wegen Alterung jetzt auf A_a = 515 Hz verändert werden sollte.
Dies ist jedoch nur dem Hersteller durch Neueinspeicherung der Koeffizienten möglich, nicht aber dem Normalanwender. Dieser muss deshalb die Frequenzänderung

$$\Delta f = f_0 - f$$

rechnerisch an seinen abgelesenen Strecken nach der üblichen Beziehung

$$K_f = D_a \cdot \frac{f_0 - f}{f}$$

anbringen. Über den gesamten Temperaturbereich ergäben sich im Beispiel (für $\Delta f_{(t)}$ = 60 bis 75 Hz) temperaturabhängige Korrektionen $K_{f(t)}$ = +1,2 ppm bis 1,5 ppm. Bei diesem Instrument genügt es, einen die Quarzalterung berücksichtigenden Durchschnittswert (Δf = 68 Hz) entsprechend K_f = +1,36 ppm anzubringen.

Allerdings kann ein Versatz der beiden Kurven auch durch Temperaturabweichungen bewirkt sein. Wenn bei der Frequenzprüfung im Labor andere (z.B. immer zu niedrige) Temperaturen gemessen werden als intern im Gerät tatsächlich vorhanden, so entsteht hierdurch ein „horizontaler“ Kurvenversatz auf der Temperaturachse. Insbesondere bei linearem Frequenz-Temperatur-Verlauf lässt sich dieser Effekt nicht von der Alterung trennen, da sich die beiden Kurven sowohl durch Vertikal- als auch Horizontalverschiebung zur Deckung bringen lassen.

Geräte der Firma TRIMBLE:
Die Gruppe TRIMBLE umfasst heute EDM-Instrumente der traditionellen Firmen ZEISS, SPECTRA PRECISION und NIKON. Entsprechend vielfältig sind die technischen Konzepte.
Schon bei Geräten der früheren Firma ZEISS sind sehr unterschiedliche Temperaturkompensationsverfahren in Gebrauch.
Bei älteren Instrumenten, wie z.B. beim Elta 2 und Elta 4 der ersten Generation (vor ca. 1988 gebaut) wurde werksseitig eine bestimmte Temperaturabhängigkeit des Quarzes angenommen und zusammen mit der meteorologischen Korrektion in den aufgedruckten Refraktionsdiagrammen verarbeitet. Bild 6-11 zeigt die aus dem Diagramm rekonstruierte temperaturabhängige Bezugsfrequenz $f_{0(t)}$, die als Norm für alle Instrumente unterstellt wurde, im Vergleich zu zwei geprüften Instrumenten. In beiden Fällen ist nur eine geringe Temperaturabhängigkeit der Frequenz festzustellen mit Schwankungen von ca. ±1 ppm um den Mittelwert. Da die gemessenen Frequenzen bei den speziellen Prüfexemplaren aber beträchtlich von der Bezugsfrequenzkurve $f_{0(t)}$ abweichen, treten indirekt Maßstabsfehler bis zu 13 ppm auf, wenn der

Benutzer sich am aufgedruckten Refraktionsdiagramm orientiert und den der Lufttemperatur entsprechenden ppm-Wert als Korrektion eingibt.
Bei den zuletzt von ZEISS hergestellten Instrumenten sind die Verfahren der Temperaturkompensation dem Benutzer oft gar nicht bekannt. Wie auch bei manchen anderen Herstellern ist hier die Information leider oft unvollständig, so dass eine Frequenzprüfung ohne diese Spezialkenntnisse nicht möglich ist.

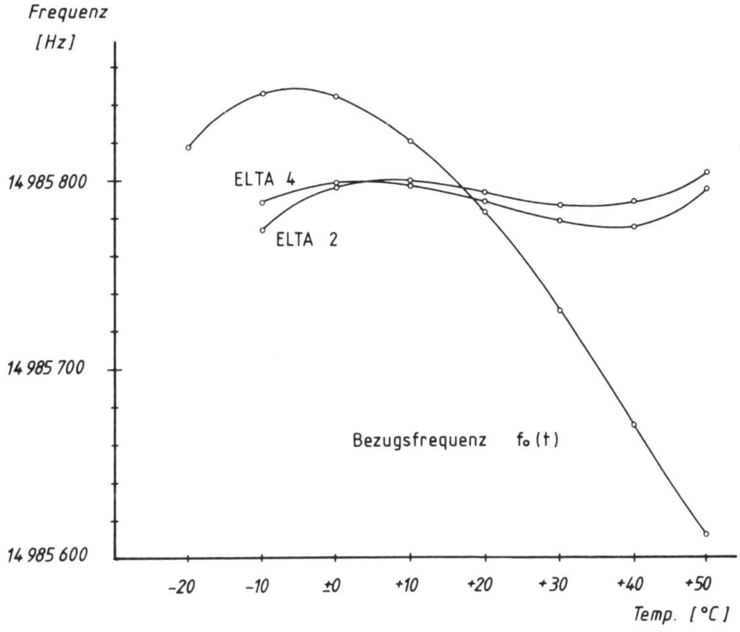

Bild 6-11: Bezugsfrequenz und gemessene Frequenz in Abhängigkeit der Temperatur am Beispiel von zwei älteren ZEISS-Instrumenten

Bei den Instrumenten der Baureihe ZEISS E-Elta (2. Generation, ca. 1997) wird die Frequenz-Temperatur-Kurve nicht durch ein Polynom, sondern durch zwei Geraden (Polygon) angenähert. Dieses Polygon ist durch die Koordinaten von drei Kurvenpunkten abgespeichert, die nach SCHAUERTE, FASSBENDER 1997 aus dem Konstantenspeicher unter den Adressen 34, 35 und 36 abgerufen werden können. Zusammen mit der Basisfrequenz dieses Instrumentes von f_B = 14 985 800 Hz, die bei der Bezugstemperatur t_0 = 20 °C der exakten Maßstabseinheit U = 10 m entspricht, folgt auch hier eine temperaturabhängige Bezugsfrequenz, allerdings nur als Polygon. Abgesehen von der groberen Anpassung lassen sich Alterung und frequenzbedingte Streckenkorrektionen prinzipiell genauso prüfen wie beim Polynomansatz der Leica-Instrumente.

Unterschiedlich erfolgt aber je nach Instrumententyp der Temperaturzugriff. Entweder wird die Temperatur über einen geräteinternen Sensor abgetastet, oder es wird (ohne Sensor) nur die für die meteorologische Korrektion eingegebene Lufttemperatur benutzt.
Weitere Verwirrungen können entstehen, weil bei manchen Typen geräteintern zusätzliche streckenproportionale Korrektionen angebracht werden und somit die Frequenz und die Meteorologie also nicht allein maßstabsgebend sind. Dies sind vor allem streckenabhängige Änderungen der Nullpunktskorrektion. Obwohl es prinzipiell höchst erwünscht ist, dass der Hersteller im Sinne einer rechnerischen Justierung seine Messwerte so aufbereitet, dass sie dem wahren Wert möglichst nahe kommen, wäre vom Hersteller unbedingt zu fordern, dass der Benutzer über alle rechnerischen Korrektionen informiert wird und er erfährt, wie diese eingespeicherten Konstanten abzurufen sind. Ohne diese Kenntnis ist eine Geräteprüfung nur bedingt sinnvoll und das Gerät deshalb eigentlich nicht zu Präzisionsmessungen einsetzbar.

6.2 Bestimmung der Auflösegenauigkeit des Distanzmesssystems

Das Auflösevermögen des Distanzmesssystems betrifft sowohl Phasen- als auch Impulsdistanzmesser. Bei reflektorloser Distanzmessung kann es unterschiedlich sein je nach Art des Zielpunktes (Material, Auftreffwinkel).
Man bestimmt die Auflösegenauigkeit des Distanzmessers, indem die Strecken zu einem mikrometrisch verschiebbaren Zielpunkt, im Allgemeinen einen Reflektor, gemessen werden. Als Grundentfernung sollten 20 – 30 m gewählt werden, die Verschiebung sollte bei einem mm-anzeigenden Gerät 0,1 bis 0,2 mm betragen. Innerhalb des Reflektorverschiebeweges sollte dann eine lineare Abhängigkeit zwischen Mikrometer- und EDM-Strecken zu finden sein, wobei die Abweichungen von einer ausgleichenden Geraden einen Einblick in das Genauigkeitsverhältnis zwischen Distanzmesssystem (Phasenmessung oder Impulsmessung) und Anzeige ergeben.

a) Ist die Distanzmessung ungenauer als die kleinste Anzeigeeinheit, so streuen die Residuen zufällig um die ausgleichende Gerade. Die Standardabweichung der Gewichtseinheit entspricht dann dem Auflösevermögen (Bild 6-12).

b) Ist die Distanzmessung wesentlich genauer als die kleinste Anzeigeeinheit (üblicherweise 1 mm), so zeigen die Residuen eine treppenförmige Systematik. In diesem Falle sollte die Distanzmessgenauigkeit durch Anpassung einer Treppenfunktion (anstelle einer ausgleichenden Geraden) berechnet werden (Bild 6-13).

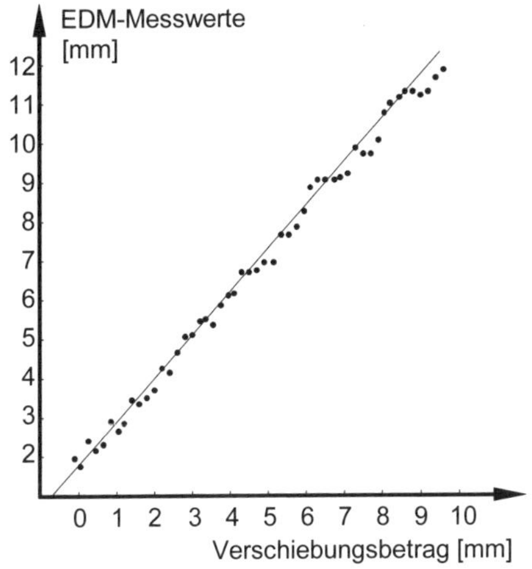

Bild 6-12

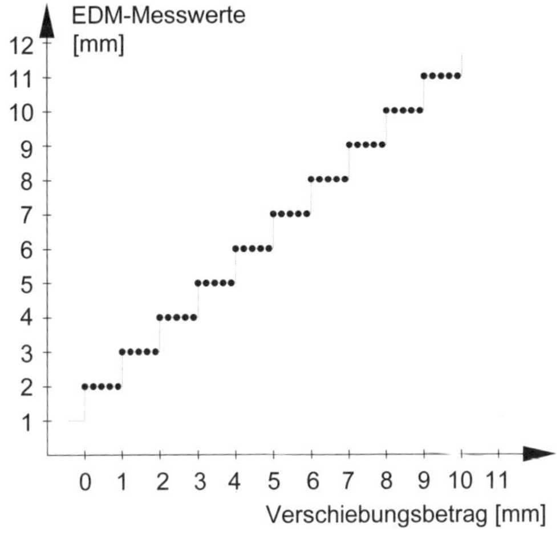

Bild 6-13

Eine weitere Möglichkeit zur Bestimmung des Auflösevermögens beruht auf der Fehlerformel für Doppelmessungen

$$s = \sqrt{\frac{[dd]}{2n}} \quad .$$

Hierbei müssen jeweils Doppelmessungen zu einem Punktfeld (n = Anzahl der Punkte) ausgeführt werden, wobei die Differenzen d zwischen je zwei zusammengehörigen Streckenmessungen zu bilden sind. Ordnet man solche Punktfelder in verschiedenen Entfernungen an (z.B. bei 20, 100, 500, 1000 m), so erhält man einen Einblick in das Auflösevermögen in Abhängigkeit des Signal-Rausch-Verhältnisses.

6.3 Bestimmung des zyklischen Phasenfehlers

6.3.1 Messanordnung

Je nach Ursachen (vgl. Abschnitt 5.2.2.2) besteht der zyklische Phasenfehler aus <u>einem</u> sinusförmig auftretenden Fehler mit der Periode des Feinmaßstabes U und einer Phasenverschiebung C oder aus einer <u>Überlagerung</u> mehrerer solcher Sinusschwingungen, deren Periodenlängen auch Unterteilungen U/2, U/3 ... usw. des Feinmaßstabes aufweisen können.

Zur experimentellen <u>Bestimmung</u> dient eine – am besten transportable – Komparatorbank von mindestens der Länge des Feinmaßstabes, besser sogar etwas länger, ca. 1,2·U. Die am häufigsten anzutreffenden Feinmaßstäbe haben die Länge U = 10 m, so dass der Komparator ca. 12 m lang sein sollte. Für die längsten bekannten Feinmaßstäbe mit U ≈ 31 m eignet sich nur ein stationärer Komparator im Labor. Die Komparatorstrecken (L_i) müssen mit übergeordneter Genauigkeit – z.B. interferometrisch – messbar sein. Die Messanordnung ist in Bild 6-14 dargestellt.

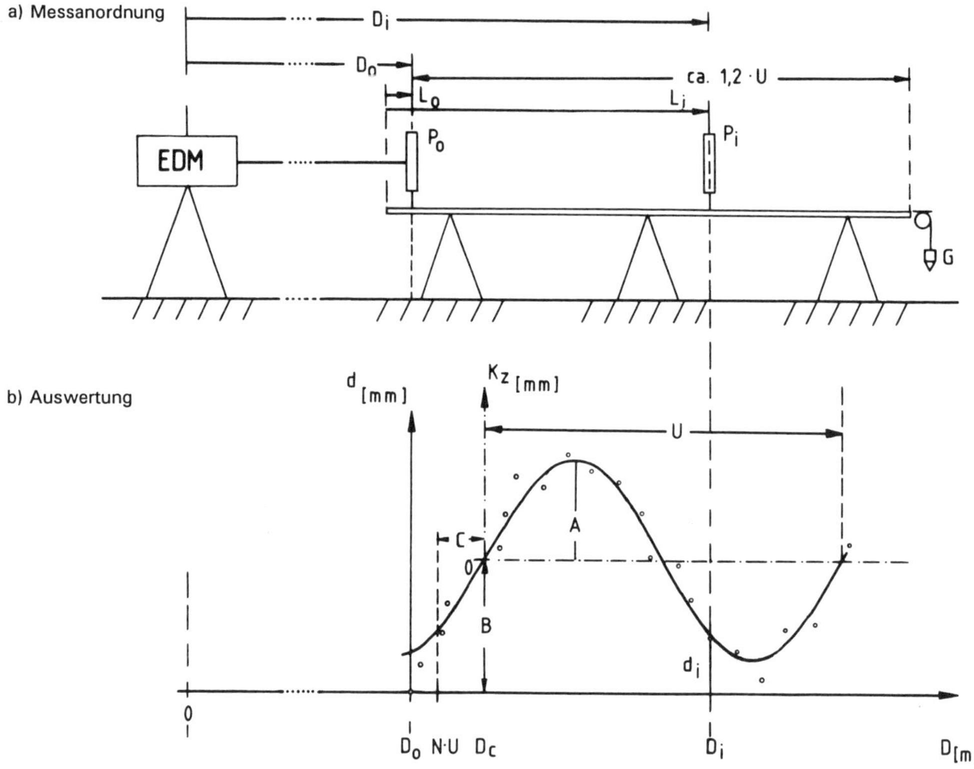

Bild 6-14: Bestimmung des zyklischen Phasenfehlers

Gemessen werden die EDM-Strecken (D_i) zu Prismenpositionen P_i, die zweckmäßig um konstante Komparatorabschnitte ΔL verschoben werden. Die Entfernung D_0 zur Anfangsposition P_0 ist beliebig, sollte jedoch nicht unter ca. 30 m liegen, um solche Fehlereinflüsse zu vermeiden, die sich durch Änderung der Nullpunktskorrektion im extremen Nahbereich (vgl. Abschnitt 6.5.4) ergeben können. Um eine mögliche Entfernungsabhängigkeit zu prüfen, sollten Messreihen in verschiedenen Entfernungen aufgenommen werden (z.B. bei 100, 400, 800 m). Die Wahl der Komparatorabschnitte ΔL richtet sich nach der Auswertemethode. Beschränkt man sich auf die Bestimmung einer einfachen Sinusschwingung mit der Periode U, so genügt $\Delta L = U/20$; für die Auswertung höherer Sinusschwingungen mittels Fourier-Analyse bis zur m-ten Ordnung (kleinste Periode U/m) werden dichtere Stützpunkte mit ca. $\Delta L = U/(m \cdot 10)$ benötigt.

Ein anderes Verfahren geht auf SCHWENDENER 1971 zurück. Hierbei wird der zyklische Fehler gemeinsam mit der Nullpunktskorrektion aus Prüfstrecken abgeleitet, deren Reststrecken möglichst gleichmäßig über den Feinmaßstab verteilt sein sollen. Aus den Ausgleichungsverbesserungen wird dann auf den zyklischen Fehler geschlossen. Als problematisch muss angesehen werden, dass die Strecken wegen unterschiedlicher Einflüsse von Signalstärke, Phaseninhomogenität und auch meteorologisch bedingter Maßstabseffekte unterschiedliche Genauigkeit aufweisen. Ferner bestehen unerwünschte Korrelationen zwischen den Ausgleichungsergebnissen von Nullpunktskorrektion und zyklischem Fehler, so dass dieses Verfahren nicht empfohlen werden kann.

6.3.2 Auswertung

6.3.2.1 Graphische Bestimmung einer einfachen Sinusfunktion

Mit den Messungen

D_i = EDM-Strecke zur Prismenposition P_i,
D_0 = EDM-Strecke zum Anfangspunkt P_0,
L_i = Komparatorstrecke zur Prismenposition P_i,
L_0 = Komparatorstrecke zum Anfangspunkt P_0

werden die Differenzen (im Sinne einer reduzierten Verbesserung der EDM-Strecken) gebildet

$$d_i = (L_i - L_0) - (D_i - D_0) \ , \tag{6-7}$$

welche durch das Modell einer einfachen Sinusschwingung mit der Periode des Feinmaßstabes U angenähert werden sollen:

$$d_i = B + A \cdot \sin\left((D_i - C)\frac{2\pi}{U}\right) \ . \tag{6-8}$$

Hierbei können die Unbekannten

A = Amplitude der zyklischen Verbesserung,
B = Orientierungsunbekannte: Sie enthält wegen der Reduktion aller d_i auf den Anfangspunkt P_0 sowohl die zyklische Verbesserung als auch die Ausgleichungsverbesserung für die Strecke D_0,
C = Phase der zyklischen Verbesserung ($0 < C < U$)

durch graphische Ausgleichung gemäß Bild 6-14 bestimmt werden:

- Auftragen aller d_i über den EDM-Strecken D_i
- Einzeichnen einer ausgleichenden Sinuslinie mit Wellenlänge U
- Eintragen der Symmetrielinie; sie ist Nullachse der zyklischen Korrektion K_Z
- Abgreifen von B (für Berechnung von K_Z nicht erforderlich)
- Abgreifen der Amplitude A
- Abgreifen der Strecke D_C; das ist diejenige Strecke, bei der die positive Sinushalbwelle beginnt
- Berechnung der Phase $C = D_C - N \cdot U$ (6-9)
- Berechnung der zyklischen Korrektion für die Strecke D_i

$$K_{Z_i} = d_i - B = A \cdot \sin\left((D_i - C)\frac{2\pi}{U}\right) \quad . \tag{6-10}$$

6.3.2.2 Rechnerische Ausgleichung einer einfachen Sinusfunktion

Die auszugleichenden „Beobachtungen“ d_i sind durch die nichtlinearen Verbesserungsgleichungen darzustellen

$$v_i = A \cdot \sin\left((D_i - C)\frac{2\pi}{U}\right) + B - d_i \ . \tag{6-11}$$

Nach Einführung von Näherungswerten für die Unbekannten

$$A = A_0 + \delta A, \quad B = B_0 + \delta B, \quad C = C_0 + \delta C$$

lautet die linearisierte Form

$$v = a \cdot \delta A + b \cdot \delta B + c \cdot \delta C - l \tag{6-12}$$

wobei

$$a = \sin\varphi$$
$$b = 1$$
$$c = -A_0 \cdot W \cdot \cos\varphi$$
$$-l = A_0 \cdot \sin\varphi + B_0 - d$$

mit den Abkürzungen

$$\varphi = (D - C_0) \cdot W$$
$$W = \frac{2\pi}{U} \ .$$

Durch Aufstellen und Inversion der Normalgleichungen erhält man die Unbekannten, ohne dass an den Datensatz irgendwelche einschränkende Forderungen (z.B. hinsichtlich gleicher Punktabstände oder Messwerte auch über 1 Periode hinaus) gestellt werden müssen. Die Nicht-Linearität bezüglich der Unbekannten C kann bei zu ungenauem Näherungswert C_0 eine iterative Lösung erforderlich machen.

Geschlossene Formeln lassen sich jedoch angeben, wenn der Datensatz gleichmäßig über den Feinmaßstab verteilt ist (ΔL = const) und sich genau über eine volle Periode U erstreckt. Die Berechnung wird dann sogar ohne Näherungswert möglich, wenn der zyklische Anteil K_Z in der mit (6-10) identischen Form

$$K_Z = d_i - B = A \cdot \sin\left((D_i - C)\frac{2\pi}{U} \right) = K_1 \cdot \sin x + K_2 \cdot \cos x \qquad (6\text{-}13)$$

$$\text{mit} \quad x = D \cdot W = D \cdot \frac{2\pi}{U}$$

dargestellt wird.

Nach Ergänzung mit der Orientierungsunbekannten K_0 erhält man für jede der n Prismenpositionen je eine lineare Verbesserungsgleichung der Form

$$v = K_0 + K_1 \cdot \sin x + K_2 \cdot \cos x - d \ . \qquad (6\text{-}14)$$

In Matrizenschreibweise ergibt sich der Rechengang

$$\begin{aligned} &\text{Verbesserungen} && \mathbf{V} = \mathbf{AX} - \mathbf{L} \\ &\text{Normalgleichungen} && \mathbf{NX} - \mathbf{A}^T\mathbf{L} = 0 \\ &\text{Unbekannte} && \mathbf{X} = \mathbf{QA}^T\mathbf{L} \\ &\quad \text{wobei} && \mathbf{N} = \mathbf{A}^T\mathbf{A} \qquad \mathbf{Q} = \mathbf{N}^{-1} \ . \end{aligned} \qquad (6\text{-}15)$$

Im speziellen Fall nehmen die Matrizen sehr einfache Werte an:

$$\mathbf{X} = \begin{vmatrix} K_0 \\ K_1 \\ K_2 \end{vmatrix}$$

$$\mathbf{N} = \begin{vmatrix} n & [\sin x] & [\cos x] \\ [\sin x] & [\sin^2 x] & [\sin x \cdot \cos x] \\ [\cos x] & [\sin x \cdot \cos x] & [\cos^2 x] \end{vmatrix} = \begin{vmatrix} n & 0 & 0 \\ 0 & \frac{n}{2} & 0 \\ 0 & 0 & \frac{n}{2} \end{vmatrix}$$

$$\mathbf{A}^T\mathbf{L} = \begin{vmatrix} [d] \\ [d \cdot \sin x] \\ [d \cdot \cos x] \end{vmatrix}, \qquad \mathbf{Q} = \mathbf{N}^{-1} = \begin{vmatrix} \frac{1}{n} & 0 & 0 \\ 0 & \frac{2}{n} & 0 \\ 0 & 0 & \frac{2}{n} \end{vmatrix}$$

Dadurch zerfällt das Gleichungssystem und die Unbekannten sowie Gewichtsreziproken lassen sich direkt angeben

$$K_0 = \frac{[d]}{n} \qquad Q_{00} = \frac{1}{n}$$

$$K_1 = \frac{2}{n}[d \cdot \sin x] \qquad Q_{11} = \frac{2}{n} \tag{6-16}$$

$$K_2 = \frac{2}{n}[d \cdot \cos x] \qquad Q_{22} = \frac{2}{n}\,.$$

Durch die Beziehungen

$$B = K_0 \qquad Q_{BB} = \frac{1}{n}$$

$$C = \frac{1}{W} \cdot \arctan\left(\frac{-K_2}{K_1}\right) \qquad Q_{CC} = \frac{2}{n \cdot (A \cdot W)^2} \tag{6-17}$$

$$A = \frac{K_1}{\cos(C \cdot W)} = \frac{-K_2}{\sin(C \cdot W)} \qquad Q_{AA} = \frac{2}{n}$$

$$\text{mit} \quad W = \frac{2\pi}{U}$$

lässt sich die zyklische Fehlerkorrektion wieder in die gewohnte Form (6-10) umrechnen. Ein Beispiel ist in Abschnitt 6.3.3 angegeben.

6.3.2.3 Fourier-Analyse

Die Beobachtungen

$$d_i = (L_i - L_0) - (D_i - D_0)$$

lassen sich detaillierter mittels Fourier-Analyse darstellen, bei der die Funktion durch eine Summe von Sinus-Schwingungen mit zunehmend kleiner werdender Periode zusammengesetzt wird. Zusätzlich kann noch zur Berücksichtigung von Maßstabsunterschieden oder streckenproportionaler Änderungen der Nullpunktskorrektion das lineare Glied K_{20} eingeführt werden.

Das funktionale Modell lautet somit:

$$d_i = K_{10} + K_{20}(D_i - D_0) + \sum_{j=1}^{m} K_{1j} \cdot \sin(j \cdot x) + \sum_{j=1}^{m} K_{2j} \cdot \cos(j \cdot x)$$

$$\text{wobei} \quad x = \frac{D - N \cdot U}{U} \cdot 2\pi \;\hat{=}\; D \cdot \frac{2\pi}{U} \quad . \tag{6-18}$$

Die in einer Ausgleichung berechneten Unbekannten K_{1j} und K_{2j} (j = 0 ... m) werden mit ihren Standardabweichungen auf Signifikanz geprüft. Nichtsignifikante Koeffizienten werden zu Null gesetzt. Die zyklische Korrektion lässt sich dann wie folgt angeben:

$$K_Z = \sum_{j=1}^{m} K_{1j} \cdot \sin(j \cdot x) + \sum_{j=1}^{m} K_{2j} \cdot \cos(j \cdot x) \quad . \tag{6-19}$$

Die aus Gleichung (6-10) gewohnte Darstellung der Sinusschwingungen mit Amplitude A und Phase C

$$K_Z = \sum_{j=1}^{m} A_j \cdot \sin((D - C_j) \cdot W_j) \tag{6-20a}$$

lässt sich auch aus den Fourier-Koeffizienten bestimmen:

$$C_j = \frac{1}{W_j} \cdot \arctan\left(\frac{-K_{2j}}{K_{1j}}\right) \qquad A_j = \frac{K_{1j}}{\cos(C_j \cdot W_j)} = \frac{-K_{2j}}{\sin(C_j \cdot W_j)} \tag{6-20b}$$

$$\text{für} \quad j = 1 \ldots m \qquad \text{mit} \quad W_j = \frac{2\pi}{U} \cdot j \quad .$$

Viele Instrumentenhersteller gehen dazu über, die systematischen Abweichungen, wie vor allem den zyklischen Phasenfehler (aber auch Frequenzabweichungen), im Labor vorweg zu bestimmen und rechnerisch anzubringen. In diesen Fällen ist der angezeigte Messwert also bereits bereinigt. Wendet man nun als Benutzer die genannten Prüfverfahren an, so findet man nur noch Abweichungen gegenüber den vorkorrigierten Messwerten, die dann aber nicht mehr das typische (sinusförmige) Erscheinungsbild aufweisen. Da die tatsächlichen Residuen jede Form annehmen können, lassen sie sich nicht mehr mit einfachen Sinusfunktionen darstellen. Dies ist bestenfalls durch eine Fourier-Reihe mit einer genügend hohen Anzahl Gliedern möglich, da durch Fourier-Reihen im Prinzip jede Punktfolge angenähert werden kann. Die Ordnungen der Fourier-Koeffizienten haben in diesem Fall keine physikalische Bedeutung mehr (z.B. kein Mehrwegsignal), sondern dienen lediglich der mathematischen Approximation der festgestellten Restfehler als Funktion der Distanz.

6.3.3 Beispiele

Rechnerische Sinuslinie

Ein ZEISS Elta 2 der 1. Generation wurde auf einem 12 m-Komparator im konstanten Abstand ΔL = 0,25 m geprüft und ergab nachstehenden Datensatz:

Nr.	Ablesung [m]	d_i [mm]	Nr.	Ablesung [m]	d_i [mm]	Nr.	Ablesung [m]	d_i [mm]
1	40,0210	0,0	17	44,0230	−2,0	33	48,0280	−7,0
2	40,2715	−0,5	18	44,2745	−3,5	34	48,2790	−8,0
3	40,5190	2,0	19	44,5250	−4,0	35	48,5280	−7,0
4	40,7715	−0,5	20	44,7765	−5,5	36	48,7755	−4,5
5	41,0210	0,0	21	45,0250	−4,0	37	49,0235	−2,5
6	41,2705	0,5	22	45,2770	−6,0	38	49,2730	−2,0
7	41,5195	1,5	23	45,5290	−8,0	39	49,5220	−1,0
8	41,7695	1,5	24	45,7780	−7,0	40	49,7715	−0,5
9	42,0180	3,0	25	46,0300	−9,0	41	50,0215	−0,5
10	42,2695	1,5	26	46,2785	−7,5	42	50,2720	−1,0
11	42,5190	2,0	27	46,5290	−8,0	43	50,5190	2,0
12	42,7690	2,0	28	46,7790	−8,0	44	50,7705	0,5
13	43,0195	1,5	29	47,0300	−9,0	45	51,0195	1,5
14	43,2715	−0,5	30	47,2800	−9,0	46	51,2690	2,0
15	43,5230	−2,0	31	47,5310	−10,0	47	51,5210	0,0
16	43,7735	−2,5	32	47,7785	−7,5	48	51,7700	1,0

Die Ausgleichung über alle n = 48 Messungen ergibt nach (6-7), (6-11) und (6-12)

$$\underline{\underline{K_z[\text{mm}] = 5{,}3 \cdot \sin\left(\frac{2\pi}{10} \cdot (D - 9{,}24)\right)}} \qquad \text{(für D in [m])}$$

mit der graphischen Darstellung in Bild 6-15.

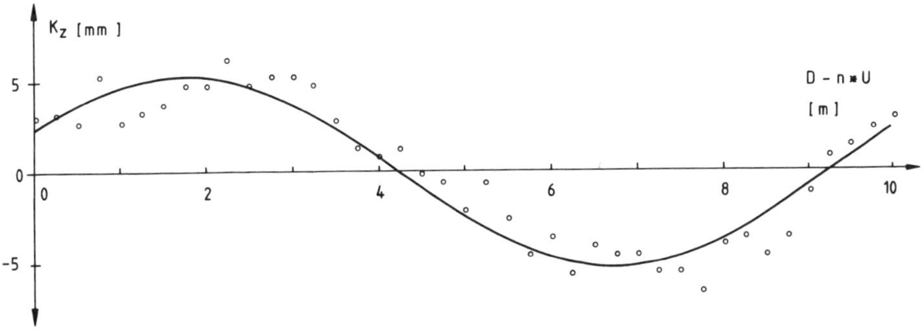

Bild 6-15: Zyklischer Fehler (einfache Sinuslinie) eines ZEISS Elta 2

Bei Auswertung mit den Formeln (6-13) bis (6-16) muss die Anzahl der Messwerte auf genau 1 Periode beschränkt werden. In diesem Fall ist also n = 40 und man erhält

$$[d] = -131{,}00 \text{ mm} \qquad K_0 = \frac{[d]}{n} = -3{,}28$$

$$[d \cdot \sin x] = 95{,}91 \text{ mm} \qquad K_1 = \frac{2}{n} \cdot [d \cdot \sin x] = +4{,}80$$

$$[d \cdot \cos x] = 48{,}57 \text{ mm} \qquad K_2 = \frac{2}{n} \cdot [d \cdot \cos x] = +2{,}43$$

$$\text{mit } x = D \cdot \frac{2\pi}{10} \qquad \underline{\underline{K_z = 4{,}80 \cdot \sin x + 2{,}43 \cdot \cos x}} \; .$$

Umrechnung mit Formeln (6-17) mit U = 10 m

$$W = \frac{2\pi}{10}$$

$$C = \frac{1}{W} \cdot \arctan\left(\frac{-K_2}{K_1}\right) = -0{,}75 \mathrel{\hat{=}} 9{,}25 \text{ m bei U = 10 m}$$

$$A = \frac{K_1}{\cos(C \cdot W)} = 5{,}38; \quad A = \frac{-K_2}{\sin(C \cdot W)} = 5{,}38$$

$$\underline{\underline{K_z[\text{mm}] = 5{,}4 \cdot \sin\left(\frac{2\pi}{10} \cdot (D - 9{,}25)\right)}} \; .$$

Fehlerrechnung:

$$s_0 = \sqrt{\frac{[vv]}{n-u}} \qquad = 1{,}0 \text{ mm}$$

$$s_A = s_0 \cdot \sqrt{Q_{AA}} \qquad = 0{,}2 \text{ mm}$$

$$s_C = s_0 \cdot \sqrt{Q_{CC}} \qquad = 0{,}07 \text{ m}$$

Werden dieselben Daten einer Fourier-Analyse (6-18) bis (6-20) unterzogen, so ist nur noch ein weiterer Koeffizient signifikant (Signifikanzniveau = 95%, Fraktile $\hat{t} = 2{,}02$).

Unbekannte (K)	Standardabw. (s)	$t = \frac{\lvert K \rvert}{s}$
$K_{10} = -3{,}28$	0,14	23,43
$K_{11} = 4{,}80$	0,20	24,00
$K_{21} = 2{,}43$	0,20	12,15
$K_{13} = -0{,}55$	0,20	2,75

Damit lautet der zyklische Fehler

$$K_z = 4{,}80 \cdot \sin x + 2{,}43 \cdot \cos x - 0{,}55 \cdot \sin(3x) \qquad \text{mit} \qquad x = \frac{2\pi}{10} \cdot D.$$

Die Kurve in Bild 6-16 weicht in diesem Fall nur geringfügig von der einfachen Sinuslinie (Bild 6-15) ab.

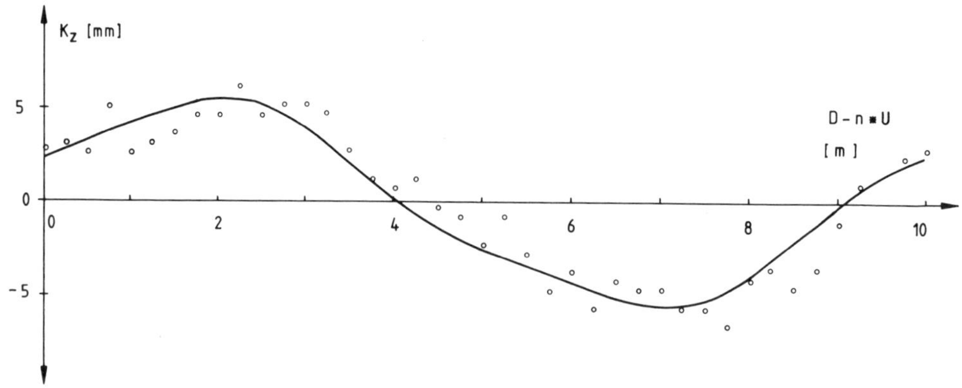

Bild 6-16: Zyklischer Fehler (Fourier-Analyse) eines ZEISS Elta 2

Mit den Bildern 6-17 und 6-18 werden zwei Beispiele gezeigt, wo zyklische Fehler mit deutlichen Oberschwingungen der Periode U/2 bzw. U/3 vorhanden sind. Solche Funktionen sind nur mit dem Fourier-Ansatz erfassbar.

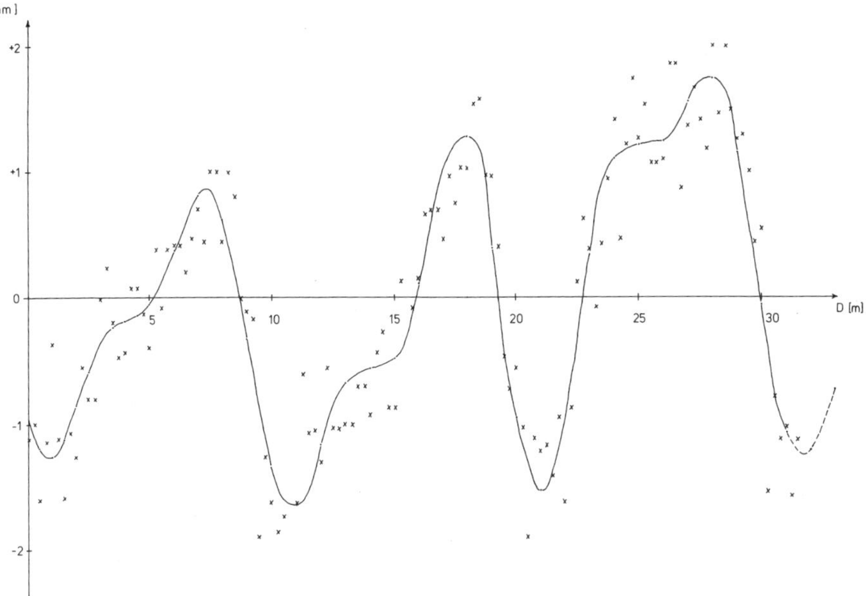

$$K_Z = -0{,}49 \sin x + 0{,}33 \cos x - 0{,}19 \sin(2x) - 0{,}12 \cos(2x)$$
$$-0{,}77 \sin(3x) - 0{,}78 \cos(3x) + 0{,}13 \sin(4x)$$
$$-0{,}11 \sin(5x) + 0{,}16 \cos(5x) - 0{,}14 \sin(6x) - 0{,}49 \cos(6x)$$

$$\text{mit} \quad x = \frac{2\pi}{30{,}77} D_{[m]}$$

Bild 6-17: Fourier-Analyse des zyklischen Fehlers bei einem WILD DI 5 (Feinmaßstab U = 30,77 m)

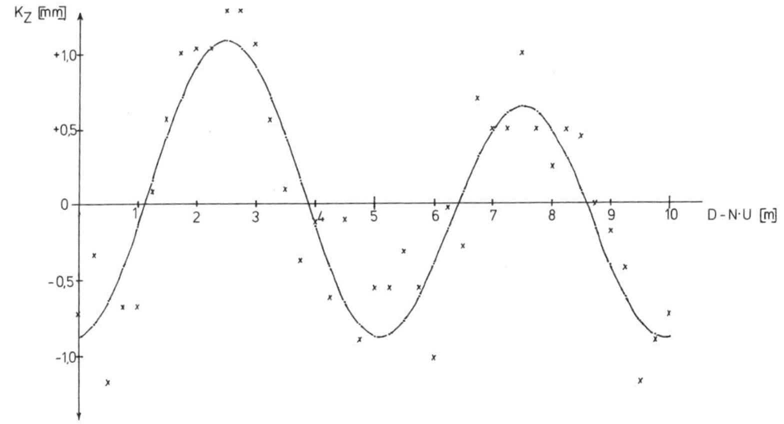

$$K_Z[mm] = 0{,}22 \cdot \sin(x) - 0{,}87 \cdot \cos(2x) \quad ; \quad \text{mit} \quad x = \frac{2\pi}{10} \cdot D_{[m]}$$

Bild 6-18: Fourier-Analyse des zyklischen Fehlers bei einem TOPCON ET-1 (Feinmaßstab U = 10 m)

6.4 Bestimmung der Phaseninhomogenität

Nur Geräteherstellern wird es vorbehalten sein, die Oberfläche der Sendediode (Durchmesser ca. 0,1 mm) direkt punktuell auszumessen und Linien gleicher Phasen sowie gleicher Energiedichte zu zeichnen. Ein Beispiel hierfür gibt LEITZ 1977.

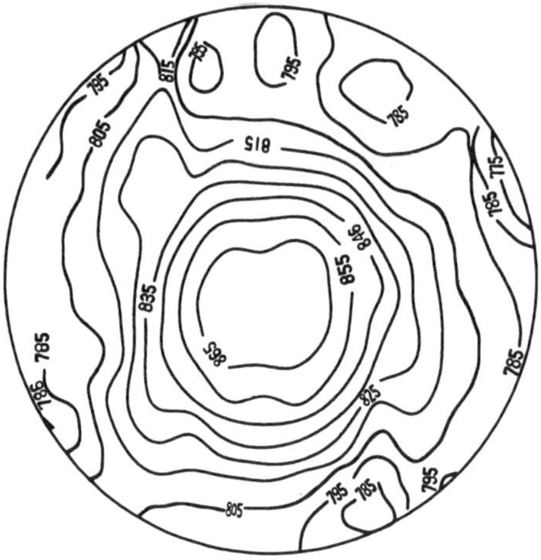

Bild 6-19: Linien gleicher Phase nach LEITZ

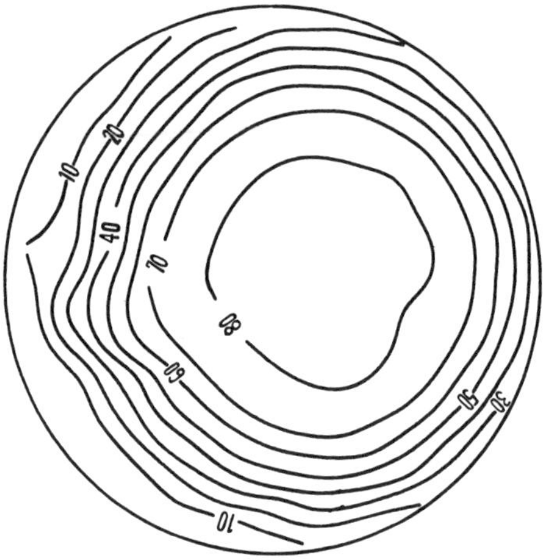

Bild 6-20: Linien gleicher Energiedichte nach LEITZ

Für den Praktiker ist die Wirkung der Phaseninhomogenität im Feld bestimmbar. Diese Methode ist für den Benutzer auch deshalb vorzuziehen, da auf diese Weise nicht nur die Sendediode, sondern das Gesamtsystem – Sende- und Empfangsdiode, Reflektorart und -größe – geprüft wird. Der Feldversuch erfordert keine Hilfsmittel und lässt sich von jedermann leicht durchführen:

Entfernungsmesser und Reflektor werden in einer Entfernung von ca. 50 m aufgestellt. Eine Sollstrecke ist nicht erforderlich, jedoch muss die Streckenkonstanz über die ganze Messreihe hinweg gewährleistet sein. Man beginnt mit der bestmöglichen Anzielung zum Reflektor, was in der Regel durch iteratives Verschwenken der Zielrichtung bis zur maximalen Signalstärke (sog. Maximumpeilung) erreicht wird. Für diesen Vorgang ist es bei Instrumenten mit automatischer Regelung der Signalstärke von Vorteil, wenn die Automatik abschaltbar ist. Da das Energiemaximum (vgl. Bild 6-20) meist nur flach ausgeprägt ist, lässt sich die Maximumpeilung oft nur ungenau einstellen. Mehrfache Wiederholung mit zugehöriger Streckenmessung liefert

$\overline{D}$ = Bezugsmessung bei Maximumpeilung.

Die zugehörige Zielrichtung ist zu notieren, wozu die Teilkreise des Trägertheodolits oder eine neben das Prisma gestellte Skala (Zollstock, Nivellierlatte) dienen können. Danach wird die Zielung zum Reflektor schrittweise horizontal und vertikal verändert; dabei bilden die Zielpunkte ein Raster mit der Schrittweite, z.B. 1 – 2 cgon. Die dabei erhaltenen Strecken D_i werden wegen der Phaseninhomogenität abweichen um

$$K_{Ph} = \overline{D} - D_i \,. \qquad (6\text{-}21)$$

Die graphische Darstellung von K_{Ph} in Abhängigkeit der Zielung zum Reflektor gibt ein anschauliches Bild von der Wirkung der Phaseninhomogenität, indem zur besseren Übersicht auch Isolinien konstruiert werden.

Messreihen dieser Art sollten bei verschiedenen Entfernungen und mit verschiedener Prismenzahl aufgenommen werden. Bei langen Distanzen ist auf konstante meteorologische Bedingungen während der Beobachtungsreihe zu achten und in regelmäßigen Zeitabständen zu überprüfen, ob der Distanzwert bei Maximumpeilung unverändert bleibt. Da bezüglich der Phaseninhomogenität die einzelnen Dioden auch bei gleichen Gerätetypen stark voneinander abweichen können und altersbedingte Änderungen möglich sind, ist eine Untersuchung jährlich ratsam.

Als Beispiel ist die Wirkung der Phaseninhomogenität bei einem Instrument mit ausgesucht guten Dioden (Bild 6-21a) sowie bei einem Gerät mit weniger guten Dioden (Bild 6-22a) dargestellt. Die Abweichungen liegen im Bereich $-8 < K_{Ph} < +18$ mm und überschreiten damit alle anderen Fehler.

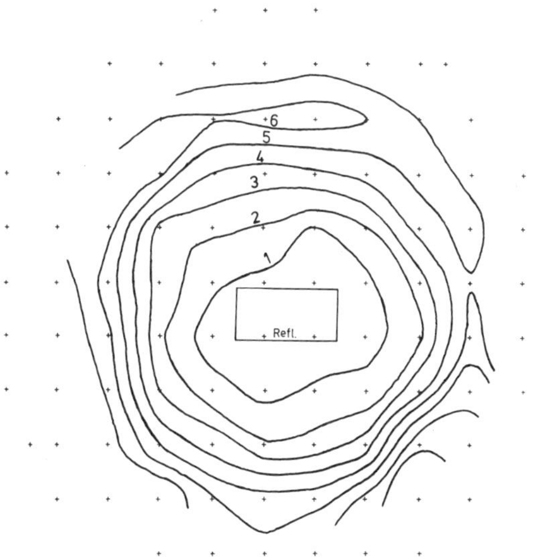

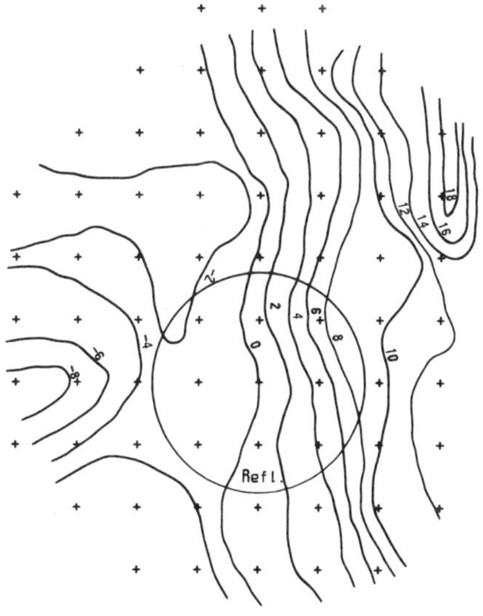

(Refl. = Reflektorgröße in Bezug zum Rasterfeld)

Bild 6-21a: Phaseninhomogenität eines EDM mit guten Dioden. Angaben in [mm].
Rasterpunktabstand 2 cgon, Zielweite D = 180 m.

Bild 6-22a: EDM mit ausgeprägter Phaseninhomogenität. Angaben in [mm].
Rasterpunktabstand 5 mgon, Zielweite D = 180 m.

Beschränkt man die Prüfmessungen auf je ein horizontales und vertikales Profil mit Schnittpunkt in der Maximumpeilung, auf welche alle Messungen reduziert werden, so entstehen so genannte Fehlrichtdiagramme. Auf diese Weise lässt sich schon mit wesentlich weniger Messaufwand ein guter Einblick in die Homogenität eines Strahlenbündels gewinnen. Als Beispiele dienen die Bilder 6-21b bzw. 6-22b, denen dieselben Messdaten zugrunde liegen wie den Bildern 6-21a bzw. 6-22a.

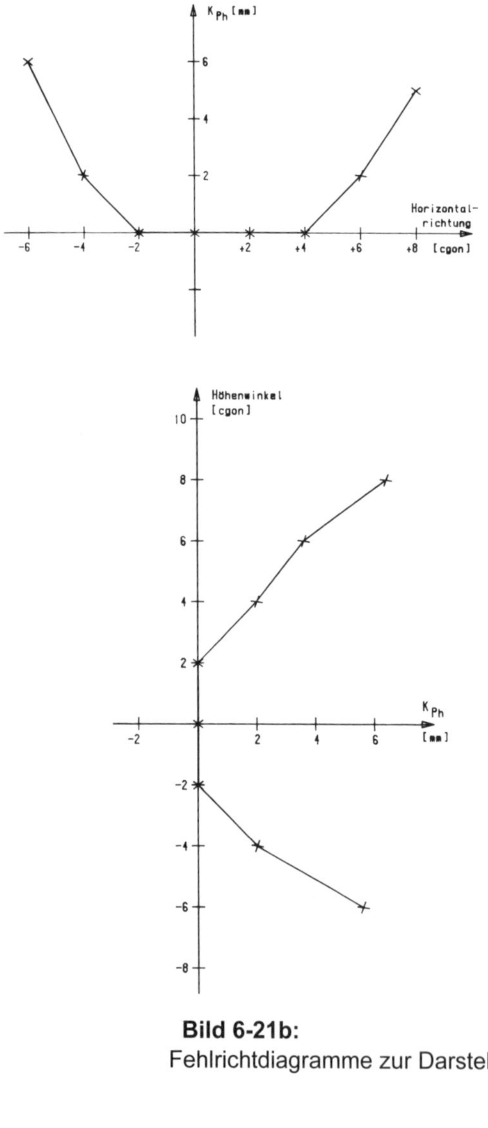

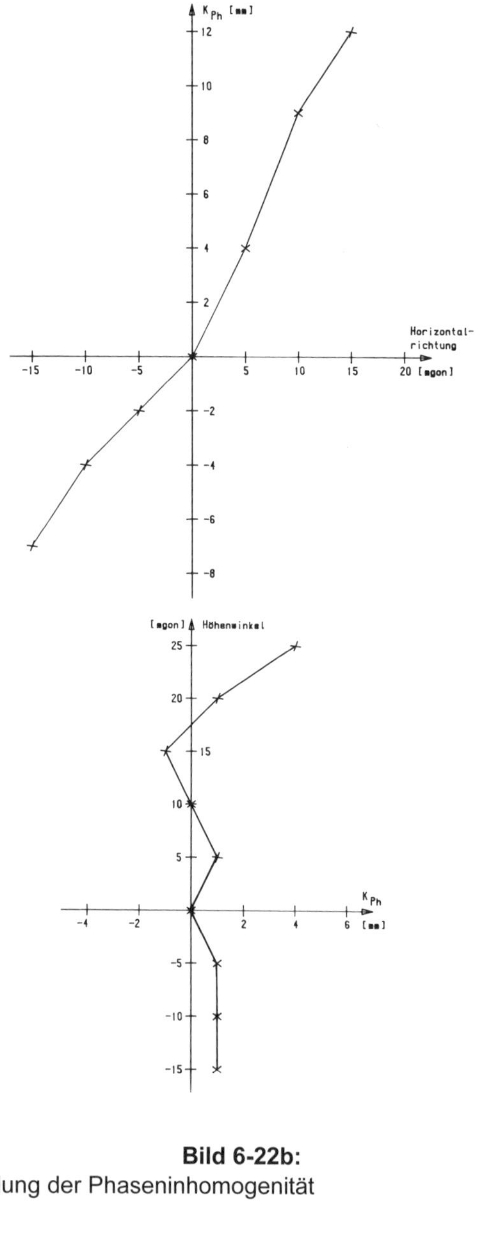

Bild 6-21b: **Bild 6-22b:**

Fehlrichtdiagramme zur Darstellung der Phaseninhomogenität

Die Ergebnisse können leider nicht direkt zur Korrektion gemessener Strecken verwendet werden. Sie geben aber einen Einblick in die Güte eines Instrumentes und unter gewissen Bedingungen ist die daraus resultierende streckenlängenabhängige Änderung der Nullpunktskorrektion abschätzbar, siehe Abschnitt 6.5.4.

6.5 Bestimmung der Nullpunktskorrektion

Aufgrund mehrerer Ursachen (vgl. Abschnitt 5.2.3) ist die Nullpunktskorrektion K_D im Allgemeinen eine streckenlängenabhängige Größe. Sie lässt sich aufspalten in

$$K_D = K_0 + \Delta K_D \qquad (6\text{-}22)$$

wobei K_D = gesamte Nullpunktskorrektion,
K_0 = Nullpunktskorrektion bei D = 0,
ΔK_D = streckenabhängiger, im Allgemeinen nicht streckenlinearer Anteil.

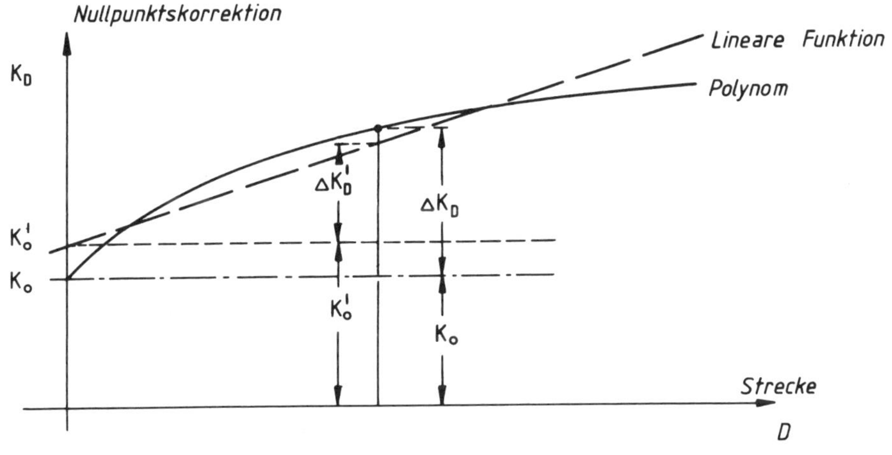

Bild 6-23: Zur Definition der Nullpunktskorrektion

K_0 und ΔK_D sind voneinander abhängig, ihre jeweiligen Anteile richten sich nach dem Eich- und Auswerteverfahren (z.B. K_0 und ΔK für Polynom, K_0' und $\Delta K'$ für Gerade; siehe Abschnitt 6.5.1).

6.5.1 Bestimmung mit bekannten Strecken

Ist die Nullpunktskorrektion K_D entfernungsabhängig, so lässt sie sich nur mit bekannten Strecken bestimmen, die mit übergeordneter Genauigkeit vorliegen und deren Längen über den gesamten Einsatzbereich des Entfernungsmessers – insbesondere auch im Nahbereich unter 50 m – verteilt sind.

Die gemessenen Strecken werden zweckmäßig vorweg um den separat ermittelten zyklischen Fehler K_Z korrigiert. Die Differenzen ΔD gegenüber den Sollstrecken $\overline{D}$

$$\Delta D_i = \overline{D}_i - D_i \tag{6-23}$$

werden graphisch als Funktion der Distanz D dargestellt und mit einer ausgleichenden Kurve geglättet. Beispiele von graphisch geglätteten Kurven sind in den Bildern 6-24 und 6-36 enthalten. Besonders im Nahbereich ist häufig eine starke nichtlineare Änderung der Nullpunktskorrektion festzustellen.

Zur rechnerischen Ausgleichung eignet sich z.B. ein Polynomansatz

$$\Delta D \mathrel{\hat{=}} K_D = a_0 + a_1 \cdot D + a_2 \cdot D^2 + a_3 \cdot D^3 + \ldots \tag{6-24}$$

Vereinfachend wird häufig statt des Polynomes ein lineares funktionales Modell angesetzt

$$K_D = a_0 + a_1 \cdot D \ . \tag{6-25}$$

Mit den linearen gleichgewichtigen Verbesserungsgleichungen

$$v_i = a_0 + a_1 \cdot D - \Delta D_i \tag{6-26}$$

$$\text{mit} \quad \Delta D_i = \overline{D}_i - D_i$$

lauten die Unbekannten der ausgleichenden Geraden

$$a_0 = \frac{([DD] \cdot [\Delta D] - [D] \cdot [D \cdot \Delta D])}{n \cdot [DD] - [D]^2} \ ,$$

$$a_1 = \frac{(-[D] \cdot [\Delta D] + n \cdot [D \cdot \Delta D])}{n \cdot [DD] - [D]^2} \ . \tag{6-27}$$

Ist im Gegensatz zur Modellannahme der Verlauf von K_D nichtlinear, so entspricht der Achsenabschnitt a_0 nicht dem gesuchten Wert K_0, sondern ergibt sich aus dem Nulldurchgang K_0' der ausgleichenden Geraden durch den Schwerpunkt aller D und ΔD mit dem Maßstabsfaktor a_1, also

$$\begin{aligned} a_0 &= K_0' \\ a_1 \cdot D &= \Delta K_D' \\ K_D' &= K_0' + \Delta K_D' \ , \end{aligned} \tag{6-28}$$

(vgl. Prinzipbild 6-23). Aus diesem Grund wird häufig im Nahbereich die Nullpunktskorrektion unzureichend beschrieben.

Beispiele zur Bestimmung der Nullpunktskorrektion mit linearem Ansatz:

1. Beispiel 1 (Bild 6-24)

Daten:

D [m]	$\Delta D_i = \overline{D}_i - D_i$ (6-23) [mm]	D [m]	$\Delta D_i = \overline{D}_i - D_i$ (6-23) [mm]
5	−3,3	110	−0,3
10	−0,9	115	0,6
15	−1,1	120	0,6
20	−0,9	120	2,1
20	−2,2	125	1,4
25	−2,2	130	1,0
30	1,4	135	1,6
35	−0,3	140	0,8
40	1,2	145	2,3
45	−0,2	150	2,2
50	0,6	160	2,4
60	0,9	160	1,3
60	−0,2	170	0,8
70	0,7	180	1,4
80	1,0	180	1,5
90	1,3	180	2,8
100	0,9	220	1,6
105	0,3	240	2,0

Auswertung nach (6-27)

$$[D] = 3640$$
$$[DD] = 508\,950$$
$$[D \cdot \Delta D] = 4593{,}50$$
$$[\Delta D] = 23{,}10$$

$$a_0 = -0{,}98 \text{ mm}$$

$$a_1 = +0{,}016 \text{ mm/m} \mathrel{\hat{=}} +16 \text{ mm/km} \mathrel{\hat{=}} +4 \text{ mm/250 m}$$

Damit lautet die Nullpunktskorrektion

$$K_D{}' \, [\text{mm}] = -1{,}0 + 16{,}0 \cdot D[\text{km}]$$

Im Nahbereich (D = 0) ergibt der lineare Ansatz $K_0' = -1{,}0$ mm, während eine graphische Glättung (Kurve in Bild 6-24) mit $K_0 = -3{,}8$ mm einen wesentlich abweichenden Wert liefert.

2. Beispiel 2 (Bild 6-25)

Bei diesem Instrument lässt sich mit dem linearen Ansatz

$$K_D'[\mathrm{mm}] = +3{,}3 + 11{,}9 \cdot D[\mathrm{km}]$$

die Nullpunktskorrektion auch im Nahbereich zutreffend beschreiben ($K_0 \approx K_0'$).

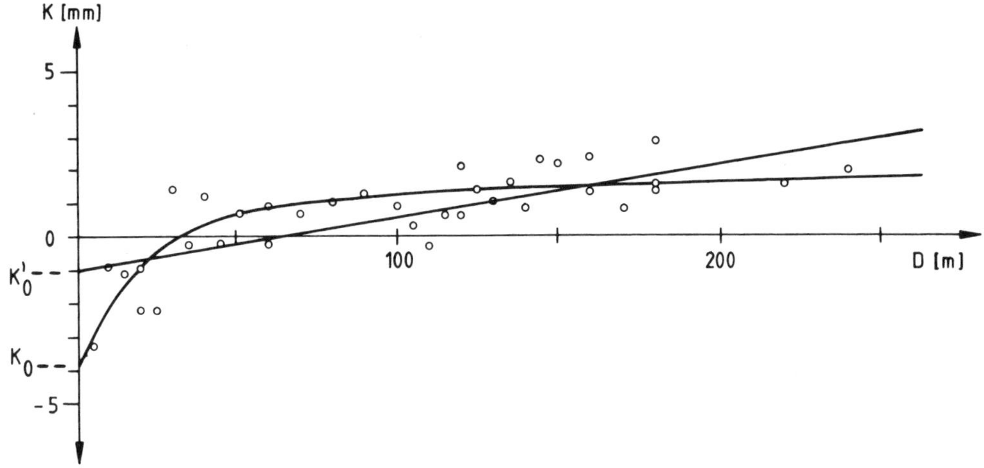

Bild 6-24: Abhängigkeit der Nullpunktskorrektion von der Streckenlänge

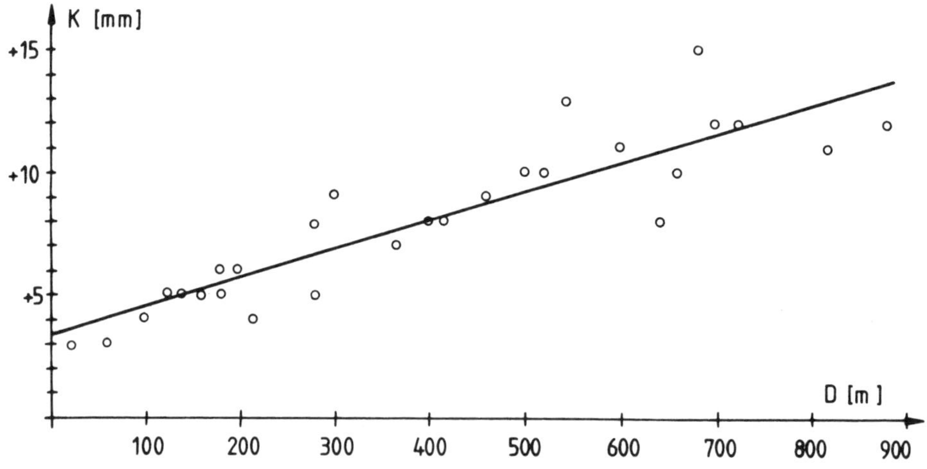

Bild 6-25: Abhängigkeit der Nullpunktskorrektion von der Streckenlänge

6.5.2 Bestimmung ohne bekannte Strecken

6.5.2.1 Prinzip

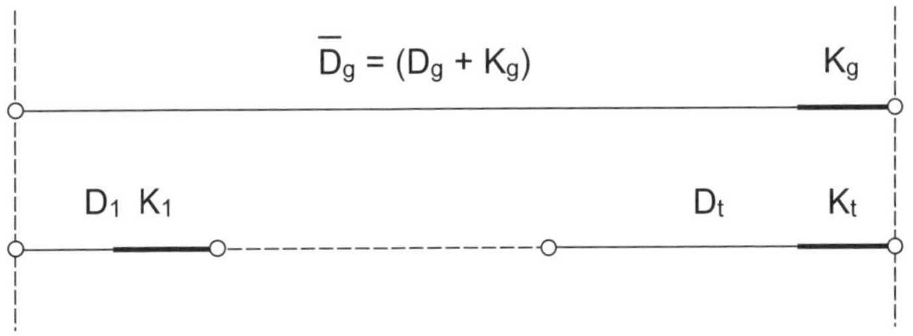

Bild 6-26

Wird eine Gesamtstrecke D_g in t Abschnitte geteilt und einmal direkt und danach (zwangszentriert) in t Teilstrecken D_i (i = 1 ... t) gemessen, so gilt für die unbekannte Sollstrecke $\overline{D}_g$

$$\overline{D}_g = D_g + K_g \tag{6-29}$$

$$\overline{D}_g = \sum_{i=1}^{t} D_i + \sum_{i=1}^{t} K_i \,, \tag{6-30}$$

wobei t = Anzahl der Teilstrecken,
$\overline{D}$ = Sollstrecke (unbekannt),
D_i = abgelesene Strecken,
K_i = Nullpunktskorrektion der betreffenden Strecke.

Durch Gleichsetzen von (6-29) und (6-30) findet man

$$D_g - \sum_{i=1}^{t} D_i = \sum_{i=1}^{t} K_i - K_g \,. \tag{6-31}$$

Nun sind Annahmen über das mathematische Modell der Nullpunktskorrektion zu treffen. Wurden alle Teilstrecken so gewählt, dass sie das gleiche Phasenreststück aufweisen, so überlagert der zyklische Fehler alle Messungen um einen konstanten Betrag, der entweder vorweg korrigiert wird oder in der Nullpunktskorrektion enthalten bleibt.

Das einfachste Modell ist somit eine <u>konstante</u> Nullpunktskorrektion (K), die aus (6-31) berechenbar ist mit

$$K = \frac{1}{t-1} \cdot \left(D_g - \sum_{i=1}^{t} D_i \right) . \tag{6-32}$$

Unter der Annahme gleichgenauer Strecken (Standardabweichung s_D) lässt sich die Nullpunktskorrektion mit der Standardabweichung

$$s_K = \sqrt{\frac{t+1}{(t-1)^2}} \cdot s_D \qquad (6\text{-}33)$$

bestimmen; für z.B. t = 5 Teilstrecken wird

$$s_K = 0{,}6 \cdot s_D \; .$$

Die mehrfache Unterteilung einer Strecke und der Vergleich mit der Gesamtstrecke sind jedoch für eine Kalibrierung zu ungenau und nur für eine grobe Überprüfung geeignet, weil keinerlei Überbestimmung besteht und dadurch weder eine Kontrolle noch eine Genauigkeitsanalyse möglich ist.

Ist die Nullpunktskorrektion nicht konstant, sondern streckenlängenabhängig, z.B. nach dem Polynomansatz

$$K_D = a_0 + a_1 \cdot D_i + a_2 \cdot D_i^2 \; ,$$

und wird dennoch nach (6-32) gerechnet, so folgt für den Zahlenwert von K

$$K = a_0 + \frac{a_1}{t-1} \cdot \left(\sum_{i=1}^{t} D_i - D_g \right) + \frac{a_2}{t-1} \cdot \left(\sum_{i=1}^{t} D_i^2 - D_g^2 \right) \; . \qquad (6\text{-}34)$$

Hieraus ist zu erkennen, dass sich das nichtlineare Glied stark auf den Zahlenwert von K auswirkt, im Falle gleichmäßiger Streckenunterteilung ($D_i = D_g/t$) mit

$$\Delta K = a_2 \cdot t \cdot D_i^2 \; .$$

6.5.2.2 Streckenmessung in allen Kombinationen

Eine Eichstrecke mit p Punkten und $t = p - 1$ Teilstrecken kann effektiver genutzt werden, wenn alle

$$n = \binom{p}{2} = \frac{p(p-1)}{2} = \frac{t(t+1)}{2}$$

möglichen Strecken „in allen Kombinationen" gemessen werden. Das Messprogramm geht aus Bild 6-27 hervor.

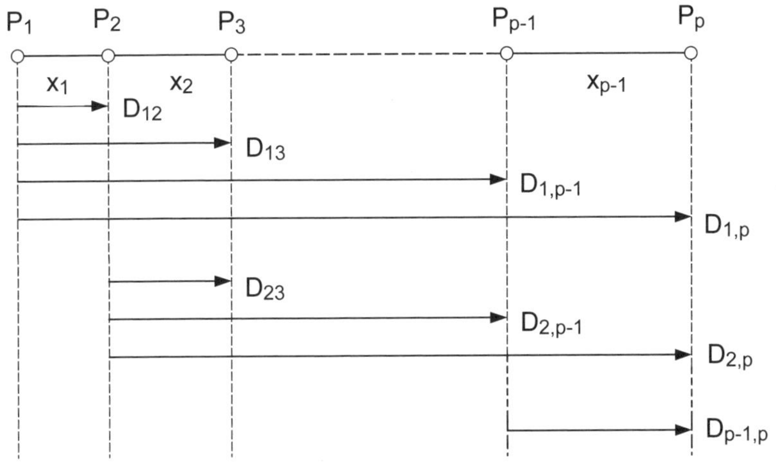

Bild 6-27: Streckenmessung in allen Kombinationen

Zur Ausgleichung nach vermittelnden Beobachtungen werden die Strecken als Funktion der p = t + 1 Unbekannten (t Teilstrecken, 1 Nullpunktskorrektion) dargestellt. Die Nullpunktskorrektion kann also wieder nur als Konstante in Ansatz gebracht werden.

Mit den Bezeichnungen

- **v** = Vektor der Verbesserungen,
- **X** = Vektor der Unbekannten,
- **l** = Vektor der Beobachtungen (Strecken D),
- **r** = Vektor der Absolutglieder ($\mathbf{r} = \mathbf{A}^T\mathbf{l}$),
- **A** = Koeffizientenmatrix der Unbekannten,
- **N** = Normalgleichungsmatrix,
- $\mathbf{Q}_{xx}$ = Kofaktorenmatrix der Unbekannten (Inverse $\mathbf{N}^{-1}$ der Normalgleichungsmatrix),

ergeben sich in Matrizenform die Verbesserungsgleichungen (gleichgewichtig)

$$\mathbf{v} = \mathbf{AX} - \mathbf{l} \;, \tag{6-35}$$

die Normalgleichungen

$$\mathbf{NX} - \mathbf{r} = 0 \;, \tag{6-36}$$

die Unbekannten

$$\mathbf{X} = \mathbf{N}^{-1}\mathbf{r} = \mathbf{Q}_{xx}\mathbf{r} \;. \tag{6-37}$$

Die Verbesserungsgleichung für die Beobachtung D_{ij} lautet z.B.:

$$D_{ij} + v_{ij} + K = \sum_{k=i}^{k=j-1} x_k \qquad \text{für} \qquad \begin{array}{l} i = 1 \;\ldots\; (p-1) \\ j = (i+1) \;\ldots\; p \end{array}$$

bzw.

$$v_{ij} = \sum_{k=i}^{k=j-1} x_k - K - D_{ij} \;. \tag{6-38}$$

Daraus ergibt sich der Vektor der Unbekannten **X** sowie die Koeffizientenmatrix **A**:

$$\mathbf{X} = \begin{vmatrix} x_1 \\ x_2 \\ \cdot \\ \cdot \\ \cdot \\ \cdot \\ \cdot \\ x_t \\ K \end{vmatrix}$$

A =

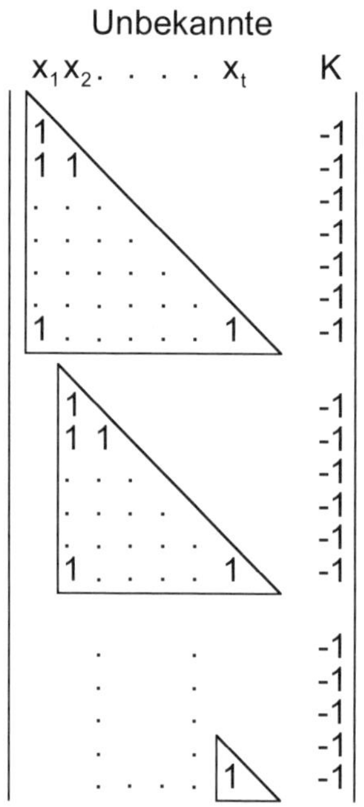

und die folgende Normalgleichungsmatrix:

$$\mathbf{N} = \mathbf{A}^T\mathbf{A} = \begin{vmatrix} t & t-1 & t-2 & \cdot\;\cdot\;\cdot & 1 & -t \\ & 2(t-1) & 2(t-2) & \cdot\;\cdot\;\cdot & 2 & -2(t-1) \\ & & 3(t-2) & \cdot\;\cdot\;\cdot & 3 & -3(t-2) \\ & & \cdot & & \cdot & \cdot \\ & & & \cdot & \cdot & \cdot \\ & & & \cdot & \cdot & \cdot \\ & \text{symmetrisch} & & & t & -t \\ & & & & & \dfrac{t(t+1)}{2} \end{vmatrix}$$

Desgleichen ergibt sich eine einfache Form der Inversen

$$\mathbf{Q}_{xx} = \mathbf{N}^{-1} = \begin{vmatrix} \frac{2(d+1)}{t+1} & \frac{2d-1}{t+1} & \frac{2d}{t+1} & \frac{2d}{t+1} & \cdots & d \\ & \frac{2(d+1)}{t+1} & \frac{2d-1}{t+1} & \frac{2d}{t+1} & \cdots & d \\ & & \frac{2(d+1)}{t+1} & \frac{2d-1}{t+1} & \cdots & d \\ & & & \cdots & \cdots & d \\ & \text{symmetrisch} & & & \frac{2(d+1)}{t+1} & d \\ & & & & & \frac{t+1}{2} \cdot d \end{vmatrix} \qquad (6\text{-}40)$$

wobei $d = \dfrac{12}{t(t^2-1)}$.

Bei mehrfacher Verwendung derselben Teststrecke bzw. derselben Anzahl von Punkten bleiben die Koeffizienten der **N**- und **Q**-Matrix stets gleich und können wieder verwendet werden. Lediglich die Absolutglieder mit den Beobachtungen sind neu zu berechnen.

Zur Genauigkeitsberechnung werden mit Hilfe der ausgeglichenen Unbekannten (x) die Ausgleichungsverbesserungen nach (6-35) berechnet. Damit ergibt sich die Standardabweichung der Gewichtseinheit (= einer gemessenen Strecke) zu

$$s_0 = s_D = \sqrt{\frac{\mathbf{v}^T\mathbf{v}}{f}} \ , \qquad (6\text{-}41)$$

wobei $f = \frac{1}{2}\left(p^2 - 3p\right) = \frac{1}{2}(t+1)(t-2)$,

und die Standardabweichung der unbekannten und gleichgenauen Teilstrecken x_i

$$s_i = s_0 \cdot \sqrt{Q_{ii}} = s_0 \cdot \sqrt{\frac{2(d+1)}{t+1}} \qquad (6\text{-}42)$$

sowie der Nullpunktskorrektion K

$$s_K = s_0 \cdot \sqrt{Q_{KK}} = s_0 \cdot \sqrt{\frac{6}{t(t-1)}} \ . \qquad (6\text{-}43)$$

Es lässt sich zeigen, dass die „in allen Kombinationen" bestimmte Nullpunktskorrektion identisch ist mit dem arithmetischen Mittel aller nach dem einfachen Prinzip (6-32) möglichen Einzelwerte.
Im Falle einer linearen Streckenabhängigkeit erhält man mit diesem Verfahren also denselben Wert K_0' wie mit einer Regressionsgeraden über Sollstrecken, der jedoch im Nahbereich nicht zutreffen muss.
Ist die Entfernungsabhängigkeit von höherer Funktion (z.B. Polynom), so ist das Ergebnis mit keinem der anderen Bestimmungsverfahren identisch.

Mit zunehmender Anzahl der Teilstrecken steigt die Zahl der zu messenden Strecken

$$n = \frac{t(t+1)}{2} = n(t)$$

und damit der Zeitaufwand, für welchen eine unveränderte Stativaufstellung gewährleistet sein muss; außerdem steigt der Bedarf an Stativen mit Zwangszentrierung. Hingegen verringert sich die Standardabweichung, mit der K bestimmbar ist

$$s_K = s_0 \cdot \sqrt{\frac{6}{t(t-1)}} = s_0 \cdot s_{(t)} \ .$$

Im Interesse einer signifikanten Bestimmung von K sollten mindestens 5, besser 6 Teilstrecken verwendet werden. Bei höherer Zahl der Teilstrecken (t > 6) nimmt die Messdauer beträchtlich zu, so dass die Standsicherheit der Stative problematisch wird und zusätzliche Zentrierfehler die reine Messgenauigkeit überlagern.

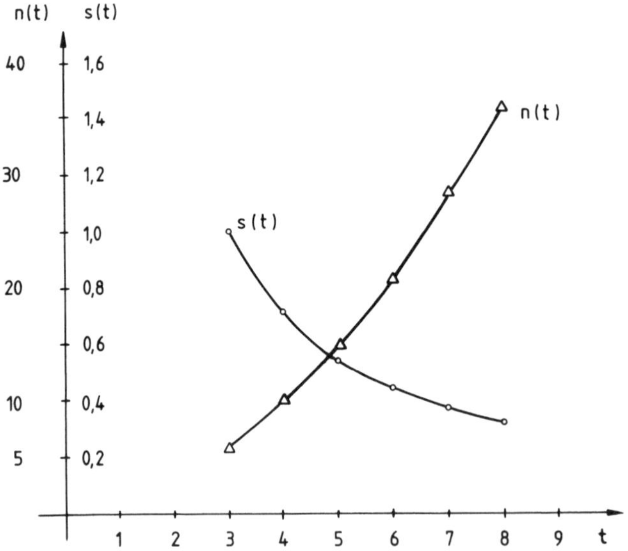

t	n(t)	s(t)
3	6	1,00
4	10	0,71
5	15	0,55
6	21	0,45
7	28	0,38
8	36	0,33

Bild 6-28: Vergleich von Aufwand und Genauigkeit bei Messung in allen Kombinationen

Eine bedeutende Erleichterung ist es, wenn die Streckenunbekannten nicht berechnet werden müssen. Sie sind bei einer (unvermarkten) Feld-Teststrecke (Stative) auch nicht von Interesse, werden aber zur Genauigkeitsberechnung für s_0 und damit auch für s_K benötigt.
Ersetzt man die Berechnung von s_0 durch einen Erfahrungswert s_0', so kann man sich auf die einzige Unbekannte, die Nullpunktskorrektion, beschränken, deren Berechnung mit geschlossenen Formeln weiter beschleunigt werden kann.
Allgemein gilt nach SCHLICHTING 1981:

$$K = \frac{6}{t\left(t^2-1\right)} \cdot \sum_{j=1}^{t} \sum_{i=1}^{t-j+1} (2i-t-1) \cdot D_{0,5\left(-j^2+(2t+3)\cdot j\right)+i-t-1} \cdot \qquad (6\text{-}44)$$

Dabei sind die Strecken jetzt in der „Reihenfolge“ ihrer Messung neu indiziert (siehe Beispiele für 4, 5, 6 und 7 Teilstrecken). Werden in dieser Berechnungsformel die Beobachtungen in Form einer Dreiecksmatrix (siehe Beispiele) angeschrieben, so lassen sich die Koeffizienten nach folgender Gesetzmäßigkeit ausdrücken:

> Der erste Koeffizient ist (1 – t); die auf derselben Zeile folgenden Koeffizienten sind um zwei größer als der vorhergehende.

Hieraus folgt, dass für ungerade Anzahl von Teilstrecken auch Nullkoeffizienten auftreten. Diese Strecken bräuchten demnach gar nicht gemessen zu werden, wenn nur die Nullpunktskorrektion berechnet werden soll. Für die in der Praxis wichtigsten Fälle sind Messprogramme und explizite Formeln zusammengestellt:

<u>t = 4 Teilstrecken:</u>

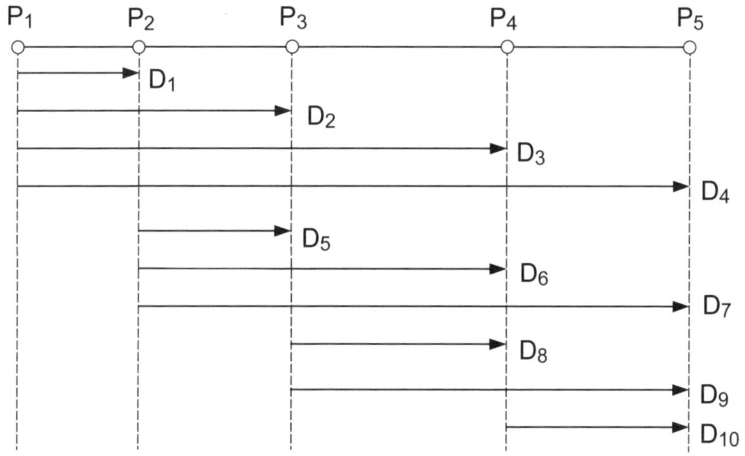

Bild 6-29

$$K = \frac{1}{10}\big(-3D_1 - 1D_2 + 1D_3 + 3D_4 \\ -3D_5 - 1D_6 + 1D_7 \\ -3D_8 - 1D_9 \\ -3D_{10}\big) \quad (6\text{-}45)$$

t = 5 Teilstrecken:

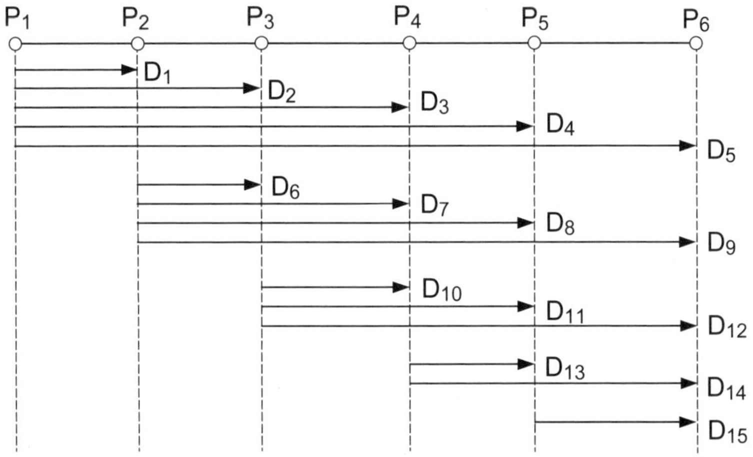

Bild 6-30

$$K = \frac{1}{20}\big(-4D_1 - 2D_2 + 0D_3 + 2D_4 + 4D_5 \\ -4D_6 - 2D_7 + 0D_8 + 2D_9 \\ -4D_{10} - 2D_{11} + 0D_{12} \\ -4D_{13} - 2D_{14} \\ -4D_{15}\big) \quad (6\text{-}46)$$

t = 6 Teilstrecken:

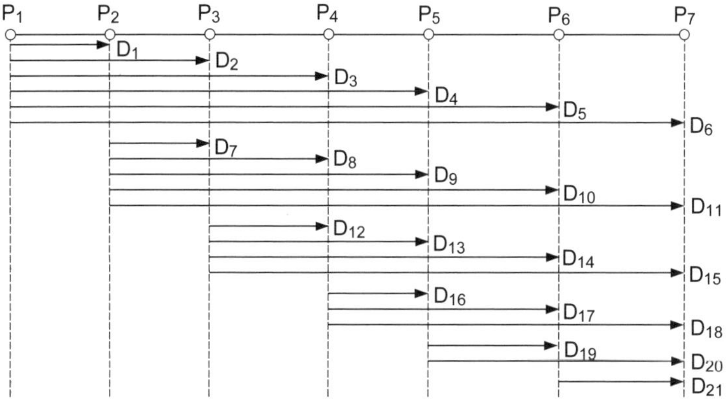

Bild 6-31

$$
\begin{aligned}
K = \frac{1}{35}\big(&-5D_1 - 3D_2 - 1D_3 + 1D_4 + 3D_5 + 5D_6 \\
&-5D_7 - 3D_8 - 1D_9 + 1D_{10} + 3D_{11} \\
&-5D_{12} - 3D_{13} - 1D_{14} + 1D_{15} \\
&-5D_{16} - 3D_{17} - 1D_{18} \\
&-5D_{19} - 3D_{20} \\
&-5D_{21}\big)
\end{aligned}
\qquad (6\text{-}47)
$$

t = 7 Teilstrecken:

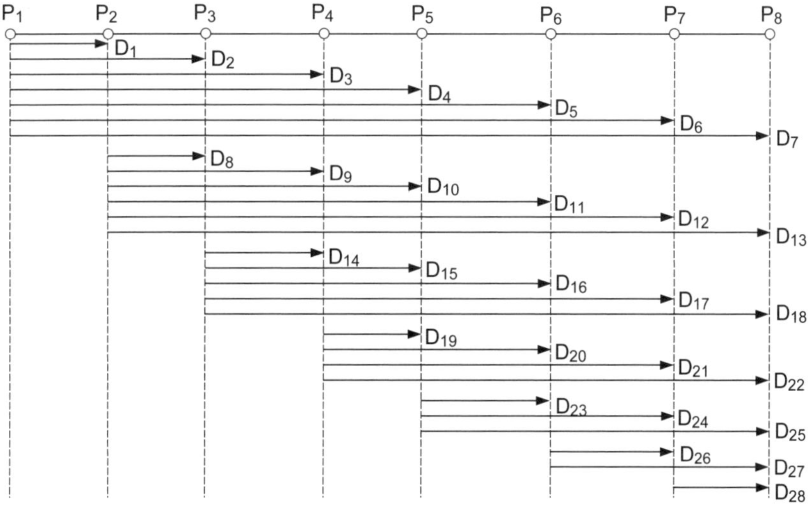

Bild 6-32

$$
\begin{aligned}
K = \frac{1}{56}\big(&-6D_1 - 4D_2 - 2D_3 + 0D_4 + 2D_5 + 4D_6 + 6D_7 \\
&-6D_8 - 4D_9 - 2D_{10} + 0D_{11} + 2D_{12} + 4D_{13} \\
&-6D_{14} - 4D_{15} - 2D_{16} + 0D_{17} + 2D_{18} \\
&-6D_{19} - 4D_{20} - 2D_{21} + 0D_{22} \\
&-6D_{23} - 4D_{24} - 2D_{25} \\
&-6D_{26} - 4D_{27} \\
&-6D_{28}\big)\,.
\end{aligned}
\qquad (6\text{-}48)
$$

Diese Gleichungen zeigen, dass die Beobachtungen – und damit deren zufällige und systematische Abweichungen – mit unterschiedlichem Koeffizient (= Gewicht) in die Berechnung von K eingehen. Deshalb ergibt sich mit einer Prüfstrecke, bei der die Phasenreststücke gleichmäßig über den Feinmaßstab verteilt sind (Schwendener-Typ), eine Überlagerung von (systematischen) zyklischen Fehleranteilen auf das Ergebnis von K. Der zyklische Fehler sollte deshalb besser vorweg eliminiert werden, entweder durch gleiche Phasenreststücke oder durch Eichung und rechnerische Korrektion mit K_Z.

6.5.3 Anlage von Eichstrecken

Die Eichstrecken sollten folgende Bedingungen erfüllen:

- Streckenlängen gleichmäßig über den gesamten Messbereich verteilt. Kürzeste und längste Distanz sollen dem üblichen Einsatzbereich des EDM entsprechen.
- Phasenreststücke konstant, alle Zwischenstrecken bestehen aus ganzzahligen Vielfachen des Feinmaßstabes. Diese Vorgehensweise entspricht der von uns empfohlenen getrennten Kalibrierung aller einzelnen Fehlerkomponenten, möglichst ohne gegenseitige Beeinflussung.
- Gelände etwa horizontal; leichter Durchhang in der Mitte erleichtert die Sichtverbindungen.
- Gleiche meteorologische Bedingungen (Wind, Besonnung) auf der ganzen Strecke.
- Gleichmäßiger Bewuchs (möglichst Gras, kein Asphalt).
- Fester Untergrund zum Aufstellen von Stativen.
- Gute Anfahrmöglichkeit, dennoch verkehrsarme Lage.
- Bei vermarkten Eichlinien (Bodenpunkte, besser Pfeiler mit Zwangszentrierungssystem) muss die Geologie des Untergrundes eine dauerhafte Punktlage gewährleisten.

Zur Projektierung einer Eichstrecke für das Verfahren „in allen Kombinationen“ mit gleichen Phasenreststücken sind vorweg die geometrischen Größen festzulegen:

E = Einheit der Eichstrecke (entspricht einem Vielfachen des Feinmaßstabes U des zu prüfenden Instrumentes),
A = kürzeste Distanz (Vielfaches von E),
C_0 = längste Distanz,
p = Anzahl der Basispunkte bzw. Anzahl der Zwischenstrecken t = p – 1.

Die Unterteilung der Eichlinie erfolgt mit der Hilfsgröße B, deren Näherungswert B_0 sich berechnet aus

$$B_0 = \frac{2}{t(t-1)}\left(C_0 - t \cdot A\right) . \tag{6-49}$$

Da B ein ganzzahliges Vielfaches von E sein muss, wird B_0 auf- oder abgerundet. Die Verteilung der Distanzen wird sehr gleichmäßig, wenn B etwa doppelt so groß ist wie A. Wiederholungen von Entfernungen werden vermieden, wenn B ungleich A ist.
Das Bildungsgesetz für die einzelnen Teilstrecken x_i (i = 1 ... t) zusammengesetzt aus A und B lautet allgemein

	t = geradzahlig;	t = ungeradzahlig
$x_i = A + (2i-1) \cdot B$	$i = 1 \ldots \frac{t}{2}$;	$i = 1 \ldots \frac{t-1}{2}$
	für	
$x_i = A + 2(t-i) \cdot B$	$i = \frac{t+2}{2} \ldots t$;	$i = \frac{t+1}{2} \ldots t.$

(6-50)

Teilstrecke x_i	t = Anzahl der Teilstrecken der Eichstrecke				
	3	4	5	6	7
erste (x_1)	A + B	A + B	A + B	A + B	A + B
zweite (x_2)	A + 2B	A + 3B	A + 3B	A + 3B	A + 3B
dritte (x_3)	A	A + 2B	A + 4B	A + 5B	A + 5B
vierte (x_4)	–	A	A + 2B	A + 4B	A + 6B
fünfte (x_5)	–	–	A	A + 2B	A + 4B
sechste (x_6)	–	–	–	A	A + 2B
siebente (x_7)	–	–	–	–	A
Gesamtstrecke C	3A + 3B	4A + 6B	5A+10B	6A+15B	7A+21B

Tabelle 6-1: Anlage von Eichstrecken mit konstantem Phasenreststück

Die Tabelle 6-1 gibt eine explizite Darstellung für die wichtigsten Unterteilungen. Mit ihnen werden alle Kombinationen der Teilstrecken berechnet und anschließend die Verteilung graphisch kontrolliert.

Beispiel:

Gewählt wird: $t = 6$ ($\triangleq$ 7 Stationen)

$E = 20$ m, damit ist die Eichstrecke für die Feinmaßstäbe $U = 20, 10, 5$ m brauchbar

$A = 20$ m

$C_0 = 700$ m

Berechnung: $B_0 = \frac{2}{6 \cdot 5}(700 - 6 \cdot 20) = 38{,}7$ m

$B = 40$ m (ganzzahlig, teilbar durch E)

$C = 6A + 15B = 720$ m

Punkt	Teilstrecke x_i	Alle Kombinationen messbarer Strecken						
1		0						
	20 + 40 = 60							
2		60	0					
	20 + 120 = 140							
3		200	140	0				
	20 + 200 = 220							
4		420	360	220	0			
	20 + 160 = 180							
5		600	540	400	180	0		
	20 + 80 = 100							
6		700	640	500	280	100	0	
	20 + 0 = 20							
7		720	660	520	300	120	20	0

Die Geometrie der Eichlinie und die Verteilung der verschiedenen Distanzen gibt Bild 6-33 wieder. Jede Streckenlänge kommt nur einmal vor.

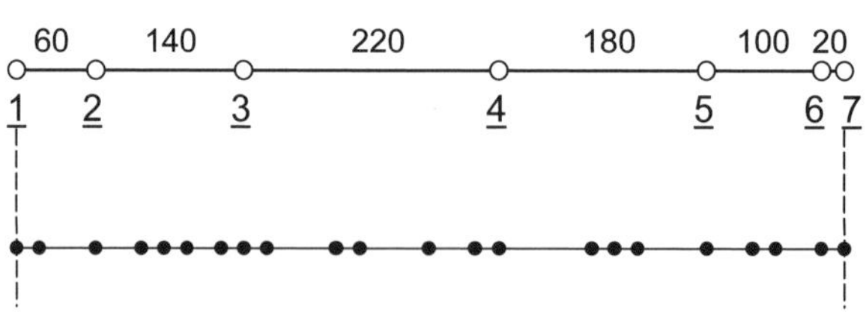

Bild 6-33

Strebt man bei vorgegebener Gesamtstreckenlänge eine möglichst gleichmäßige Verteilung aller vorkommenden Streckenlängen an mit der Zusatzbedingung, dass die Zahl der Messstationen minimal wird, so empfiehlt sich ein Prüfstreckenentwurf nach der Theorie der GOLOMB-Lineale (DEWDNEY 1986, STAIGER 1987). Die Pfeilerpositionen werden dabei in Einheiten (E) als Markierungen auf einem Lineal (≙ Prüfstrecke) gezählt (Bild 6-34).

Bild 6-34

Damit sind von 1E bis 6E alle Streckenlängen möglich. Bei mehr als 4 Pfeilerpositionen gelingt diese ideale Einteilung nicht mehr. Entweder wiederholen sich bestimmte Streckenlängen (Tabelle 6-2) oder es fehlen bestimmte Streckenlängen (Tabelle 6-3).

Anzahl der Stationen	Stationierung in Einheiten E	Doppelt gemessene Strecken Anzahl	Länge in E
5	0, 1, 4, 7, 9	1	3
6	0, 1, 4, 5, 11, 13	2	1,4
7	0, 1, 4, 10, 12, 15, 17	4	2,3,5,11
8	0, 1, 4, 10, 16, 18, 21, 23	5	2,3,5,6,17

Tabelle 6-2: Stationierung einer Prüfstrecke mittels GOLOMB-Linealen, wenn jede Strecke mindestens einmal vorkommen muss (Auszug)

Anzahl der Stationen	Stationierung in Einheiten E	Anzahl der fehlenden Strecken
5	0, 1, 4, 9, 11 oder 0, 2, 7, 8, 11	1
6	0, 1, 4, 10, 12, 17 oder 0, 1, 4, 10, 15, 17 0, 1, 8, 11, 13, 17 0, 1, 8, 12, 14, 17	2
7	0, 1, 4, 10, 18, 23, 25 0, 1, 7, 11, 20, 23, 25 0, 1, 11, 16, 19, 23, 25 0, 2, 3, 10, 16, 21, 25 0, 2, 7, 13, 21, 22, 25	4
8	0, 1, 4, 9, 15, 22, 32, 34	6

Tabelle 6-3: Stationierung einer Prüfstrecke mittels GOLOMB-Linealen bei Verzicht auf einige Strecken (Auszug)

Beispiel: Entwurf ohne Streckenwiederholung
Nach Tabelle 6-3: 7 Stationen (1. Version)
Gesamtstrecke 25·E, E = 20 m

Es ergibt sich folgende Anordnung:

Punkt	Stationierung E	Alle Kombinationen messbarer Strecken n = 21						
1	0	0						
2	1	20	0					
3	4	80	60	0				
4	10	200	180	120	0			
5	18	360	340	280	160	0		
6	23	460	440	380	260	100	0	
7	25	500	480	420	300	140	40	0

Die Prüfstreckengeometrie und die besonders gleichmäßige Verteilung ist in Bild 6-35 verdeutlicht. Die 4 fehlenden Strecken sind 220, 240, 320, 400 m.

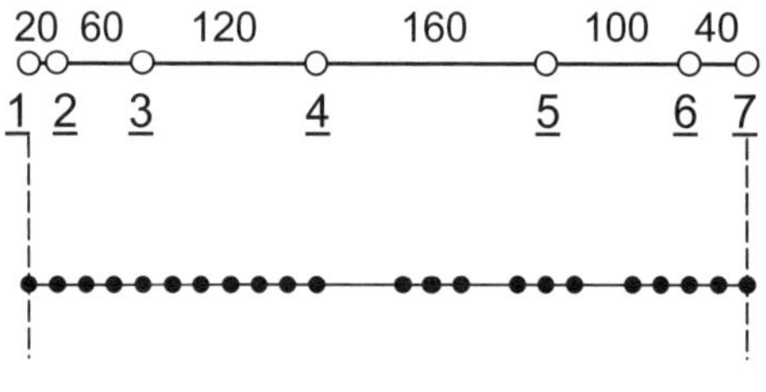

Bild 6-35

6.5.4 Nullpunktskorrektion als Funktion der Phaseninhomogenität

Da bei unterschiedlichen Zielweiten jeweils andere Ausschnitte aus dem Strahlenbündel zur Entfernungsmessung genutzt werden, zeigt sich bei Instrumenten mit merklicher Phaseninhomogenität eine streckenabhängige Änderung der Nullpunktskorrektion. Die für die Praxis interessantere Aufgabe – Berechnung der Nullpunktskorrektion aus Rastermessungen der Phaseninhomogenität – ist jedoch nur näherungsweise lösbar, weil die dafür benötigten geometrischen Daten für den Strahlverlauf in Sende- und Empfangsoptik sowie die Energieverteilung im Sendestrahl im Allgemeinen nicht bekannt sind. Lösungsansätze von GELHAUS 1981 und STOBER 1987 sind deshalb nur als Versuche zu betrachten. Die Übereinstimmung von streckenabhängiger Nullpunktskorrektion aus Sollstrecken und Phaseninhomogenität ist nur in der Tendenz richtig, für die Praxis aber (noch) unbefriedigend. Einige Ergebnisse aus STOBER 1987 sind in Bild 6-36 wiedergegeben.

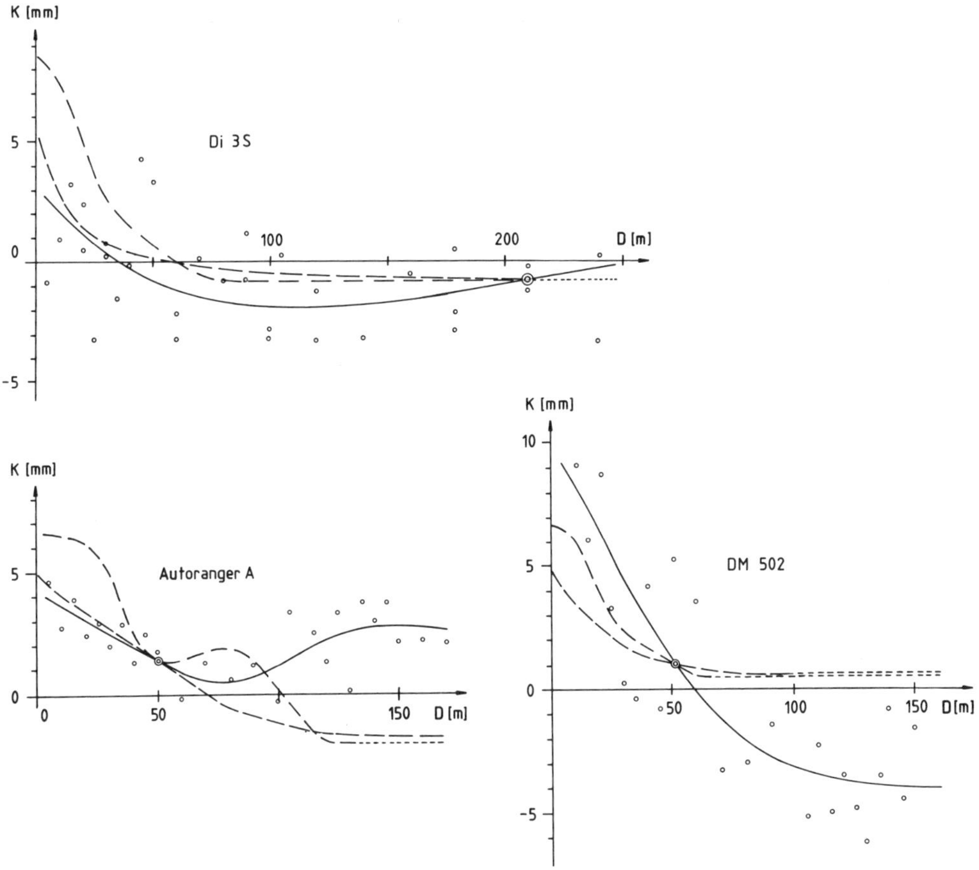

Bild 6-36: Nullpunktskorrektion als Funktion der Phaseninhomogenität
– nach verschiedenen Modellen (– – –)
– sowie aus Sollstrecken (———)

6.6 Überprüfung reflektorlos messender Instrumente

Prinzipiell gelten für reflektorlos messende Instrumente dieselben Prüfkriterien wie für Instrumente mit reflektorunterstützter Messung (Abschnitte 6.1 bis 6.5). Darüber hinaus kann hier die Klärung folgender Fragen erforderlich sein:

- Wie groß ist der Messstrahldurchmesser und wie verändert er sich in Abhängigkeit von der Zielweite (siehe auch Abschnitt 4.3.7).
- Wie groß ist die Auflösegenauigkeit in Abhängigkeit von bestimmten Materialoberflächen?
- Sind bei Instrumenten mit zwei integrierten Distanzmessern die Nullpunktskorrektionen für reflektorunterstützte und für reflektorlose Messungen identisch?

- Sind Zielachse und Messachse vor allem bei Instrumenten mit nicht sichtbarem Messstrahl ($\lambda > 0{,}75\ \mu m$) identisch?

Erschwerend kommt bei diesen Untersuchungen hinzu, dass nicht zu Prismenreflektoren gemessen werden kann, sondern nur zu Zieltafeln, die außerdem hinreichend genau die möglichen Objektoberflächen repräsentieren müssen.

Bestimmung des Messstrahldurchmessers

Bei sichtbarem Messstrahl lässt sich der Strahldurchmesser auf einer Zieltafel (z.B. aus mattiertem Aluminium) bei verschiedenen Distanzen leicht messen. In Abhängigkeit vom ermittelten Messstrahldurchmesser lässt sich dann entscheiden, ob die in Bild 4-45 dargestellten systematischen Effekte sich spürbar auf das Messergebnis auswirken können oder nicht und damit das Instrument für eine direkte, reflektorlose Aufnahme von Gebäudeecken geeignet ist oder nicht.

Bei nicht sichtbarem Messstrahl kann der Strahldurchmesser nur indirekt bestimmt werden.

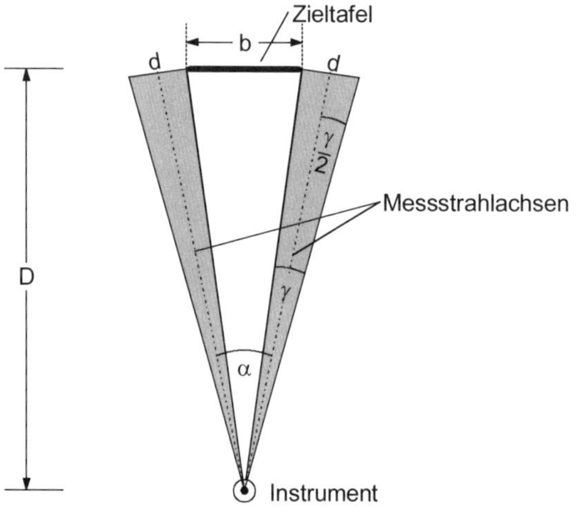

Bild 6-37: Bestimmung des Strahldurchmessers bei nicht sichtbarem Messstrahl

Es wird hierfür eine im Abstand D aufgestellte Zieltafel mit Breite b mittig angezielt (Bild 6-37). Das Messinstrument wird dann horizontal sowohl nach rechts als auch nach links verschwenkt, bis jeweils kein Messsignal mehr zurückkommt. Der Horizontalwinkel α zwischen diesen beiden Extremstellungen wird gemessen. Für den Messstrahldurchmesser d folgt dann

$$d \approx \frac{\alpha}{\rho} \cdot D - b \quad .$$

Entsprechend ist der Durchmesser auch in der Vertikalen zu bestimmen. Diese Untersuchung sollte bei mindestens zwei verschiedenen Distanzen durchgeführt werden, um die entfernungsabhängige Veränderung des Strahldurchmessers zu erhalten.

Bestimmung der Auflösegenauigkeit

Die Auflösegenauigkeit bei der reflektorlosen Messung ist deutlich schlechter als bei der reflektorunterstützten Messung. Je rauer die Oberfläche des Messobjektes ist, umso weiter verschlechtert sich die Auflösegenauigkeit.

Will man die Auflösegenauigkeit für die Messung zu einer bestimmten Materialoberfläche ermitteln, so muss man das in Abschnitt 6.2 vorgestellte Verfahren mit einer Zieltafel durchführen, deren reflektierende Oberfläche diesem Material entspricht. Die Bereitstellung solcher Zieltafeln ist aber sehr aufwändig.

Nullpunktskorrektionen bei Instrumenten mit zwei integrierten Distanzmessern

Hierzu ist einmal im Messmodus „reflektorunterstützte Messung“ das Verfahren in allen Kombinationen (Abschnitt 6.5.2.2) mit dem Prismenreflektor durchzuführen. Anschließend erfolgt bei identischer Stativaufstellung im Messmodus „reflektorlose Messung“ die Messung in allen Kombinationen zu einer Zieltafel (z.B. aus mattiertem Aluminium). Die Zieltafel muss so ausgestaltet sein, dass die Zieltafeloberfläche genau durch die Zieltafelstehachse verläuft oder aber der Abstand der Zieltafeloberfläche zur Stehachse genau bekannt ist.

Bei bekannter und im Gerät abgespeicherter Prismenkonstante müssten sich bei beiden Bestimmungen identische Nullpunktskorrektionen ergeben oder aber die Differenz der beiden Nullpunktskorrektionen müsste dem Abstandsmaß der Zieltafeloberfläche von der Zieltafelstehachse entsprechen.

Überprüfung der Identität von Zielachse und Distanzmessachse

Eine der Fehlerquellen bei der reflektorlosen Distanzmessung ist durch eine eventuelle Divergenz der Distanzmessachse und der optischen Zielachse gegeben (Bild 6-38). Bei nicht sichtbarem Distanzmessstrahl ($\lambda > 0{,}8\ \mu m$) kann diese Divergenz nicht direkt erkannt werden.

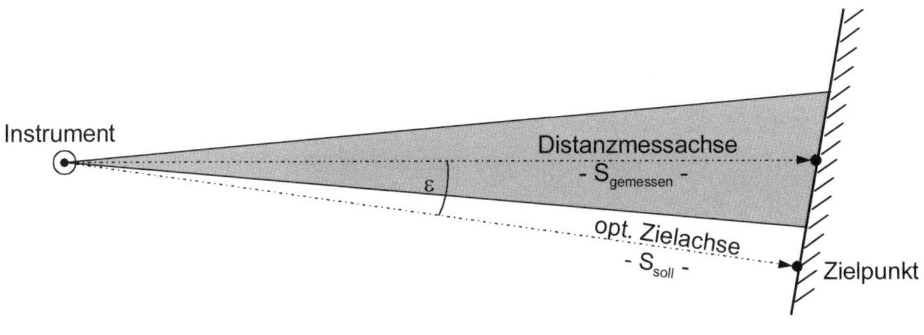

Bild 6-38: Divergenz zwischen Mess- und Zielachse

Als einfaches Verfahren, um zum einen festzustellen, ob eine Divergenz vorliegt, und zum anderen zu erfassen, wie groß der räumliche Divergenzwinkel ε ist, hat sich die Messung zu einer vierseitigen Pyramide ergeben. Die Pyramidenspitze muss hierbei genau auf das zu überprüfende Instrument zeigen. Mit der optischen Zielachse wird dann die Pyramidenspitze angezielt. Sind optische Zielachse und Distanzmessachse identisch, so stellt das Ergebnis der Entfernungsmessung ein Minimum dar (Bilder 6-39 u. 6-40). Liegt eine Divergenz zwischen den beiden Messachsen vor, so muss der Distanzmessstrahl so lange horizontal und vertikal verschwenkt werden, bis dieses Minimum gefunden ist. Aus diesen beiden Verschwenkungsbeträgen lassen sich Horizontal- und Vertikalkomponente des räumlichen Divergenzwinkels ε bestimmen.

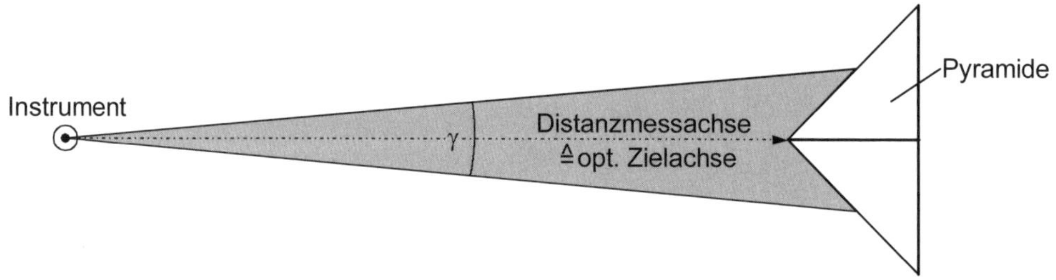

Bild 6-39: Messung zu einer vierseitigen Pyramide

Bild 6-40: Vierseitige Pyramide

Die Genauigkeit der Ermittlung von ε hängt dabei vom Öffnungswinkel γ des Distanzmessstrahls und der Steilheit der Pyramide ab. Je flacher die Pyramide und je größer der Öffnungswinkel γ ist, desto ungenauer wird ε bestimmt.

Eine wesentlich genauere Möglichkeit zur Bestimmung von ε besteht bei Messung zu einer um eine Vertikal- bzw. Horizontalachse drehbaren Zieltafel (Bilder 6-41 u. 6-42).

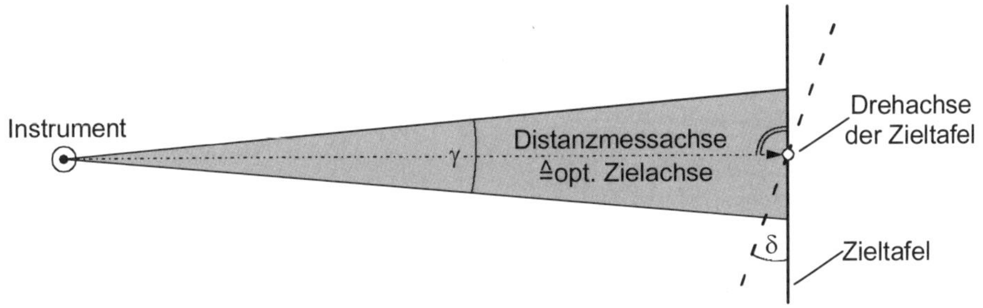

Bild 6-41: Messung zur Zieltafel

Bild 6-42: Um Horizontal- und Vertikalachse drehbare Zieltafel

Bei Identität der Distanzmessachse und der optischen Zielachse und Anzielung z.B. der vertikalen Drehachse der Zieltafel (Bild 6-41) ändert sich bei Drehung der Zieltafel das Ergebnis der Distanzmessung nicht. Die Tatsache, dass die links und rechts der Drehachse liegenden bestrahlten Flächen dabei geringfügig voneinander abweichen, kann vernachlässigt werden.

Fallen die beiden Achsen nicht zusammen, so wird das Messergebnis gegenüber dem Sollwert um den Betrag d abweichen (Bild 6-43).

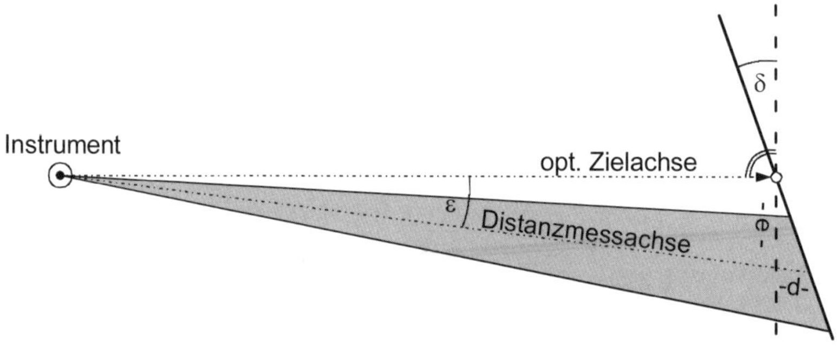

Bild 6-43: Bestimmung des Divergenzbetrags e

Aus d und einem vorgegebenen Verdrehungswinkel δ kann der Divergenzbetrag e wie folgt berechnet werden:

$$\frac{e}{\sin\left(100-(\varepsilon+\delta)\right)}=\frac{d}{\sin\delta}$$

oder $$e=d\cdot\frac{\cos(\varepsilon+\delta)}{\sin\delta}\quad .$$

Da ε sehr klein ist, kann mit ausreichender Genauigkeit mit der Näherungsformel

$$e\approx d\cdot\cot\delta$$

gerechnet und damit die Horizontalkomponente des Raumwinkels ε ermittelt werden. Zur Bestimmung der Vertikalkomponente ist der Messvorgang bei Drehung der Zieltafel um die Horizontalachse zu wiederholen.

6.7 Prüfung nach DIN bzw. ISO

Bei den Versuchsvoraussetzungen (DIN 1319, Teil 1 bzw. DIN 55350, Teil 13) sind zwei Grenzfälle zu unterscheiden:

a) Die Wiederhol-Bedingungen, bei denen unter gleichen Arbeitsbedingungen ein und dieselbe Strecke mehrmals gemessen wird. Unter Wiederhol-Bedingungen sind systematische Abweichungen nicht erkennbar, es kann damit nur die so genannte innere Genauigkeit bestimmt werden.

b) Die Vergleich-Bedingungen, wobei verschiedene Strecken mit ihren Sollwerten verglichen werden.
Die Messergebnisse differieren auch noch infolge systematischer Abweichungen, deshalb ist die so genannte äußere Genauigkeit stets schlechter als die innere. Sie kann aber durch die beim Kalibrieren gewonnenen Korrektionsformeln möglichst nahe an die innere Genauigkeit herangeführt werden.

Die Vorschrift DIN 18723, Teil 6 (Feldverfahren zur Genauigkeitsuntersuchung geodätischer Instrumente, elektrooptische Distanzmesser für den Nahbereich) hat zum Ziel, die Messgenauigkeit (nach DIN „Präzision") anhand der Standardabweichung für eine einmal gemessene Strecke anzugeben. Eine distanzabhängige Messabweichung ist im Fehlermodell nicht enthalten.

Die Vorschrift empfiehlt eine lineare Prüfstrecke in allen Kombinationen mit p = 7 Stationen und einer Gesamtlänge von ca. 600 m. Im Gegensatz zu Abschnitt 6.5.2.2, wo eine Eichstrecke zur Bestimmung der Nullpunktskorrektion beschrieben ist, verwendet die DIN-Vorschrift die Teststrecke nur zur Genauigkeitsbewertung. Sie verwendet eine solche Streckenunterteilung, dass die 21 möglichen Distanzen nicht nur über den gesamten Prüfstreckenbereich, sondern auch über den Feinmaßstab gleichmäßig verteilt sind (Schwendener-Typ). In der Auswertung wird allerdings verlangt, dass die Messungen um die (vorweg) erfassten systematischen Abweichungsanteile (Maßstab, zyklischer Fehler, Nullpunktskorrektion) zu korrigieren sind. Dennoch werden im funktionalen Modell für die Ausgleichung ebenso wie bei Abschnitt 6.5.2.2 die 6 Streckenunbekannten und 1 Nullpunktsunbekannte (Konstante!) eingeführt, welche die Richtigkeit der Vorwegkorrektion bestätigen sollen.
Die auf diese Weise erhaltene Standardabweichung der Gewichtseinheit soll ein repräsentativer Genauigkeitswert für das betreffende Instrument sein, verlangt aber die getrennte Kalibrierung der systematischen Abweichungen.

Neuerdings wird die nationale Normung DIN 18723 (von 1990) ergänzt um die internationale ISO-Norm 17123 (ISO = International Organization for Standardization). Teil 4 betrifft die EDM-Instrumente. Die Überprüfung nach ISO 17123-4 (erste Ausgabe 1.12.2001, Entwurfsstand 4.1.2006) orientiert sich prinzipiell an den Vorschlägen der FIG-Kommission 5 (FIG 1994) und den schon bei DIN eingeführten Verfahren. Der in Englisch gefasste Text unterscheidet zwischen einem vereinfachten Testverfahren (simplified test procedure) und dem vollständigen Testverfahren (full test procedure). Wie DIN ist auch die ISO-Norm für reine Feld-Testprozeduren (in situ Messungen) ausgerichtet, die ohne spezielle Laborvorrichtungen auskommen sollen. Die Absicht ist nicht die Kalibrierung eines EDM hinsichtlich einzelner Fehlerkomponenten, sondern die summarische Überprüfung eines Instrumentes auf seine Verwendbarkeit für eine spezielle Messaufgabe unter – von meteorologischen Effekten durchaus beeinflussten – Feldbedingungen.

Vereinfachtes Testverfahren (simplified test procedure):
Dieser Test setzt ein Testfeld mit 4 bekannten Strecken voraus, die mit übergeordneter Genauigkeit vorweg bestimmt wurden. Die Streckenlängen sollen den vorgesehenen Arbeitsbereich abdecken, zum Beispiel zwischen 20 und 200 Meter variieren. Die von ISO empfohlene Konfiguration zeigt Bild 6-44. Jede Strecke ist mindestens dreimal zu messen.

In der Auswertung wird lediglich verglichen, ob die gemessenen und meteorologisch korrigierten Strecken mit ihren Mittelwerten gegenüber den Sollstrecken keine größeren Differenzen (Soll – Ist) aufweisen als die für eine vorgesehene Aufgabe zulässigen Grenzwerte $\pm g$. Falls keine solche Grenze g vorgegeben ist, so testet man, ob die Differenzen betragsmäßig kleiner als $2{,}5 \cdot s$ bleiben, wobei s die empirische Standardabweichung einer gemessenen Strecke ist, ermittelt nach dem vollständigen Testverfahren (full test procedure) für dasselbe Instrument.
Wenn alle Differenzen Soll minus Ist zu groß sind für die vorgesehenen Aufgabe, sollen weitere Untersuchungen angestellt werden, etwa ob das Vorzeichen aller Differenzen gleich ist oder ob streckenlängenabhängige Werte auftreten. Hieraus kann auf systematische Fehler (Nullpunktsfehler bzw. Frequenzfehler) geschlossen werden, die dann nach den gängigen Verfahren zu bestimmen sind, z.B. Nullpunktsfehler nach Abschnitt 6.5.2.1. Die von ISO hierzu empfohlene Frequenzmesseinrichtung dürfte allerdings nicht überall verfügbar sein.

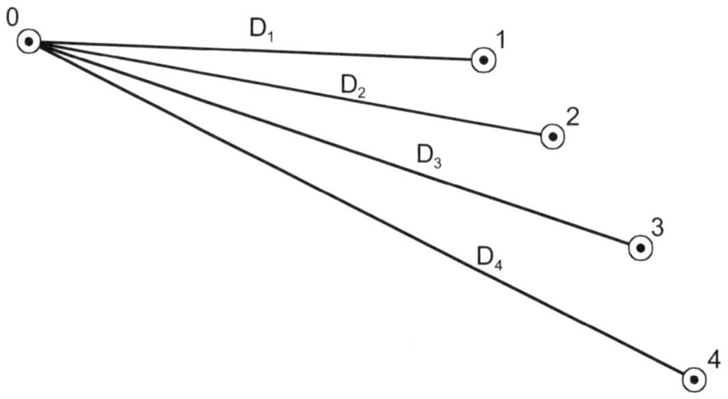

Bild 6-44: Vergleichsstrecken beim vereinfachten Test nach ISO 17123-4

Vollständiges Testverfahren (full test procedure):
Die von ISO 17123-4 empfohlene Konfiguration (Bild 6-45) besteht (wie schon bei DIN) aus einer geraden Linie ohne Sollstrecken mit 6 Teilstrecken und 7 Punkten (Stative, Pfeiler).

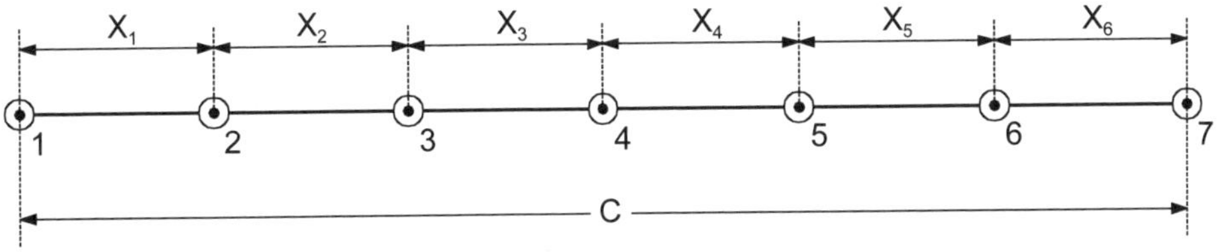

Bild 6-45: Vergleichsstrecken beim vollständigen Test nach ISO 17123-4

Dabei sollen für Phasendistanzmesser die nach dem Prinzip „in allen Kombinationen" zu messenden Strecken gleichmäßig über den Feinmaßstab verteilt sein. Um dies zu erreichen, schlägt die ISO-Norm folgendes Vorgehen vor. Die Bezeichnungen erfolgen hier (abweichend von ISO) analog zu Abschnitt 6.5.3, Formeln (6-49, 6-50):

C_0 = genäherte Länge der projektierten Testlinie (empfohlen 600 m)
λ = Modulationswellenlänge des EDM
U = $\lambda/2$ = Feinmaßstab des EDM

$$B_0 = \frac{(C_0 - 6{,}5 \cdot \lambda)}{15} ,$$

wobei B_0 zum nächsten ganzzahligen Wert von U= $\lambda/2$ gerundet wird:

$$B = \mu \cdot \frac{\lambda}{2} ,$$

wobei μ eine ganze Zahl ist, so dass B ein ganzzahliges Vielfaches des Feinmaßstabes ist.

Mit dem Zuschlagselement Z

$$Z = \frac{\lambda}{72}$$

berechnen sich die 6 Teilstrecken x_i und die Gesamtstrecke C zu

$$\begin{aligned}
x_1 &= \lambda + B + 3Z \\
x_2 &= \lambda + 3B + 7Z \\
x_3 &= \lambda + 5B + 11Z \\
x_4 &= \lambda + 4B + 9Z \\
x_5 &= \lambda + 2B + 5Z \\
x_6 &= \lambda + Z \\
\\
C &= 6\lambda + 15B + 36Z
\end{aligned} \tag{6-51}$$

<u>Beispiel</u>:

EDM mit λ = 20 m , Feinmaßstab U = λ/2 = 10 m;
Projektierte Länge etwa C_0 = 600 m;

B_0 = (600 m – 6,5 · 20 m)/15 = 31,33 m
B = μ · 10 m = 30,00 m
Z = 20 m/72 = 0,2778 m

x_1 = 50,84 m
x_2 = 111,96 m
x_3 = 173,08 m
x_4 = 142,52 m
x_5 = 81,40 m
x_6 = 20,28 m

C = 580,08 m.

Damit sind entsprechend Abschnitt 6.5.2.2 (Bild 6-27) in allen Kombinationen insgesamt 21 Strecken D_{ij} (D_{12}, D_{13}...$D_{1,p}$; D_{23}, D_{24}...$D_{2,p}$; $D_{2,\,p-1}$, $D_{2,p}$; $D_{p-1,\,p}$) zu messen. Diese Strecken erhalten Korrekturen für systematische Effekte, wobei explizit nur die atmosphärische Korrektion und die Reduktionen wegen Schrägentfernung genannt sind, jedoch wird keine Nullpunktskorrektion angebracht. Zyklischer Phasenfehler und Frequenzfehler bleiben unberücksichtigt, da von einer Kenntnis dieser Werte auf Grund einer separaten Kalibrierung nicht ausgegangen wird.

Die Auswertung zielt auf die Berechnung der Nullpunktskorrektion als streckenunabhängiger Wert (K = K_0) sowie der Ausgleichungsverbesserungen (Residuen). Zunächst wird K berechnet mit Beziehungen, deren Glieder zwar anders angeordnet sind, aber mathematisch identisch mit (6-47) sind. Danach erfolgt die Berechnung der Residuen und der Verbesserungsquadratsumme. Bei 21 Beobachtungen und 6 + 1 = 7 Unbekannten beträgt der Freiheitsgrad f = 14, woraus sich aus dem Test die empirische Standardabweichung <u>einer</u> gemessenen Strecke (= Gewichtseinheit) zu

$$S_0 = S_{ISO-EDM} = \sqrt{\frac{[vv]}{14}} \qquad (6\text{-}52)$$

ergibt.

Die Standardabweichung der Nullpunktskorrektion berechnet sich in Übereinstimmung mit (6-43) bei t = 6 Teilstrecken aus

$$S_K = S_0 \cdot 0{,}45 \quad . \qquad (6\text{-}53)$$

Mittels dreier statistischen Tests wird nun untersucht:

a) Ist die berechnete Standardabweichung s kleiner oder gleich dem vom Hersteller angegebenen Wert σ?
b) Gehören zwei verschiedene Testreihen mit den empirischen Standardabweichungen s_1 und s_2 derselben Grundgesamtheit an?
Dabei kann es sich um zwei Testreihen desselben EDM zu verschiedenen Zeiten oder um den Vergleich zweier verschiedener Instrumente handeln.
c) Ist die Nullpunktskorrektion signifikant von Null verschieden?

Den Tests liegt das Signifikanzniveau $(1-\alpha) = 0{,}95$ und Freiheitsgrad $f = 14$ zugrunde. Für diese spezielle Konfiguration lauten die statistischen Testgrößen:

Zu a):
Zur Beurteilung der Standardabweichungen benutzt man den χ^2-Test. Mit der Fraktilen $\chi^2_{0,95;14} = 23{,}68$ folgt die Bedingung

$$s \le \sigma \cdot \sqrt{\frac{23{,}68}{14}} \qquad \text{also} \qquad s \le \sigma \cdot 1{,}30 \quad . \tag{6-54}$$

Überschreitet die empirische Standardabweichung s den 1,3-fachen Wert der Firmenangabe σ, so ist die Nullhypothese gleicher Standardabweichungen abzulehnen.

Zu b):
Für den Vergleich zweier Varianzen empfiehlt die ISO-Norm den F-Test.
Solange die Bedingung

$$0{,}34 \le \frac{s_1^2}{s_2^2} \le 2{,}98 \tag{6-55}$$

erfüllt ist, sind die beiden Standardabweichungen (s_1, s_2) zweier Messreihen als nicht signifikant verschieden anzusehen.

Zu c):
Die Signifikanz der Nullpunktskorrektion K wird mit dem t-Test geprüft.
Die Fraktile der t-Verteilung mit 14 Freiheitsgraden und einseitiger Fragestellung beträgt $t_{0,975;14} = 2{,}14$. Die Standardabweichung der Nullpunktskorrektion berechnet sich zu $s_K = s_0 \cdot 0{,}45$. Damit lautet die Bedingung für den statistischen Test, ob K von Null verschieden ist

$$|K| \le s_K \cdot 2{,}14 = s_0 \cdot 0{,}45 \cdot 2{,}14 = s_0 \cdot 0{,}96 \quad . \tag{6-56}$$

Die ISO-Norm wendet diese Formel auch für den Vergleich von K nicht nur gegen Null an, sondern auch gegenüber einem (z. B. früher bestimmten) Wert K', dann in der Form

$$|K - K'| \leq s_K \cdot 2{,}14 = s_0 \cdot 0{,}45 \cdot 2{,}14 = s_0 \cdot 0{,}96 \quad , \qquad (6\text{-}57)$$

obwohl in diesem Fall gewöhnlich K' nicht fehlerfrei bestimmt wurde.

Allgemein anzumerken ist, dass beim „full test procedure" keine Sollstrecken zur Verfügung stehen und deshalb die Bestimmung einer streckenabhängigen Nullpunktskorrektion nicht möglich ist. Die mit (6-52) berechnete Genauigkeitsangabe ist unter Umständen nicht zutreffend, weil der lineare Anteil einer streckenabhängigen Nullpunktskorrektion entsprechend einer sonstigen Maßstabsabweichung in diesem freien „Netz" nicht bestimmbar ist. Die nach der ISO-Vorschrift ermittelte Standardabweichung $s_{ISO\text{-}EDM}$ ist demnach oft zu optimistisch, die tatsächliche äußere Messgenauigkeit kann wesentlich ungünstiger sein.

7 Korrektionen und Reduktionen

Im Gegensatz zu „Korrektionen", welche systematische Geräte- und Modellabweichungen berücksichtigen, handelt es sich bei den „Reduktionen" um die Umrechnung von der räumlichen Bahnkurve in die ebene Strecke eines Koordinatensystems. Obwohl der Einfluss der Atmosphäre an sich zu den Korrektionen gehört, wird er als Nachbehandlung der gemessenen Strecke hier in der Gruppe der Reduktionen mitbehandelt.

7.1 Atmosphärische Korrektionen

7.1.1 Die 1. Geschwindigkeitskorrektion (K_n)

Bei der am EDM angezeigten Streckenlänge D_a wird unterstellt, dass die Modulationswellenlänge λ einen festen Wert hat (z.B. $\lambda = 20$ m), welche sich wegen der Grundgleichung

$$\lambda = \frac{c_0}{n_0 \cdot f}$$

somit auf einen bestimmten Bezugsbrechungsindex n_0 und damit auf eine bestimmte Ausbreitungsgeschwindigkeit bezieht:

$$n_0 = \frac{c_0}{\lambda \cdot f} \quad . \tag{7-1}$$

Während der Messung in der aktuellen Atmosphäre herrscht jedoch der abweichende, tatsächliche Brechungsindex n, der für Licht nach Abschnitt 5.1.1 aus den gemessenen meteorologischen Daten berechnet wird. Für die tatsächliche Länge der Bahnkurve D gilt nach Abschnitt 5.1.4 der Zusammenhang

$D \cdot n$	=	$D_a \cdot n_0$
tatsächliche Werte		*Bezugswerte*

bzw.

$$D = \frac{n_0}{n} \cdot D_a \quad . \tag{7-2}$$

Umgeformt ergibt sich die atmosphärische Korrektion K_n als Verbesserung der abgelesenen Strecke aus

$$D = D_a + K_n$$

$$K_n = D - D_a = D_a \cdot \left(\frac{n_0 - n}{n} \right) \qquad (7\text{-}3)$$

und wegen $n \approx 1$ genügend genau

$$\underline{\underline{K_n = D_a \cdot (n_0 - n)}} \quad . \qquad (7\text{-}4)$$

Durch rechnerische Korrektion lässt sich der Einfluss der Atmosphäre am genauesten berücksichtigen. Er kann auch Diagrammen entnommen werden, die in den Betriebsanleitungen der Hersteller enthalten sind. Für Nahbereichs-Entfernungsmesser kann er auch durch Einstellen am Refraktionsschalter berücksichtigt werden, indem meist im Mikroprozessor eine rechnerische Maßstabskorrektion erfolgt oder bei wenigen Geräten (z.B. beim ehemals gebauten ZEISS Eldi 2) die Modulationsfrequenz entsprechend verändert wird.

Beispiele zur 1. Geschwindigkeitskorrektion

Beispiel 1:
Für einen elektrooptischen Entfernungsmesser gelten folgende Bezugsdaten:

Trägerwellenlänge:		λ_T = 0,910 µm
Bezugsatmosphäre:	Druck	p_0 = 750 Torr = 999,9 hPa
	Temp.	t_0 = −17,8 °C

Nach BARRELL, SEARS (5-9) findet man den Gruppenbrechungsindex für die Normatmosphäre (p = 760 Torr = 1013,25 hPa, t = 0 °C)

$$n_{Gr} = 1{,}000\,293\,6 \quad .$$

Reduktion nach KOHLRAUSCH (5-11) auf die Bezugsatmosphäre liefert den Bezugsbrechungsindex (bei Vernachlässigung des Feuchtegliedes)

$$n_0 = 1{,}000\,310 \quad .$$

Die tatsächlich gemessenen Wetterdaten

$$p = 739 \text{ Torr} = 985{,}3 \text{ hPa}, \quad t = +13{,}5\ °C$$

ergeben wieder nach KOHLRAUSCH (5-11) den aktuellen Brechungsindex

$$n = 1{,}000\,272$$

und damit die Streckenkorrektion (7-4)

$$K_n = D_a \cdot (n_0 - n) = D_a \cdot 38 \cdot 10^{-6} = +38 \text{ mm/km} \quad .$$

Beispiel 2:
Für einen elektrooptischen Entfernungsmesser sind der Betriebsanleitung folgende Bezugsdaten zu entnehmen:

Trägerwelle	λ_T = 0,885 μm,
Modulationsfrequenz des Feinmaßstabes	f = 7,492 700 MHz,
soll gelten für die Modulationswellenlänge	λ = 40 m .

Die Berechnung des Bezugsbrechungsindexes ist in diesem Fall nicht aus atmosphärischen Bezugswerten möglich, sondern nur aus der Grundgleichung (7-1)

$$n_0 = \frac{c_0}{f \cdot \lambda} = \frac{299792458 \text{m/s}}{7{,}4927 \cdot 10^6 \cdot 40 \text{m/s}} = 1{,}0002818 \ .$$

Die tatsächlich gemessenen Wetterdaten

p = 739 Torr = 985,3 hPa

t = 13,5 °C

ergeben mit dem Gruppenbrechungsindex für λ_T

n_{Gr} = 1,000 294 0

und Umrechnung nach KOHLRAUSCH den aktuellen Brechungsindex

n = 1,000 272 4 .

Damit folgt die 1. Geschwindigkeitskorrektion (7-4)

$$K_n = D_a \cdot (n_0 - n) = D_a \cdot 9{,}4 \cdot 10^{-6} = +9{,}4 \text{ mm/km} \ .$$

Bei diesem Instrument kann der Refraktionsschalter nur stufenweise mit einer groben Schrittweite von 30 mm/km verstellt werden. Die rechnerische Korrektion erlaubt somit eine wesentlich feinere Berücksichtigung der herrschenden Atmosphäre.

7.1.2 Die 2. Geschwindigkeitskorrektion ($K_{\Delta n}$)

Üblicherweise berechnet man für lange Strecken den Mittelwert

$$n = \frac{n_1 + n_2}{2}$$

der an beiden Endpunkten bestimmten Brechungsindizes (n1, n2). Bei Annahme einer linearen Änderung des Brechungsindexes mit der Höhe liefert n nur dann den richtigen Streckenwert, wenn die Bahnkurve dieselbe Krümmung hätte wie die Erdoberfläche. In Wirklichkeit verläuft der Messstrahl jedoch in einem flacheren Bogen näher an der Erdoberfläche und durchläuft (bei Annahme erdparalleler Schichtung der Atmosphäre) dichtere Bereiche der Atmosphäre (Bild 7-1).

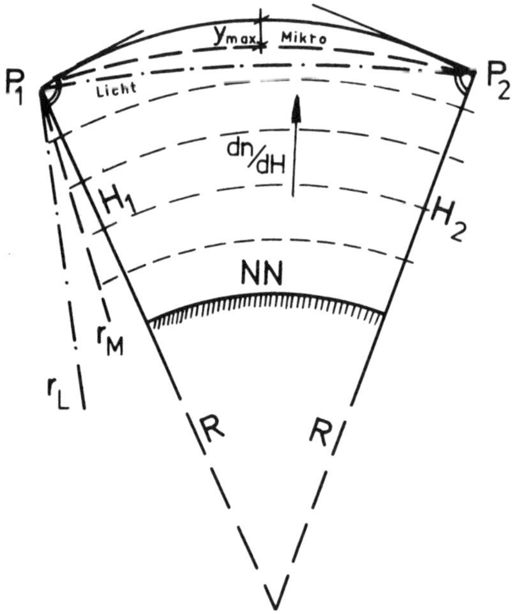

Bezeichnungen:

R = Erdradius
r = Bahnradius der elektromagnetischen Welle
$r_L = 8R$; $r_M = 4R$
k = Refraktionskoeffizient
k = R/r;
$K_L \approx 0{,}13$;
$k_M = 0{,}25$
L,M = Index für Licht- bzw. Mikrowellen
Y_{max} = maximale Pfeilhöhe (Kurvenabstand)
Y_m = mittlerer Kurvenabstand
H = Höhe

Bild 7-1: Zur 2. Geschwindigkeitskorrektion $K_{\Delta n}$

Korrekter wäre also ein größerer Brechungsindex

$$\bar{n} = n + \Delta n = \frac{n_1 + n_2}{2} + \Delta n \quad , \tag{7-5}$$

wobei $\Delta n = -Y_m \cdot dn/dH$ wegen der Wellenlängenabhängigkeit des Gradienten (dn/dH) für Licht- und Mikrowellen verschiedene Werte annimmt.
Nach HÖPCKE 1964 gilt näherungsweise

$$\frac{dn}{dH} \approx -\frac{1}{r} = -\frac{k}{R} \quad , \tag{7-6}$$

also

$$\left(\frac{dn}{dH}\right)_L = -20 \cdot 10^{-6}/\text{km} \quad \text{für Lichtwellen,}$$

$$\left(\frac{dn}{dH}\right)_M = -40 \cdot 10^{-6}/\text{km} \quad \text{für Mikrowellen.}$$

Der mittlere Höhenabstand Y_m berechnet sich aus der Näherungsformel für die „Pfeilhöhe“ Y_{max}

$$Y_{max} \approx \frac{D^2}{8R} \cdot (1-k)$$

$$Y_m \approx \frac{2}{3} \cdot Y_{max} \ .$$

Daraus resultiert die Korrektion Δn am mittleren Brechungsindex zu

$$\Delta n = \left(k - k^2\right) \cdot \frac{D^2}{12R^2} \ . \qquad (7\text{-}7)$$

Die entsprechende Streckenkorrektion (2. Geschwindigkeitskorrektion) lautet schließlich

$$K_{\Delta n} = -D \cdot \Delta n = -\left(k - k^2\right) \cdot \frac{D^3}{12R^2} \ . \qquad (7\text{-}8)$$

Nach Anbringen der beiden Geschwindigkeitskorrektionen folgt die Länge des Bahnbogens zu

$$D = D_a + K_n + K_{\Delta n} \ . \qquad (7\text{-}9)$$

Der Einfluss der 2. Geschwindigkeitskorrektion (Bild 7-2) überschreitet erst ab ca. 50 km den Wert 1 ppm und kann für die meisten Anwendungen der Praxis vernachlässigt werden oder wird zusammenfassend mit formal ähnlichen Reduktionen in (7-15) berücksichtigt.

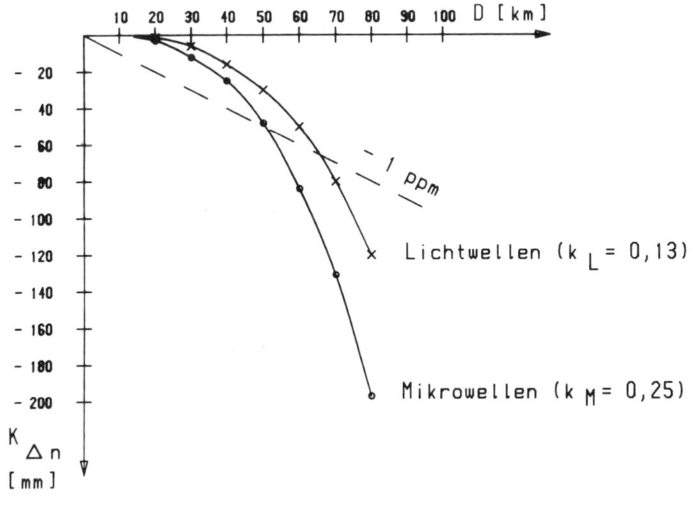

Bild 7-2: Einfluss der 2. Geschwindigkeitskorrektion $K_{\Delta n}$

7.2 Geometrische Reduktionen

Nach Anbringen der atmosphärischen Korrektion und eventueller Zentrierungen erhält man als Ergebnis einer elektronischen Streckenmessung die Länge der Messbahn D. Die geometrischen Reduktionen umfassen den Übergang von der Länge der gekrümmten Bahnkurve D auf den sphärischen Bogen S im Niveau des Bezugshorizontes (Bild 7-3). Hierzu werden theoretisch ellipsoidische Höhen benötigt, im Allgemeinen sind jedoch nur NN-Höhen verfügbar. Die dabei auftretenden Reduktionsschritte lassen sich in 2 Gruppen einteilen:

- Unterschiede zwischen der Länge eines Kreisbogens und der zugehörigen Sehne (Krümmungsreduktionen)
- Unterschiede zwischen Sehnenlängen in Abhängigkeit der Neigung und Höhen (Neigungs- und Höhenreduktionen)

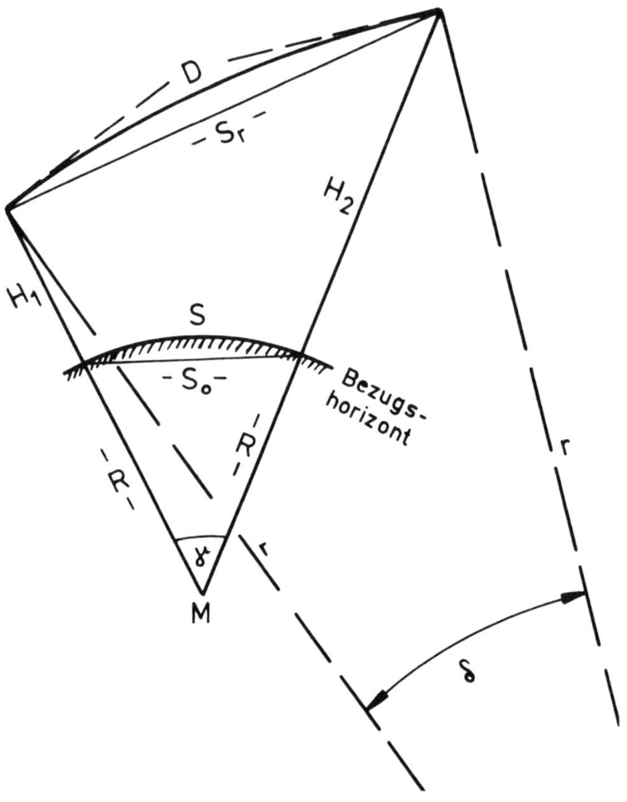

Bild 7-3: Geometrische Reduktionen

7.2.1 Krümmungsreduktionen

Bei Annahme einer konzentrischen Schichtung der Atmosphäre mit höhenlinearer Dichteabnahme ist die Messbahn wegen der Refraktion ein Kreisbogen mit Bahnradius r, welcher über den Refraktionskoeffizienten k als Verhältnis zum Erdradius R (Berechnung nach (7-28)) angegeben wird. Für durchschnittliche Verhältnisse in der freien Atmosphäre gilt:

$$k_L = \frac{R}{r_L} \approx \frac{1}{8} \approx 0{,}13 \quad \text{für Lichtwellen,}$$

$$k_M = \frac{R}{r_M} \approx \frac{1}{4} = 0{,}25 \quad \text{für Mikrowellen,}$$

jedoch können die aktuellen Werte davon beträchtlich abweichen.

Die Länge der Messbahn (D) ist wegen der Bahnkrümmung auf die Raumsehne S_r zu reduzieren. Mit dem Messbahnradius r gilt streng:

$$S_r = 2r \cdot \sin\left(\frac{D}{2r}\right) \quad . \tag{7-10}$$

Nach einer Reihenentwicklung

$$S_r = D - \frac{D^3}{24 \cdot r^2} + \frac{D^5}{1920 \cdot r^4} - \ldots + \ldots \tag{7-11}$$

und Beschränkung auf Glieder bis zur 3. Ordnung und mit r = R/k folgt die Reduktion wegen Bahnkrümmung K_r

$$K_r = S_r - D = -k^2 \cdot \frac{D^3}{24 \cdot R^2} \tag{7-12}$$

sowie die reduzierte Raumsehne

$$S_r = D + K_r \quad .$$

Die Größenordnung der Bahnkrümmungsreduktion beträgt bei 100 km für Licht 17 mm, für Mikrowellen 70 mm. Sie bleibt im terrestrisch messbaren Entfernungsbereich immer weit unter 1 ppm und kann normalerweise vernachlässigt werden (Bild 7-4). Die separate Berechnung erübrigt sich deshalb, jedoch wird sie häufig, gemeinsam mit anderen Reduktionen mit ähnlichem Aufbau (Funktionen von D^3/R^2), zusammengefasst in (7-15) als ein Korrekturterm berechnet.

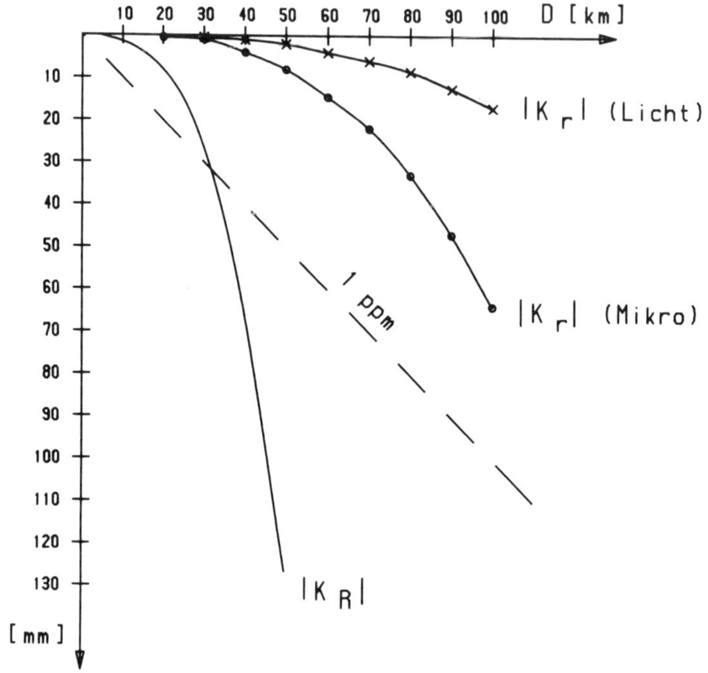

Bild 7-4: Größenordnung der Bahnkrümmungsreduktion K_r und der Erdkrümmungsreduktion K_R

Der Übergang von der Sehne S_0 zum Bogen S auf der Erdoberfläche erfolgt entweder mit der strengen Beziehung

$$S = 2R \cdot \arcsin\left(\frac{S_0}{2R}\right) \tag{7-13}$$

oder in Form einer Erdkrümmungsreduktion K_R

$$K_R = +\frac{S_0^{\ 3}}{24R^2} \tag{7-14}$$

und $S = S_0 + K_R$.

Hierbei ist K_R (analog zur Bahnkrümmungsreduktion) eine Reihenentwicklung bis zur 3. Ordnung mit mm-Rechenschärfe bis 300 km. Die Größenordnung der Erdkrümmungsreduktion überschreitet 1 ppm zwar erst ab ca. 30 km (siehe Bild 7-4), jedoch handelt es sich im Gegensatz zur Bahnkrümmungsreduktion und zur zweiten Geschwindigkeitskorrektion nicht um eine durch Hypothesen (Refraktion!) belastete Größe, sondern um eine rein geometrisch definierte. Sie erreicht ab 10 km den Wert 1 mm und ab 21 km den Wert 1 cm, was je nach Genauigkeitsanforderung an den Messwert angebracht werden sollte.

In der Krümmungsreduktion wirkt sich ein Streckenfehler dS mit

$$dK_R = \frac{1}{8} \cdot \left(\frac{S}{R}\right)^2 \cdot dS$$

aus. Da $(S/R)^2$ stets kleiner $2 \cdot 10^{-4}$ ist, kann anstelle von S_0 auch $S_r \approx D$ in das Reduktionsglied eingesetzt werden. Damit lassen sich alle Krümmungsreduktionen und die 2. Geschwindigkeitsreduktion als Funktionen von D^3/R^2 zu einem gemeinsamen Faktor zusammenfassen:

$$(K_r + K_R + K_{\Delta n}) = \frac{(1-k)^2}{24R^2} \cdot D^3 \quad . \tag{7-15}$$

7.2.2 Neigungs- und Höhenreduktionen

Für die Umrechnung von der Raumsehne S_r auf die Sehne S_0 im Niveau des Bezugshorizontes müssen entweder die Punkthöhen (H_1, H_2) oder eine Punkthöhe (H_1) und ein gemessener Zenitwinkel (z_1) bekannt sein.

7.2.2.1 Reduktion mit bekannten Punkthöhen

a) Direkte Lösung

Zur Ableitung der direkten Lösung wird zweimal der Kosinus-Satz angesetzt (Bild 7-3):

$$S_r^2 = (R+H_1)^2 + (R+H_2)^2 - 2(R+H_1)(R+H_2) \cdot \cos\gamma \tag{7-16}$$

$$S_0^2 = R^2 + R^2 - 2 \cdot R \cdot R \cdot \cos\gamma \quad . \tag{7-17}$$

Auflösung von (7-17) liefert

$$\cos\gamma = 1 - \frac{S_0^2}{2R^2}$$

und eingesetzt in (7-16) ergibt sich für die gesuchte Sehne

$$S_0 = R \cdot \sqrt{\frac{S_r^2 - (H_1 - H_2)^2}{(R+H_1) \cdot (R+H_2)}} \tag{7-19}$$

oder nach Umformung die Beziehung

$$S_0 = \sqrt{\frac{S_r^2 - (H_1 - H_2)^2}{\left(1+\frac{H_1}{R}\right)\cdot\left(1+\frac{H_2}{R}\right)}} \quad . \tag{7-20}$$

Der Übergang von der Schrägsehne auf die NN-Sehne lässt sich auch mit einem Reduktionsglied beschreiben, in welchem Neigungs- und Höhenreduktionen streng zusammengefasst sind:

$$K_{(\Delta H+H)} = S_r \cdot \left(\sqrt{\frac{1-\left(\frac{\Delta H}{S_r}\right)^2}{\left(1+\frac{H_1}{R}\right)\cdot\left(1+\frac{H_2}{R}\right)}} - 1 \right)$$

$$S_0 = S_r + K_{(\Delta H+H)} \quad . \tag{7-20a}$$

b) Schrittweise Reduktion

Die Reduktion der Raumstrecke S_r erfolgt in diesem Fall in zwei Schritten, die sich aus Bild 7-5 ablesen lassen.

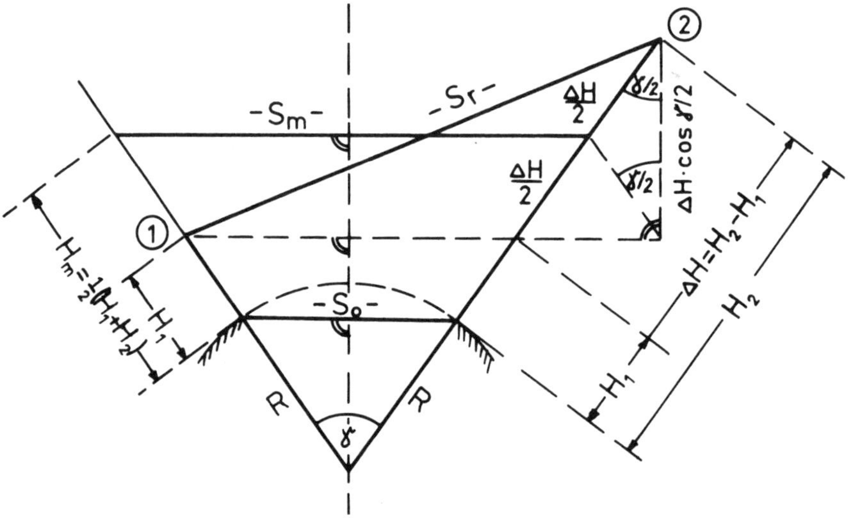

Bild 7-5: Schrittweise Reduktion

1. Schritt: Neigungskorrektion $K_{\Delta H}$ der Raumsehne S_r auf die Sehne S_m im Niveau der mittleren Höhe $H_m = 1/2 \cdot (H1+H2)$:

In strengem Ansatz

$$S_m{}^2 = S_r{}^2 - \left(\Delta H \cdot \cos\frac{\gamma}{2}\right)^2 \qquad \text{mit } \Delta H = H_2 - H_1$$

kann für Strecken bis 100 km ohne Genauigkeitsverlust $\cos \gamma/2 = 1$ gesetzt werden. Die Umformung des Ausdrucks

$$S_m = \sqrt{S_r{}^2 - \Delta H^2} = \sqrt{S_r{}^2 \cdot \left(1 - \left(\frac{\Delta H}{S_r}\right)^2\right)} \tag{7-21}$$

mittels der binomischen Reihe für $(\Delta H/S_r)^2 < 1$ ergibt

$$S_m = S_r \cdot \left(1 - \frac{1}{2} \cdot \left(\frac{\Delta H}{S_r}\right)^2 - \frac{1}{8} \cdot \left(\frac{\Delta H}{S_r}\right)^4 - \frac{1}{16} \cdot \left(\frac{\Delta H}{S_r}\right)^6 - \ldots\right) . \tag{7-22}$$

Bei Beschränkung auf das quadratische Glied ergibt die Reduktion

$$K_{\Delta H} = S_m - S_r$$

$$K_{\Delta H} \approx -\frac{\Delta H^2}{2S_r} . \tag{7-23}$$

Soll der Einfluss des ersten vernachlässigten Gliedes nicht größer als $f_{\Delta H} = 1$ mm bleiben, so lässt sich die Anwendungsgrenze der Näherungsreduktion (7-23) den Diagrammen in Bild 7-6a und Bild 7-6b entnehmen.

Beispiel:

Bei einer Strecke $S_r = 10\,\text{km}$ muss der Höhenunterschied $\Delta H \leq 300\,\text{m}$ sein, wenn der Reduktionsfehler nicht größer als $f_{\Delta H} = 1\text{mm}$ sein soll.

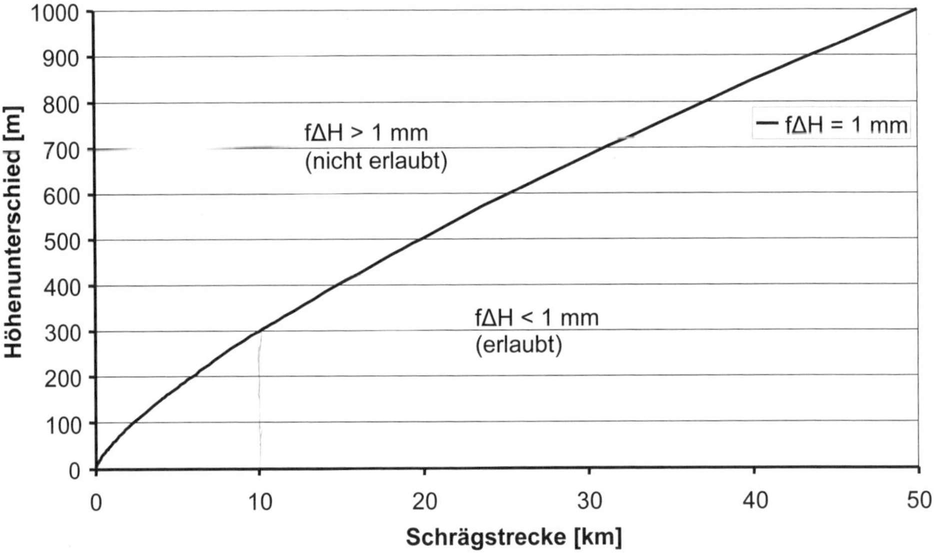

Bild 7-6a: Fehler $f_{\Delta H}$ der Näherungs-Neigungsreduktion $K_{\Delta H}$ für Strecken bis 50 km

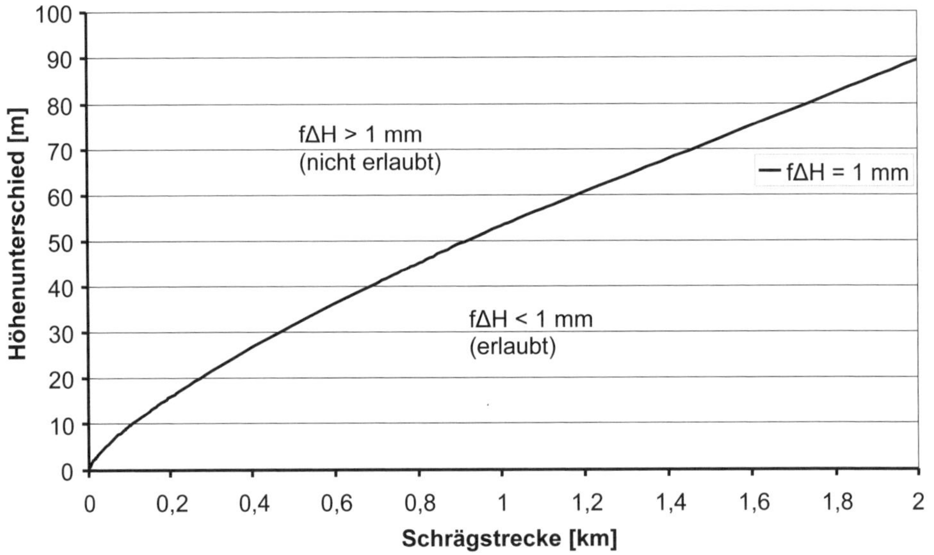

Bild 7-6b: Fehler $f_{\Delta H}$ der Näherungs-Neigungsreduktion $K_{\Delta H}$ für Strecken bis 2 km

2. Schritt: Höhenreduktion K_H von der mittleren Sehne S_m auf die Sehne S_0 im Niveau der Rechenfläche:

Es gilt nach Bild 7-5 die strenge Beziehung

$$S_0 = S_m \cdot \frac{R}{R + H_m} \tag{7-24}$$

oder als Korrektion der mittleren Sehne geschrieben

$$S_0 = S_m + K_H$$

und

$$K_H = -S_m \cdot \frac{H_m}{R + H_m} \quad . \tag{7-25}$$

Häufig wird die vereinfachte Formel angegeben

$$K_H \approx -S_m \cdot \frac{H_m}{R} \quad , \tag{7-26}$$

deren Fehler

$$f_H = S_m \cdot \frac{{H_m}^2}{R(R + H_m)} \tag{7-27}$$

linear mit der Strecke und quadratisch mit der Höhe zunimmt. Wird wieder ein Reduktionsfehler f_H = 1 mm zugelassen, so gibt das Diagramm in Bild 7-7 den Anwendungsbereich der Näherungsformel (7-26) an.

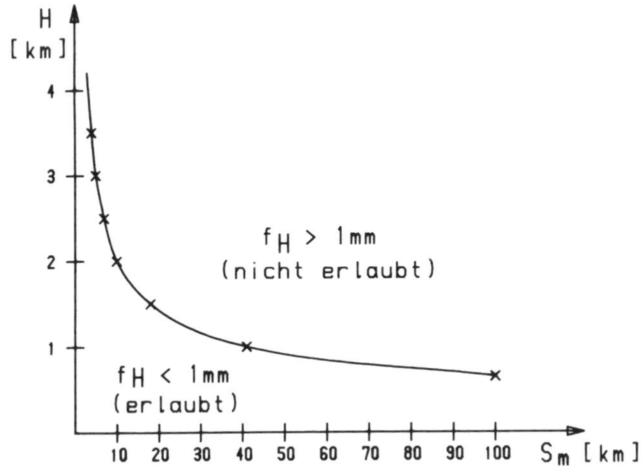

Bild 7-7: Fehler der Näherungs-Höhenreduktion K_H

Genauigkeitsforderungen an die Eingangsgrößen

Die Zusammenfassung aller geometrischen Reduktionen

$$\sum K = +\frac{(1-k)^2}{24 \cdot R^2} \cdot D^3 - \frac{\Delta H^2}{2 \cdot D} - \frac{H_m}{R} \cdot D$$

wird mit Hilfe des totalen Differentiales

$$d\left(\sum K\right) = \left(-\frac{(1-k)^2}{12} \cdot \left(\frac{D}{R}\right)^3 + \frac{H_m \cdot D}{R^2} \right) \cdot dR - \frac{\Delta H}{D} \cdot d(\Delta H) - \frac{D}{R} \cdot dH_m$$

untersucht.

Lässt man für jede Fehlerursache (dR, d(ΔH) und dH_m) jeweils einen Reduktionsfehler von 1 mm zu, so lassen sich folgende Genauigkeitsanforderungen angeben:

1. Erdradius (R):

Für H = 1000 m und D = 100 km ergibt sich ein zulässiger Fehler dR ≈ 450 m, der fast ausschließlich durch das Höhenglied zustande kommt. Eine Ungenauigkeit des Erdradius ist also unproblematisch.

Für lokale Vermessungsgebiete kann ein einheitlicher Wert für R (Gaußsche Schmiegungskugel) angesetzt werden, welcher sich aus

$$R = \sqrt{M \cdot N} \tag{7-28}$$

berechnet.

Hierbei ist $M = \frac{c}{V^3}$ = Meridiankrümmungshalbmesser

$N = \frac{c}{V}$ = Querkrümmungshalbmesser

mit a, b = große und kleine Ellipsoid-Halbachsen

und den Hilfsgrößen

$$c = \frac{a^2}{b}$$

$$e'^2 = \frac{a^2 - b^2}{b^2}$$

$$V^2 = 1 + e'^2 \cdot \cos^2 B \quad \text{(B = ellipsoidische Breite).}$$

Für das Bessel-Ellipsoid (Grundlage des Deutschen Hauptdreiecksnetzes) mit

$$a = 6\,377\,397{,}155 \text{ m}$$

$$b = 6\,356\,078{,}963 \text{ m}$$

berechnet sich zum Beispiel für B = 50°

$$R = \sqrt{M \cdot N} = 6\,381\,071{,}60 \text{ m} \quad ,$$

als runder Zahlenwert also

$$R \approx 6381 \text{ km} \quad .$$

Bei Berechnungen auf dem Ellipsoid wird bei langen Strecken (D > 20 km) noch das Azimut A des Normalschnittes berücksichtigt und man erhält

$$\frac{1}{R} = \frac{\cos^2 A}{M} + \frac{\sin^2 A}{N} \quad . \tag{7-29}$$

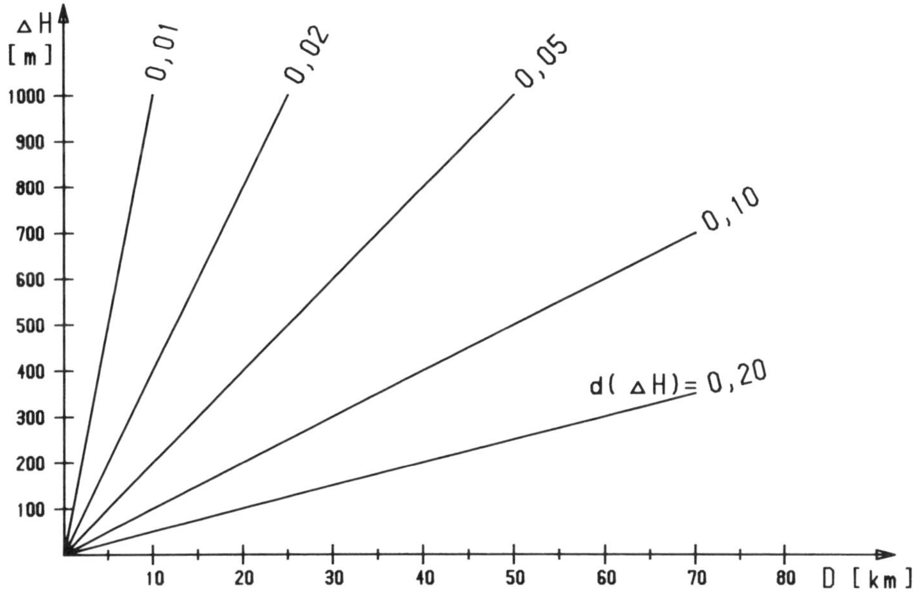

Bild 7-8: Zulässiger Fehler d(ΔH) [m] des Höhenunterschiedes ΔH für einen Reduktionsfehler von 1 mm

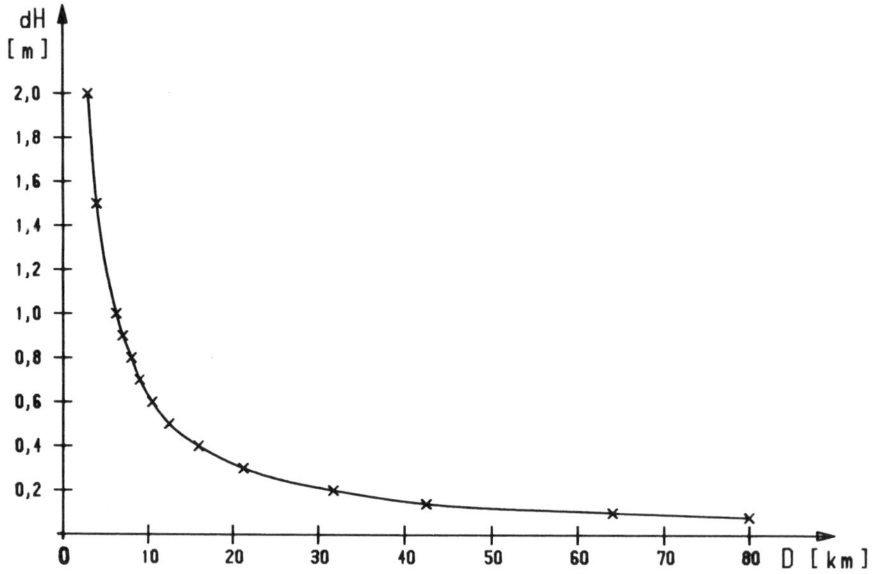

Bild 7-9: Zulässiger Fehler dH der mittleren Höhe H_m für einen Reduktionsfehler von 1 mm

2. Höhenunterschiede der Streckenendpunkte (ΔH)

Wie Bild 7-8 zeigt, ist ΔH bei kurzen, geneigten Strecken mit cm-Genauigkeit zu bestimmen, wenn die Reduktion auf mm genau sein soll.

3. Mittlere Höhe der Streckenendpunkte über der Bezugsfläche (H_m):

Die absolute Höhe beeinflusst die Streckenreduktion proportional zur Streckenlänge und braucht deshalb nur bei sehr langen Strecken auf dm-Genauigkeit bekannt sein (vgl. Bild 7-9). Da gerade bei langen Strecken die trigonometrische Höhenmessung wegen der Refraktion unsicher wird, müssen auch solche Punkte durch Anschluss an das Nivellementnetz höhenmäßig bestimmt sein. Die in den Formeln eigentlich benötigten ellipsoidischen Höhen, bezogen auf das Bessel-Ellipsoid, sind jedoch nicht mit den NN-Höhen identisch. Zur gegenseitigen Umrechnung ist die Kenntnis der Geoidundulationen notwendig. Auch aus GPS-Messungen erhaltene, ellipsoidische Höhen, bezogen auf das WGS84-Ellipsoid, sind nicht identisch mit denjenigen für das Bessel-Ellipsoid.

Sowohl die Höhen- als auch die Neigungsreduktion erreichen schon bei geringen Höhen bzw. Höhenunterschieden die Größenordnung der Messgenauigkeit und müssen deshalb normalerweise angebracht werden.

Die Höhenreduktion ist proportional zur Strecke und zur Höhe, für die mittlere Höhe H_m = 1000 m beträgt $K_H = -0{,}157$ m/km. Die Neigungskorrektion nimmt quadratisch mit dem Höhenunterschied und umgekehrt proportional zur Strecke zu. Bei Präzisionsmessungen ist sie schon bei relativ geringen Höhenunterschieden und kurzen Strecken nicht zu vernachlässigen.
Beispiel: Wird bei S = 100 m ein Reduktionsfehler von 0,1 mm zugelassen, so muss $\Delta H < 0{,}14$ m sein.

7.2.2.2 Reduktion der Schrägstrecke über Zenitwinkel

Anstelle der Höhe H_2 muss im Punkt P_1 mit bekannter Höhe H_1 der Zenitwinkel z' gemessen werden, wobei schon hier darauf hingewiesen wird, dass wegen der Unsicherheit in der Refraktion dieses Verfahren bei längeren Strecken mit großer Vorsicht anzuwenden ist.

Da auch aus Gründen der Sichtbarkeit die Messung des Zenitwinkels bei langen Strecken (D > 20 km) kaum möglich ist, genügt die Beschränkung auf eine sphärische Lösung.

Der Rechengang gestaltet sich wie folgt:

1. Bahnkrümmungsreduktion der EDM-Strecke

$$S_r = D + K_r$$

wobei nach (7-12) gilt

$$K_r = -\frac{D^3}{24R^2}\cdot k^2 \qquad \text{mit} \quad k_L = 0{,}13 \text{ für Lichtwellen}$$

$$k_M = 0{,}25 \text{ für Mikrowellen}$$

2. Refraktionsverbesserung des Zenitwinkels z'

$$z = z' + \frac{\delta}{2} \tag{7-30}$$

wobei $\frac{\delta}{2} = \frac{D}{2R}\cdot k_L \cdot \rho$ mit $k_L = 0{,}13$.

3. Die sphärische Bogenlänge im Niveau der Bezugskugel (H = 0) lässt sich gemäß Bild 7-10 ableiten:

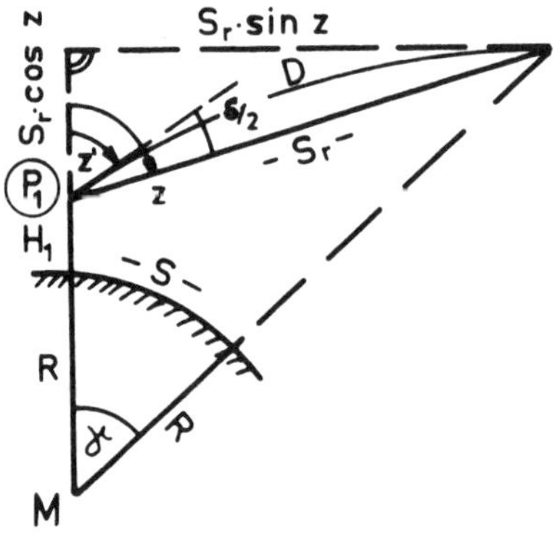

$$\tan\gamma = \frac{S_r \cdot \sin z}{(R + H_1) + S_r \cdot \cos z}$$

$$S = R \cdot \frac{\gamma}{\rho}$$

$$S = R \cdot \arctan\left(\frac{S_r \cdot \sin z}{(R + H_1) + S_r \cdot \cos z}\right) \qquad (7\text{-}31)$$

Bild 7-10: Reduktion der Schrägstrecke über Zenitwinkel

4. Wird auch die Höhe H_2 benötigt, so lässt sie sich mit dem Cosinus-Satz ansetzen (siehe Bild 7-11)

$$(R + H_2)^2 = (R + H_1)^2 + S_r^{\,2} + 2S_r \cdot (R + H_1) \cdot \cos z$$

und mit dem Zahlenwert für $(R+H_2)^2$ folgt

$$H_2 = \sqrt{(R + H_2)^2} - R \quad . \qquad (7\text{-}32)$$

Die Gefahr von Rundungsfehlern bei einer geforderten Stellengenauigkeit von 10 oder 11 Stellen kann durch die numerisch günstigere Formel

$$H_2 = H_1 + \frac{H_1^{\,2} + S_r^{\,2}}{2R} + S_r \cdot \left(1 + \frac{H_1}{R}\right) \cdot \cos z - \frac{H_2^{\,2}}{2R} \qquad (7\text{-}33)$$

umgangen werden, wobei das letzte Korrektionsglied mit einer Näherung für H_2 aus der expliziten Formel (7-32) berechnet wird.

Eine andere Formelentwicklung, die sich insbesondere für die Fehlerbetrachtung eignet, berechnet die Neigungs- und Höhenreduktion in zwei getrennten Schritten:

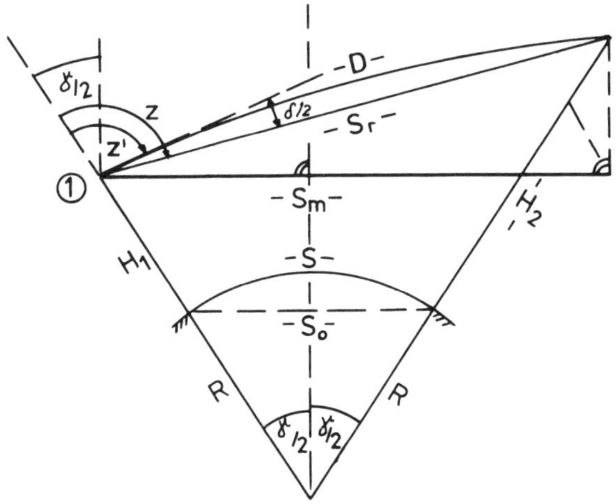

Bild 7-11

Die Strecke S_m im mittleren Höhenniveau $H_m = (H_1+H_2)/2$ ergibt sich aus der Figur im Bild 7-11 zu

$$S_m = S_r \cdot \sin\left(z - \frac{\gamma}{2}\right) \quad .$$

Mit dem ursprünglich beobachteten Zenitwinkel z' und dem Refraktionswinkel δ/2 folgt wegen

$$z = z' + \frac{\delta}{2}$$

die Beziehung

$$S_m = S_r \cdot \sin\left(z' + \frac{\delta}{2} - \frac{\gamma}{2}\right) \qquad \text{oder}$$

$$S_m = S_r \cdot \sin(z' + \varepsilon) \quad ,$$

wobei $\varepsilon = \delta/2 - \gamma/2$ sich mit Hilfe des Refraktionskoeffizienten k darstellen lässt

$$\frac{\gamma}{2} = \frac{S_r \cdot \sin z'}{2R} \qquad (z' \approx z)$$

$$\frac{\delta}{2} = \frac{S_r}{2R} \cdot k$$

und damit

$$\varepsilon = \frac{\delta}{2} - \frac{\gamma}{2} = \frac{S_r}{2R} \cdot (k - \sin z') \quad . \qquad (7\text{-}35)$$

Die weitere Reduktion auf den Bezugshorizont und auf die sphärische Strecke S erfolgt nach den bekannten Formeln

$$S_0 = S_m \cdot \frac{R}{R + H_m} \qquad (7\text{-}24)$$

$$S = S_0 + K_R = S_0 + \frac{S_0^{\,3}}{24R^2} \quad . \qquad (7\text{-}14)$$

Für die Fehleranalyse werden die partiellen Differentiale von (7-34), (7-35) gebildet, in denen wegen ε = kleiner Winkel weitere Vereinfachungen erlaubt sind:

$$\frac{\partial S_m}{\partial S_r} = \sin(z' + \varepsilon) \approx \sin z'$$

$$\frac{\partial S_m}{\partial k} = \frac{S_r^{\,2}}{2R} \cdot \cos(z' + \varepsilon) \approx \frac{S_r^{\,2}}{2R} \cdot \cos z'$$

$$\frac{\partial S_m}{\partial z'} = S_r \cdot \cos(z' + \varepsilon) - \frac{S_r^{\,2}}{2R} \cdot \cos(z' + \varepsilon) \approx S_r \cdot \cos z' \approx \Delta H \quad .$$

Damit lautet das Fehlergesetz für die Horizontalstrecke

$$dS_m = \sin z' \cdot dS_r + \Delta H \cdot \frac{dz}{\rho} + \frac{S_r^{\,2}}{2R} \cdot \cos z' \cdot dk \quad , \qquad (7\text{-}36)$$

aus dem die verschiedenen Fehlerwirkungen ersichtlich werden:

- Ein Streckenfehler (dS) wirkt sich in gleicher Größenordnung auf die Horizontalstrecke S_m aus; nur bei sehr steilen Strecken verringert sich der Einfluss merklich.
- Ein Messfehler des Zenitwinkels (dz) wirkt proportional zum Höhenunterschied, aber unabhängig von der Streckenlänge.
- Ein Fehler im Refraktionskoeffizienten (dk) wirkt sich mit dem Quadrat zur Strecke aus und beschränkt damit die Reduktion von Schrägstrecken über den Zenitwinkel auf kurze Distanzen. Für Abweichungen des Durchschnittswertes k = 0,13 mit der Standardabweichung s_k = 0,04 in der freien Atmosphäre ist die größte zulässige

Streckenlänge in Abhängigkeit des Zenitwinkels im Diagramm 7-12 dargestellt. Selbst bei relativ flachen Zielungen (z.B. z = 95 gon) darf die Strecke nicht länger als ca. 2 km sein, wenn mm-Genauigkeit angestrebt wird. Insbesondere bei flachen, bodennahen Zielungen können jedoch, ähnlich wie beim Nivellement, völlig andere Refraktionsverhältnisse auftreten. Die tatsächlichen Abweichungen vom Durchschnittswert k = 0,13 können deshalb wesentlich größer sein. Wie schon eingangs erwähnt, ist wegen der Unsicherheit der Refraktion das Reduktionsverfahren über einseitig gemessene Zenitwinkel mit großer Vorsicht zu betrachten.

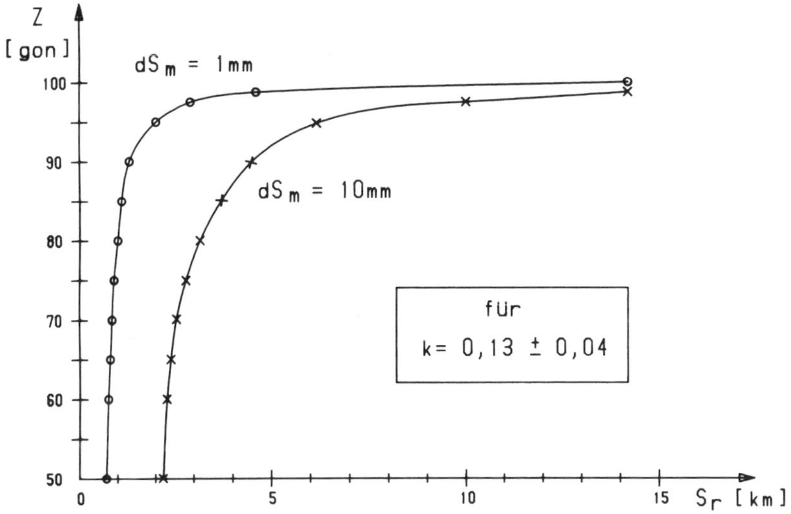

Bild 7-12: Anwendungsgrenze für S_r bei geforderter Reduktionsgenauigkeit dS_m für Refraktionskoeffizient k = 0,13 ± 0,04

Beispiel: $dS_m = 0{,}001$ m $\Rightarrow$ Schrägstrecke $S_r \leq 1$ km
bei z = 80 gon

7.3 Reduktion wegen vertikaler Exzentrizität

7.3.1 Aufsatzdistanzmesser als Zubehör zum Theodolit

Nur bei Tachymetern mit gemeinsamer Optik für Theodolit und EDM bezieht sich der zum Prisma gemessene Zenitwinkel auf die gemessene Schrägstrecke, so dass zur Berechnung der Horizontalstrecke die Formeln von Abschnitt 7.2.2.2 unmittelbar anwendbar sind. Bei allen Aufsatz-Entfernungsmessern oder selbständig betriebenen Entfernungsmessern entsteht jedoch ein Höhenversatz durch die unterschiedlichen Kippachshöhen von Theodolit (i_T) und Distanzmesser (i_D). Die hierdurch erforderliche Zentrierung ist sowohl von der Koppelungsart Theodolit-EDM als auch von der

Ausbildung der Reflektor-Zielmarken-Einheit abhängig. Wenn auch reine Aufsatzentfernungsmesser immer seltener gebaut werden und bei modernen Tachymetern der Trend eindeutig zu koaxialen Systemen geht, sollen doch einige Beispiele (meist älterer Geräte) den Sachverhalt verdeutlichen.

Nur noch bei ganz seltenen älteren Gerätekombinationen ist der Aufsatzentfernungsmesser seitlich auf die Fernrohrstützen aufgesetzt und besitzt eine eigene Kippachse über der Theodolitkippachse. Dieser Fall wird hier nicht mehr besprochen. Bei den neueren Theodoliten sind die Kippachslager so verstärkt, dass der Entfernungsmesser mittels einer Adaptierung direkt auf das Fernrohr montiert werden kann. In diesem Fall wird der Distanzmesser zusammen mit dem Fernrohr geschwenkt, so dass bei geneigten Visuren durch den Höhenversatz e zwischen Theodolit-Kippachse und Distanzmesser der Bezugspunkt für die Streckenmessung aus der Stehachse ausweicht (Bild 7-13) und eine Korrektion der gemessenen Schrägstrecke um

$$\Delta D = -\, e \cdot \cot z \qquad (7\text{-}37)$$

erforderlich wird.

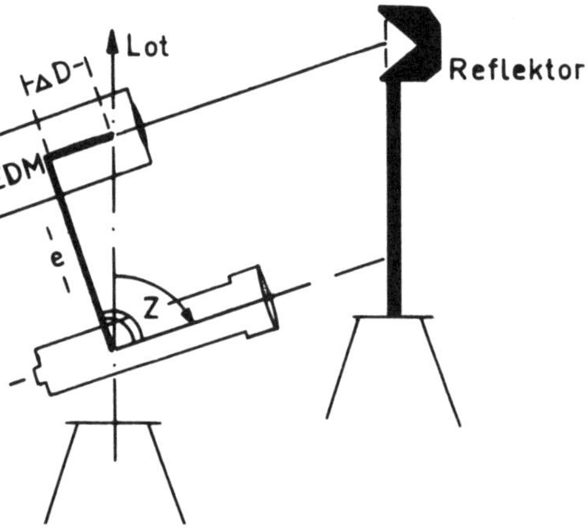

Bild 7-13: Aufsatz-EDM und Reflektor ohne eigene Kippachse

Als Beispiel für die Größenordnung sind die Werte für einige (meist ältere) Instrumente genannt:

EDM	Theodolit	e [mm]	ΔD [mm] für z = 90	80	70 gon
WILD Di 5	T2000	36	–6	–12	–18
WILD Di 5	T2	48	–8	–16	–24
WILD Di 3000	T2	90	–14	–29	–46
GEODIMETER 220	T16	114	–18	–37	–58

Bei manchen Reflektoren wird die Korrektion ΔD ausgeglichen, indem das Prismengehäuse in Höhe der Vertikalzielmarke kippbar gelagert ist und der Höhenversatz einem gleichgroßen Versatz zwischen Reflektor und Vertikalzielmarke entspricht (Bild 7-14). Wenn der Reflektor jedoch nur nach Augenmaß und nicht arretierbar gekippt werden kann, ist er aus Gründen der Zuverlässigkeit bzw. Kontrollierbarkeit ungeeignet.

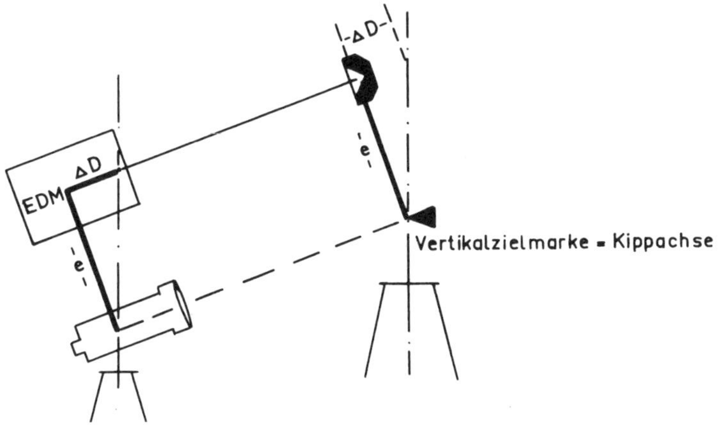

Bild 7-14: EDM ohne Kippachse, Reflektor mit Kippachse in Höhe der Vertikalzielmarke

Eine andere Version, die im Absteckreflektor des GEODIMETER 220 (und Nachfolger) verwirklicht ist, erlaubt die Kippung des Reflektors um ein Zentrum (M) in der Reflektor-Stehachse, wobei das Prisma in konstantem radialem Abstand r = 40 mm mit Winkeleinteilung geführt wird (Bild 7-15).

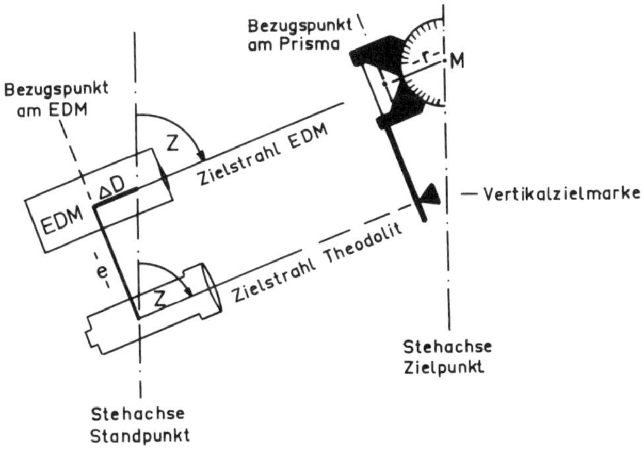

Bild 7-15: Absteckreflektor zum GEODIMETER 220

So bleibt die Zielpunktsexzentrizität – die in der Nullpunktskorrektion berücksichtigt wird – für alle Schrägstrecken konstant. Die Zielmarke für den Vertikalkreis schwenkt ebenfalls mit, so dass die Parallelität von EDM- und Theodolit-Zielstrahl erhalten bleibt. Die bei geneigten Strecken erforderliche Streckenreduktion ΔD wird nach (7-37) am Ergebnis automatisch angebracht, indem der Zenitwinkel über einen im EDM integrierten Neigungsmesser erfasst wird.

7.3.2 Reduktion von Schrägstrecke zu Schrägstrecke

Diese Aufgabe betrifft hauptsächlich lange Strecken, die mehrmals und mit unterschiedlichen Aufbauhöhen (i, t) gemessen wurden. Nicht nur terrestrische Streckenmessungen, sondern auch aus dreidimensionalen, kartesischen Koordinaten abgeleitete Strecken – wie sie bei GPS anfallen – kommen hierfür in Frage. Zum Vergleich werden alle gemessenen Schrägstrecken auf eine gemeinsame Schrägstrecke reduziert, üblicherweise auf diejenige zwischen den Bodenpunkten. Deshalb wird diese Reduktion auch „Stein-Stein-Reduktion" genannt.

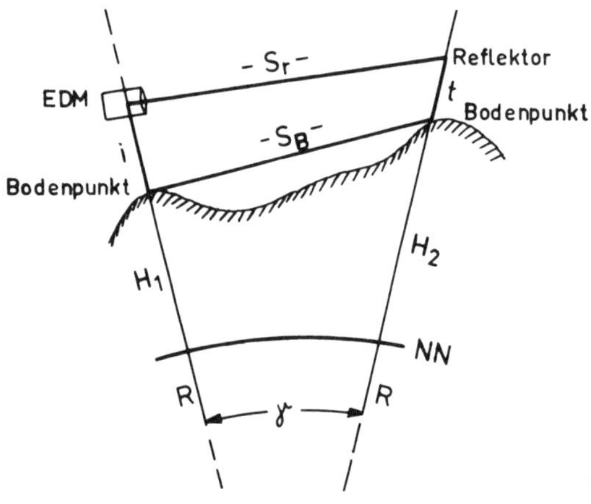

Gegeben sind hierbei

- S_r = in den Aufbauhöhen (i, t) gemessene und auf Schrägsehne reduzierte Strecke
- i = Instrumentenhöhe des EDM
- t = Instrumentenhöhe des Reflektors
- H_1 = Meereshöhe des Bodenpunktes beim EDM
- H_2 = Meereshöhe des Bodenpunktes beim Reflektor
- R = Erdradius

Gesucht:

- S_B = Schrägsehne von Bodenpunkt zu Bodenpunkt

Bild 7-16: „Stein-Stein-Reduktion"

Setzt man für S_r und S_B den Cosinussatz über dem Zentriwinkel γ an, so folgt unter Beachtung von

$$S_r^2 - S_B^2 = (S_r - S_B) \cdot (S_r + S_B) \qquad \text{und} \qquad S_r + S_B \approx 2 \cdot S_r$$

die Differenz der Sehnenlängen

$$\left(S_r - S_B\right) = \frac{1}{2S_r} \cdot \left(2R \cdot i + 2H_1 \cdot i + 2R \cdot t + 2H_2 \cdot t + i^2 + t^2\right.$$

$$\left. - 2 \cdot \cos\gamma \cdot \left(R \cdot t + H_1 \cdot t + R \cdot i + H_2 \cdot i + i \cdot t\right)\right) \quad .$$

Mit den Näherungen

$$\gamma \approx \frac{S_r}{R} \qquad \text{und} \qquad \cos\gamma \approx 1 - \frac{\gamma^2}{2}$$

ergibt sich weiter

$$\left(S_r - S_B\right) = + \frac{(i-t)\cdot\left(H_1 - H_2\right)}{S_r} + \frac{(i-t)^2}{2S_r} + \frac{S}{2R} \cdot (i+t) + \frac{S}{2R^2} \cdot H_1 \cdot t$$

$$+ \frac{S}{2R^2} \cdot H_2 \cdot i + \frac{S}{2R^2} \cdot i \cdot t \quad .$$

Die drei letzten Glieder erreichen für S = 100 km und H = 1000 m höchstens 1 mm und können stets vernachlässigt werden.

Im Sinne einer Korrektion von S_r bleibt damit die Streckenreduktion

$$\Delta S = + \frac{(i-t)\cdot\left(H_2 - H_1\right)}{S_r} - \frac{(i-t)^2}{2S_r} - \frac{(i+t)}{2R} \cdot S_r \tag{7-38}$$

und die auf die Bodenpunkte bezogene Sehne

$$S_B = S_r + \Delta S \quad .$$

7.4 Reduktion wegen Projektionsverzerrung

Die auf das Ellipsoid reduzierte gemessene Strecke S ist für die Verwendung im Koordinatensystem mit einer Abbildungsreduktion K_{Abb} zu versehen, welche die speziellen Verzerrungseigenschaften des Koordinatensystems berücksichtigt. Die in das Koordinatensystem abgebildete („verebnete") Strecke lautet dann

$$S_{Abb} = S + K_{Abb} \quad . \tag{7-39}$$

Soldner-System (So):
Die ordinatentreue Abbildung der Kugel in die Ebene nach SOLDNER – verwendet in älteren Landessystemen – erfordert eine vom Richtungswinkel t der Strecke abhängige Abbildungsreduktion

$$K_{So} = \left(y_1^2 + y_1 \cdot y_2 + y_2^2\right) \cdot \frac{S}{6R^2} \cdot \cos^2 t \qquad (7\text{-}40)$$

mit $y_{1,2}$ = Ordinatenabstand vom Bezugsmeridian für die Streckenendpunkte $P_{1,2}$.

Für Überschlagsrechnungen mit einer mittleren Ordinate y_m folgt aus (7-40)

$$K_{So} = \frac{y_m^2}{2R^2} \cdot S \cdot \cos^2 t \quad . \qquad (7\text{-}41)$$

Gauß-Krüger-System (GK):
Bei der konformen Abbildung nach GAUSS-KRÜGER entfällt die Richtungsabhängigkeit und es gilt

$$K_{GK} = \left(y_1^2 + y_1 \cdot y_2 + y_2^2\right) \cdot \frac{S}{6R^2} \qquad (7\text{-}42)$$

Die Näherungsformel unter Verwendung eines Ordinatenwertes y_m mit $y_m \approx y_1 \approx y_2$

$$K_{GK} = \frac{y_m^2}{2R^2} \cdot S \qquad (7\text{-}43)$$

unterscheidet sich von (7-42) proportional zur Streckenlänge und zum Quadrat der Ordinatendifferenzen $(y_1 - y_2)$ zu

$$f = \frac{(y_1 - y_2)^2}{24 \cdot R^2} \cdot S \qquad (7\text{-}44)$$

mit den Werten

Δy [km]	10	20	30	40	50	60	100
f [ppm]	0,1	0,4	0,9	1,6	2,6	3,7	10,2

Die Reduktion kann auch als Maßstabsfaktor m (Vergrößerungsverhältnis) geschrieben werden

$$m = \frac{S_{GK}}{S} = 1 + \frac{y^2}{2R^2} \qquad \text{oder} \qquad S_{GK} = m \cdot S = \left(1 + \frac{y^2}{2R^2}\right) \cdot S \quad . \qquad (7\text{-}45)$$

UTM-System (UTM):

Das Universal Transverse Mercator-System (UTM) mit einer Ausdehnung von 6 Längengraden unterliegt demselben Abbildungsgesetz wie die Gaußsche Projektion. Zur Vermeidung von zu großen Reduktionsbeträgen an den Rändern des Systems werden alle abgebildeten Strecken mit dem Maßstabsfaktor $m_0 = 0{,}9996$ multipliziert. Damit ergibt sich im UTM-System die Strecke

$$S_{UTM} = m_0 \cdot m \cdot S = 0{,}9996 \cdot \left(1 + \frac{y^2}{2R^2}\right) \cdot S \qquad (7\text{-}46)$$

sowie die Abbildungsreduktion

$$K_{UTM} = (m_{UTM} - 1) \cdot S \qquad (7\text{-}47)$$

$$\text{mit} \quad m_{UTM} = 0{,}9996 \cdot \left(1 + \frac{y^2}{2R^2}\right) .$$

Nachstehende Tabelle gibt einen Überblick über die Abbildungsreduktionen im Gaußschen und UTM-System für eine Strecke von S = 1 km.

Abstand vom Bezugsmeridian	Gauß	UTM	
y [km]	K_{GK} [mm/km]	m_{UTM}	K_{UTM} [mm/km]
0	0	0,999 600	–400
20	5	605	–395
40	20	620	–380
64	50	650	–350
90	100	700	–300
100	123	723	–277
140	241	0,999 841	–159
180,5	400	1,000 000	0
200	491	091	+91
300	–	705	+705

7.5 Zusammenfassung der wichtigsten Korrektionen und Reduktionen

Korrektion/Reduktion wegen	Formel	Nr.
Abweichung der Modulationsfrequenz	$K_f = D_a \cdot \frac{f_0 - f}{f}$	(6-6)
Zyklischer Phasenfehler	$K_Z = A \cdot \sin\left((D_a - C) \cdot \frac{2\pi}{U}\right)$	(6-10)
Nullpunktsabweichung	$K_D = a_0 + a_1 \cdot D_a$	(6-25)
1. Geschwindigkeits-korrektion	$K_n = D_a \cdot \left(\frac{n_0 - n}{n}\right)$	(7-3)
Krümmungsreduktionen und 2. Geschwindigkeits-korrektion	$(K_r + K_R + K_{\Delta n}) = \frac{(1-k)^2}{24R^2} \cdot D_a{}^3$	(7-15)
Neigungs- und Höhen-Reduktion Streng	$K_{(\Delta H + H)} = S_r \cdot \left(\sqrt{\frac{1 - \left(\frac{\Delta H}{S_r}\right)^2}{\left(1 + \frac{H_1}{R}\right) \cdot \left(1 + \frac{H_2}{R}\right)}} - 1\right)$	(7-20a)
oder genähert.	$K_H = -S_m \cdot \frac{H_m}{R + H_m}$	(7-23)
(Einschränkungen siehe Abschnitt 7.2.2.1)	$K_{\Delta H} \approx -\frac{\Delta H^2}{2S_r}$	(7-25)
Gauß-Krüger-Projektions-verzerrung	$K_{GK} = \left(y_1{}^2 + y_1 \cdot y_2 + y_2{}^2\right) \cdot \frac{S}{6R^2}$	(7-42)
NN-Strecke im Gauß-Krüger-System = abgelesene Strecke + K_f + K_Z + K_D + K_n + $(K_r + K_R + K_{\Delta n})$ + $K_{(\Delta H+H)}$ + K_{GK}		

Anmerkung:

Theoretisch wären in die Formeln jeweils unterschiedliche Strecken (Rohstrecke, Bahnkurve, Sehne usw.) einzusetzen (vgl. Haupttext). In der Praxis reicht es aber gewöhnlich aus, überall einheitlich die abgelesene Rohstrecke D_a für alle vorkommenden Streckenbezeichnungen einzusetzen.

8 Präzisionsstreckenmessung

Der Begriff „Präzisionsstreckenmessung“ kann durch die Genauigkeit $s_D \approx 10^{-6} \cdot D$ und besser oder durch eine hohe Auflösegenauigkeit charakterisiert werden. Das Anwendungsgebiet umfasst alle Entfernungsbereiche. Für extrem kurze Strecken (0,1 < D < 50 m), wie sie hauptsächlich im Maschinen- und Anlagenbau vorkommen, wurde bereits im Abschnitt 3.3.1 das laserinterferometrische Längenmessverfahren in Verbindung mit einem sich selbst einrichtenden Reflektor erläutert, wobei die erreichbare Genauigkeit bei einer Auflösung von ca. 1 μm praktisch nur von der Zentriergenauigkeit und von der Bestimmung des Brechungsindexes abhängt.
Im extremen Langstreckenbereich (D > 1000 km) wird die höchste Genauigkeit ($\approx 10^{-6} \cdot D$) mit Hilfe von Laser-Entfernungsmessungen zu künstlichen Erdsatelliten (Satellite Laser Ranging = SLR) oder mittels Radiointerferometrie (Very Long Baseline Interferometry = VLBI) erreicht (Abschnitt 3.3.2). Beide Verfahren sind an einen stationären Betrieb gebunden und dienen übergeordneten Aufgaben, z.B. Aufbau eines weltweiten Referenzsystems oder Untersuchung der Geodynamik von Kontinentalschollen.

In diesem Abschnitt sollen solche Streckenmessungen besprochen werden, die im üblichen geodätisch genutzten Entfernungsbereich, also bis ca. 50 km, liegen und bei denen eine Genauigkeit angestrebt wird, die etwa eine Größenordnung besser ist als bei üblichen elektronischen Distanzmessern (vgl. Abschnitt 5.4).
Dieses Ziel ist durch spezielle Geräte oder/und durch spezielle Messverfahren erreichbar. Elementare Voraussetzungen sind

- ein kleiner Feinmaßstab bei Geräten, die nach dem Phasenvergleichsverfahren arbeiten, da die Phasenmessung nur auf ca. $1 \cdot 10^{-4}$ bis $1 \cdot 10^{-5}$ des Feinmaßstabes möglich ist,
- hohe Lang- und Kurzzeitstabilität der Gerätekonstanten, insbesondere des Gerätenullpunktes,
- hohe Frequenzstabilität und
- gute Erfassung der integralen Ausbreitungsgeschwindigkeit.

Der letzte Stichpunkt deutet, wie schon in Abschnitt 5.1.4 ausgeführt, auf die eigentliche Schwierigkeit bei der Präzisionsstreckenmessung hin. Spezielle Gerätetypen sollen dieses Problem lösen. Dabei kann man prinzipiell zwei Typen unterscheiden; beim einen Gerätetypus (eine Trägerwelle) wird ein hoher Aufwand bei der Erfassung der meteorologischen Parameter getrieben und beim anderen Gerätetypus (mehrere Trägerwellen) wird versucht, den meteorologischen Einfluss ohne Messung der meteorologischen Parameter von vornherein auszuschalten.

8.1 Präzisionsgeräte mit einer Trägerwelle

8.1.1 Mekometer ME 3000 und ME 5000 (Fa. LEICA AG, früher KERN & Co.)

Seit 1973 produzierte die Firma KERN & Co., Aarau/Schweiz, das Vorgängermodell Mekometer ME 3000, welches zusammen mit COM-RAD Ltd., Slough/Großbritannien, entwickelt wurde. Als wesentliche Neuerung erfolgte damals eine automatische meteorologische Korrektion, indem anstatt eines Frequenznormals ein Wellenlängennormal benutzt wurde. Die konstante Modulationswellenlänge sollte durch Abstimmung einer modulierten Lichtwelle auf eine stehende Mikrowelle in einem mit Außenluft gefüllten Standardhohlraum (Cavity) erreicht werden (Bild 8-1). Die meteorologische Korrektion blieb dennoch unvollständig:

- Es wurde bestenfalls die Atmosphäre am Instrument erfasst, jedoch nicht über die gesamte Messstrecke.
- Wegen der unterschiedlichen Brechungsindizes für Licht- und Mikrowellen war eine Zusatzkorrektion notwendig; Näheres siehe MEIER-HIRMER 1975a.

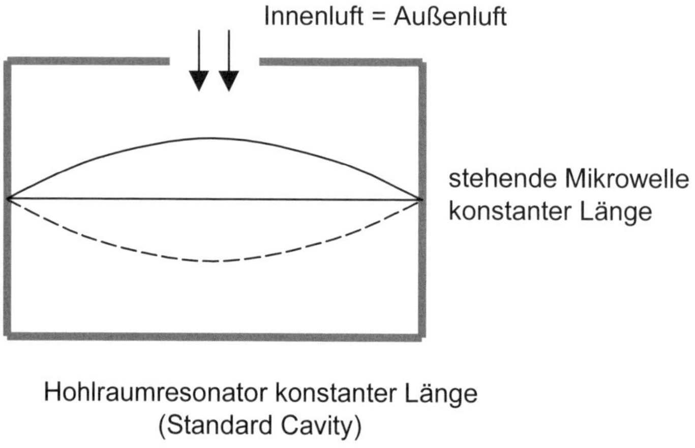

Bild 8-1: Prinzip des Wellenlängennormals beim Mekometer ME 3000

Das ME 3000 arbeitete nach dem Prinzip der Phasenmessung. Als Folge des kurzen Feinmaßstabes ($\lambda/2$ = 30 cm) war ein sehr genaues, optisch-mechanisches Verfahren möglich, indem die Länge des Lichtweges über ein bewegliches Prisma bis zu einem Nullabgleich verändert wurde.

Das Mekometer ME 5000 der Firma LEICA war seit 1986 auf dem Markt, wird aber heute nicht mehr gebaut. Das Messprinzip ist jedoch nach wie vor interessant und wird eventuell in Neuentwicklungen wieder auftauchen. Es ist beispielsweise bereits beim Laser Tracker von LEICA verwirklicht. Gegenüber seinem Vorgänger wurde das ME 5000 wesentlich verändert.

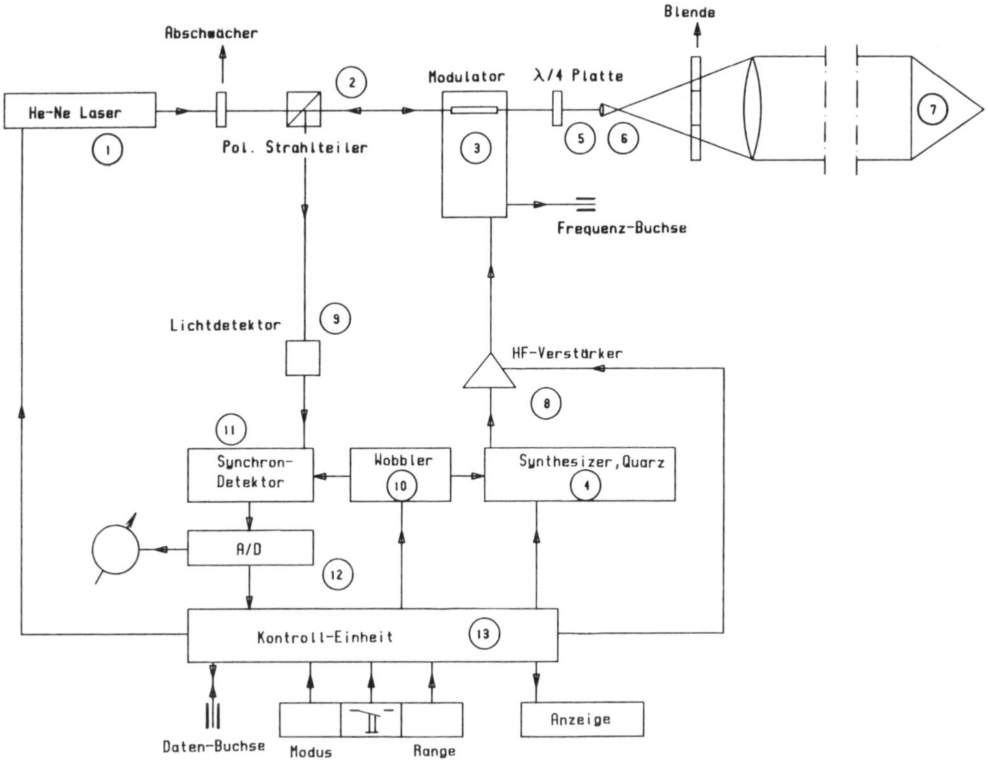

Bild 8-2: Blockschaltbild des Mekometers ME 5000, nach MEIER, LOSER 1986

Als Lichtquelle (1) dient ein Helium-Neon-Laser mit einer Strahlungsleistung von 1 mW (0,3 mW bei Austritt aus dem Mekometer) und einer exakt definierten Wellenlänge von 632,8 nm. Die von Natur aus linear polarisierte Laserstrahlung durchläuft den in gleicher Richtung polarisierenden Strahlteiler (2) unbeeinflusst und gelangt auf den Modulator (3). Als Modulator dient ein elektrooptischer Kristall (KDP-Kristall), der unter dem Einfluss der vom Synthesizer (4) gegebenen, temperatur-stabilisierten Frequenz (≈ 500 MHz) die Polarisierungsrichtung ändert.

Beim Anlegen einer Spannung an den Kristall wird dieser anisotrop, er wird doppelbrechend, wobei in den beiden Richtungen x, y (Bild 8-3) senkrecht zur Ausbreitungsrichtung zwei verschiedene Brechungsindizes (n_x, n_y) und damit verschiedene Phasengeschwindigkeiten

$$c_x = \frac{c_0}{n_x}\ , \qquad c_y = \frac{c_0}{n_y}$$

und Wellenlängen

$$\lambda_x = \frac{c_x}{f}\ , \qquad \lambda_y = \frac{c_y}{f} \tag{8-1}$$

auftreten.

Man spricht hier von der Ausnutzung des longitudinalen, linearen elektrooptischen Effektes, des sog. longitudinalen POCKELS-Effektes. Die Aufspaltung des Lichtvektors in die beiden zueinander senkrechten Komponenten (die sich verschieden schnell ausbreiten) ergibt beim Austritt aus dem Kristall einen Phasenunterschied. Daraus resultiert eine neue Schwingungsrichtung, die von der Größe der anliegenden Modulationsspannung abhängt. Wenn sich die Anzahl der Wellen λ_x und λ_y zwischen Ein- und Austritt um genau eine halbe Wellenlänge unterscheiden, sich also die Komponenten in gegenphasiger Schwingung befinden, ist die resultierende Schwingungsrichtung des austretenden Lichtes senkrecht zur Schwingungsrichtung des einfallenden Lichtes. In Bild 8-3 sind diese Verhältnisse stark übertrieben dargestellt: Lichtweg im Kristall = $2 \cdot \lambda_x = 1{,}5 \cdot \lambda_y$, Differenz der Anzahl der Wellenlängen = 0,5. In Wirklichkeit unterscheiden sich die beiden Wellenlängen weitaus weniger, so dass der Phasenunterschied von $\pi = \lambda/2$ erst nach sehr vielen Schwingungen zustande kommt.

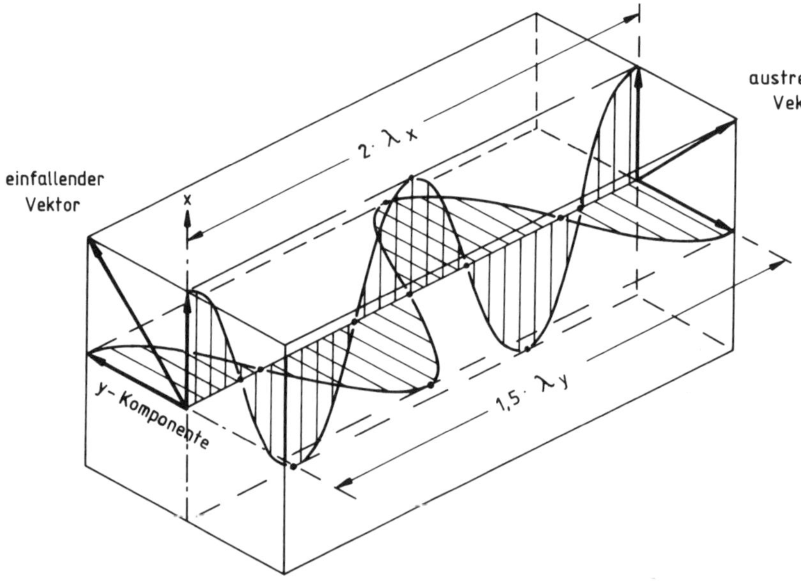

Bild 8-3: Aufspaltung des Lichtvektors in 2 Komponenten unterschiedlicher Phasengeschwindigkeit bei maximaler Polarisationsänderung um 90°

Unter dem Einfluss eines wechselnden elektrischen Feldes entsteht so eine wechselnde Schwingungsrichtung. Die Projektion des Vektors auf eine Ebene quer zur Ausbreitungsrichtung führt über die Zwischenstufen Kreise und Geraden zu „pulsierenden" Ellipsen mit wechselnden Achsrichtungen, man spricht deshalb von elliptischer Polarisation (Bild 8-4).

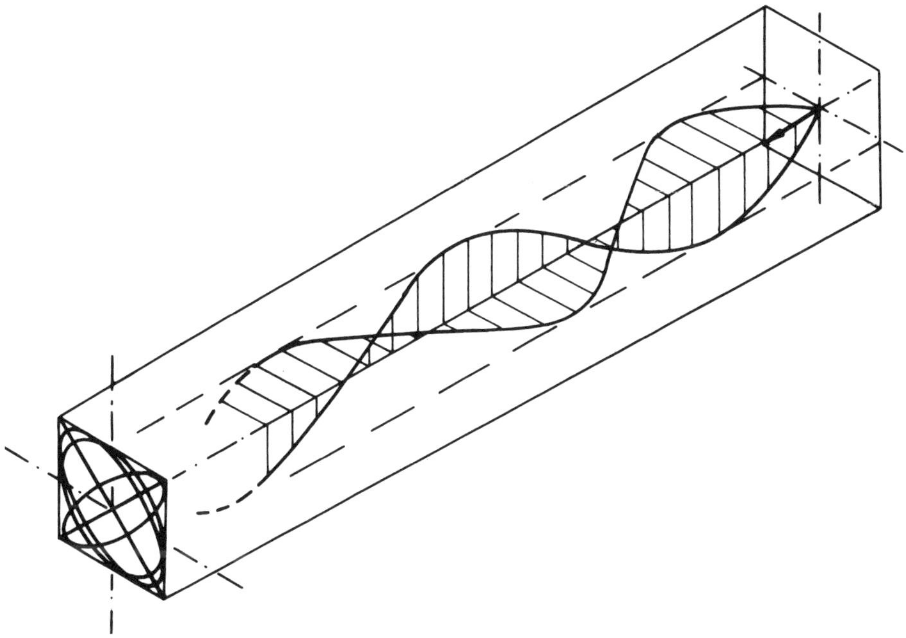

Bild 8-4: Elliptische Polarisation beim Mekometer ME 5000

Die so entstehende polarisations-modulierte Strahlung hat eine Modulationswellenlänge von $\lambda \approx 0{,}6$ m. Der modulierte Lichtstrahl wird aufgeweitet (6) und über die gemeinsame Sende- und Empfangsoptik abgestrahlt, am Tripelspiegel (7) reflektiert und wiederum auf den Kristall (3) geführt, der jetzt als Demodulator wirkt. Ist der Phasenunterschied zwischen dem ausgesandten und dem empfangenen Signal Null, so wird die lineare Polarisation in ursprünglicher Richtung wiederhergestellt und der polarisierende Strahlteiler (2) kommt wiederum nicht zur Wirkung, so dass kein Licht zum Lichtdetektor (Diode) (9) gelangt. Diese Nullstelle gilt für alle Strecken, die Vielfache der halben Modulationswellenlänge, also des Feinmaßstabes $\lambda/2 \approx 0{,}3$ m sind. Für eine beliebige Strecke D ergibt sich an der Detektionsdiode die Lichtstärke I

$$I = 0{,}5 \cdot \left(1 - \cos e \cdot J_0 \cdot \left(2\pi \cdot \frac{V}{V_m} \cdot \cos\left(2\pi \cdot \frac{D \cdot f}{c}\right)\right)\right) , \qquad (8\text{-}2)$$

wobei

- e = zusätzliche Polarisationsdrehung auf dem Messweg (z.B. durch den Reflektor),
- V = Modulationsspannung,
- V_m = Maximalspannung,
- J_0 = Besselfunktion erster Art, 0. Ordnung,
- c = Lichtgeschwindigkeit.

Beim ME 5000 wird keine Phase, sondern die Frequenz f gemessen, die in Schritten von 0,3 ppm so lange geändert wird, bis eine Nullstelle nach Gleichung (8-2) erreicht ist. Die Genauigkeit bei der Nullpunktssuche lässt sich steigern, indem das Modulationssignal durch einen Wobbler (10) sinusförmig im Takt mit 2 kHz und mit einem Hub von ±5 kHz (D > 500 m) bzw. ±25 kHz (D < 500 m) frequenzmoduliert wird. Im Synchron-Detektor (11) wird die Amplitudendifferenz der relativen Lichtmaxima am Lichtdetektor (9) gemessen: solange die Nullstelle noch nicht erreicht ist, beträgt die Frequenz der relativen Lichtmaxima 2 kHz, im abgestimmten Fall 4 kHz. Diese Information wird über einen Analog-Digital-Wandler (12) an den Mikroprozessor (13) zur Nachsteuerung der Modulationsfrequenz weitergeleitet. Mit der Bestimmung einer Nullstelle ist die Feinmessung beendet; das Ergebnis ist die zugehörige Modulationsfrequenz $f \mathrel{\hat{=}} f_1$. Die noch fehlende Anzahl N halber Wellenlängen ermittelt sich nach dem in Abschnitt 4.2 (Formeln (4-12a und b)) beschriebenen Verfahren aus der Frequenzdifferenz gegenüber einer benachbarten Nullstelle, die durch Variation der Modulationsfrequenz erreicht wird. Damit sich Ungenauigkeiten in der Frequenzmessung nicht auf die volle Anzahl N auswirken, werden automatisch gesteuert mehrere Nullstellen über den gesamten Modulationsbereich von ca. 15 MHz übersprungen (Bild 8-5 nach Gleichung (8-2)) und nur die am weitesten auseinander liegenden Frequenzen benutzt.

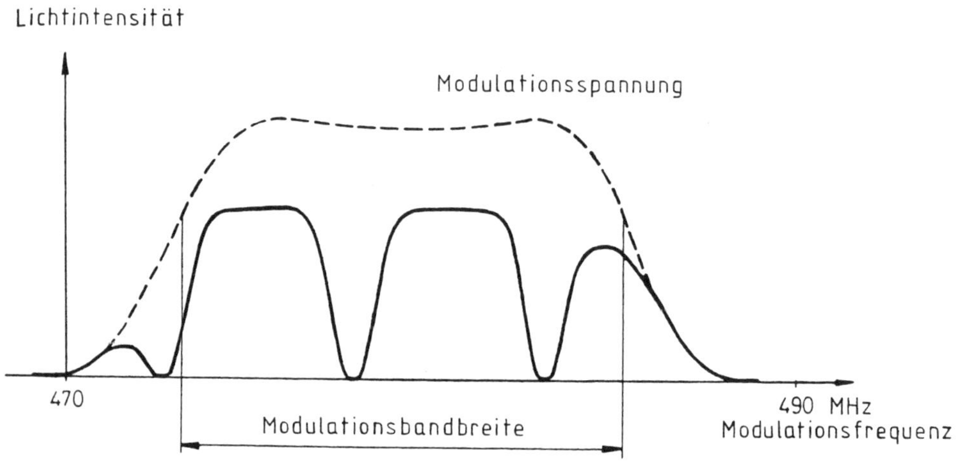

Bild 8-5: Lichtintensität an der Empfangsdiode, nach MEIER, LOSER 1986

Die Strecke D ergibt sich schließlich zu

$$D = \frac{c}{2 \cdot f_1} \cdot \mathrm{Rnd}\left(k \cdot \frac{f_1}{f_{k+1} - f_1} \right) , \tag{8-3}$$

wobei

- k = Anzahl der auf die Feinmessung f_1 folgenden Nullstellen,
- c = aktuelle Lichtgeschwindigkeit,
- f_1 = Frequenz der ersten Nullstelle („Feinmessung"),
- f_k = Frequenz der k-ten Nullstelle,
- Rnd = Rundung auf nächstliegende ganze Zahl.

Die berechnete Distanz wird im Display (19) auf 1/10 mm angezeigt. Der Berechnung liegt die Lichtgeschwindigkeit für einen Bezugsbrechungsindex $(n_0-1)\cdot 10^8$ = 28 451,4844 zu Grunde (entsprechend einer trockenen Normalatmosphäre von 15 °C und 760 Torr). Die atmosphärische Korrektion mit den aktuellen meteorologischen Daten (Temperatur, Druck und Luftfeuchte) ist nachträglich rechnerisch gemäß Formel (7-3) anzubringen, während die gesamte Messung nach Auslösen vollautomatisch abläuft.

Als Genauigkeit ist bei günstigen Bedingungen erreichbar:

Auflösung einer Nullstelle:	0,01 mm,
streckenunabhängiger Fehleranteil:	0,1 – 0,2 mm,
streckenlängenabhängiger Fehleranteil:	0,1 – 0,2 ppm.

8.1.2 Geomensor CR 204

Auch der 1982 von der Firma COM-RAD (England) gebaute Geomensor CR 204 ist eine Fortentwicklung des ehemaligen Mekometers ME 3000. Deshalb beruhen ME 5000 und CR 204 in manchen Bereichen auf denselben konstruktiven Prinzipien.

Auch der CR 204 ersetzt die Phasenmessung durch Messung der variablen Frequenz (455 MHz bis 495 MHz) bei ganzzahligen Vielfachen der halben Modulationswellenlänge. Als Lichtquelle dient beim CR 204 eine Xenon-Gasentladungslampe (λ_T = 0,48 µm), die 100-mal in der Sekunde Lichtblitze abgibt. Das Licht wird in einem Polarisationsfilter linear und anschließend in einem Kristall-Modulator polarisationsmoduliert. Über die höhen- und seitenversetzten Sende- und Empfangsoptiken gelangt das Messsignal vom Reflektor wieder zurück auf einen zweiten Kristall, der phasenstarr mit dem Sendekristall schwingt. Bei der Demodulation wird das polarisationsmodulierte Licht wieder vollkommen in linear polarisiertes Licht umgewandelt, wenn die variable halbe Modulationswellenlänge ganzzahlig in der Messstrecke enthalten ist, wenn also die „Reststrecke“ Null wird. Als Analysator dient ein gekreuztes Polarisationsfilter, so dass in diesem Fall kein Licht auf den Empfänger (SEV) fällt, die Intensität des Photostromes am Ausgang des SEV also minimal wird.

Ähnlich wie beim ME 5000 wird die zur Nullstelle gehörende Frequenz f nicht direkt aufgesucht, sondern durch Symmetrievergleich zweier Frequenzen $f_+ = f+\Delta f$ und $f_- = f-\Delta f$, wobei die Frequenzablage Δf beim Geomensor stufenlos der Entfernung angepasst ist, damit der Intensitätsvergleich möglichst immer an derselben Steigung der Frequenz-Intensitäts-Kurve erfolgt. Dazu muss dem Gerät die Grobdistanz bekannt sein, was durch manuelle Voreingabe geschieht. Für die Bestimmung einer Nullstelle ist die Modulationsfrequenz zunächst manuell zu verändern, erst danach wird über einen Kippschalter (Lock) die automatische Frequenzregelung in Gang gesetzt. Ebenfalls durch den Beobachter ist zuvor die Empfindlichkeit (Sensitivity) des SEV auf die äußeren Lichtverhältnisse abzustimmen und – nach Einstellung der Frequenz – die Messung der eigentlichen Modulationsfrequenz auszulösen.

Eine Besonderheit des Geomensors besteht in der Temperaturerfassung. Dazu dienen neben einem im Geomensor eingebauten Fühler bis zu drei weitere transportable Sensoren, die entlang der Messstrecke arbeiten und deren Werte mit Hilfe von Transmittern fernübertragen werden.

Der Luftdruck wird nur am Instrument automatisch gemessen, während der Druckwert für den Zielpunkt und damit für die gesamte Strecke rechnerisch aus dem vorweg eingegebenen Höhenunterschied abgeleitet wird. Vor Messbeginn muss der Beobachter auch die relative Luftfeuchtigkeit eingeben, aus der der Computer dann den Partialdruck des Wasserdampfes berechnet. Damit ein Streckenfehler unter 0,5 ppm bleibt, muss die relative Luftfeuchtigkeit mit einer Genauigkeit von besser als

±20% bei 40 °C ,
±40% bei 30 °C ,
±70% bei 20 °C

eingegeben werden; unter 10 °C ist der Wasserdampf vernachlässigbar.

Der Geomensor ist ein teilautomatisiertes Instrument, das vom Beobachter etliche Voreingaben und Handgriffe verlangt. Nach Testmessungen (SCHERER 1985) kann eine Genauigkeit von (0,1 mm + 0,5 ppm) erreicht werden. Das Instrument ist allerdings nicht mehr käuflich zu erwerben.

8.2 Verwendung von zwei Trägerwellenlängen

Bei längeren Strecken, die zudem noch meist über ungleichmäßige Topographie führen, wird eine zuverlässige Bestimmung des wirksamen Brechungsindexes aus den meteorologischen Daten an den Streckenendpunkten problematisch (vgl. Abschnitt 5.1.4). Versuche, diese Daten entlang des Zielstrahles durch Abfliegen der Strecke oder mittels Sondenaufstiegen zu erheben, wurden durchgeführt, sind aber nur teilweise erfolgreich und außerordentlich aufwendig.

8.2.1 Prinzip mit zwei Lichtwellen

Ein anderer Grundgedanke besteht in der Ausnutzung der Dispersion, indem dieselbe Strecke mit Licht zweier verschiedener Wellenlängen ausgemessen wird.

Die Bahnkurve einer Lichtwelle (λ_1) durch eine Atmosphäre mit ortsvariablem Brechungsindex $n_{(D)}$ folgt durch Brechung zum dichteren Medium hin dem FERMATschen Prinzip, wonach für die optische Weglänge D_1

$$D_1 = \int_0^D n_{1(D)} \cdot dD \tag{8-4}$$

ein Minimum auftritt. Hierbei ist dD ein Bogenelement der Lichtkurve. Nach (5-45) gilt dann für den mittleren, integralen Brechungsindex $\overline{n}_1$

$$\overline{n}_1 = \frac{1}{D} \cdot \int_0^D n_{1(D)} \cdot dD \quad .$$

Die tatsächliche geometrische Bahnlänge D ist mit der gemessenen, optischen Weglänge D_i (Wellenlänge λ_i) verknüpft über

$$D_i = \overline{n}_i \cdot D \quad . \tag{8-5}$$

Wird mit 2 Trägerwellenlängen (λ_R, λ_B) gemessen, so erhält man die Streckenmessergebnisse

$$D_R = \overline{n}_R \cdot D \tag{8-6}$$

$$D_B = \overline{n}_B \cdot D \tag{8-7}$$

sowie deren Streckendifferenz auf Grund des Dispersionseffektes

$$D_B - D_R = \left(\overline{n}_B - \overline{n}_R\right) \cdot D \quad . \tag{8-8}$$

Zur Berechnung des Gruppenbrechungsindexes von Licht bei der herrschenden Atmosphäre lassen sich die Formeln von BARRELL, SEARS (5-9) und KOHLRAUSCH (5-11) so umformen, dass wellenlängenabhängige und meteorologieabhängige Faktoren entstehen:

$$n_L = 1 + (n_{Gr} - 1) \cdot 0{,}26959 \cdot \frac{p}{T} - 11{,}27 \cdot 10^{-6} \cdot \frac{e}{T} \tag{8-9}$$

mit p, e in [hPa]
T = t + 273,16 [K] .

Damit wird aus (8-6, 8-7) und mit $N = (n-1) \cdot 10^6$ für die rote bzw. blaue Trägerwelle

$$D_R = \bar{n}_R \cdot D = D + D \cdot N_R \cdot 10^{-6} \cdot 0{,}26959 \cdot \frac{p}{T} - D \cdot 11{,}27 \cdot 10^{-6} \cdot \frac{e}{T}$$

(8-10)

$$D_B = \bar{n}_B \cdot D = D + D \cdot N_B \cdot 10^{-6} \cdot 0{,}26959 \cdot \frac{p}{T} - D \cdot 11{,}27 \cdot 10^{-6} \cdot \frac{e}{T}$$

oder abgekürzt

$$D_R = D + D \cdot U_R \cdot \frac{p}{T} - D \cdot W_L \cdot \frac{e}{T} \tag{8-11}$$

$$D_B = D + D \cdot U_B \cdot \frac{p}{T} - D \cdot W_L \cdot \frac{e}{T} \; , \tag{8-12}$$

wobei die dispersiven Anteile für jede Farbe durch

$$U_R = N_R \cdot 10^{-6} \cdot 0{,}26959 \qquad \text{mit} \quad N_{R,B} = 287{,}604 + \frac{3 \cdot 1{,}6288}{\lambda_{R,B}^{\;2}} + \frac{5 \cdot 0{,}0136}{\lambda_{R,B}^{\;4}}$$
$$U_B = N_B \cdot 10^{-6} \cdot 0{,}26959$$

ausgedrückt werden, und der Feuchtekoeffizient

$$W_L = 11{,}27 \cdot 10^{-6}$$

für beide Lichtfarben derselbe ist. Dies gilt unter der Annahme, dass beide Wellenzüge dieselbe Bahn durchlaufen. Aus (8-11) und (8-12) folgt die Streckendifferenz

$$D_B - D_R = D \cdot (U_B - U_R) \cdot \frac{p}{T} \tag{8-13}$$

oder hieraus

$$\frac{p}{T} = \frac{1}{D} \cdot \frac{D_B - D_R}{U_B - U_R} \; . \tag{8-14}$$

Das Einsetzen von (8-14) in (8-11) bzw. (8-12) liefert sofort

$$D_R = D + (D_B - D_R) \cdot \frac{U_R}{U_B - U_R} - D \cdot W_L \cdot \frac{e}{T} \tag{8-15}$$

$$D_B = D + (D_B - D_R) \cdot \frac{U_B}{U_B - U_R} - D \cdot W_L \cdot \frac{e}{T} \ . \tag{8-16}$$

Damit folgt die geometrische Bahnlänge D, wenn im Feuchtekorrektionsglied die zulässige Näherung $D \approx D_R \approx D_B$ eingeführt wird, zu

$$D = D_R - (D_B - D_R) \cdot \frac{U_R}{U_B - U_R} + D_R \cdot W_L \cdot \frac{e}{T} \tag{8-17}$$

$$D = D_B - (D_B - D_R) \cdot \frac{U_B}{U_B - U_R} + D_B \cdot W_L \cdot \frac{e}{T} \ . \tag{8-18}$$

Wie die Endgleichungen (8-17) und (8-18) zeigen, ist beim Zweiwellenverfahren der größte Teil des Temperatureinflusses eliminiert, denn er verbleibt nur im Feuchteglied, wo ein Temperaturfehler von dt = 10 K erst einen Streckenfehler von $0{,}2 \cdot 10^{-7} \cdot D$ bewirkt. Die Größenordnung des Feuchtegliedes beträgt bei mittleren atmosphärischen Verhältnissen ca. $6 \cdot 10^{-7} \cdot D$, so dass für die Feuchtekorrektion auch Daten von den Streckenendpunkten für eine Genauigkeit von $1 \cdot 10^{-7} \cdot D$ ausreichen. Die eigentliche Problematik besteht in der Auflösegenauigkeit, mit welcher die Streckendifferenz $(D_B - D_R)$ ermittelt werden muss. Je weiter die beiden Trägerwellenlängen auseinander liegen, desto kleiner und damit günstiger wird der Faktor

$$Q = \frac{U_R}{U_B - U_R} = \frac{N_R}{N_B - N_R} \ . \tag{8-19}$$

Für einige gebräuchliche Farbkombinationen ist die geforderte Auflösegenauigkeit in der Tabelle angegeben, um einen Distanzfehler von 1 mm einzuhalten:

Instrument	λ_R [µm] λ_B [µm]	Faktor Q	Erforderliche Auflösegenauigkeit für Streckenfehler 1 mm
Georan I	0,514 grün 0,458 blau	57	0,02 mm
Terrameter	0,6328 rot 0,4416 blau	21	0,05 mm

Da sich die Auflösegenauigkeit unabhängig von der Streckenlänge auswirkt, sind Zweifarbengeräte erst bei längeren Strecken (ca. D > 2 km) der Einfarbenmessung überlegen.

Die Voraussetzung, dass die beiden Wellenzüge auf denselben Strahlwegen verlaufen, ist wegen $\overline{n}_R \neq \overline{n}_B$ nach dem FERMATschen Prinzip streng nicht erfüllt. Es können deshalb theoretisch Mehrwegeffekte auftreten: sowohl die meteorologischen Parameter auf beiden Strahlwegen als auch die beiden Bahnlängen unterscheiden sich. Nach Untersuchungen in HÜBNER 1985 können diese Effekte jedoch bei Strecken unter 30 km vernachlässigt bleiben. (Die Reichweite der Geräte liegt ohnehin meist nur bei ca. 20 km).

Die Gleichungen (8-17) bzw. (8-18) liefern die atmosphärisch korrigierte Länge der Bahnkurve. Wie üblich sind für den Übergang auf die Sehne sowie auf den Bezugshorizont die geometrischen Reduktionen (Abschnitt 7.2) anzubringen.

8.2.2 Geräteentwicklungen

8.2.2.1 Terrameter LDM 2

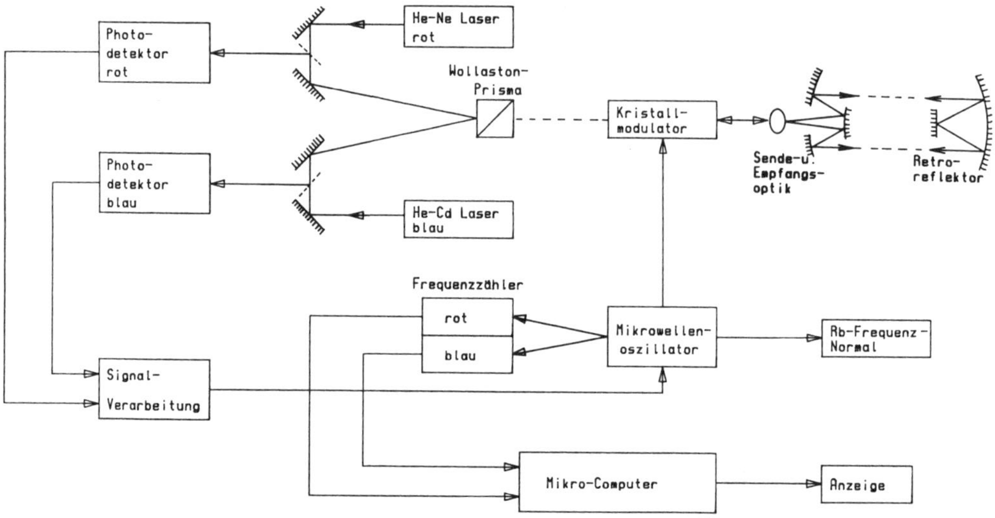

Bild 8-6: Blockschaltbild des Terrameters, nach HUGGETT 1981

Das bereits 1969 als Prototyp vorgestellte Terrameter (Bild 8-6) wird in einer beschränkten Anzahl von Terratechnology Corporation (Redmond/USA) produziert. Als Lichtquelle dienen ein He-Ne-Laser (rot, λ_1 = 632,8 nm) und ein He-Cd-Laser (blau, λ_2 = 441,6 nm), deren Strahlungen in einem Wollaston-Prisma unter einem bestimmten Winkel zusammentreffen, so dass sie vereinigt und linear polarisiert in den KDP-Modulator gelangen, wo sie gesteuert durch eine 3 GHz-Mikrowelle elliptisch moduliert werden. Die Modulationswellenlänge beträgt somit 0,1 m. Als gemeinsame Sende- und Empfangsoptik dient ein 20 cm-Cassegrain-Teleskop. Das vom Reflektor (einem 20 cm-Parabolspiegel mit Planspiegel im Brennpunkt) zurückkehrende Licht durchquert ein zweites Mal den KDP-Kristall, welcher jetzt als phasenstarrer Demodulator wirkt, sowie das Wollaston-Prisma, von wo es nach Farben getrennt auf zwei Photodetektoren gelangt. Die analog vorliegenden Hell-Dunkel-Signale der beiden Empfänger werden ausgewertet und veranlassen eine automatische Frequenznachführung, bis am Photodetektor ein Helligkeitsminimum erreicht ist. Ein Helligkeitsminimum tritt auf, wenn das zurückkehrende Licht sich in entgegengesetzter Phase zum ausgesandten Licht befindet, dass also die Beziehung

$$2D = N' \cdot \lambda + \frac{\lambda}{2} = N \cdot \frac{\lambda}{2}$$

gilt; der Lichtweg entspricht also einem Vielfachen der halben Modulationswellenlänge. Da dieser Vorgang nicht für beide Trägerwellen gleichzeitig möglich ist, muss in schneller Folge abwechselnd der rote und blaue Empfänger angesprochen werden. Sobald der automatische Nullabgleich erfolgt ist, wird die aktuelle Modulationsfrequenz durch einen Frequenzzähler gemessen und dem Mikrocomputer zur Streckenberechnung zugeführt.
Beim Terrameter ist im Gegensatz zu den meisten Geräten eine Frequenzeichung überflüssig, weil alle internen Frequenzen auf ein Rubidium-Frequenznormal bezogen werden, dessen Stabilität in der Größenordnung 10^{-10} weit über der benötigten Genauigkeit liegt.

Nach Voreingabe von genäherter Distanz, Temperatur, relativer Luftfeuchtigkeit und Luftdruck arbeitet das Instrument automatisch bis zur Anzeige der meteorologisch reduzierten Streckenlänge. Nachteilig ist das hohe Gewicht (40 kg). Die Reichweite beträgt 350 m bis 15 km. Die erreichbare Genauigkeit wird mit ca. $2 \cdot 10^{-7} \cdot D$ angegeben.

8.2.2.2 Georan I

Das Georan I entstand beim National Physical Laboratory (Teddington/England). Aus dem Strahlungsband eines Argon-Lasers werden zwei Intensitätsmaxima bei 458 nm (blau) und 514 nm (grün) über einen Farbteiler getrennt. Die Modulation erfolgt durch einen KDP-Kristall in einem Hohlraumresonator mit einer Frequenz von ca. 500 MHz (λ = 60 cm). In einem zweiten Kristall wird die rückkehrende Strahlung demoduliert. Die Phasenmessung im Feinmaßstab geschieht für jede Farbe durch zwei variable Lichtwege, die automatisch so gesteuert werden, dass eine ganze Anzahl halber Modulationswellenlängen in der Strecke enthalten sind. Für die Bestimmung der Vielfachen stehen vier weitere dezimal-abgestufte Maßstäbe zur Verfügung. Bei einer Reichweite von ca. 20 km sind Genauigkeiten von $3 \cdot 10^{-7} \cdot D$ erreichbar.

8.3 Verwendung von drei Trägerwellenlängen

Durch die gleichzeitige Messung mit zwei Trägerwellen im optischen Bereich ist es möglich, eine Strecke weitgehend frei vom Einfluss der Temperatur und des Luftdrucks zu bestimmen. Es verbleibt ein systematischer Fehler durch den Einfluss der Luftfeuchte, wobei ein Fehler bei der Annahme eines repräsentativen Dampfdrucks de = 13 hPa einem Streckenfehler $dD = 0{,}5 \cdot 10^{-6} \cdot D$ entspricht. Unter Hinzunahme einer dritten Trägerwellenlänge aus dem Bereich der Mikrowellen, die sehr viel empfindlicher auf den Feuchteeinfluss reagieren, lässt sich die Streckengenauigkeit auf besser als $1 \cdot 10^{-7}$ steigern.

8.3.1 Prinzip mit zwei Lichtwellen und einer Mikrowelle

Analog zum Verfahren mit zwei Lichtwellen ist der Ansatz nach (8-9) bis (8-12) um eine Gleichung für die Mikrowelle zu erweitern. Nach Umstellen von (5-13) mit Tabellenwerten für Druckdimensionen [hPa] lautet der Brechungsindex für Mikrowellen

$$n_M = 1 + 77{,}624 \cdot 10^{-6} \cdot \frac{p}{T} - \left(12{,}924 \cdot 10^{-6} - \frac{0{,}371897}{T}\right) \cdot \frac{e}{T} \tag{8-20}$$

und nach (8-9) für Lichtwellen

$$n_L = 1 + (n_{Gr} - 1) \cdot 0{,}26959 \cdot \frac{p}{T} - 11{,}27 \cdot 10^{-6} \cdot \frac{e}{T} \quad . \tag{8-9}$$

Damit lassen sich die Streckenmessergebnisse in Abhängigkeit der drei Unbekannten

D = geometrische Länge,

$\frac{p}{T}$ = integral wirksamer Druck- u. Temperatur-Einfluss,

$\frac{e}{T}$ = integral wirksamer Feuchte- u. Temperatur-Einfluss

angeben:

$$D_R = \bar{n}_R \cdot D = D + D \cdot U_R \cdot \frac{p}{T} - D \cdot W_L \cdot \frac{e}{T} \tag{8-21}$$

$$D_B = \bar{n}_B \cdot D = D + D \cdot U_B \cdot \frac{p}{T} - D \cdot W_L \cdot \frac{e}{T} \tag{8-22}$$

$$D_M = \bar{n}_M \cdot D = D + D \cdot U_M \cdot \frac{p}{T} - D \cdot W_M \cdot \frac{e}{T} \quad . \tag{8-23}$$

Werden der Luftdruck p und der Partialdampfdruck e in Hektopascal (hPa) gemessen, so gilt für die Koeffizienten

$U_{R,B} = N_{R,B} \cdot 0{,}26959 \cdot 10^{-6}$,	abhängig vom Gruppenbrechungsindex für die rote (R) bzw. blaue (B) Trägerwelle,
$U_M = 77{,}624 \cdot 10^{-6}$,	für die Mikrowelle,
$W_L = 11{,}27 \cdot 10^{-6}$,	für Licht (unabhängig von der Dispersion),
$W_M = 12{,}924 \cdot 10^{-6} - \dfrac{0{,}371897}{T}$,	für die Mikrowelle.

(8-24)

Unter Vernachlässigung der geringfügigen Temperaturabhängigkeit des Feuchtegliedes W_M lassen sich (8-21) bis (8-23) eindeutig auflösen.

Mit den Beobachtungs-Differenzen

$$D_B - D_R = D \cdot (U_B - U_R) \cdot \frac{p}{T}$$
$$D_M - D_R = D \cdot (U_M - U_R) \cdot \frac{p}{T} - D \cdot (W_M - W_L) \cdot \frac{e}{T} \qquad (8\text{-}25)$$

findet man sofort die wirksamen Meteorologie-Parameter

$$\frac{p}{T} = \frac{1}{D} \cdot \frac{D_B - D_R}{U_B - U_R} \qquad (8\text{-}14) = (8\text{-}26)$$

$$\frac{e}{T} = \frac{(D_B - D_R) \cdot (U_M - U_R) - (D_M - D_R) \cdot (U_B - U_R)}{D \cdot (U_B - U_R) \cdot (W_M - W_R)} \qquad (8\text{-}27)$$

sowie in Verbindung mit (8-21) die geometrische Länge

$$D = D_R + (D_B - D_R) \cdot \frac{X}{Z} + (D_M - D_R) \cdot \frac{Y}{Z}$$

$$\text{mit} \quad X = U_M \cdot W_L - U_R \cdot W_M$$
$$Y = -(U_B - U_R) \cdot W_L \qquad (8\text{-}28)$$
$$Z = (U_B - U_R) \cdot (W_M - W_L) \; .$$

Analoge Gleichungen sind auch über D_B oder D_M möglich.

Ein Beispiel zeigt die Größenordnung der Faktoren und Streckendifferenzen aufgrund der Dispersion:

Trägerwellenlänge	Streckenmessergebnis [m]	Streckendifferenzen [m]
λ_R = 632,8 nm λ_B = 441,6 nm λ_M = 3 cm	D_R = 30 007,43166 D_B = 30 007,78474 D_M = 30 009,720	$D_B - D_R$ = 0,35308 $D_M - D_R$ = 2,288
Lufttemperatur (Mittel der Endpunktdaten): t = 20 °C		

Auswertung:

(5-9) : Gruppenbrechungsindex $N_{Gr,R}$ = 300,23
$N_{Gr,B}$ = 314,45

(8-24) : Konstanten $U_R = 80{,}9390 \cdot 10^{-6}$ $W_L = 11{,}27 \cdot 10^{-6}$
$U_B = 84{,}7726 \cdot 10^{-6}$
$U_M = 77{,}624 \cdot 10^{-6}$ $W_M = -1255{,}70 \cdot 10^{-6}$

(8-28) : $X = 0{,}102\,509\,925 \cdot 10^{-6}$ $X/Z = -21{,}105\,361$
$Y = -0{,}000\,043\,20\,47 \cdot 10^{-6}$ $Y/Z = +0{,}008\,895$
$Z = -0{,}004\,857056 \cdot 10^{-6}$

$$D = D_R + (D_B - D_R) \cdot \frac{X}{Z} + (D_M - D_R) \cdot \frac{Y}{Z}$$

= 30 007,43166 – 7,45188 + 0,02035 = 30 000,000 13 m

D = 30 000,0001 m

Anmerkung:

Die Streckenergebnisse gelten für eine herrschende Atmosphäre mit durchschnittlich p = 900 hPa; e = 20 hPa; t = 20 °C; Bezugsbrechungsindex n_0 = 1.

8.3.2 Fehlerquellen

Je nach Konstruktionsprinzip des Distanzmessers werden die dispersiven Streckendifferenzen unmittelbar gemessen oder indirekt durch rechnerische Differenzenbildung ermittelt. Die Faktoren, mit denen die Streckendifferenzen multipliziert werden, betragen im Beispiel etwa

$$\frac{X}{Z} \approx 20 \quad \text{und} \quad \frac{Y}{Z} \approx 0{,}01 \ .$$

Soll die korrigierte Strecke D mit einem Fehleranteil dD bestimmt werden, so müssen

$$\left(D_B - D_R\right) \ \text{auf} \ \frac{dD}{20} = 0{,}05 \cdot dD \qquad \text{und}$$

$$\left(D_M - D_R\right) \ \text{auf} \ \frac{dD}{0{,}01} = 100 \cdot dD$$

genau aufgelöst werden. Besonders an die Differenz der beiden Lichtstrecken werden sehr hohe Genauigkeitsforderungen gestellt, da ein Auflösefehler der Differenz von 0,05 mm einen Streckenfehler von dD = 1 mm zur Folge hat. Weit weniger kritisch ist die Differenz mit der Mikrowelle, die in diesem Fall nur auf 0,1 m genau sein muss.

Die Koeffizienten in der Berechnungsformel (8-28) für die geometrische Weglänge sind frei von meteorologischen Parametern, mit Ausnahme des Gliedes

$$W_M = 12{,}924 \cdot 10^{-6} - \frac{0{,}371897}{T} \ ,$$

wo eine Näherungstemperatur benötigt wird. Ein Temperaturfehler von dT = 3 K hätte im Beispiel eine Streckenänderung von dD = 0,25 mm zur Folge; es genügt also, einen genäherten Temperaturwert aus dem Mittel der Endpunktdaten einzuführen.

Außerdem sind auch Modellabweichungen in Betracht zu ziehen. Bei dem Berechnungsmodell (8-21) bis (8-23) wurde unterstellt, dass alle Wellen auf derselben Bahn verlaufen. In Wirklichkeit unterscheidet sich jedoch der Bahnverlauf in Abhängigkeit von der Wellenlänge (Bild 8-7), so dass Mehrwegeffekte auftreten, die sich in zwei Komponenten aufgliedern lassen:

- Differenz wegen unterschiedlicher Bahnlängen entsprechend den unterschiedlichen Bahnkrümmungsreduktionen gemäß (7-12),
- Differenz wegen unterschiedlicher Ausbreitungsgeschwindigkeiten.

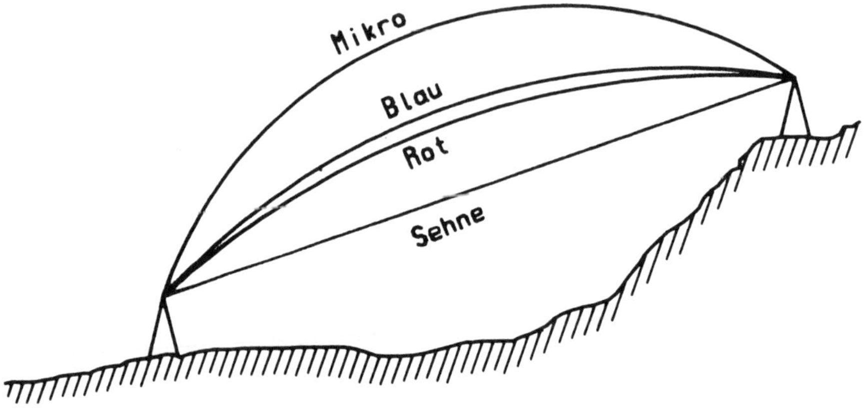

Bild 8-7: Verlauf der Wellenbahnen beim Dreiwellensystem

Nach Untersuchungen in HÜBNER 1985 heben sich beide Komponenten weitgehend auf, so dass Mehrweg-Korrektionen bis 30 km unter 0,2 mm bleiben und gewöhnlich vernachlässigt werden können.
Insgesamt sind mit dem Drei-Wellen-Verfahren theoretisch folgende Genauigkeiten erreichbar (LIU JIYU 1988):

$\pm 1{,}3 \cdot 10^{-7} \cdot D$ bei D = 5 km,
$\pm 3{,}8 \cdot 10^{-8} \cdot D$ bei D = 100 km .

8.3.3 Geräteentwicklung

Bis jetzt ist nur eine Geräteentwicklung der Universität von Washington (Seattle) bekannt geworden (HUGGETT, SLATER 1974). Der grundsätzliche Aufbau des optischen Messteils wurde aus Elementen des Zwei-Farben-Gerätes Terrameter (vgl. Abschnitt 8.2.2) entwickelt.

Simultan arbeiten zwei Licht-Trägerwellen, ein He-Ne-Laser λ = 632,8 nm (rot), ein He-Cd-Laser λ = 441,6 nm (blau) sowie eine 9,6 GHz-Mikrowelle λ = 3 cm. Die Lichtwellen werden mit einer 3 GHz-Frequenz moduliert, so dass eine sehr kurze Modulationswellenlänge von nur 10 cm entsteht. Die Frequenzen werden automatisch so abgestimmt, dass der optische Weg ein ganzzahliges Vielfaches des Feinmaßstabes $\lambda/2$ ist. Als Zeitbasis für die Frequenzmessung dient ein hochpräziser Oszillator, welcher alle 2 Tage an eine externe Rubidium-Standardfrequenz gekoppelt wird, die in den USA einige große Fernsehgesellschaften mit einer Genauigkeit von ca. 10^{-10} ausstrahlen.

Das Mikrowellen-Messsystem arbeitet im Gegensatz zum optischen System nach dem Prinzip der Phasenmessung. Es besteht aus zwei aktiven Stationen (Master bzw. Remote), die ihre Signale auf leicht verschiedenen Frequenzen in entgegengesetzten Richtungen über die Messstrecke senden. An jeder Station überlagern sich das starke, abgestrahlte mit dem schwachen, empfangenen Signal. Dadurch entstehen zwei Zwischenfrequenzen, deren Phasendifferenz proportional zur Summe der einzelnen Phasenverschiebungen ist, welche durch die Ausbreitung der Master- und Remote-Signale über die zu messende Strecke entstehen. An der Remote-Station wird die Phase des Zwischensignals über einen Phasenregelkreis mit der Phase eines Kristall-Oszillators in Einklang gebracht, welcher durch Frequenzmodulation ein zweites Mikrowellensignal erzeugt und ebenfalls an die Master-Station zurücksendet. Nach Filterung und Verstärkung erhält man dann im Master mit Hilfe eines Phasen-Diskriminators und Phasen-Gleichrichters eine Phaseninformation, welche proportional zur Laufzeit und damit zum Brechungsindex für die Mikrowelle ist.
Schließlich laufen alle Messwerte (Frequenzen und Phasenverschiebung) in einen Mikrocomputer ein, welcher die gesamte Systemkontrolle und Auswertung übernimmt. Das Gerät soll hauptsächlich zur Messung von rezenten Erdkrustenbewegungen eingesetzt werden. Testmessungen über Streckenlängen von 2 bis 10 km ergaben eine innere Genauigkeit von $(4 \ldots 5) \cdot 10^{-8} \cdot D$ und eine Langzeitstabilität von besser als $1{,}3 \cdot 10^{-7} \cdot D$ ohne jegliche Messung von meteorologischen Parametern.

8.4 Genauigkeitssteigerung bei Standardgeräten

Auch wenn man nicht über Spezialinstrumente, wie in den Abschnitten 8.1 bis 8.3 besprochen, verfügt, kann man unter Umständen auch mit gewöhnlichen Distanzmessern eine erhöhte Genauigkeit erzielen. Der Grundgedanke ist, dass die instrumentell bedingten systematischen Abweichungen entweder rechnerisch oder durch ein spezielles Messverfahren eliminiert werden.

8.4.1 Kalibrierung

Die rechnerische Korrektion einer gemessenen Strecke setzt die genaue Kenntnis aller reproduzierbaren Fehleranteile voraus. Im Abschnitt 6 wurden die Prüf- und Kalibrierverfahren ausführlich besprochen. Für den Fall, dass durch die Kalibrierung signifikante Gerätefehler nachweisbar sind, können folgende Korrektionen das Messergebnis verbessern:

- Frequenzkorrektion (abhängig von Temperatur und Betriebsdauer),
- Nullpunktskorrektion (abhängig von der Entfernung, Prismenzahl und -art),
- zyklischer Phasenfehler (abhängig von der Entfernung).

Nach Untersuchungen, z.B. in KÖNGETER, RUOPP 1984, lässt sich bei Nahbereichsentfernungsmessern durch Anbringen der genannten Korrektionen die Standardabweichung einer gemessenen Strecke merklich verringern:

ohne Kalibrierung: $s_0 =$ 2 ... 9 mm,
mit Kalibrierung: $s_0 =$ 1 ... 3 mm.

8.4.2 Spezielle Messverfahren

Einige systematische Fehler lassen sich eliminieren, indem die gesuchte Strecke nicht direkt, sondern als Differenz zweier Messstrecken ermittelt wird.
Betrachtet man nur eine konstante Nullpunktskorrektion (K_0) sowie die Korrektion wegen zyklischem Fehler K_z, so gilt für jede Strecke ($\overline{D}_i$ = Sollstrecken)

$$\overline{D} = D + K_0 + K_z$$

und damit für die beiden exzentrischen Beobachtungen

$$\overline{D}_1 = D_1 + K_0 + K_{z1}$$
$$\overline{D}_2 = D_2 + K_0 + K_{z2} \ .$$

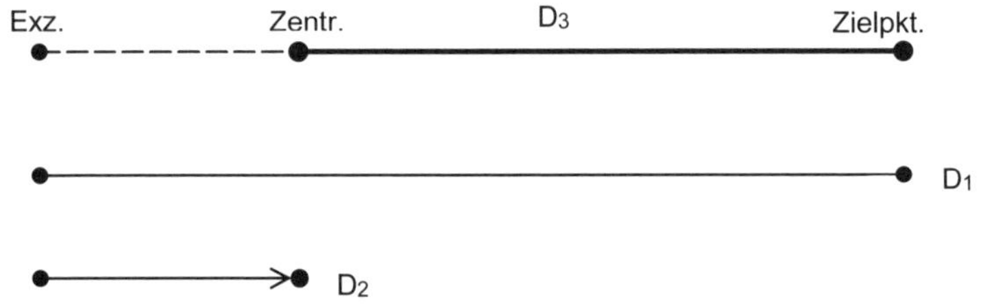

Bild 8-8: Messanordnung zur Elimination des Nullpunktsfehlers

Durch rechnerische Differenzbildung der gemessenen Strecken und mit

$$\overline{D}_3 = \overline{D}_1 - \overline{D}_2$$

erhält man die gesuchte Sollstrecke

$$\overline{D}_3 = D_1 - D_2 + (K_{z1} - K_{z2}) \ , \tag{8-29}$$

die frei ist von der Nullpunktskorrektion und nur noch die Differenz der zyklischen Fehler-Korrektionen enthält.

Die Anwendung dieses Messverfahrens empfiehlt sich besonders, wenn der zyklische Fehler des Instrumentes bekanntermaßen gering ist und wenn auf ein Prisma mit ungenügend genau bekannter Nullpunktskorrektion gemessen wird.

Eine andere Messvariante soll den zyklischen Fehler eliminieren. Dabei macht man sich den Umstand zu Nutze, dass der Einfluss des zyklischen Fehlers in der Form (6-10)

$$K_z = A \cdot \sin\left(\frac{D - C}{U} \cdot 2\pi\right)$$

bei einer Streckenverschiebung E um den halben Feinmaßstab denselben Betrag, aber entgegengesetztes Vorzeichen hat. Bei dem am häufigsten anzutreffenden Feinmaßstab U = 10 m ist die Verschiebung $E \approx 5$ m leicht mit dem Messband mit Millimetergenauigkeit messbar.

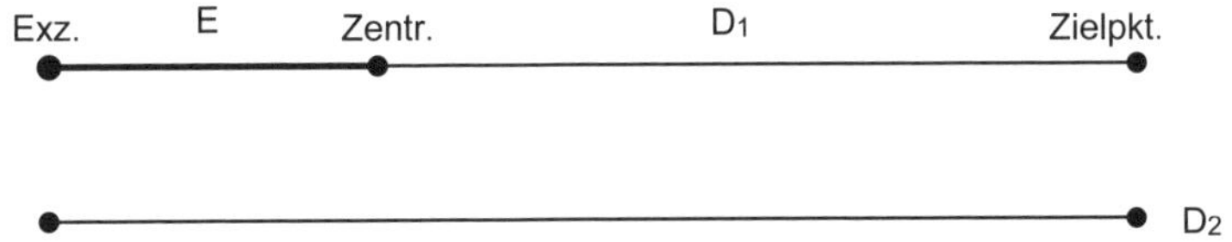

Bild 8-9: Messanordnung zur Elimination des zyklischen Fehlers

Mit der mit Messband gemessenen Exzentrizität E und den elektrooptisch gemessenen Distanzen D_1, D_2 gilt dann ($\overline{D}_i$ = Sollstrecken)

$$\overline{D}_1 = D_1 + K_0 + K_{z1}$$

$$\overline{D}_2 = D_2 + K_0 + K_{z2}$$

und mit

$$\overline{D}_1 = \overline{D}_2 - E \qquad \text{und}$$

$$K_{z2} = -K_{z1}$$

folgt hieraus für die gesuchte Strecke

$$\overline{D}_1 = \frac{1}{2} \cdot (D_1 + D_2 - E) + K_0 \quad , \qquad (8\text{-}30)$$

die jetzt frei vom zyklischen Fehler, aber noch mit der Nullpunktskorrektion K_0 behaftet ist.

Schließlich bleibt noch der Maßstab als Fehlerquelle – bedingt durch Modulationsfrequenz und repräsentativen Brechungsindex – welcher ebenfalls unter gewissen Voraussetzungen durch ein Relativverfahren eliminiert werden kann. In diesem Fall werden Streckenpaare D_1, D_2 (gemeinsamer Standpunkt, verschiedene Zielpunkte) beobachtet, deren Streckenverhältnis

$$V = \frac{D_1}{D_2}$$

frei von einem gemeinsamen Maßstabsfaktor ist. Wenn eine der Strecken, z.B. die Strecke D_1, längenmäßig bekannt ist, kann diese als Referenz dienen und alle weiteren Strecken können an ihren Maßstab angepasst werden. Auf diese Weise lassen sich sowohl Frequenzfehler als auch eine im Messgebiet gleiche Meteorologie berücksichtigen. Nähere Einzelheiten über Messung und Auswertung sind der Literatur zu entnehmen, z.B. HECK, JÄGER 1986, JÄGER 1985.

9 Elektronische Richtungsmessung

9.1 Richtungsabgriff bei elektronischen Theodoliten

9.1.1 Allgemeines

Die Richtungsmessung mit einem elektronischen Theodolit oder Tachymeter entspricht weitgehend der bei herkömmlichen Theodoliten mit optischer Ablesevorrichtung. Die Ermittlung der Horizontal- und Vertikalrichtung und der Stehachsenschiefe erfolgt jedoch vollautomatisch mit Sensoren. Der interne Ablauf wird dabei von einem Mikroprozessor gesteuert (Bild 9-1).

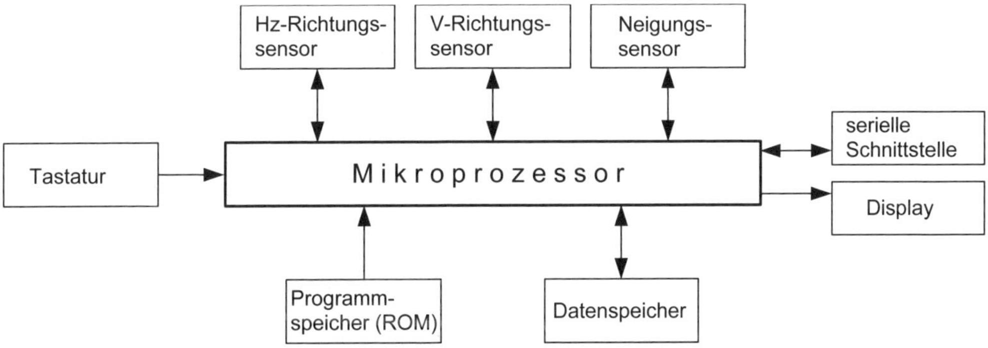

Bild 9-1: Mikroprozessorgesteuerter Theodolit

Das Ergebnis der Horizontal- und Vertikalwinkelmessung liegt dann in binärer Form vor und kann über eine serielle Schnittstelle ausgegeben oder nach Umwandlung in Dezimalzahlen auf einem Display angezeigt werden.
Die Richtungssensoren arbeiten dabei entweder mit einem feststehenden Teilkreis (stationäre Methode) oder mit einem rotierenden Teilkreis oder einer rotierenden Marke (dynamische Methode) oder bei neuesten Entwicklungen (Lasergyros) auch ohne Teilkreis.

Bei der stationären und der dynamischen Methode besteht die Richtungsmessung entsprechend der klassischen Kreisablesung in der Regel aus einer Grob- und einer Feinmessung. Bei der Grobmessung und vor allem bei der Feinmessung haben die Gerätehersteller sehr vielfältige Methoden entwickelt. Im Folgenden werden die wichtigsten Methoden im Prinzip dargestellt.

9.1.2 Stationäre Methode

Bei der stationären Methode kann die Richtungsmessung mit einem bezifferten Teilkreis (Codeverfahren) oder mit einem unbezifferten Teilkreis durch Abzählen der Teilstriche (Inkrementalverfahren) erfolgen.

9.1.2.1 Codeverfahren mit mehreren Codespuren

Die Teilstriche sind hier nicht wie bei herkömmlichen Theodoliten durch Dezimalzahlen, sondern durch elektrooptisch oder magnetisch abtastbare Codezeichen gekennzeichnet. Die Codezeichen sind dabei auf konzentrischen Spuren angebracht (Bild 9-2).

Bild 9-2: Codierter Teilkreis

Eine einfache Möglichkeit der Codierung bietet der Binärcode (Bild 9-3).

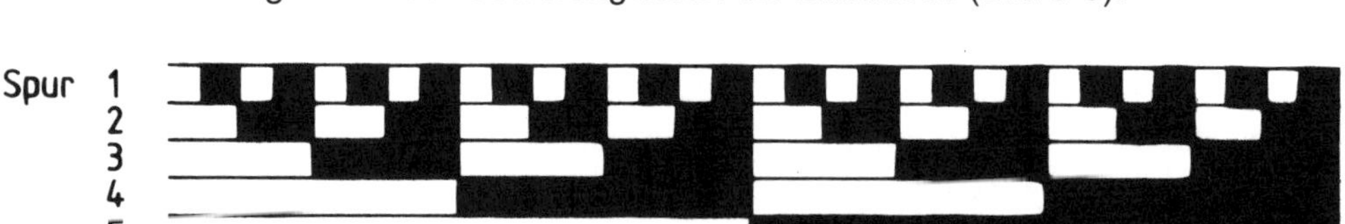

Bild 9-3: Beispiel für die Darstellung von 32 Zeichen auf 5 Codespuren

Die Abtastung der einzelnen Codespuren des Teilkreises kann mit Hilfe von Lichtschranken erfolgen (Bild 9-4). Je nachdem, ob die jeweilige Spur an der Abtaststelle lichtdurchlässig ist oder nicht, wird das Signal hell oder dunkel und daraus das Binärzeichen 1 oder 0 erzeugt.

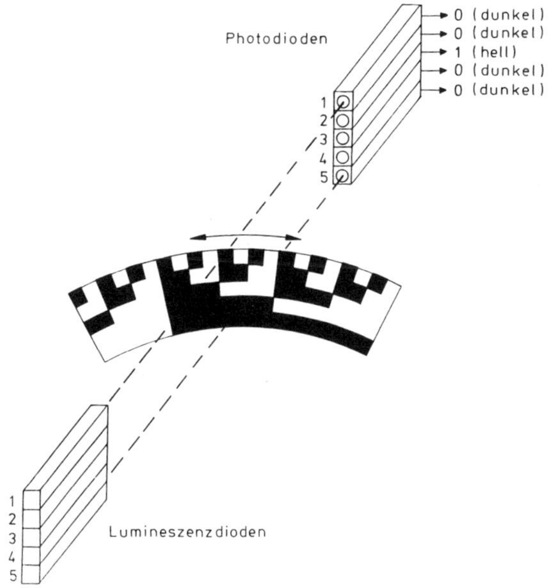

Bild 9-4: Abtastung der Codespuren

Die Zahl z der mit diesem Code erzeugbaren Zeichen hängt von der Zahl n der Spuren ab.

$$z = 2^n \quad . \tag{9-1}$$

Soll zum Beispiel ein Teilkreis nach diesem Verfahren auf mgon genau abgetastet werden, so muss er mit 400 000 verschiedenen Zeichen codiert sein. Die erforderliche Zahl n der Spuren erhält man durch Auflösen der Gleichung (9-1) zu

$$n = \frac{\log z}{\log 2} = \frac{\log 400000}{\log 2} = 18{,}6 \quad \Rightarrow \quad 19 \text{ Spuren.}$$

Es wären also 19 Codespuren erforderlich. Die Abtastung von 19 Codespuren wäre aber technisch sehr aufwendig. Außerdem ist die Unterbringung von 400 000 verschiedenen Zeichen auf einem Teilkreis räumlich nicht möglich.
Aus diesen Gründen verwendet man die Codierung meist nur für eine Grobablesung, die anschließend durch eine Interpolation verfeinert wird.

9.1.2.2 Inkrementalverfahren

Absolutstellungen des Teilkreises können bei diesem Verfahren nicht erfasst werden, da auf dem Teilkreis keine Bezifferung durch Codezeichen angebracht ist. Der Teilkreis enthält nur ein Strichraster. Die Strichbreite entspricht dabei dem Strichabstand (Bild 9-5).

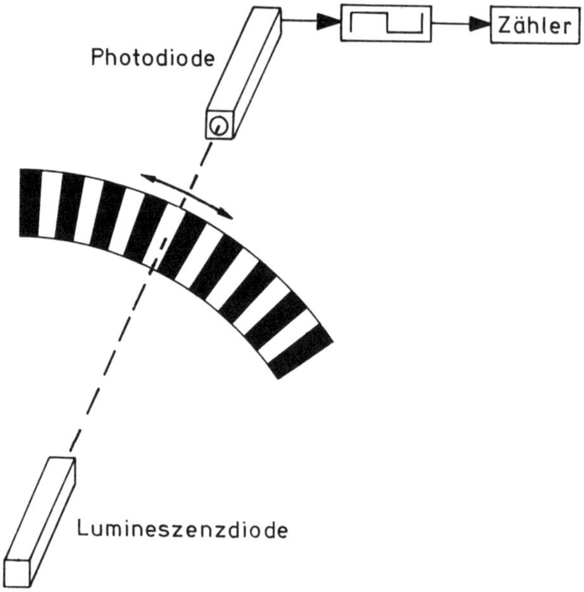

Bild 9-5: Inkrementalverfahren

Bewegt sich die aus Lumineszenzdiode und Photodiode bestehende Lichtschranke relativ zum Strichraster des Teilkreises, so können die dabei entstehenden Hell-Dunkel-Wechsel gezählt werden. Es lassen sich bei diesem Verfahren nur Richtungsänderungen gegenüber einer Anfangsrichtung ermitteln. Mit dem Ausschalten des Gerätes geht in der Regel die Orientierung verloren. Bei neuerlichem Einschalten wird dann von der zufällig eingestellten Kreisstellung an neu gezählt.

Um die einzelnen Richtungen eindeutig zueinander in Bezug setzen zu können, ist auch die Erfassung der Drehrichtung erforderlich. Dies geschieht mit Hilfe eines Richtungsdiskriminators. Hierzu enthält die Ablesevorrichtung mindestens zwei Lichtschranken, die um den Betrag $n \cdot T + T/4$ gegeneinander versetzt sind. T ist dabei das Teilungsintervall des Strichrasters (Bild 9-6).

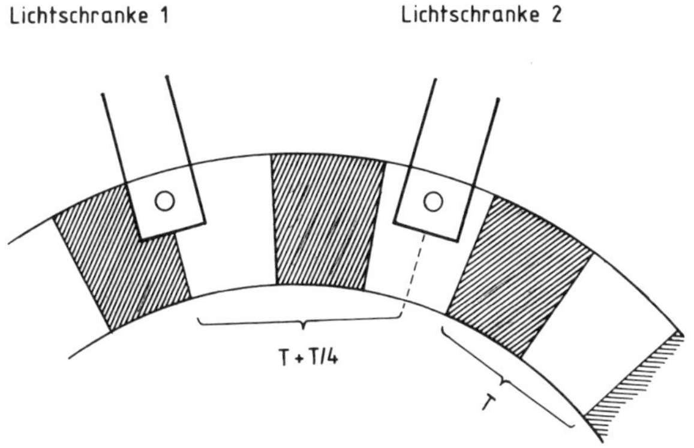

Bild 9-6: Richtungsdiskriminator, bestehend aus zwei um T+T/4 versetzten Lichtschranken

Drehen sich die beiden Lichtschranken relativ zum Teilkreis im Uhrzeigersinn (Bild 9-6), so werden von den Lichtschranken folgende Signale erzeugt:

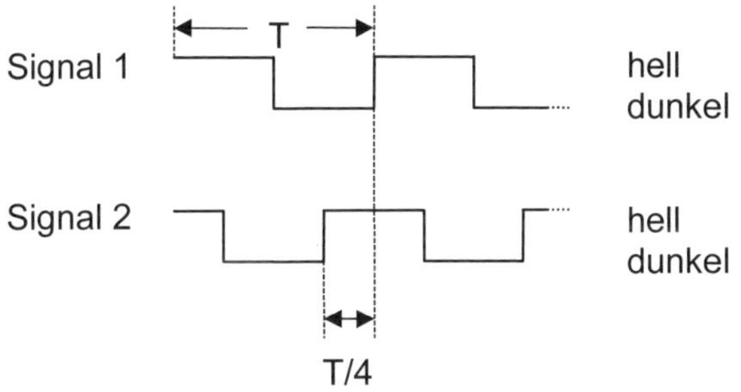

Bei einer Drehung im Uhrzeigersinn ändert sich, während das Signal 1 hell ist, das Signal 2 von hell auf dunkel oder während das Signal 1 dunkel ist, das Signal 2 von dunkel auf hell.
Drehen sich die beiden Lichtschranken relativ zum Teilkreis im Gegenuhrzeigersinn, so sehen die Signale wie folgt aus:

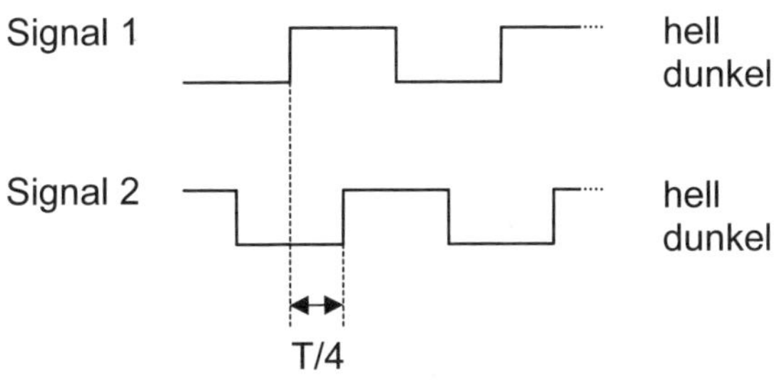

Hier ändert sich, während das Signal 1 dunkel ist, das Signal 2 von hell auf dunkel oder während Signal 1 hell ist, das Signal 2 von dunkel auf hell.

Kurz gefasst kann man sagen, bei Drehung im Uhrzeigersinn eilt Signal 2 dem Signal 1 um T/4 voraus. Bei Drehung im Gegenuhrzeigersinn eilt Signal 1 dem Signal 2 um T/4 voraus. Mit diesen beiden Signalen ist also eine eindeutige Erkennung der Drehrichtung möglich. Außerdem kann mit zwei Lichtschranken die Auflösung gesteigert werden.
Da das Teilungsintervall T nicht beliebig klein gewählt werden kann – eine fertigungstechnische Grenze liegt bei etwa 5 µm –, ist die Auflösung begrenzt. Auf einem Teilkreis mit einem Durchmesser von 80 mm lassen sich etwa 50 000 Teilungsintervalle unterbringen. Ein Teilungsintervall entspricht dann etwa 8 mgon.
Für Richtungsmessungen höherer Genauigkeit muss dann noch innerhalb dieses Teilungsintervalls interpoliert werden können.
Ein gravierender Nachteil früherer Instrumente mit dem Inkrementalverfahren bestand darin, dass beim Ausschalten oder Batteriewechsel die Orientierung verloren ging. Bei den neueren Instrumenten ist dieser Nachteil durch den Einbau einer Pufferbatterie (Backup-Akku) beseitigt.
Eine weitere Variation des Inkrementalverfahrens ist das aus dem Werkzeugmaschinenbau stammende Inductosyn-Verfahren. Inductosyn ist der Handelsname für ein von der Inductosyn Corporation New York hergestelltes Bauelement zur Längen- bzw. Winkelmessung. Die Elemente zur Winkelmessung werden „Rund-Inductosyn“ genannt. Diese Elemente verwendet z.B. die Firma SPECTRA PRECISION bei ihren Tachymetern für den Richtungsabgriff.

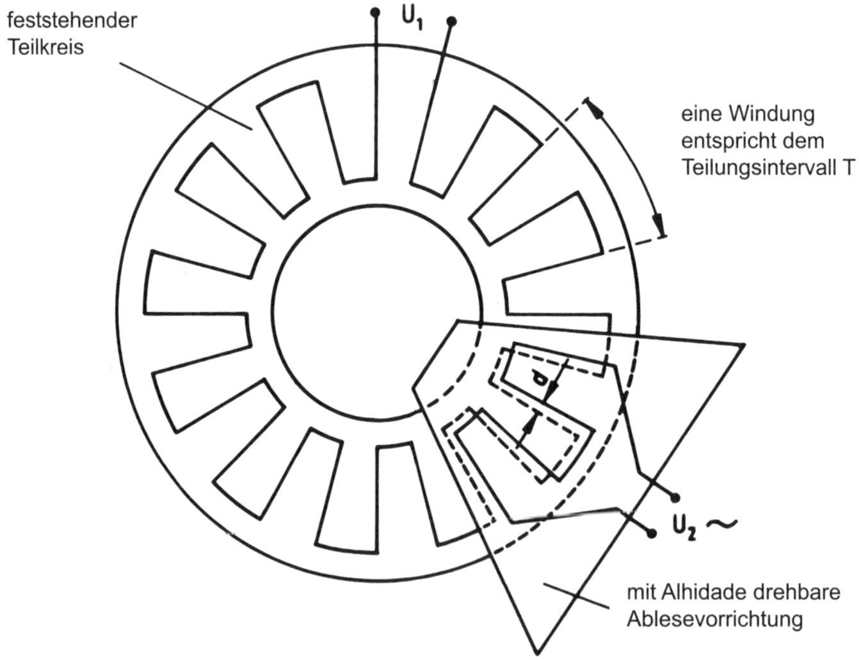

Bild 9-7: Rund-Inductosyn

Die Funktionsweise eines Rund-Inductosyn kann man sich analog zum zuvor beschriebenen Verfahren mit Strichraster und Lichtschranke vorstellen. Statt eines Strichrasters trägt der Teilkreis eine mäanderförmige Leiterbahn (Bild 9-7), die entsprechend einer gedruckten Schaltung aufgetragen ist. Eine Windung dieser Leiterbahn entspricht einem Teilungsintervall T. Der zuvor beschriebenen Lichtschranke entspricht hier eine aus einer Platte bestehende Ablesevorrichtung, auf die ebenfalls eine Leiterbahn mit mindestens einer Windung aufgetragen ist (Bild 9-7). Die Ablesevorrichtung kann bei Drehung der Alhidade berührungslos in sehr geringem Abstand über die Teilkreisscheibe geführt werden.

Wird an die Leiterbahn des feststehenden Teilkreises eine Spannung U_1 angelegt, so werden die Windungen von Strom durchflossen und erzeugen Magnetfelder. Dadurch wird in der Windung der Ablesevorrichtung eine Spannung U_2 induziert, die abhängig ist vom Abstand d (Bild 9-7). Dreht man die Alhidade, so wird in der Windung der Ablesevorrichtung eine sinusförmige Wechselspannung erzeugt. Die Zahl der vollen Sinusperioden entspricht der Zahl der überstrichenen Teilungsintervalle. Die Interpolation innerhalb des Teilungsintervalles erfolgt mit Hilfe der gemessenen Spannung U_2.

Zusammen mit einer zweiten Ablesevorrichtung kann auch hier die Drehrichtung erkannt und die Auflösung gesteigert werden. Ordnet man noch weitere Ablesevorrichtungen an, so lässt sich die Auflösung weiter steigern. Bei den höchstauflösenden Rund-Inductosyn sind die Ablesevorrichtungen über den gesamten Teilkreisumfang verteilt und es wird dann eine Auflösung von bis zu 10^{-6} des Teilkreisumfanges 0,4 mgon erreicht.

9.1.2.3 Interpolation

Mit Ausnahme des Inductosyn-Verfahrens ergeben die in Abschnitt 9.1.2.1 und 9.1.2.2 beschriebenen Verfahren zum Teilkreisabgriff nur einen Grobwert, der durch Interpolation verfeinert werden muss.

<u>a) Interpolation mit elektronischem Planplattenmikrometer</u>
Die Interpolation mit elektronischem Mikrometer entspricht weitgehend dem Ablesevorgang am optischen Mikrometer herkömmlicher Theodolite.
Ein Teilstrich wird mit Hilfe einer drehbaren planparallelen Platte (Bild 9-8) mit einer Doppeldiode – sprich Ablesestrich – zur Koinzidenz gebracht (siehe Abschnitt 9.2). Im Augenblick der Koinzidenz wird an der Mikrometerteilung die Drehstellung der planparallelen Platte abgegriffen. Gleichzeitig erfolgt bei den codierten Teilkreisen der Abgriff der Codezeichen (siehe Abschnitt 9.1.2.1). Dreht der Motor die Planplatte kontinuierlich, so werden ständig neue Koinzidenzen erzeugt, und es ist somit auch ein Arbeiten in der Betriebsart „Tracking“ möglich. Beim Elta 2 von ZEISS kann das

Teilungsintervall von 0,25 gon mit dem elektronischen Mikrometer in 1250 Einheiten unterteilt werden. Damit ergibt sich für diese Ablesevorrichtung eine Auflösung von 0,2 mgon.

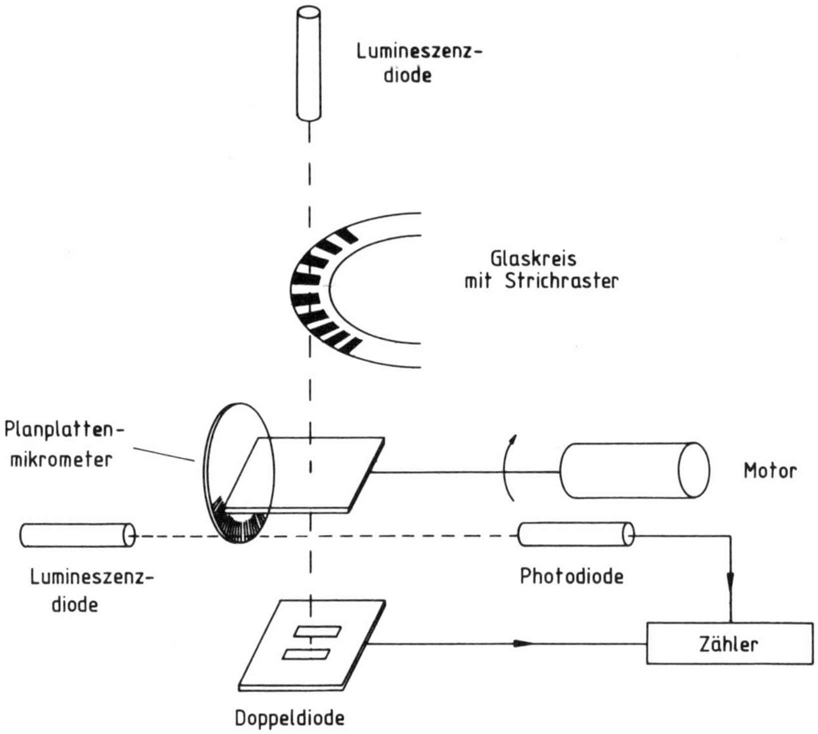

Bild 9-8: Interpolation mit elektronischem Planplattenmikrometer

b) Interpolation mit Moiré-Streifen

Bildet man zwei diametrale Stellen eines Teilkreises aufeinander ab und verdreht die beiden Bilder um den Verdrehungswinkel α gegeneinander (Bild 9-9), so entstehen Moiré-Streifen. Ausgegangen wird dabei wieder von Strichteilungen, deren Strichstärke dem Strichabstand entspricht.

Der Abstand MS der Moiré-Streifen hängt vom Verdrehungswinkel α ab:

$$MS = \frac{T}{\tan\alpha} \quad . \tag{9-2}$$

Bei kleinem Verdrehungswinkel α kann also der Moiré-Streifenabstand MS sehr stark gegenüber dem Teilungsintervall T vergrößert werden. Die Interpolation (Feinablesung) erfolgt dann innerhalb des Moiré-Streifenintervalls MS.

Eine andere Möglichkeit, Moiré-Streifen zu erzeugen, besteht darin, die beiden diametralen Kreisstellen ohne Verdrehung, aber mit unterschiedlichem Maßstab aufeinander abzubilden (Bild 9-10).

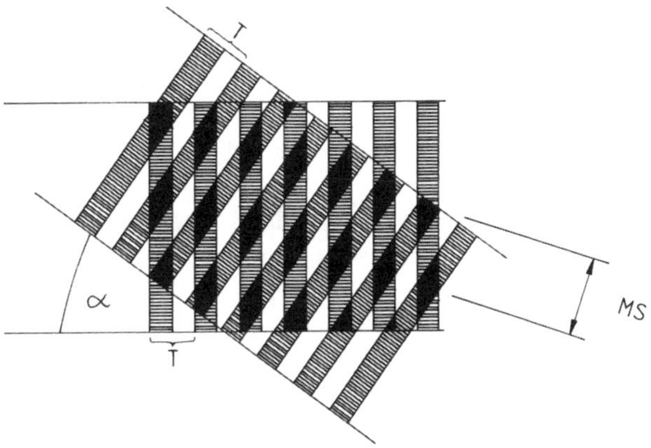

Bild 9-9: Moiré-Streifenbildung durch Verdrehung

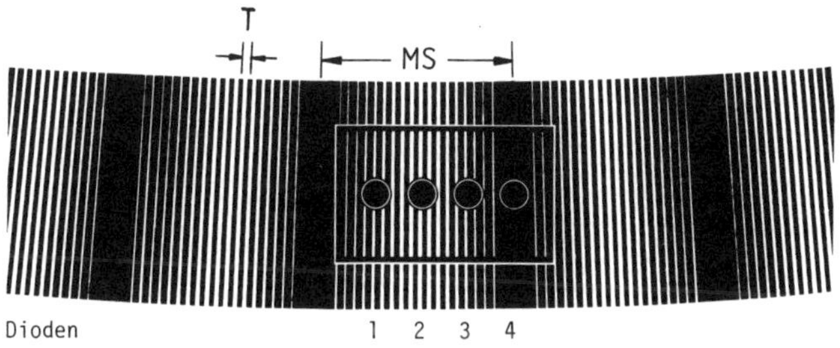

Bild 9-10: Moiré-Streifenbildung mit verschiedenen Abbildungsmaßstäben nach MÜNCH 1983

Wird die eine Teilkreisstelle bei der Abbildung gegenüber der diametralen Teilkreisstelle mit einem Vergrößerungsfaktor V verändert, so kann der Moiré-Streifenabstand MS gegenüber dem Teilungsintervall T um den Faktor

$$M = \left| \frac{V}{V-1} \right| \tag{9-3}$$

vergrößert werden und damit gilt

$$MS = M \cdot T \quad . \tag{9-4}$$

Beim elektronischen Theodoliten E2 von KERN beträgt der Vergrößerungsfaktor V = 1,005. Das Moiré-Streifenintervall MS ist dann rund um den Faktor M = 200 größer als das Teilungsintervall T. Der Teilkreis des E2 trägt 20 000 Teilstriche und das Teilungsintervall T, das 0,02 gon entspricht, hat eine Breite von 11 μm. Ein Moiré-Streifenintervall ist somit rund 2 mm breit. Durch eine Nachvergrößerung um den Faktor 2 erhält man eine scheinbare Intervallbreite von 4 mm. Diese Breite ist ausreichend, um innerhalb eines Moiré-Streifens als Ablesevorrichtung vier Photodioden unterzubringen (Bild 9-10).

Bei Drehung der Alhidade laufen die Moiré-Streifen an der Ablesevorrichtung vorbei und erzeugen sinusförmige Helligkeitsschwankungen. Wandelt man die von den Photodioden erzeugten sinusförmigen Signale in Rechtecksignale um (Bild 9-11), so können die ansteigenden Flanken und damit die Moiré-Perioden für die Grobmessung gezählt werden. Durch die Gegenläufigkeit der diametralen Kreisbilder läuft bei Drehung der Alhidade um 0,01 gon eine volle Moiré-Periode $\hat{=} 2\pi$ an der Ablesevorrichtung vorbei. Die Feinablesung innerhalb des Intervalls von 0,01 gon erfolgt durch elektronische Interpolation mit den vier Photodioden (Bild 9-11).

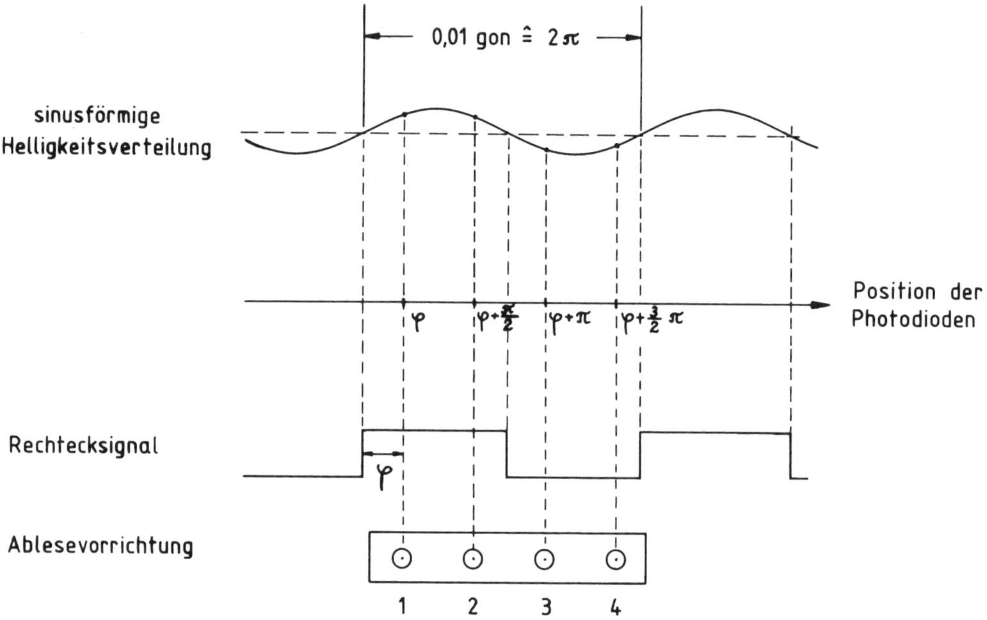

Bild 9-11: Elektronische Interpolation innerhalb einer Moiré-Periode

Die von den vier Photodioden erzeugten Spannungen U_1 bis U_4 sind proportional zur Helligkeit an den Stellen 1 bis 4 und lassen sich vereinfacht wie folgt darstellen:

$$
\begin{aligned}
U_1 &= U_k + A \cdot \sin\varphi \\
U_2 &= U_k + A \cdot \sin\left(\varphi + \frac{\pi}{2}\right) = U_k + A \cdot \cos\varphi \\
U_3 &= U_k + A \cdot \sin(\varphi + \pi) = U_k - A \cdot \sin\varphi \\
U_4 &= U_k + A \cdot \sin\left(\varphi + \frac{3}{2}\pi\right) = U_k - A \cdot \cos\varphi
\end{aligned}
\tag{9-5}
$$

Dabei ist A die Amplitude der sinusförmigen Wechselspannung und U_k der Gleichspannungsanteil.

Durch Differenzenbildung erhält man die vom Gleichspannungsanteil freien Ausdrücke

$$U_1 - U_3 = 2A \cdot \sin\varphi$$

und

$$U_2 - U_4 = 2A \cdot \cos\varphi \tag{9-6}$$

und damit

$$\frac{U_1 - U_3}{U_2 - U_4} = \frac{2A \cdot \sin\varphi}{2A \cdot \cos\varphi} = \tan\varphi \tag{9-7}$$

oder

$$\varphi = \arctan\frac{U_1 - U_3}{U_2 - U_4} \quad . \tag{9-8}$$

Betrachtet man die Photodiode 1 (Bild 9-11) als die eigentliche Ablesestelle, so lässt sich nach (9-8) der Interpolationswinkel φ mit $0 \leq \varphi \leq 2\pi$ innerhalb des Moiré-Streifenintervalls immer eindeutig aus den Vorzeichen der Ausdrücke U_1–U_3 und U_2–U_4 bestimmen. Der Interpolationswert I der Feinablesung lautet dann

$$I = \frac{\varphi}{2\pi} \cdot 0{,}01\,\text{gon}\,. \tag{9-9}$$

Da die Bestimmung von φ mit einer Auflösung von 1:100 möglich ist, liegt die Auflösung für den Interpolationswert I der Feinablesung bei 0,0001 gon.
Mit der Anordnung von vier Photodioden lässt sich nicht nur ein eindeutiger Ablesewert ermitteln sondern es können auch systematische Fehlereinflüsse, wie Helligkeitsschwankungen der Beleuchtungseinrichtung, ausgeschaltet werden. Außerdem ist aus den vier periodisch versetzten Signalen die Drehrichtung der Alhidade erkennbar.

9.1.2.4 Absoluter Richtungsabgriff mit nur einer Code-Spur

Bei diesem Verfahren sind die Teilstriche auf einer Spur aufgetragen und die Teilstriche tragen die Codeinformation. Bei diesem im Prinzip einfachen Verfahren werden sehr breite äquidistante Grobstriche auf der Teilkreisspur aufgetragen. Die zwischen den Grobstrichen liegenden Sektoren werden zur Codierung dieser Grobstriche verwendet (Bild 9-12). Die Codierung erfolgt durch ebenfalls äquidistante Teilstriche im Binär-Code. Verwendet man z.B. eine achtstellige binäre Codierung, so können 256 Grobstriche beziffert werden:

binär	dezimal
00000000	0
00000001	1
00000010	2
00000011	3
.	.
.	.
.	.
11111110	254
11111111	255

Zur Bezifferung wären hier pro Sektor acht weitere Striche erforderlich, die z.B. als dünner Strich die Binärzahl 0 und als dicker Strich 1 darstellen. Ein Sektor würde also in 9 Intervalle unterteilt. Da alle Teilstriche äquidistant sind, erhält man das Teilstrichintervall T (Bild 9-12) zu

$$T = \frac{400\ \text{gon}}{256 \cdot 9} = 0{,}17361\ \text{gon} \quad . \tag{9-10}$$

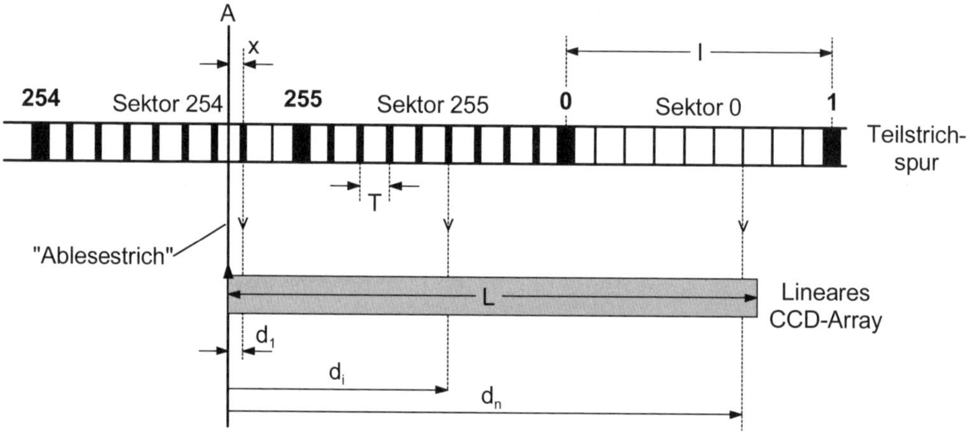

Bild 9-12: Richtungsabgriff bei Ein-Spur-Codierung

Als Ableseeinheit wird ein lineares CCD-Array der Länge L verwendet. Ist das Array so lang, dass es gerade 2 Sektoren überdecken kann, so kann immer ein Sektor eindeutig decodiert werden und dem linken Grobstrich des Sektors zugeordnet werden. Außerdem muss aus der Zahl der Hell-Dunkelwechsel die Anzahl der zwischen „Ablesestrich" und diesem Grobstrich liegenden Teilstriche ermittelt werden. Legt man den 1. Sensor des CCD-Arrays als „Ablesestrich" fest, so erhält man die auf unser Beispiel bezogene Ablesung A mit

$$A = \text{Sektornummer} \cdot I - 2 \cdot T - x \qquad \text{mit} \quad I = \frac{400\ \text{gon}}{256} \ ,$$

wobei der mit dem Array gemessene Abstand d_1 zwischen Ablesestrich und nächst folgendem Teilstrich den Interpolationswert x für die Feinablesung ergibt. Hierbei wird vorausgesetzt, dass bei Abbildung der Teilkreissektoren auf das Array (Bild 9-12 und 9-13) die doppelte Sektorenlänge $2 \cdot I$ genau der Arraylänge L entspricht:

$$x = d_1 \frac{2 \cdot I}{L} \ . \qquad (9\text{-}11)$$

In Gon umgewandelt lautet die Ablesung für das in Bild 9-12 dargestellte Beispiel dann

$$A = 255 \cdot \frac{400\text{gon}}{256} - 2 \cdot \frac{400\text{gon}}{256 \cdot 9} - d_1 \frac{2 \cdot I}{L} \ ,$$

$$A = 398{,}09028 - d_1 \frac{2 \cdot I}{L} [\text{gon}] = 398{,}09028 - 3{,}125 \frac{d_1}{L} [\text{gon}] \ .$$

Die Genauigkeit der Feinablesung x hängt somit von der Auflösung des Arrays bei der Bestimmung von d_1 ab. Die Auflösung des Arrays hängt wiederum von der Zahl der Sensoren ab, die in einem Array der Länge L zusammengepackt werden können.
Zur Steigerung der Ablesegenauigkeit können sämtliche auf das Array abgebildeten n Teilstriche herangezogen werden (in unserem Beispiel n = 18).
Bei der Auswertung eines beliebigen Teilstriches i erhält man folgende Beziehung

$$x + (i-1)T = d_i \frac{2 \cdot I}{L} \qquad \text{oder}$$

$$x = d_i \frac{2 \cdot I}{L} - (i-1)T \ . \qquad (9\text{-}12)$$

Unter Einbeziehung aller n Teilstriche ergibt sich x als Mittelwert aus n Einzelmessungen zu

$$x = \frac{1}{n} \sum_{i=1}^{n} \left(d_i \frac{2 \cdot I}{L} - (i-1)T \right) \qquad \text{oder}$$

$$x = \frac{2 \cdot I}{n \cdot L} \cdot \sum_{i=1}^{n} (d_i) - \frac{n-1}{2} \cdot T \ . \qquad (9\text{-}13)$$

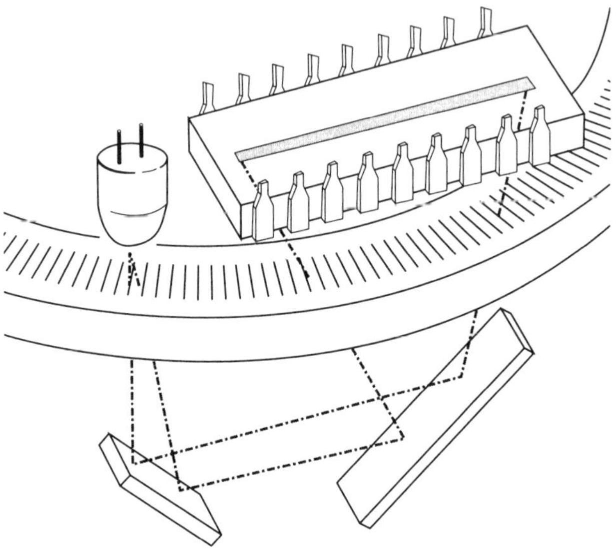

Bild 9-13: Ableseeinheit nach ZEISKE

Zur weiteren Genauigkeitssteigerung und zur Ausschaltung systematischer Fehler werden zwei Ableseeinheiten (Bild 9-13) diametral angeordnet. Weitere paarweise angeordnete Ableseeinheiten können die Genauigkeit noch weiter steigern.
Dieses hier in den Grundzügen vorgestellte Verfahren wird von den Herstellern mit hiervon abweichenden technischen Details umgesetzt. Die technischen Details unterliegen noch der Geheimhaltung.
Dieses Verfahren ist das neueste und derzeit verbreitetste. Von allen absolut messenden Verfahren ist es das schnellste. Somit ist es auch für den Richtungsabgriff bei kinematischen Messaufgaben geeignet.

9.1.3 Dynamische Methode

9.1.3.1 Prinzip

Bei der dynamischen Methode führt man die Richtungsmessung auf eine Zeitmessung zurück (Bild 9-14).
Gemessen wird hier die Zeit T_φ zwischen den Durchgängen einer gleichförmig rotierenden Spaltblende durch die beiden Lichtschranken A und B.
Während die Lichtschranke A fest mit dem Theodolitunterteil verbunden ist, lässt sich die Lichtschranke B zusammen mit der Alhidade an Lichtschranke A vorbei um die Stehachse drehen. Die Lichtschranke A markiert somit die „Teilkreisnullrichtung“ und die Lichtschranke B stellt die der Zielrichtung entsprechende Ablesestelle am „Teilkreis“ dar.

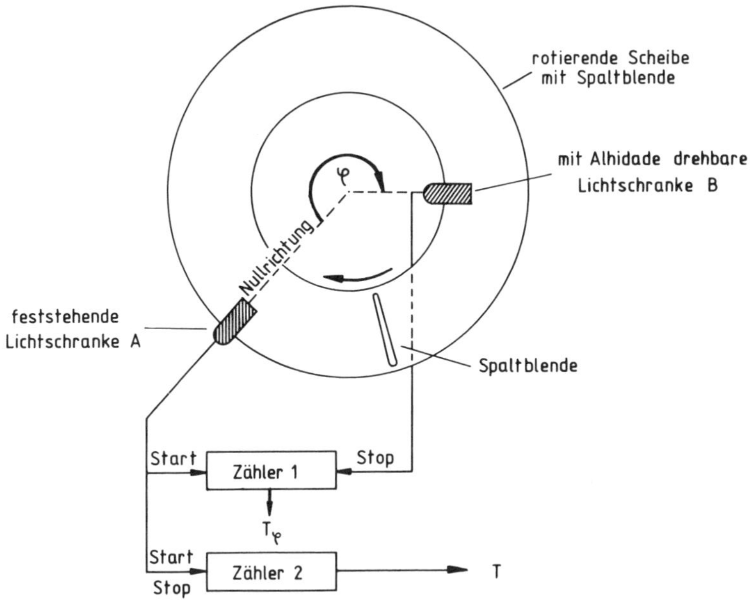

Bild 9-14: Dynamisches Verfahren

Mit vorgegebener Rotationsgeschwindigkeit ω der Spaltblende lässt sich der gesuchte Winkel φ direkt aus der gemessenen Zeit T_φ ableiten:

$$\varphi = \omega \cdot T_\varphi \quad . \tag{9-14}$$

Durchläuft die Spaltblende die Lichtschranke A, so beginnt der Zähler 1 so lange zu zählen, bis die rotierende Spaltblende die Lichtschranke B durchläuft. Der gemessene Zählbetrag entspricht dabei der Zeit T_φ (Bild 9-14).

Die für die Bestimmung von φ erforderliche Rotationsgeschwindigkeit ω erhält man aus der Umlaufzeit T der Spaltblende zu

$$\omega = \frac{400\text{gon}}{T} \quad . \tag{9-15}$$

Die Umlaufzeit T für eine ganze Umdrehung der Spaltblende um die Drehachse wird von dem durch Lichtschranke A gesteuerten Zähler 2 gemessen. Bei jedem Durchlauf der Spaltblende durch die Lichtschranke A wird der Zähler abwechselnd ein- oder ausgeschaltet. Diese Anordnung erlaubt die Bestimmung der Umlaufzeit T für jede zweite Umdrehung.

Mit schnell rotierender Spaltblende sind innerhalb kurzer Zeit sehr viele Einzelmessungen zur Bestimmung von φ möglich. An die Konstanz der Rotationsgeschwindigkeit müssen dabei keine hohen Anforderungen gestellt werden, da die kontinuierliche Messung von T die Erfassung von Geschwindigkeitsänderungen erlaubt.

9.1.3.2 Technische Ausführung am Beispiel Theomat WILD T 2000

Auf den rotierenden Glaskreis sind äquidistante Hell-Dunkel-Felder mit dem Teilungsintervall φ_0 aufgetragen (Bild 9-15). Die feste Lichtschranke L_S legt die „Teilkreisnullrichtung" fest. Die Lichtschranke L_R ist innen angeordnet und damit an der Lichtschranke L_S vorbei um die Stehachse drehbar.

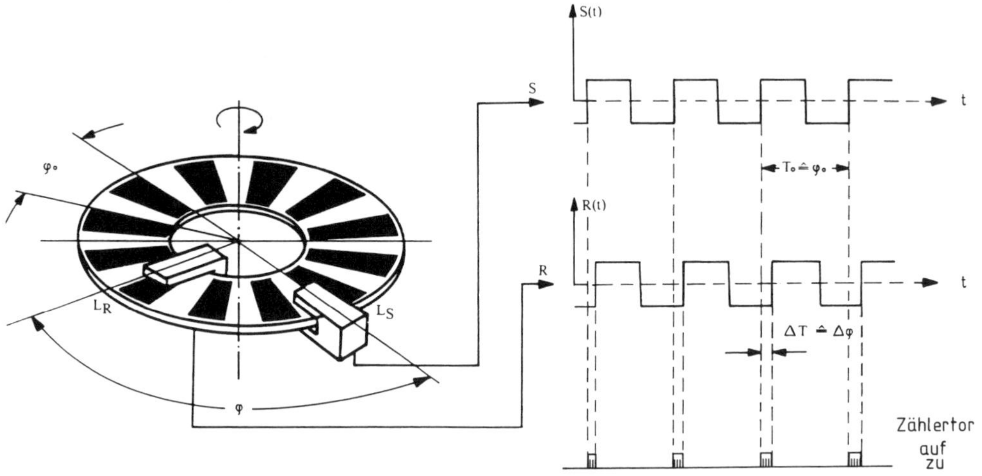

Bild 9-15: Dynamisches Verfahren beim Theomat WILD T 2000 (nach KATOWSKI, SALZMANN 1983)

Der gesuchte Winkel φ setzt sich aus einem ganzahligen Vielfachen n des Teilungsintervalles φ_0 und dem Restwinkel $\Delta\varphi$ zusammen:

$$\varphi = n \cdot \varphi_0 + \Delta\varphi \quad . \tag{9-16}$$

Bei Drehung des Glaskreises erzeugen die Lichtschranken L_S und L_R die Rechtecksignale S und R. Der Phasenunterschied ΔT dieser beiden Signale entspricht dem Restwinkel $\Delta\varphi$. Der Phasenunterschied wird durch eine Zeitmessung analog dem digitalen Phasenmessverfahren der elektronischen Distanzmessung (siehe Abschnitt 4.3.4) bestimmt. Der Restwinkel $\Delta\varphi$ ergibt sich dann aus dem als Zeitintervall ΔT gemessenen Phasenunterschied (Bild 9-15) wie folgt:

$$\Delta\varphi = \frac{\varphi_0}{T_0} \cdot \Delta T \quad . \tag{9-17}$$

T_0 ist dabei die dem Teilungsintervall φ_0 entsprechende Periodendauer, die bei diesem Verfahren mitbestimmt wird.
Die Ermittlung des ganzzahligen Vielfachen des Teilungsintervalls φ_0 erfolgt durch eine zusätzliche „Grobmessung". Sobald eine Referenzmarke des Teilkreises die Lichtschranke L_S durchläuft, beginnt ein Zähler die durchlaufenden Teilungsintervalle

so lange zu zählen, bis diese Referenzmarke die Lichtschranke L_R erreicht. Da der Glaskreis mit 1024 aufgetragenen Teilungsintervallen drei Umdrehungen pro Sekunde ausführt, können innerhalb kurzer Zeit eine Vielzahl von Einzelmessungen durchgeführt werden.
Für eine einzige Phasenmessung erreicht man hier schon eine Auflösung von 0,7 mgon. Da die Phasenmessung abwechselnd mit zwei diametral angeordneten Lichtschrankenpaaren durchgeführt wird und dann jeweils 512 Phasenmessungen pro Umdrehung erfolgen, lässt sich hier die Auflösung bis zum Bereich 0,01 mgon steigern.
Die Vertikalrichtungsmessung entspricht weitgehend der Horizontalrichtungsmessung. Die feste Lichtschranke L_S repräsentiert hier den Zenit. Zur Korrektur der Vertikalrichtungen um die restliche Stehachsenschiefe werden die Lichtwege der Lichtschranken über einen Kompensator geleitet.

9.2 Erfassung der Stehachsenschiefe bei elektronischen Theodoliten

Bei modernen Theodoliten und Tachymetern sollte nach einer Grobhorizontierung die restliche Stehachsenneigung automatisch erfasst und berücksichtigt werden. Hierzu ist es erforderlich, die Stehachsenneigung in Zielrichtung (SZ) und in Kippachsenrichtung (SK) zu erfassen und als Korrektur an der Vertikalkreisablesung (V_0) und an der Horizontalkreisablesung (H_0) anzubringen:

$$V = V_0 + SZ \tag{9-18}$$

$$H = H_0 + SK \cdot \cot V \quad . \tag{9-19}$$

Die Erfassung der restlichen Stehachsenschiefe erfolgt mit einem Neigungssensor. Im Prinzip besteht ein solcher Neigungssensor aus einem Lotsensor, der als Pendel oder Flüssigkeitshorizont ausgebildet sein kann, und aus einem positionsempfindlichen Detektor, meist einer Flächendiode. Das Funktionsprinzip ist in Bild 9-16 dargestellt.

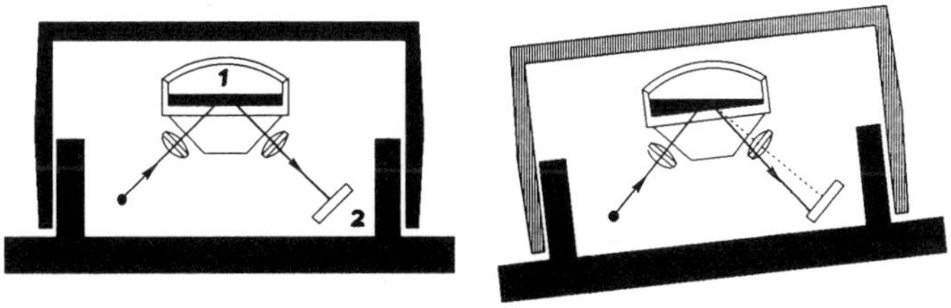

Sensor horizontiert Sensor geneigt

Bild 9-16: Neigungssensor

Bei genau vertikaler Stehachse trifft der an der Flüssigkeitsoberfläche (1) totalreflektierte Lichtstrahl genau auf den „Nullpunkt" des positionsempfindlichen Detektors (2). Wird die Theodolitstehachse etwas geneigt, so neigt sich der Sensor mit und allein die Flüssigkeitsoberfläche bleibt horizontal. Somit wird der Lichtstrahl um den doppelten Neigungswinkel abgelenkt und es verschiebt sich der Auftreffpunkt des Lichtstrahles auf dem positionsempfindlichen Detektor. Aus der Lage des Auftreffpunktes relativ zum „Nullpunkt" wird der Neigungswinkel ermittelt.

Der positionsempfindliche Detektor kann als Differential-Photodiode, als Vier-Quadranten-Photodiode oder als Lateraleffekt-Photodiode ausgebildet sein.

Eine Differential-Photodiode besteht im Prinzip aus zwei Flächendioden (Bild 9-17). Flächendioden geben bei konstanter Bestrahlungsstärke einen Photostrom ab, der innerhalb bestimmter Grenzen proportional zur bestrahlten Diodenoberfläche ist. Trifft ein mit einer quadratischen oder rechteckigen Blende erzeugtes Strahlenbündel auf eine Differential-Photodiode zentrisch auf (Bild 9-17), so sind die bestrahlten Flächen beider Dioden gleich groß und für beide Photoströme gilt

$$I_1 = I_2 \quad \text{bzw.} \quad I_2 - I_1 = 0 \; .$$

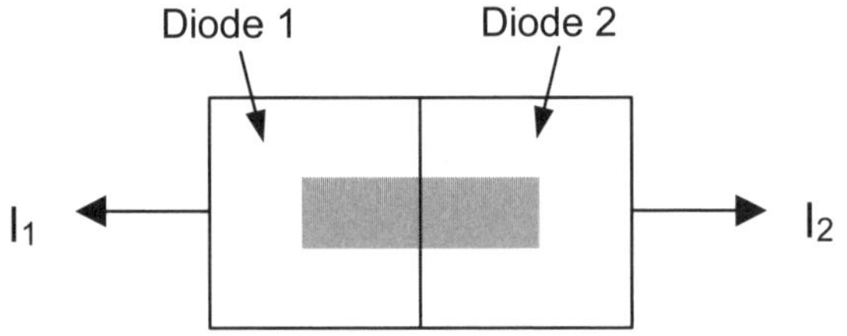

Bild 9-17: Rechteckiger Lichtfleck zentrisch auf Differential-Photodiode

Bei seitlicher Verschiebung des Strahlenbündels um den Betrag x ist die Differenz der beiden Photoströme proportional zu diesem Verschiebungsbetrag:

$$x \sim I_2 - I_1$$

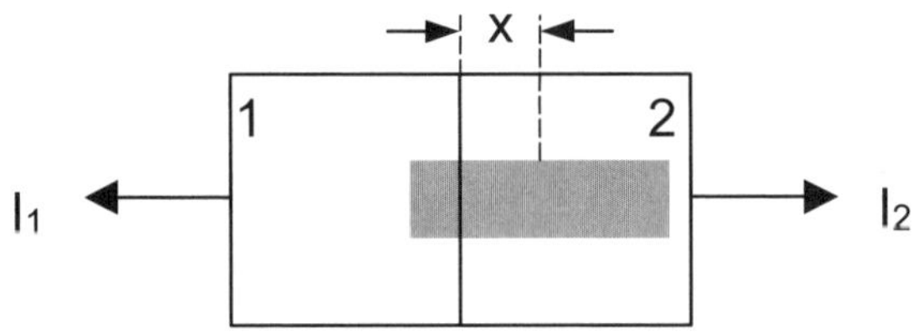

Bild 9-18: Rechteckiger Lichtfleck exzentrisch auf Differential-Photodiode

Um den Verschiebungsbetrag unabhängig vom Einfluss der Beleuchtungsstärke zu erhalten, wird die Differenz durch die Summe der Photoströme dividiert und es gilt

$$x \sim \frac{I_2 - I_1}{I_1 + I_2}$$

oder mit einem noch zu bestimmenden Proportionalitätsfaktor k folgt

$$x = k \cdot \frac{I_2 - I_1}{I_1 + I_2} \quad . \tag{9-20}$$

Mit einer solchen Differential-Photodiode lässt sich die Neigung nur in einer Richtungskomponente bestimmen. Es sind also zwei rechtwinklig zueinander angeordnete Differential-Photodioden erforderlich.

Man kann aber auch vier Flächendioden zu einer Vier-Quadranten-Photodiode kombinieren (Bild 9-19).

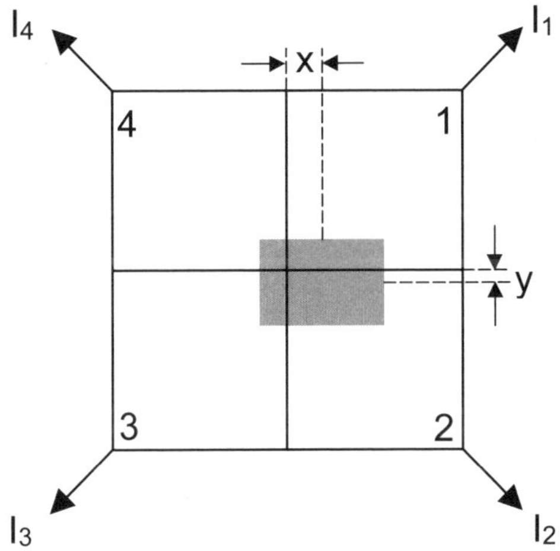

Bild 9-19: Vier-Quadranten-Photodiode

Hier gilt dann

$$x \sim \frac{I_1 - I_4}{I_1 + I_4} \qquad \text{bzw.} \qquad x \sim \frac{I_2 - I_3}{I_2 + I_3}$$

und

$$y \sim \frac{I_1 - I_2}{I_1 + I_2} \qquad \text{bzw.} \qquad y \sim \frac{I_4 - I_3}{I_4 + I_3}$$

oder mit den Proportionalitätsfaktoren k_1 und k_2 gilt

$$x = k_1 \cdot \frac{I_1 - I_4}{I_1 + I_4} = k_1 \cdot \frac{I_2 - I_3}{I_2 + I_3} \;, \tag{9-21}$$

$$y = k_2 \cdot \frac{I_1 - I_2}{I_1 + I_2} = k_2 \cdot \frac{I_4 - I_3}{I_4 + I_3} \;. \tag{9-22}$$

Ein solcher Neigungsmesser ist so zu montieren, dass die Auslenkung in x- bzw. y-Richtung der Stehachsneigung in Ziel- bzw. Kippachsenrichtung entspricht.
Ein mit Differential-Photodiode oder Vier-Quadranten-Photodiode arbeitender Neigungssensor kann jedoch nur so lange sinnvolle Ergebnisse liefern, wie der quadratische oder rechteckige Lichtfleck alle vier Flächendioden gleichzeitig trifft. Bewegt sich der Lichtfleck vollständig innerhalb einer einzigen Flächendiode, so werden keine Neigungsänderungen mehr erkannt. Der Messbereich des Sensors ist also auch von der Lichtfleckgröße abhängig.
Dieser Nachteil kann mit einer zweiachsigen Lateraleffekt-Photodiode behoben werden. Die Lateraleffekt-Photodiode besteht aus einer Flächendiode mit einer zusätzlichen, darunter liegenden Widerstandsebene. Der vom Lichtfleck L erzeugte Photostrom wird in dieser Widerstandsebene zu vier seitlich gelegenen Elektroden geleitet (Bild 9-20).

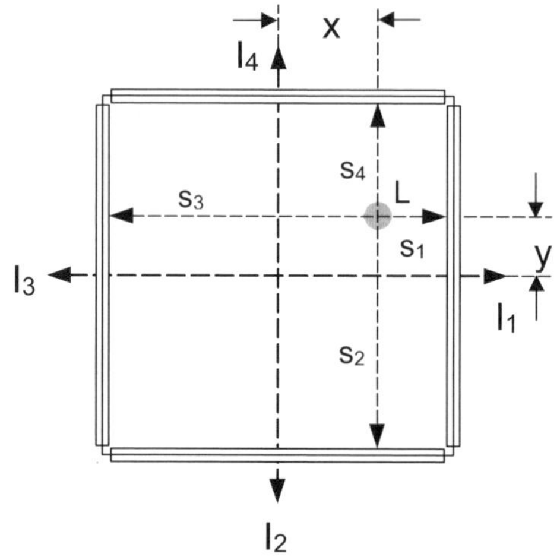

Bild 9-20: Lateraleffekt-Photodiode

Die Stromstärken I_1 bis I_4 sind dann umgekehrt proportional zu den innerhalb der Widerstandsebene zurückgelegten Wegen s_1 bis s_4. Somit ist der Kehrwert der Stromstärken ein Maß für die Abstände s_1 bis s_4 des Lichtflecks L von den Elektroden.

Mit

$$x = \frac{1}{2} \cdot (s_3 - s_1) \quad \text{und}$$

$$y = \frac{1}{2} \cdot (s_2 - s_4) \tag{9-23}$$

kann dann wieder der Abstand des Lichtflecks von der Diodenmitte ermittelt werden.
Mit diesen Neigungssensoren, die auf Grund ihrer kompakten Bauweise gut in Theodoliten unterzubringen sind, wird derzeit eine Auflösung von 0,1 mgon und besser erreicht.
Ein Stehachsenkompensator zur Erfassung der Stehachsenschiefe sollte zur Standardausrüstung eines elektronischen Theodoliten gehören. Da die Stehachsenschiefe durch Zwei-Lagen-Messung nicht zu erfassen ist, kann sie sonst nur durch Feinhorizontieren mit gut justierter Alhidadenlibelle weitgehend beseitigt werden.
Vor allem bei Messungen mit steilen Visuren und auf instabilem Untergrund ist ein Stehachsenkompensator unbedingt erforderlich. Andererseits sollte aber auch die Möglichkeit bestehen, den Kompensator, falls er stört oder unbrauchbare Ergebnisse liefert, abzuschalten. Das ist z.B. dann der Fall, wenn mit geneigtem Theodolit oder auf vibrierendem Untergrund gemessen werden muss.

An dieser Stelle soll auch auf das verbreitete Missverständnis hingewiesen werden, mit einem elektronischen Theodoliten mit „Kompensator" sei eine Zwei-Lagen-Messung und ein Verstellen des Teilkreises zwischen den Sätzen nicht mehr erforderlich.
Hierzu ist zu sagen, dass der Stehachsenkompensator nur die Stehachsenneigung erfasst. Die Zwei-Lagen-Messung erfasst jedoch:

a) den Ziellinienfehler,
b) den Kippachsenfehler,
c) den Indexfehler und
d) die Exzentrizitätsfehler.

Durch Verstellen der Teilkreise, falls überhaupt noch möglich, werden teilweise erfasst:

e) die langperiodischen Teilungsfehler.

Bei elektronischen Theodoliten können zuvor bestimmte Ziellinien-, Kippachsen- und Indexfehler gespeichert und, sofern sie stabil bleiben, rechnerisch berücksichtigt werden. Nur unter dieser Voraussetzung kann hinsichtlich dieser drei Fehler auf die Zwei-Lagen-Messung verzichtet werden.

Die Exzentrizitätsfehler (Teilkreis- und Ziellinienexzentrizität) sind bei den meisten elektronischen Theodoliten vernachlässigbar klein oder vom Hersteller schon erfasst und intern gespeichert. Zudem wird bei Theodoliten mit zwei diametralen Ablesestellen die Teilkreisexzentrizität eliminiert. Zur Ausschaltung der Exzentrizitätsfehler ist also keine Zwei-Lagen-Messung erforderlich.

Die Verstellung des Teilkreises zwischen den Sätzen wäre bei fast allen elektronischen Theodoliten nach wie vor erforderlich. Die meisten elektronischen Theodolite bieten jedoch keine Möglichkeit mehr, den Teilkreis wirklich zu verstellen.
Allein bei den Theodoliten, die nach der dynamischen Methode (Abschnitt 9.1.3) oder dem Inductosyn-Verfahren (Abschnitt 9.1.2.2) arbeiten, werden die langperiodischen Teilungsfehler ausgeschaltet. Bei diesen beiden Verfahren wird ein Mittelwert aus den über den gesamten „Teilkreis“ verteilten Einzelablesungen gebildet. Ein Verstellen des „Teilkreises“ ist dann nicht erforderlich und außerdem auch nicht mehr möglich.

9.3 Komponenten zur automatischen Zielerfassung und Zielverfolgung

Einige neuere Tachymeter sind mit Komponenten zur automatischen Zielerfassung und Zielverfolgung ausgestattet (Bild 9-21). Als Ziele hierfür kommen derzeit allerdings nur Prismenreflektoren und „aktive“ Reflektoren (siehe Abschnitt 4.3.6) in Frage.

Unter Zielerfassung versteht man die automatische Zielsuche und Zieleinstellung.
Die Zielverfolgung ermöglicht es, einen Reflektor, der schon erfasst ist, bei Bewegung zu verfolgen, wobei der Reflektor oder der Theodolit oder beide bewegt werden können.

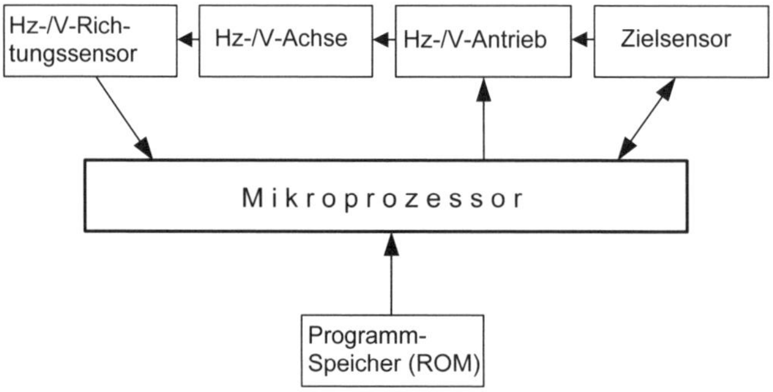

Bild 9-21: Mikroprozessorgesteuerte automatische Zielung

Zur automatischen Zielerfassung und Zielverfolgung sind Horizontal- und Vertikalantriebe und Zielsensoren (Bild 9-21) erforderlich.

Der Antrieb erfolgt entweder durch Servomotoren, die die Drehbewegung in Einzelschritte bis zu minimal 0,3 mgon auflösen können, oder mit elektromagnetischen Direktantrieben, die die Drehbewegung noch besser auflösen können.
Der elektromagnetische Direktantrieb entspricht dem Antriebskonzept der Magnetschwebebahn. Bei der MagDrive-Technologie von Trimble (KÖHLER 2006) besteht der Antrieb aus Permanentmagneten, die in zwei konzentrischen Zylindern angeordnet sind (Bild 9-22).

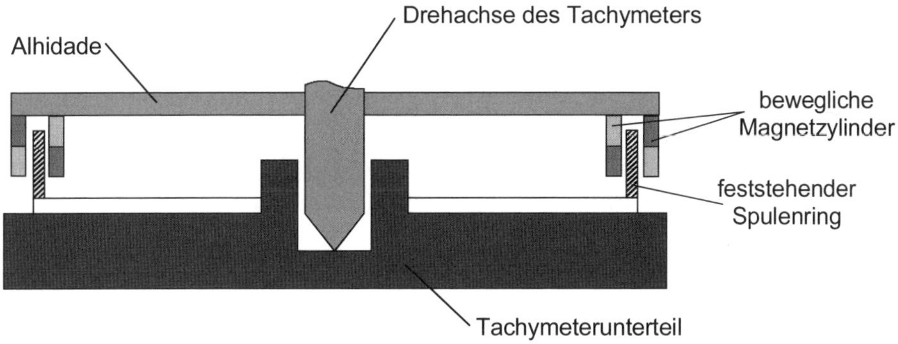

Bild 9-22: Elektromagnetischer horizontaler Direktantrieb

Diese beiden Zylinder sind Bestandteil der drehbaren Alhidade. In der Lücke zwischen den beiden Zylindern befindet sich ein Spulenring, der mit dem feststehenden Tachymeterunterteil verbunden ist. Fließt Strom durch die Wicklungen der Spulen, so bewegen sich die Magnetzylinder relativ zum Spulenring. Durch Stromrichtung und Stromstärke können Drehrichtung und Drehgeschwindigkeit gesteuert werden. Der Antrieb erfolgt hier also berührungslos und ohne mechanische Komponenten.

Die Zielsensoren bestehen aus einem Sender, der ein Signal zum Reflektor sendet, und einem positionsempfindlichen Flächensensor, der das zurückkommende Signal auswertet (Bild 9-23).

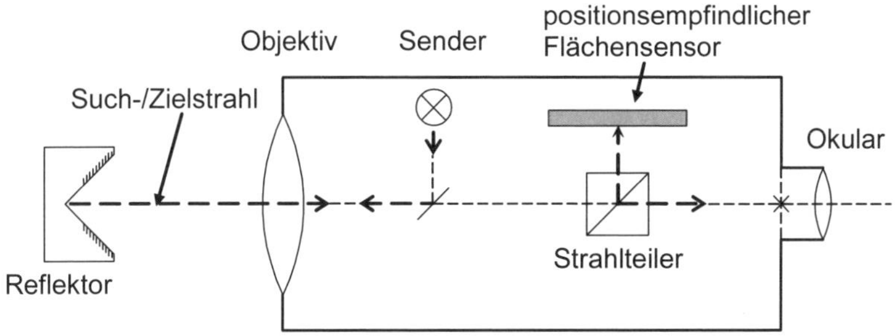

Bild 9-23: Fernrohr mit Zielsensor (koaxiale Anordnung)

Die Zielerfassung läuft nun wie folgt ab. Das Theodolitfernrohr wird horizontal und eventuell vertikal so lange verschwenkt, bis das Suchsignal vom Reflektor reflektiert wird und auf den Flächensensor trifft oder das vom Reflektor aktiv ausgesandte Suchsignal empfangen wird. Die Gerätehersteller haben hierfür verschiedene Suchstrategien entwickelt:

1. Der Kegel des Sendestrahls wird möglichst weit geöffnet und mit diesem der gesamte Horizont abgesucht. Trifft der Suchstrahl dabei nicht auf den Reflektor, so wird die Zenitdistanz um den Öffnungswinkel des Sendestrahls verändert und der Horizont erneut abgesucht. Dies wird so lange wiederholt, bis das Ziel gefunden ist.
2. Mit einer zylindrischen Optik wird der Suchstrahl vertikal aufgefächert. Hier genügt in der Regel eine Verschwenkung über den Horizont und das Ziel ist gefunden.
3. Der Reflektor ist zusätzlich mit einem Zielfernrohr und einem Vertikalwinkelsensor ausgestattet. Bei Ausrichtung des Reflektors auf den Theodoliten wird die Vertikalrichtung automatisch abgegriffen, per Funk zum Theodolit übertragen und am Theodolit die Vertikalrichtung für die Gegenvisur eingestellt. Hier genügt eine Verschwenkung über den Horizont und das Ziel ist gefunden.
4. Der Reflektor ist mit einem Sender ausgestattet, der einen vertikal aufgefächerten Suchstrahl aussendet. Auch hier genügt dann eine Verschwenkung des Suchsensors über den Horizont und der Reflektor ist gefunden.

Die Zielsuche lässt sich durch Beschränkung auf einen vorgegebenen Suchsektor noch beschleunigen.

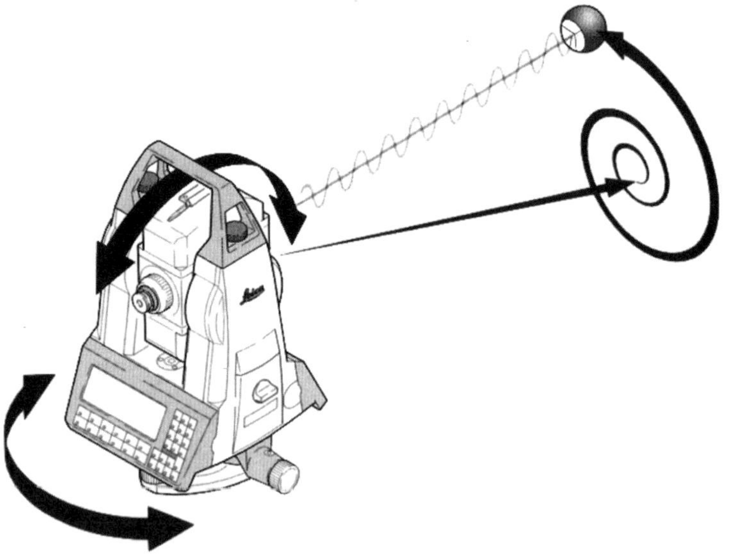

Bild 9-24: Fernrohr mit Zielsensor

Nun erfolgt die Feineinstellung (siehe auch Bild 9-26). Hierzu wird entweder der Suchstrahl stärker gebündelt oder ein weiterer stark gebündelter Zielstrahl, z.B. der Messstrahl des EDM, ausgesandt. Die Folge ist dann meist, dass dieser Zielstrahl nicht mehr direkt auf den Reflektor trifft und dieser erneut, allerdings in einem sehr engen Bereich, gesucht werden muss. Hierzu wird das Fernrohr mit dem Zielstrahl entweder mäanderförmig oder auf einer Spirale (Bild 9-24) bewegt, bis der Zielstrahl wieder den Reflektor trifft. Der weitere Verlauf der Feineinstellung ist nun abhängig von der Art des Flächensensors.

Verwendet man als Flächensensor eine Vier-Quadranten-Photodiode (siehe Abschnitt 9.2), so wird das Fernrohr nach Horizontalrichtung und Zenitdistanz so lange nachgeführt, bis der Reflektor zentrisch ausgerichtet und damit die Vier-Quadranten-Photodiode symmetrisch ausgeleuchtet ist. Hierbei werden an die Einstellgenauigkeiten der Servomotoren hohe Anforderungen gestellt. Diese Forderung wird besonders gut von den Instrumenten mit elektromagnetischem Direktantrieb erfüllt.
Ist der Flächensensor eine Lateraleffekt-Photodiode (siehe Abschnitt 9.2) oder ein CCD-Array (Bild 9-25), so kann die Feineinstellung dann beendet werden, wenn der reflektierte Zielstrahl in den Messbereich des Flächensensors trifft.

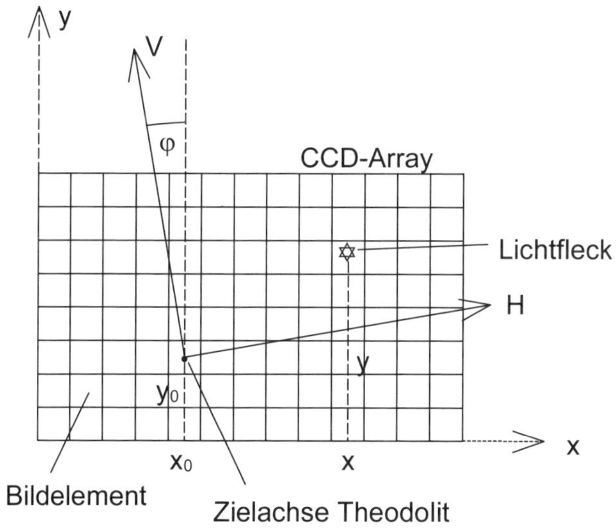

Bild 9-25: CCD-Array

Im Koordinatensystem des Flächensensors (Bild 9-25) werden dann die Koordinaten (x, y) des auftreffenden Lichtpunktes erfasst und als Korrektur an den abgegriffenen Richtungswerten (H, V) angebracht. Hier wäre für die Zielerfassung keine hohe Einstellgenauigkeit der Servomotoren erforderlich, da jedoch für Absteckungen auch Richtungen vorgegeben werden sollen, müssen die Servomotoren und elektromagnetischen Direktantriebe diese Richtungen mit der der Absteckgenauigkeit entsprechenden Genauigkeit einstellen können.
Die Feineinstellung auf ein feststehendes Ziel wird in vereinfachter Form im folgenden Blockdiagramm (Bild 9-26) dargestellt.

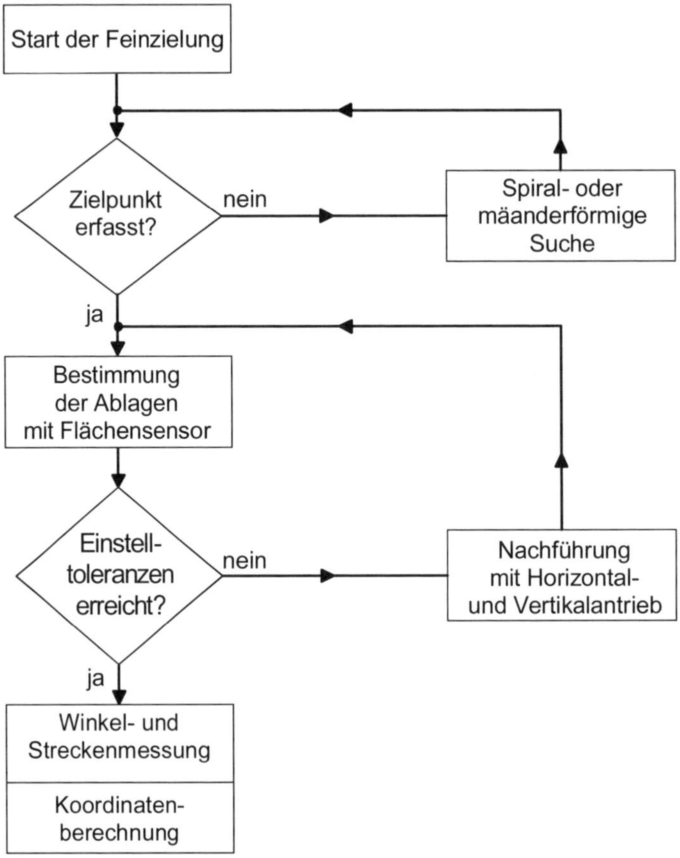

Bild 9-26: Ablauf der Feinzielung und Messung

Die automatische Zielverfolgung soll zwei verschiedene Aufgaben lösen.
Zum einen sollen schon erfasste Reflektoren bei der Bewegung von einem Messpunkt zum nächsten verfolgt werden können, um die Zeit für eine erneute Zielsuche einzusparen. Die Nachführung muss dabei so schnell erfolgen, dass auch die Verfolgung

schnell bewegter Reflektoren bei kurzen Distanzen möglich ist. Die Nachführsteuerung muss außerdem in der Lage sein, kurze Signalunterbrechungen, z.B. wenn der Reflektor hinter Sichthindernissen vorbeibewegt wird, überbrücken zu können. Die meisten Systeme steuern bei Signalunterbrechung das Fernrohr für einen bestimmten kurzen Zeitraum mit den zuletzt eingestellten Nachführgeschwindigkeiten weiter. Bei einem System wird zusätzlich mit einem als Kompass ausgestaltetem Richtungssensor am Reflektor die Bewegungsrichtung des Reflektors während dieses Zeitraums übermittelt. Ist nach diesem Zeitraum die Signalunterbrechung nicht behoben, so erfolgt eine neue Zielsuche.

Zum anderen soll die automatische Zielverfolgung die kinematische Bestimmung der Bahnkurve von bewegten Objekten ermöglichen. Hierzu muss nicht nur das Fernrohr schnell nachgeführt werden können, es muss auch die schnelle Erfassung der Entfernungs- und Richtungswerte während der Bewegung des Fernrohrs möglich sein. Für die Richtungserfassung ist vor allem der in Abschnitt 9.1.2.4 beschriebene absolute Richtungsabgriff geeignet.

Die Zielverfolgung lässt sich in folgendem Regelkreis (Bild 9-27) darstellen.

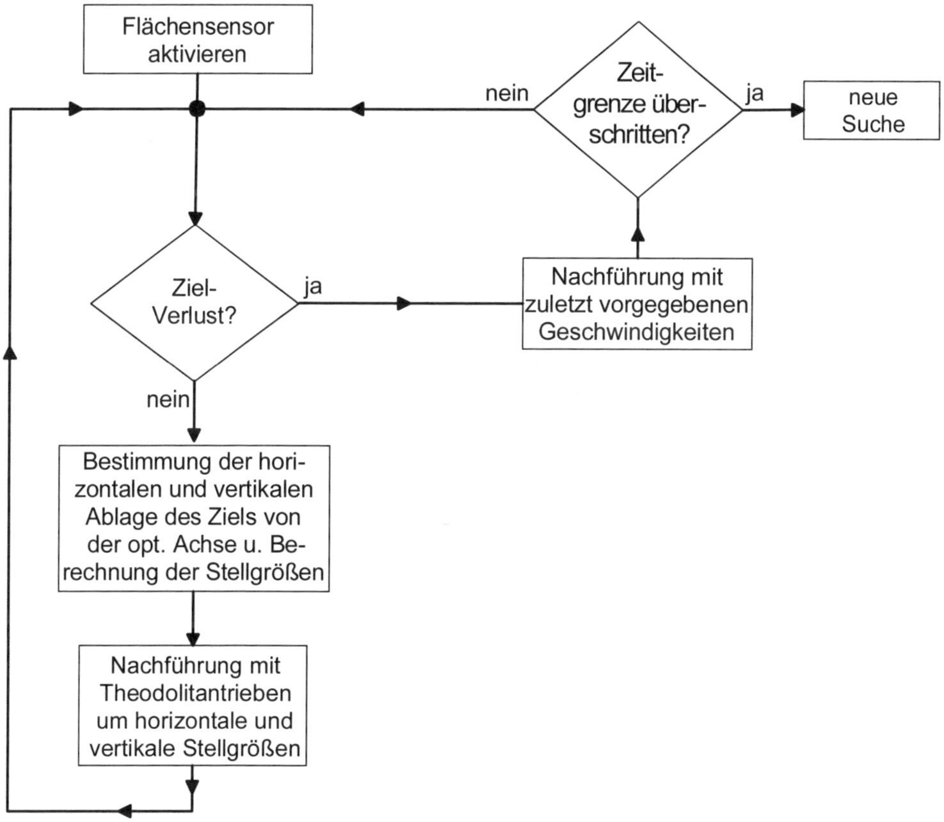

Bild 9-27: Regelkreis zur Zielverfolgung

9.4 Weitere Messverfahren

9.4.1 Interferometrische Winkelmessung

Das in Abschnitt 3.2 zur interferometrischen Streckenmessung vorgestellte „Zwei-Frequenzen-Verfahren" kann auch zur Winkelmessung eingesetzt werden. Ein Winkelinterferometer (Strahlteiler und Umlenkspiegel) erzeugt hierzu zwei parallele Messstrahlen mit den beiden Frequenzen f_1 und f_2 (Bild 9-28). Diese beiden Strahlen treffen auf einen aus zwei Prismen bestehenden Winkelreflektor.

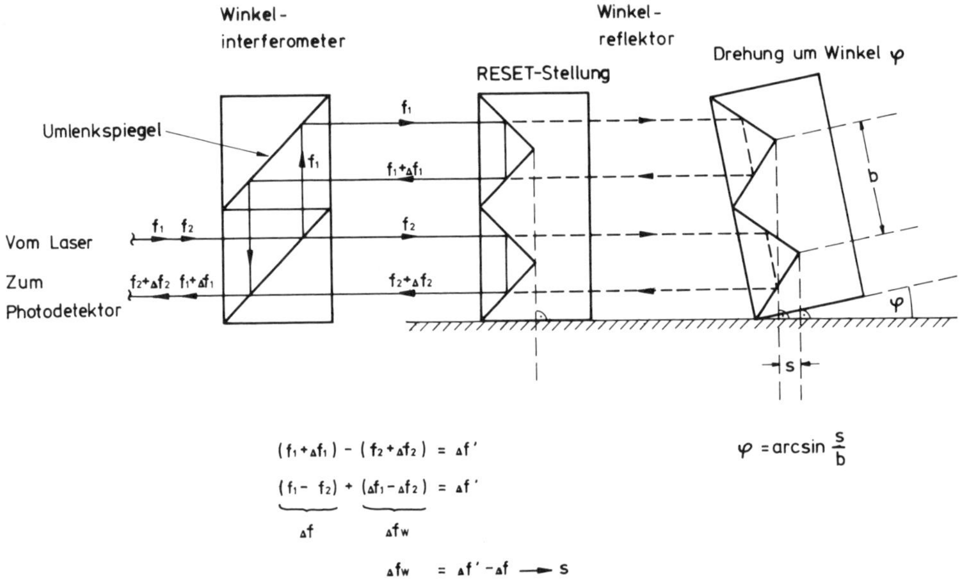

Bild 9-28: Interferometrische Winkelmessung

Bei Kippung des Winkelreflektors werden die beiden Prismen mit unterschiedlicher Geschwindigkeit relativ zum Winkelinterferometer bewegt und es entstehen auf Grund des Dopplereffektes die Frequenzänderungen Δf_1 und Δf_2. Bei Überlagerung der beiden reflektierten Teilstrahlen kann die Differenzfrequenz $\Delta f'$ mit

$$\Delta f' = (f_1 + \Delta f_1) - (f_2 + \Delta f_2)$$

direkt gemessen werden.
Formen wir diese Gleichung um, so folgt

$$\Delta f' = (f_1 - f_2) + (\Delta f_1 - \Delta f_2)$$

oder mit $\Delta f = f_1 - f_2$ und $\Delta f_W = \Delta f_1 - \Delta f_2$ folgt

$$\Delta f' = \Delta f + \Delta f_W \quad .$$

Die Differenzfrequenz Δf wird ständig vom System überwacht und ist somit bekannt. Daraus ergibt sich

$$\Delta f_W = \Delta f' - \Delta f \quad .$$

Δf_W entspricht dem durch die Kippung hervorgerufenen Wegunterschied s der beiden Prismen (Bild 9-28). Analog zu Gleichung 3-17 gilt auch hier wieder

$$s = \frac{\lambda}{2} \cdot \int_{t_1}^{t_2} \Delta f_W \, dt \quad .$$

Aus s erhält man den Neigungswinkel φ des Winkelreflektors (Bild 9-28) zu

$$\varphi = \arcsin \frac{s}{b} \quad .$$

Dabei ist b der Abstand zwischen den beiden Prismenachsen. Für das Laserinterferometer HP 5528A von HEWLETT PACKARD beträgt b ≈ 32 mm.
Der Wegunterschied s kann bei diesem System mit einer Auflösung von 0,015 µm bestimmt werden. Daraus ergibt sich hier eine Winkelauflösung von

$$\frac{0{,}015\ \mu m}{32\,000\ \mu m} \cdot \rho = 0{,}03\ \text{mgon} \quad .$$

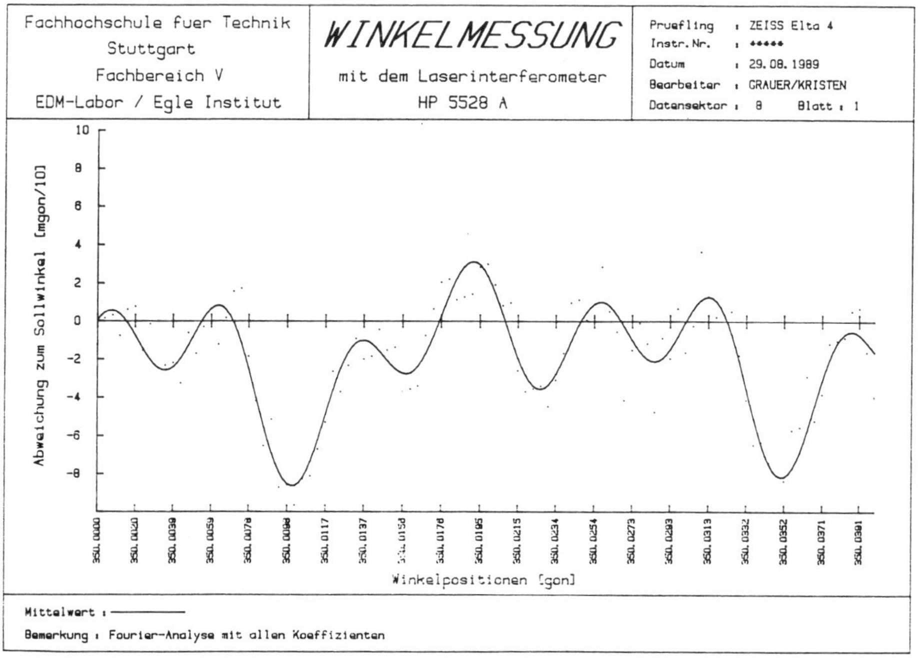

Bild 9-29: Teilkreisüberprüfung

Diese Auflösung ist nahezu eine Zehnerpotenz besser als die Auflösung der meisten Feinmesstheodolite. Eine solche Messanordnung eignet sich somit hervorragend auch zur Teilkreisüberprüfung der Theodolite.
Bild 9-29 zeigt das Ergebnis einer solchen Teilkreisüberprüfung. Es wurde hier untersucht, wie genau die Interpolationsvorrichtung arbeitet. Aus der graphischen Darstellung ist zu erkennen, dass sich die Abweichungsfunktion mit der Periode 0,025 gon wiederholt. Dieses Intervall von 0,025 gon entspricht genau dem Teilungsintervall der Elta 4-Teilkreise.

9.4.2 Laserkreisel

Eine Möglichkeit zur Richtungsmessung ohne Teilkreise und auch ohne bewegliche Scheibe oder Marke bieten die Laserkreisel (Lasergyros). Entwickelt wurden sie vor allem für den Einsatz in Navigationsanlagen von Flugzeugen, Schiffen, Flugkörpern und seit neuestem auch von Kraftfahrzeugen. Inzwischen setzt man Lasergyros auch bei Industrierobotern zur Erfassung der Drehbewegungen der Roboterarme ein.
Wie die mechanischen Kreisel erlauben auch die Laserkreisel absolute Richtungsmessungen in Bezug auf eine feste Raumrichtung. Die Laserkreisel benötigen jedoch keine rotierenden Massen und somit auch keine mechanisch bewegten Teile.
Laserkreisel gibt es derzeit in zwei Ausführungsformen: als Ringlaserkreisel und als Faserkreisel.

9.4.2.1 Ringlaserkreisel

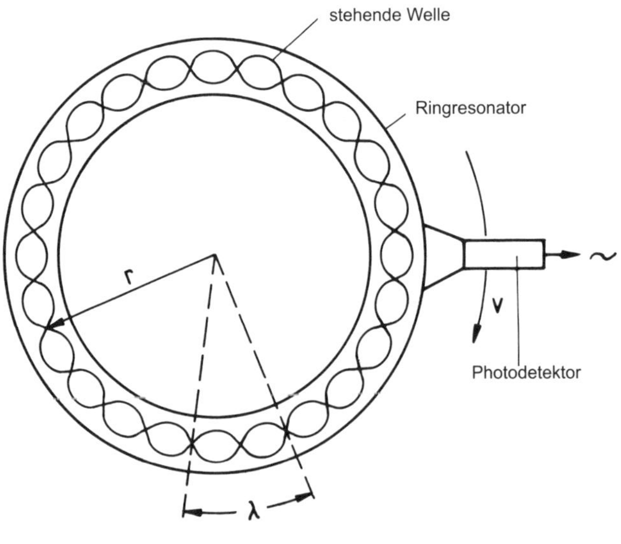

Bild 9-30: Prinzip des Ringlaserkreisels

Das noch am leichtesten zu verstehende Modell des Funktionsprinzips eines Ringlaserkreisels geht davon aus, dass zwei in einem Ringresonator gegensinnig umlaufende Wellenzüge einer Laserquelle sich überlagern und eine „stehende Welle“ bilden (Bild 9-30).
Der Ringresonator habe hier den Radius r und die beiden Wellenzüge die identische Wellenlänge λ.

Bei Drehung des Ringresonators behält die stehende Welle ihre Lage im Raum bei. Wird nun ein Photodetektor zusammen mit dem Ringresonator gedreht, so wird er an den Knoten und Bäuchen der stehenden Welle vorbeigeführt und registriert die einander abwechselnden Helligkeitsmaxima und -minima.
Bewegt sich der Detektor mit der Tangentialgeschwindigkeit v an der stehenden Welle entlang, so ist der zeitliche Abstand t zwischen zwei Helligkeitsmaxima

$$t = \frac{\lambda / 2}{v} \quad .$$

Die Frequenz der vorbeilaufenden und zählbaren Helligkeitsmaxima beträgt dann

$$f = \frac{1}{t} = \frac{v}{\lambda / 2} \quad .$$

Ist ω die Winkelgeschwindigkeit des Ringresonators, so folgt mit $v = \omega \cdot r$ schließlich

$$f = \frac{2\omega r}{\lambda} \quad .$$

Erweitern wir diesen Bruch mit $2\pi r$, so erhalten wir

$$f = \frac{4\pi r^2}{2\pi r\lambda} \cdot \omega \quad .$$

Da πr^2 die Kreisfläche F und $2\pi r$ der Kreisumfang L ist, folgt

$$f = \frac{4F}{L\lambda} \cdot \omega \quad . \qquad (9\text{-}24)$$

Da L, F und λ bei einem Ringresonator bekannte und konstant bleibende Größen sind, kann also durch Messung der Frequenz f die Winkelgeschwindigkeit ω bestimmt und schließlich daraus die während eines bestimmten Zeitraumes durchgeführte Richtungsänderung abgeleitet werden.

Die technische Ausführung eines Ringlaserkreisels weicht nun leider etwas von diesem schönen Modell ab. Den „ringförmigen" Resonanzraum bilden hier drei zylindrische Bohrungen in einem Glaskörper und drei an den Eckpunkten angebrachte Spiegel (Bild 9-31). Einer der Spiegel ist teildurchlässig und erlaubt die Auskopplung eines Teils der beiden gegenläufigen Laserstrahlen aus dem Resonator.

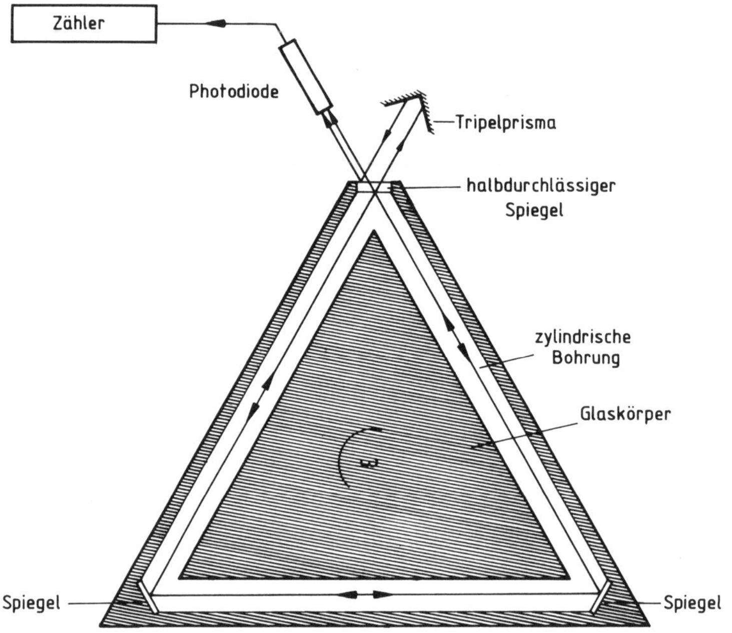

Bild 9-31: Technische Ausführung eines Ringlaserkreisels

Bei Drehung des Ringlaserkreisels entsteht ein Interferenzstreifenmuster, welches an der Photodiode vorbeiläuft. Die Zahl N der vorbeilaufenden Hell-Dunkel-Wechsel wird gezählt.

Die Frequenz f, mit der die Hell-Dunkel-Wechsel vorbeilaufen, ist mit Gleichung 9-24 beschrieben. Wird das Ringsystem über einen Zeitraum t hinweg mit beliebiger Winkelgeschwindigkeit gedreht, so gilt

$$N = \int_0^t f dt$$

oder mit (9-24)

$$N = \int_0^t \frac{4F}{L\lambda} \cdot \omega dt = \frac{4F}{L\lambda} \cdot \int_0^t \omega dt \quad . \qquad (9\text{-}25)$$

Das Integral über die Zeit t stellt dabei den Drehwinkel φ dar, um den sich das Ringsystem während der Zeit t gedreht hat. Somit gilt

$$N = \frac{4F}{L\lambda} \cdot \varphi$$

und damit

$$\varphi = \frac{L\lambda}{4F} \cdot N \quad . \tag{9-26}$$

Der Ausdruck $L\lambda/4F$ in (9-26) ergibt den einem Hell-Dunkel-Wechsel entsprechenden Drehwinkel.
Für einen Resonator mit der Form eines gleichseitigen Dreiecks und der Seitenlänge 10 cm folgt L = 0,300 m und F = 0,004 33 m^2. Verwendet man einen He-Ne-Laser mit der Wellenlänge λ = 0,6328 μm, so erhält man für $L\lambda/4F = 1{,}096 \cdot 10^{-5}$ [rad] $\hat{=}$ $6{,}978 \cdot 10^{-4}$ [gon] und damit

$$\varphi\,[\text{gon}] = 6{,}978 \cdot 10^{-4} \cdot N \quad .$$

Ein solcher Ringlaserkreisel hätte eine einem guten Ingenieurtheodoliten vergleichbare Auflösung.

Leider kommt es bei niedrigen Drehgeschwindigkeiten zu Störeffekten, die noch nicht vollständig beherrscht werden. Vor allem wegen unvermeidbarer Streureflexionen an den Spiegeln findet ein Energieaustausch zwischen den beiden gegensinnig umlaufenden Laserstrahlen statt, so dass sich die beiden Frequenzen einander angleichen (Lock-in-Effekt). Diesen Lock-in-Effekt kann man weitgehend dadurch ausschalten, dass man das Ringsystem in eine mechanische Schwingung versetzt, so dass es ständig kleine schnelle Drehbewegungen ausführt.

9.4.2.2 Faserkreisel

Eine neuere Entwicklung eines Laserkreisels ist der Faserkreisel (Bild 9-32).
Der von einer Laserdiode ausgesandte Lichtstrahl wird von einem Strahlteiler in zwei gleichstarke Teilstrahlen aufgeteilt. Die beiden Teilstrahlen durchlaufen die zu einer Spule aufgewickelte Glasfaser in entgegengesetzten Richtungen. Nach dem Austritt aus der Glasfaser werden die Teilstrahlen auf dem Strahlteiler wieder überlagert und zur Interferenz gebracht.

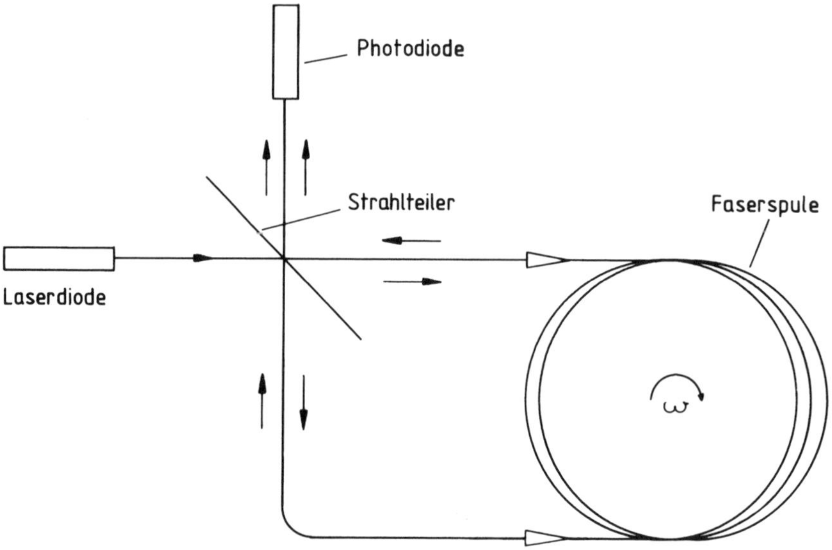

Bild 9-32: Faserkreisel

Bei nicht gedrehter Faserspule werden sich die beiden Teilstrahlen je nach Bauart des Strahlteilers gegenseitig auslöschen oder maximal verstärken.
Bei Drehung der Faserspule mit der Drehgeschwindigkeit ω durchlaufen die beiden Teilstrahlen pro Zeiteinheit verschieden lange Wege in der Glasfaser (Sagnac-Effekt) und sie erfahren dabei eine Phasenverschiebung $\Delta\Phi$ mit

$$\Delta\Phi = \frac{4\pi LR}{c\lambda} \cdot \omega \ . \tag{9-27}$$

L ist dabei die Länge der Glasfaser, R der Spulenradius, λ die Wellenlänge und c die Lichtgeschwindigkeit.
Lenkt man die interferierenden Teilstrahlen auf eine Photodiode, so kann die Phasenverschiebung $\Delta\Phi$ aus der Intensitätsänderung des Interferenzsignals erhalten werden. Mit $\Delta\Phi$ lässt sich nach (9-27) die Drehgeschwindigkeit ω und schließlich der Drehwinkel φ bestimmen.
Der Faserkreisel hat den Vorteil, dass er als kompakte Einheit relativ preisgünstig hergestellt werden kann. Andererseits besteht aber der Nachteil, dass bei einer niedrigen Drehgeschwindigkeit die Phasenverschiebung $\Delta\Phi$ sehr klein und damit die zu erfassende Intensitätsänderung sehr gering ist. Es muss dann ein sehr hoher technischer Aufwand zur Erfassung dieser geringen Intensitätsänderungen getrieben werden. Die Entwicklung der Laserkreisel ist noch nicht abgeschlossen. In nächster Zeit sind jedoch weitere Steigerungen in der Genauigkeit und eine weitere Miniaturisierung zu erwarten. Es könnte dann in absehbarer Zeit auch ein Einsatz im geodätischen Bereich möglich sein, in dem die Laserkreisel zumindest Bussolen und mechanische Kreisel ersetzen.

9.4.3 Genauigkeitssteigerung der Richtungsmessung durch Refraktionskorrektur

Neben diversen instrumentellen Fehlern, die bei modernen Theodoliten weitgehend automatisch korrigierbar sind, beeinträchtigt die Wirkung der Refraktion in hohem Maße die erreichbare Genauigkeit der Richtungs- und Winkelmessung. Präzisionsrichtungsmessungen sind heute überwiegend in der Ingenieurvermessung erforderlich, z.B. im Tunnelbau oder bei Elektronenbeschleunigern.

Bei Messungen in der freien Atmosphäre betrifft die Refraktion hauptsächlich die vertikale Richtungskomponente, also die Zenitwinkelmessung. Obwohl auch horizontale Richtungsfehler – gerade in der Ingenieurvermessung – durch die so genannte Seitenrefraktion entstehen können, wird im Folgenden nur der Effekt der Vertikalrefraktion betrachtet. Manche der dargestellten Messverfahren sind in ähnlicher Form jedoch auch zur Korrektion in seitlicher (horizontaler) Richtung anwendbar.

9.4.3.1 Gleichzeitig-gegenseitige Zenitwinkelmessung

Die einfachste Methode zur Elimination der Vertikalrefraktion besteht in der Messung gleichzeitig-gegenseitiger Zenitdistanzen. Im Falle symmetrischer Refraktion auf beiden Endpunkten 1 und 2 und entlang des Visurstrahles gilt die gebräuchliche Formel für den Höhenunterschied zwischen den Kippachsen, frei vom Einfluss der Refraktion

$$\Delta H = \frac{S}{2} \cdot (\cos z_1 - \cos z_2) \quad . \qquad (9\text{-}28)$$

Der wirksame Refraktionskoeffizient k über die ganze Visur berechnet sich für Winkeldimension [gon] aus

$$k = 1 + \frac{R}{S} \cdot (200 - z_1 - z_2) \cdot \frac{\pi}{200} \qquad (9\text{-}29)$$

mit R = Erdradius
und S = Schrägstrecke (Sehne).

Ist die Bedingung symmetrischer Refraktion nicht erfüllt, so gilt die Formel

$$\Delta H = \frac{S}{2} \cdot (\cos z_1 - \cos z_2) - \frac{S^2}{4R} \cdot (k_1 - k_2) \qquad (9\text{-}30)$$

wobei k_1, k_2 = wirksame Refraktionskoeffizienten in 1 und 2 sind.

Soll nur ein einseitiger Zenitwinkel gemessen und der Höhenunterschied (zwischen Instrumenten- und Zielhöhe) nach der gebräuchlichen Formel

$$\Delta H = S \cdot \cos z_1 + (1-k) \cdot \frac{(S \cdot \sin z_1)^2}{2R} \tag{9-31}$$

berechnet werden, so kann keine hohe Genauigkeit erwartet werden, weil die Gültigkeit des Standard-Refraktionskoeffizienten k = 0,13 nicht unterstellt werden kann.

Möchte man trotzdem mit einseitiger Zenitwinkelmessung höchste Genauigkeit erreichen, so bedarf es einer zutreffenden Refraktionskorrektur, wobei der Korrekturwinkel oder der integral wirksame Refraktionskoeffizient individuell bestimmt werden muss. Hierzu gibt es mehrere Methoden.

9.4.3.2 Direkte Bestimmung des Refraktionswinkels mittels Dispersion

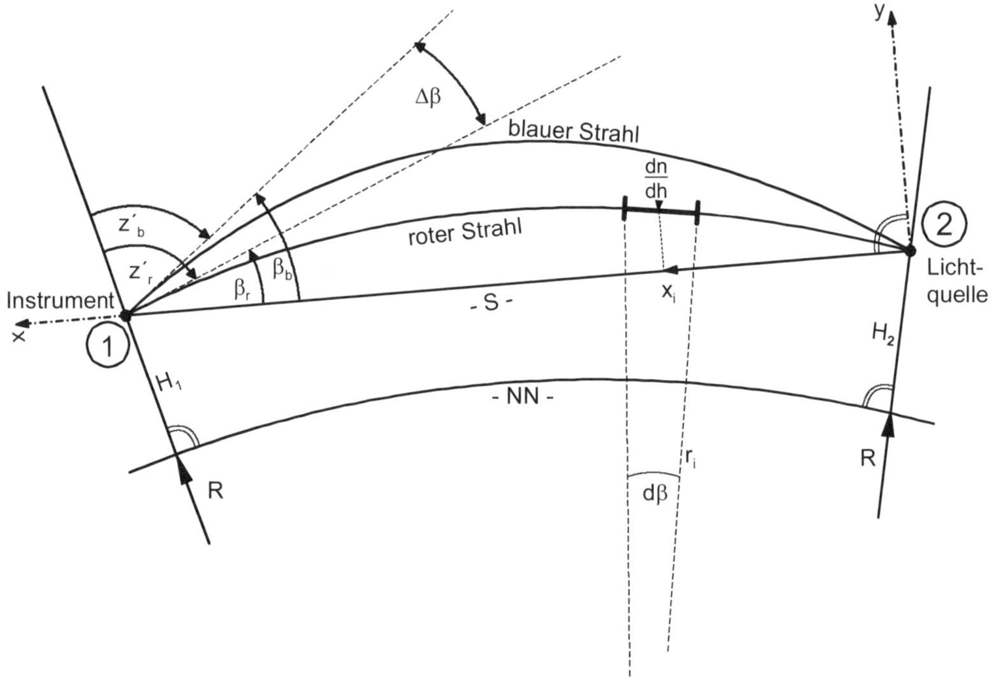

Bild 9-33: Geometrie des Dispersionsverfahrens für Winkelmessungen, Lichtquelle = 2 , winkelmessendes Instrument = 1

Die Ursache für den gekrümmten Zielstrahlverlauf infolge Refraktion ist die unterschiedliche Brechung durch eine geschichtete Atmosphäre mit veränderlicher Dichte. Die Brechung ist aber auch von der Wellenlänge des Lichtes abhängig. Den Effekt, dass verschiedenfarbiges Licht auch verschieden gebrochen wird, bezeichnet man als Dispersion. Der Brechungsindex der Luft ist eine Funktion der Wellenlänge $n = n(\lambda)$. Kurzwelliges Licht (b = blau) wird stärker gebrochen als langwelliges (r = rot). Die grundsätzlichen geometrischen Verhältnisse – vereinfacht für eine kugelförmige Erde – zeigt Bild 9-33. Hierbei ist in 2 die Lichtquelle und in 1 das winkelmessende Instrument zu denken. Der refraktionsbereinigte Zenitwinkel von 1 nach 2 ist die gesuchte Größe, wobei es nicht gelingt, etwa durch einfache Vorsatzfilter die Winkel z'_b und z'_r mit einem herkömmlichen Theodolit genau genug zu messen.

Die Krümmung 1/r eines monochromatischen Lichtstrahls mit Bahnradius r ist proportional zum Gefälle des Brechungsindexes dn/dr senkrecht zum Lichtstrahl

$$\frac{1}{r} = \frac{1}{n} \cdot \frac{dn}{dr} \quad . \tag{9-32}$$

Legt man ein lokales Koordinatensystem (x,y) in die Sehne zwischen Quelle (2) und Messinstrument (1) mit Ursprung in der Lichtquelle und nimmt an, dass die y-Richtung genähert in Lotrichtung zeigt, so gilt

$$\frac{dn}{dr} \approx \frac{dn}{dy} \approx \frac{dn}{dh} \quad .$$

Dann gilt nach MORITZ 1962 unter Vernachlässigung von Gliedern höherer Ordnung für den Refraktionswinkel β im Messinstrument

$$\beta = -\frac{1}{S} \cdot \int\limits_{x=0}^{x=S} \left(\frac{dn}{dh} \right) x \cdot dx \quad . \tag{9-33}$$

Man erkennt, dass der Gradient des Brechungsindexes dn/dh gewichtet mit der Distanz x in das Ergebnis des Refraktionswinkels β eingeht. Je näher man sich am Messinstrument befindet, also je größer der laufende x-Wert, desto größer ist der lokale Refraktionseinfluss auf den Gesamtwinkel β.

Der Dispersionswinkel

$$\Delta\beta = \beta_b - \beta_r \tag{9-34}$$

ist eine Folge der unterschiedlichen Krümmungen und lässt sich mit dem Refraktionswinkel β_b für die kürzere Wellenlänge nach FARKAS-JANDL 1986, wenn ein Korrekturglied für Feuchte entfällt, welches in der Regel vernachlässigbar ist (BREIN 1968, WUNDERLICH 1985), darstellen zu

$$\beta_b = \frac{(n(\lambda_b)-1)}{(n(\lambda_b)-n(\lambda_r))} \cdot \Delta\beta = P \cdot \Delta\beta \quad . \tag{9-35}$$

Dabei ist $n(\lambda)$ der für die jeweilige Wellenlänge nach der Formel von CAUCHY und KOHLRAUSCH berechnete Phasenbrechungsindex für die Standard-Atmosphäre.

Möchte man den Refraktionswinkel β_b mit einer Genauigkeit von $s_{\beta b}$ bestimmen, so muss der Dispersionswinkel mit einer Genauigkeit von

$$s_{\Delta\beta} = \frac{s_{\beta b}}{P} \tag{9-36}$$

gemessen werden. FARKAS-JANDL gibt hierfür ein Zahlenbeispiel:

Für die Wellenlängen $\lambda_b = 0{,}3661\ \mu m$ und $\lambda_r = 0{,}5778\ \mu m$ ist $P = 37$, d.h. für $s_\beta = 0{,}1$ mgon muss $s_{\Delta\beta} = 0{,}1$ mgon / 37 = 0,003 mgon gemessen werden. Ähnlich wie bei der Streckenmessung mit zwei Wellenlängen (Abschnitt 8.2) zeigt sich in der Genauigkeitsforderung der Differenzmessung die Hauptschwierigkeit des Dispersionsverfahrens.

Der gesamte Refraktionswinkel β hängt von den meteorologischen Daten (t, p, e,) bzw. deren Vertikalgradienten und der Streckenlänge S und der Wellenlänge λ ab.
Für eine 1 km lange Visur (mit $\lambda = 0{,}57\ \mu m$, p = 760 Torr, e = 10 Torr, T = 290 °K) findet FARKAS-JANDL den Wert $\beta = 12{,}6$ mgon. Mit P = 37 wäre der entsprechende Dispersionswinkel um den Faktor P kleiner, also $\Delta\beta = 0{,}34$ mgon, den es messtechnisch aufzulösen gilt.

<u>Messtechnische Realisierung des Dispersionsverfahrens:</u>
Wenn im Zielpunkt (Punkt 2 in Bild 9-33) eine Lichtquelle leuchtet, die Licht mit zwei Wellenlängen aussendet, so treffen diese beiden Strahlen im Standpunkt (Punkt 1) unter verschiedenen Winkeln ein. Beide Strahlen durchlaufen das Objektiv und werden entsprechend der Brennweite f in der Bildebene an unterschiedlichen Stellen abgebildet. Eines der Prinzipien zur instrumentellen Bestimmung des Dispersionswinkels besteht in der Ausmessung des Abstandes a dieser beiden Bildpunkte:

$$\Delta\beta = \frac{a}{f} \quad . \tag{9-37}$$

Zur Abstandsmessung bedient man sich heute bildverarbeitender Verfahren.

Eines der ersten funktionsfähigen Dispersometer wurde von BREIN 1968 entwickelt und von GLISSMANN 1976 weiterentwickelt.

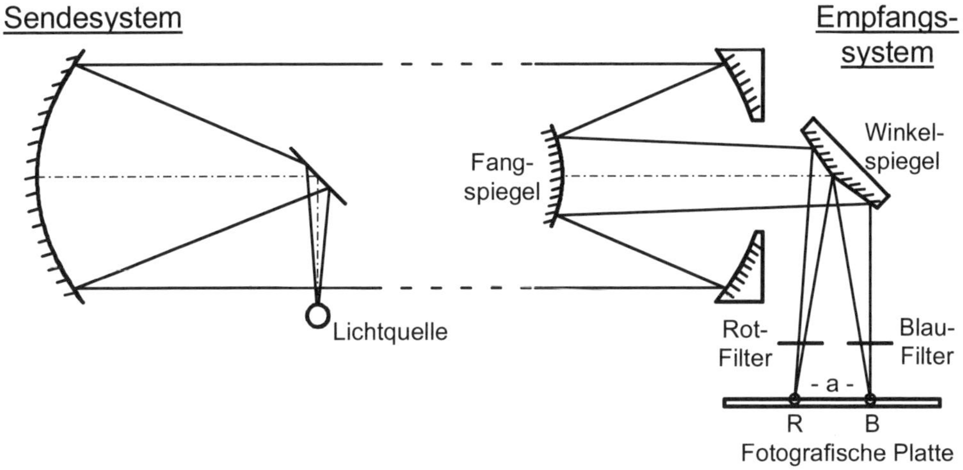

Bild 9-34: Dispersionsverfahren nach BREIN und GLISSMANN

Als Lichtquelle verwendete BREIN eine Quecksilberhochdrucklampe, die selbst bei großen Entfernungen eine ausreichende Leuchtdichte bietet. Die von ihr ausgesandte Strahlung wird durch ein Spiegelsystem nach Cassegrain mit einer Brennweite von 6,2 Meter empfangen. Etwa in der Mitte zwischen dem Fangspiegel und der Bildebene (Fotografische Platte) ist ein Winkelspiegel mit leichtem Knick angeordnet, durch den die Bildpunkte R und B entstehen. Direkt vor der Bildebene befinden sich die zwei Filter, die jeweils nur Rot oder Blau durchlassen. Der Abstand zwischen R und B ist wegen des Spiegelknickes größer als der gesuchte Dispersionswinkel, dies ist nötig, damit die beiden Bildpunkte überhaupt trennbar sind. Bei BREIN wurde RB = a fotografisch bestimmt, bei GLISSMANN durch positionsempfindliche Dioden. Nach Korrektur von a wegen des zusätzlichen Knickwinkels lässt sich damit $\Delta\beta = a/f$ bei bekannter Brennweite f ermitteln.

Ein weiteres Prinzip besteht in der Koinzidenzmethode. Man verwendet hierbei ein theodolitartiges Instrument (WILLIAMS 1978, GLISSMANN 1978), das mit Hilfe zweier (hintereinander angeordneter) Optiken den Abstand der Bilder zweier verschiedenfarbiger Lichtquellen am Zielpunkt genau dann zum Verschwinden bringt, wenn das Fernrohr in die refraktionsfreie Richtung (gerade Verbindung 1 – 2) zeigt.

Es gibt noch weitere Versuche. Eine Übersicht findet sich z.B. in BRUNNER et al. 1984.

Das neueste Verfahren zur Bestimmung des Dispersionswinkels dürfte von BÖCKEM 2001 stammen (siehe auch BÖCKEM et al. 2000). Er verwendet als Lichtquelle einen Zwei-Wellenlängen-Laser, basierend auf Frequenzkonvertierung, weiter eine optische Fasertechnologie und zur optischen Positionsdetektion die Gap-Technik unter Verwendung spezieller segmentierter positionsempfindlicher Detektoren (GÄCHTER 1981). Damit wird eine Differenz-Positionsgenauigkeit von wenigen Nanometer (s = 7,3 nm) erreicht. Aufgrund der Anwendung optischer Glasfaser-Technologie gelingt es, beide Strahlen in eine moderne Totalstation einzukoppeln. Mit diesem Verfahren kann der Refraktionswinkel β bei mäßig turbulenter Atmosphäre auf einer Zielweite von 17 m (Nahbereich, z.B. geometrisches Nivellement) und Integrationszeit von 12 Sekunden mit einer Genauigkeit von 0,01 mgon bestimmt werden.

9.4.3.3 Refraktionsbestimmung mittels vertikaler Temperaturprofile

Ein lokaler Refraktionskoeffizient κ lässt sich nach BROCKS 1950 aus vertikalen Brechungsindexgradienten berechnen gemäß

$$\kappa = \frac{R}{r} = -\frac{\sin z}{n} \cdot \frac{dn}{dh} \tag{9-38}$$

wobei z = Zenitwinkel,
R = Erdradius,
r = Lichtbahnradius,
n = Brechungsindex,
h = Höhe über Boden (m),
dn/dh = Gradient des Brechungsindexes nach der Höhe.

Nach BROCKS hängt der lokale Refraktionskoeffizient mit den meteorologischen Elementen, den Normalwerten für absolute Temperatur (T in °K), Luftdruck (p in hPa) und trockene Luft, durch folgende einfache Beziehung zusammen

$$\kappa = 501{,}5 \cdot \sin z \cdot \frac{p}{T^2} \cdot \left(0{,}0342 + \frac{dT}{dh} \right) . \tag{9-39}$$

Nach dieser Methode gilt es also, aus den meteorologischen Daten den Gradienten (dT/dh) zu bestimmen und daraus κ zu berechnen. Dann kann κ anstelle von k in die Formeln für Höhenmessung (9-31) oder Zenitwinkelreduktion (7-30) eingesetzt werden, was vor allem bei kurzen Zielweiten (Nivellement, Ingenieurvermessung) in Frage kommt.

Es bedarf hierzu allerdings einer speziellen instrumentellen Ausrüstung zur Messung der Lufttemperatur in verschiedenen Bodenabständen. Eine solche Apparatur ist derzeit nicht käuflich auf dem Markt, doch gibt es Sonderkonstruktionen, wie z.B. ein an der HfT Stuttgart entwickelter Temperaturmast (Bild 9-35, STOHRER et al. 1994).

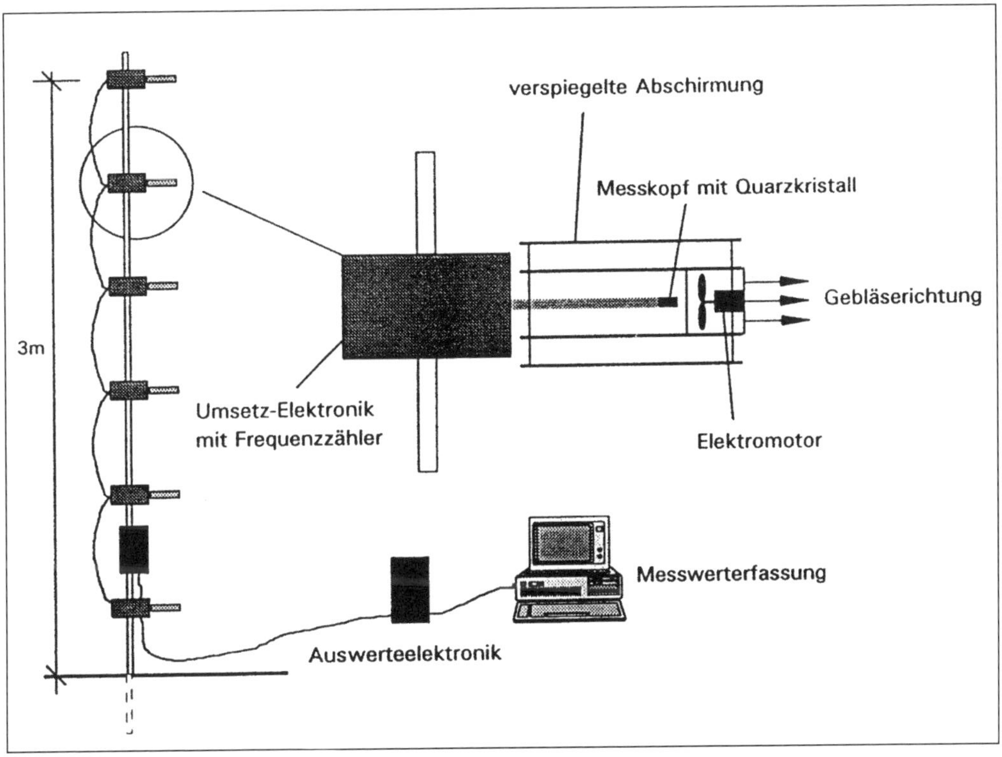

Bild 9-35: Prinzipieller Aufbau des Temperaturmastes der HfT Stuttgart zur Bestimmung bodennaher Temperaturgradienten

Seine Funktionsweise sei schematisch erklärt: 6 Temperatursensoren im Abstand von 0,5 Meter befinden sich an einem Mast. Die Temperaturfühler bestehen aus ventilierten Quad-Sensoren, welche die Temperatur nach dem Frequenzprinzip messen (f = f (T)), die also auf der temperaturabhängigen Schwingung von kristallinem Quarz basiert. Da die Messinformation in der Frequenz oder Periodendauer enthalten ist, spielt die Signalamplitude keine Rolle, wodurch eine Übertragung der Daten über größere Distanzen unproblematisch ist. Solange man also noch Signalimpulse an der Auswerteeinheit erkennen kann, ist trotz hoher Leitungs- und Parallelwiderständen (z.B. durch Feuchtigkeit) ein unverfälschtes Signal garantiert. Hierdurch wird die größte Fehlerquelle analoger Sensoren ausgeschaltet.

Alle Sensoren messen die Temperatur absolut. Durch Relativeichung aller Sensoren wird eine Genauigkeit von ca. 0,01 K erreicht. Damit kann der Temperaturunterschied pro Meter auf ca. 0,02 K/m aufgelöst werden. Die Messwerte werden in einem Feldcomputer gespeichert.

Der Zusammenhang zwischen Temperaturgradient und Refraktionskoeffizient nach Gleichung (9-39) ist ein linearer, jedoch ändert sich der Temperaturgradient im Allgemeinen mit der Höhe, wobei zwischen stabiler und labiler Luftschichtung zu unterscheiden ist. Bei mittleren Verhältnissen ($T = 288{,}15$ K, $p = 1013{,}25$ hPa) entspricht dem bekannten Refraktionskoeffizienten 0,13 in der freien Atmosphäre somit ein Temperaturgradient von –0,012 K/m. Insbesondere bei kurzen, bodennahen Zielungen kommen aber häufig völlig andere Verhältnisse vor. So findet man für $dT/dh = -0{,}3$ K/m den Wert $\kappa = -1{,}6$. Auch für diesen Fall kann bei einer Bestimmungsgenauigkeit des Temperaturgradienten von 0,02 K/m κ immerhin auf ±0,12 genau bestimmt werden.

Die Anwendung dieses Verfahrens ist somit auf bodennahe und kurze Zielungen beschränkt.

10 Messsysteme

Mit dem Begriff Messsysteme sollen hier die elektronischen Tachymeter, die geodätischen Industriemesssysteme (GeoIMS) und terrestrischen Laserscanner zusammengefasst werden.

10.1 Elektronische Tachymeter

Elektronische Tachymeter (Totalstationen) bestehen aus einem elektronischen Theodolit, einem elektrooptischen Entfernungsmesser, Eingabe- und Ausgabeeinheiten und eventuell weiteren Komponenten wie Datenspeicher, Programmspeicher, Horizontal- und Vertikalantrieb, Fernsteuerung, Zielsensoren zur automatischen Zielerfassung und zur automatischen Verfolgung des Reflektors (siehe auch Abschnitt 9.3). Die einzelnen Komponenten werden hierbei von einem Mikroprozessor gesteuert (Bild 10-1).

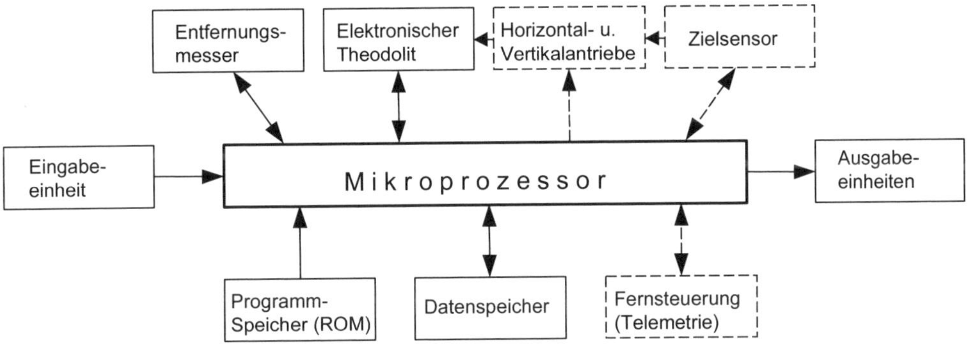

Bild 10-1: Prinzipieller Aufbau eines elektronischen Tachymeters

Sind elektronischer Theodolit und Entfernungsmessgerät zusammen in einem Gehäuse untergebracht und bilden eine untrennbare Einheit, so bezeichnet man diese Geräte als „kompakte Tachymetersysteme". Kann hingegen, wie dies bei älteren Systemen möglich war, das Entfernungsmessgerät auf den elektronischen Theodoliten aufgesetzt werden, so spricht man von „modularen Tachymetersystemen".
Die elektronischen Tachymeter verfügen über integrierte Datenspeicher und Schnittstellen, so dass ein geschlossener Datenfluss, entweder online durch Kabelverbindung bzw. Bluetooth-Technologien oder offline mit Compact-Flash-Karte (CF-Karte), von der Aufnahme bis zur Auswertung gewährleistet ist.

10.1.1 Einfache Tachymeter und ihr Zubehör

Mit einem Tachymeter sollen gleichzeitig Entfernungen, Horizontal- und Vertikalrichtungen gemessen, automatisch angezeigt und auf einem integrierten oder über eine Schnittstelle angeschlossenen externen Datenträger gespeichert werden. Zur Erfassung der Stehachsenneigung in Ziel- und Kippachsenrichtung sollte das Tachymeter mit einem Zwei-Komponenten-Neigungssensor (siehe Abschnitt 9.2) ausgerüstet sein.
Die meisten Tachymeter verfügen über interne Auswerteprogramme. Diese Auswerteprogramme sind einmal erforderlich, um die Messwerte um Stehachsneigung und zuvor bestimmte Instrumentenfehler zu korrigieren, und zum anderen, um einen rationellen Einsatz dieser Instrumente zu ermöglichen. So können damit im Feld Kontrollberechnungen durchgeführt und anspruchsvollere Verfahren wie zum Beispiel Absteckung in freier Stationierung angewendet werden. Bietet der Hersteller solche internen Programme nicht an, so ist bei allen Tachymetersystemen der Anschluss eines externen Rechners über die Schnittstellen möglich (Bild 10-2).

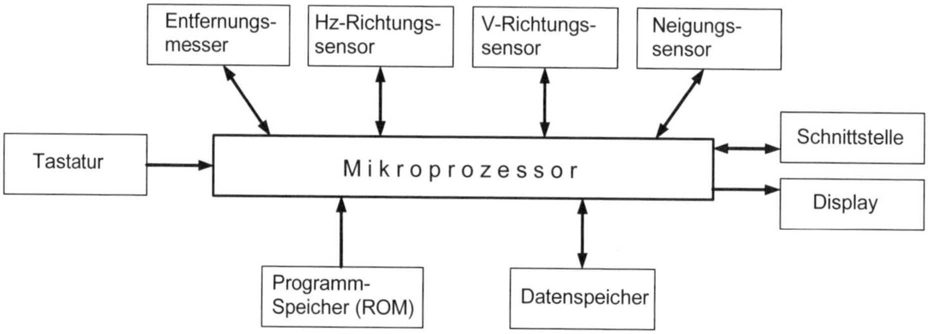

Bild 10-2: Aufbau eines einfachen Tachymeters

Die elektronischen Tachymeter verfügen fast alle über ein mehrzeiliges Display, so dass nach der Menütechnik verschiedene Verfahren ausgewählt werden können und außerdem eine Benutzerführung möglich ist. Somit ist das Tachymeter zu einem vielseitig einsetzbaren Universalinstrument mit hoher Wirtschaftlichkeit geworden.

Die beiden Hauptaufgaben für die Tachymetrie sind die Punktaufnahme und die Punktabsteckung. Bei Absteckaufgaben wird diese hohe Wirtschaftlichkeit jedoch nur mit speziellen Absteckhilfen erreicht. Zum einen muss eine Informationsübermittlung vom Operateur am Tachymeter zum Reflektorträger möglich sein und zum anderen muss eine möglichst direkte Einweisung des Reflektors nach Entfernung und Richtung auf den Sollpunkt erfolgen können. Hierzu bietet TRIMBLE (SPECTRA PRECISION) eine Sprechverbindung mit Hilfe eines im Tachymeter eingebauten Mikrofones an. Die Information wird dabei über den Infrarot-Messstrahl vom Tachymeter zu einem am

Reflektor montierten Empfänger mit angeschlossenem Lautsprecher übertragen. Somit ist ein Einweisen des Reflektorträgers ohne zusätzliche Sprechfunkgeräte möglich (Bild 10-3, Strahl 2).

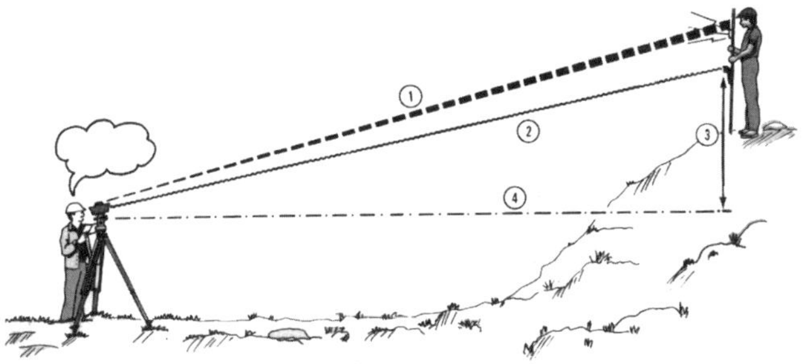

Bild 10-3: Sprechfunkverbindung über den Messstrahl

Als zusätzliche optische Einweishilfe bieten z.B. LEICA das EGL1, NIKON das Lumiguide oder TRIMBLE (SPECTRA PRECISION) das „Tracklight" an. Beim „Tracklight" sendet eine mit dem Theodolitfernrohr gekoppelte Strahlungsquelle ein in drei Farbsektoren unterteiltes Strahlenbüschel aus (Bild 10-3, Strahl 1 und Bild 10-4). Im linken bzw. rechten Sektor ist ein weit aufgefächertes rotes bzw. grünes Lichtbündel angeordnet. Im überlappenden Zentralbereich erscheint das überlagerte weiße Licht. Dieses sehr schmale weiße Lichtbündel ist parallel zur optischen Achse des Theodoliten ausgerichtet. Blickt der Reflektorträger zum Tachymeter und sieht dort z.B. eine grüne Strahlungsquelle, so weiß er, dass er sich links vom Zielstrahl befindet. Er bewegt sich nun so lange nach rechts, bis die Strahlungsquelle weiß erscheint. Der Reflektorträger hat sich damit schon mit guter Näherung selbst auf den Zielstrahl eingewiesen. Das „Lumiguide" von NIKON hat statt den Farben rot bzw. grün ein weißes Dauerlicht bzw. Blinklicht, im zentralen Bereich mit einer Breite von 6 cm auf 100 m sieht der Reflektorträger beide Lichtbündel gleichzeitig.

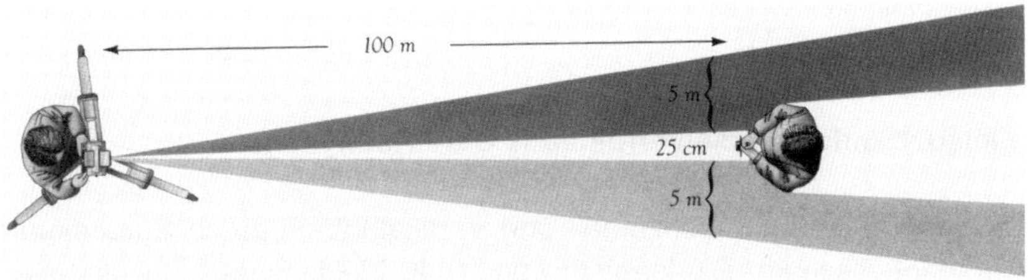

Bild 10-4: Optische Einweishilfe „Tracklight"

Eine weitere Arbeitserleichterung z.B. bei der Aufnahme schwer zugänglicher Punkte bieten Entfernungsmesser, mit denen eine reflektorlose Messung möglich ist. Um hier jedoch Fehler in der Anzielung weitgehend auszuschalten, sollte der Messstrahl sichtbar sein (siehe auch Abschnitt 6.6).

10.1.2 Präzisionstachymeter

Mehrere Hersteller bieten Tachymeter mit speziell für den Nahbereich ausgelegten Entfernungsmessern an. Diese Tachymeter sollen sich auch zur dreidimensionalen Koordinatenerfassung in der industriellen Messtechnik eignen.
Die mit den Distanzmessern dieser Tachymeter erreichbaren Genauigkeiten liegen bei einer Entfernung von etwa 10 m im Bereich von 0,5 mm. Die mit den Theodoliten erreichbare Genauigkeit beträgt etwa 0,3 mgon. Es ergeben sich bei der Festlegung eines 10 m entfernten Punktes also folgende Genauigkeiten:

in Zielrichtung:	0,5 mm,
quer zur Zielrichtung:	0,05 mm.

Diese Genauigkeiten lassen sich allerdings nur erzielen, wenn zu Punkten gemessen wird, die mit Prismenreflektoren aufgehalten werden. Außerdem ist zu ersehen, dass sich Punkte in Zielrichtung etwa um den Faktor 10 schlechter festlegen lassen als quer dazu. Diese Distanzmessgenauigkeit ist für viele Anwendungen in der industriellen Messtechnik zu gering. Hinzu kommt, dass in der industriellen Messtechnik manche Objektpunkte nicht mit Prismenreflektoren aufgehalten werden können. Zum Teil ist nur eine Signalisierung mit Reflexfolien möglich und manche Punkte dürfen gar nicht berührt werden.
Ist eine berührungslose Messung erforderlich, muss das Tachymeter reflektorlose Messungen ermöglichen. Die erreichbaren Genauigkeiten bei der reflektorlosen Distanzmessung sind dann aber deutlich schlechter als 0,5 mm.
Zusammenfassend lässt sich feststellen, dass Präzisionstachymeter nur bedingt für den Einsatz in der industriellen Messtechnik geeignet sind. Die im nachfolgenden Abschnitt 10.2 vorgestellten Messsysteme sind den Präzisionstachymetern überlegen. Die Vorteile der Präzisionstachymeter liegen in der hohen Mobilität, dem großen Messvolumen und der integrierten Software zur Formbestimmung und zum Formvergleich der Objekte.

10.1.3 Zielsuchende und zielverfolgende Servotachymeter

Diese Tachymeter sind mit Horizontal- und Vertikalantrieb durch Servomotoren oder mit elektromagnetischem Direktantrieb und mit Zielsensoren ausgestattet (siehe Abschnitt 9.3).
Diese Tachymeter eignen sich vor allem für

- automatische Überwachungsmessungen (Monitoring),
- den Einsatz als Ein-Mann-Messsysteme und
- kinematische Messaufgaben.

10.1.3.1 Systeme zur automatischen Überwachung (Monitoring)

Nach Orientierung und Initialisierung messen diese Systeme in vorgegebener Reihenfolge Entfernungen und Richtungen zu einer beliebigen Anzahl zu überwachender Reflektorstandpunkte bzw. Reflexfolienpunkte. Die Koordinaten der zu überwachenden Punkte und des Tachymeterstandpunktes sind dabei näherungsweise vorgegeben und damit auch die Grobrichtungen zu den Zielen. Der Zielsensor muss hier vor allem die Feinzielung (siehe Abschnitt 9.3) ermöglichen.
Sind die Näherungskoordinaten nur sehr grob vorgegeben, so muss auch eine automatische Zielsuche möglich sein. Ebenso müssen sich, z.B. nach möglichen Verschiebungen der Reflektorstandpunkte durch Rutschungen, die Zielpunkte wieder finden lassen. In der Regel weicht hier die Suchrichtung nicht stark von der Sollrichtung ab, so dass der Suchvorgang auf einen kleinen Suchbereich beschränkt bleibt und schnell erfolgen kann. Das Absuchen kann mäanderförmig oder spiralförmig (Bild 9-24) erfolgen. Eventuelle Bewegungen der zu überwachenden Objektpunkte werden an eine zentrale Überwachungsstelle weitergegeben. Dies kann über Funk, Datenleitung oder auch über Handys mit Bluetooth-Schnittstelle erfolgen.
Die automatische Zielerfassung erfolgt mit diesen Systemen schneller als die manuelle und außerdem frei von „persönlichen“ systematischen Einstellfehlern. Mit diesen Tachymetern können also rund um die Uhr vollautomatisch Überwachungsmessungen mit hoher Wiederholfrequenz erfolgen.

10.1.3.2 Ein-Mann-Messsysteme

„Ein-Mann“-Messsysteme sind Tachymetersysteme, die sich für Aufnahme- und Absteckvorgänge von einem vom Instrumentenstandpunkt getrennten Punkt aus steuern lassen. Diese Messsysteme enthalten wie die im vorigen Abschnitt beschriebenen automatisch gesteuerten Tachymeter Horizontal- und Vertikalantrieb mit Servomotoren und Zielsensoren, die die automatische Zieleinstellung und Zielverfolgung erlauben (siehe Abschnitt 9.3). Außerdem verfügen sie über eine Telemetrieeinheit (Bild 10-1).
Die Telemetrieeinheit ermöglicht die Fernsteuerung des Systems und den Datentransfer vom Messinstrument zur Steuereinheit und umgekehrt. Die Fernsteuerung erfolgt über eine Tastatur- und Displayeinheit, die sich beim Aufnahmeleiter bzw. Reflektorträger befindet.
Fast alle Hersteller bieten solche „Ein-Mann“-Messsysteme an. Im Folgenden soll der „Ein-Mann“-Betrieb exemplarisch an einem System von TRIMBLE (SPECTRA PRECISION) erläutert werden.

Dieses System besteht aus der Tachymetereinheit und der Reflektoreinheit (Remote Positioning Unit RPU), von der aus der gesamte Messvorgang gesteuert werden kann (Bild 10-5).
Die auf einen Prismenstab montierte Reflektoreinheit enthält in der einfachsten Version das Prisma mit Zieltafel, eine Tastatureinheit mit Display, Speichereinheiten für Programme und Datensätze und eine Sende- und Empfangseinheit (Telemetrie) für die Informationsübertragung von und zum Tachymeter.
Die sonst am Display des Tachymeters angezeigten Mess- oder Rechenwerte können hier am Display der Reflektoreinheit abgelesen werden. Die Eingabe von Punktnummern, Punktcodierungen und Steuerbefehlen kann über die Tastatur der Reflektoreinheit erfolgen. Somit ist die vollständige Steuerung des Messvorgangs von der Reflektoreinheit aus möglich.

Bild 10-5: Servotachymeter und Reflektoreinheit RPU

Eine Punktaufnahme im „Ein-Mann"-Betrieb läuft dann im Prinzip wie folgt ab:
Die Reflektoreinheit wird auf dem aufzunehmenden Punkt aufgestellt und die Messung von der RPU-Tastatur aus gestartet. Die Tachymetereinheit sucht nun innerhalb einer automatischen Suchroutine den Reflektorstandpunkt. Hierzu wird das Tachymeter über den gesamten Horizont verschwenkt. Hat das Tachymeter dann die Infrarotquelle RMT (Remote Target) der RPU noch nicht geortet, so wird der Vertikalwinkel um ±8 gon verändert und der Suchvorgang wiederholt, bis die Infrarotquelle gefunden ist.
Der Suchvorgang lässt sich noch wesentlich beschleunigen, wenn die Suche auf einen ausgewählten Sektor beschränkt wird. In der vollständigen Version verfügt die RPU auch über ein vertikal verschwenkbares Zielfernrohr, mit dem das Tachymeter angezielt werden kann. Die Zenitdistanz z wird automatisch abgegriffen, zum Tachymeter übertragen und vom Tachymeter dann die Suche mit der automatisch eingestellten Zenitdistanz 200 gon – z durchgeführt.
Nach dieser Suchprozedur ist das Tachymeter aber nur grob auf das Ziel ausgerichtet. Die anschließende „Feineinstellung" erfolgt mit einem Tracker und einer Vier-Quadranten-Diode (siehe Abschnitt 9.2). Der auf das Tachymeter aufgesetzte oder in

das Tachymeter integrierte Tracker sendet einen Lichtstrahl zum Prismenreflektor. Der reflektierte Strahl fällt auf eine Vier-Quadranten-Diode im Tachymeter und das Tachymeter wird dann horizontal und vertikal so nachgesteuert, bis alle vier Quadranten gleichmäßig ausgeleuchtet sind. Damit ist die Feineinstellung auf den Zielpunkt abgeschlossen und es erfolgt die automatische Erfassung der Messwerte.
Diese vollautomatische Anzielung (Suche und Feineinstellung) erfolgt mindestens so schnell, wie sie ein geübter Beobachter ausführen könnte. Die Anzielgenauigkeit ist ebenfalls mindestens so gut wie die eines geübten Beobachters.
Mit Hilfe des Trackers kann die einmal gefundene RPU auch ständig automatisch verfolgt werden, so dass bei weiteren Punktaufstellungen der Suchvorgang entfällt.
Bei der Absteckung im „Ein-Mann"-Betrieb gibt das Tachymeter automatisch die Richtung vor. Der Reflektorträger weist sich dann mit Hilfe des Tracklights (Bild 10-4) grob in die Richtung und mit Hilfe des RPU-Displays auf die Distanz ein. Nach Auslösung der Messung zielt das Tachymeter automatisch die Istposition des Reflektors an und auf dem RPU-Display können dann die Längs- und Querabweichung zur Sollposition abgelesen werden.

10.1.3.3 Systeme für kinematische Messaufgaben

Zielsuchende und zielverfolgende Servotachymeter eignen sich auch für kinematische Messaufgaben wie z.B. die Baumaschinensteuerung. Die Verfolgung auch schnell bewegter Objekte, sofern sie sich nicht zu nahe am Tachymeterstandpunkt befinden, stellt kein Problem dar, wohl aber die Messwerterfassung. Hierbei treten zwei Probleme auf:
Während der Messzeitraum T_R für die Richtungsabtastung bei den neuesten Verfahren (siehe Abschnitt 9.1.2.4) sehr klein ist und wenige Millisekunden beträgt, ist der Messzeitraum T_D für die Streckenmessung länger und liegt im Bereich Zehntelsekunde bis Sekunde. Der auf den mittleren Zeitpunkt t_D des Messzeitraums T_D bezogene Mittelwert der Strecke aus vielen Einzelmessungen stimmt nur dann, wenn sich das Messobjekt mit konstanter Geschwindigkeit und geradlinig bewegt. Wird das Messobjekt beschleunigt oder verzögert und verläuft es auf einer gekrümmten Bahn, so passt der Mittelwert der Streckenmessung nicht zum mittleren Zeitpunkt t_D des Zeitraums T_D. Bei bekannter Geschwindigkeitsänderung und bekannter Länge des Zeitraums T_D lässt sich dieser systematische Fehler modellieren und weitgehend ausschalten (JOECKEL 1975).
Wesentlich gravierender bei kinematischen Messaufgaben ist die Tatsache, dass Richtungsmessungen und Streckenmessung in der Regel nicht synchron erfolgen. Es besteht somit eine Zeitdifferenz Δt zwischen dem mittleren Zeitpunkt t_R der Richtungsmessung und dem mittleren Zeitpunkt t_D der Entfernungsmessung mit

$$\Delta t = t_D - t_R \quad .$$

Wird ein mit der Geschwindigkeit v bewegtes Ziel polar aufgemessen, so hat sich das Ziel zwischen den Zeitpunkten t_R und t_D um

$$\Delta s = v \cdot \Delta t \tag{10-1}$$

weiterbewegt und es wird eine nicht zur Richtungsmessung $R(t_R)$ passende Entfernung $D(t_D)$ gemessen (Bild 10-6). Zur Abschätzung, ob die nicht synchronen Messungen korrigiert werden müssen, benötigt man also die Geschwindigkeit v des Zielobjektes und die Zeitverzögerung Δt.
Die Geschwindigkeit des Zielobjektes lässt sich meist leicht abschätzen. Da aber in der Regel weder Betrag noch Vorzeichen der Zeitverzögerung Δt den technischen Unterlagen eines Tachymeters entnommen werden kann, muss Δt durch Kalibrierung bestimmt werden.

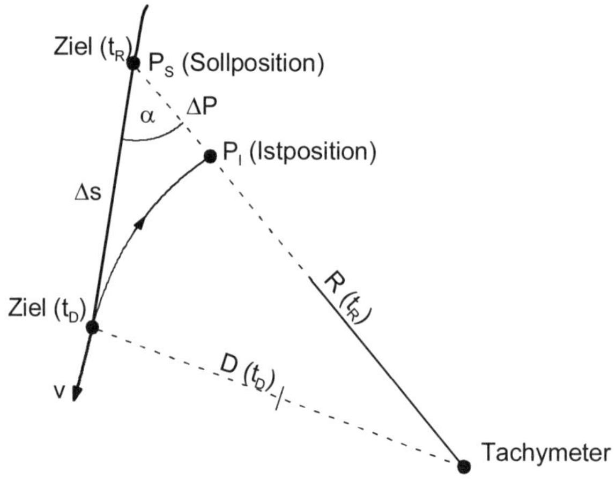

Bild 10-6: Auswirkung der nicht synchronen Richtungs- und Streckenmessung

Zur Kalibrierung ist ein bewegtes Ziel erforderlich, dessen Geschwindigkeit und Positionen bekannt sind. Von Vorteil ist, wenn hierzu eine Messbahn – wie z.B. die Präzisions-High-Speed-Linearmessbahn der Universität Karlsruhe (HENNES 2006) – zur Verfügung steht. Zur vereinfachten Darstellung des Kalibriervorgangs wird unterstellt, dass sich Messobjekt und Messinstrument etwa in derselben Horizontalebene befinden. Es wird hier also nur die Lageänderung betrachtet.

Bei der im Bild 10-6 dargestellten Anordnung erfolgt die Streckenmessung um den Zeitraum $\Delta t = t_D - t_R$ später als die Richtungsmessung und die Strecke D wird zu kurz gemessen. Bezieht man die Streckenmessung auf den Zeitpunkt der Richtungsmessung t_R, so wird statt der Sollposition P_S die Istposition P_I ermittelt. Da bei der Kalibrierung die Sollposition P_S und außerdem die Bewegungsrichtung bekannt ist, kann aus der Positionsablage ΔP und dem Winkel α der Wert Δs näherungsweise nach

$$\Delta s \approx \frac{\Delta P}{\cos \alpha} \qquad (10\text{-}2)$$

berechnet werden. Bei diesem Kalibriervorgang sollte α deutlich kleiner als 100 gon bleiben.
Bei bekannter Geschwindigkeit v folgt dann

$$\Delta t \approx \frac{\Delta s}{v} \qquad (10\text{-}3)$$

Mit dem nun bekannten Δt für das untersuchte Tachymeter kann nach (10-1) für vorgesehene kinematische Messaufgaben entschieden werden, ob die Nichtsynchronität der Richtungs- und Streckenmessung berücksichtigt werden muss oder nicht. Die von STEMPFHUBER 2004 ermittelten Werte für Δt liegen im Bereich

$$80 \text{ ms} \leq \Delta t \leq 280 \text{ ms} .$$

Die Werte hängen vom Instrumententyp und vom Messmodus (z.B. „Tracking“ oder „Fasttracking“) ab. Bei schnellbewegten Zielobjekten z.B. bei der Baumaschinensteuerung kann die Nichtsynchronität der Richtungs- und Streckenmessung zu nicht mehr vernachlässigbaren Verfälschungen der Objektkoordinaten führen und die Objektkoordinaten müssen dann korrigiert werden.
Die Korrektur entspricht der Umkehrung des Kalibriervorgangs. Die Zeitverzögerung Δt ist nun bekannt, v ist bekannt oder muss aus zusätzlichen Messungen abgeleitet werden können, dann erhält man

$$\Delta s = v \cdot \Delta t \qquad \text{und dann aus (10-2)} \qquad \Delta P \approx \Delta s \cdot \cos \alpha \quad .$$

Wobei hier der Winkel α nur näherungsweise als Schnittwinkel zwischen Beobachtungsstrahl $R(t_R)$ und Bahnrichtung bestimmt werden kann, da die Bahnrichtung nicht bekannt ist und nur näherungsweise aus mindestens zwei schon bestimmten, allerdings systematisch verfälschten Istpositionen abgeleitet werden kann. Die tatsächliche Objektbahn (Soll) und die gemessene Objektbahn (Ist) sind nicht parallel (Bild 10-7).

Die Sollposition ergibt sich dann näherungsweise (Bild 10-7) aus den Polarelementen

$R(t_R)$ und

$$D'(t_R) = D(t_D) + \Delta P \quad . \qquad (10\text{-}4)$$

Das hier in den Grundzügen dargestellte Korrekturverfahren für Lagekoordinaten wäre auch für kinematische Echtzeitmessungen (z.B. lagemäßige Baumaschinensteuerung) geeignet.
Zur Korrektur dreidimensionaler Koordinaten sei auf STEMPFHUBER 2001 verwiesen.

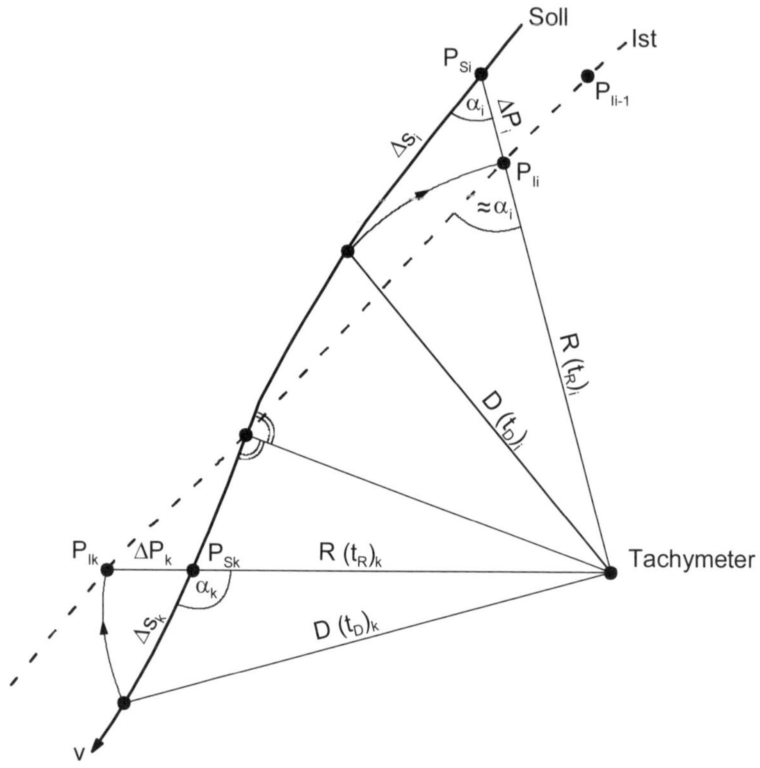

Bild 10-7: Abweichungen zwischen gemessener (Ist) und tatsächlicher Objektbahn (Soll)

10.1.3.4 Video-Tachymeter

Eine neue Erweiterung der Einsatzmöglichkeiten moderner Tachymeter bieten die Video-Tachymeter (IATS = Image Assisted Total Station). Ein solches Video-Tachymeter (JURETZKO 2004, SCHERER 2007) verfügt über folgende zusätzliche Hardware-Komponenten:

- Horizontal- und Vertikalantriebe,
- Distanzmesser mit Möglichkeit zur reflektorlosen Messung,
- integrierte Digitalkamera und
- angeschlossenen PC, vor allem zur Tachymetersteuerung.

Entwickelt werden diese Video-Tachymeter vorrangig zur Gebäudedokumentation und zu Absteckarbeiten an Gebäudefassaden, also vor allem an ebenen Objekten. Ein Video-Tachymeter bietet hierbei folgende Vorteile:

- direkte, bildhafte Dokumentation tachymetrisch vermessener Punkte,
- Nutzung der Digitalbilder, um die tachymetrische Aufnahme mit fotorealistischer Textur zu belegen und
- Steuerung des Tachymeters direkt mit dem auf dem PC dargestellten Objektbild und damit auch die Möglichkeit der Fernsteuerung des Tachymeters vom PC aus, wobei die Digitalkamera dem Beobachter die Visur durch das Tachymeterokular erspart.

Um direkt mit den Bildkoordinaten arbeiten zu können, müssen die Digitalbilder entzerrt werden. Da es sich bei Fassaden in der Regel um nahezu ebene Objekte handelt, kann die Entzerrung mit Hilfe der ebenen Projektivtransformation erfolgen. Hierzu sind mindestens vier Passpunkte erforderlich, von denen sowohl Bildkoordinaten als auch tachymetrisch bestimmte Objektkoordinaten vorhanden sein müssen. Im entzerrten Digitalbild können dann Punkte angeklickt und ihre Bildkoordinaten (y_N, x_N) in Theodolitrichtungsänderungen (dH, dZ) wie folgt näherungsweise umgerechnet werden (Bild 10-8):

$$dH = \arctan\left(\frac{x_N}{c}\right) , \qquad dZ = \arctan\left(\frac{Y_N}{c}\right) , \qquad (10\text{-}5)$$

c = Kamerakonstante.

Diese Näherungsformeln gelten für kleine Richtungsablagen (dH, dZ) in Horizontnähe. Allgemeingültige Formeln sind in JURETZKO 2004 zusammengestellt.

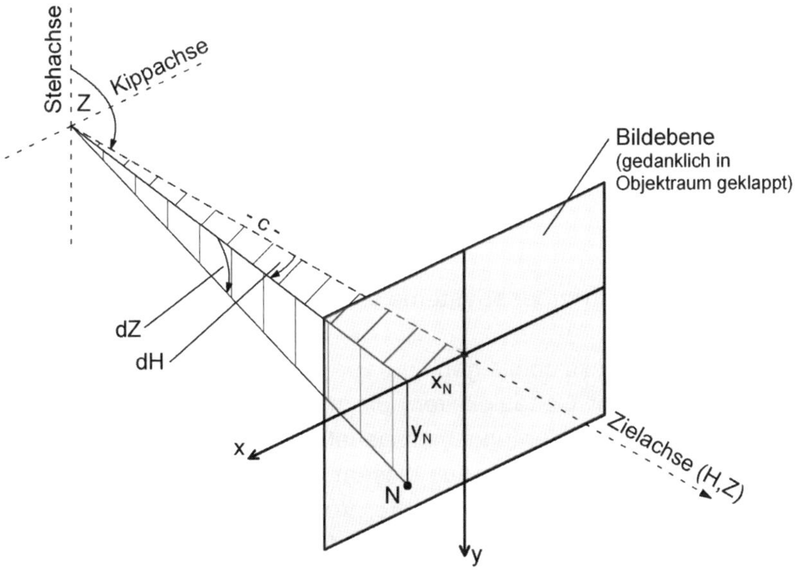

Bild 10-8: Richtungsablagen nach FABIANKOWITSCH 1990

Werden Punkte im Digitalbild angeklickt, so können mit den nach (10-5) berechneten Richtungsablagen (dH, dZ) automatisch die zugehörigen Objektpunkte angezielt werden. Hiermit ist es auch möglich, gewählte Bildpunkte direkt auf der Fassade abzustecken, da auf Grund des Entzerrungsvorganges die Lage der ebenen Fassade relativ zum Tachymeterstandpunkt bekannt ist. In der Praxis sind Fassaden aber keine idealen Ebenen, sondern weisen Abweichungen von einer Ebene auf, wodurch es zu Lagefehlern bei den abgesteckten Punkten kommt (Bild 10-9).

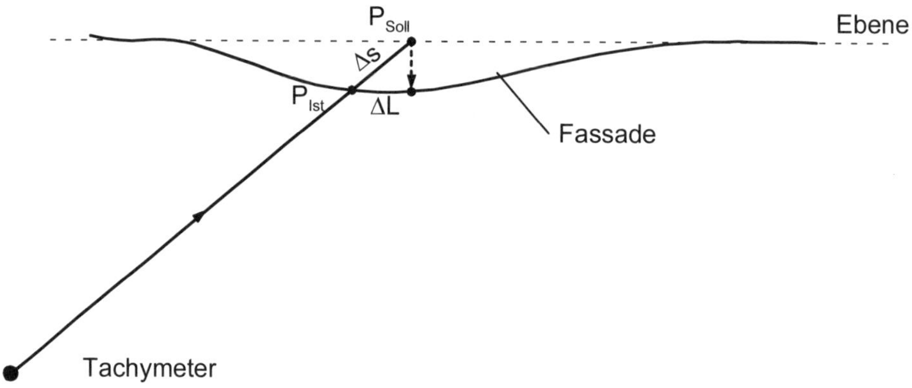

Bild 10-9: Lagefehler bei Fassadenabsteckung

Mit Hilfe der reflektorlosen Entfernungsmessung kann die Entfernungsdifferenz Δs zwischen der Sollentfernung zum Sollpunkt auf der idealen Ebene und dem Auftreffpunkt der wirklichen Fassade ermittelt und daraus dann die Lagekorrektur ΔL berechnet werden. Der Absteckvorgang ist dann ein iterativer Prozess.

Obwohl die Vorteile solcher Video-Tachymeter in der Praxis noch nicht voll erkannt sind, werden sie sich doch sicher durchsetzen. Ein erstes praxistaugliches Instrument, die TRIMBLE Totalstation mit Digitalkamera VX Spatial Station, ist 2007 auf dem Markt erschienen.

10.2 Geodätische Industriemesssysteme (GeoIMS)

Bei der industriellen Messtechnik geht es vor allem um die dreidimensionale Erfassung von Objekten mit Genauigkeiten, die mit den derzeitigen Tachymetern auf Grund der beschränkten Entfernungsmessgenauigkeit (siehe Abschnitt 10.1.2) nicht oder nur schwer zu erreichen sind. Aus diesem Grund werden die räumlichen Koordinaten aus Richtungsmessungen (räumlicher Vorwärtsschnitt) mit Theodolitsystemen oder aus Polaraufnahmen mit hochauflösenden digitalen Kameras abgeleitet.

10.2.1 Theodolitsysteme und Folgesysteme

Theodolitmesssysteme bestehen aus zwei oder mehreren elektronischen Theodoliten, die mit einem PC verbunden sind (Bild 10-10).

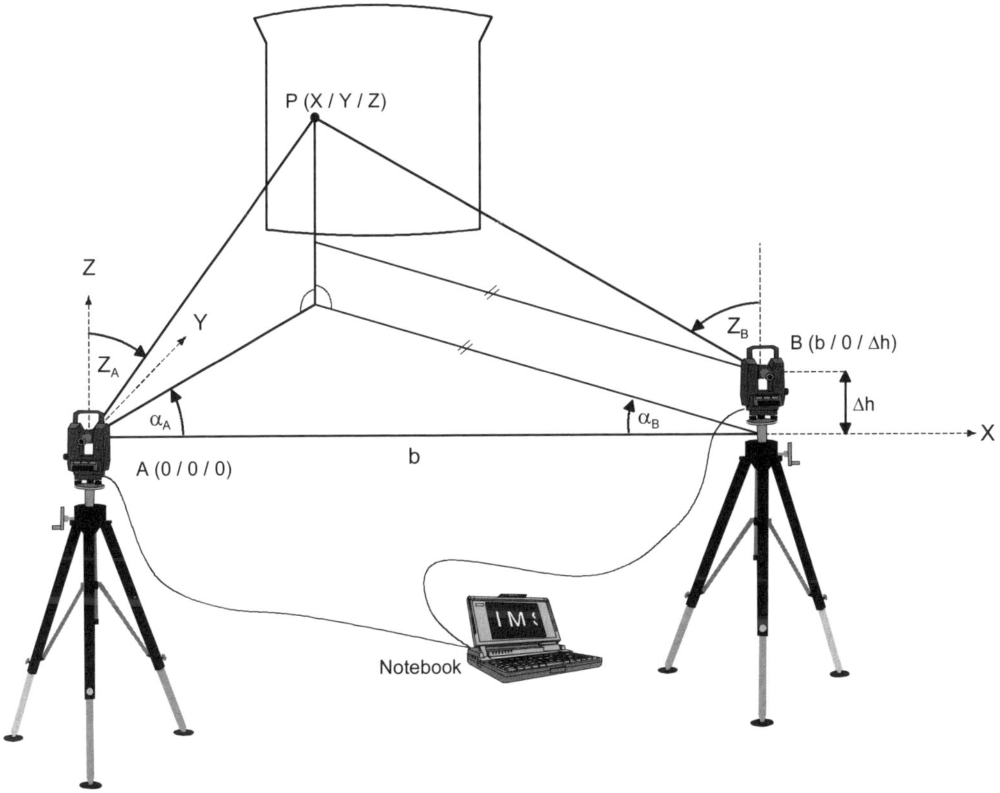

Bild 10-10: Theodolitmesssystem

Der PC dient dabei als Steuereinheit, Datenspeicher und Rechenhilfsmittel zur sofortigen Erzeugung rechtwinkliger Koordinaten der Objektpunkte.

Durch gleichzeitiges Anzielen eines Objektpunktes von zwei frei wählbaren Standpunkten aus können die Koordinaten berührungslos in einem lokalen räumlichen Koordinatensystem bestimmt werden. Der Ursprung des lokalen Koordinatensystems wird dabei in einen der beiden Theodolitstandpunkte gelegt (Bild 10-10). Vor der eigentlichen Objektvermessung müssen die Theodolite gegenseitig orientiert werden. Hierzu gehört die Bestimmung des Horizontalabstandes der beiden Theodolitstehachsen (Basis b) und des Höhenunterschiedes der beiden Kippachsen (Δh) und die gegenseitige Festlegung der Nullrichtungen der beiden Horizontalkreise. Verfahren und Formeln hierzu sind in JOECKEL, STOBER 1990 ausführlich dargestellt.

Die Orientierungsparameter können aber auch zusammen mit den Objektkoordinaten innerhalb einer „Bündelausgleichung“ bestimmt werden, wenn von den Theodoliten die Endpunkte eines Referenzmaßes und eine Anzahl von Verknüpfungspunkten angezielt werden. Die Schnittpunkte der Theodolitachsen werden dabei in Analogie zur Photogrammetrie als perspektivisches Zentrum einer Zentralprojektion und die Zielstrahlen als perspektivische Bündel behandelt.

Ein solches Theodolitmesssystem erfordert also zwei Beobachter, wobei ein Beobachter zusätzlich den PC beaufsichtigen muss, falls die Steuerung des Messablaufs vom PC aus erfolgt.

Da von beiden Standpunkten aus gleichzeitig ein und derselbe Objektpunkt angezielt werden muss, ist zum einen eine eindeutige Markierung der oft sehr zahlreichen Objektpunkte erforderlich. Zum anderen erfordert der Messvorgang von beiden Beobachtern eine hohe Konzentration, wenn Punktverwechslungen bei der Anzielung vermieden werden sollen. Eine eindeutige Markierung, die Punktverwechslungen weitgehend ausschließt, ist die Einzelpunktvorgabe mit einem separat aufgestellten Laserpointer. Hierzu wird ein Laserstrahl mit sehr kleinem Durchmesser auf das Objekt gerichtet. Der Auftreffpunkt ist dann die einzige und gut erkennbare Zielmarke auf dem Objekt. Diese Art der Zielmarkierung ist vor allem auch dann erforderlich, wenn das Objekt nicht zugänglich ist oder nicht berührt werden darf.

Dieses Messsystem mit zwei Beobachtern war jedoch wegen des hohen Personalaufwands und der relativ geringen Messgeschwindigkeit kein kommerzieller Erfolg.

Der Messvorgang lässt sich wesentlich beschleunigen, wenn die Laserquelle mit einem der beiden Theodolite so gekoppelt wird, dass Laserstrahl und Zielachse zusammenfallen (Bild 10-11). Mit diesem Theodolit wird dann der Zielpunkt vorgegeben und nur mit dem zweiten Theodolit muss dann noch angezielt werden.

Um den Messvorgang noch weiter zu rationalisieren, stattet man den Theodolit mit dem Laserpointer zusätzlich noch mit einem Horizontal- und Vertikalantrieb aus. Dieser Theodolit kann dann entweder mit einem Joystick vom zweiten Theodolit aus oder auch von einem PC gesteuert werden. Somit ist für den Messvorgang – wie bei dem an der HfT Stuttgart entwickelten „Ein-Mann“-Industriemesssystem – nur noch ein Beobachter erforderlich (Bild 10-11).

Die zur Steuerung des „Ein-Mann“-Industriemesssystems erforderliche Software erlaubt eine rasterförmige Erfassung des Objektes, wobei die Rasterweite der Objektform angepasst werden kann. Durch Koordinatenbestimmung von Randpunkten des Objektes wird ein Rahmen für das Feld der Rasterpunkte festgelegt. Innerhalb dieses Rahmens gibt der Pointertheodolit die Rasterpunkte dann automatisch vor (Bild 10-11). In diesen automatischen Ablauf kann zu jeder Zeit eingegriffen und die Steuerung mit dem Joystick übernommen werden.

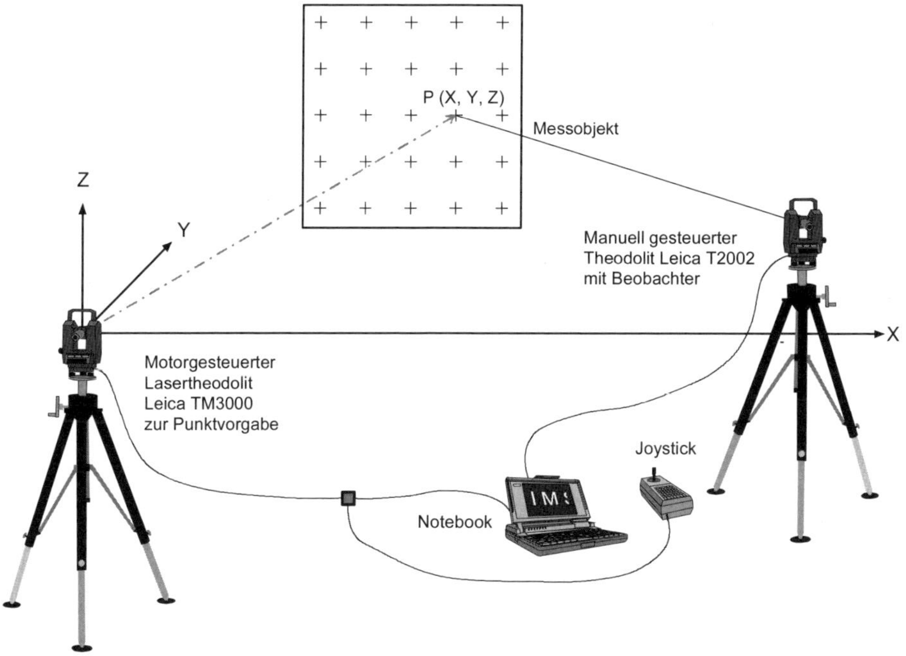

Bild 10-11: „Ein-Mann"-Industriemesssystem der HfT Stuttgart

Eine noch weitergehende Rationalisierung ist mit einem „vollautomatischen" Theodolitsystem möglich. Hierzu wird auch der zweite Theodolit mit Horizontal- und Vertikalantrieben und zusätzlich einer CCD-Kamera ausgestattet (Bild 10-12).

Eine CCD-Kamera besitzt in der Bildebene einen flächenhaften optischen Sensor (CCD-Array), der derzeit aus bis zu 5000 × 4000 Bildelementen (Pixel) mit einer Größe von jeweils etwa 9 μm × 9 μm bestehen kann.

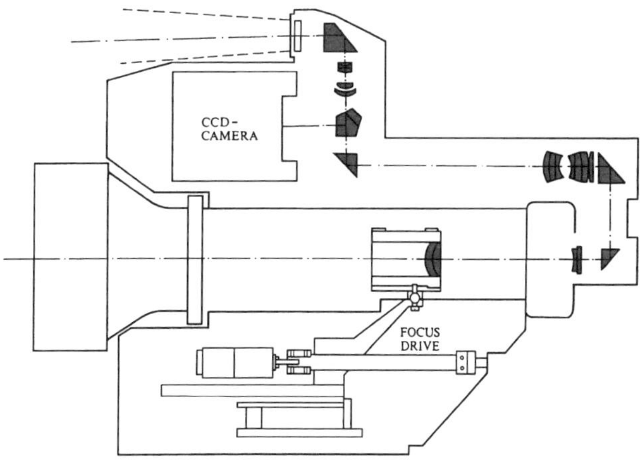

Bild 10-12: Theodolit mit integrierter CCD-Kamera

Der effektivste Einsatz eines solchen Systems besteht in der vollautomatischen punktweisen Erfassung von Objekten, deren Koordinaten schon näherungsweise bekannt sind. Der Pointertheodolit gibt dabei wieder die Zielpunkte vor und der Theodolit mit der CCD-Kamera erfasst automatisch den Zielpunkt. Dieser Theodolit muss mit Hilfe der Näherungskoordinaten nur so genau auf den Laserpunkt ausgerichtet werden, dass der Punkt innerhalb des flächenhaften CCD-Sensors (CCD-Array) abgebildet wird (Bild 10-13). Die Fokussierung der Theodolite erfolgt automatisch mit motorgetriebenen Fokussiertrieben.

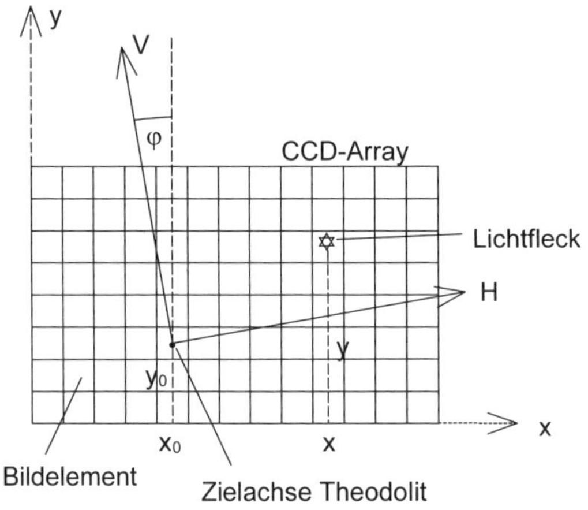

Bild 10-13: CCD-Array

Die im System des CCD-Array ermittelten Koordinaten (x,y) des Lichtflecks werden in das Achssystem des Theodoliten (H,V) transformiert. Die hier erreichte Genauigkeit der Richtungsmessungen entspricht etwa der bei visueller Anzielung. Bei diesen Systemen, die bis zu 500 Punkte pro Stunde aufnehmen können, ist dann nur noch für die Orientierung ein Eingreifen des Beobachters erforderlich.

Eine konsequente Weitereintwicklung der automatischen Theodolitsysteme mit integrierter CCD-Kamera stellen die digitalen Kamerasysteme der Industriephotogrammetrie dar (Bild 10-14).

Die hochauflösenden digitalen Kameras z.B. von ROLLEI haben inzwischen ein CCD-Array von bis zu 49 x 37 mm und bis zu 40 Millionen Pixel. Daraus resultiert bei 5 Meter Distanz der Kamera zum Messobjekt und einem 50 mm-Objektiv ein Objektformat von 5 x 3,7 m. Bei diesem großen Objektformat kann auf nachführbare Theodolite ganz verzichtet werden. Aus den digitalen Bildern lassen sich dann mit den photogrammetrischen Verfahren die dreidimensionalen Objektkoordinaten ableiten.

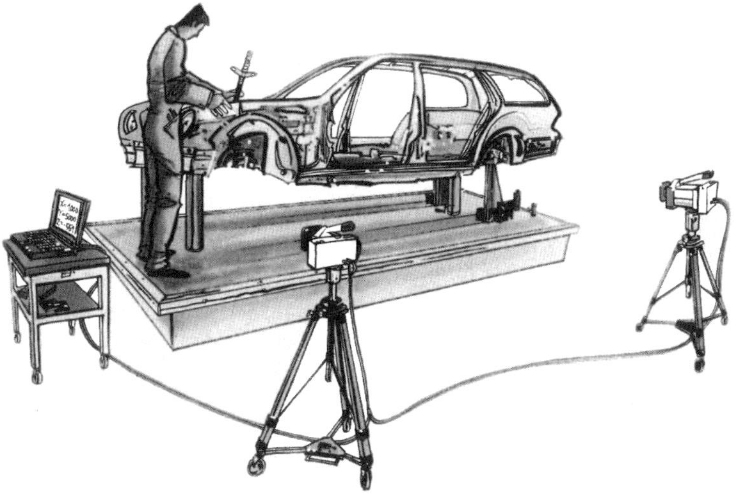

Bild 10-14: Digitales Kamerasystem

Mit zwei simultan aufnehmenden Digitalkameras sind im Online-Betrieb auch „Echtzeit-Messungen“ möglich. Zur Erreichung der Gleichzeitigkeit wird im abgedunkelten Messraum mit einem Stroboskop-Blitz gearbeitet. Die Objekte können hierbei mit Hilfe eines von Hand geführten Taststiftes, genannt „T-Probe“, punktweise vermessen werden (Bilder 10-14 und 10-18).

Der Taststift ist mit mehreren Messmarken (Bild 10-18) versehen, so dass sich photogrammetrisch seine Position und Orientierung im Raum bestimmen lässt. Damit ist auch die Position der Taststiftspitze bekannt.

Statt eines Taststiftes kann auch ein mit Messmarken versehener handgeführter Scanner verwendet werden (Bild 10-15). Da in Echtzeit die Position der Messmarken bestimmt wird, ist auch zu jeder Zeit die Position und Orientierung des Handscanners bekannt und es können beim Scannen in Echtzeit dreidimensionale, auf das photogrammetrische System bezogene Objektkoordinaten bestimmt werden.

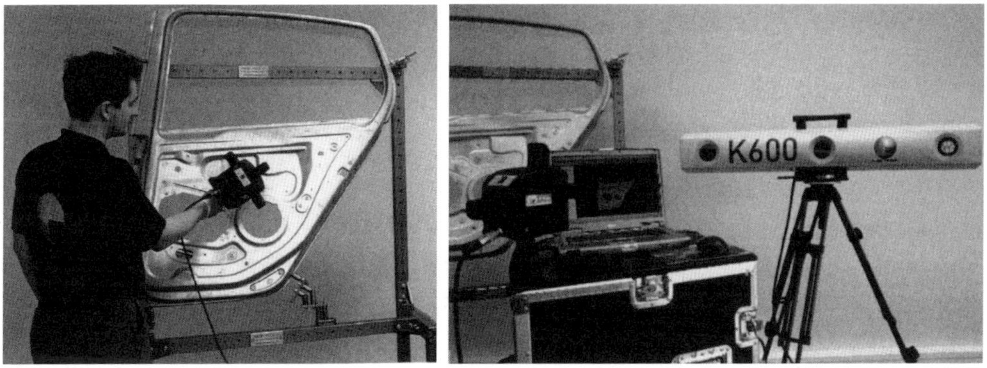

Bild 10-15: Photogrammetrisches System mit Handscanner (METRIS)

10.2.2 Systeme zur polaren Punktbestimmung (Lasertracker)

Die interferometrische Entfernungsmessung ist durch die Forderung, dass der Reflektor sehr genau auf dem fest ausgerichteten Laserstrahl geführt werden muss, stark eingeschränkt. Eine Möglichkeit, diese Einschränkung zu überwinden, bietet der in Abschnitt 3.2 vorgestellte, automatisch ausrichtbare Reflektor.
Eine andere Möglichkeit besteht darin, den Reflektor mit einem verschwenkbaren Laserstrahl zu verfolgen (System SMART von LEICA). Der Laserstrahl wird dabei über einen um zwei Achsen drehbaren Spiegel auf den Reflektor ausgerichtet. Dazu kann der Spiegel mit zwei Motoren gedreht werden. Die Ausrichtung des Laserstrahls auf den Reflektor wird mit einem zweiachsigen Positionsdetektor (siehe Abschnitt 9.2) gesteuert (Bild 10-16).

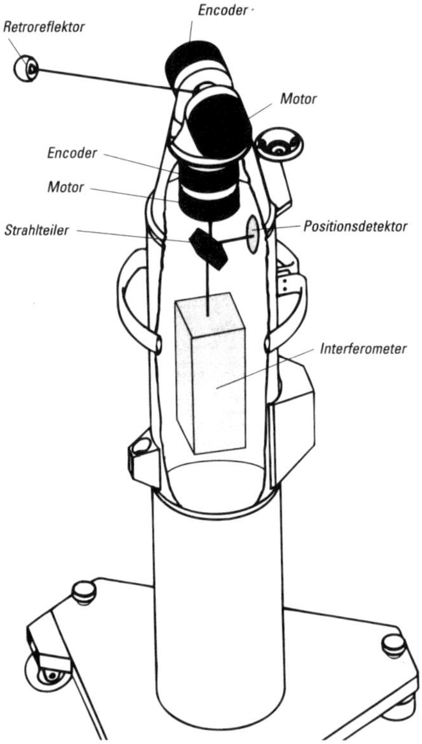

Bild 10-16: System SMART

Da jede der beiden Spiegelachsen über einen Encoder zur Richtungsmessung (siehe Abschnitt 9.1.2) verfügt, ist auch ständig die Raumrichtung des Laserstrahls bekannt. Dieses System erlaubt also nicht nur eine ständige Verfolgung des bewegten Reflektors, sondern es kann auch zur polaren Punktbestimmung eingesetzt werden. Das Interferometer misst jedoch keine absoluten Entfernungen, sondern nur die radialen Verschiebebeträge dr des Reflektors (Bild 10-17).

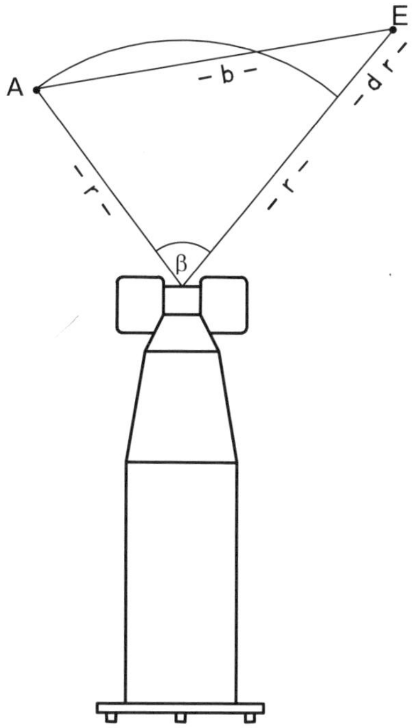

Bild 10-17: Entfernungsmessung mit SMART

Bewegt man den Reflektor von Punkt A nach E (Bild 10-17), so misst das System die radiale Verschiebung dr und ermittelt aus zwei vertikalen Z_A, Z_E und zwei horizontalen Richtungen R_A, R_E den Raumwinkel β. Die polaren Strecken r und r+dr sind zunächst nicht bekannt. Zur Ermittlung der Strecke r gibt es mehrere Möglichkeiten. So kann r z.B. mit Hilfe einer Referenzstrecke bestimmt werden. Sind die Punkte A und E die Endpunkte einer bekannten Referenzstrecke b, so lässt sich mit Hilfe des Kosinussatzes aus dr, β und b die Strecke r ableiten:

$$r = \sqrt{\frac{dr^2}{4} + \frac{b^2 - dr^2}{2(1-\cos\beta)}} - \frac{dr}{2} \qquad (10\text{-}6)$$

wobei: $\cos\beta = \cos Z_A \cdot \cos Z_E + \sin Z_A \cdot \sin Z_E \cdot \cos(R_E - R_A)$.

Damit lassen sich absolute Entfernungen zu jeder weiteren Reflektorposition angeben. Die Winkelauflösung beträgt dabei 0,2 mgon und die Distanzauflösung 0,13 μm.

Wird während des Messvorgangs der Messstrahl unterbrochen, so geht der Längenbezug verloren. Um dann wieder auf absolute Entfernungsmessungen übergehen zu können, kann die Messung z.B. mit Positionierung des Reflektors auf einem Referenzpunkt (home point), dessen Entfernung zum Messsystem bekannt ist, fortgeführt werden. Einer dieser „home points“ ist in Form eines Reflektorhalters direkt am Instrumentengehäuse angebracht. Der Zähler des Interferometers wird dann auf diese Anfangsdistanz gesetzt und bei Bewegung des Reflektor erhält man wieder absolute Entfernungen.

Vor allem wegen des Nachteils, dass bei Messstrahlunterbrechung der absolute Streckenbezug verloren geht, wurde das Smart-System weiterentwickelt. Diese Weiterentwicklung, der LEICA Lasertracker (Bild 10-18), verfügt neben dem Interferometer noch über ein hochpräzises absolutes Distanzmesssystem.

Dieser absolute Distanzmesser (ADM) arbeitet nach dem Messprinzip des früheren LEICA Mekometer ME5000 (siehe Abschnitt 4.2 „2. Möglichkeit“ und 8.1.1) und erreicht im Nahbereich (bis ca. 40 m) eine Genauigkeit von besser als 0,02 mm. Nach Strahlunterbrechung bei der interferometrischen Messung wird durch die zusätzliche Distanzmessung mit dem ADM der absolute Streckenbezug wieder hergestellt und es kann dann mit dem sehr schnell messenden Interferometer weitergemessen werden. Da die Messgeschwindigkeit des ADM nicht sehr hoch ist, kann die Wiederherstellung des absoluten Streckenbezugs derzeit noch nicht in einem kinematischen Messvorgang erfolgen, das heißt, der Reflektor muss sich hierfür in Ruhe befinden.

Der LEICA Lasertracker nutzt also die enorme Messgeschwindigkeit des Interferometers (Messfrequenz: bis zu 3000 Messungen je Sekunde), seine Messgenauigkeit wird aber durch die Genauigkeit des ADM begrenzt.

Bild 10-18: LEICA Lasertracker mit aufgesetzter T-Cam und T-Probe

Sein volles Leistungspotential entfaltet der LEICA Lasertracker in Verbindung mit dem Punkttaster LEICA T-Probe und dem handgeführten Laser-Scanner (Bilder 10-18 und 10-19).

Zum zentrisch an der T-Probe angebrachten Reflektor (Bild 10-18) wird mit dem Interferometer/ADM die Entfernung und mit den Encodern die Richtung gemessen und damit die drei Positionsparameter (X, Y, Z) der T-Probe bestimmt. Die drei Orientierungsparameter (Nick-, Roll- und Gierwinkel) werden mit einem zusätzlich auf den Lasertracker aufgesetzten Kamerasystem T-Cam bestimmt. Hierzu werden die aktiven Infrarot-LEDs der T-Probe auf dem CCD-Array der T-Cam abgebildet und die drei Orientierungsparameter abgeleitet. Damit ist dann auch die räumliche Position der Tasterspitze bestimmbar.

In derselben Weise werden auch die drei Positionsparameter und die drei Orientierungsparameter des handgeführten Laser-Scanners T-Scan bestimmt (Bild 10-19).

Bild 10-19: Handgeführter T-Scan von LEICA mit Reflektor und Infrarot-LEDs

10.3 Terrestrische Laserscanner

10.3.1 Methodische Einordnung und technische Abgrenzung

Terrestrisches Laserscanning lässt sich im Umfeld anderer dreidimensionaler Vermessungsverfahren wie folgt einordnen:

- Die Tachymetrie beobachtet die Geometrie diskreter Punkte, welche unmittelbar im Feld als repräsentativ für das zu erfassende Objekt ausgewählt werden. Dies gilt ebenso für terrestrische Anwendungen von GNSS (Global Navigation Satellite Systems), wobei hier keine Option einer berührungslosen Objektmessung besteht. Tachymetrie und GNSS dienen sowohl der Aufnahme als auch der Absteckung.
- Die Photogrammetrie ist ein schnappschussartiges Aufnahmeverfahren von mindestens 2 Standpunkten aus. Die Objektauswertung erfolgt typischerweise häuslich im Postprocessing und detektiert vorwiegend Kanten, und zwar auf Grauwerten bzw. Farbinformationen basierend.
- Das terrestrische Laserscanning ist ein reines Aufnahmeverfahren, welches den Objektraum relativ kurzzeitig in einem dichten polaren Raster berührungslos erfasst, wie in Bild 10-20 skizziert. Die Objektauswertung erfolgt im Postprocessing vorwiegend über Flächen. Die Beobachtungsgrößen sind primär geometrisch und werden durch Intensitätswerte des Distanzmesssignals gestützt sowie durch Grau- oder Farbwerte einer integrierten Kamera ergänzt.

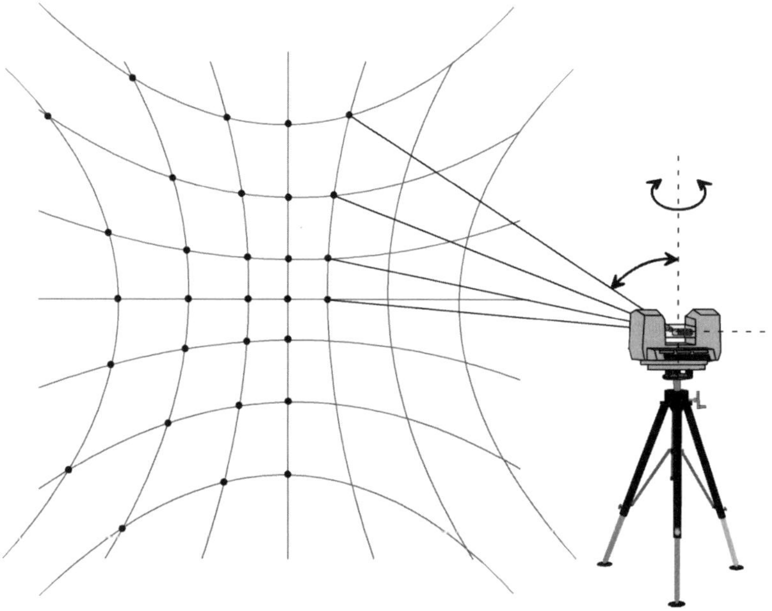

Bild 10-20: Polare Rasteraufnahme einer Wand, für einen Laserscanner mit tachymetrischem Aufbau

Naheliegend ist der Vergleich terrestrischer Laserscanner mit Tachymetern. Zunächst zeigen sich Parallelen:

- Beide sind räumliche, polare Messsysteme, wobei sich Instrument und Messobjekt während der Beobachtung typischerweise in Ruhe befinden.
- Entsprechend handelt es sich in beiden Fällen um mechanische Zwei-Achs-Systeme, um ein Ziel polar anhängen zu können.
- Einzelne interne Sensoren, wie Laser-Distanzmesser, Richtungsdecoder und Neigungssensoren, sind in Aufbau und Wirkungsprinzip auch vom Tachymeter bekannt.
- Motorisierte Tachymeter lassen sich ebenfalls in einem Scanmodus betreiben, sofern sie mit reflektorlosem Distanzmesser ausgerüstet sind. Allerdings sind sie für diskrete Punktmessungen optimiert und deswegen langsamer als Laserscanner.

Trotz der Ähnlichkeiten unterscheiden sich Laserscanner von Tachymetern anwendungstechnisch und konstruktiv zum Teil erheblich:

- Die Laserscanner sind für schnelles Scannen mit Messraten von > 1000 Punkten pro Sekunde konzipiert. Entsprechend sind nicht nur die Sensoren auf Schnelligkeit ausgelegt, sondern auch die Aktoren, also im Wesentlichen die Antriebe für möglichst kleine bewegte Massen: Anstelle kompletter Fernrohre richten beispielsweise Ablenkspiegel den Zielstrahl aus.
- In Ermangelung einer Zieleinrichtung, also typischerweise eines Fernrohrs, sind keine echten, reproduzierbaren Einzelpunktmessungen möglich. Indirekt gelingt dies allerdings, indem man (genauigkeitssteigernde) Feinscans im Bereich ausgezeichneter Objektpunkte oder künstlicher Zielmarken durchführt. Diese werden dann geometrisch bzw. radiometrisch ausgewertet, so dass daraus ein diskreter Punkt-Koordinatensatz geschätzt wird.
- Je nach Gerätetyp sind extrem schiefachsige Scanneraufstellungen möglich und zur vollständigen Objekterfassung auch nötig. Nicht jeder Scanner besitzt zwingend eine „lotrechte“ Stehachse und ist mit einem Kompensator, also einem Neigungssensor, ausgerüstet. Scanner mit ggf. schiefstehenden Achsen sind derart konstruiert, dass die Drehachsen nicht so große Massen aufnehmen wie bei einem Tachymeter.
- Die Georeferenzierung einschließlich Verknüpfung der Scan-Beobachtungen von mehreren Standpunkten aus erfolgt typischerweise wie in der Photogrammetrie über Passpunkte und Verknüpfungspunkte. Man spricht hier auch von „Registrierung“. Bei Scannern, die einen tachymetrischen Aufbau und einen Kompensator besitzen, findet man auch tachymetrische Stationierungsmöglichkeiten einschließlich einer Abloteeinrichtung zur Stationierung auf bekanntem Punkt.

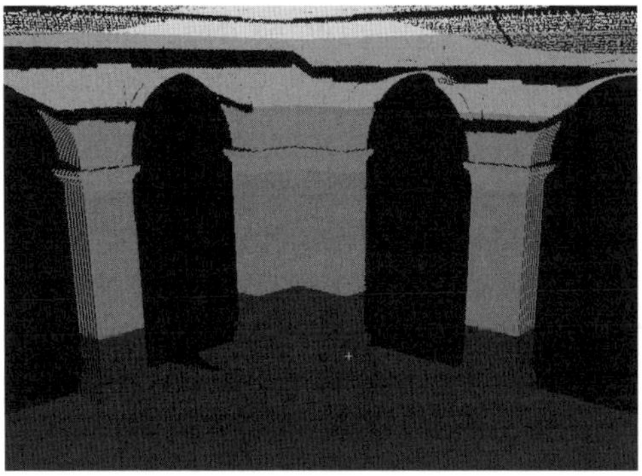
Punktwolke, höhencodiert

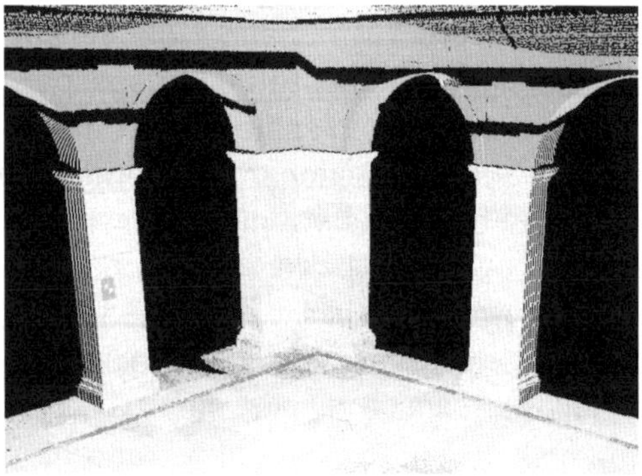
Punktwolke, intensitätscodiert

Punktwolke, echtfarbencodiert (Photo)

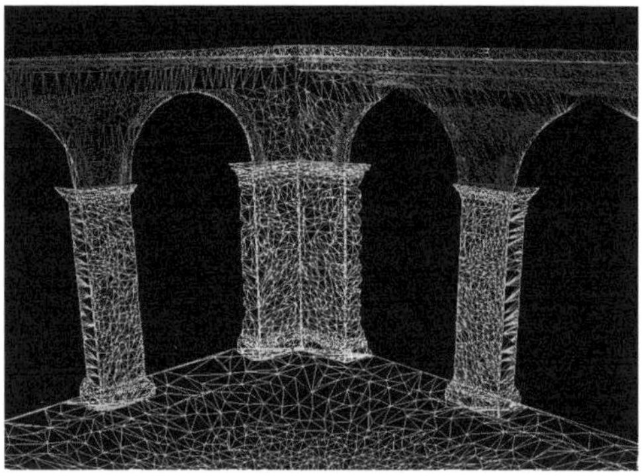
Drahtgittermodell, Dreiecksvermaschung

Aus der Punktwolke abgeleitetes Flächenmodell

Bild 10-21: Folgeprodukte einer Laserscanaufnahme, hier von einem Bogengang in der Hochschule für Technik Stuttgart

– Die verwendeten Laser-Distanzmesser müssen in einem größeren Dynamikbereich messfähig sein als beim Tachymeter: Während beim statischen Tachymeterbetrieb je nach Intensität des Empfangssignals ein Filter eingeregelt wird, bleibt hierzu beim Scanner keine Zeit, um den Scanfortschritt nicht zu unterbrechen.

- Zudem werden im Scanner die – stark variierenden – Intensitäten des reflektierten Lasersignals gemessen und abgespeichert, um unterschiedliche Objektoberflächen und -entfernungen später besser identifizieren zu können.
- Die wenigsten Scanner besitzen eine „durchschlagbare" Zieleinrichtung. Systematische Fehler, wie vor allem Achsfehler, lassen sich folglich nicht über Zwei-Lagen-Beobachtungen prüfen, kalibrieren oder gar eliminieren, wie man es vom Tachymeter her kennt.
- Integrierte Kameras, die je nach Gerätekonzept mehr oder weniger exzentrisch, auflösend und kalibriert sind, ermöglichen die Zuweisung von Grau- oder Farbwerten an die Scan-Punkte, um das gemessene Objekt besser visualisieren und interpretieren zu können. In der Tachymetrie gibt es hier ebenfalls erste Entwicklungen, allerdings nicht primär mit dem Ziel einer bildhaften Darstellung ausgedehnter Objekte, siehe auch Abschnitt 10.1.3.4.

Die Weiterverarbeitung der mit einem Scan erzeugten Punktwolke, wie z.B. eine entfernungs- oder höhenabhängige Farbcodierung, eine Farbcodierung mit der Signalintensität, ein Mapping des parallel aufgenommen Photos, eine Dreiecksvermaschung oder eine Modellierung über das Einrechnen und Verschneiden von Regelflächen sind typische Folgeschritte beim Laserscanning, aber nicht Gegenstand dieses Buches. Bild 10-21 gibt einen Überblick über solche Folgeprodukte. Hinter diesen Darstellungen liegen in jedem Fall echte geometrische 3D-Informationen, so dass sich ihnen häuslich beliebige Aufmaße entnehmen lassen.

10.3.2 Strategie der Objektaufnahme

Als Vergleichsbasis für die Bedingungen und den Workflow einer Scanneraufnahme sei im Vergleich zunächst die tachymetrische Objektaufnahme betrachtet:

- Sofern die Koordinaten von punktförmigen Objekten, wie Vermessungs- und Grenzpunkten, zu bestimmen sind, ist ein Tachymetereinsatz mit seinen „Einzelschüssen" optimal.
- Für körperliche, flächen- und linienhafte Objekte sind mit einem Tachymeter möglichst wenige repräsentative Einzelpunkte zu erfassen. Dies erfolgt meist zusammen mit einer topologischen Information, die beispielsweise angibt, welche Punktfolge einen linken oder rechten Wegerand darstellt.
- Handelt es sich um geometrische Primitive wie Gerade, Kreis, Quader usf., sind leicht wenige Punkte auszuwählen: Für einen Quader genügen z.B. drei Eckpunkte der Grundfläche und ein weiterer Punkt für die Höhe, wie Bild 10-22 links zeigt.
- Für irreguläre Objekte, wie etwa eine Geländeoberfläche, sind hingegen aufwendig viele repräsentative Massenpunkte aufzunehmen, deren Lage und Dichte von der gewünschten Genauigkeit des zu erstellenden Oberflächenmodells abhängt.

- Man hat im Feld ein so genanntes Diskretisierungsproblem.
- Es kommt in hohem Maße auf die Genauigkeit des einzelnen gemessenen Punktes an.
- Hierzu gehört die Beurteilung jedes einzelnen Zielpunktes, ob er sichtbar und geeignet ist: So wird ein geübter Beobachter an einem reflektorlos messenden Tachymeter individuell die Reflektivität und Kleinform der Objektoberfläche sowie ihre Ausrichtung zum Zielstrahl beachten (vgl. auch Abschnitt 10.3.1.2.4).
- In den meisten Anwendungen werden die Zielpunkte zudem mit einem Prismenreflektor signalisiert, was die Zuverlässigkeit der Messergebnisse erhöht.
- Der Aufwand in der häuslichen Nachbearbeitung ist je nach Projekt eher moderat.

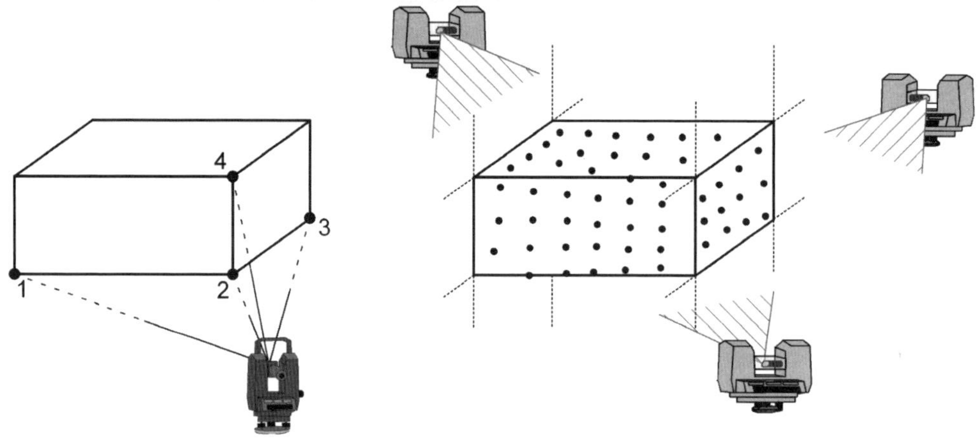

Bild 10-22: Erfassung eines Quaders: links punktweise mit dem Tachymeter, rechts über Regelflächen und Schnitte mit dem Laserscanner

Beim automatischen Scannen eines Objektes gilt hingegen:

- Der Laserscanner erfasst – massenpunktweise – dreidimensionale Oberflächen ohne zusätzliche Informationen zu Topologien und Unstetigkeiten. Das Ergebnis eines oder mehrerer, „registrierter" Scans ist eine dichte, unstrukturierte, dreidimensionale Punktwolke einschließlich Intensitätswerten.
- Die Anordnung der einzelnen Scan-Punkte ist nicht hundertprozentig reproduzierbar und folgt einem polaren Raster.
- Die Rasterdichte wird bei den derzeitigen Scannern für ausgewählte Scanbereiche einmalig festgelegt. Dabei sind die feinsten aufzulösenden Objektstrukturen zu berücksichtigen, aber auch die Entfernungen zum Objekt sowie die Einfallswinkel des Messstrahls an der Objektoberfläche. Denn konstante Winkelschrittweiten beim Scannen bedeuten nicht zwingend konstante Rasterweiten auf dem Objekt, wie Bild 10-20 veranschaulicht. Allerdings sind hier auch intelligentere Scanner-Ansteuerungen denkbar und teilweise realisiert.

- Hinsichtlich der Punktdichte besitzt man im Vergleich zum Tachymetereinsatz weniger Flexibilität, da man den automatisch ablaufenden Scan global auf einen individuell nötigen Maximalwert einstellen muss. Damit werden meist viele Bereiche redundant und zeitraubend aufgenommen, und im häuslichen Postprocessing wird das Datenmaterial wieder entsprechend ausgedünnt.
- Aufgrund des automatischen Messablaufs sind die Eigenschaften bestimmter Zielbereiche schlechter beurteilbar als beim genauen Betrachten durch ein Tachymeterfernrohr, wie z.B. mögliche Verdeckungen, hinreichende Auflösung von Feinstrukturen oder mögliche Auswirkungen der Messstrahl-Divergenz.
- Nur einige wichtige Pass- und Verknüpfungspunkte werden durch spezielle Zielmarken, wie Kugeln oder aufklebbare Kreisfiguren, signalisiert.
- Die Genauigkeitsforderungen sind für einen einzelnen Scan-Punkt etwas geringer als für eine Tachymeter-Einzelmessung, soweit zufällige Fehler betrachtet werden. Da zur Objektmodellierung sehr viele Scan-Punkte beitragen, etwa in einer Ausgleichung für eine 3D-Ebene, wird die Auswirkung zufälliger Punktfehler algorithmisch minimiert.
- Geht man bei der Vermessung eines Quaders von der Vorstellung aus, dass ein Scanner primär Flächen erfasst, so müssten in der Punktwolke alle 6 Quader-Flächen enthalten sein. Diese Regelflächen sind dann durch lokal ausgewählte „Best Fits" als 3D-Ebenen zu schätzen; zweifache Ebenenschnitte ergeben darauf die Kanten, dreifache Schnitte die Eckpunkte des Quaders, siehe Bild 10-22 rechts. Ergänzend oder alternativ sind auch Kantendetektionen, also die Feststellung von Oberflächen-Unstetigkeiten, möglich.
- Irreguläre Flächen werden wie beim Tachymeter durch digitale Oberflächenmodelle dargestellt, z.B. mit Hilfe einer Dreiecksvermaschung. Undulierte Bereiche werden aufgrund der hohen Scan-Punktdichte sicher repräsentativ erfasst, während in weniger bewegten Bereichen viele redundante Punkte auszudünnen sind.
- Beim Umgang mit Scan-Daten hat man also im Büro ein Modellierungsproblem.
- Der Aufwand für das häusliche Postprocessing liegt damit deutlich über derjenigen der Tachymetrie.

Scanner sind dem Tachymeter vorzuziehen, wenn komplexe, detailreiche, auch teilweise irreguläre Objekte in möglichst kurzem Zeitintervall aufzunehmen und in der Folge in einem hohen Level of Detail (LoD) zu modellieren sind. Die Anwendungsbereiche für Laserscanner sind sehr vielfältig und erstrecken sich beispielsweise von der Industrievermessung über Facility Management bis zur Erfassung von Felsformationen.

Aus diesem Grunde und da der Entwicklungsprozess terrestrischer Laserscanner sicher noch nicht konsolidiert ist, sind auch die angebotenen Systeme recht differenziert, wie die nachfolgenden Kapitel zeigen. Die verschiedenen Konzeptionen sind oft mit bestimmten Herstellernamen verbunden, welche deswegen gelegentliche Erwähnung finden. Aktuelle Produktinformationen entnimmt man jedoch besser z.B. den jährlich aufdatierten Produktübersichten des Magazins „GIM international“ unter www.gim-international.com/productsurvey/.

10.3.3 Klassifizierung terrestrischer Laserscanner

10.3.3.1 Unterscheidungsmerkmale eines Scanner-Systems

Folgende sich teils ergänzende, teils überlappende Kategorien erlauben eine anwendungsbezogene Beurteilung von Scannern:

- Messraum: Reichweite und Aufnahmewinkel
- Technologien: Distanzmessung und Strahlablenkung mit Richtungsmessung
- Leistungsparameter: Auflösung und Genauigkeit im Objektraum, Scanrate
- Georeferenzierung: Verfügbarkeit eines Kompensators, Stationierungsmöglichkeit auf bekanntem Punkt, Unterstützung durch Einzelaufnahmen von Scan-Zielmarken
- Zusatz-Kamera: Kalibrierfähigkeit und Exzentrizität, Offline- oder Online-Betrieb
- Mitgelieferte System-Software: Planung und Überwachung der Feldmessung, Vorauswertung im Feld, Objektmodellierung im Büro und Interfacing zu externer CAD- und Visualisierungs-Software

10.3.3.2 Scanner-Klassifizierung über den Messraum

Die jeweilige Anwendung bestimmt den mit möglichst wenigen Scans abzudeckenden Messraum. So ordnet INGENSAND 2004 verschiedene Anwendungsbereiche bestimmten Reichweiten zu, wobei die Übergänge fließend sind:

- Nahbereich 0 - 4 m: Medizin, Industrie, Mode
- Mittlere Reichweite 3 - 50 m: Industrie- und Ingenieurvermessung, Bauvermessung, Facility Management, Reverse Engineering
- Große Reichweite 50 - 500 m: Vermessungen im Zusammenhang mit Naturgefahren und der Sicherung von Kulturerbe

Primär steht die Größe des Messraums mit dem eingesetzten Distanzmessverfahren im Zusammenhang, vergleiche Abschnitt 10.3.4.2. Ferner müssen Reichweite und angestrebte Auflösung mit der Divergenz des Distanzmessstrahls und den kleinsten Winkelinkrementen der Strahlablenkung in Einklang stehen, wie man Bild 10-30 entnehmen kann.

10.3.3.3 Scanner-Klassifizierung über den Aufnahmewinkel

Konstruktiv bedingt, ist der angulare Messbereich pro Scan unterschiedlich begrenzt. STAIGER 2003 unterscheidet die Scanner nach ihrem Aufnahmewinkel in

- Kamerascanner: erfasst einen Objektausschnitt wie auf einem Foto,
- Hybridscanner: Rundumscanner mit eingeschränktem Höhenmessbereich,
- Panoramascanner: Rundumscanner, der auch über den „Zenit“ misst.

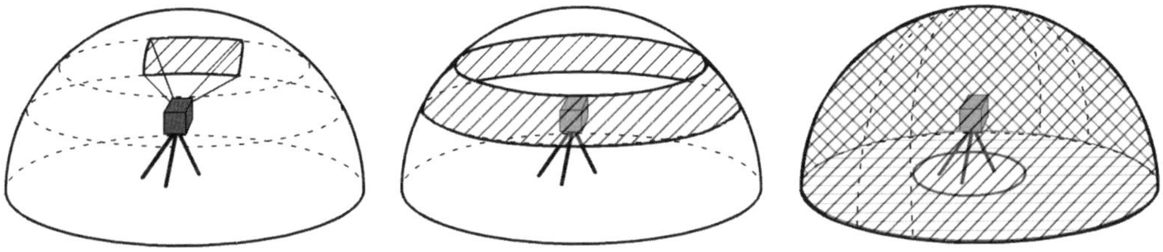

Bild 10-23: Aufnahmewinkel von Kamera-, Hybrid- und Panoramascanner (v.l.n.r.)

10.3.3.3.1 Kamerascanner

Sie werden auch als Fensterscanner bezeichnet, decken vorwiegend den Nahbereich sowie mittlere Reichweiten ab und bieten sich für begrenzte bzw. einseitig vor dem Scanner befindliche Objekte an, wie Maschinen- oder Fassadenteile.

Beim Kamerascanner bleibt die Scannerplattform während eines Scans in Ruhe, und der schrittweise abgelenkte Messstrahl verlässt das Instrument durch ein Fenster. Der vom Distanzmesser ausgesandte Messstrahl wird nacheinander über zwei rotierende bzw. oszillierende Planspiegel abgelenkt, deren Rotationsachsen senkrecht zueinander stehen; möglich wären auch rotierende Polygonspiegel. Das vom Objekt reflektierte Signal wird über den gleichen Pfad wieder zum Distanzmesser mit seinem Empfangsteil zurückgeführt. Die zu bewegenden Massen sind sehr gering, was aber durch den eingeschränkten angularen Messbereich erkauft wird.

Die Spiegeldrehachsen spannen in Bild 10-24 ein kartesisches Scanner-Koordinatensystem x-y-z mit +x in Objektrichtung auf. Die physikalische z-Achse steht senkrecht zur Scanner-Plattform, zeigt aber nicht zwangsläufig zum Zenit, sondern folgt allenfalls näherungsweise der Lotrichtung. Prinzipiell sind zwei Spiegelanordnungen möglich: Bei einem zunächst um x und dann um y drehenden Spiegel verlaufen die Scan-Profile „vertikal“, und zwar als Folge der α_y-Auslenkung des zweiten Spiegels; siehe Bild 10-24 links. Dies ist die in der Vermessung bevorzugte Lösung. Erfolgt jedoch nach einer x-Rotation eine Drehung um z, wäre der zweite Spiegel mit α_z für die „horizontale“ Auslenkung verantwortlich; siehe Bild 10-24 rechts.

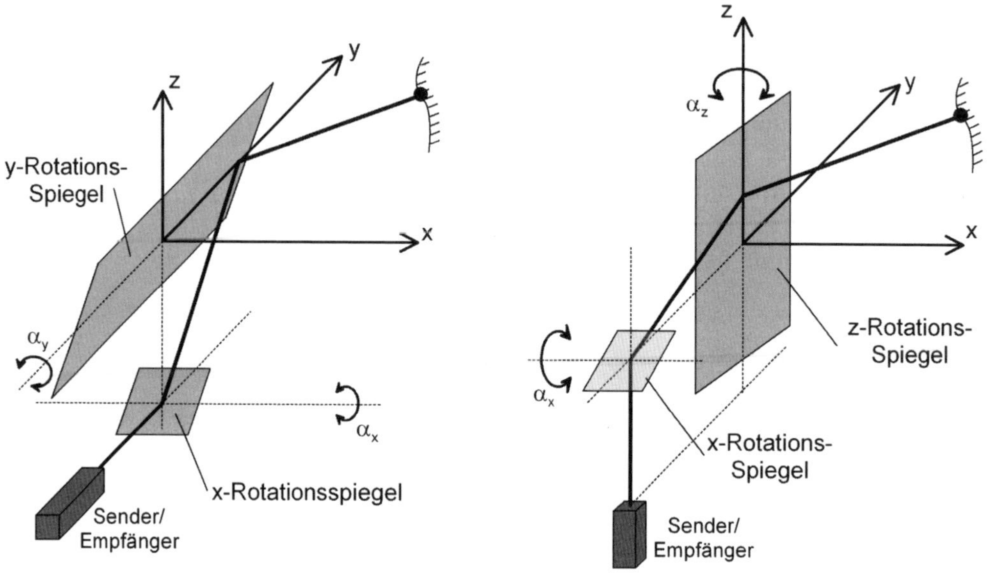

Bild 10-24: Strahlablenkungen im Kamerascanner über zwei (oszillierende) Drehspiegel. Linke Variante: Der zweite Spiegel steuert mit α_y die vertikale Auslenkung. Rechte Variante: Der zweite Spiegel steuert mit α_z die horizontale Auslenkung.

Die an den Spiegeln abzugreifenden Drehwinkel α_x und α_y im linken Bild bzw. α_z und α_x im rechten Bild dürfen nicht einfach als „Horizontalwinkel" und „Vertikalwinkel" wie im Tachymeter-Sprachgebrauch verstanden werden. Aufgrund der sequentiellen Anordnung der Drehspiegel und der Tatsache, dass beide Drehachsen ortsfest bleiben, erfolgt die Umrechnung der polaren Messwerte in kartesische Objektpunktkoordinaten gemäß Abschnitt 10.3.4.3.2 anders als im Tachymeter: Man spricht von einem nicht-tachymetrischen Aufbau (RIETDORF 2004).

Ein typischer Aufnahmebereich, also das Gesichtsfeld bzw. Field of View (FoV), umfasst z.B. 40° horizontal und 40° vertikal. Da Kamerascanner üblicherweise keinen Neigungssensor besitzen und bewusst kippbar konstruiert sind, dürfen die Begriffe „horizontal" und „vertikal" nur als Näherungen verstanden werden. Trotz seines eingeschränkten Gesichtsfeldes ist ein Kamerascanner – bei erhöhtem Mess- und Auswerteaufwand – auch für Innenraumaufnahmen verwendbar: Nach Verdrehen und Verschwenken des gesamten Scanners sind immer wieder neue, überlappende Scans aufzunehmen, welche dann häuslich in einer „Registrierung" wie ein photogrammetrischer Bildverband zu einer „Scan-Welt" zusammenzufügen sind. Im Vermessungsbereich nimmt die Bedeutung von Kamerascannern zugunsten von Hybrid- und Panoramascannern ab, es befinden sich aber noch sehr viele Kamerascanner, etwa von CYRA/LEICA, auf dem Markt.

10.3.3.3.2 Hybridscanner

Sie dienen eher mittleren bis großen Reichweiten, für welche eine zenit- oder nadirnahe Aufnahme weniger in Frage kommt. Im Grundsatz besitzen sie einen tachymetrischen Aufbau, da wie bei einem Tachymeter das komplette Instrumenten-Oberteil mit α_z – relativ langsam – um seine z-Stehachse gedreht wird, und zwar einschließlich der Kippachse für die Vertikalauslenkungen α_{xy}. Während der Horizont über 360° erfasst werden kann, ist die vertikale Strahlauslenkung – anders als bei einem Panoramascanner – durch ein Fenster auf einen Bereich von beispielsweise 40° oder 60°, wie bei OPTECH oder TRIMBLE, begrenzt. Die Vertikalablenkungen α_{xy} um eine horizontale Drehachse lassen sich wiederum – sehr schnell – durch drehende bzw. oszillierende Planspiegel, aber auch wie in Bild 10-25 zu sehen, durch rotierende Polygonspiegel realisieren. Die erzeugte Punktwolke setzt sich aus „vertikalen" Scanprofilen zusammen, die in α_z-Schrittweiten aneinander gereiht sind.

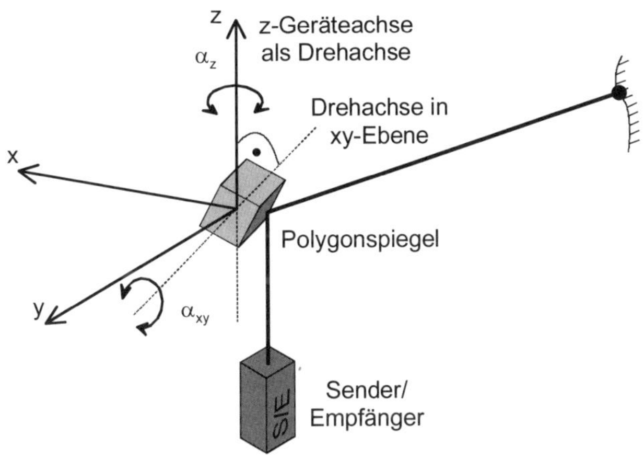

Bild 10-25: Hybridscanner, hier mit vertikaler Strahlauslenkung über einen Polygonspiegel und horizontaler Geräte-Drehung um z. Die Spiegel-Drehachse wird um z mitgedreht. Die Achsen x und y bleiben ortsfest.

Viele Hybridscanner sind für den vermessungsnahen Markt konzipiert, so dass sie auch mit Neigungssensoren ausgerüstet sind, um die z-Stehachse rechnerisch lotrecht zu stellen. Es handelt sich in der Regel um Zweiachskompensatoren mit dem selben Wirkprinzip wie bei Tachymetern. Die ortsfesten x- und y-Achsen spannen eine zu z senkrechte Horizontalebene auf. Die x-Richtung ergibt sich quasi willkürlich aus der Ausrichtung α_z des Scanner-Oberteils zum Start der Messung. Die Kippachse, um welche ein einfacher Planspiegel oder ein Polygonspiegel Drehungen α_{xy} vollführt, muss senkrecht zur α_z-Stehachse justiert bzw. über einen bekannten Kippachsfehler kalibriert sein. Die Drehachse für α_{xy} muss in der x-y-Ebene liegen, überstreicht beim Scannen den Horizont und kann höchstens einmal für ein einzelnes Scan-Profil in Richtung x oder y zeigen.

Bei einigen Produkten ist der gesamte Scannerkopf um eine äußere Kippachse grob neigbar, z.B. bei Produkten von RIEGL. Der vertikal verfügbare Aufnahmewinkel wird damit nicht vergrößert, sondern anders auf das zu scannende Objekt ausgerichtet: Beträgt er z.B. 60°, ist man nicht auf Höhenwinkel zwischen –30° und +30° beschränkt, sondern könnte sie von –20° bis +40° laufen lassen. Ein Kompensator ist dann nicht sinnvoll anwendbar, da die mechanische z-Achse einschließlich der x-y-Ebene mit dem gesamten Scanner-Kopf nur ungenau neigbar ist.

10.3.3.3.3 Panoramascanner

Panoramascanner sind eher für mittlere Reichweiten ausgelegt und beispielsweise für Innenraumaufnahmen sehr geeignet, da sie vertikal auch über den Zenit messen können und nur durch einen Messschatten im Bereich des Stativs beschränkt sind. Wie die Hybridscanner besitzen sie einen tachymetrischen Aufbau mit einem um die z-Stehachse drehbaren Oberteil und einer mitgedrehten Kippachse für die Vertikalauslenkung α_{xy}.

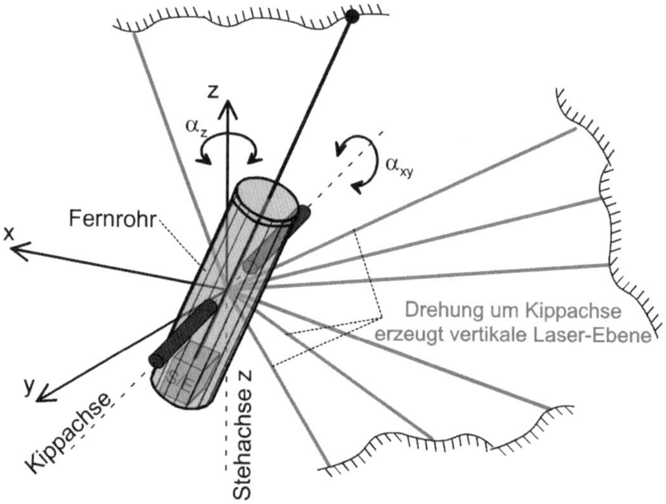

Bild 10-26: Panoramascanner, in einfachster Realisierung mit schwenkbarem Fernrohr

Das dominierende Prinzip der vertikalen Strahlablenkung entspricht einem längs um die Kippachse rotierenden „Zylinderstumpf". Die Zylinderstumpffläche ist ein um 45° gegen die Zylinderachse geneigter, mitrotierender Planspiegel, welcher den Schnittpunkt von Steh- und Kippachse enthält. Bild 10-27 stellt dieses bei Herstellern wie CALLIDUS, ZOLLER+FRÖHLICH oder FARO verwirklichte Konzept dar, während die vorstehende Darstellung in Bild 10-26 zum Vergleich ein tachymeterähnlich schwenkbares Fernrohr zeigt, wie es in Einfachlösungen vorkommt.

Eine alternative Lösung von LEICA für Panoramascanner lenkt den Laserstrahl vertikal mit Schwenkspiegeln hinter zwei vor- und rückschauenden Fenstern ab.

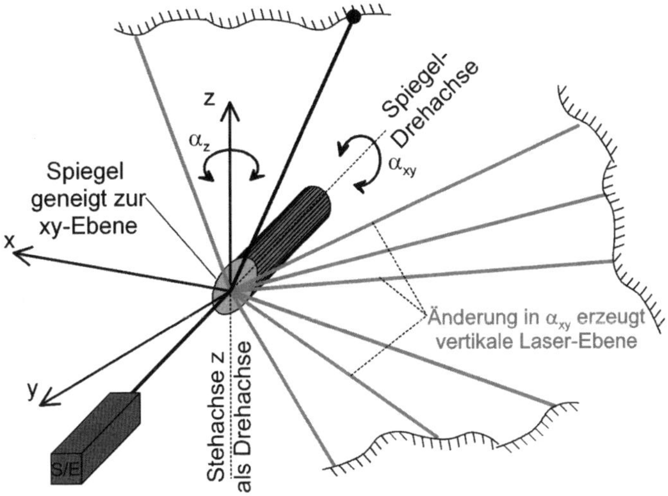

Bild 10-27: Panoramascanner: vorherrschende Lösung mit rotierendem „Zylinderstumpf"-Spiegel

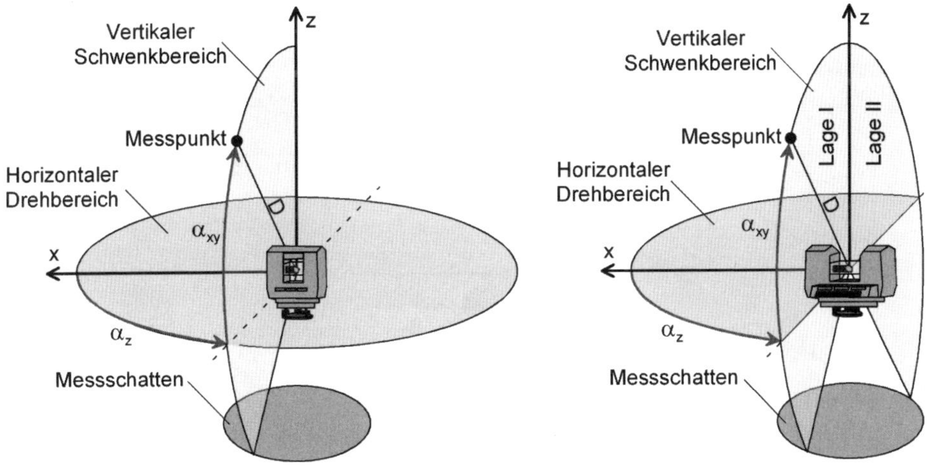

Bild 10-28: Ausnutzung der vertikalen Aufnahmewinkel bei Panoramascannern: links nur in einer Lage, rechts kontinuierlich in beiden Lagen

Die typischen angularen Messbereiche von Panoramascannern liegen horizontal bei 360° und vertikal bei Angaben von entweder 140°, 150° oder aber 310°, 320° usw. Dies offenbart einen konzeptionellen Unterschied: Geräte mit schwenkbaren fernrohrähnlichen Gebilden können häufig nur in „Lage I" beobachten, wenn man es tachymetrisch ausdrücken will. Im Beispiel einer vollständigen Innenraumaufnahme muss das Scanner-Oberteil also tatsächlich einen 360°-Winkel um die z-Achse überstreichen; siehe Bild 10-28 links. Spiegelbasierende Panoramascanner, wie von FARO und teilweise von LEICA, sind meist derart konstruiert, dass die vertikale Strahlauslenkung kontinuierlich von „Lage I" über den Zenit in die rückwärtige „Lage II" übergeht. Um den gesamten Horizont zu erfassen, ist das Scanner-Oberteil also zeitsparend nur über 180° zu drehen; siehe Bild 10-28 rechts.

Wie die meisten Hybridscanner besitzen auch die Panoramascanner einen Kompensator für lotrechten Stehachsenbezug.

Auch motorisierte, berührungslos messende Tachymeter lassen sich als langsame Panoramascanner einsetzen, entsprechend der Darstellung in Bild 10-26.

10.3.4 Systemaufbau

10.3.4.1 Laserscanner als Multisensorsystem

Exemplarisch für einen Kamerascanner stellt Bild 10-29 den grundsätzlichen Aufbau eines Laserscanners dar. Auf die Gemeinsamkeiten und Unterschiede im Vergleich zu einem Tachymeter ist bereits in Abschnitt 10.3.1 und 10.3.2 eingegangen worden.

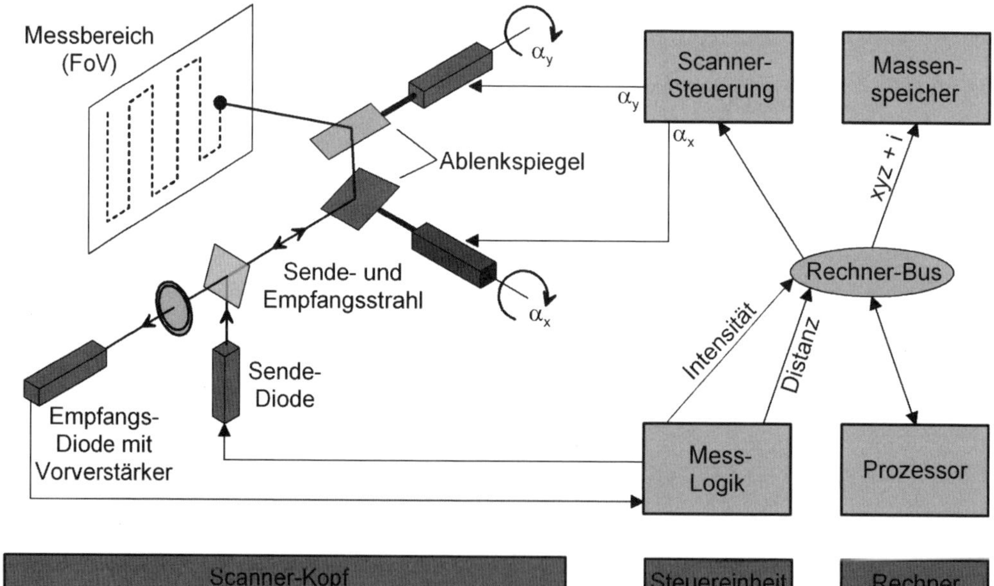

Bild 10-29: Aufbau eines Laserscanners, hier eines Kamerascanners, nach HEISTER, HEUNECKE 2004

Wie in jedem Multisensorsystem sind die einzelnen Komponenten aufeinander abzustimmen, d.h. die geometrischen Sensor-Genauigkeiten sind zu harmonisieren: Analog einem Tachymeter sollten die Richtungs- und Streckengenauigkeiten im Messbereich näherungsweise isotrope Punktfehler erzeugen.

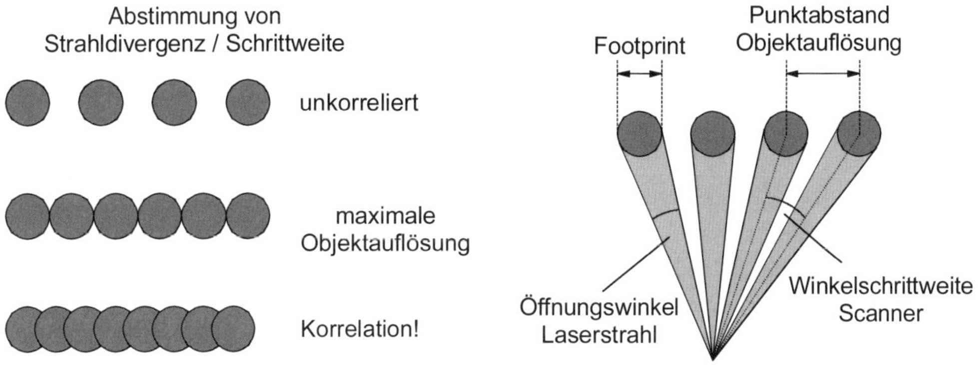

Bild 10-30: Strahldivergenz und Winkelschrittweite beim Scannen

Bei Scanprozessen mit ihrem dichten und willkürlichen Punktraster kommen noch die Zusammenhänge zwischen Winkelschrittweite und Strahldivergenz des Streckenmessers hinzu, wie Bild 10-30 zeigt. Die sensortypische Strahldivergenz sorgt auf dem Objekt für einen „Footprint", also einen entfernungs- und schnittabhängig großen Laserspot. KERN 2003 zeigt z.B. auf, dass sich überlappende Footprints zu unerwünschten Korrelationen führen und empfiehlt als Winkelschritte sicherheitshalber die doppelte Strahldivergenz. Gemäß Bild 10-30 links ist es nicht nötig, einen Scanner mit kleineren Winkelschrittweiten als dem Öffnungswinkel des Laserstrahls zu bauen. Entsprechend findet man unter den Scanner-Spezifikationen z.B. bei LEICA eine Strahldivergenz von 0,01° und eine nahezu gleich große Winkelschrittweite.

Andererseits bestimmt die Größe der aufzulösenden Objektdetails den maximal zulässigen Spotabstand auf dem Objekt, welcher wie gesehen von der gewählten Winkelschrittweite und der Objektentfernung abhängt. Dies bedeutet für den Anwender, unter Kenntnis der Geräteparameter und des gewünschten Level of Detail (LoD) eine geeignete Aufstellung zum Scan-Objekt zu wählen, siehe hierzu Bild 10-30 rechts. Auch wenn, LoD-abhängig, möglichst kleine Abtastschrittweiten angestrebt werden, ist zu berücksichtigen, dass die Gesamtmesszeit mit dem Kehrwert der Schrittweite quadratisch anwächst.

Ein weiterer Aspekt in der internen Sensorverknüpfung ist eine dynamische Abhängigkeit der Streckenbeobachtung vom Strahlablenkungsverfahren, wie sie unter Abschnitt 10.4.3.2 und 10.4.3.3 diskutiert wird.

10.3.4.2 Distanzmessung

Vorherrschend sind im Vermessungsbereich die bekannten elektrooptischen Verfahren der Impulslaufzeitmessung und der Phasenvergleichsmessung, welche weiter vorn in diesem Buch grundlegend behandelt werden. Nur noch im industriellen Nahbereich von Bedeutung ist das Triangulationsverfahren.

10.3.4.2.1 Phasenvergleichsverfahren

Im Vergleich zur Impulslaufzeitmesung ist es das schnellere Verfahren mit sehr guten Genauigkeiten von 3 mm und besser. Günstig für die Erfassungsgenauigkeit von Objektdetails ist die relativ enge Strahlbündelung mit typischen Strahldurchmessern von 3 mm beim Verlassen des Scanners, verbunden mit kleinen Divergenzwinkeln von 0,25 mrad und besser, was auf 50 m Entfernung eine Spotgröße im Bereich von ungefähr 1 cm ausmacht.
Andererseits besitzt das Verfahren ein geringeres Signal-Rausch-Verhältnis, so dass die Reichweiten auf vielleicht 20 - 80 m begrenzt sind – je nach Instrument und Reflexionsgrad der Objektoberfläche.
Das verfahrensbedingte Mehrdeutigkeitsproblem der auf den Laser modulierten meterlangen Messwellen ist für den Anwender irrelevant: Die Amplitudenmodulation des Sendesignals erfolgt heutzutage mit mehreren Frequenzen gleichzeitig, und die wieder empfangenen Amplituden werden für eine digitale Phasenauswertung in hoher Dichte abgetastet, so dass beispielsweise keine Zeitprobleme auf Grund längerer Messsequenzen entstehen.

Einige Grundlagen finden sich in Abschnitt 2.1. Die generelle Funktionsweise des Phasenvergleichsverfahrens wird in den Abschnitten 3.4 und 4 erläutert; zudem behandeln die Abschnitte 5 und 6 den Fehlerhaushalt und Prüfverfahren, wie sie gute Vermessungspraxis sind.

Das Verfahren kommt beispielsweise in Laserscannern der Firmen FARO sowie ZOLLER+FRÖHLICH zum Einsatz.

10.3.4.2.2 Impulslaufzeitverfahren

Beim Impulslaufzeitverfahren ist die Messgeschwindigkeit geringer und die erzielten Genauigkeiten sind mit etwa 0,5 – 2 cm ungünstiger. Die Detailgenauigkeit kann zudem unter dem größeren Strahldurchmesser von 0,5 – 1,5 cm am Geräteausgang und der größeren Divergenz von 0,2 bis zu 1,5 mrad leiden, da die Spotgröße am Objekt mehrere cm betragen kann.

Diese vermeintlichen Einschränkungen werden jedoch durch die deutlich größeren Reichweiten von mehreren 100 m bis in den km-Bereich relativiert.

Das Messprinzip wird in Abschnitt 3.1 erläutert. Man trifft es beispielsweise in Laserscannern der Hersteller CALLIDUS, I-SITE, LEICA, OPTECH, RIEGL und TRIMBLE an.

Als Variante sei das so genannte Pulse-Wave-Verfahren erwähnt: Gewissermaßen als Kombination von Phasenvergleichs- und Impulslaufzeitverfahren wird das Messsignal als streng periodische Impulsfolge ausgesandt und ausgewertet, wie es in Bild 10-31 beispielsweise für Rechtecksignale dargestellt ist. Die hohe Energiebündelung der Einzelimpulse sorgt für die große Reichweite, während nicht einfach nur die Redundanz, sondern die festen Phasenbeziehungen in der Impulsfolge genauigkeitssteigernd genutzt werden. Der Ansatz findet sich z.B. bei CALLIDUS.

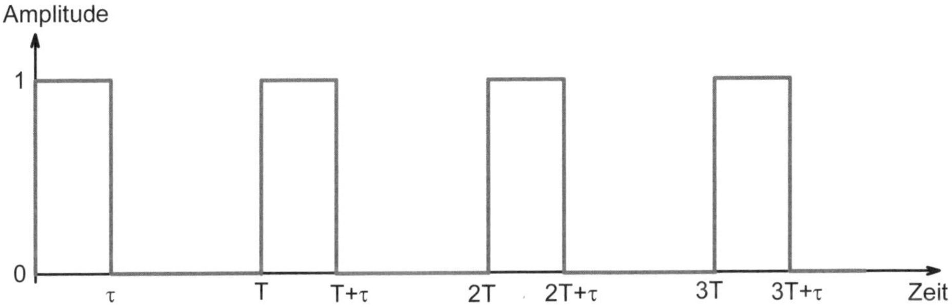

Bild 10-31: Pulse-Wave-Verfahren in der Streckenmessung

10.3.4.2.3 Triangulationsverfahren

Das in Abschnitt 3.5 näher vorgestellte Verfahren hat im klassischen Vermessungsbereich kaum eine Bedeutung, sondern nur im industriellen Bereich, da die Reichweite auf den Nahbereich beschränkt bleibt. Wie man aus Bild 10-32 erkennt, ist zunächst einmal der verfügbare Messbereich durch die Ausdehnung des CCD-Sensors begrenzt. Zudem kann dieser Messbereich nur in Sensornähe liegen, da das „Basis-Höhen-Verhältnis“ für die erreichbare Genauigkeit entscheidend ist: Die Basis zwischen Sende-Diode und CCD-Empfänger ist gerätebedingt im Bereich einiger cm oder dm. Mit zunehmender Objektentfernung werden die Schnitte im Objektpunkt immer schleifender und damit ungenauer. Neben dieser Frage der Dreiecksgeometrie ist auch noch eine scharfe Bündelung des Laserlichts entscheidend, um den Spot auf dem CCD-Flächensensor präzise auswerten zu können. Die Messgenauigkeit ist im Nahbereich sehr hoch und kann im Submillimeterbereich liegen.

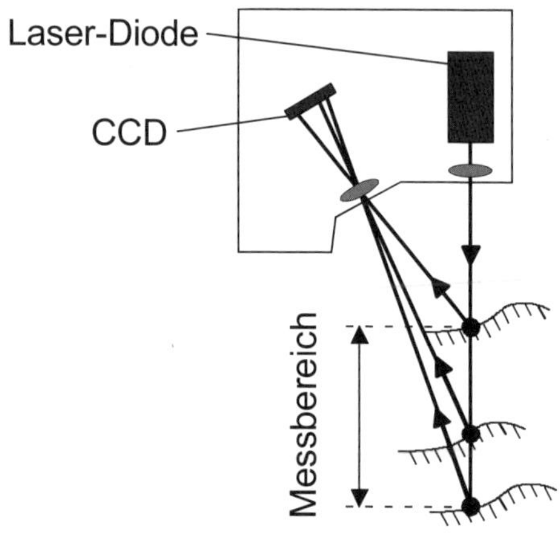

Bild 10-32: Laser-Triangulation mit begrenztem Messbereich und der Gefahr schleifender Schnitte

10.3.4.2.4 Gesichtspunkte zum berührungslosen Scannen

Die reflektorlose Distanzmessung mit Phasenvergleichs- oder Impulslaufzeitverfahren wird bereits in Abschnitt 4.3.7 diskutiert. Da bei einer gescannten Punktwolke viele der Effekte erst in der häuslichen Auswertung bemerkt werden oder eben unbemerkt die Auswertemodelle verfälschen, ist die Situation einer Tachymetermessung mit gezielter Einzelpunktbeobachtung nicht völlig vergleichbar. Einer Klassifizierung von INGENSAND 2004 folgend, werden die Effekte von Oberflächenbeschaffenheit und Materialstruktur des Objektes sowie der geometrischen Bedingungen angesprochen. Wie man sieht, kann die Reflektivität der verschiedensten Objekte und Objektteile im Messraum sehr unterschiedlich sein. Aus diesem Grunde soll der Distanzmesser im Scanner einen großen Dynamikbereich von 5 - 99% aufweisen, also bei allen in diesem Bereich vorkommenden Reflektivitätswerten noch arbeiten können.

a) Oberflächenbeschaffenheit

- Rauigkeit: Der typische Fall ist eine leicht raue Oberfläche mit diffuser Reflexion, so dass für alle denkbaren Einfallswinkel des Laserstrahls ein Signal zum Scanner zurückkommt; siehe Bild 10-33 links. Die Rauigkeit bestimmt die effektive Rückstrahlfläche, beeinflusst also die Reflektivität. Von ihr hängen die Signalstärke bzw. der Intensitätswert des Empfangssignals und damit die maximale Reichweite ab. Die mittlere Abbildung 10-33 zeigt eine Oberfläche mit „Katzenaugeneffekt“, der etwa für glanzlackierte Oberflächen mit tropfenförmigen Einschlüssen eintreten kann. In einer solchen Retroreflexion trifft – insbesondere für kurze Zielweiten – ein Signal sehr hoher Intensität auf den Empfänger und es kann zu groben Distanzmessfehlern kommen, welche als Scanergebnisse „virtuelle Objekte" zum Beispiel mehrere dm vor dem eigentlichen Objekt suggerieren. Auch „Löcher" können entstehen (STAIGER 2003). Das rechte Bild 10-33 zeigt, dass eine spiegelnde Oberfläche den Laserstrahl mit einem dem Einfallswinkel entsprechenden Ausfallswinkel vom Scanner weg ablenkt. Der Empfänger erhält kein Signal zurück und es befindet sich dort scheinbar kein Objekt, sondern ein „Loch".

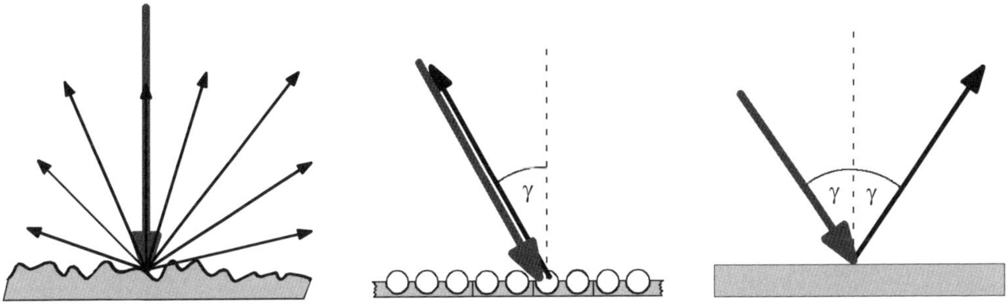

Bild 10-33: Objektoberfläche mit Difffus-, Retro- und Totalreflexion des Lasersignals (v.l.n.r.), nach KERN 2003

- Interferenzen: In Abhängigkeit der Laserwellenlänge, der Oberflächenrauigkeit und des Einfallswinkels können an der Objektoberfläche Interferenzen zwischen ein- und ausfallendem kohärenten Laserlicht entstehen. Dies vermindert die Intensität des Empfangssignals. Visuell sind solche so genannten Speckles vor allem am „ausgefranzten" Rand des Laserspots auf der Objektoberfläche erkennbar.

- Reflektanz: In Abhängigkeit von der Wellenlänge des Laserlichts und der Farbe des Objekts ist die spektrale Reflektanz das Verhältnis zwischen empfangener und abgestrahlter Lichtleistung. Oberflächenrauigkeit und Einfallswinkel werden hier nicht betrachtet, sondern inwieweit welche Objektfarbe das auftreffende Licht absorbiert. Helle Flächen, aber auch bestimmte Materialien, die das menschliche Auge nicht unbedingt als hochreflektant erkennt, besitzen eine Reflektanz von 70% und mehr, während schwarze Flächen das Laserlicht weitgehend absorbieren und die Reflektanz liegt bei 5% und weniger. Empirische Untersuchungen hierzu sind bei KERN 2003 wiedergegeben. In der Praxis können gelegentlich leuchtrote Fluchtstäbe oder Passpunktzielmarken problematisch werden, wenn sie nicht farblich auf die Laser-Wellenlänge abgestimmt sind.

Die Oberflächenbeschaffenheit ist ein wesentlicher Faktor für die Reichweite und die abgespeicherten Intensitäten.

b) Materialstruktur

Beim Eindringen des Laserstrahls in das Objekt gemäß Bild 10-34, welches etwa für Styropor groß und für Metall gering ist, sind folgende Erscheinungen zu bedenken:

- Absorption: Abhängig von der Eindringtiefe und den materialinternen Reflexionsrichtungen können größere Signalanteile absorbiert werden als bei reiner Oberflächenreflexion. Betroffen sind Signalintensität bzw. Reichweite.
- Reflexion an internen Partikeln: Ein Teil des diffus im Material reflektierten Signals trifft wieder auf die Empfangsdiode im Scanner. Im Vergleich zur eigentlich zu erfassenden Objektoberfläche sind die resultierenden Streckenmesswerte im mm- bis cm-Bereich systematisch zu lang.
- Refraktion: Da das Material, in welches der Laserstrahl eindringt, das optisch dichtere Medium ist, wird der Strahl zum Oberflächenlot hin gebrochen. Dies wirkt wie ein Querversatz.

Die Materialstruktur beeinflusst vorwiegend die Genauigkeit der Objekterfassung – hinsichtlich systematischer und auch zufällig wirkender Fehleranteile. Einfaches Beispiel: Beim Messen über einen ebenen Fußboden, in welchem sich unterschiedliche Beläge abwechseln, könnte am Materialübergang eine virtuelle Unstetigkeit, also eine kleine Stufe entstehen.

Da die Intensitäten in der Regel mit beeinflusst sind, können sie teilweise zur Interpretation bei Modellierungsproblemen mit herangezogen werden.

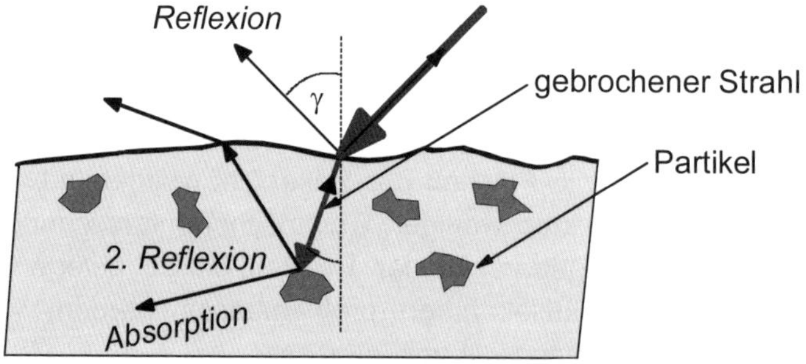

Bild 10-34: Eindringen des Laserstrahls in teiltransparente Materialien, nach INGENSAND 2003

c) Geometrie

In ihrer Auswirkung auf Genauigkeit, Auflösung und Reichweite sind die geometrischen Beziehungen zwischen dem Laserscanner und den interessierenden sowie weiteren Objekten im Messraum wichtig:

- Mehrwegeausbreitung bzw. Multipath: In Bild 4-44 wird dargestellt, wie Umwegsignale von anderen Objekten oder Objektteilen die direkte Streckenmessung systematisch verfälschen können – abhängig von Geometrie und Reflexionsverhalten.

- Objektentfernung: Beim Scannen kann sich die zu messende Strecke D_i für ein ausgedehntes Objekt stark ändern. Divergenzbedingt nimmt für große D_i auch die Spotgröße d_i zu, wird aber nur ausschnittsweise wieder auf die Empfangsdiode abgebildet. Die Reflektivität, also die Empfangssignalstärke, nimmt quadratisch mit der Entfernung ab, was bei der Ausnutzung maximaler Scannerreichweiten zu berücksichtigen ist.

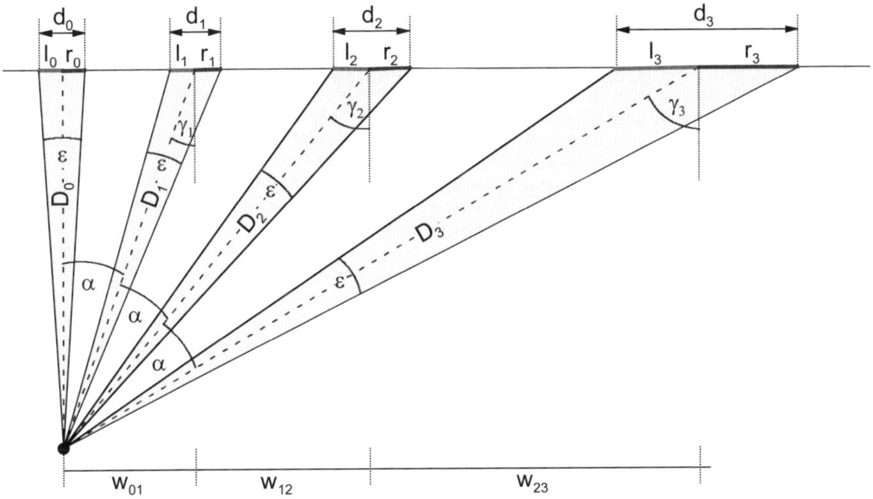

Bild 10-35: Einfallswinkel und Divergenz

- Einfallswinkel und Objektauflösung: Mit zunehmendem Auslenkungswinkel $i\alpha$ bzw. Einfallswinkel γ_i in Bild 10-35 wachsen auch das Abtastinterwall $w_{i-1,i}$ und die Spotgröße d_i an. Entsprechend leidet nach Abschnitt 10.3.4.1 die Objektauflösung in Randbereichen.

- Einfallswinkel und Genauigkeit: Stark schleifende Schnitte des Laserstrahls mit der Objektoberfläche, also große Einfallswinkel γ_i, können die Streckenmessung D_i systematisch verfälschen. In Bild 10-35 sei als prägnantes Beispiel die Strecke D_3

betrachtet, zu welcher der Spotdurchmesser $d_3 = l_3 + r_3$ gehört. Der rechte Anteil r_3 ist hier größer als der linke Anteil l_3. Die Lichtenergie ist also im weiter entfernten r_3-Bereich weniger konzentriert, so dass der auf die Empfangsdiode reflektierte Ausschnitt weniger Signalenergie beisteuert. Das Mischsignal aus dem l_3- und dem r_3-Bereich wird also die l_3-Seite stärker gewichten, und es könnte ein zu kurzer Streckenmesswert ausgewertet werden. Falls l_3 und r_3 zufällig an der Schnittstelle zwischen unterschiedlich reflektierenden Materialien lägen, wären solche Effekte noch ausgeprägter. Einige Untersuchungen hierzu präsentiert KERN 2003.

- Einfallswinkel und Lichtintensität: Wenn man gemäß Bild 10-33 links eine ideale diffuse Reflexion annimmt, so wird die Helligkeit des Laserspots auf der Wand des Bildes 10-35 mit zunehmendem Einfallswinkel γ_i geringer. Durch den kleineren Auftreffwinkel des Lichtes erhalten die so genannten Lambertschen Flächenelemente eine kleinere Lichtmenge und es ergibt sich gemäß dem Lambertschen Kosinusgesetz auch eine schwächere diffuse Reflexion und damit einhergehend eine reduzierte Reichweite:

$$I_{reflektiert} = I \cdot \cos \gamma_i \quad . \tag{10-7}$$

Beispielsweise sinkt bei einem Einfallswinkel von 45° die Intensität auf 70% und dementsprechend reduziert sich auch die Reichweite:

$$I_{45^\circ} = I \cdot \cos 45^\circ = 0{,}7 \cdot I \quad . \tag{10-8}$$

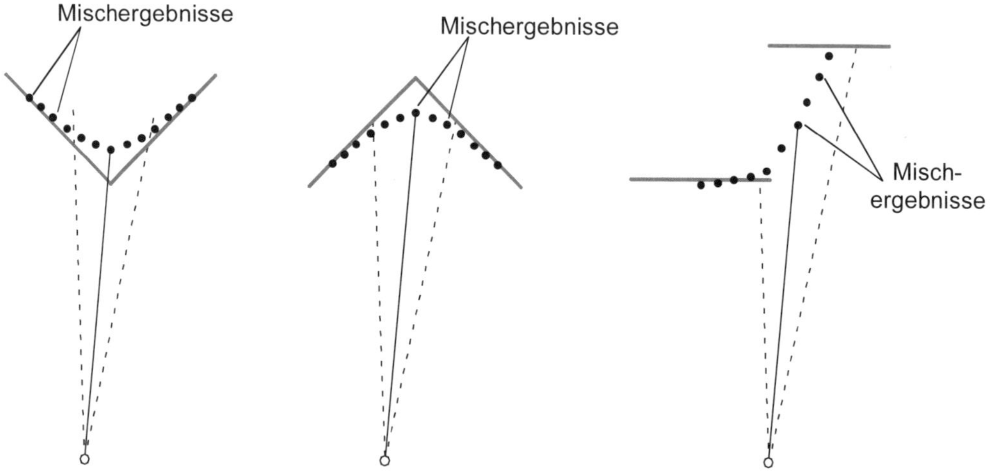

Bild 10-36: Mischergebnisse bei Feinstrukturen, für die der Spotdurchmesser zu groß ist: ausgerundete Ecken, Kometenschweif

- Divergenz und Feinstrukturen: Wenn Feinstrukturen, Korrelation, Abtastintervall und Divergenz für den Messraum nur unzureichend abgestimmt werden können, kann es an Objekt-Unstetigkeiten zu divergenzbedingten Mischsignalen kommen; siehe auch Bild 4-45. Beim Scannen von Außen- bzw. Innenecken ergeben sich nach Bild 10-36, links und Mitte, unzulässige Ausrundungen. Sie lassen sich nach Bereinigung der Daten durch entsprechende Modellbildung, wie Rechnung und Schnitt zweier Ebenen, beseitigen. Das rechte Bild 10-36 deutet einen „Kometenschweif" an, wie er sich aus dem Mischsignal zweier hintereinander liegender Objekte ergeben kann, wenn die vordere Objektkante unter extremem Streiflicht erfasst wird.

10.3.4.3 Strahlablenkung und Richtungsmessung

Wie beim Tachymeter auch, sind aus den polaren Mess- bzw. Einstellwerten kartesische xyz-Koodinaten in einem ortsfesten, instrumentenbezogenen Koordinatensystem zu erzeugen. Die unterschiedlichen Konzepte der Strahlablenkung sind bereits in Abschnitt 10.3.3.3 vorgestellt worden. Entsprechend sind auch unterschiedliche funktionale Modelle zur Verrechnung der Drehwinkel und Streckenmesswerte zu berücksichtigen.

10.3.4.3.1 Aktoren und Sensoren

Sofern zur Strahlablenkung Planspiegel zu verdrehen oder Polygonspiegel zu rotieren sind, werden diese geringen Massen durch Schrittmotoren oder Galvanometerantriebe verstellt. Beide lassen sich ungeregelt betreiben, d.h. ihre Bewegung ist frei programmierbar ohne zusätzlichen Abgriff einer Ist-Richtung in einem Regelkreis. Während die Bewegung von Schrittmotoren in Stufen diskretisiert ist, arbeiten Galvanometerantriebe konstruktiv gesehen stufenlos. Letztere heißen auch Drehspulenantriebe.

Servomotoren hingegen müssen in einen Regelkreis eingebaut sein, so dass ihre Ist-Position mit Hilfe eines Drehgebers (Resolvers), eines Inkrementalgebers (Teilkreis) oder eines Absolutwertgebers (Teilkreis, Potentiometer) abgegriffen werden kann und sie auf eine Soll-Position gestellt werden können. Sie lassen sich sehr genau positionieren, sind aber langsamer als die anderen Antriebe und deshalb den Panorama- und Hybridscannern zur allmählichen horizontalen Drehung des gesamten Scanneroberteils vorbehalten. Man findet sie auch in motorisierten Tachymetern. Grundsätzliches zu Richtungsmessverfahren, also zur Bestimmung der Ist-Position, steht in Abschnitt 9.

Werden Scanner mit tachymetrischem Aufbau schrittweise mit α_z um z gedreht und nehmen dann durch Schwenken in α_{xy} Vertikalprofile auf, so ergibt sich ein Scanmuster in der Art des Bildes 10-20. Wird α_z hingegen kontinuierlich und damit gleichzeitig zu α_{xy}, verändert, entsteht am Objekt ein verzerrtes Scan-Muster.

Die Genauigkeit in der Richtungseinstellung bzw. -messung liegt meist bei 0,002°, also etwa bei 2 mm Querabweichung auf 50 m Entfernung. Für einige Scanner ist sie durchaus um eine Größenordnung schlechter.

10.3.4.3.2 Planspiegel im nicht-tachymetrischen Scanneraufbau

Im nicht-tachymetrischen Aufbau eines Kamerascanners sind die zueinander orthogonalen Spiegeldrehachsen völlig entkoppelt, d.h. sie bleiben raumfest, unabhängig von irgendwelchen aktuellen Drehwinkeln. Zum Vergleich: Beim tachymetrischen Aufbau wird hingegen die horizontale „Kippachse" um die „Stehachse" mitgedreht. Dies hat Rückwirkungen auf die Beziehung zwischen den geräteinternen Drehwinkeln und den gewünschten raumfesten Objektpunktkoordinaten.

a) Erstes Fallbeispiel: α_x und α_y steuern Horizontal- und Vertikalauslenkung

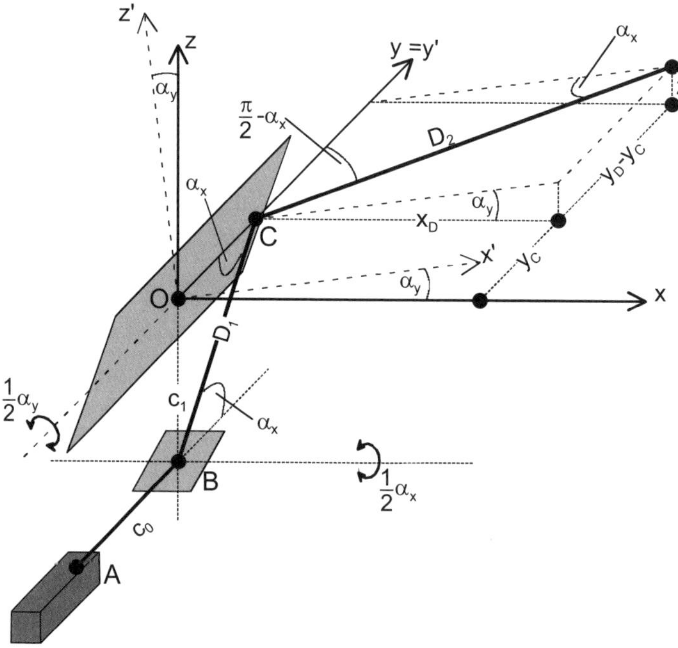

Bild 10-37: Nicht-tachymetrische Strahlablenkung, zunächst horizontal, dann vertikal

Aufbauend auf Bild 10-24 links zeigt Bild 10-37 die zunächst horizontale und dann vertikale Ablenkung in den Drehspiegelpunkten B und C, die ein Messstrahl erfährt, der in A ausgesandt bzw. empfangen wird und das Objekt im Scan-Punkt D trifft.
Aus den Drehwinkeln und dem Streckenmesswert seien nachfolgend die kartesischen Koordinaten x_D, y_D, z_D des Objektpunktes D im scannerbezogenen, ortsfesten Koordinatensystem hergeleitet.

Die Spiegelstellungen und die resultierenden Strahlablenkungen stehen in folgender Beziehung: Schließen die Spiegel mit der xy-Ebene einen 45°-Winkel ein, so sind $\alpha_x = 0$ bzw. $\alpha_y = 0$. Werden die Spiegel um $\frac{1}{2}\alpha_x$ bzw. $\frac{1}{2}\alpha_y$ verdreht, so wird der Messstrahl um α_x bzw. α_y abgelenkt.
Der Laserdistanzmesser liefert den Beobachtungswert

$$D_{gem} = D_0 + D_1 + D_2 = c_0 + \frac{c_1}{\sin\alpha_x} + D_2 \quad , \tag{10-9}$$

worauf sich unter Kenntnis der Gerätekonstanten c_0 und c_1 sowie des aktuellen Stellwinkels $\frac{1}{2}\alpha_x$ die Teilstrecken

$$\begin{aligned} D_1 &= \frac{c_1}{\sin\alpha_x} \\ D_2 &= D_{gem} - c_0 - \frac{c_1}{\sin\alpha_x} \end{aligned} \tag{10-10}$$

ergeben. Die Teilstrecke D_2 liegt in der um α_y geneigten x'y-Ebene, die sich aus der Verdrehung des y-Spiegels ergibt. Wenn man in dieser Schrägebene D_2 in seine Komponenten

$$\begin{aligned} x'_D - x'_C &= D_2 \cdot \cos\alpha_x \\ y_D - y_C &= D_2 \cdot \sin\alpha_x \end{aligned} \tag{10-11}$$

zerlegt, für die Projektion auf die x- und auf die z-Achse sorgt

$$\begin{aligned} x_D - x_C &= (x'_D - x'_C) \cdot \cos\alpha_y \\ z_D - z_C &= (x'_D - x'_C) \cdot \sin\alpha_y \end{aligned} \tag{10-12}$$

und diese Koordinatendifferenzen an den Reflexionspunkt C anhängt

$$\begin{aligned} x_D &= x_C + (x_D - x_C) = 0 + (x_D - x_C) \\ y_D &= y_C + (y_D - y_C) = \frac{c_1}{\tan\alpha_x} + (y_D - y_C) \\ z_D &= z_C + (z_D - z_C) = 0 + (z_D - z_C) \, , \end{aligned} \tag{10-13}$$

dann erhält man für den Scan-Punkt D, mit Bezug auf das im Scanner-Zentrum O gelagerte xyz-System:

$$x_D = D_2 \cdot \cos\alpha_x \cdot \cos\alpha_y$$
$$y_D = D_1 \cdot \cos\alpha_x + D_2 \cdot \sin\alpha_x = \frac{c_1}{\tan\alpha_x} + D_2 \cdot \sin\alpha_x \qquad (10\text{-}14)$$
$$z_D = D_2 \cdot \cos\alpha_x \cdot \sin\alpha_y \ .$$

b) Zweites Fallbeispiel: α_x und α_z steuern Vertikal- und Horizontalauslenkung

Mit Bezug auf Bild 10-24 rechts erläutert Bild 10-38, wie der Laserstrahl von der Sende-Empfangs-Einheit A über den x-Spiegel zur Vertikalablenkung und den z-Spiegel zur Horizontalablenkung bis zum Objektpunkt D den Weg D_{gem} = A-B-C-D zurücklegt.

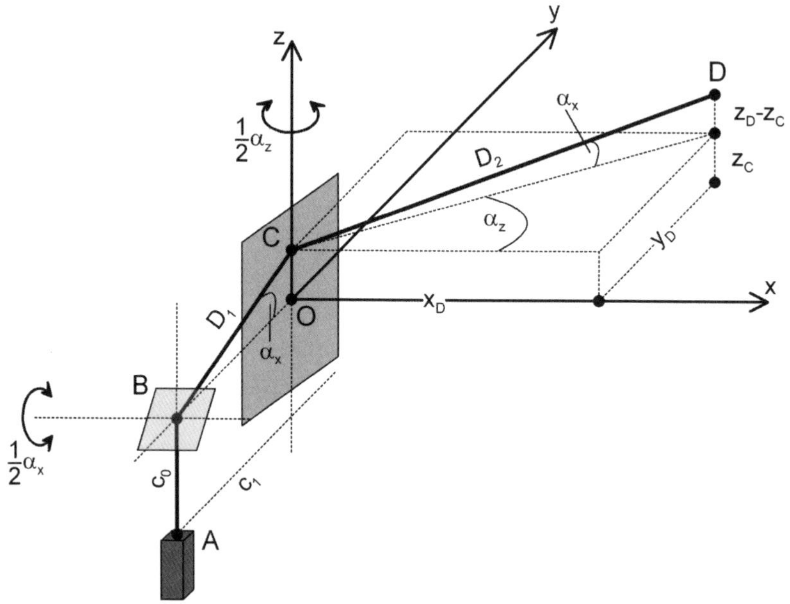

Bild 10-38: Nicht-tachymetrische Strahlablenkung, zunächst vertikal, dann horizontal

Das Ziel ist wiederum, aus den eingestellten Drehwinkeln und der Streckenmessung lokale Koordinaten x_D, y_D, z_D für einen Scan-Punkt D zu erhalten.

Zunächst ist erneut zu bedenken, wie sich die Spiegeldrehwinkel auf die Strahlablenkungen auswirken: Nimmt der x-Spiegel in B einen 45°-Winkel zur xy-Ebene ein, ist er in Nulllage für α_x. Analog ergibt sich die Nulllage für α_z, wenn der z-Spiegel in 45° zur xz-Ebene steht. Spiegeldrehungen um ½ α_x bzw. ½ α_z sorgen für eine vertikale Strahlablenkung α_x bzw. eine horizontale Ablenkung α_z.

Ferner setzt sich der Streckenmesswert D_{gem} wie folgt zusammen:

$$D_{gem} = D_0 + D_1 + D_2 = C_0 + \frac{C_1}{\cos \alpha_x} + D_2 \quad . \tag{10-15}$$

Mit Kenntnis der Gerätekonstanten c_0 und c_1 sowie des am ersten Spiegel in B gemessenen Stellwinkels ½ α_x erhält man aus der Streckenbeobachtung D_{gem} die Raumstrecke

$$D_2 = D_{gem} - C_0 + \frac{C_1}{\cos \alpha_x} \quad . \tag{10-16}$$

D_2 bezieht sich auf die z-Achse, ist α_x-bedingt höhenversetzt und bildet mit den an beiden Drehspiegeln beobachteten Winkeln ½ α_x und ½ α_z einen Satz instrumentenbezogener Polarkoordinaten für den Objektpunkt D. Ihre Umrechnung in kartesische Koordinaten im ortsfesten Instrumentensystem mit dem Ursprung O lautet dann

$$\begin{aligned} x_D &= D_2 \cdot \cos \alpha_x \cdot \cos \alpha_z \\ y_D &= D_2 \cdot \cos \alpha_x \cdot \sin \alpha_z \\ z_D &= D_2 \cdot \sin \alpha_x + c_1 \cdot \tan \alpha_x \quad . \end{aligned} \tag{10-17}$$

10.3.4.3.3 Polygonspiegel im Hybridscanner

Rotierende Polygonspiegel kann man zur quasi-vertikalen Strahlablenkung um α_{xy} in einem Hybridscanner tachymetrischen Aufbaus finden. Gemäß Bild 10-25 ist er in diesem Fall drehbar um die horizontale Kippachse angeordnet, welche ihrerseits senkrecht zur z-Stehachse ist.

Wird der Laserstrahl durch einen Polygonspiegel abgelenkt, sind gegenüber einem ideal justierten Drehspiegel Exzentrizitäten, wie in Bild 10-39, zu berücksichtigen:

- Die Drehachse liegt grundsätzlich nicht in der jeweiligen Spiegelebene, sondern ist um einen Betrag a von ihr entfernt.
- Der Laserstrahl ist möglicherweise nicht auf die Drehachse gerichtet, sondern um einen Abstand b versetzt.

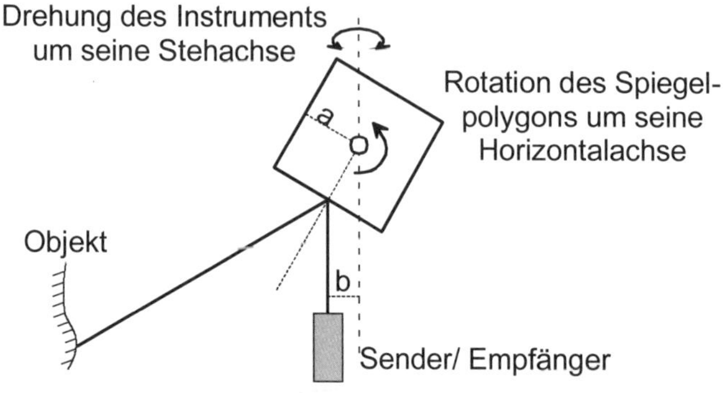

Bild 10-39: Polygonspiegel zur quasi-vertikalen Strahlablenkung

Diese Exzentrizitäten sind rechnerisch zu berücksichtigen, um die Messungselemente auf das Scannerzentrum, also in obigem Bild auf die Kippachse, zu beziehen, da dieses der Ursprung des lokalen Objektpunktkoordinatensystems ist.

Abhängig von a und b sowie vom veränderlichen Drehwinkel α, mit welchem die Spiegelfläche gegen den Laserstrahl geneigt ist, trifft der Strahl um einen Betrag $e(\alpha)$ versetzt auf das Objekt. Die beobachteten Distanzen D und Drehwinkel α beinhalten also systematische Abweichungen $\Delta D(\alpha)$ und $\Delta\alpha(D,\alpha)$.

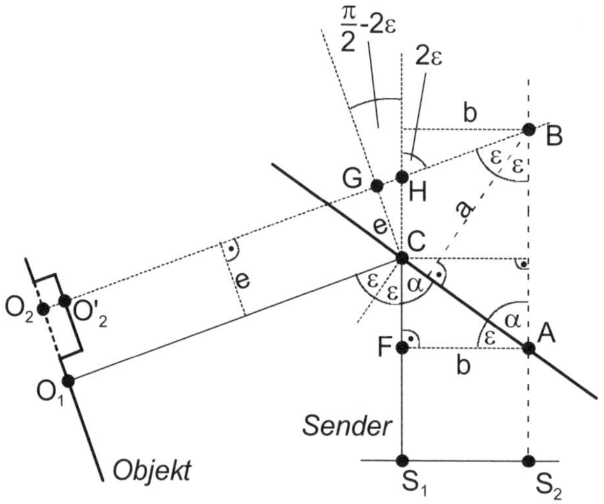

Bild 10-40: Strahlenverlauf beim Polygonspiegel

In Bild 10-40 geht die aktuelle Spiegelebene durch die Punkte A und C und ihre feste Drehachse durch B, jeweils senkrecht zur Zeichenebene. Der vom Sender (S_1) kommende Laserstrahl verläuft durch F, trifft drehwinkelabhängig in C auf die Spiegelfacette und verlässt diese in Richtung Objekt (O_1) unter einem Ausfallswinkel

$$\varepsilon = \frac{\pi}{2} - \alpha \quad . \tag{10-18}$$

Würde der Laserstrahl wie bei einem idealen Drehspiegel (a = b = 0) genau in der Drehachse durch B abgelenkt, wäre der Ausfallswinkel ε unverändert, aber wie erwähnt um e versetzt:

Die tatsächlich gemessene Distanz vom Sender zum Objekt

$$D_{gem} = \overline{S_1CO_1}$$

muss in eine Distanz korrigiert werden, die über das Zentrum (hier: die Spiegel-Drehachse durch B) des Scanners läuft:

$$D_{korr} = \overline{S_2BO_2} = D_{gem} + \Delta D(\alpha) = D_{gem} + \Delta D_S + \Delta D_O \quad , \tag{10-19}$$

mit den beiden Korrekturen in Sender- und Objektrichtung:

$$\Delta D_S = \overline{AB} - \overline{FC} = \frac{a}{\sin\alpha} - \frac{b}{\tan\alpha} \tag{10-20}$$

$$\Delta D_O = \overline{BH} + \overline{HG} = \frac{b}{\sin 2\varepsilon} + e \cdot \tan\left(\frac{\pi}{2} - 2\varepsilon\right) = \frac{b}{\sin 2\alpha} - e \cdot \cot 2\alpha \quad . \tag{10-21}$$

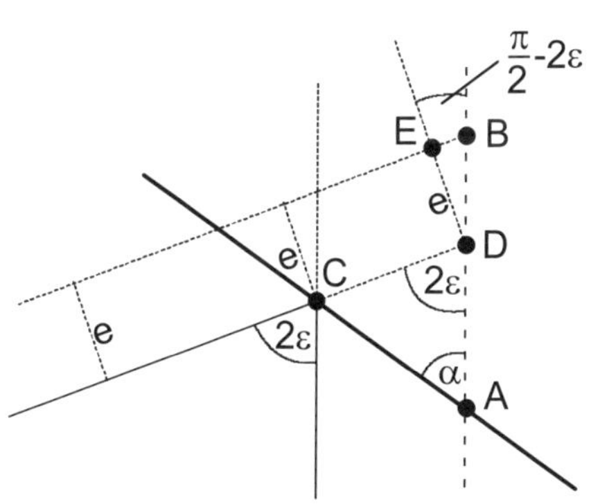

Bild 10-41: Versatz e des Messstrahls bei einem um α gedrehten Polygonspiegel

Aus Bild 10-41 ergibt sich hierzu der objektseitige Versatz e des Laserstrahls

$$e = \overline{DE} = \frac{\overline{DB}}{\cos\left(\frac{\pi}{2} - 2\varepsilon\right)} = \frac{\overline{AB} - \overline{AD}}{\cos\left(\frac{\pi}{2} - 2\varepsilon\right)} = \frac{\overline{AB} - \overline{AD}}{-2\sin\alpha \cdot \cos\alpha} \tag{10-22}$$

mit

$$\overline{AD} = \overline{AC} \cdot \frac{\sin(2\varepsilon + \alpha)}{\sin 2\varepsilon} = \overline{AC} \cdot \frac{\sin\alpha}{2\sin\alpha \cdot \cos\alpha} = \frac{\overline{AC}}{2\cos\alpha} = \frac{b}{2\sin\alpha \cdot \cos\alpha} ,$$

wobei gemäß Bild 10-40 gilt

$$\overline{AB} = \frac{a}{\sin\alpha}$$

$$\overline{AC} = \frac{b}{\sin\alpha}$$

und schließlich e abhängig von a, b und α darstellbar ist:

$$e = \frac{1}{2\sin\alpha \cdot \cos\alpha} \cdot \left(\frac{b}{2\sin\alpha \cdot \cos\alpha} - \frac{a}{\sin\alpha} \right) . \tag{10-23}$$

Die Distanz für die räumlichen Polarkoordinaten jeder Scannerbeobachtung ist dann unter Abzug einer geräteinternen Additionskonstanten wie folgt auf das Zentrum B zu beziehen:

$$D^*_{korr} = D_{korr} - c = D_{korr} - \overline{S_2B} = \overline{BO_2} \approx \overline{BO_1} . \tag{10-24}$$

Auf Grund des bis hierher unveränderten Ausfallswinkels ε nimmt man statt des beobachteten Objektpunkts O_1 einen um e versetzten Objektpunkt O_2 an. Die Feinstruktur des Objektes könnte jedoch die Darstellung eines tatsächlichen Objektpunktes O_2' erfordern bzw. den hypothesenfreien Bezug der Beobachtung auf O_1.

Der Ausfallswinkel ε wäre dann in Bild 10-40 unter Nutzung der Bogenformel zu korrigieren um

$$\Delta\varepsilon[\text{rad}] = \Delta\varepsilon(D_{gem}, \alpha) = \angle(O_2BO_1) = \frac{e}{D^*_{korr}} . \tag{10-25}$$

In den Bildern 10-40 und 10-41 ist der Winkel α der aktuelle Vertikalwinkel der Spiegelfacette gegen die Scanner-Stehachse. Die Strahlablenkung erfolgt mit dem doppelten Betrag des Spiegel-Stellwinkels. Wird der Laserstrahl, wie in den Bildern 10-39 bis 10-41, in negativer Lotrichtung auf den Spiegel gesandt, verlässt er den Scanner also unter

- dem Vertikalwinkel $V_{xy} = 2\alpha$ bzw.
- dem Höhenwinkel $\alpha_{xy} = \pi - 2\alpha$.

In Abhängigkeit vom Distanzmesswert D_{gem}, dem Vertikalwinkel α der Spiegelfacette sowie den Gerätekonstanten kann man dann einen auf das Scanner-Zentrum B korrigierten Höhenwinkel

$$\alpha_{xy,korr} = \alpha_{xy} - \Delta\varepsilon(D_{gem}, \alpha) = \pi - 2\alpha - \frac{e}{D^*_{korr}} \qquad (10\text{-}26)$$

angeben und zusammen mit der ebenfalls auf B bezogenen Strecke D^*_{korr} die kartesischen, lokalen Objektpunktkoordinaten für O_1 rechnen:

$$\begin{aligned} x &= D^*_{korr} \cdot \cos\alpha_{xy,korr} \cdot \cos\alpha_z \\ y &= D^*_{korr} \cdot \cos\alpha_{xy,korr} \cdot \sin\alpha_z \\ z &= D^*_{korr} \cdot \sin\alpha_{xy,korr} \ . \end{aligned} \qquad (10\text{-}27)$$

Der Winkel α_z wird dazu am Horizontalkreis des Scannerkopfes mathematisch positiv gegen die +x-Achse abgegriffen.

Die vorstehenden Überlegungen zu den Einflüssen der Exzentrizitäten a und b gelten nicht nur für ein Spiegelpolygon, sondern auch für einen unzureichend justierten Drehspiegel, wenn er nicht die eigentliche Forderung a = b = 0 erfüllen sollte.

10.3.4.3.4 Panoramascanner mit 45°-Spiegel oder Fernrohr

In Bild 10-27 wurde ein rotierender Zylinderstumpf mit im 45°-Winkel angeschnittener Spiegelfläche prinzipiell vorgestellt. Bild 10-42 zeigt, wie der Distanzmessstrahl von der Sende-/Empfangseinheit A zum Scannerzentrum B läuft, wo er abhängig vom Drehwinkel α_{xy} zum Objektpunkt C abgelenkt wird.

Die gemessene Strecke D_{gem} ist also wie beim Tachymeter nur um eine Additionskonstante c zu reduzieren:

$$D = D_{gem} - c \ , \qquad (10\text{-}28)$$

mit

$$\begin{aligned} D_{gem} &= \overline{AB} + \overline{BC} \\ c &= \overline{AB} \\ D &= \overline{BC} \ . \end{aligned}$$

Der Normalvektor der Spiegelfläche liegt immer in einer durch die Punkte A, B und C aufgespannten Ebene. Ist der Höhenwinkel und somit der Drehwinkel $\alpha_{xy} = 0$, ergibt sich eine Horizontalebene, und das Vektorprodukt

$$\overrightarrow{z_e} = \frac{\overrightarrow{BA} \times \overrightarrow{BC}}{\left|\overrightarrow{BA}\right| \cdot \left|\overrightarrow{BC}\right|} \ , \qquad \left|\overrightarrow{BA}\right| \perp \left|\overrightarrow{BC}\right| \tag{10-29}$$

zeigt in dieser Horizontalebene zur Seite, wie im Bild 10-42 links. Rechts wird der Laserstrahl unter einem Höhenwinkel α_{xy} in den Zenit abgelenkt. Die gesamte Drehspiegeleinheit wird ihrerseits mit α_z mathematisch positiv um die z-Stehachse gedreht, um unterschiedliche Horizontalrichtungen einzustellen. Diese Konzeption mit seitlich in der Stütze eingebautem Distanzmesser war über viele Jahre auch in Tachymetern der ZEISS-Baureihe E vertreten, um das Fernrohr nicht zusätzlich zu belasten. Allerdings wird die Streckenmessung bei unzureichender Justierung des 45°-Spiegels mit beeinflusst.

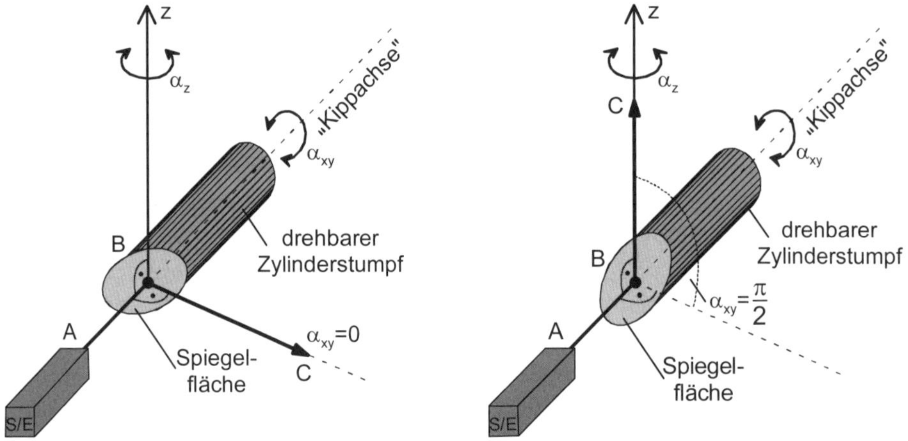

Bild 10-42: Strahlablenkung beim 45°-Spiegel

In einem mathematisch positiv angelegten Koordinatensystem ergeben sich aus den Polarkoordinaten die kartesischen Koordinaten

$$\begin{aligned} x &= D \cdot \cos\alpha_{xy} \cdot \cos\alpha_z \\ y &= D \cdot \cos\alpha_{xy} \cdot \sin\alpha_z \\ z &= D \cdot \sin\alpha_{xy} \ . \end{aligned} \tag{10-30}$$

Für tachymeterartige Einfachlösungen mit schwenkbarem, fernrohrartigem, Körper gemäß Bild 10-26 gilt (10-29) ebenso, nun mit dem Vorteil, dass der Entfernungsmesser mit dem Fernrohr mitgedreht wird und deshalb die Distanzmessung von irgendwelchen Drehspiegeljustierungen komplett unabhängig ist.

10.3.4.3.5 Zur Richtungseinstellung und Richtungsmessung beim Scannen

Anders als die berührungslose Distanzmessung, welche gemäß Abschnitt 10.3.4.2.4 in vielerlei Hinsicht von den Objekteigenschaften und äußeren, geometrischen Bedingungen abhängt, ist eine reine Richtungseinstellung – etwa beim Galvanometerantrieb – oder eine Richtungsmessung – also eine Teilkreisauslesung beim Servoantrieb – davon völlig unbeeinflusst. Abgespeicherte Winkel, wie α_x, α_y, α_z oder α_{xy}, sind in dieser Hinsicht frei von Modell- oder groben Fehlern.

Eine nur indirekte, aber wichtige Ausnahme ist die Richtungsmessung zu Einzelpunkten, vornehmlich Passpunkten und Verknüpfungspunkten, die entweder signalisiert sind oder sich als natürliche Ziele aus dem Objekt ergeben. Typischerweise werden solche Zielbereiche durch Feinscans, also durch eine dichte, präzise Punktwolke, erfasst.

Sind die Ziele flächenhaft, z.B. als aufklebbare Zielmarken mit aufgebrachten kreisähnlichen Mustern, lassen sich die Zielfiguren und ihre Zentren nur über kontrastreiche Intensitätswerte auswerten – natürlich mit den zugehörigen xyz-Positionen. Insofern ist also z.B. die Reflektanz solcher Zielmarken entscheidend; sie müssen für den verwendeten Scanner geeignet sein. Dies gilt natürlich auch für flächenhafte natürliche Zielbereiche.

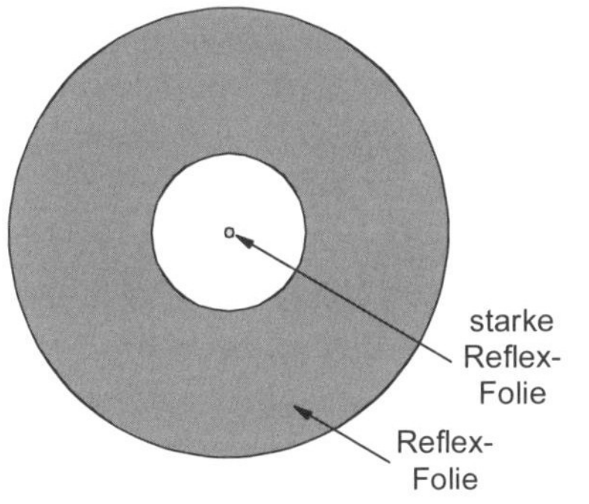

LEICA HDS Target

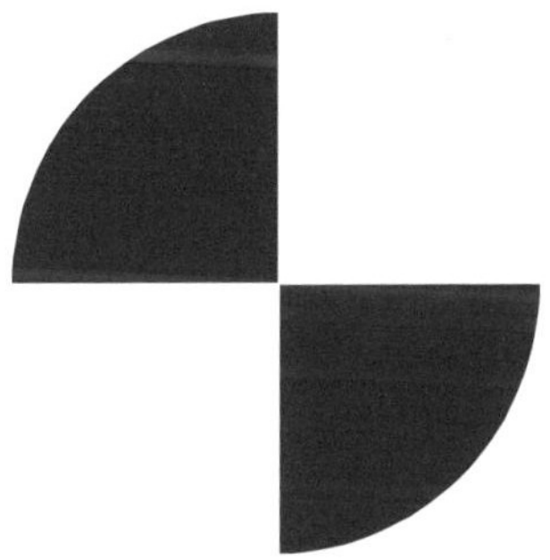

LEICA HDS Black&White Target

Bild 10-43: Beispiele flächenhafter Zielmarken zur Punktschätzung aus Feinscans

Insbesondere wenn dieselben Zielpunkte aus verschiedenen Beobachtungsrichtungen gleich gut sichtbar sein sollen, werden Kugeln verwendet, z.B. auf Stativen. Aus den präzise aufgenommenen Punktwolken werden primär die xyz-Werte genutzt, um über Best Fits mit bekanntem Radius die Kugelmittelpunkte zu schätzen. Intensitätswerte werden allenfalls unterstützend genutzt. Dennoch muss man auch hier die Eigenschaften im Messraum bedenken, beispielsweise, dass keine Kometenschweife an den Kugelrändern in Richtung auf ein Hintergrundobjekt entstehen.

Wie man sieht, gehen auch derartige „Einzelpunktmessungen“ wieder auf kleinräumige Scans zurück – mit allen Auswirkungen auf die Streckenmessung und Intensitätsmessung, aber unbeeinflussten einzelnen Richtungsabgriffen α_x, α_y, α_z oder α_{xy}.

10.3.5 Anmerkungen zu Prüfung und Kalibrierung

Grundsätzlich sind die instrumentellen systematischen Fehler vom Tachymeter her bekannt. Dies gilt umso mehr, als sich im Vermessungsbereich Scanner mit tachymeterartigem Aufbau durchsetzen, siehe Abschnitte 10.3.4.3.3 und 10.3.4.3.4. Im Gegensatz zu vielen Tachymetern kann der Anwender selber in den Laserscannern kaum neue Kalibrierparameter setzen, so dass er eher auf Prüfungen beschränkt bleibt.

Die Streckenmessung ist instrumentell durch eine Additionskonstante und einen – meist linearen – entfernungsabhängigen systematischen Fehleranteil beeinflusst. In Abschnitt 6 sind ausführlich Prüfverfahren dargestellt, welche über Differenzstrecken, bei zentrierbaren Scannern auch über Absolutstrecken arbeiten, z.B. JOHANSSON 2002. Vorausgesetzt sind für den Scanner geeignete Zielmarken wie Kugeln oder auch sauber ausgerichtete Ebenen. Wenn der Scanner nicht gerade einen fernrohrartigen Aufbau mit integriertem Distanzmesser besitzt, werden die Streckenmesswerte auch durch die Drehwinkel eventuell dejustierter Ablenkeinrichtungen beeinflusst, was zusätzlich im Prüfansatz zu berücksichtigen wäre.

Die mechanischen und optischen Achsen unterliegen den bekannten Fehlereinflüssen wie Nichtrechtwinkligkeit zueinander, Exzentrizitäten und ggf. Taumelfehlern. Trotz fehlender Möglichkeit zur Zwei-Lagen-Messung sind einzelne Fehleranteile aus Beobachtungen eines geeigneten Testfeldes schätzbar – insbesondere bei isolierter Betrachtung. INGENSAND et al. 2003 bestimmen beispielsweise neben Distanzmessparametern einen Kippachsfehler und eine Zielachsexzentrizität. Ein Taumelfehler der Stehachse wird in INGENSAND, SCHULZ 2004 ermittelt. Hierzu ist eine variable Testfigur durch auf Koordinatenachsen verfahrbare Zielkugeln definiert, deren Mittelpunkte zunächst als Best Fit einer feingescannten Punktwolke auszuwerten sind.

RIETDORF 2005 diskutiert ein komplexes funktionales Modell zur geschlossenen Schätzung der einzelnen Kalibrierparameter. Ausgehend von den Kugelkoordinaten eines Scanners tachymetrischen Aufbaus und unbekannten Zielachs-, Kippachs-, Höhenindexfehlern, Achsexzentrizitäten sowie Maßstabs- und Additionskonstante des Entfernungsmessers, werden kartesische Koordinaten der Objektpunkte in Bedingungsgleichungen für Raumebenen eingeführt. Der zu prüfende Scanner beobachtet hierzu mehrere im Messraum angeordnete, unterschiedlich geneigte Ebenen von verschiedenen Stationen aus. Die Arbeit stellt die Scannerkalibrierung in den Kontext einer Tachymeter- und einer Kamerakalibrierung und bietet ausführliche Literaturverweise.

Es sei nochmals darauf hingewiesen, dass bei gegebenenfalls nicht-tachymetrischem Aufbau die jeweilige sequentielle Abhängigkeit der Richtungen funktionale Modelle erfordert, die von der Berechnung kartesischer Punktkoordinaten in der Tachymetrie abweichen.

Für den Anwender am leichtesten durchführbar ist eine Systemprüfung anhand von Prüffeldern und Prüfobjekten im Beobachtungsraum. Nach dem Scannen typischer Objekte können die Objektflächen zunächst hinsichtlich Ebenheit oder Rundheit, Rechtwinkligkeit zueinander sowie nach ihrem Verschneiden auf Einhaltung bestimmter Sollmaße, wie Spannmaßen, untersucht werden. Neben funktionalen Auswertungen der Soll-Ist-Vergleiche erhält man auch stochastische Aussagen, z.B. über die Streuung einer Punktwolke in einem ebenen Bereich. Ein Prüffeld ist auch über diskrete Punkte, d.h. über Kugeln bekannten Radius', realisierbar. Ihre Sollkoordinaten müssen nicht zwingend bekannt sein, je nachdem wie hoch der Aufwand und wie durchgreifend die Prüfung sein sollte. Nach Beobachtung des Punktefeldes von verschiedenen Stationen aus und der Best-Fit-Schätzung der Kugelmittelpunkte sind die Relativkoordinaten der Objektpunkte bzw. Spannmaße untereinander auf Einhaltung geforderter Toleranzwerte vergleichbar. In Analogie kann man hierzu die in Abschnitt 6.7 erwähnten DIN/ISO-Prüfverfahren betrachten, wobei die Normungsarbeit speziell zur Scannerprüfung derzeit noch im Fluss ist.

Auf Grund der grundsätzlich scannenden Einsätze geht man sinnvollerweise über tachymetertypische Prüfungen hinaus: Boehler und Marbs beschreiben in I3MAINZ 2007 noch weitere die Divergenz und Objektauflösung betreffende Tests, welche neben systematischen Fehlern auch Streuungsmaße ermitteln.

11 3D-Punktbestimmung mit Satelliten

11.1 Systemkonfigurationen

Angesprochen werden in diesem Abschnitt die heutigen Verfahren, um ein Global Navigation Satellite System (GNSS) zu nutzen. Hierunter fallen

- das seit Jahren operable NAVSTAR-GPS (Navigation System with Time and Ranging - Global Positioning System) der USA,
- das russische GLONASS (ГЛОНАСС – Глобальная Навигационная Спутниковая Система, also Globales Navigations-Satelliten-System), welches nicht durchgängig operabel war bzw. ist,
- das im Aufbau befindliche, europäische Galileo-System sowie
- ergänzende boden- und teilweise auch satellitengestützte Dienste zur Genauigkeitssteigerung und Integritätsprüfung, z.B. SAPOS (Satelliten-Positionierungsdienst der deutschen Landesvermessung) als GNSS-Referenznetz oder EGNOS (European Geostationary Navigation Overlay Service) und WAAS (Wide Area Augmentation System in den USA) als SBAS (Satellite Based Augmentation System).

Aufbau und Messprinzipien von GPS, GLONASS und Galileo sind sehr ähnlich, so dass im Folgenden vielfach ohne Beschränkung der Allgemeinheit Bezug auf GPS genommen wird.
Für Betrieb und Nutzung eines GNSS wird nach 3 Segmenten unterschieden:

- Raumsegment: Navigationssatelliten (Space Vehicles = SV) umkreisen in geneigten Bahnen die Erde. Bei GPS sind dies nominell 24 Satelliten plus weitere, ältere Satelliten, die in rund 20 000 km Höhe ca. zweimal täglich die Erde umrunden. Die 6 Bahnebenen bei GPS sind um 55° gegen die Äquatorebene geneigt, so dass man eine gleichmäßige, weltweite Satellitenüberdeckung erreicht. Die Positionen der Satelliten sind jederzeit bekannt, so dass man sie zu beliebigen Zeitpunkten (Epochen) als Festpunkte auffassen kann. Die Satelliten strahlen einseitig permanent Signale ab, so dass sich beliebig viele Nutzer jederzeit dreidimensional positionieren können.

- Kontrollsegment: Neben allgemeinen Überwachungs- und Steuerungsaufgaben sind vor allem die Bahnparameter (Ephemeriden) der Satelliten zu bestimmen, damit ihre Positionen tatsächlich bekannt sind. Hierzu beobachten koordinatenmäßig bekannte Bodenstationen (Tracking Stations oder Monitor Stations) die Satelliten permanent. Die daraus gerechneten Bahnvorhersagen werden als Almanach an die Satelliten übertragen, so dass dem Nutzer jederzeit über eine vom Satelliten abgestrahlte Nachricht neben anderen Informationen extrapolierte Ephemeriden (Broadcast Ephemeris) zur Verfügung stehen. Für sehr genaue Anwendungen stehen auch nachträglich berechnete Bahndaten (Precise Ephemeris) bereit. Bei GPS werden die Satelliten auf mittlerweile 10 weltweit verteilten Monitor Stations verfolgt; ferner gibt es die Master Control Station für die Datenberechnung zum Upload an die Satelliten.

- Nutzersegment: Hiermit sind die Satellitenempfänger einschließlich nötiger Firmware und Software gemeint, die in unterschiedlichen Anwendungen meist auf oder nahe der Erdoberfläche eingesetzt werden. Zum Zwecke der Positionierung gibt es nur Signallaufwege von den Satelliten zu den Empfängern (Einweg-Methode). Der Satellitenempfänger wertet die Signale aus und verrechnet sie zu einer Position in einem bestimmten geodätischen Datum und einer bestimmten Genauigkeitsklasse. Für die Navigation eines bewegten Nutzers vergleicht er dann noch aktuelle Ist-Positionen mit vorgegebenen Soll-Positionen mit Handlungsempfehlungen für ein einzuhaltendes Azimut und eine zurückzulegende Wegestrecke. Auch wenn man von Satelliten-Navigationssystemen spricht, sind viele (geodätische) Anwendungen nur Positionierungen. In diesem Zusammenhang sei erwähnt, dass ein GNSS vielfach auch zur reinen Zeitübertragung über große Distanzen genutzt wird (da alle Satelliten zeitsynchronisiert arbeiten).

Detailliertere Darstellungen zu GNSS-Systemkonfigurationen findet man z.B. bei BAUER 2003, MANSFELD 2004 und HOFMANN-WELLENHOF et al. 2007.

11.2 Messprinzip

11.2.1 Satelliten- und Punktkoordinaten in einem Referenzsystem

Betrachtet sei im Folgenden Bild 11-1. Um dreidimensionale Koordinaten eines Punktes P zu bestimmen, wird in P ein geeigneter Satellitenempfänger aufgestellt, welcher Signale von mindestens 4 sichtbaren Satelliten SV i empfängt. Anhand der in die Satelliten geladenen Ephemeriden sind die aktuellen Satellitenkoordinaten X^i, Y^i, Z^i in einem globalen Referenzsystem bekannt.

Je nach verwendetem GNSS und Messzeitraum gibt es unterschiedliche Definitionen und Realisierungen dieses geodätischen Datums, aber grundsätzlich handelt es sich um im Erdmittelpunkt gelagerte kartesische Systeme mit der Z-Achse in Polrichtung bzw. dem Äquator in der X-Y-Ebene sowie einer durch den Nullmeridian gehenden X-Achse (ECEF = Earth Centered, Earth Fixed). Für GPS gilt beispielsweise eine aktuelle Realisierung des WGS 84 (World Geodetic System von 1984).

Anhand ihrer empfangenen Phasenlagen ermittelt die Empfänger-Logik die räumlichen Streckenlängen R^i (Ranges) der zurückgelegten Signale, so dass sich die Punktkoordinaten X,Y,Z aus einem räumlichen Bogenschnitt ergeben. Ist wie hier nur 1 Satellitenempfänger beteiligt, spricht man von Absolutpositionierung, Einzelpunktbestimmung oder Single Point Positioning (SPP).

P ist zunächst im selben geodätischen Datum wie das verwendete GNSS geortet (z.B. im WGS 84). Praktischerweise lässt sich P auch in Bezug auf eine zum Datum gehörende Referenzfläche (z.B. WGS 84-Ellipsoid) ausdrücken, indem man X,Y,Z in ellipsoidische Länge λ, Breite φ und Höhe h umformt. Auch Verebnungen beispielsweise durch konforme Abbildungen, wie der Gauß-Krüger-Projektion, können auf λ und φ angewandt werden.

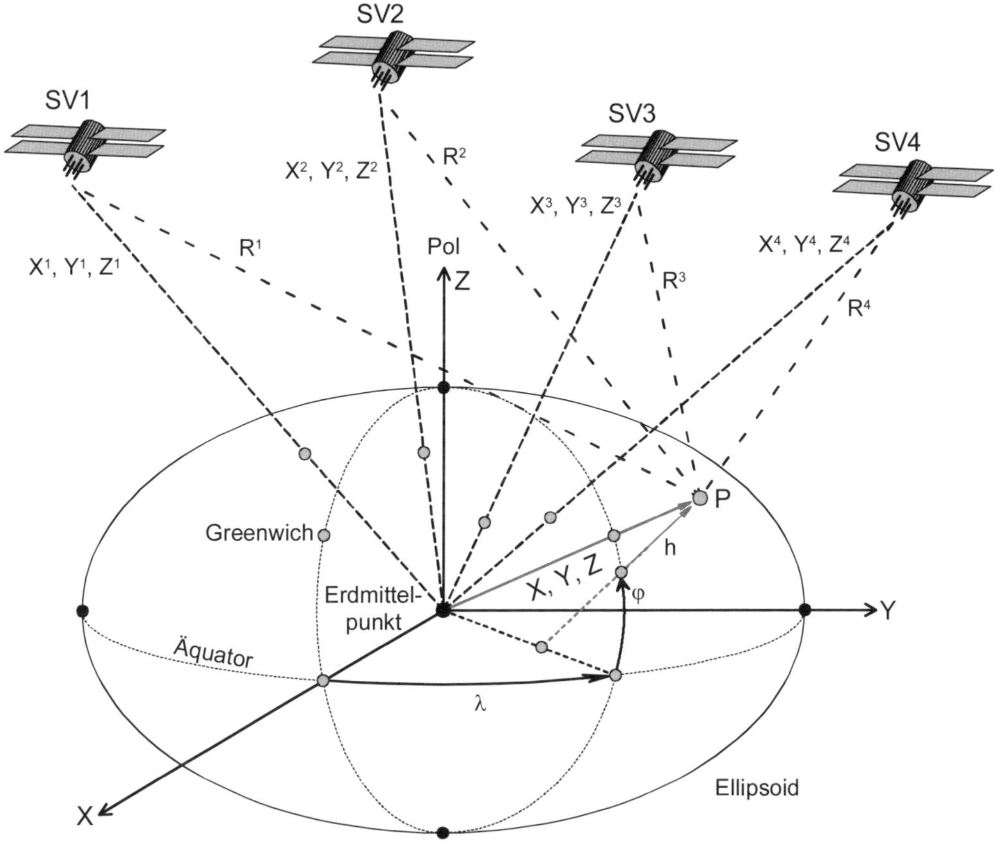

Bild 11-1: Absolutpositionierung über GNSS-Satelliten

In vielen Anwendungen sind keine Koordinaten im globalen Referenzsystem des verwendeten GNSS gewünscht, sondern in einem regional gültigen Datum. Für die nötigen Umformungen sind entweder bekannte Transformationsparameter vorzuhalten oder aus Beobachtungen identischer Punkte zu bestimmen. Häufig angewandt wird hier das maximal 7 Parameter umfassende Transformationsmodell nach Bursa-Wolf.

Auch die Höhen haben meist einen lokalen Datumsbezug. Da mit GNSS bestimmte Höhen h keinen Schwerefeldbezug besitzen, sind diese über Geoidmodelle oder geeignete Transformationen in geoidische Höhen zu überführen.

Alle nötigen geodätischen Berechnungen erfolgen in der empfängereigenen Applikationssoftware oder auch in häuslichen Programmpaketen.

Die vorstehend angesprochenen geodätischen Aspekte können z.B. in SEEBER 2003 sowie auch in BAUER 2003, MANSFELD 2004 und HOFMANN-WELLENHOF et al. 2007 vertieft werden und sollen zum weiteren Verständnis der GNSS-Messprinzipien an dieser Stelle ausreichen.

11.2.2 Pseudostrecken als Beobachtungen

In Bild 11-1 ist davon ausgegangen worden, dass nach Auswertung der Satellitensignale bereits Raumstrecken R^i zwischen Satelliten und Empfänger vorliegen. Wie die Raumstrecken R^i mit den tatsächlichen Beobachtungen im Empfänger zusammen hängen, lässt sich anhand der verfeinerten Darstellung in Bild 11-2 erläutern.

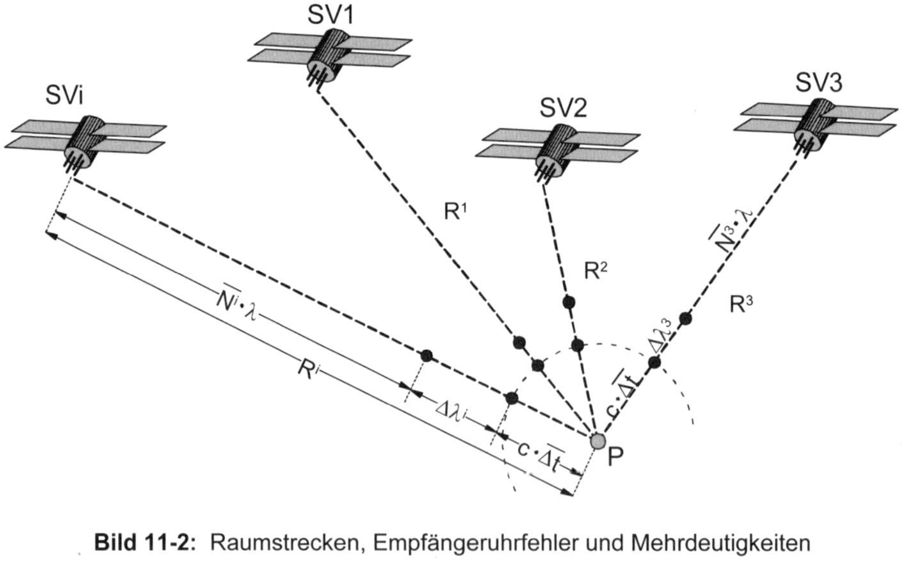

Bild 11-2: Raumstrecken, Empfängeruhrfehler und Mehrdeutigkeiten

Im Empfänger wird nur die <u>Phasenlage</u> eines Signals der Wellenlänge λ und damit ein Wellenreststück $\Delta\lambda$ ermittelt; dies ist die eigentliche Beobachtungsgröße.

Ist λ kleiner als R^i, was z.B. bei GPS für die meisten Signale der Fall ist, enthält die Raumstrecke zudem mehrere ganze Wellenlängen λ: Man hat ein <u>Mehrdeutigkeitsproblem</u> $\lambda \cdot N^i$. Denn anders als bei Tachymeter-Distanzmessern werden in den GNSS keine Grobmessungen vorgenommen, und die ganzzahligen Mehrdeutigkeiten N^i sind unbekannt.

Es gibt noch einen zweiten Unterschied zwischen der Streckenbeobachtung bei einem GNSS und einem Tachymeter: Letztendlich ist die Laufzeit eines Messsignals ein Maß für die durchlaufene Strecke. Die GNSS arbeiten im Einweg-Modus; die Satelliten sind untereinander synchronisiert, so dass sich die Sendezeitpunkte für alle Signale auf die selbe Zeitskala beziehen. Ein GNSS-Empfänger ist jedoch nicht zeitlich synchronisiert; zudem ist seine eigene Uhr ungenauer als die Satellitenuhren und driftet. Also hängt die GNSS-Streckenmessung noch von einem unbekannten <u>Empfängeruhrfehler</u> Δt ab. Wie man Bild 11-2 entnehmen kann, „treffen" sich die von diesem Uhrenfehler beeinflussten Strecken nicht gemeinsam in der Empfängerposition P, sondern enden auf einer Kugelschale um P mit dem Radius $c \cdot \Delta t$ (c = Signalausbreitungsgeschwindigkeit).

Auf Grund der unbekannten Anteile in der Streckenbeobachtung, des Mehrdeutigkeitsparameters N^i und des Empfängeroffsets Δt unterscheidet man zwischen den tatsächlich beobachteten <u>Pseudostrecken</u> PR^i und den eigentlich benötigten Raumstrecken R^i:

Zusammengesetzte Raumstrecke gemäß Bild 11-2:

$$R^i = \lambda \cdot \overline{N}^i + \Delta\lambda + c \cdot \overline{\Delta t}$$

Beobachtungsgleichung nach Auflösung nach der Phasenmessung sowie nach Vorzeichenwechsel im Uhrenparameter Δt und im Mehrdeutigkeitsparameter N^i:

$$\Delta\lambda = R^i + c \cdot \Delta t + \lambda \cdot N^i \qquad \text{Beobachtungsgleichung} \qquad (11\text{-}1)$$

R^i = Raumstrecke zwischen Satellit i und Empfänger
λ = Wellenlänge des beobachteten Signals
N^i = ganzzahliger Mehrdeutigkeitsparameter in der Strecke R^i
c = Ausbreitungsgeschwindigkeit des Signals der Wellenlänge λ
Δt = Empfängeruhrfehler in Bezug auf die GNSS-Systemzeit

Sind die ganzzahligen Mehrdeutigkeiten N^i unbekannt, kann man nicht auf die R^i schließen, und es gibt keine Lösung. Je kleiner λ ist, umso komplexer ist das Problem der Mehrdeutigkeitslösung, welches in Abschnitt 11.4.3.3 weiter vertieft wird.

Sind die Mehrdeutigkeiten N^i bekannt, also in (11-1) formal auf Null gesetzt, kann man für den räumlichen Bogenschnitt in P direkt eine Pseudoentfernungslösung rechnen:

$$PR^i = R^i + c \cdot \Delta t = \sqrt{(X^i - X)^2 + (Y^i - Y)^2 + (Z^i - Z)^2} + c \cdot \Delta t \qquad (11\text{-}2)$$

X^i, Y^i, Z^i = aktuelle Position des Satelliten i
X,Y,Z = unbekannte Empfänger-Position

PR^i steht für eine Pseudoentfernung („Pseudo Range") zum Satelliten i. Man benötigt minimal 4 beobachtete Pseudoentfernungen, um einen Beobachtungsvektor

$$\underline{L} = \left| PR^1, PR^2, PR^3, PR^4 \right|^T \qquad (11\text{-}3)$$

zu bilden, so dass bei – notwendiger! – Kenntnis einer Näherungs-Position sowie eines genäherten Empfängeruhrfehlers, also

$$\left| X^0, Y^0, Z^0, \Delta t^0 \right|^T = \left| X, Y, Z, \Delta t \right|^T - \left| dX, dY, dZ, d\Delta t \right|^T$$

und einem entsprechend verkürzten Beobachtungsvektor

$$\underline{l} = \underline{L} - \underline{L}^0 = \left| PR^1, PR^2, PR^3, PR^4 \right|^T - \left| PR^{1^0}, PR^{2^0}, PR^{3^0}, PR^{4^0} \right|^T$$

mit den Näherungs-Pseudostrecken

$$PR^{i^0} = \sqrt{(X^i - X^0)^2 + (Y^i - Y^0)^2 + (Z^i - Z^0)^2} + c \cdot \Delta t^0$$

das sehr einfache, funktionale Modell (11-2) linearisiert und nach den 4 Unbekannten

$$\underline{x} = \left| dX, dY, dZ, d\Delta t \right|^T \qquad (11\text{-}4)$$

aufgelöst werden kann:

$$\underline{x} = \left(\underline{A}^T \underline{A} \right)^{-1} \cdot \underline{A}^T \underline{l} = \underline{Q}_{xx} \cdot \underline{A}^T \underline{l} \quad , \quad \text{mit:} \qquad (11\text{-}5)$$

$$\underline{A} = \begin{vmatrix} \left(\frac{\partial PR^1}{\partial X}\right)_0 & \left(\frac{\partial PR^1}{\partial Y}\right)_0 & \left(\frac{\partial PR^1}{\partial Z}\right)_0 & \left(\frac{\partial PR^1}{\partial \Delta t}\right)_0 \\ \left(\frac{\partial PR^2}{\partial X}\right)_0 & \left(\frac{\partial PR^2}{\partial Y}\right)_0 & \left(\frac{\partial PR^2}{\partial Z}\right)_0 & \left(\frac{\partial PR^2}{\partial \Delta t}\right)_0 \\ \vdots & \vdots & \vdots & \vdots \end{vmatrix} \quad : \text{Konfigurationsmatrix}$$

$$\underline{A} = \begin{vmatrix} \frac{X^0 - X^1}{PR^{1^0}} & \frac{Y^0 - Y^1}{PR^{1^0}} & \frac{Z^0 - Z^1}{PR^{1^0}} & 1 \\ \frac{X^0 - X^2}{PR^{2^0}} & \frac{Y^0 - Y^2}{PR^{2^0}} & \frac{Z^0 - Z^2}{PR^{2^0}} & 1 \\ \vdots & \vdots & \vdots & \vdots \end{vmatrix}$$

$\underline{Q}_{xx}$ = Kofaktorenmatrix der Unbekannten $\underline{x}$.

Wie in den Gleichungen dargestellt, genügen für einen räumlichen Bogenschnitt also nicht 3 Satellitenbeobachtungen, sondern es ist – für jede Messepoche – eine weitere Satellitenbeobachtung nötig, um neben der Position X,Y,Z fortlaufend den Uhrenoffset Δt mit zu schätzen. Es gilt für die maximal erforderliche Satellitennummer i:

i = 1	reine Zeitübertragung Δt; 3D-Punktkoordinaten bekannt,
i = 3	2D-Schiffsortung und Δt-Bestimmung; Meereshöhe bekannt,
i = 4	3D-Ortung und Δt-Bestimmung,
i > 4	Ausgleichung; Integritätsprüfung.

Die Näherungsposition ist z.B. aus den Frequenzverschiebungen der einzelnen Satelliten, also den Doppler-Effekten, bestimmbar oder stützt sich auf die letzte Positionierung bzw. eine Handeingabe. Der genäherte Zeitoffset kann anhand der Zeitmarken ermittelt werden, die den Code-Signalen als Sendezeitpunkte mitgegeben werden.

Üblicherweise werden die Unbekannten in einer Ausgleichung geschätzt, so dass die Beobachtungsgleichungen (11-2) noch um Verbesserungen v_{PR} zu erweitern sind.
In der Lösung (11-5) ist die Kofaktormatrix $\underline{Q}_{xx}$ der Unbekannten enthalten, welche man in einen matrixwertigen Anteil $\underline{Q}_{PP}$ für die Punktkoordinaten X,Y,Z und einen Skalar $Q_{\Delta t \Delta t}$ für den Empfängeruhrfehler Δt gliedern kann:

$$\underline{Q}_{xx} = \begin{vmatrix} \underline{Q}_{PP} & \underline{Q}_{P\Delta t} \\ \underline{Q}_{\Delta tP} & Q_{\Delta t\Delta t} \end{vmatrix} \quad . \tag{11-6}$$

Als konfigurationsabhängige Genauigkeitsmaße lassen sich hieraus so genannte DOP-Werte (Dilution of Precision) ableiten. Soweit eine 3D-Punktbestimmung im Vordergrund steht, interessiert man sich vor allem für die Position Dilution of Precision mit typischen Werten zwischen 2 und 6:

$$\mathrm{PDOP} = \sqrt{\mathrm{tr}\left(\underline{Q}_{PP}\right)} \quad , \tag{11-7}$$

$\mathrm{tr}(\cdot)$: trace = Spur einer Matrix = Summe ihrer Hauptdiagonalelemente.

Geometrisch lässt sich der PDOP (Positional DOP) als Kehrwert des Volumens einer z.B. durch drei Satelliten SV^i sowie von P aufgespannten, kopfstehenden Pyramide interpretieren: Ist die Pyramide schlank, ist auch das Volumen klein; der PDOP wird größer, was auf die ungünstigen schleifenden Schnitte in P hinweist. Aus der Spur der gesamten $\underline{Q}_{xx}$-Matrix lässt sich noch der GDOP (Geometric DOP) oder aus horizontalen und vertikalen Komponenten anhand $\underline{Q}_{PP}$ ein HDOP (Horizontal DOP) und ein VDOP (Vertical DOP) angeben.

Um auf ein absolutes Genauigkeitsniveau zu gelangen, wird noch eine Standardabweichung der Gewichtseinheit benötigt, welche für die gleichartigen und gleichgewichteten Pseudoentferungen in $\underline{l}$ mit σ_l abzuschätzen ist. Als mittleren Punktfehler erhält man dann:

$$\sigma_P = \mathrm{PDOP} \cdot \sigma_l \quad . \tag{11-8}$$

Wenn man geodätisch die Signal-Phasenlagen mit einer metrischen Genauigkeit von σ_φ = 1 ... 3 mm auswerten kann und gleichzeitig die ganzzahligen Mehrdeutigkeiten N präzise ($\sigma_N = 0$) bekannt seien, könnte man mit $\sigma_l = \sigma_\varphi$ und (11-8) als innere Genauigkeit einen Punktfehler σ_P im Bereich von 1 - 2 cm annehmen.

11.2.3 Zeitsysteme

Wie man in Abschnitt 11.2.2. sieht, sind für GNSS nicht nur Koordinatensysteme (Abschnitt 11.2.1), sondern auch Zeitsysteme von Bedeutung.

Die GPS-Zeit ist auf einer gleichmäßigen Zeitskala ohne Schaltsekunden definiert. Mit einem Offset von $\mathrm{TAI} - T_{GPS}$ = 19 s folgt GPS der durch mehrere Atomuhren linear realisierten Temps Atomic International (TAI). Gezählt wird meist in GPS-Wochen ab 06.01.1980 und GPS-Sekunden ab jeweiligem Wochenbeginn mit Sonntag 0 Uhr.

Ursprünglich, mit Januar 1980, war die GPS-Zeit mit der Universal Time Coordinated (UTC) synchronisiert. In die UTC-Zeitskala werden jedoch gelegentlich ganzzahlige Schaltsekunden eingefügt, um sie der UT 1 (Universal Time 1) anzupassen, welche der ungleichmäßigen Erdrotation folgt. Dies ist seit 1980 bereits 14-mal geschehen, wenn man als letzte Korrektur den 1. Januar 2006 zugrunde legt. Deshalb gilt für die – nur sprungfixe – Beziehung zwischen UTC und GPS-Zeit bzw. TAI:

$$T_{GPS} - UTC = 14\ s$$

$$TAI - UTC \ = 33\ s\ .$$

Die GLONASS-Zeit bezieht sich, anders als GPS, auf die Universal Time Coordinated (UTC, Moskau) und hängt damit von gelegentlichen Schaltsekunden ab.

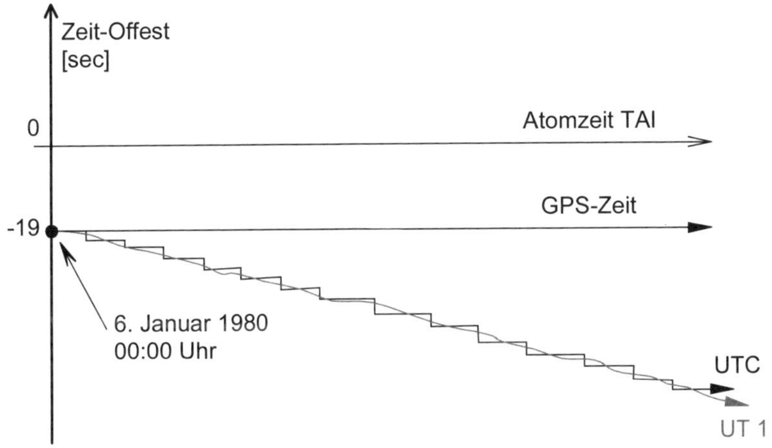

Bild 11-3: Zeitsysteme

11.2.4 Fehlerminimierung durch differentielle bzw. relative Messung

In allen obigen Betrachtungen sind die Fehlereinflüsse aus Satellitenbahnen, Satellitenuhren und aus der Signalausbreitung zunächst vernachlässigt worden. Die praktische Auswertung von Satelliten-Signalen beinhaltet aber notwendigerweise die Modellierung, Schätzung bzw. Eliminierung dieser Einflüsse.

Insbesondere erkennt man dann die Notwendigkeit, für höhere Genauigkeiten im m- bis zum cm-Bereich auf mindestens 2 Stationen P_1 und P_2 gleichzeitig beobachten zu müssen. Mit solchen differentiellen oder relativen Messungen (z.B. DGPS oder PDGPS) lassen sich die gleichermaßen in P_1 und P_2 wirkenden Einflüsse eliminieren bzw. minimieren. Der Vektor zwischen P_1 und P_2 wird auch als Basislinie bezeichnet.

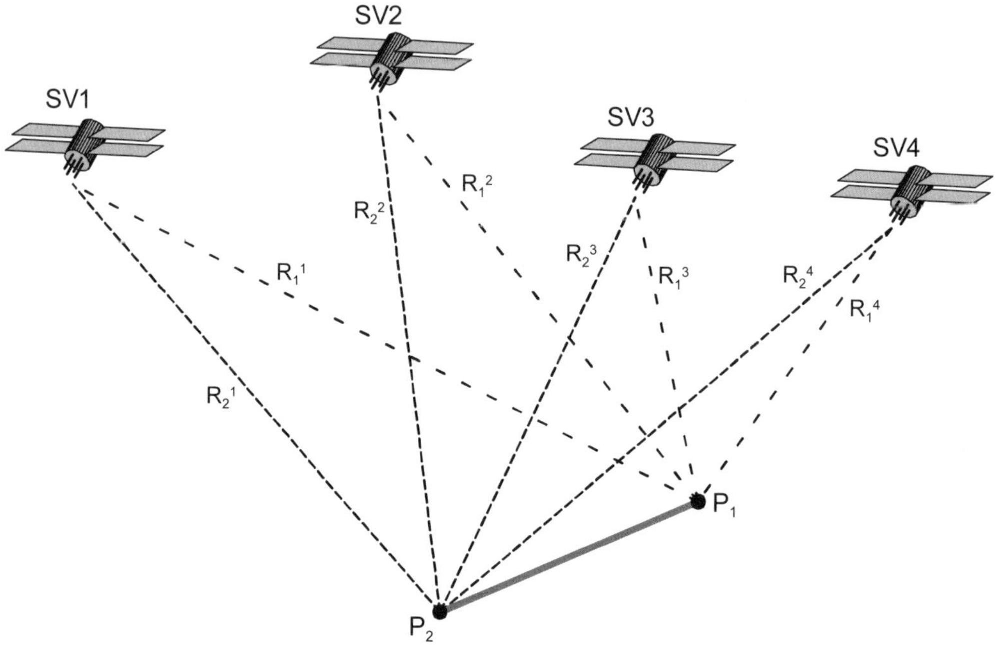

Bild 11-4: Differentielle bzw. Relativpositionierung

Anhand von Bild 11-4 kann man sich leicht vorstellen, dass in Einfach-Differenzen (Single Differences)

$$R_2^i - R_1^i \qquad \text{bzw.} \qquad PR_2^i - PR_1^i$$

Satellitenuhrfehler überhaupt nicht mehr und Bahn- sowie Ausbreitungsfehler je nach Basislinienlänge nur noch gering enthalten sind. Hinsichtlich ihrer Elimination bzw. Minimierung sei auf die weitergehende Bildung von Doppel- und Dreifach-Differenzen in Abschnitt 11.4.3.3 verwiesen.

11.3 Messsignale und Fehlereinflüsse

Exemplarisch auch für die anderen GNSS werden im Folgenden die (ursprünglichen) GPS-Signale hinsichtlich Erzeugung, Ausbreitung und Verarbeitung diskutiert. In diesem Zusammenhang wird auch auf die jeweils wirksamen Fehlereinflüsse eingegangen. Ihr Verständnis (welches man z.B. in WÜBBENA 1991 vertiefen kann) ist zur Modellierung der GPS-Beobachtungen in Abschnitt 11.4 unerlässlich.

11.3.1 Signalerzeugung im GPS-Satelliten

11.3.1.1 Grundsignal

In jedem Satelliten i stellen hochgenaue Atomuhren (je 2 Cäsium- und Rubidiumuhren) das Frequenznormal dar und erzeugen ein Grundsignal

$$S_0^i(t) = A_0 \sin \varpi_0 t^i = A_0 \sin 2\pi f_0 t^i = A_0 \sin 2\pi \Phi_0(t^i) \qquad (11\text{-}9)$$

mit

A_0	=		Amplitude
ω_0	=	$2\pi f_0$	Kreisfrequenz
f_0	=	10,23 MHz	Grundfrequenz

sowie der Phase $\Phi_0(t)$, die hier nicht im Bogenmaß, sondern in Zyklen angegeben ist,

$$\Phi_0(t) = N_0(t) + \varphi_0(t) \qquad (11\text{-}10)$$

$N_0(t)$ = Anzahl ganzer Zyklen (ganzzahlig)
$\varphi_0(t)$ = Phasenreststück (Wert zwischen 0 und 1)

und der von der jeweiligen Satellitenuhr angezeigten Satellitenzeit

$$t^i = t^i(t) = t + \Delta t^i(t) \qquad (11\text{-}11)$$

t = Inertialzeit (GPS-Zeit)
$\Delta t^i(t)$ = Satellitenuhrfehler,

wobei beide über die Phase-Zeit-Beziehung verknüpft sind:

$$\Phi_0(t) = \Phi_0(t^i) = f_0 t^i \quad . \qquad (11\text{-}12)$$

Alle weiteren Signalkomponenten (Träger, Codes, Daten), die ein Satellit abstrahlt, werden aus diesem Grundsignal gemäß Bild 11-5 kohärent abgeleitet.

Hierzu sei erläutert, dass eine Modulo 2 Addition (mod2) eine logische Verknüpfung zweier Binärgrößen und in Programmiersprachen auch als XOR-Operator bekannt ist. Sie entspricht der Aussage „entweder A oder B, jedoch nicht beide“, so dass gilt:

$$0 \oplus 0 = 0 \quad , \qquad 0 \oplus 1 = 1 \quad , \qquad 1 \oplus 1 = 0 \quad .$$

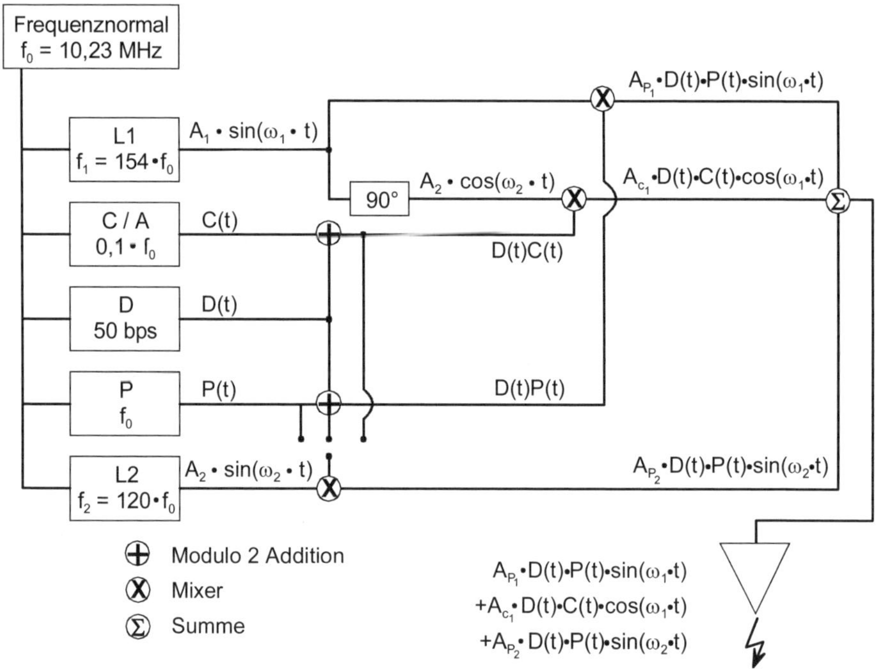

Bild 11-5: Ursprüngliche GPS-Signalstruktur

11.3.1.2 Trägersignale

Die sinusförmigen Signale L_1 und L_2 dienen als Träger für die PRN-Codes und das Datensignal, welche in den Abschnitten 11.3.1.3 und 11.3.1.4 behandelt werden. Man erhält die Trägersignale aus dem Grundsignal durch die ganzzahlige Frequenzvervielfachung

$f_1 = 154 \quad f_0 = 1575{,}42\ \text{MHz} \quad \lambda_1 = 19{,}0\ \text{cm}$
$f_2 = 120 \quad f_0 = 1227{,}60\ \text{MHz} \quad \lambda_2 = 24{,}4\ \text{cm}$

als

$$
\begin{aligned}
S_1^i(t) &= A_1 \sin 2\pi f_1 t^i = A_1 \sin 2\pi \Phi_1(t) \\
S_2^i(t) &= A_2 \sin 2\pi f_2 t^i = A_2 \sin 2\pi \Phi_2(t)
\end{aligned}
\qquad (11\text{-}13)
$$

einschließlich einer zweiten, um 90° verschobenen L_1-Komponente in „Quadratur“ zur ersten stehenden Komponente

$$S_{1^2}^i(t) = A_{1^2} \cos 2\pi f_1 t^i = A_{1^2} \cos 2\pi \Phi_1(t)\,.$$

Die erzeugten Phasen der Trägersignale sind proportional zur Satellitenzeit:

$$\begin{aligned} \Phi_1(t) &= f_1 t^i \\ \Phi_{1^2}(t) &= \Phi_1(t) + 0{,}25 \\ \Phi_2(t) &= f_2 t^i \,. \end{aligned} \tag{11-14}$$

Sie sind die wichtigsten Messgrößen für geodätische Anwendungen.

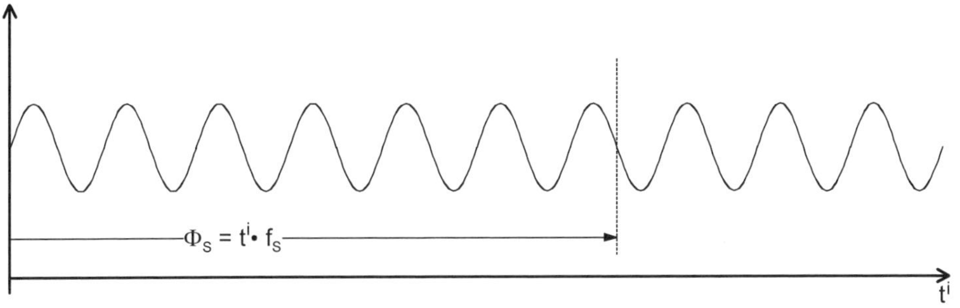

Bild 11-6: Definition einer Trägerphase

Die Trägerwellenlängen λ liegen mit ungefähr 20 cm im Mikrowellen-Bereich. Wie auch bei Lichtwellen gibt es bei Mikrowellen Probleme mit Abschattungen (Obstructions). Andererseits durchdringen sie Wolken und Nebel, ohne gleich zu große Antennenanlagen zu benötigen. Hinsichtlich ihrer Eigenschaften sei auf die grundsätzlichen Darstellungen in den Abschnitten 5 und 7 verwiesen.

11.3.1.3 PRN-Codes (Pseudo Random Noise Codes)

PRN-Codes sind scheinbar zufällige Binärfolgen, deren Zustandsgrößen +1 und −1 über die Zeitachse variieren:

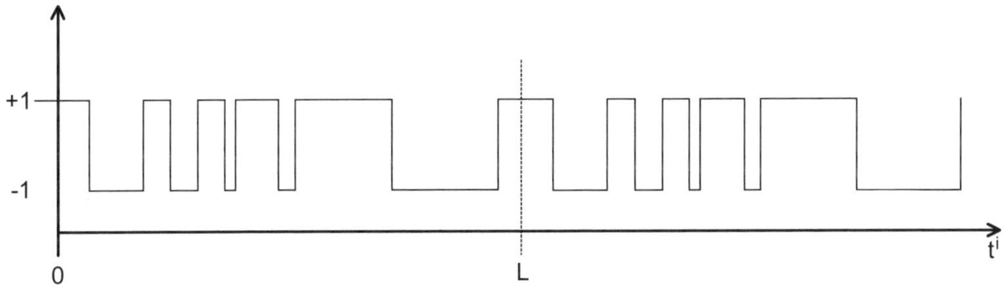

Bild 11-7: PRN-Code der Länge L

Der Code ist „scheinbar" („pseudo") zufällig, da er mit einem bestimmten Bildungsgesetz erzeugt ist; außerdem wiederholt er sich nach einer Länge L. Dennoch besitzt er die Eigenschaften binären „zufälligen Rauschens" (Random Noise). Dies bedeutet insbesondere, dass eine maximale Autokorrelation ρ nur für Verschiebungen von $\tau = n \cdot L$, $n = 0,1,2,...$, L = Codelänge, erreicht wird:

Bild 11-8: Autokorrelationsfunktion für pseudo-stochastisches Rauschen (PRN)

Ähnlich wie man Trägerphasen angeben kann, lassen sich auch Codephasen Φ_P definieren, wobei die Codefrequenz f_P der Bitrate entspricht, mit welcher sich der Codezustand (von +1 nach −1 und umgekehrt) ändern kann.

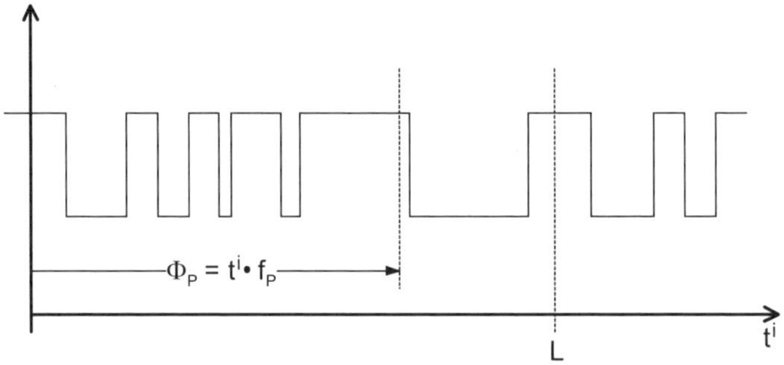

Bild 11-9: Codephase

Bild 11-10 soll andeuten, wie im jeweiligen Signal die zu übertragenden Code-Bits aus kürzeren Code-Impulsen „zusammengesetzt" werden – den so genannten Chips. Die Länge der Impulse heißt Chip-Breite T [s]; multipliziert man sie mit der Lichtgeschwindigkeit, ergibt sich eine Code-„Wellenlänge" von rund 300 m für den C/A-Code und 30 m für den P-Code. Die Übertragungsgeschwindigkeit wird durch die Chip-Rate [chip/s] charakterisiert. Eine Folge gleicher Chip-Werte heißt Run. In PRN-Codes gilt: Es gibt 1 Chip mehr für den +1 Zustand als für −1. Die Hälfte der Runs besteht aus nur einem Chip, ein Viertel aus 2 Chips, ein Achtel aus 3 Chips etc. Es gibt genauso viele Runs für +1 wie für −1.

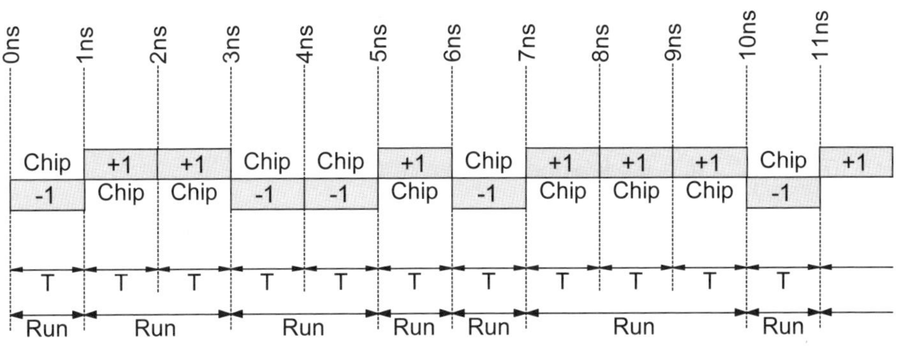

Bild 11-10: Chips und Runs zur Darstellung eines PRN-Signals. Die Chip-Breite für den C/A-Code ist T = 1 ns. Die Chip-Rate beträgt entsprechend $1 \cdot 10^6$ chip/s.

In den ursprünglichen GPS-Satelliten werden 2 – mit dem Y-Code sogar 3 – PRN-Codes generiert und den Trägerwellen aufmoduliert. Die Empfangssysteme nutzen sie zur Messung so genannter Pseudo-Entfernungen (Pseudo-Ranges), welche ihrerseits die wichtigsten Messgrößen für absolute Positionierungen sind.

Der C/A-Code (Clear Access, Clear Acquisition oder auch Coarse Acquisition) ist dem L_1-Trägersignal aufmoduliert, besitzt eine Frequenz von $f_{C/A}$ = 1,023 MHz und eine Länge von $L_{C/A}$ = 1 msec. Auf Grund der hohen Wiederholungsrate ist der Zugriff auf den C/A-Code sehr schnell gewährleistet, was aber damit erkauft wird, dass C/A-Code-Messungen mehrdeutig sind (die Code-Länge $L_{C/A}$ beträgt ca. 300 km).

Der P-Code (Precise) ist sowohl dem L_1- als auch dem L_2-Träger aufmoduliert, hat die 10fache Frequenz f_P = 10,23 MHz und eine grundsätzliche Länge L_P = 267 Tage. Jedem Satelliten ist ein eindeutiges Code-Segment von 7 Tagen zugeordnet (PRN-Nummer des Satelliten). Im Allgemeinen wird auf den P-Code über den C/A-Code und das Hand-Over-Word (HOW) der Navigations-Message (siehe Abschnitt 11.3.1.4) zugegriffen. Der P-Code ist eindeutig. Auf Grund seiner höheren Frequenz f_P, also seiner höheren „Modulations-Rate", lassen sich die Pseudo-Distanzen zwischen Satellit und GPS-Empfänger höher auflösen, und allein schon deswegen gelingt eine auf dem P-Code basierende Ortsbestimmung genauer.

Der Y-Code wird im Rahmen des Anti-Spoofing (A-S) permanent anstelle des P-Code ausgestrahlt und besitzt dessen Eigenschaften. Dem P-Code wird in weiten Zeitabschnitten ein geheimer W-Code überlagert, dessen Entschlüsselung nur mit speziellen Chipsätzen in den GPS-Empfängern gelingt.

$$\text{Y-Code} = (\text{P-Code} + \text{W-Code}) \bmod 2 \qquad (11\text{-}15)$$

Diese sind derzeit nur bestimmten NATO-Truppenteilen vorbehalten; damit ist der P(Y)-Code, wie man üblicherweise schreibt, zivil nicht nutzbar. Hauptsächlich will man mit A-S (und auch der großen Länge des gesamten P-Codes) vermeiden, dass Außenstehende mit Kenntnis der aktuellen Signale diese bewusst verfälschen können. „To spoof" heißt „hereinlegen".

PRN-Codes	C/A	P(Y)
Frequenz/Bitrate	1,023 MHz/Mbps	10,23 MHz/Mbps
Länge	1023 Chips	~ $6 \cdot 10^{12}$ Chips
	1 msec	1 Woche
Trägersignal	L_1	L_1, L_2

11.3.1.4 Datensignal

Für eine Echtzeit-Positionierung benötigt ein GPS-Empfänger neben den Beobachtungen weitere Systemdaten. Diese sind in der Navigationsnachricht enthalten, die auch Navigation Message oder Satellite Message heißt. Sie wird allen PRN-Codes durch eine Modulo 2 Addition aufmoduliert und folglich auf beiden Trägersignalen L_1 (Sinus und Cosinus) sowie L_2 übertragen.

Die gesamte Nachricht bildet einen Rahmen (Frame) von 1500 Bit Länge und ist in 5 Unterrahmen (Subframes) von je 300 Bit unterteilt, welche sich wiederum aus 10 Worten zu 30 Bit zusammensetzen. Die Nachricht wird mit 50 bps übertragen, so dass 30 s benötigt werden. Die wichtigsten enthaltenen Daten sind:

- Telemetrie-Wort (TLM) und Hand-Over-Word (HOW) zu Beginn jedes Unterrahmens. Das TLM-Wort umfasst eine Präambel mit einem Bit-Synchronisationsmuster sowie weitere Informationen zu aktuellen Satellitenoperationen. Im HOW stehen die Zeit für den Beginn des nächsten Unterrahmens, um auf den P-Code zugreifen zu können, sowie Identifikationsparameter für Satelliten und Unterrahmen. Erst in den Worten 3 bis 10 folgen dann die eigentlichen Nachrichten wie:
- Uhrparameter: Parameter zur Korrektur der Satellitenuhr auf die GPS-Systemzeit, einschließlich GPS-Wochennummer und Gesundheitszustand (Health) des Satelliten (1. Unterrahmen),
- Ephemeriden (Broadcast Ephemeris): Parameter zur Berechnung der für die Messung gültigen Satellitenkoordinaten (2. und 3. Unterrahmen),
- Ionosphärenmodell: Aktuelle Parameter zur Berechnung des ionosphärischen Laufzeiteinflusses in einem globalen Modell mit 50% Genauigkeit (4. Unterrahmen), wichtig für Nutzer von Einfrequenz-Empfängern,

- Zeitparameter zur allgemeinen Umrechnung zwischen Weltzeit UTC und GPS-Zeit, die aktuelle Satellitenkonfiguration usw. (4. Unterrahmen) und
- Almanach: Parameter zur näherungsweisen (Voraus-)Berechnung aller Satellitenbahnen im System einschließlich Gesundheitszustand (4. und 5. Unterrahmen), nicht vollständig in einer Message von 30 s übertragbar!

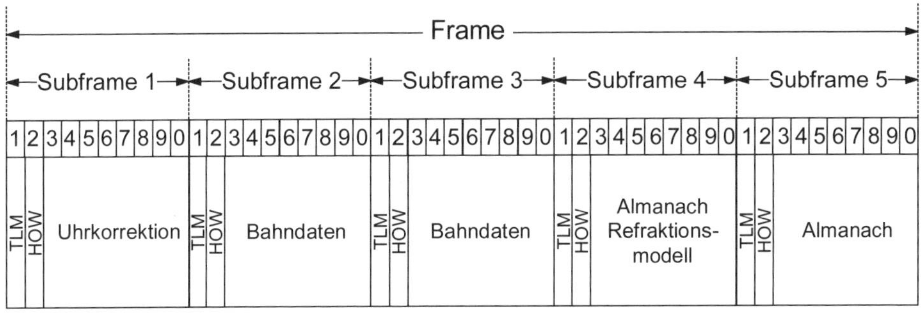

Bild 11-11: Ein Frame der Navigationsnachricht

Um z.B. eine GPS-Messkampagne vorzuplanen, benötigt man den Almanach des kompletten Systems. Auf Grund seines Datenumfangs ist dieser auf 25 Seiten (Pages) der Unterrahmen 4 und 5 verteilt. Es müssen also 25 Navigationsnachrichten (Frames) nacheinander übertragen werden, bei denen die Subframes 1 bis 3 unverändert bleiben, die Subframes 4 und 5 aber jeweils andere Pages enthalten. Die Abfolge der 25 Frames heißt Masterframe; die Gesamtübertragungszeit beträgt 12,5 Minuten.

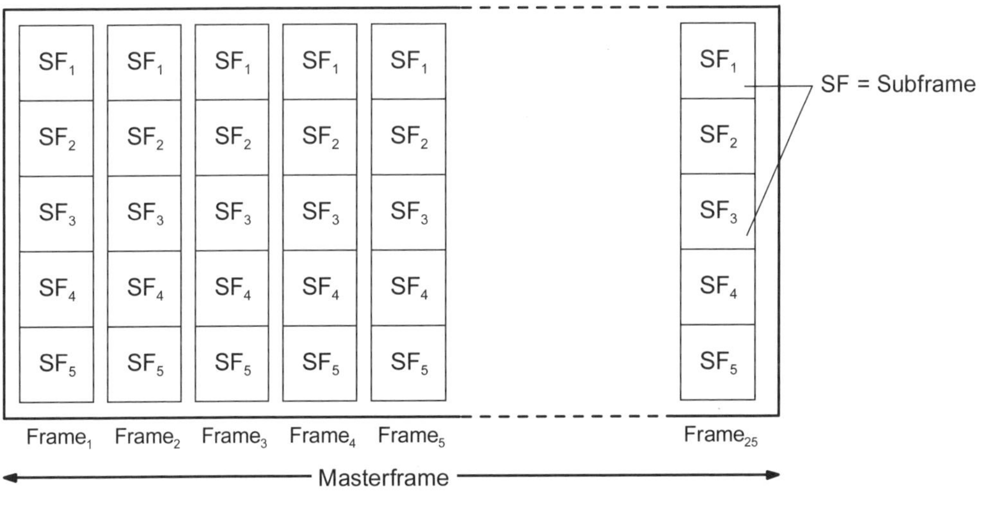

Bild 11-12: Masterframe der Navigationsnachricht

Im Zusammenhang mit dem P(Y)-Code wurde bereits die permanente Systemsicherungsmaßnahme des Anti-Spoofing (A-S) angesprochen. Prinzipiell gibt es eine weitere, mittlerweile ausgeschaltete Maßnahme, nämlich die Selective Availability (SA). Sie beeinflusste sowohl die hier diskutierte Navigation Message durch Verschlechterung der Satelliten-Koordinaten als auch die anderen Signalkomponenten durch Clock Dithering, also einer verfälschten Satellitengrundfrequenz zur ungenaueren Geschwindigkeitsschätzung. Nichtautorisierte Nutzer konnten sich nur ca. 100 m genau absolut positionieren, statt derzeit 10 m. Auf geodätische Messungen mit neueren GPS-Empfangssystemen wirken sich beide Sicherungsmaßnahmen praktisch kaum noch aus.

11.3.1.5 Phasenmodulation der Träger mit PRN-Codes und Datensignal

Aus Binärdaten der Menge $\{0;1\}$ werden in einem Signalgenerator rechteckige PRN- oder Daten-Signale mit den Zuständen +1 oder −1 generiert. Diese lassen sich dem sinus- oder cosinusförmigen Trägersignal derart überlagern, dass bei jedem Zustandswechsel ein Phasensprung von 180° bzw. π eintritt und bei gleichbleibendem Zustandswert die Trägerphasen kontinuierlich verlaufen. Man spricht von einer Binary Biphase Modulation oder vom Binary Phase Shift Keying (BPSK).

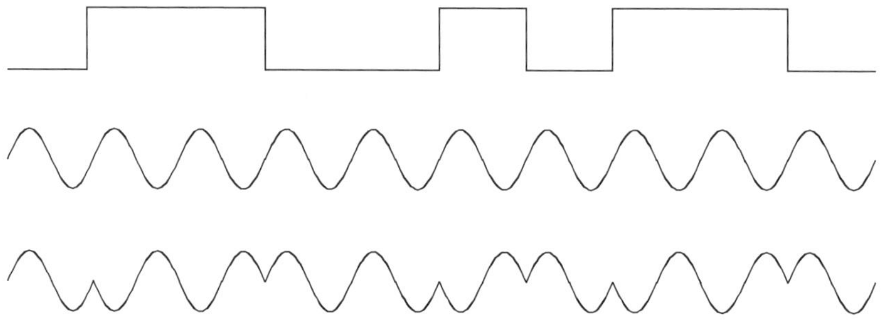

Bild 11-13: Phasenmodulation des Trägers mit einem PRN-Code

Wenn die als PRN-Codes gegebenen C/A- und P-Code-Signale

$$\begin{aligned} C &= C(t), \quad C(t) \in \{+1;-1\} \\ P &= P(t), \quad P(t) \in \{+1;-1\} \end{aligned} \tag{11-16}$$

und in einem weiteren Schritt zusätzlich das Datensignal

$$D = D(t), \quad D(t) \in \{+1;-1\} \tag{11-17}$$

jeweils mit der Sinus- und Cosinus-Trägerwelle L_1 sowie der Sinus-Trägerwelle L_2 multipliziert werden, ergibt sich als Gesamtsignal eines Satelliten i:

$$
\begin{aligned}
S^{i}(t) = {} & A_P \cdot D(t) \cdot P(t) \cdot \sin 2\pi\Phi_1(t) \\
& + A_P \cdot D(t) \cdot C(t) \cdot \sin 2\pi\,(\Phi_1(t) + 0{,}25)\;. \\
& + A_{P_2} \cdot D(t) \cdot P(t) \cdot \sin 2\pi\Phi_2(t)
\end{aligned}
\qquad (11\text{-}18)
$$

Hier wird nochmals deutlich, warum die L_1-Trägerwelle auch um 90° verschoben vorliegt: Ihr werden sowohl der P- als auch der C/A-Code getrennt aufmoduliert. Will man im GPS-Empfänger die nicht-modulierten Trägersignale rekonstruieren, ist das Empfangssignal erneut mit den PRN-Codes und Datensignalen zu multiplizieren, wozu diese natürlich bekannt sein müssen.

Neben dem Datensignal liefert also ein Satellit <u>6 Signalkomponenten</u>, aus denen ein GPS-Empfänger im Prinzip 6 Beobachtungsgrößen erhalten kann. Auf Grund unvermeidbarer Hardwarefehler im Satelliten – es seien insbesondere Satellitenuhr-Restfehler genannt – sind die Komponenten mit kleinen Abweichungen behaftet und werden abgestrahlt als:

3 Trägerphasen

$$
\begin{aligned}
\Phi^{i}_{1}(t) &= f_1 t^{i} + d\Phi^{i}_{1}(t) \\
\Phi^{i}_{1^2}(t) &= f_1 t^{i} + 0{,}25 + d\Phi^{i}_{1^2}(t) \\
\Phi^{i}_{2}(t) &= f_2 t^{i} + d\Phi^{i}_{1}(t)\;,
\end{aligned}
\qquad (11\text{-}19)
$$

3 Codephasen

$$
\begin{aligned}
\Phi^{i}_{P_1}(t) &= f_P t^{i} + d\Phi^{i}_{P_1}(t) \\
\Phi^{i}_{C}(t) &= f_C t^{i} + 0{,}25 + d\Phi^{i}_{C}(t) \\
\Phi^{i}_{P_2}(t) &= f_P t^{i} + d\Phi^{i}_{P_2}(t)\;.
\end{aligned}
\qquad (11\text{-}20)
$$

Gemäß (11-15) bis (11-17) werden bei GPS die Trägerwellen der Frequenzen f_1 und f_2 BPSK-moduliert. Dadurch tritt eine <u>Signalspreizung</u> (Spread Spectrum) ein, indem neben f_1 und f_2 weitere Frequenzen entstehen. Die theoretischen Grundlagen solcher Eigenschaften elektromagnetischer Wellen seien an dieser Stelle nicht wiedergegeben; Darstellungen mit GNSS-Bezug liefert beispielsweise BAUER 2003, Allgemeineres findet sich bei PROAKIS 1995 und GOISER 1998.

Die Signalspreizung hängt ab von der in Abschnitt 11.3.1.3 erwähnten Chip-Breite T des aufmodulierten Code-Signals: Maximale Signalstärke ergibt sich für die Trägerfrequenz selbst. Dann fällt sie jedoch über der Frequenzachse nach rechts und links ab und durchläuft mehrere Nullstellen (Bild 11-14). Der Abstand zwischen den ersten Nullstellen ist die Bandbreite B des resultierenden Signals:

$$B = \frac{2}{T} \quad . \qquad (11\text{-}21)$$

Für eine große Chip-Breite T (also auch eine große „Wellenlänge“) des aufmodulierten Codes ist die Bandbreite B relativ schmal. Die Signalstärke ist dicht um die Mittenfrequenz herum konzentriert. Beispiel bei GPS ist der C/A-Code („Wellenlänge“ ca. 300 m) auf f_1. Anders herum ist für eine kleine Chip-Breite T die Bandbreite des resultierenden Signals sehr groß. Dies ist nach Aufmodulation des P(Y)-Codes („Wellenlänge“ ca. 30 m) auf f_1 und f_2 der Fall.

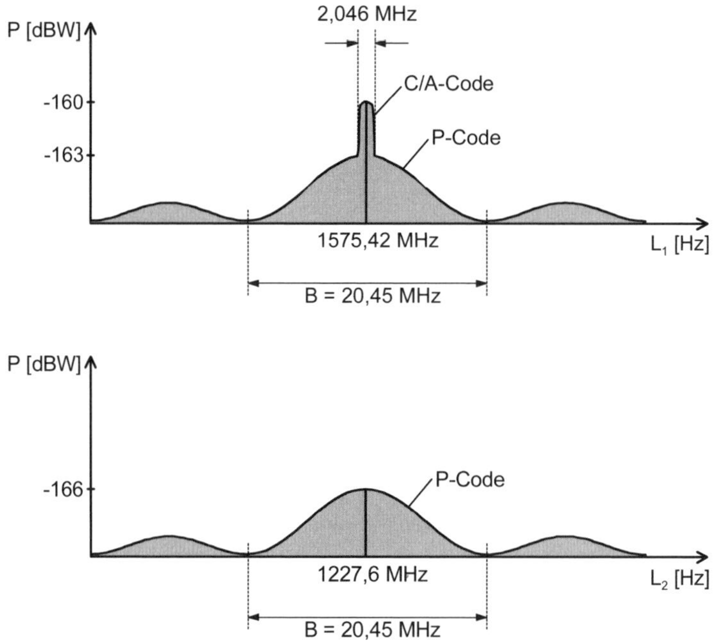

Bild 11-14: Signalspreizung bei GPS (auf 1 Watt bezogener Leistungspegel P)

Der Vorteil einer größeren Bandbreite ist, dass das bewusst gespreizte Signal gegenüber eher schmalbandigen Störern (Jammer) unempfindlicher ist. Außerdem ist durch störwillige Außenstehende kaum erkennbar, ob überhaupt ein Satelliten-Signal ausgestrahlt wird.

Entsprechend ist die Spreizung beim militärisch wichtigen P(Y)-Code größer als beim zivilen C/A-Code. Die USA nutzen dies ggf. auch aktiv, indem sie in Krisengebieten den Zivil-Code (C/A) gezielt schmalbandig stören (Jamming), ohne gleich auch andere, daneben liegende Frequenzen oder überlagerte, breitbandigere Signale (P) unbrauchbar zu machen. Insofern hat man mit Aufgabe der Systemsicherungsmaßnahme „Selective Availability“ (SA) auch eine regional begrenzbare Alternative gefunden und nicht wirklich auf militärische Sicherheit verzichtet.

Bei sehr großer Signalspreizung gibt es überhaupt kein ausgeprägtes Signalmaximum mehr, und das Signal geht im Rauschen unter. (Übrigens liegen die GPS-Signale des Bildes 11-14 auf der Erde bereits unterhalb des thermischen Rauschens.) Durch Korrelation eines empfängerinternen Referenzcodes mit dem aufmodulierten Code kann das Signal dennoch wieder hergestellt werden. Man nutzt dies bei den „Spread Spectrum Radios" etwa für die Übermittlung von GPS-Korrekturdaten einer Referenzstation.

Zusammenfassend seien nochmals alle 6 GPS-Signalkomponenten dargestellt:

	Signal	Frequenz		Wellenlänge
Satellitenuhr		f_0	10,23 MHz	
Trägersignale	L_1	154 f_0	1575,42 MHz	19,0 cm
	L_2	120 f_0	1227,60 MHz	24,4 cm
PRN-Codes	P(Y)	f_0	10,23 MHz	29,31 m
	C/A	0,1 f_0	1,023 MHz	293,1 m
Datensignal	D		50 bps	

11.3.1.6 Satellitenseitige Fehlereinflüsse

11.3.1.6.1 Bahnfehler

Bahnfehler sind die Abweichungen zwischen tatsächlicher Satellitenposition und der aus den „Broadcast Ephemeris" oder den präzisen Ephemeriden berechneten Position. Üblicherweise werden in Echtzeit die Broadcast Ephemeris der Satellitennachricht verwendet; die Bahnfehler liegen dann für GPS und auch für GLONASS bei 3 m.

Die Bahnfehler-Komponente in Richtung auf den Empfänger wirkt sich voll auf die Pseudoentfernung aus. Mittelung über die Zeit und viele Satelliten reduzieren zwar den Einfluss, er bleibt jedoch für eine Absolutpositionierung (Bild 11-1) signifikant.

Bei Relativpositionierungen (Bild 11-4) wirken sich Bahnfehler auf die Pseudoentfernungen zu beiden Empfängern vor allem für kurze Basislinien fast gleichartig aus. Die Geometrie des Dreiecks Satellit – Empfänger 1 – Empfänger 2 verändert sich auf Grund fehlerhafter Satellitenposition wie folgt: Ein (wirksamer) Bahnfehler von 2,5 m beeinflusst die Einfach-Differenz beider Pseudodistanzen mit 0,1 ppm in Bezug auf die Basislinienlänge. Soll eine geodätische Relativpositionierung also 1 cm genau sein, dürften beide Satellitenempfänger in Bezug auf den Broadcast-Bahnfehler maximal 100 km voneinander entfernt sein.

Nutzt man die nach 10 Tagen verfügbaren „Precise Ephemeris“, beträgt die Bahngenauigkeit ca. 5 cm.

Die verschieden genauen Möglichkeiten, sich (vor allem für GPS) Bahndaten zu verschaffen, werden z.B. in ROTHACHER, ZEBHAUSER 2000 aufgeführt. Als Datenquelle sei neben dem GPS-Betreiber insbesondere der Internationale GPS-Service (IGS) erwähnt; siehe auch Abschnitt 11.5.1.

11.3.1.6.2 Uhr- und Hardwarefehler

Fehler der Satellitenuhr und Laufzeitfehler in der Satellitenhardware beeinflussen direkt die (über Phasenlagen) gemessenen Pseudoentfernungen, vergleiche (11-19) und (11-20). Zwar enthält die Navigationsnachricht vorausberechnete Parameter, um die Uhrenfehler hinsichtlich Bias, Drift und Drift Rate zu berücksichtigen, es bleiben jedoch zufällige Restfehler bis zu 20 ns erhalten, was 6 m in einer Pseudoentfernung entspricht.

Wie bei den Bahnfehlern sind Absolutpositionierungen (Bild 11-1) über die Geometrie entsprechend stark beeinflusst.

In (geodätischen) Relativpositionierungen (Bild 11-4) beobachten beide beteiligten Empfänger die Satellitensignale gleichzeitig, und zwar in Bezug auf ihren Sendezeitpunkt. Dann werden die Fehleranteile in der Einfach-Differenz zweier Pseudodistanzen vollständig eliminiert.

11.3.1.6.3 Selective Availability (SA) als Systemsicherungsmaßnahme

Die Maßnahme ist bei GPS seit 2. Mai 2000 abgeschaltet. Im Grundsatz umfasst sie eine willkürliche Verschlechterung (Degradation)

- der Broadcast Ephemeris, so dass die Bahndaten 10 - 40 m ungenau sind,
- der Satellitenuhr-Frequenz (Clock Dithering) mit resultierenden Änderungen bis zu 0,2 μsec bzw. 60 m in einer Pseudostrecke.

Absolutpositionierungen erreichen bei angeschalteter SA nur 30 - 100 m Genauigkeit. Relativpositionierungen würden unbeeinflusst bleiben, wenn die Satellitenuhrfehler durch Einfach-Differenzen der Beobachtungen eliminiert und bessere Bahndaten z.B. vom IGS bezogen werden. Selbst bei Verwendung der verfälschten Bahndaten würde der relative Positionsfehler im Mittel (!) bei ca. 1 ppm der Basislinie bleiben.

Für die neuen GPSIII-Satelliten soll offenbar ganz auf die Fähigkeit einer Selective Availability verzichtet werden, was sicher wegen der alternativen Möglichkeit lokaler Störungen (Jamming, siehe auch Abschnitt 11.3.1.5) relativ leicht fällt.

Bei GLONASS gibt es keine Selective Availability, und bei Galileo ist keine geplant.

11.3.1.6.4 Anti-Spoofing (A-S)

Die Verschlüsselung des P-Codes bei GPS in einen geheimen Y-Code ist unter Abschnitt 11.3.1.3 bereits angesprochen worden und soll eine unautorisierte Nutzung oder bewusste Verfälschung zum Schaden der NATO verhindern. Die möglichen GPS-Beobachtungen werden hierdurch nicht wie bei SA mit zusätzlichen Fehlern beaufschlagt, sondern für zivile Nutzer stehen ganz einfach weniger GPS-Beobachtungsgrößen zur Verfügung, nämlich nur der C/A-Code. In geodätischen Empfängern lassen sich allerdings neben L_1- auch L_2-Trägerwellen rekonstruieren.

A-S ist bei GPS dauerhaft angeschaltet, wird aber im Laufe der GPS-Modernisierung für zivile Nutzer durch zusätzliche Signale unkritischer werden. GLONASS und Galileo kennen A-S in dieser Form nicht.

11.3.2 Signalausbreitung

11.3.2.1 Signal-Laufzeit vom Satelliten zum Empfänger

Wird zum Zeitpunkt t^t von der Satellitenantenne ein bestimmter Signalzustand (Signalphase) abgestrahlt, breitet er sich etwa mit Lichtgeschwindigkeit im Raum aus und erreicht eine Empfangsantenne zum Zeitpunkt

$$t_r = t^t + T, \qquad (11\text{-}22)$$

wobei T gemäß der Maxwellschen Gleichungen die Signallaufzeit ist. Die von einer GPS-Antenne empfangene Signalphase ist folglich gleich der am Satelliten abgestrahlten Phase; ihre Beobachtung entspricht einer Beobachtung der Satellitenuhr (<u>Phase-Zeit-Beziehung</u>).

Sämtliche Beobachtungsgrößen lassen sich als Phasenmessungen und damit als Messung der Signalsendezeiten interpretieren. Dennoch wird sehr häufig statt von Codephasen- und von Trägerphasen-Beobachtungen nur von Code- und von Phasen-Messungen gesprochen.

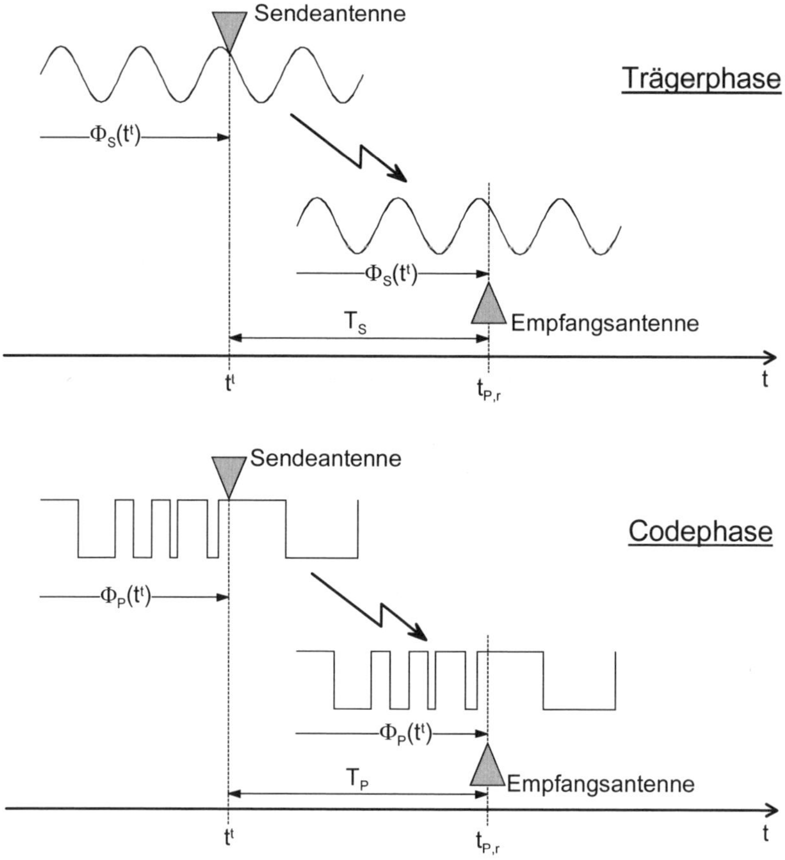

Bild 11-15: Phase-Zeit-Beziehung für abgestrahlte und empfangene Signale

Zu obigen Darstellungen ist anzumerken:

- Abgestrahlte und empfangene Phase können nur dann als identisch angenommen werden, wenn der Dopplereffekt auf Grund der Relativbewegung zwischen Satellit und Empfänger (wie hier) zunächst unberücksichtigt bleibt.
- Es sei auf bestehende relativistische Effekte hingewiesen, welche allerdings die getroffenen Aussagen nicht weiter beeinflussen: Auf Grund des unterschiedlichen Potentials von Satellit und Erde wird die Abstrahlfrequenz entsprechend angeglichen. Die Relativbewegungen zwischen Satelliten und Erde sind für geodätische Messungen bis 2000 km Basislinienlänge in dieser Beziehung vernachlässigbar.
- Man findet vielfach Darstellungen mit einer stehenden Welle zwischen Satellit (dort mit Nulldurchgang) und Empfänger (dort mit Phasenreststück). Auf Grund der Eigenbewegung des Satelliten wird an dieser Stelle auf eine derartige Interpretation verzichtet.

11.3.2.2 Ausbreitungseffekte

Die Signalausbreitung im konkreten Umfeld der Erdatmosphäre und -topographie entspricht natürlich nicht dem Vakuum, sondern unterliegt Abweichungen auf Grund

- ionosphärischer Laufzeiteinflüsse,
- troposphärischer Laufzeiteinflüsse,
- Mehrwegeausbreitungen,
- Beugungserscheinungen,
- Antenna Imaging Effekten,
- Phasenzentrumsvariationen,
- interferierender Fremdsignale.

11.3.2.2.1 Ionosphäre

Sie ist ein elektrisch geladener, also ionisierter Teil der Atmosphäre in einem Höhenbereich von etwa 60 bis 1000 km. Ihr Einfluss auf die Laufzeit elektromagnetischer Wellen lässt sich als Effekt 1. Ordnung proportional zu $1/f^2$ modellieren. Die Effekte höherer Ordnung sind vernachlässigbar, so dass zu einer empirischen Erfassung Beobachtungen auf zwei unterschiedliche Frequenzen f_1 und f_2 genügen, wie man weiter unten in Gleichung (11-25) sieht. Zu den Grundlagen siehe Abschnitt 5.1.2.2.2 und GNSS-bezogen siehe z.B. WANNINGER 1993 oder SEEBER 2003:

Einfluss auf die Phasenlaufzeit (Trägerphasensignal wird beschleunigt)

$$dt_{I_\varphi} = -\frac{A}{f^2}\int_R^S N_e(s)ds = -\frac{C_I(t)}{f^2} \qquad (11\text{-}23)$$

Einfluss auf die Gruppenlaufzeit (Codephasensignal wird verzögert):

$$dt_{I_g} = +\frac{A}{f^2}\int_R^S N_e(s)ds = +\frac{C_I(t)}{f^2} \qquad (11\text{-}24)$$

Mit

A	= Konstante
N_e	= Elektronendichte, also Elektronenanzahl pro Volumeneinheit
$\int_R^S ...ds$	= Integral über den Strahlenverlauf Empfänger R → Satellit S
f	= Frequenz des Trägersignals

Der Ionisierungsgrad, also der Elektroneninhalt $\int N_e$, ändert sich signifikant mit

– der Tageszeit	Tag : Nacht $\approx$ 5 : 1
– der Jahreszeit	Herbst : Sommer $\approx$ 4 : 1
– der Sonnenfleckenaktivität (in einigen Jahren überhöht)	Max : Min $\approx$ 5 : 1
– der geomagnetischen Aktivität	unregelmäßig
– dem Elevationswinkel der Beobachtung	Horizont : Zenit $\approx$ 3 : 1 .

Ein unkorrigierter Ionosphäreneinfluss kann folgende Abweichungen erzeugen:

- code-basierte Pseudoentfernungen: 2 ... 150 m,
- geodätisch bestimmte Einfach-Differenz aus 2 Empfängern: 0,1 ... 5 ppm.

Je nach Verfahren werden Laufzeiteinflüsse wie folgt korrigiert:

- auf Grund aktueller, globaler Ionosphärenparameter in der Navigationsnachricht der Satelliten (geophysikalisch begründetes Modell von Klobuchar)
- zusätzlich durch differentielle bzw. relative Beobachtungen auf zwei GNSS-Empfangsstationen, unter der vereinfachenden Annahme gleicher Signalausbreitungsbedingungen für beide Strahlwege
- durch Zweifrequenzmessungen unter Nutzung des dispersiven Effektes der Ionosphäre
- durch lokale bzw. regionale Modellierung auf Grund permanenter Beobachtungen in GNSS-Referenznetzen, wie sie z.B. von der deutschen Landesvermessung (SAPOS) betrieben werden

Mit dem dispersiven Effekt ist eine wichtige Eigenschaft der ionosphärischen Laufzeitverzögerung angesprochen: ihre Frequenzabhängigkeit. Die Träger L_1 und L_2 (mit ihren aufmodulierten Codes) werden unterschiedlich verzögert. Aus diesem Unterschied lässt sich durch Anwendung der Gleichungen (11-23) oder (11-24) auf 2 Frequenzen f_1 und f_2 der tatsächliche Laufzeiteinfluss auf L_1 bzw. L_2 ableiten. Verwendet man einen autorisierten Militärempfänger oder – auf anderem Wege – einen geodätischen Empfänger, kann man die Signale beider Frequenzen beobachten. Aus den „roh" gemessenen, auf den tatsächlichen Laufzeiten basierenden Strahlenwegen R_{L1} und R_{L2}, also aus Zweifrequenzmessungen, lässt sich dann eine ionosphärische Entfernungskorrektur, hier z.B. $dR_{I,L1}$, abschätzen:

$$dR_{I,L1} = \frac{dR_{I,L1} - dR_{I,L2}}{1 - \frac{f_1^2}{f_2^2}} = \frac{R_{L1} - R_{L2}}{1 - \frac{f_1^2}{f_2^2}} , \qquad (11\text{-}25)$$

wobei die Differenz der Entfernungskorrekturen der Differenz der beiden Strahlenwege entspricht.

Der Ionosphäreneinfluss spielt neben der Kenntnis der GNSS-Systemparameter die zweitwichtigste Rolle in geodätischen GNSS-Messungen hinsichtlich Genauigkeit und teilweise auch Lösbarkeit. Vor allem seinetwegen sind die heutigen GPS-Empfangssysteme überwiegend Zweifrequenzempfänger.

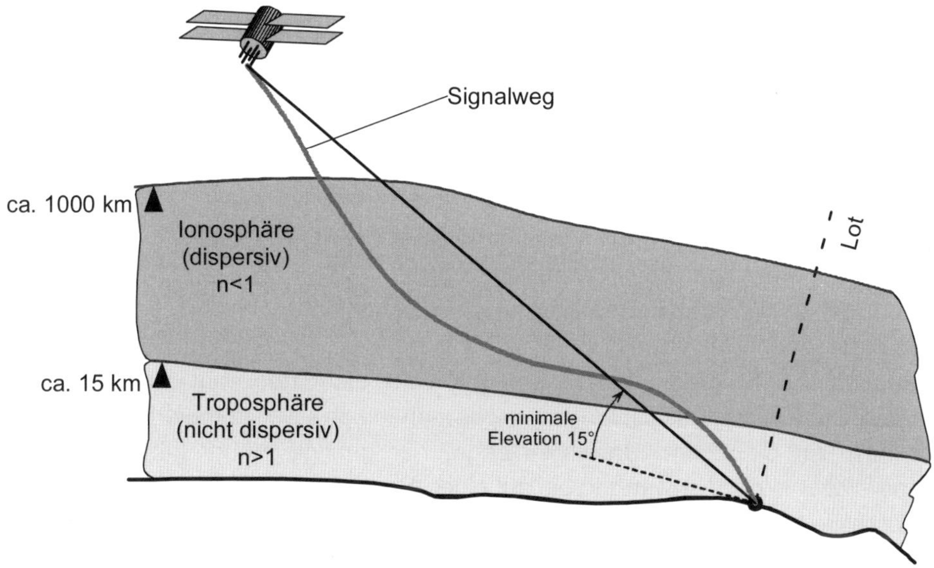

Bild 11-16: Signalweg auf Grund Ionosphäre und Troposphäre

11.3.2.2.2 Troposphäre

Dies ist die „bodennahe" Neutralgaskomponente der Atmosphäre von 0 km bis 15 km Höhe, wobei Grenzen zur darüber liegenden Ionosphäre fließend sind. Für Frequenzen f < 30 GHz ist sie im Gegensatz zur Ionosphäre nicht dispersiv: Die aktuelle Laufzeitverzögerung ist frequenzunabhängig; Phasengeschwindigkeit und Gruppengeschwindigkeit sind identisch. Eine Kombination der unterschiedlichen Frequenzen in L_1 und L_2 kann nicht zu einer Schätzung des Troposphäreneinflusses beitragen.

Details zur Modellierung der Ausbreitung von Mikrowellen finden sich bereits in den Abschnitten 5 und 7. Es sei hier nur zusammenfassend für Satellitenbeobachtungen festgestellt, dass der Troposphäreneinfluss in einen Trocken- und Feuchtanteil mit folgenden Eigenschaften unterteilt wird:

Trockenanteil in Abhängigkeit vom Luftdruck:

- ca. 90% des Gesamteinflusses
- Einfluss im Zenit ca. 2,3 m
- Einfluss am Horizont (5°) ca. 10-fach im Vergleich zum Zenit
- modellierbar mit 0,2% Genauigkeit
- also bleiben 4 - 5 mm Modellfehler in den Strecken zum Satelliten

Feuchtanteil in Abhängigkeit von Temperatur und Luftfeuchtigkeit:

- ca. 10% des Gesamteinflusses
- nur schlecht modellierbar
- wesentlicher Grund für die Begrenzung von GNSS-Beobachtungen auf möglichst 15° Elevation
- Modellierung von Streckenkorrektionen anhand Oberflächendaten einige cm genau möglich
- allerdings sehr aufwendig (Wasserdampfradiometer)

Bei (geodätischen) Relativ-Beobachtungen sind die Streckenmessungen zu den Satelliten über kurze Basislinien troposphärenbedingt stark korreliert. Die Einflüsse fallen also für 5 ... 20 km Basislinienlänge, nur geringe Höhenunterschieden und ruhiges Wetter in der Auswertung bis auf einen Restfehler von vielleicht 0,5 ppm längs der Basislinie heraus.

Für lange Basislinien ab ca. 50 km gibt es fast keine Korrelation mehr, so dass mit cm-Fehlern in den Strecken zu den Satelliten zu rechnen ist. Nutzt man jedoch GNSS-Referenznetze, werden Troposphäreneinflüsse lokal bzw. regional mitgeschätzt, so dass auch lange Basislinien entsprechend korrigierbar sind.

11.3.2.2.3 Mehrwegeausbreitung (Multipathing)

Neben dem direkten Signal vom Satelliten zum Empfänger erreichen den Empfänger auch Umwegsignale, die dann mit dem direkten Signal interferieren.

Zwar gibt es auch Multipathing am Satelliten, dieses ist aber nicht vom Nutzer beeinflussbar und wird zudem bei geodätischen Messungen über kurze Basislinien wieder eliminiert. Bedeutsamer ist die Mehrwegeausbreitung in der Empfangsumgebung. Ihr Einfluss auf Codemessungen kann mehrere Meter und auf Trägerphasenmessungen bis zu ±4,8 cm (L_1) bzw. ±6,1 cm (L_2) betragen (also ein Bereich über eine viertel Trägerwellenlänge).

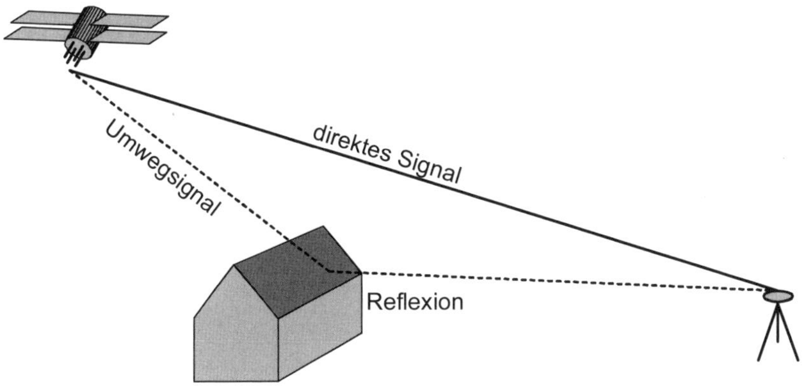

Bild 11-17: Mehrwegausbreitung des Satellitensignals

Das von der Empfangsantenne zum Zeitpunkt t_r aufgenommene Summensignal $S(t_r)_{Summe}$ ergibt sich mit Bezug beispielsweise auf (11-13) gemäß:

$$S(t_r)_{Direkt} = A \cdot \sin 2\pi\Phi(t_r)_{Direkt}$$

$$S(t_r)_{Umweg} = \alpha \cdot A \cdot \sin 2\pi\Phi(t_r)_{Umweg} = \alpha \cdot A \cdot \sin 2\pi[\Phi(t_r)_{Direkt} + \Delta\Phi(t_r)]$$

$$\begin{aligned} S(t_r)_{Summe} &= A \cdot \sin 2\pi\Phi(t_r)_{Direkt} + \alpha \cdot A \cdot \sin 2\pi[\Phi(t_r)_{Direkt} + \Delta\Phi(t_r)] \\ &= S(t_r)_{Direkt} + S(t_r)_{Umweg} = C(t_r) \cdot \sin 2\pi[\Phi(t_r)_{Direkt} + \delta\Phi(t_r)] \end{aligned}$$

(11-26)

$S(t_r)$ = Signale zum Empfangszeitpunkt t_r
A = Amplitude des direkten Signals
α = Dämpfung des Umwegsignals, mit $0 \leq \alpha \leq 1$
$C(t_r)$ = Amplitude des Summensignals
$\Phi(t_r)$ = Phasenlagen zum Empfangszeitpunkt t_r, mit $0 \leq \Phi \leq 1$
$\Delta\Phi(t_r)$ = Phasendifferenz zwischen Umwegsignal und direktem Signal
$\delta\Phi(t_r)$ = Phasendifferenz zwischen Summensignal und direktem Signal

Zu beurteilen sind also der Fehler $\delta\Phi(t_r)$, der in den Code- bzw. Trägerphasenbeobachtungen enthalten ist, und die zugehörige Amplitude C des Summensignals. Gleichung (11-26) gilt für jede Phasenlage $\Phi(t_r)_{Direkt}$, also auch für die ausgewählten Werte $\Phi(t_r)_{Direkt} = 0$ (keine Phasenverschiebung) und $\Phi(t_r)_{Direkt} = 1/4$ (Verschiebung um einen Viertelzyklus). Setzt man diese Werte in (11-26) fest, erhält man zwei Bestimmungsgleichungen

$$\Phi(t_r)_{Direkt} = 0: \qquad 0 + \alpha \cdot A \cdot \sin 2\pi[\Delta\Phi(t_r)] = C(t_r) \cdot \sin 2\pi[\delta\Phi(t_r)] \tag{11-27}$$

$$\Phi(t_r)_{Direkt} = 0{,}25: \quad A + \alpha \cdot A \cdot \sin 2\pi[0{,}25 + \Delta\Phi(t_r)] = C(t_r) \cdot \sin 2\pi[0{,}25 + \delta\Phi(t_r)] \ . \tag{11-28}$$

Nach Division von (11-27) durch (11-28) erhält man für den multipathbedingten Fehler in der empfangenen Phasenlage:

$$\delta\Phi(t_r) = \arctan \frac{\alpha \cdot \sin 2\pi[\Delta\Phi(t_r)]}{(1+\alpha) \cdot \cos 2\pi[\Delta\Phi(t_r)]} \ . \tag{11-29}$$

Quadrierung und Summation von (11-27) und (11-28)

$$\alpha^2 \cdot A^2 \cdot \sin^2 2\pi[\Delta\Phi(t_r)] = C^2(t_r) \cdot \sin^2 2\pi[\delta\Phi(t_r)]$$
$$A^2(1+\alpha \cdot \cos 2\pi[\Delta\Phi(t_r)])^2 = C^2(t_r) \cdot \cos^2 2\pi[\delta\Phi(t_r)]$$
$$\alpha^2 \cdot A^2 \cdot \sin^2 2\pi[\Delta\Phi(t_r)] + A^2(1+\alpha \cdot \cos 2\pi[\Delta\Phi(t_r)])^2 = C^2(t_r)$$

ermöglichen dann noch die Auflösung nach der Amplitude C des Summensignals:

$$C(t_r) = A \cdot \sqrt{1 + 2\alpha \cdot \cos 2\pi[\Delta\Phi(t_r)] + \alpha^2} \ . \tag{11-30}$$

Das Verhalten des Summensignals hängt also von den zum Empfangszeitpunkt t_r wirksamen Eigenschaften des Umwegsignals ab, nämlich von Dämpfung α und Phasendifferenz $\Delta\Phi(t_r)$. Entsprechend (vgl. BAUER 2003) lassen sich $\delta\Phi(t_r)$ und $C(t_r)$ graphisch auftragen und interpretieren:

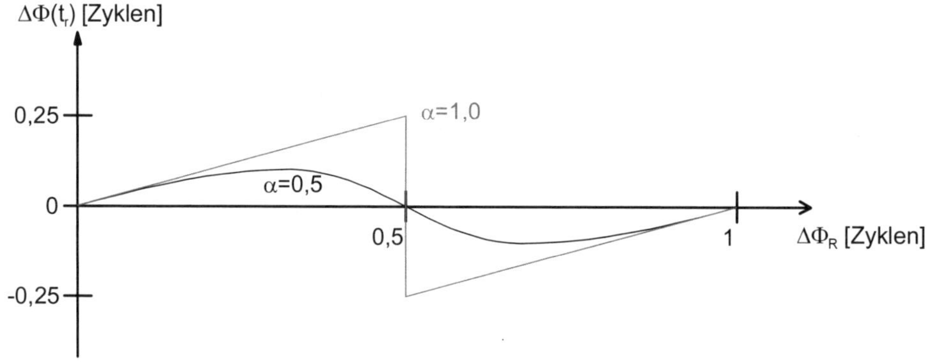

Bild 11-18: Multipath-Phasenfehler des Summensignals in Abhängigkeit von der Phasenverschiebung des Umwegsignals

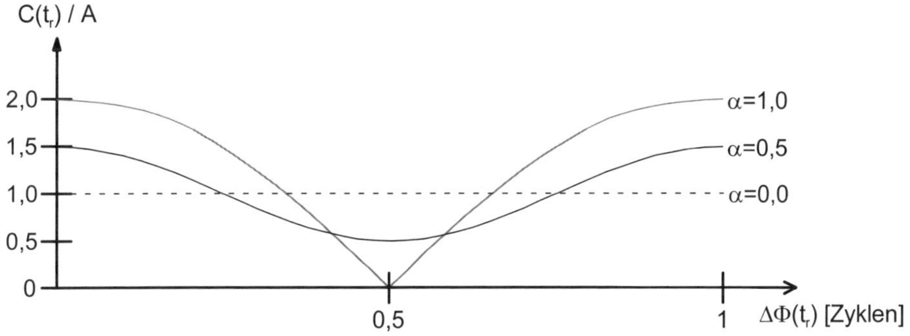

Bild 11-19: Multipath-Amplitude des Summensignals in Abhängigkeit von der Phasenverschiebung des Umwegsignals

Wäre das Umwegsignal überhaupt nicht gedämpft ($\alpha = 1$), läge die Phasenverschiebung $\delta\Phi(t_r)$ bei ¼ Zyklus ($\pm\frac{1}{4}\lambda$). Geodätische Trägerphasenbeobachtungen können also maximal um 4,8 cm (L_1) bzw. 6,1 cm (L_2) und Codephasenbeobachtungen je nach Verfahren 80 - 100 m verfälscht sein. Tatsächlich sind die in der Empfangsumgebung reflektierten Umwegsignale stark gedämpft ($\alpha << 0,5$), so dass für Trägerphasen die Fehler maximal 2 - 3 cm und für Codephasen 1 - 5 m betragen.

Die Multipath-Einflüsse ändern sich ständig mit der Änderung der Satellitengeometrie – und bei nicht-statischen Anwendungen zusätzlich wegen der Ortsveränderung der Empfangsantenne. Sie sind periodisch im Bereich von Minuten bis vielleicht zu einer ½ Stunde. Auf Grund seiner Periodizität ist Multipathing in den Beobachtungsgrößen erkennbar, aber trotz algorithmischer Fortschritte nicht immer leicht zu modellieren – erst recht nicht bei Echtzeitanwendungen. Das Problem sind vor allem Mehrfachreflexionen in der Umgebung; Einfachreflexionen sind wegen der einfachen Phasenumkehr relativ leicht zu beseitigen. Vollständig wiederholt sich ein Mehrwegeeffekt für dieselbe Konfiguration von Satelliten, Objekt und Empfänger (nach 23 h 56 min für denselben GPS-Antennenstandort).

Differentielle oder relative Beobachtungen auf 2 Stationen eliminieren den Mehrwegeeffekt nicht, da er von der individuellen Stationsumgebung abhängt.
Zur teilweisen Vermeidung bzw. Kompensation können folgende Maßnahmen und Techniken dienen (vor allem in geodätischen Messungen):

- Verwendung eines geeigneten Antennen-Designs: Metallische Grundplatten (Ground plate) unter der Antenne bzw. konzentrische, zylindrische Ringe um sie herum (Choke Ring) schirmen Umwegsignale, die von Bodenreflexionen rühren, ab bzw. absorbieren sie. In Standard-Anwendungen findet man diese eher hinderlichen Maßnahmen kaum.

- Wahl eines geeigneten Antennen-Standorts in der Umgebung nicht glatter, nicht nasser, schlecht reflektierender Oberflächen. Beide antennenbezogenen Maßnahmen schirmen aus bestimmten Richtungen eintreffende Mehrwegesignale ab; der gesamte Multipath-Einfluss kann um bis zu 20% reduziert werden.

- Empfänger mit Narrow Correlator™ Technologie: Zur Bestimmung der Phasenlage des empfangenen Signals dient grundsätzlich eine Korrelationsfunktion, die man aus der Multiplikation des Empfangssignals mit einem späten (L = Late), frühen (Early = E) und pünktlichen (Punctual = P) Referenzsignal erhält. L- und E-Korrelationen liegen meist 1 Chip-Breite auseinander. Wenn man diesen Abstand auf z.B. 0,2 Chip verringert, wird der „Empfindlichkeitsbereich" der Korrelatoren reduziert, so dass eine mehrwegbedingte Verformung der Korrelationsfunktion, vor allem im C/A-Code, um bis zu 70% verringert wird (VAN DIERENDONCK et al. 1992).

- Empfängerinterne, mathematische Korrelation des Empfangssignals mit MET™ (Multipath Estimating Technique): Auf Grund von Multipath wird die Korrelationsfunktion zwischen empfangenem und empfängerinternem Referenzsignal asymmetrisch verformt. Über drei oder auch vier (paarweise Early und paarweise Late) Korrelatoren lässt sich dann eine mehrwegbedingte Deformation in der Korrelationsfunktion schätzen und die empfangene Phasenlage um 25 - 50% „verbessern".

- Verfeinerte Schätzung der Deformation in der Korrelationsfunktion des Empfangssignals z.B. mit MEDLL™ (Multi-Path Estimation Delay Lock Loop): Im Empfänger sind – aufwendig und teuer – zehn und mehr Korrelatoren pro Satellitensignal vorhanden. Man kann also genauigkeitssteigernd noch mehr zeitlich gespreizte Korrelationswerte als bei MET ermitteln (beispielsweise zehn). Multipath-Einflüsse lassen sich dann um bis 90% reduzieren. Die beschriebenen empfängerinternen Technologien wurden insbesondere von der Firma NovAtel vorangetrieben; eine umfassende Darstellung hierzu findet sich z.B. in LA CHAPELLE et al. 1996. Siehe hierzu auch Abschnitt 11.3.3.2.2.

- In der mathematischen Nachbearbeitung der Daten lassen sich für statische Messungen Multipath-Modelle für die sich nur auf Grund der Satellitenbewegung veränderlichen Umwegsignale aufstellen. Die Mehrwegeeffekte sind damit bis 80% reduzierbar.

- Bei kinematischen Messungen sind wegen der Antennen-Eigenbewegung kaum strenge Multipath-Modelle aufstellbar. Andererseits verkürzt die Antennen-Bewegung auch die Periodizitäten in den Mehrwegeeffekten, so dass bereits eine zeitliche Mittelung in einem einfachen Bewegungsmodell Verbesserungen von 10 - 60% erbringen kann.

11.3.2.2.4 Signalbeugung (Signal Diffraction)

Wenn ein Satellit gegenüber einer GNSS-Empfangsantenne durch ein Gebäude, einen Baum usw. abgeschattet wird, erreicht kein direktes Satellitensignal den Empfänger, möglicherweise aber ein indirektes auf Grund der Beugung an einer Objektoberkante.

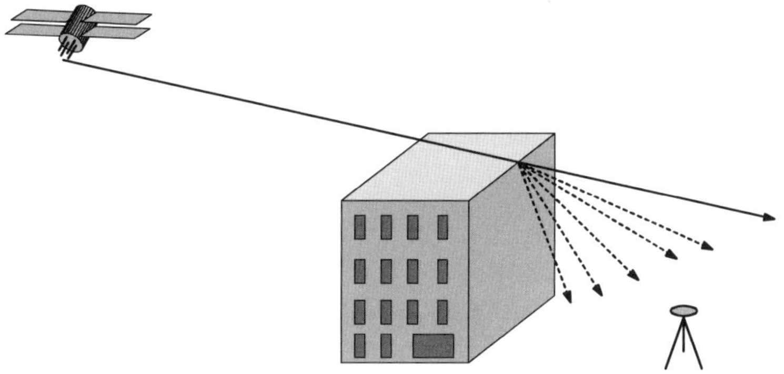

Bild 11-20: Beugung eines Satellitensignals an einem Objekt in der Empfangsumgebung

Der Weg des empfangenen indirekten Signals ist länger als derjenige des direkten, und zwar, bei Trägerphasenmessungen, durchaus um mehrere cm. Dies gilt für jede Signalkomponente gleichermaßen, so dass der Effekt frequenzunabhängig ist. Da durch die Beugung nur ein Teil des Originalsignals den Empfänger erreicht, ist die Signalamplitude grundsätzlich geringer als beim direkten Signal, während diese bei Multipath schwankt. Damit ist das Signal-Rausch-Verhältnis kleiner und damit das Problem möglicherweise erkennbar.

Auch die Signalbeugung ist stationsabhängig und wird deswegen nicht durch differentielle bzw. relative Beobachtungen eliminiert. Der Effekt ist für dieselbe Konfiguration von Satelliten, Objekt und Empfänger reproduzierbar und lässt sich bei längeren statischen Messungen minimieren. Ein interessantes Beispiel hierzu ist in WANNINGER et al. 2000 dargestellt.

11.3.2.2.5 Antenna Imaging

Befindet sich ein elektrisch leitendes Objekt, also ein metallisches oder nasses Bauwerk, einige Meter von der Empfängerantenne entfernt, erzeugt dies ein Abbild der Antenne. Überlagernd kommt hinzu, dass die Antenne selbst ein elektrisches Feld aufbaut, welches von besagtem Objekt reflektiert wird. Im Ergebnis wird die Antennencharakteristik verändert, so dass das Phasenzentrum prinzipiell im Zentimeterbereich verschoben sein kann.

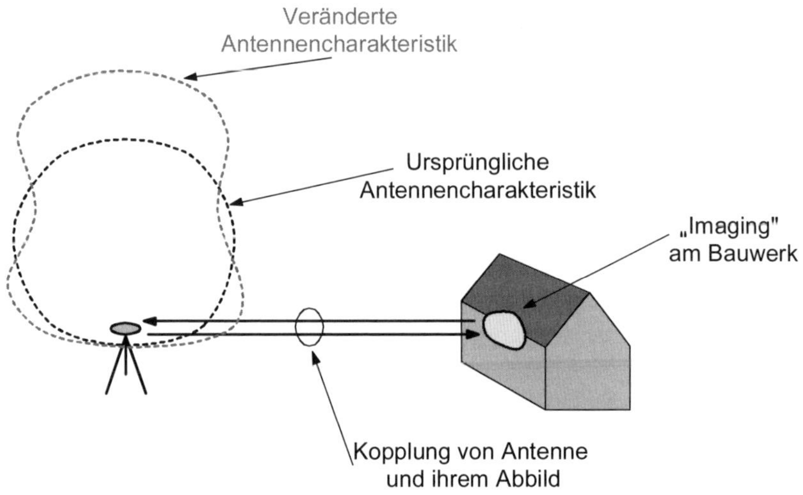

Bild 11-21: Antenna Imaging

Der Effekt verhält sich ähnlich wie das Multipathing und ist nicht modellierbar, siehe z.B. GEORGIADOU, KLEUSBERG 1988. Er wird jedoch durch moderne Antennendesigns weitgehend unterdrückt. Zusätzlich sollte man für GNSS-Beobachtungen möglichst Punkte auswählen, in deren unmittelbarer Nähe sich keine großen leitenden Objekte befinden.

11.3.2.2.6 Antennenphasenzentren

Die Ergebnisse von GNSS-Beobachtungen beziehen sich auf die elektromagnetisch wirksamen Phasenzentren. Diese weichen durch einen Raumvektor vom mechanischen Zentrum der Antenne (Antenna Reference Point, ARP) im Bereich einiger mm bis hin zu cm ab und sind folglich für präzise geodätische GNSS-Messungen relevant. Werden mehrere Frequenzen empfangen, z.B. L_1 und L_2 bei GPS, gibt es auch mehrere Phasenzentren.

Die Abweichungen sind abhängig vom Typ der Antenne und werden je nach Genauigkeitsforderung behandelt als

- Phasenzentrum-Offset in Bezug auf ein mittleres Phasenzentrum (Mean Phase Center, MP) und ggf. zusätzlich als
- Phasenzentrum-Variation (Phase Center Variation, PCV), vor allem abhängig von Elevation und Azimut der einfallenden Signale.

Für Messungen über kurze Basislinien mit demselben Antennentyp (also mit derselben Charakteristik) lässt sich der Einfluss weitgehend eliminieren, indem man alle Antennen gleich ausrichtet.

Die Antennen sollten kalibriert sein, wenn unterschiedliche Antennentypen verwendet oder lange Basislinien beobachtet werden, die Antennen also erdkrümmungsbedingt gegeneinander geneigt sind.

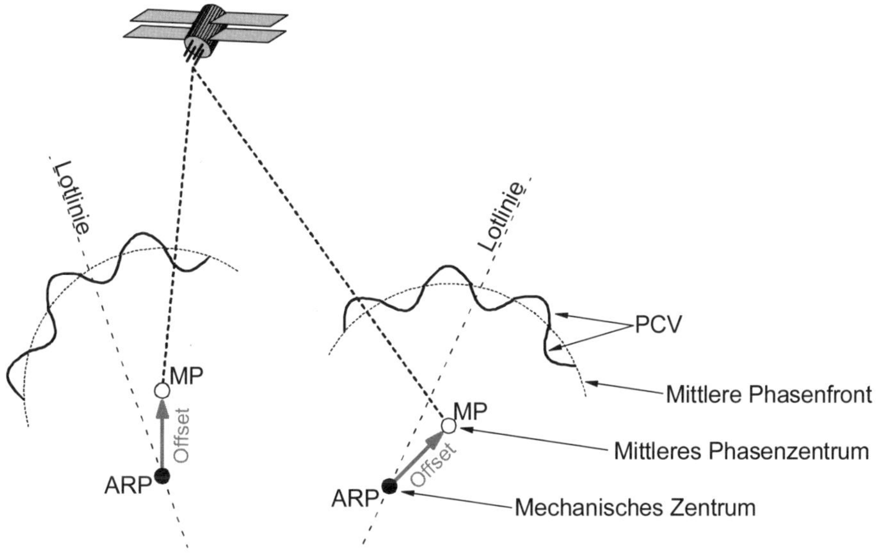

Bild 11-22: Offset und Variation von Antennen-Phasenzentren, hier für lange Basislinien

Neben Kalibrierungen im Labor finden auf der GNSS-Nutzerseite vor allem Feldkalibrierungen statt, und zwar relativ oder absolut.

Eine relative Kalibrierung erfolgt zwischen Antennenpaaren. Die Antennen werden dicht benachbart aufgestellt, damit die Signalausbreitung beides Mal gleich ist. Wenn über minimal 24 Stunden statisch beobachtet wird, kann man bei bekanntem Basislinienvektor einen Offset (Vektor), eine elevationsabhängige (Polynom) bzw. eine elevations- und azimutabhängige Variation (Kugelfunktion) bestimmen. Eingehendere Diskussionen finden sich bei WANNINGER 2002b.

Absolute Kalibrierungen liefern so genannte Nullantennen und ermöglichen einen freizügigeren Antenneneinsatz, insbesondere wenn beliebige Nutzer fest installierte GNSS-Referenzstationen einbeziehen. Absolut-Kalibrierungen sind dadurch gekennzeichnet, dass die zu untersuchende Antenne um definierte Beträge verdreht und ggf. gekippt wird:

Ein konstanter (Lage-)Offset lässt sich bestimmen, indem eine Antenne einer Basislinie zwischen mehrfachen statischen Messungen jeweils einen bestimmten Winkel um ihre Vertikalachse verdreht wird. Die ermittelten GNSS-Relativ-Positionen beschreiben ggf. einen Kreis um das geometrische Zentrum, dessen Radius der Offset des Phasenzentrums ist. Die antennenbezogene Richtung des Phasenzentrums ergibt sich zudem aus dem Vektor zwischen einer Einzelposition und dem Kreismittelpunkt.

Aufwendiger ist ein robotergestütztes Kalibrierverfahren, bei welchem die Antenne auf einem Roboterarm sitzt und unter quasi unveränderter Satellitengeometrie um definierte Azimute und Elevationswinkel gedreht und geneigt wird. In WÜBBENA et al. 2000 wird ein entsprechend ausgereiftes Verfahren näher beschrieben.

11.3.3 GNSS-Empfängerfunktionalität

11.3.3.1 Empfängerstruktur

Aus dem in der Empfangsantenne aufgenommenen und verstärkten Satellitensignal werden im GNSS-Empfänger die einzelnen Signalkomponenten durch verschiedene Operationen rückgewonnen:

- Es werden leichter auswertbare Zwischenfrequenzen erzeugt, indem das hochfrequente Eingangssignal mit einem empfängerinternen Referenzsignal gemischt wird.
- Über eine (digitale) Bandpassfilterung werden die interessierenden Satellitensignale von den Signalen anderer Satelliten bzw. von Fremdsignalen getrennt.
- Auf Grund Korrelation mit intern erzeugten Referenzsignalen werden dann als Messgrößen in so genannten Tracking Loops (Regelschleifen) die Codephasen und ggf. Trägerphasen gewonnen und nachgeführt.
- Zusätzlich dient ein Daten-Demodulator der Gewinnung der Navigationsnachricht.

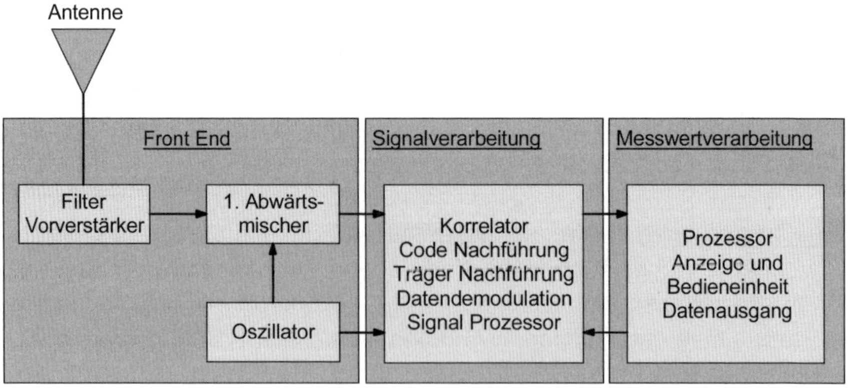

Bild 11-23: Architektur eines (geodätischen) GNSS-Empfängers

11.3.3.2 Signalverarbeitung im Empfänger

Der Signalfluss im Empfänger ergibt sich gemäß dem Entwurf in Bild 11-24 (siehe z.B. EISSFELLER 1995) nach folgenden Schritten:

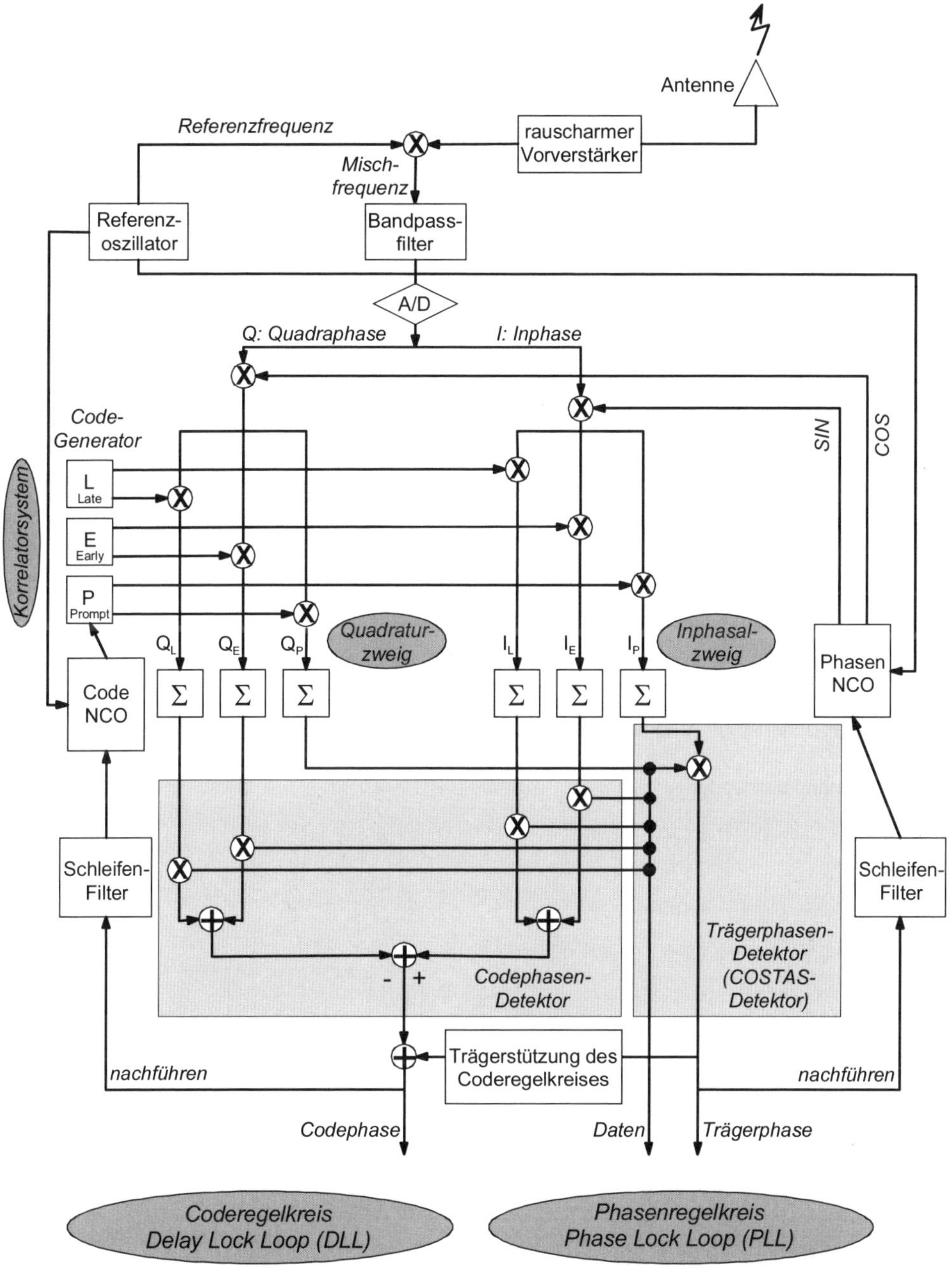

Bild 11-24: Signalverarbeitung in einem Kanal eines GNSS-Empfängers

11.3.3.2.1 Mischung, Filterung und Digitalisierung der Signale

Die in der Antenne empfangenen Signale einer Frequenz f, also z.B. das C/A-Code- oder das P(Y)-Code-Signal eines GPS-Satelliten, werden zunächst rauscharm vorverstärkt (Low Noise Amplifier, LNA). Mit Hilfe einer Referenzfrequenz $f_0 = f\text{-}f_m$ werden sie dann zwecks günstigerer Auswertung auf eine Frequenz f_m heruntergemischt.
Um störende, nicht zuletzt durch die Mischung entstandene Frequenzen auszuschalten, wird dann ein Bandpassfilter durchlaufen, welches auf die jeweiligen Codefrequenzen, also 1,023 MHz für C/A bzw. 10,23 MHz für Y(P) bei GPS, abgestimmt sein muss. Die Filterabstimmung muss auch Dopplerverschiebungen auf Grund der Satellitenbewegung, die im Prinzip bekannt ist, und einer möglichen Antennenbewegung berücksichtigen. Letztere ist zunächst unbekannt und kann z.B. beim Flugzeug groß sein; deswegen wird in einem speziellen, kinematischen Modus die Filterbandbreite meist weiter geöffnet.
Die analog gemischten Signale durchlaufen dann einen Analog-Digital (A/D)-Wandler und werden danach in einen Inphasalzweig (in-phase, I-Komponente) und einen Quadraturzweig (quadra-phase, Q-Komponente) aufgetrennt. Die unveränderte I-Komponente wird sodann mit dem Sinus der Träger(zwischen)frequenz gemischt, während die um 90° phasenverschobene Q-Komponente mit dem Cosinus der Träger(zwischen)frequenz gemischt wird. Die genaue Zwischenfrequenz des Trägers wird durch die Nachführung des Phasen-NCO (Numerically Controlled Oscillator) im Trägerphasenregelkreis, abhängig von Dopplerverschiebung und Phasenlage, erzeugt.

11.3.3.2.2 Korrelation von Empfangs- und Referenzsignal

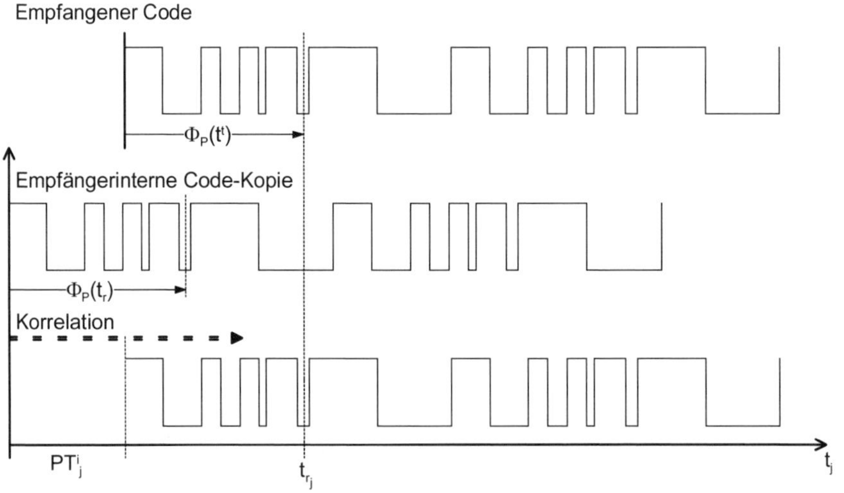

Bild 11-25: Code-Korrelation

Der jeweilige auszuwertende Code muss im Empfänger bekannt sein (vergleiche hierzu die Situation von C/A-Code und P(Y)-Code beim Global Positioning System). Vom Grundsatz her liefert der empfängerinterne Codegenerator eine Signalkopie, die gegenüber dem empfangenen Code so lange verschoben wird (Bild 11-25), bis ein immer wieder gerechneter Korrelationswert zwischen beiden Signalen maximal wird (Bild 11-26).

Diese Kreuzkorrelation läuft zeitlich gestaffelt ab, indem ein Schieberegister z.B. eine späte (Late, L), eine frühe (Early, E) und eine pünktliche (P, Prompt, Punctual) Code-Kopie bereitstellt, die dann mit den Empfangssignalen im Inphasal- und im Quadraturzweig multipliziert werden (Bild 11-24). Nach Summation über ein bestimmtes Zeitintervall ist über 6 Signale (I_L, I_E, I_P, Q_L, Q_E, Q_P) ein Teil einer Kreuzkorrelationsfunktion schätzbar (Bild 11-26).

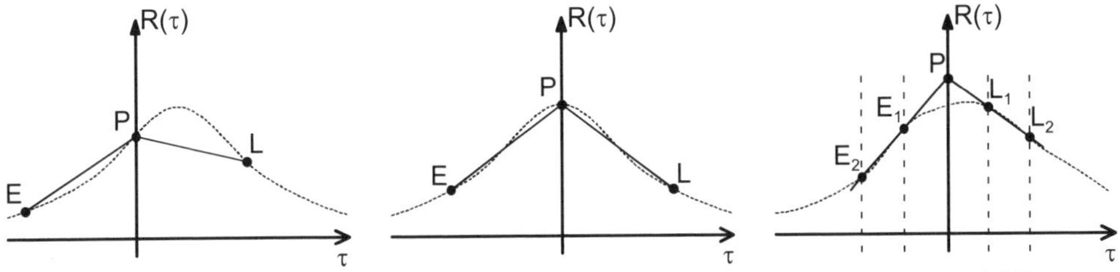

Bild 11-26: Korrelationsfunktionen: Signal verschoben; Signale deckungsgleich; vier Korrelatoren und Mehrwegeeinfluss

Unter Multipatheinfluss ist die Kreuzkorrelationsfunktion asymmetrisch deformiert, siehe hierzu auch Abschnitt 11.3.2.2.3 Wenn eine höhere Korrelator-Anzahl vorhanden ist, beispielsweise 2 Early-Korrelatoren links und 2 Late-Korrelatoren rechts vom Maximum der Kreuzkorrelationsfunktion, lässt sich der Mehrwegefehler und damit ein korrigiertes Maximum modellieren – eingeführt von NOVATEL als Multipath Elimination Technology (MET). In aufwendigen Empfängern wird mit 10 und mehr Korrelatoren die (deformierte) Kreuzkorrelationsfunktion an deutlich mehr Stützpunkten erfasst und der Mehrwegeeinfluss noch sicherer geschätzt. Die Technologie wird – ebenfalls von NOVATEL – Multipath Estimating Delay Lock Loop (MEDLL) genannt.

11.3.3.2.3 Coderegelkreis: Codephasenmessung

Im Bild 11-24 nutzt der Codephasen-Detektor letztlich eine Korrelationsfunktion gemäß Bild 11-26, um die Phasenlage des Empfangssignals gegenüber der Signalkopie zu bestimmen, so dass im Coderegelkreis (Delay Lock Loop, DLL) entsprechend Bild 11-25 die Phasendifferenz auf Null gestellt werden. Die Signale müssen dazu von den Navigationsdaten befreit sein, was z.B. nach Gewinnung der Daten im Trägerphasen-Detektor geschehen kann.

Zusätzlich zur Phasenlage ist noch der Dopplereffekt zu berücksichtigen, welcher auf Grund der Relativbewegung von Satelliten und Empfänger den Takt des empfangenen Codes jederzeit ändert. Für maximale Korrelation muss also zusätzlich der empfängerinterne Codetakt angepasst werden. Die so genannte Coderegelschleife erledigt also über die Ansteuerung des Code-Oszillators (Code NCO)

- die zeitliche Verschiebung der Code-Kopie sowie
- die Variation der Frequenz.

Da sich Geometrie und Geschwindigkeit zwischen Satelliten und Empfänger fortlaufend ändern, muss die Regelschleife Phasenlage und Frequenz permanent nachführen. Ein Tiefpassfilter verhindert dabei ein Überschwingen im Regelkreis.

Der anfängliche Synchronisationsvorgang, bis der Coderegelkreis „gerastet" ist, wird auch Signalakquisition genannt. Danach lassen sich im Empfänger-Prozessor erstmals Pseudolaufzeiten der Codesignale rechnen:

- Die Empfängeruhr wird abgelesen und liefert gemäß Bild 11-25 auf der Empfängerzeitskala als erste Messgröße den

  Empfangszeitpunkt t_{r_j} .

- Für die verschobene Code-Kopie des Empfängers steht zum

  Empfangszeitpunkt t_{r_j}

  als weitere Messgröße die

  erzeugte Codephase $\Phi_P(t_r)$

  bereit. Da die Code-Kopie ja bereits mit dem empfangenen Code maximal korreliert wurde, sind beide Phasenlagen gleich:

  $$\Phi_P(t_r) = \Phi_P(t^t)$$

- Die Phase-Zeit-Beziehung definiert dann über die ermittelte Phasenlage den

  Sendezeitpunkt auf der Satellitenzeitskala: t^{t^i}

- Das Satellitensignal hat damit die

  Pseudolaufzeit $PT_j^i = t_{r_j} - t^{t^i}$,

welche vor allem durch die unterschiedlichen Zeitskalen und formal auch noch durch Mehrdeutigkeiten (vgl. Abschnitt 11.2.2) beeinflusst sein kann. Bei GPS ist der C/A-Code mehrdeutig, nicht jedoch der P(Y)-Code.

Anmerkung: Die tiefgestellten Indices repräsentieren einen GNSS-Empfänger j, in welchem z.B. eine

Zeitmessung t_{r_j}

für das empfangene Signal (r = received) stattgefunden hat. Die hochgestellten Indices bezeichnen einen Satelliten i, der ein bestimmtes Signal zur

Satellitenzeit t^{t^i}

ausgesandt hat (t = transmitted). Jeder Empfänger j und jeder Satellit i besitzt zunächst seine

individuelle Zeitskala t^i bzw. t_j .

11.3.3.2.4 Phasenregelkreis: Trägerphasenmessung und Datendetektion

Wie im linken Teil von Bild 11-24 ersichtlich, sind die empfangenen Trägersignale (Index s) mit einem internen Referenzsignal (Index 0) zu einer „Carrier Beat Phase" „heruntergemischt" worden (Index m). Die Trägerphasen-Detektion findet dann auf der Ebene der Mischfrequenz statt (Bild 11-27).

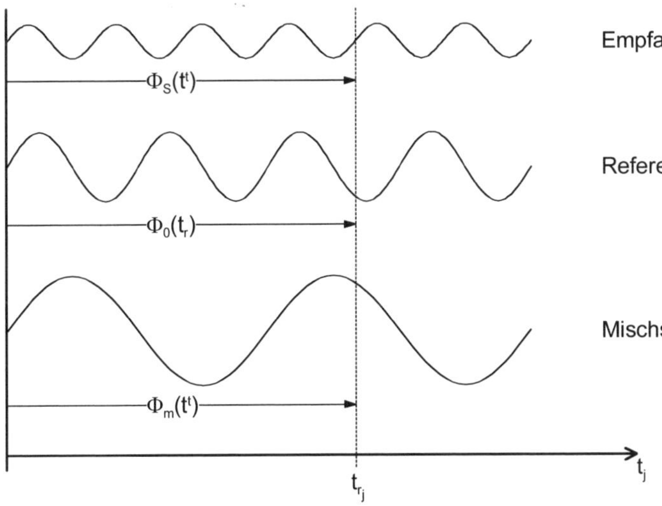

Bild 11-27: Carrier Beat Phase nach Mischung des Trägersignals

Im so genannten COSTAS-Detektor werden die pünktlichen Signale I_P und Q_P durch Multiplikation so kombiniert, dass das Ergebnis ein lineares Maß für die Phasenverschiebung gegenüber der internen Mischsignal-Kopie ist. Die kombinierten Trägersignale sind dabei von der Navigationsnachricht befreit.

Ein wichtiger Nebeneffekt ist, dass bei gerasteten Regelkreisen im COSTAS-Detektor die Navigationsdaten vollständig entschlüsselt und dem Rechenprozessor zur Positionsbestimmung bereitgestellt werden. Ferner kann man die demodulierten Daten dann auch von den Early- und Late-Signalen im Coderegelkreis entfernen, so dass auch hier keine datenbedingten Phasensprünge mehr enthalten sind.

Ähnlich wie bei der Coderegelschleife muss die Phasenregelschleife (Phase Lock Loop = PLL) über die Ansteuerung des Phasen-Oszillators (Phase NCO)

- die Phasendifferenz der Trägersignal-Kopie gegenüber dem Empfangssignal auf Null stellen sowie
- die Frequenz der Trägersignal-Kopie dem Empfangssignal dopplerbedingt anpassen.

Sinus und Cosinus des Oszillator-Signals dienen dann wieder zur Multiplikation mit den Empfangssignalen des Inphasal- und des Quadraturzweiges, so dass der Phasenregelkreis wieder geschlossen wird und gleichzeitig auch eine Kopplung mit dem Coderegelkreis hergestellt ist.
Analog zum Code ändern sich Trägerphasenlage und -frequenz permanent, und die empfängerinterne Signalkopie ist laufend nachzuführen.
Ein eingerasteter Phasenregelkreis gibt schließlich Trägerphasen aus, die sich als Pseudolaufzeiten darstellen lassen:

- Beobachtungsgröße (Bild 11-27) ist die „Carrier Beat Phase“ als Phasenlage $\Phi_m(t_r)$ des Mischsignals zu einem bestimmten Empfangszeitpunkt t_{r_j}:

$$\Phi_m(t_r) = \Phi_s(t^t) - \Phi_0(t_r) - N \quad .$$

  - Die Phase $\Phi_0(t_r)$ des Referenzsignals ist empfängerintern auf Grund der Nominalfrequenz f_0 des Referenzsignals und der Zeitmessung t_{r_j} bekannt:

$$\Phi_0(t_r) = t_{r_j} \cdot f_0 \quad .$$

  - Somit ergibt sich als mehrdeutige Trägerphase:

$$\Phi_s(t^t) - N = \Phi_m(t_r) + t_{r_j} \cdot f_0 \quad .$$

- Mit der nominellen Sendefrequenz f_S liefert die Phase-Zeit-Beziehung dann einen mehrdeutigen Sendezeitpunkt

$$\bar{t}^{t^i} = \frac{\Phi_S(t^t) - N}{f_S} = t^{t^i} - \frac{N}{f_S}$$

N: ganzzahliger Mehrdeutigkeitsparameter für die Wellenlängen zwischen Satellit und Empfänger, gemäß (11-2).

- Zusammen mit dem gemessenen Empfangszeitpunkt t_{r_j} erhält man die mehrdeutige Pseudolaufzeit

$$PT_j^i = t_{r_j} - \bar{t}^{t^i} = t_{r_j} - t^{t^i} + \frac{N}{f_S} \quad . \tag{11-31}$$

Es mag auffallen, dass obige Formeln den Dopplereffekt auf Grund der Relativbewegung von Satellit und Empfänger nicht explizit berücksichtigen. Jedoch werden nur bestimmte Zustände zu bestimmten Zeitpunkten dargestellt – und nicht etwa Phasenänderungen.

11.3.3.2.5 GPS-Beobachtungen unter Anti-Spoofing-Bedingungen

In der Regel ist im Global Positioning System das Anti-Spoofing (A-S) eingeschaltet, neben dem C/A-Code auf L_1 wird nur noch der verschlüsselte Y-Code auf L_1 und L_2 ausgestrahlt (siehe Abschnitt 11.3.1.3). Damit ist für zivile Nutzer die Voraussetzung nicht erfüllt, dass empfängerintern die Codes bekannt sein müssen.

Der Massenmarkt der Einfrequenz-Navigationsempfänger kann also nur den C/A-Code nutzen.

Geodätische Empfänger müssen zur Wiederherstellung der Trägerwellen ebenfalls die Codes kennen, so dass sie prinzipiell (nach Entfernung des C/A-Codes) auch nur auf L_1 messen könnten. Allerdings ist das Interesse an Zweifrequenzmessungen (weniger am P-Code) in der Geodäsie immer hoch gewesen, um die Ionosphäre besser modellieren zu können. Also sind für diese ohnehin aufwendigeren Empfänger im Laufe der Zeit Alternativen entwickelt (und wieder abgelöst) worden, welche sich zunutze machen, dass

- der Y-Code auf L_1 und L_2 gemeinsam auftritt bzw.
- im Y-Code einige (bekannte) P-Code-Abschnitte über ca. 2 ms enthalten sind.

Wichtige Techniken bei geodätischen Zweifrequenzempfängern waren bzw. sind:

Squaring
Dieser Ansatz war das erste – geodätische – Gegenmittel zu A-S und ist überholt. Die L_2-Signale wurden quadriert, so dass Codierung und Datennachricht herausfielen. Damit war L_2 auf Trägerphasenebene auswertbar, bei halbierter Wellenlänge und schlechterem Signal-Rausch-Verhältnis. Die verwertbaren Satellitensignale waren:

- C/A-Codephase auf L_1
- L_1-Trägerphase auf C/A
- stärker verrauschte, halbe L_2-Trägerphase auf Y

Code Aided Squaring
Die auf L_2 im Y-Code enthaltenen P-Code-Teile werden zunächst mit einer internen P-Kopie korreliert, bevor das L_2-Signal quadriert wird. Der Signalumfang entspricht dem nicht-codegestützten Squaring, jedoch bei geringerem Rauschen.

Kreuzkorrelation
Die Y-codebedingten Phasensprünge müssen auf L_1 und L_2 identisch sein. Andererseits treffen L_1- und L_2-Signale ionosphärenbedingt zu verschiedenen Zeiten im Empfänger ein. Durch Verschiebung beider Signale gegeneinander ist das Maximum einer Kreuzkorrelation zu finden. Damit erhält man Laufzeit- bzw. Phasenunterschiede zwischen den Signalen beider Frequenzen und kann damit indirekt Code- und Trägerphasen auf L_2 wiederherstellen, allerdings mit geringerer Qualität als bei Originalmessungen:

- C/A-Codephase auf L_1
- Y-Codephase auf L_2 = C/A-Codephase auf L_1 plus Phasendifferenz L_2-L_1
- L_1-Trägerphase auf C/A
- L_2-Trägerphase auf Y = L_1-Trägerphase auf C/A plus Phasendifferenz L_2-L_1

P-Code-gestützte Kreuzkorrelation
Analog dem Code Aided Squaring kann man zunächst vor der Kreuzkorrelation die P-Code-Ausschnitte korrelieren.

P-W-Tracking
Das von Javad Ashjaee des damaligen Empfänger-Herstellers ASHTEC eingeführte Verfahren korreliert grundsätzlich die im Y-Code versteckten P-Code-Abschnitte mit dem empfängerinternen P-Code und ermittelt in Coderegelschleifen stückweise Codephasen. Damit einhergehend werden in Phasenregelkreisen stückweise Trägerphasen ermittelt. Die Beobachtungsgrößen sind dieselben wie bei einem „echten" Y-Code-Empfänger, wenngleich mit etwas verminderter Qualität:

- C/A-Codephase auf L_1
- Y-Codephase auf L_1
- Y-Codephase auf L_2
- L_1-Trägerphase auf C/A
- L_1-Trägerphase auf Y
- L_2-Trägerphase auf Y

11.3.3.2.6 Trägerstützung des Coderegelkreises

Code- und Phasenregelkreis sind grundsätzlich gekoppelt. Ferner stützen die detektierten Trägerphasen den Coderegelkreis häufig noch zusätzlich (rechts in Bild 11-24):

Begrenzung der Bandbreite im Coderegelkreis

Zum einen lässt sich die Bandbreite des Coderegelkreises gerade auch für kinematische Anwendungen (z.B. Flugzeug) begrenzen, so dass kein zu großes Code-Rauschen entsteht. Hingegen kann man die Bandbreite im Phasenregelkreis unbedenklicher aufweiten, da wegen der kleineren (Träger-)Wellenlänge der Rauscheinfluss niedriger bleibt. Entsprechend dient also eher der Phasenregelkreis zur dynamischen Nachsteuerung der Signalfrequenzen.

Glättung der Codephasen durch Trägerphasen

Außerdem lassen sich die grundsätzlich stärker verrauschten Codephasen mit Hilfe der geringer verrauschten Trägerphasen glätten. Dies sei auf Pseudodistanz-Ebene nachfolgend dargestellt, wobei zum Zusammenhang zwischen Codephasen und Pseudodistanzen auf Abschnitt 11.4.2 verwiesen wird.

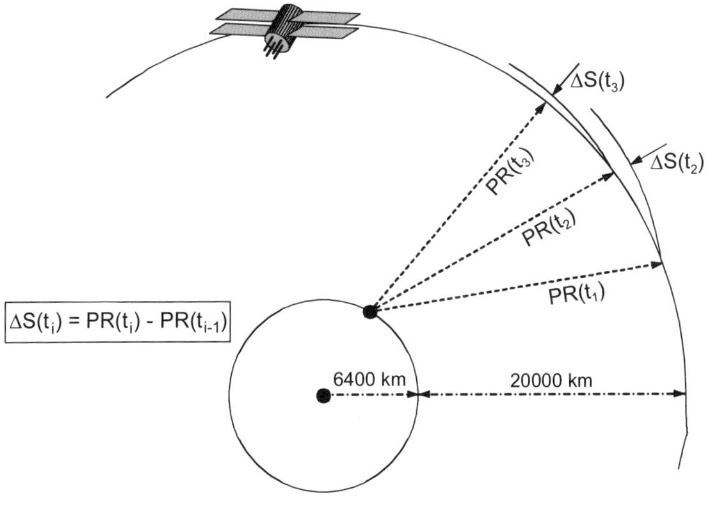

Bild 11-28: Codephasenglättung durch Trägerstützung

Allein auf Grund der Satellitenbewegung ändern sich gemäß Bild 11-28 laufend die Pseudodistanzen. Diese zeitlichen Änderungen ΔS sind einige Meter ungenau, wenn man sie direkt aus den stark verrauschten Pseudodistanzen bestimmen würde. Werden die ΔS jedoch aus zeitlichen Trägerphasenänderungen gerechnet, sind sie dezimeter-genau, was man zur Glättung der aufeinanderfolgend beobachteten Pseudodistanzen verwenden kann. Absolute Strecken aus Trägerwellen sind nicht erforderlich, man benötigt also keinen reinen geodätischen Empfänger.

Standardabweichung einer Pseudodistanz $PR(t_i)$ aus Laufzeitmessung	$s_0 \approx 3\,\mathrm{m}$
Standardabweichung einer Pseudodistanz-Änderung $\Delta S(t_j)$ aus Trägerphasenänderungen	$s_\Delta \approx 0{,}1\,\mathrm{m}$

<u>Pseudodistanz-Glättung (über ein einfaches kinematisches Modell):</u>

$$\overline{PR}(t_2) = \frac{1}{2}\left[PR(t_2) + PR(t_1) + \Delta S(t_2)\right] \qquad s_2 \approx \frac{s_0}{\sqrt{2}}$$

$$\overline{PR}(t_3) = \frac{1}{3}\left[PR(t_3) + 2 \cdot \left[\overline{PR}(t_2) + \Delta S(t_3)\right]\right] \qquad s_3 \approx \frac{s_0}{\sqrt{3}}$$

$$= \frac{1}{3}\left[PR(t_3) + PR(t_2) + PR(t_1) + 2 \cdot \Delta S(t_3) + \Delta S(t_2)\right]$$

$$\vdots$$

$$\overline{PR}(t_n) = \frac{1}{n}\left[\sum_{i=1}^{n} PR(t_i) + \sum_{i=2}^{n} (i-1) \cdot \Delta S(t_i)\right] \qquad s_n \approx \frac{s_0}{\sqrt{n}}$$

Dabei gilt nach dem Varianz-Fortpflanzungsgesetz unter der vereinfachenden Annahme, dass aufeinander folgende Messungen unkorreliert seien, für die <u>Standardabweichung einer geglätteten Strecke</u> $\overline{PR}(t_n)$:

$$s_n = \sqrt{\frac{s_0^2}{n} + \frac{s_\Delta^2}{2} - \frac{s_\Delta^2}{2n}} \approx \frac{s_0}{\sqrt{n}} \qquad \text{wegen} \qquad s_\Delta << s_0$$

$s_\infty \approx \frac{s_\Delta}{\sqrt{2}}$ als maximal erreichbare Genauigkeit.

11.4 Mess- und Auswerteverfahren

11.4.1 Pseudoentfernungen als grundsätzliche GNSS-Beobachtungsgröße

Wie oben gesehen, lassen sich sowohl Code- als auch Trägerphasenmessungen formal als (ggf. mehrdeutige) Pseudolaufzeitmessungen darstellen. Nach Skalierung mit der Lichtgeschwindigkeit c im Vakuum ergeben sich dann mehrdeutige Pseudoentfernungen

$$PR_{sj}^{i} = c(t_{r_j} - t^{t^i}) - \frac{c}{f_s} d\Phi_s{}^i + \frac{c}{f_s} d\Phi_{sj} + \frac{c}{f_s} N_{sj}^{i}$$

$$= c(t_{r_j} - t^{t^i}) - \lambda_s d\Phi_s{}^i + \lambda_s d\Phi_{sj} + \lambda_s N_{sj}^{i} \quad . \tag{11-32}$$

Der Index s kennzeichnet Größen, die von einem bestimmten Signal s wie z.B.

$$s_{GPS} \in \left\{ P_1(Y_1), P_2(Y_2), C/A, L_1, L_{1^2}, L_2 \right\}$$

abhängen. λ_s ist die nominelle Wellenlänge des jeweiligen Signals.

Hardwareeinflüsse im Satelliten und im Empfänger sind bereits als Fehler

$$d\Phi_s{}^i \text{ und } d\Phi_{sj}$$

in den Phasenmessungen modelliert, während im Ausdruck

$$c(t_{r_j} - t^{t^i})$$

neben der geometrischen Entfernung zwischen Satellit und Empfänger noch die Einflüsse der Ausbreitungsbedingungen und der beiderseitigen Uhrenfehler enthalten sind. In der nachfolgenden Diskussion von GNSS-Beobachtungsgleichungen wird

$$c(t_{r_j} - t^{t^i})$$

dann noch weiter zerlegt.

11.4.2 GNSS-Beobachtungsgleichung

Als grundsätzliche, nichtlineare Beobachtungsgleichung für ein empfangenes Signal s lässt sich mit allen relevanten und zumeist unbekannten Einflüssen formulieren:

$$PR_{s_j}^{i}(t_r) =$$

$+\left\|\vec{R}_j^{i}(t_r)\right\|$	Raumstrecke zwischen Satellit und Empfänger
$-c \cdot \left(dt^{i}(t^{t}) + \frac{d\Phi_s^{i}(t^{t})}{f_s} \right)$	Satellitenuhrfehler und -hardwarefehler
$+c \cdot \left(dt_j(t_r) + \frac{d\Phi_{s_j}(t_r)}{f_s} \right)$	Empfängeruhrfehler und -hardwarefehler
$+c \cdot dT_{Iono,s_j}^{i}(t_r)$	Ionosphäreneinfluss
$+c \cdot dT_{Tropo_j}^{i}(t_r)$	Troposphäreneinfluss
$+c \cdot dT_{Multi,s_j}^{i}(t_r)$	Multipath-, Imaging-, Phasenzentrumseinflüsse
$+\lambda_s \cdot N_{s_j}^{i}(t_r)$	Mehrdeutigkeit
$+\varepsilon_{s_j}^{i}(t_r)$	Zufällige Messfehler

(11-33)

Die einzelnen Komponenten sind je nach Mess- und Auswerteverfahren durch extern bekannte Parameter zu modellieren (z.B. anhand der Satellitenmessage), als Unbekannte zu schätzen oder lassen sich durch geschickte Differenzbildungen eliminieren bzw. minimieren. Detailliertere und umfassende Informationen zu Aufstellung und Lösung der Beobachtungsgleichungen stehen in WÜBBENA 1991.

11.4.2.1 Geometrie

Gemäß Bild 11-29 beinhaltet der Raumvektor

$$\vec{R}_j^{i}(t_r) = \vec{X}^{i}(t^{t}) - \vec{X}_j(t_r) \qquad (11\text{-}34)$$

die meist unbekannten Empfängerkoordinaten $\vec{X}_j(t_r)$, welche ja überwiegend der Grund für eine GNSS-Messung sind, sowie die im Prinzip bekannten Satellitenkoordinaten $\vec{X}^{i}(t^{t})$.

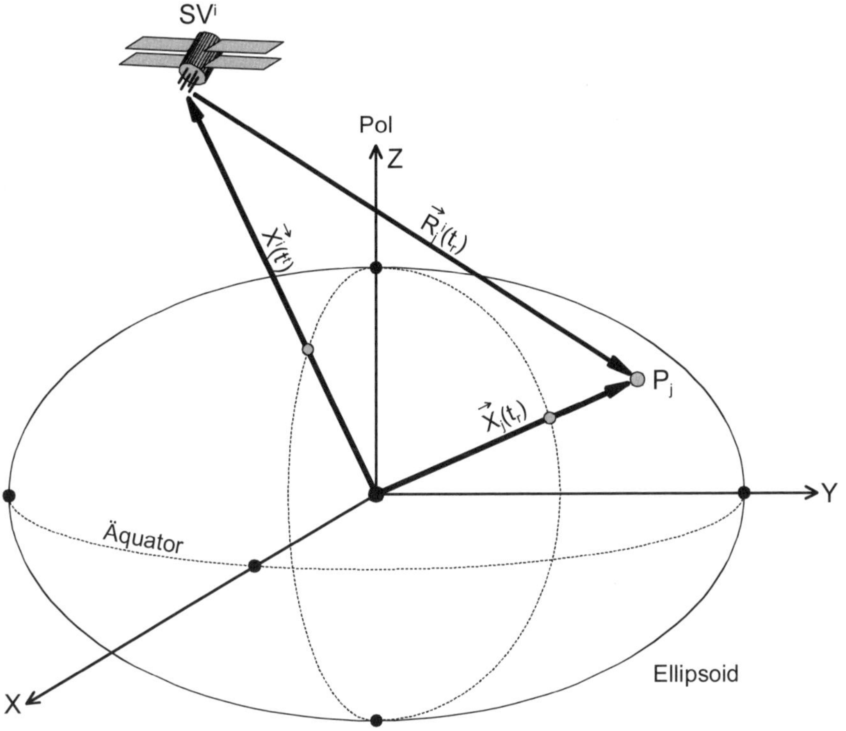

Bild 11-29: Raumvektoren in einer GNSS-Lösung

In der Auswertung von GNSS-Beobachtungen ist zu beachten,

- dass das korrekte Referenzsystem zugrunde liegt (z.B. WGS 84 bei GPS),
- ob eine stationäre oder kinematische Beobachtung vorliegt, also ob sich die Empfängerposition über der Zeitachse t_r ändert, oder die Bedingung einer zeitlich unveränderten Position eingeführt werden kann,
- auf welcher Basis die Bahnmodellierung für die Satellitenkoordinaten erfolgt.

Bei GPS beispielsweise erhält man die Satellitenkoordinaten

- entweder aus den vorausberechneten, mit der Satellitennachricht abgestrahlten Ephemeriden (Broadcast Ephemeris) oder
- genauer, aber später, aus Beobachtungen der realen Satellitenbahn bestimmten, präzisen Ephemeriden (Precise Ephemeris).

Ein Bahnfehler $d\vec{X}^i$ (siehe auch unter Abschnitt 11.3.1.6) wirkt sich auf die Raumstrecke $\vec{R}_j^i$ als Entfernungsfehler gemäß folgendem Skalarprodukt aus:

$$dR_j^i = \frac{\vec{R}_j^i}{\left|\vec{R}_j^i\right|} \cdot d\vec{X}^i \tag{11-35}$$

Solange z.B. bei GPS die Systemsicherung „Selective Availability“ (SA) ausgeschaltet bleibt, können die „Broadcast Ephemeris“ problemlos verwendet werden, wenn nicht etwa großräumige, präzise Vermessungsnetze landes- oder kontinentweit zu bestimmen sind. Insbesondere falls SA einmal eingeschaltet sein sollte, ist es zudem hilfreich, in die GNSS-Auswertung eine zusätzliche Bahnmodellierung aufzunehmen. Dies kann über ein dynamisches Satellitenbahnmodell oder ein „Short Arc“-Modell mit den Bahnfehlern als Funktion von 6 Keplerbahnparametern geschehen.

11.4.2.2 Satellitenuhrfehler und -hardwarefehler

Beide Fehler, sowohl in der Atomuhr als auch durch signalabhängigen Hardwareeinfluss, sind nicht leicht trennbar und werden deshalb meist zusammengefasst:

- insgesamt abhängig vom Signal s (also frequenzabhängig),
- aber auch zeitabhängig von t^t:

$$\Delta t_s{}^i(t^t) = dt^i(t^t) + \frac{d\Phi_s{}^i(t^t)}{f_s} \quad . \tag{11-36}$$

11.4.2.3 Empfängeruhrfehler und -hardwarefehler

Sie werden analog den Satelliten für die empfängerinterne Quarzuhr und den signalabhängigen Hardwareeinfluss zusammengefasst:

$$\Delta t_{sj}(t_r) = dt_j(t_r) + \frac{d\Phi_{sj}(t_r)}{f_s} \quad . \tag{11-37}$$

Dieser Fehlerbetrag ist deutlich größer als für die Satelliten. Insbesondere die Empfängeruhrfehler ändern sich stark über die Zeit (cm-Einflüsse über einige Sekunden) und sind schwierig (z.B. über Polynome) zu modellieren. Deshalb sind sie vor allem bei geodätischen Anwendungen für jede Messepoche immer wieder erneut zu schätzen.

Die Hardwarefehler variieren über die Zeit deutlich geringer und sind z.B. als Konstante einfach modellierbar.

11.4.2.4 Laufzeiteinflüsse bzw. Ausbreitungsfehler

Sie sind unter Abschnitt 11.3.2.2 bereits grundsätzlich angesprochen worden und ergeben sich dadurch, dass

- das durchlaufene Medium kein Vakuum ist und
- der Signalpfad durch andere Einflüsse geometrisch verfälscht wird.

Sie lassen sich zwar zusammenfassen als

$$dT_{Ausbr,s_j}^{\ i}(t_r) = dT_{Iono,s_j}^{\ i}(t_r) + dT_{Tropo_j}^{\ i}(t_r) + dT_{Multi,s_j}^{\ i}(t_r) \quad , \qquad (11\text{-}38)$$

sind aber je nach Ansatz getrennt zu modellieren, zu schätzen, zu eliminieren oder aber als Restfehler zu akzeptieren:

- Ionosphäre: signalabhängig; bei differentieller/relativer Messung abhängig von der Stationsentfernung; Einfluss schätzbar aus Zweifrequenzmessungen; sonst Verwendung eines aktuellen Ionosphärenmodells
- Troposphäre: signalabhängig; bei differentieller/relativer Messung abhängig von der Stationsentfernung; Einfluss des lokalen Wetters; meteorologisch modellierbar; Verwendung und in Einzelfällen eigene Erfassung meteorologischer Daten
- Mehrwegeausbreitung: signalabhängig; abhängig von der Stationsumgebung; minimierbar durch Antennenwahl und Algorithmen zur Signalfilterung
- Variation des Antennenphasenzentrums: signalabhängig; antennenabhängig; Minimierung durch Orientierung bzw. Kalibrierung der Antennen
- Imaging der Antenne: signalabhängig; abhängig von der Stationsumgebung; minimierbar durch Antennenwahl

11.4.2.5 Mehrdeutigkeit

Mehrdeutigkeiten (Ambiguities) N sind ganzzahlig und geben in der originären Beobachtungsgleichung an, wie viele ganze Wellenlängen oder Codelängen die Raumstrecken zwischen Empfänger und Satelliten füllen. Die Mehrdeutigkeiten sind zunächst unbekannt, da in den Empfängern immer nur die Phasenlagen eines Wellen- bzw. Code-Reststückes auswertbar sind. Die Anzahl N_s der Mehrdeutigkeiten ist abhängig vom Signal s, also seiner Wellenlänge bzw. Codelänge.

Die Schätzung der Mehrdeutigkeitsparameter N ist sicher das Hauptproblem bei geodätischen GNSS-Anwendungen bei der Beobachtung von nur ca. 20 cm langen Trägerwellen. Zu Lösungsstrategien finden sich in Abschnitt 11.4.3.3 Hinweise. Ist eine Mehrdeutigkeit N einmal gelöst und ein Satellit wird kontinuierlich weiter beobachtet („getrackt"), ändert sich N zwar auf N±1, N±2 usw. auf Grund der Relativbewegung von Satellit und Empfänger. Die zugehörigen Phasen-Nulldurchgänge können aber leicht mitgezählt werden, so dass nicht immer wieder neue Mehrdeutigkeitslösungen erforderlich sind.

Kurzzeitiger Signalabriss wegen Abschattungen oder zu schneller Antennenbewegungen können jedoch im Empfänger unvollständige Messungen und damit so genannte Phasensprünge (Cycle Slips) zur Folge haben. Der Mehrdeutigkeitsparameter N hat sich in einem solchen Fall sprunghaft geändert und ist mithin zeitabhängig. Die Detektion und Reparatur solcher Cycle Slips ist vielfach ein weiteres Problem geodätischer GNSS-Messungen.

Bei Codemessungen ist eine Mehrdeutigkeit wegen der relativ großen Codelängen (nicht Wellenlängen!) kaum ein Problem. Bei GPS beträgt die metrische Länge des C/A-Codes etwa 300 km, er ist folglich mehrdeutig über die ca. 20 000 km Strecke zwischen Satellit und Empfänger. Beispielsweise liefern aber die Dopplerverschiebungen der einzelnen Satellitensignale bereits eine Positionsschätzung im 100 m-Bereich, so dass eine hinreichend genaue Näherung für eine Positionierung ohne Mehrdeutigkeitsproblem bereitsteht. Der P-Code ist ohnehin nicht mehrdeutig.

11.4.2.6 Zufällige Messfehler

Sie sind signal- und empfängerabhängig. Das so genannte Messrauschen gibt an, wie genau eine Phasenlage aufgelöst werden kann. Es liegt heutzutage bei 1/1000 der Wellenlänge, so dass das Messrauschen für die geodätisch bedeutsamen Trägerphasenmessungen meist unter 1 mm liegt. Dies begünstigt schnelle Mehrdeutigkeitslösungen in Vermessungsanwendungen, wie man sich speziell bei den Ansätzen mit Suchalgorithmen im Abschnitt 11.4.3.3.5 klarmachen kann.

11.4.3 GNSS-Messansätze und ihre Auswertemodelle

Mit den Zusammenfassungen aus (11-36), (11-37) und (11-38) lässt sich die Beobachtungsgleichung (11-33) auch schreiben als

$$
\begin{aligned}
PR_{sj}^{i}(t_r) = {} & \left|\vec{R}_j^{i}(t_r)\right| \\
& - c \cdot \Delta t_s{}^{i}(t^t) + c \cdot \Delta t_{sj}(t_r) \\
& + c \cdot dT_{Ausbr,sj}^{i}(t_r) + \lambda_s \cdot N_{sj}^{i}(t_r) \\
& + \varepsilon_{sj}^{i}(t_r)
\end{aligned}
\qquad (11\text{-}39)
$$

und am Beispiel des Global Positioning System wird diskutiert, wie in verschiedenen Verfahren die rechtsseitigen Unbekannten bzw. Fehler festgesetzt, eliminiert oder geschätzt werden können.

11.4.3.1 GPS-Navigationslösung

Die Navigationslösung (Single Point Solution, SPS) beschreibt die Hauptaufgabe eines GNSS und ist bereits in Bild 11-2 sowie in Gleichung (11-2) vollständig dargestellt.

1 Empfänger beobachtet gleichzeitig mindestens 4 Satelliten, um nicht nur die 3 unbekannten Stationskoordinaten in $\vec{R}_j^{i}(t_r)$, sondern auch den gemeinsamen Empfängeroffset $\Delta t_{sj}(t_r)$ in der Laufzeit bestimmen zu können. Letzterer dient vor allem zur Synchronisation der Empfängeruhr und muss wegen der Ungenauigkeit der Empfänger-Quarzuhr mit jeder Epoche wieder neu geschätzt werden.

In $\vec{R}_j^{i}(t_r)$ sind auch die aktuellen Satellitenkoordinaten enthalten. Sie bleiben durch Bahnfehler verfälscht, deren Einfluss durch Mittelbildung über die Zeit herabgesetzt werden kann. Satellitenbedingte Restfehler in $\Delta t_s{}^{i}(t^t)$ bleiben in dieser Messkonfiguration erhalten, werden allerdings durch Filterung von Mehrfachbeobachtungen über die Zeit im Einfluss minimiert. Die Laufzeiteinflüsse

$$dT_{Ausbr,sj}^{i}(t_r)$$

in der Signalausbreitung werden zunächst bezüglich der Ionosphäre korrigiert. Die in der zivilen GPS-Nutzung typischen Einfrequenzempfänger verwenden hierzu – als grobe Näherung – die Ionosphärenmodell-Parameter in der Satellitenmessage.

Zweifrequenzempfänger, also derzeit Y-Code-fähige Militärempfänger, schätzen den aktuellen Ionosphäreneinfluss durch Laufzeitvergleich der Signale auf L_1 und L_2. Alle weiteren Fehleranteile bleiben – über Minuten-Zeiträume betrachtet – quasi-systematisch enthalten, lassen sich aber über längere Zeiträume durch Mittelung im

Einfluss minimieren. Die Mehrdeutigkeit $N_{sj}^{i}(t_r)$ im Codesignal ist zwar für den C/A-Code bei GPS prinzipiell vorhanden, kann aber wie erwähnt im Voraus bestimmt werden. Die zufälligen Fehlereinflüsse aus $\varepsilon_{sj}^{i}(t_r)$ sowie die sich zeitlich ändernden systematischen Fehleranteile werden – wie bereits mehrfach erwähnt – durch zeitliche Mittelung minimiert. Sie ist bei statischen Messungen, also unbewegtem Empfänger, genauer als im kinematischen Fall, der sich in einem Kalman-Filter auf ein bestimmtes Bewegungsmodell stützt.

Beobachtet werden für die Navigationslösung nur Codephasen, so wie es dem ursprünglichen Design des GPS entspricht. Allein die verbleibenden Fehlereinflüsse, wie Bahnfehler, Uhrenfehler usw., würden den Genauigkeitsgewinn einer denkbaren Trägerphasenmessung wieder völlig zunichte machen.

Navigationslösungen gelingen bei deaktivierter Selective Availability auf 10 m genau und besser.

11.4.3.2 Differentielles GPS (DGPS)

DGPS, oder allgemeiner DGNSS, ist eine Entwicklung der zivilen Nutzergemeinde, um bestimmten Nachteilen der reinen GPS-Navigationslösung zu begegnen:

- Der tatsächliche Ionosphäreneinfluss ist nicht schätzbar, da keine Zweifrequenzmessungen möglich sind.
- Satellitenbezogene Fehler lassen sich nicht eliminieren und verschlechtern vor allem bei aktivierter SA (Selective Availability) über künstlich vergrößerte Bahn- und Uhrenfehler (Clock Dithering) die Positionsgenauigkeiten auf ca. 100 m.

Es beobachten 2 Empfänger gleichzeitig die selben Satelliten auf einem koordinatenmäßig bekannten Punkt, also der Referenzstation, und den Neupunkten mit dem Roving Receiver bzw. Rover. Unter der Annahme, dass beide Empfänger unter gleichen Bedingungen messen, sollen gemeinsam wirkende Fehler eliminiert bzw. minimiert werden. Ein epochenweiser Soll-Ist-Vergleich auf der bekannten Referenzstation liefert Postprocessing- oder Realtime-Korrekturen für den Rover.

Ihre Berechnung und Anbringung erfolgt gemäß Bild 11-30 im einfachsten Fall im Koordinatenraum (WGS 84) für die Roverposition:

$$\begin{aligned}(X,Y,Z)_{\text{Rover,korr.}} &= (X,Y,Z)_{\text{Rover,gem.}} + [(X,Y,Z)_{\text{Ref.,bek.}} - (X,Y,Z)_{\text{Ref.,gem.}}] \\ &= (X,Y,Z)_{\text{Rover,gem.}} + (dX,dY,dZ) \quad . \end{aligned} \tag{11-40}$$

Im Standardfall spielt der Ansatz keine Rolle mehr, da er sehr „global“ ist und die Korrekturen für die einzelnen Pseudostrecken nicht individualisiert. Wenn jedoch, anders als im Ansatz des Bildes 11-30, auf beiden Stationen gar nicht die selben Satelliten sichtbar sind, ist nur eine Korrektur (11-40) im Koordinatenraum möglich. Dies wird z.B. für sehr große Distanzen zwischen Referenz und Rover genutzt.

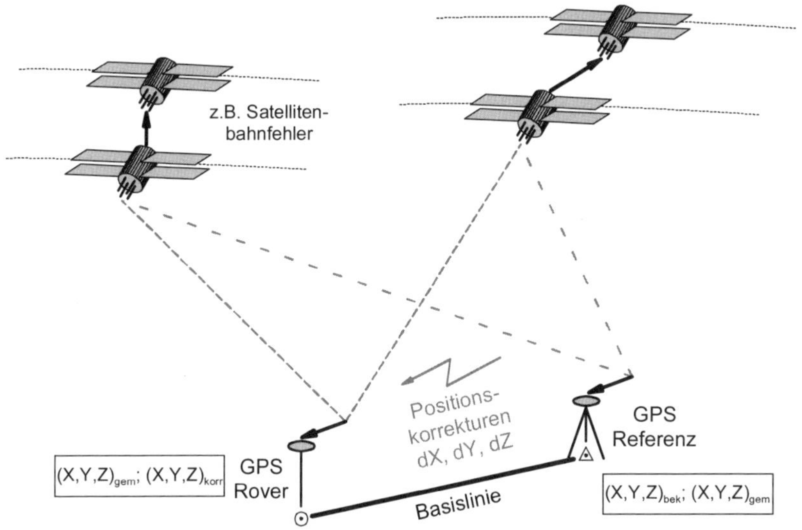

Bild 11-30: DGPS mit Positionskorrekturen

Präziser sind individuelle Korrekturen im Beobachtungsraum, also für die Pseudodistanzen zu den gemeinsam beobachteten Satelliten gemäß Bild 11-31:

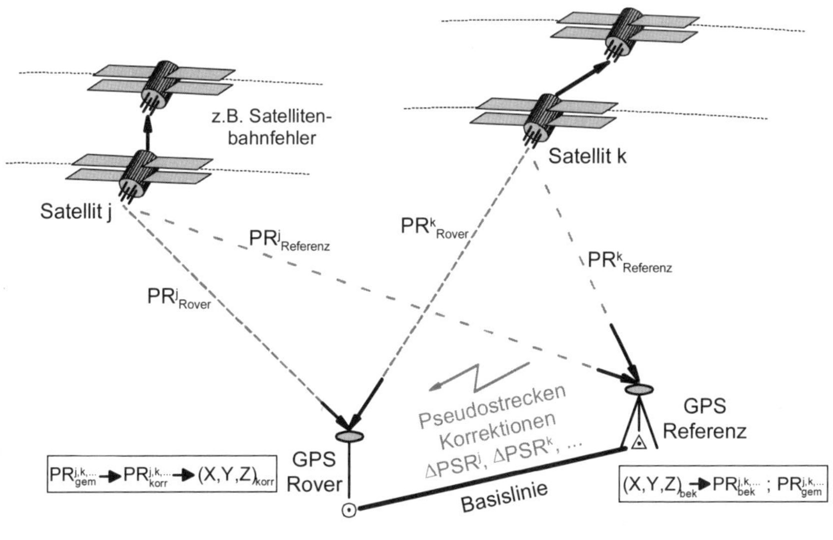

Bild 11-31: DGPS-Korrekturen für Pseudodistanzen

$$(X,Y,Z)_{Rover,korr.} = f(PR^{i}_{korr.}, PR^{j}_{korr.}, PR^{k}_{korr.},\ldots)_{Rover}$$

$$(PR^{i}_{korr.}, PR^{j}_{korr.}, PR^{k}_{korr.},\ldots)_{Rover} = (PR^{i}_{gem.}, PR^{j}_{gem.}, PR^{k}_{gem.},\ldots)_{Rover} + (\Delta PR^{i}, \Delta PR^{j}, \Delta PR^{k},\ldots)$$

$$(\Delta PR^{i}, \Delta PR^{j}, \Delta PR^{k},\ldots) = f^{-1}(X,Y,Z)_{Ref.,bek.} - (PR^{i}_{gem.}, PR^{j}_{gem.}, PR^{k}_{gem.},\ldots)_{Ref.} \quad . \tag{11-41}$$

Bei Korrektur der Pseudodistanzen werden in Gleichung (11-39) ergänzend zur reinen Navigationslösung zwei Haupteinflüsse minimiert:

- die Einflüsse der <u>Bahnfehler</u> in $\vec{R}^{i}_{j}(t_r)$: Man nimmt an, dass die Bahnfehler-Einflüsse auf beiden Stationen gleich seien. Allerdings unterscheiden sich die Bahnfehler-Komponenten in Richtung der Vektoren $\vec{R}^{i}_{Ref.}(t_r)$ und $\vec{R}^{i}_{Rover}(t_r)$ umso mehr, je größer der Abstand zwischen Referenzstation und Rover ist.
- die Fehlereinflüsse $dT_{Ausbr,s_j}^{i}(t_r)$ in der <u>Signalausbreitung</u> hinsichtlich Ionosphären- und Troposphäreneinfluss: Die Annahme ist, dass sich die Signale für Referenzstation und Rover gleichartig ausbreiten. Dies gilt für einen geringen Abstand zwischen Referenzstation und Rover am besten.

Zusätzlich werden noch Satellitenhardwarefehler in $\Delta t_S{}^{i}(t^{t})$ eliminiert. In $\varepsilon_{s_j}^{i}(t_r)$ wirken sich zudem gemeinsame Restfehler nicht mehr so stark aus.
Stationsbezogene Fehleranteile durch Multipath usw. bleiben auch bei differentieller Messung voll erhalten.

DGPS-fähige Empfänger sind im Grundsatz Navigationsempfänger mit zusätzlicher Firmware bzw. Software, um DGPS-Korrekturen zu berechnen und anzubringen. Im einfachsten Fall werden (Code-)Messungen in den Empfängern gespeichert, danach häuslich heruntergeladen, über die GPS-Zeitmarken synchronisiert und für den Rover korrigiert. Im Vordergrund stehen heute Echtzeitlösungen: Die eigene Referenzstation oder Referenzdaten eines kostenpflichtigen Dienstes strahlen über Datenfunk, Mobiltelefon oder Satellit die Korrekturdaten ab, welche im Rover empfangen und verrechnet werden. Die Korrekturen erfolgen wegen der Berechnungs- und Übertragungszeiten verzögert („Latency"), was durch Extrapolation näherungsweise modelliert wird.

Mit DGPS sind Positionsgenauigkeiten von wenigen Metern erreichbar. Wenn im Zuge der GPS-Modernisierung eine zweite zivile Codemessung (L2C) die Ionosphärenmodellierung und auch die Redundanz verbessert, werden die Genauigkeiten von Navigations- und DGPS-Lösung recht ähnlich sein. Die fortlaufenden Soll-Ist-Vergleiche bei DGPS würden aber immer noch eine unabhängige Integritätsprüfung sicherstellen, so dass DGPS-Ansätze prinzipiell Bestand haben werden.

11.4.3.3 Geodätische Relativmessungen (PDGPS)

Um Genauigkeiten im cm-Bereich und besser zu erzielen, werden die Trägerphasen beobachtet. Daher findet man in der Literatur auch die Bezeichnung PDGPS für Precise Differential GPS oder Phase Differential GPS – bzw. verallgemeinert auch schon PDGNSS. Meist werden Zweifrequenz-Empfänger verwendet, um die Ionosphäreneinflüsse aktuell zu modellieren und schlussendlich auch die Trägerphasen-Mehrdeutigkeiten sicherer und schneller zu schätzen (kürzere Initialisierungszeit). Die teureren geodätischen Empfänger können neben Trägerphasen immer auch Codephasen auswerten (siehe Abschnitt 11.3.3.2), zum Beispiel für die schnelle Berechnung von Näherungs-Positionen.

Geodätische GNSS-Beobachtungen erfolgen immer relativ auf mindestens 2 Stationen gleichzeitig und zwingend zu denselben ≥ 4 Satelliten. Ohne die grundsätzliche Idee,

- gleiche Fehlereinflüsse durch Uhren sowie Satelliten- und Empfänger-Hardware zu eliminieren und
- ähnliche Fehlereinflüsse durch Satellitenbahnen, Ionosphäre und Troposphäre zu minimieren,

wären die genauen Trägerphasenmessungen allein sinnlos. Beispiel: In einer Einzelpunktlösung nach (11-2) bis (11-5) wären zwar die Pseudostrecken PR^i mm-genau bestimmbar, die Satellitenkoordinaten X^i, Y^i, Z^i gingen jedoch mit ihrer Ungenauigkeit im m-Bereich voll in die Lösung ein, und auch die aktuelle Signalausbreitungsgeschwindigkeit c wäre nur grob bekannt usw. Man könnte das PDGPS-Verfahren als ein aufwendigeres DGPS auffassen. Es besteht allerdings der wesentliche Unterschied, dass die Mehrdeutigkeiten $N_{s_j}^i(t_r)$ nicht außerhalb der Beobachtungsgleichung lösbar, sondern weitere Unbekannte sind.

Damit besteht für geodätische GNSS-Auswertungen folgendes zentrales Problem:

- Die (ganzzahligen) Mehrdeutigkeiten $N_{s_j}^i(t_r)$ sind zu schätzen.
- Die Mehrdeutigkeiten und die ebenfalls zu schätzenden Satelliten- und Empfängeruhrfehler in $\Delta t_s{}^i(t^t)$ und $\Delta t_{s_j}(t_r)$ sind linear abhängig.

Undifferenzierte Beobachtungen

Es gibt Softwarepakete, die oben genanntes Problem mit undifferenzierten Beobachtungen lösen: Pro Station und Satellit werden prinzipiell Beobachtungsgleichungen gemäß (11-39) aufgestellt und alle Unbekannten individuell geschätzt. Dies hat Vorteile, wenn

- mehr als 2 Satellitenempfänger
- evtl. nur teilweise gleichzeitig und zudem
- nicht immer alle zu denselben Satelliten gemessen haben.

Differenzierte Beobachtungen

Die gängigen Softwarelösungen, wie sie für Echtzeit- und Postprocessing-Anwendungen zusammen mit Satellitenempfängern ausgeliefert werden, lösen das Mehrdeutigkeitsproblem nach Aufstellung von differenzierten Beobachtungen: Hierzu sind immer paarweise Empfangsstationen als Endpunkte einer so genannten Basislinie (Baseline) auszuwählen.

Es werden dann keine Stationskoordinaten geschätzt, sondern Raumvektoren (ΔX, ΔY, ΔZ), die bei GPS im Datum WGS 84 orientiert sind. In Abschnitt 11.4.3.3.1 werden entsprechende Differenzbildungen dargestellt. Damit ist auch die Bezeichnung „differenzierte Beobachtungen" erklärbar, welche in Analogie zu „Differenced Observations" im Englischen nur auf die Differenzbildung Bezug nimmt – und nicht etwa auf Differentialrechnungen.

In der Basislinienbildung werden zwei Beobachtungsgleichungen (11-39) subtrahiert. Wie man unter Zuhilfenahme von (11-2) erkennt, sind wegen der Nichtlinearität der Beobachtungsgleichungen auch nach der Differenzbildung weiterhin Näherungskoordinaten der beteiligten Stationen erforderlich – mindestens im Rahmen der leicht erzielbaren Navigationsgenauigkeit, um basislinienabhängige Modellfehler zu minimieren.

Kennzeichnend sind in basislinienorientierten Ansätzen:

- als Hauptvorteil die einfachere Modellbildung, aber dadurch auch
- eingeschränkte Modellierung, auf Grund der Annahme gleicher Verhältnisse auf Referenz- und Roverseite,
- damit möglicher Informationsverlust durch die Differenzbildung zwingend gleichzeitiger Beobachtungen und
- mathematische Korrelationen in den aus – willkürlichen – Beobachtungspaaren bestimmten Unbekannten.

Ein über Basislinien, also über Raumvektoren, redundant verknüpftes Punktefeld kann dann noch in einem Netzausgleichungsprogramm ausgeglichen werden. Bei Netzmessungen mit mehr als 2 gleichzeitig beobachtenden Empfängern ist dann sicherzustellen, dass die zugeordneten Basislinien nicht linear abhängig sind. Würde beispielsweise ein Dreieck mit 3 GNSS-Empfängern gleichzeitig beobachtet, sind nur 2 Basislinien linear unabhängig. Es dürften nicht alle 3 Basislinien als Beobachtungen in eine Netzausgleichung eingehen. In komplexeren Netzmessungen mit mehr als 2 Empfängern ist die Basislinienauswahl häufig schwieriger.

11.4.3.3.1 Bildung von Differenzbeobachtungen

a) Einfach-Differenz (Single Difference)

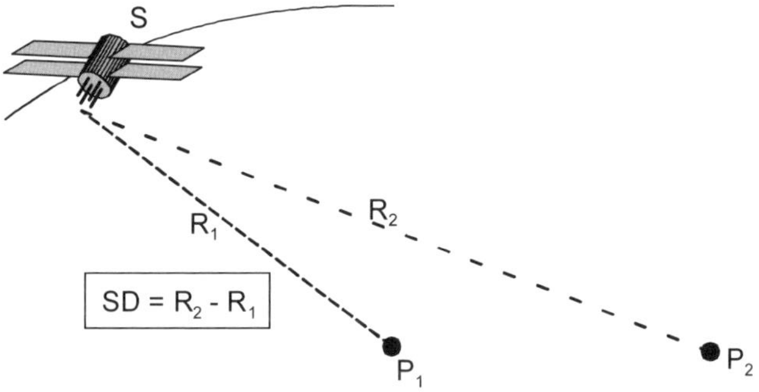

Bild 11-32: Einfach-Differenz SD auf zwei Standpunkten

Wenn zwei GNSS-Empfänger auf den Stationen j und k gleichzeitig einen Satelliten i beobachten, kann man zwei entsprechende Beobachtungsgleichungen (11-39) aufstellen. Ihre Differenz

$$\Delta PR_{s\,j,k}^{\,i}(t_r) =$$

$$\left|\vec{R}_k^i(t_r)\right| - c \cdot \Delta t_s^i(t^t) + c \cdot \Delta t_{sk}(t_r) + c \cdot dT_{Ausbr,s_k}^{\,i}(t_r) + \lambda_s \cdot N_{sk}^{\,i}(t_r) + \varepsilon_{sk}^{\,i}(t_r)$$

$$- \left|\vec{R}_j^i(t_r)\right| + c \cdot \Delta t_s^i(t^t) - c \cdot \Delta t_{sj}(t_r) - c \cdot dT_{Ausbr,s_j}^{\,i}(t_r) - \lambda_s \cdot N_{sj}^{\,i}(t_r) - \varepsilon_{sj}^{\,i}(t_r) \qquad (11\text{-}42)$$

führt dann auf eine erste differenzierte Beobachtungsgleichung

$$\begin{aligned}\Delta PR^{i}_{s j,k}(t_r) = \Delta\left|\vec{R}^{i}(t_r)\right|_{j,k} \\ +c\cdot\Delta\Delta t_{s j,k}(t_r) \\ +c\cdot\Delta dT^{i}_{Ausbr,s j,k}(t_r)+\lambda_S\cdot\Delta N^{i}_{s j,k}(t_r) \\ +\Delta\varepsilon^{i}_{s j,k}(t_r)\end{aligned} \tag{11-43}$$

mit folgenden Ergebnissen:

- Der satellitenabhängige Einfluss $c\cdot\Delta t_S{}^{i}(t^t)$ ist eliminiert (Uhr-, Hardwarefehler).
- Die Ausbreitungs- und Bahnfehler sind abhängig von der Basislinienlänge bis auf die Reste

  $c\cdot\Delta dT^{i}_{Ausbr,s j,k}(t_r)$ und in $\Delta\left|\vec{R}^{i}(t_r)\right|_{j,k}$

  weitgehend reduziert. Ein Satellitenbahnfehler von 20 m wirkt sich noch mit 1 ppm der Stationsentfernung auf die Einfach-Differenz aus (1 ppm = 20 m / 20 000 km). Der „normale" Ionosphäreneinfluss beträgt ca. 0,5 ppm bei Nacht und 1 - 2 ppm am Tag. Die troposphärischen Laufzeitverzögerungen sind bei normalem Wetter stark korreliert und über kurze Entfernungen vernachlässigbar. Kritisch sind lange Basislinien und große Höhenunterschiede.
- Für mehr als 2 gleichzeitig beobachtete Stationen sind die Einfach-Differenzen mathematisch korreliert.
- Die Differenzen der Empfängeruhrfehler $\Delta\Delta t_{s j,k}(t_r)$ und der Mehrdeutigkeiten $\Delta N^{i}_{s j,k}(t_r)$ sind noch linear abhängig. Deswegen werden im nächsten Schritt Doppel-Differenzen gebildet.

b) Doppel-Differenz (Double Difference)

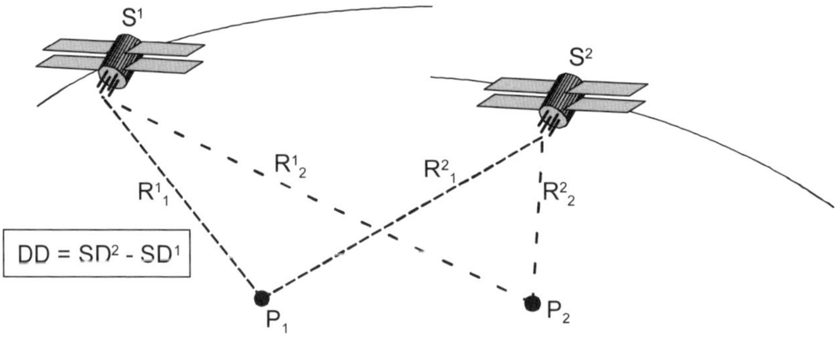

Bild 11-33: Doppel-Differenz DD auf zwei Standpunkten zu zwei Satelliten, als Differenz zweier Einfach-Differenzen SD

Auf beiden Stationen j und k wird nicht nur gleichzeitig ein Satellit i, sondern auch ein Satellit l beobachtet usw. Die Differenz

$$\nabla\Delta PR_{s\,j,k}^{\,i,l}(t_r) =$$

$$\Delta\left|\vec{R}^{\,l}(t_r)\right|_{j,k} + c\cdot\Delta\Delta t_{s\,j,k}(t_r) + c\cdot\Delta dT_{Ausbr,s\,j,k}^{\,l}(t_r) + \lambda_S\cdot\Delta N_{s\,j,k}^{\,l}(t_r) + \Delta\varepsilon_{s\,j,k}^{\,l}(t_r)$$

$$-\Delta\left|\vec{R}^{\,i}(t_r)\right|_{j,k} - c\cdot\Delta\Delta t_{s\,j,k}(t_r) - c\cdot\Delta dT_{Ausbr,s\,j,k}^{\,i}(t_r) - \lambda_S\cdot\Delta N_{s\,j,k}^{\,i}(t_r) - \Delta\varepsilon_{s\,j,k}^{\,i}(t_r)$$

(11-44)

aus zwei diesbezüglichen Einfach-Differenzen (11-43) führt dann auf die Doppel-Differenz

$$\nabla\Delta PR_{s\,j,k}^{\,i,l}(t_r) = \nabla\Delta\left|\vec{R}(t_r)\right|_{j,k}^{i,l}$$

$$+ c\cdot\nabla\Delta dT_{Ausbr,s\,j,k}^{\,i,l}(t_r)$$

$$+ \lambda_S\cdot\nabla\Delta N_{s\,j,k}^{\,i,l}(t_r)$$

$$+ \nabla\Delta\varepsilon_{s\,j,k}^{\,i,l}(t_r)$$

(11-45)

mit folgende Eigenschaften:

- Die empfängerabhängigen Einflüsse in $c\cdot\Delta\Delta t_{s\,j,k}(t_r)$ sind nun eliminiert.
- Es gibt keine linearen Abhängigkeiten zwischen Unbekannten mehr.
- Die Ausbreitungsrestfehler in

  $$\nabla\Delta dT_{Ausbr,s\,j,k}^{\,i,l}(t_r)$$

  lassen sich als zeitabhängige, nicht-lineare Funktion darstellen, werden aber häufig vernachlässigt – was bei eventuellen stationsabhängigen Einflüssen wie Multipath zu Problemen führen würde.
- Nun ist erstmalig eine Mehrdeutigkeit in Form der Doppel-Differenz

  $$\nabla\Delta N_{s\,j,k}^{\,i,l}(t_r)$$

  aus Trägerphasen-Mehrdeutigkeiten problemlos (als Float-Lösung) schätzbar. Sie ist auch nur hier (in einem weiteren Schritt) als ganze Zahl festsetzbar!
- $\nabla\Delta(\cdot)^{i,l}$ wird deshalb in den meisten Auswerteprogrammen als Beobachtungsgröße eingeführt.

– Es gibt noch ein Problem im nicht-linearen Term

$$\nabla\Delta\left|\vec{R}(t_r)\right|_{j,k}^{i,l}$$

zu beachten: Die Beobachtungsgröße, also die Doppel-Differenz $\nabla\Delta(\cdot)^{i,l}$, bleibt abhängig von den Absolutkoordinaten eines der beiden Basislinien-Endpunkte. Man benötigt also für eine Basislinie oder in einem Punktenetz eine „Referenzstation", deren Koordinaten im Satelliten-Datum (WGS 84 bei GPS), abhängig von Stationsentfernung und Satellitengeometrie, auf ca. 10 m bekannt sein sollten.

c) Dreifach-Differenz (Triple Difference)

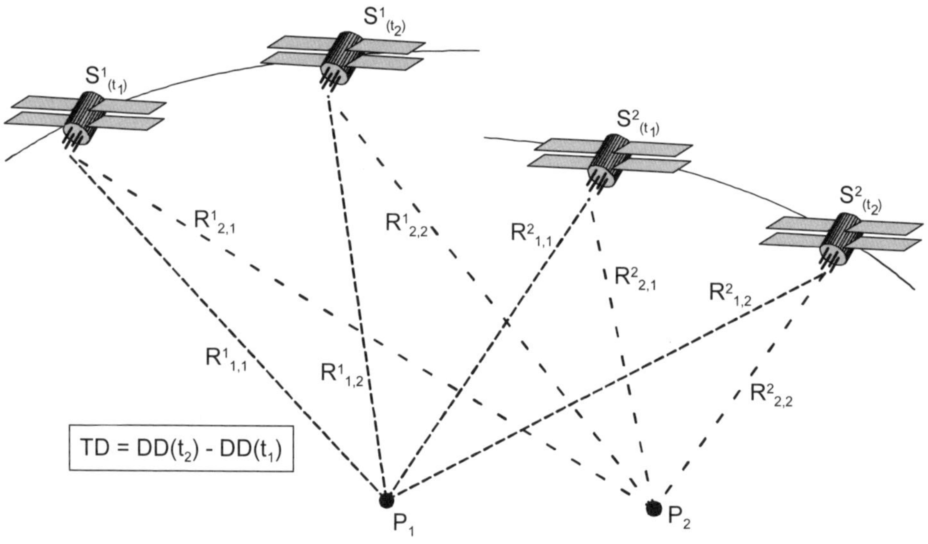

Bild 11-34: Dreifach-Differenzen TD als Differenz zweier Doppel-Differenzen DD

Mit der Doppel-Differenz verfügt man bereits über eine von systematischen Einflüssen weitgehend bereinigte Beobachtungsgleichung, um Mehrdeutigkeiten sicher zu schätzen und dann ganzzahlig festzusetzen. Für verschiedene Zwecke ist auch noch der Schritt zur Dreifach-Differenz nützlich. Diese subtrahiert zwei Doppel-Differenzen, welche auf Messungen zu zwei Zeitpunkten $t_r = t_1$ und $t_r = t_2$ beruhen. Da jetzt also zeitliche Differenzen gebildet werden, berücksichtigt die Dreifach-Differenz (erstmalig) zeitliche Trägerphasenänderungen. Diese ergeben sich aus der Relativbewegung der Satelliten zum Empfänger; deshalb wird die Auswertung von Dreifach-Differenzen auch Doppler-Methode genannt.

$$\begin{aligned}
&\delta\nabla\Delta PR_{s\,j,k}^{\,i,l}(t_{1,2}) = \\
&\qquad \nabla\Delta\left|\vec{R}(t_2)\right|_{j,k}^{i,l} + c\cdot\nabla\Delta dT_{Ausbr,s\,j,k}^{\,i,l}(t_2) + \lambda_s\cdot\nabla\Delta N_{s\,j,k}^{\,i,l}(t_2) + \nabla\Delta\varepsilon_{s\,j,k}^{\,i,l}(t_2) \\
&\qquad - \nabla\Delta\left|\vec{R}(t_1)\right|_{j,k}^{i,l} - c\cdot\nabla\Delta dT_{Ausbr,s\,j,k}^{\,i,l}(t_1) - \lambda_s\cdot\nabla\Delta N_{s\,j,k}^{\,i,l}(t_1) - \nabla\Delta\varepsilon_{s\,j,k}^{\,i,l}(t_1)
\end{aligned} \tag{11-47}$$

Für Messdatenreihen ohne Phasensprung (Cycle Slip) kann man allerdings annehmen, dass die Mehrdeutigkeit in (11-47) nicht mehr zeitabhängig und damit eliminiert ist:

$$\begin{aligned}
\delta\nabla\Delta PR_{s\,j,k}^{\,i,l}(t_{1,2}) &= \delta\nabla\Delta\left|\vec{R}(t_{1,2})\right|_{j,k}^{i,l} \\
&\quad + c\cdot\delta\nabla\Delta dT_{Ausbr,s\,j,k}^{\,i,l}(t_{1,2}) \\
&\quad + \delta\nabla\Delta\varepsilon_{s\,j,k}^{\,i,l}(t_{1,2})
\end{aligned} \tag{11-48}$$

Für Dreifach-Differenzen gilt:

- Anders als bei der Doppel-Differenz kann man also auch Basislinien ohne Kenntnis der Mehrdeutigkeiten bestimmen, beispielsweise zum Start einer Mehrdeutigkeitslösung über Doppel-Differenzen.
- Solange man die erwähnten mathematischen Korrelationen berücksichtigt, leistet eine Dreifach-Differenz mit dem Term

  $$\delta\nabla\Delta N_{s\,j,k}^{\,i,l}(t_{1,2})$$

  dasselbe wie die Float-Lösung einer Doppel-Differenz. Es lässt sich also keine ganzzahlige Lösung bestimmen und festsetzen. Meist bleiben die Korrelationen softwaremäßig unberücksichtigt, so dass die Schätzung nicht erwartungstreu ist.
- Da weniger Informationen bzw. Bedingungen als bei den Doppel-Differenzen eingehen, wird die Lösung instabiler.
- Dreifach-Differenzen $\delta\nabla\Delta(\cdot)$ dienen zudem häufig der Beseitigung von Cycle Slips: Wenn man epochenweise Dreifach-Differenzen bildet und die Residuen

  $$\delta\nabla\Delta\varepsilon_{s\,j,k}^{\,i,l}(t_{1,2})$$

  über der Zeitachse aufträgt, müsste sich gemäß Gleichung (11-48) ein Rauschen um 0 zeigen. Im Falle eines Cycle Slips bewirkt jedoch die Mehrdeutigkeit

  $$\delta\nabla\Delta N_{s\,j,k}^{\,i,l}(t_{1,2})$$

  nach (11-47) in der Gleichung (11-48) einen leicht erkennbaren Ausreißer.

11.4.3.3.2 Linearkombinationen von (geodätischen) Zweifrequenzmessungen

Mit den Doppel-Differenzen in (11-45) liegen Beobachtungsgleichungen vor, um Mehrdeutigkeiten zu schätzen und auch ganzzahlig festzusetzen – siehe auch Abschnitt 11.4.3.3.3. Dabei wird angenommen, dass die Ausbreitungsbedingungen genügend genau erfasst sind und

$$\nabla\Delta dT_{Ausbr,s\,j,k}^{\;i,l}(t_r)$$

zu Null oder anderweitig modelliert wird. Ein wesentlicher Einfluss ist die Ionosphäre, der am sichersten durch Zweifrequenzmessungen eliminierbar bzw. minimierbar ist. Bei geodätischen GPS-Beobachtungen z.B. liegen dann Trägersignale $s = L_1$ und $s = L_2$ mit ihren Mehrdeutigkeiten N_1 und N_2 vor, aus denen ionosphärische Korrekturen abzuleiten sind.

Wendet man die Zweifrequenzkorrektur (11-25) auf Pseudoentfernungen aus Trägerphasen an, erhält man eine ionosphärenfreie (Ersatz-)Beobachtung mit der Mehrdeutigkeit

$$\bar{N}_0 = \frac{f_1^2}{f_1^2 - f_2^2}\lambda_1 \cdot N_1 - \frac{f_1^2}{f_1^2 - f_2^2}\lambda_2 \cdot N_2 \qquad (11\text{-}49)$$

$$\bar{N}_0 = 0{,}48444 \cdot N_1 - 0{,}37748 \cdot N_2 \; .$$

Für präzise geodätische Anwendungen ist es wesentlich, dass Mehrdeutigkeiten N ganzzahlig sind: Ein mit einer Unsicherheit versehenes Schätzergebnis N_{float} kann dann genauigkeitssteigernd auf die nächstliegende ganze Zahl $N_{integer}$ festgesetzt werden. Die Mehrdeutigkeit N_0 für die ionosphärenfreien Wellenlänge λ_0 ist allerdings nicht ganzzahlig:

$$\bar{N}_0 \neq \lambda_0 \cdot N_{0,integer} \; .$$

Entsprechend wurden (bei GPS) Linearkombinationen aus L_1- und L_2-Beobachtungen entwickelt, die nicht nur obiges (Ionosphären-)Problem lösen, sondern auch noch andere Anforderungen erfüllen sollen:

- ganzzahlige Mehrdeutigkeit
- nicht zu kleine Wellenlänge (leichtere Mehrdeutigkeitslösung)
- begrenzter Ionosphäreneinfluss
- begrenzter Anstieg des Messrauschens

Eine ganzzahlige Mehrdeutigkeit einer Linearkombination erhält man mit ganzzahligen Koeffizienten m und n gemäß

$$N_{n,m} = n \cdot N_1 + m \cdot N_2 \quad , \tag{11-50}$$

mit der zugehörigen Phasenlage

$$\Phi^i_{n,m}(t) = n \cdot \Phi^i_1(t) + m \cdot \Phi^i_2(t) \tag{11-51}$$

sowie der Frequenz f bzw. Wellenlänge λ des kombinierten Signals

$$f_{n,m} = n \cdot f_1 + m \cdot f_2 = \frac{c}{\lambda_{n,m}} \quad . \tag{11-52}$$

Der Laufzeiteinfluss der Ionosphäre auf das kombinierte Signal ist (vergleiche auch Abschnitt 11.3.2.2)

$$dt_{Iono_{n,m}} = -\frac{C_{Iono}}{\Pi f} \cdot \frac{n \cdot f_2 + m \cdot f_1}{n \cdot f_1 + m \cdot f_2} = -\frac{C_{Iono}}{\Pi f} \cdot V_{Iono}$$

C_{Iono} = Ionosierungsgrad (11-53)

V_{Iono} = Ionosphärischer Verstärkungsfaktor

$\Pi f = f_1 \cdot f_2$

und das Messrauschen beträgt

$$\sigma_{n,m} = \lambda_{n,m} \cdot \sqrt{n^2 + m^2} \cdot \sigma_\varphi \tag{11-54}$$

σ_φ = Phasenmessrauschen in Zyklen (z.B. 1/100 Wellenlänge).

Nachfolgend sind die tatsächlichen Signale L_1 und L_2 sowie verschiedene ihrer Linearkombinationen mit Wellenlänge, ionosphärischem Verstärkungsfaktor und Messrauschen zusammengestellt:

Signal	n	m	λ [cm]	V_I	σ [mm]
L_1	1	0	19,0	0,779	3,0
L_2	0	1	24,4	1,283	3,9
L_Δ	1	−1	86,2	−1,000	19,4
L_Σ	1	1	10,7	1,000	2,4
L_{43}	4	−3	11,4	0,070	9,1
L_{54}	5	−4	10,1	−0,055	10,3
L_0	f_1^2	$-f_1 f_2$	≈ 5,4	0,000	10,0
L_1	*1*	$-f_1/f_2$	≈ 10,7	2,000	20,0

Tabelle 11-1: Linearkombinationen der GPS-Trägersignale L_1 und L_2

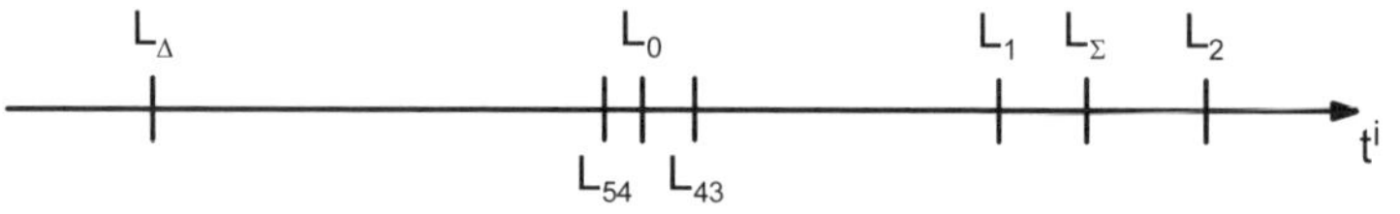

Bild 11-35: Sendeepochen der L_1- und L_2- Trägersignale sowie scheinbare Sendeepochen einiger Linearkombinationen

Der ionosphärische Verstärkungsfaktor V_I verdeutlicht den unterschiedlichen Laufzeiteinfluss der Ionosphäre auf die Signale: Die Trägerphasen L_1 und L_2 werden beschleunigt, und zwar L_2 stärker als L_1. Die synthetischen Signale L_Δ und L_{54} werden verzögert. Bei den hier nicht dargestellten Codephasen ist es anders herum.

Wide Lane L_Δ
Dieses Signal heißt so, weil es die größte Wellenlänge besitzt. Es kann vorteilhaft für eine (erste) Lösung und ganzzahlige Festsetzung der Mehrdeutigkeiten genutzt werden. Auf Grund der Varianzfortpflanzung steigt hier mit der Wellenlänge auch das Messrauschen. Deshalb ist es nicht sinnvoll, durch eine geeignete Koeffizientenwahl m,n unermesslich große Wellenlängen zu erzeugen. Für sehr kurze Basislinien wurden allerdings Extra Wide Lanes mit 1,72 m Wellenlänge zur schnellen Mehrdeutigkeitslösung entwickelt.

Narrow Lane L_Σ
Das Signal besitzt das kleinste Messrauschen. In Kombination mit der Wide Lane liefert es weitere Informationen bzw. Signale.

Ionosphärenfreies Signal L_0
Wie bekannt und auch der Tabelle 11-1 entnehmbar, entsteht L_0 nicht durch eine ganzzahlige Linearkombination von L_1 und L_2. Da der Ionosphäreneinfluss in L_Δ und L_Σ bis auf das Vorzeichen gleich ist, ist das Mittel dieser Signale ionosphärisch korrigiert und entspricht dem Signal L_0:

$$L_0 = \frac{L_\Delta + L_\Sigma}{2} \quad . \tag{11-55}$$

Der Ansatz dieser Beobachtungsgröße ist für Messungen unter starken ionosphärischen Störungen zweckmäßig.

Andererseits können sich Mehrwegeeffekte sehr nachteilig auswirken. Sie werden in den meisten Linearkombinationen verstärkt, im ionosphärenfreien Signal etwa auf das Dreifache (Amplitude).

Wie man mit L_{43} und L_{54} vermuten kann, gibt es ganzzahlige (!) Linearkombinationen, die beliebig nahe an die Eigenschaft von L_0 herankommen, ionosphärenfei zu sein. Allerdings geht deren Wellenlänge gegen Null, so dass keine Mehrdeutigkeiten mehr schätzbar wären.

Ionosphärensignal oder geometriefreies Signal L_I
Die Differenz zweier Signale enthält nur noch ionosphärische Einflüsse. Sie ist insbesondere frei von den geometrischen Verhältnissen, also den Strecken zu den Satelliten. Das gelegentlich auch ionosphärisches Residuum genannte Signal

$$L_I = L_\Sigma - L_\Delta \tag{11-56}$$

müsste auf der Zeitachse ein Rauschen um Null herum ergeben, da sich die Ionosphäre nur langsam ändert. Im Falle eines Cycle Slips erfolgt jedoch ein Sprung

- um eine ganze Zahl (Phasensprung auf L_1) oder
- um ein Vielfaches von 1,28 (Phasensprung auf L_2) oder
- um ein Vielfaches von 0,28 (Phasensprung auf L_1 und L_2).

Gemäß Gleichung (11-50) und Tabelle (11-1) beträgt die L_I-Mehrdeutigkeit

$$N_I = 1 \cdot N_1 - \frac{f_1}{f_2} \cdot N_2 = 1 \cdot N_1 - 1{,}28 \cdot N_2 \tag{11-57}$$

und bleibt ohne Cycle Slips näherungsweise konstant. Andernfalls ändert sie sich wie oben angegeben. Mit dem Ionosphärensignal sind also Phasensprünge leicht aufdeckbar und identifizierbar.

11.4.3.3.3 Geometriefreie Lösung der Trägerphasen-Mehrdeutigkeiten

Bis auf die Dreifach-Differenz treten in allen originären oder differenzierten Beobachtungsgleichungen des Abschnitts 11.4.3.3.1 unbekannte Mehrdeutigkeitsparameter auf, die sich prinzipiell in 2 Ansätzen bestimmen lassen: einer geometriefreien oder einer geometrischen Lösung. Die in Abschnitt 11.4.3.3.2 angesprochenen Linearkombinationen der ursprünglichen Signale, also das so genannte „Laning“, werden dabei unterstützend verwendet.

In diesem Abschnitt werden zunächst geometriefreie Lösungsmöglichkeiten angesprochen, die deswegen so heißen, weil sie nicht direkt von Satelliten-Empfänger-Konstellationen und ihren Änderungen abhängen. Vielmehr werden nur Pseudostrecken zwischen Codes und Trägern in Beziehung gesetzt. Stationsabhängige Einflüsse wie Multipath bleiben dabei kritisch.

a) Direkter Vergleich von Code- und Trägerphasenbeobachtung

Über jede Pseudostrecke werden ja sowohl Code- als auch Trägerphasen gemessen. Die Codephasen stehen entweder sofort oder sehr schnell eindeutig zur Verfügung, so dass sie auch den Eindeutigkeitsbereich der Trägerphasen festsetzen könnten. Im einfachsten Fall würde man einen Code benötigen, dessen „Genauigkeit" möglichst besser ist als die Trägerphasen-Wellenlänge. Beim derzeitigen GPS müssten also 20 cm erreicht werden, was für den zivil nur nutzbaren (A-S angeschaltet) C/A-Code mit Streuungen vom dm-Bereich bis 10 m nicht machbar ist. Selbst der P-Code, dessen Rauschen im cm- bis m-Bereich liegt, wäre alleine unzureichend.

b) Kombination von Code- und Trägerphasen

Wenn auch Codephasen aus Zweifrequenzmessungen vorliegen (z.B. für den P-Code auf L_1 und L_2), lassen sich wie für die Trägerphasen daraus Linearkombinationen darstellen, insbesondere eine Wide Lane C_Δ und eine Narrow Lane C_Σ. Ihr ionosphärischer Einflussparameter V_I hat wiederum den selben Betrag −1,000 und +1,000. Er entspricht auch den Werten für L_Δ und L_Σ, da Codes ionosphärisch verzögert und Trägerphasen beschleunigt werden, und wechselt entsprechend das Vorzeichen. C_Δ und L_Σ besitzen dieselbe Laufzeitverkürzung, während C_Σ und L_Δ um denselben Betrag verzögert sind. Da die Narrow Lane C_Σ des Codes mit 0,33 m minimales Messrauschen und die laufzeitidentische Wide Lane L_Δ eine Wellenlänge von 0,86 m besitzt, ist aus dem Paar (C_Σ , L_Δ) zumindest die Mehrdeutigkeit N_Δ unmittelbar bestimmbar (WÜBBENA 1988). Besonders interessant ist eine solche schnelle Mehrdeutigkeitslösung natürlich für kinematische Messungen, also bei bewegter Empfangsantenne. Wegen des eingeschalteten Anti Spoofing mit Y-Code ist der Ansatz bei GPS nicht vollumfänglich nutzbar.

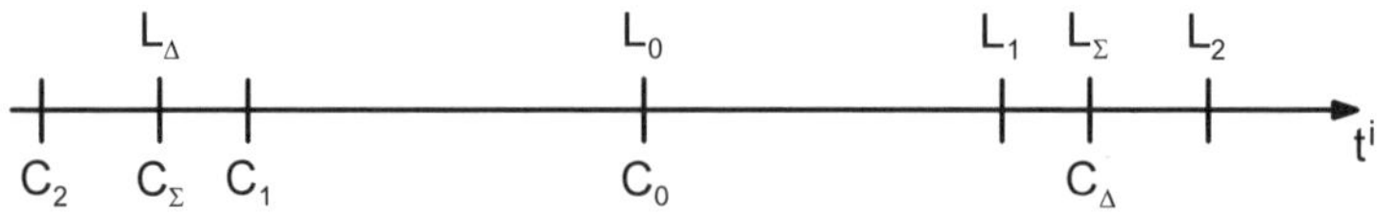

Bild 11-36: Scheinbare Sendeepochen verschiedener GPS-Code- und Trägerphasen-Kombinationen

11.4.3.3.4 Geometrische Methoden zur Lösung von Trägerphasen-Mehrdeutigkeiten

Allgemein betrachtet, fallen hierunter sämtliche Verfahren, welche zur Mehrdeutigkeitslösung die zeitabhängigen Satelliten-Empfänger-Konstellationen modellieren.

a) Klassische Lösung aus der Satellitengeometrie

Der prinzipielle Ablauf ist:

- Dreifach-Differenzen bilden: Die Mehrdeutigkeiten sind eliminiert, und erste Stationskoordinaten werden direkt aus dem zeitlichen Verhalten von Trägerphasenänderungen geschätzt – allerdings wegen der vernachlässigten Korrelationen nicht erwartungstreu und deswegen nicht als Endergebnis brauchbar. Geometrisch entspricht dies dem Schnitt von Hyperboloiden, vergleiche Bild 11-37. (Wegen der Nichtlinearität der Beobachtungsgleichungen – und damit auch ihrer Differenzen – sind für die unbekannten Positionen unbedingt Näherungskoordinaten erforderlich). Anhand der Dreifach-Differenzen können auch eventuelle Cycle Slips behandelt werden.
- Float-Lösung über Doppel-Differenzen: Die zuvor erhaltenen Stationskoordinaten werden in diese Beobachtungsgleichungen eingesetzt, und es werden die Mehrdeutigkeiten als Float-Werte geschätzt.
- Die Mehrdeutigkeiten werden nach statistischen Test-Entscheidungen auf die nächste ganze Zahl (Integer-Zahl) festgesetzt.
- Fixed-Lösung über Doppel-Differenzen: Es werden die festgesetzten Mehrdeutigkeiten eingeführt, die Unbekanntenzahl wird damit verringert, und die Stationskoordinaten werden erneut und genauer berechnet.
- Um eine möglicherweise falsche Fixed-Lösung aufzudecken, wird in Iterationen vorgegangen.

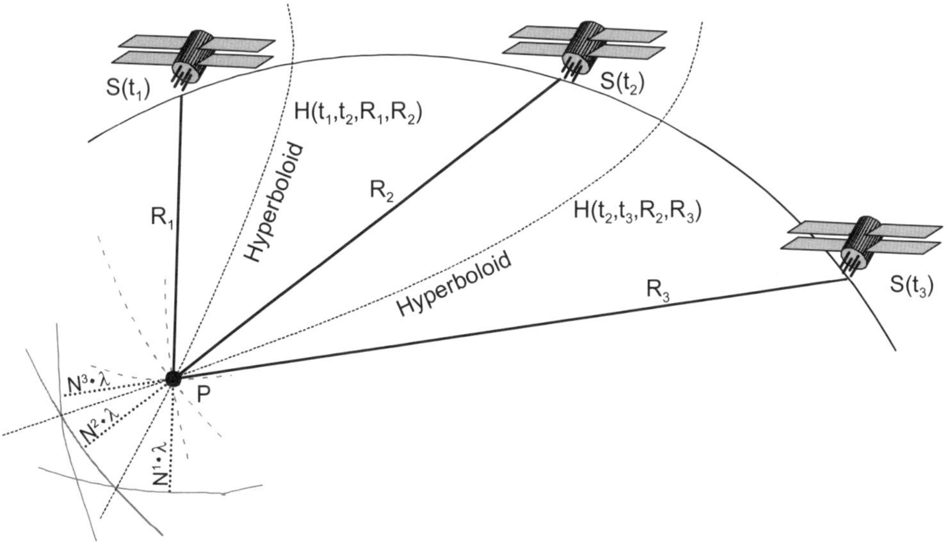

Bild 11-37: Geometrische Methode zur Mehrdeutigkeitsbestimmung (Schnitt von Hyperboloiden aus Dreifach-Differenzen)

Statt Doppel-Differenzen sind auch andere Beobachtungsgleichungen, z.B. Pseudoentfernungslösungen in „undifferenzierten Beobachtungen", denkbar. Obige Schritte sind in einem geschlossenen Ausgleichungsmodell darstellbar, in dem die Mehrdeutigkeiten gleich mitgeschätzt und nach erfolgreichen Signifikanztests festgesetzt werden. Zum Begrifflichen sei nochmals erläutert, dass für diese „Undifferenced Observations" die Beobachtungsgleichungen (11-39) direkt in den Schätzalgorithmus eingeführt und nicht vorher paarweise subtrahiert werden.

Bei stark verrauschten Signalen und zu kurzer Beobachtungszeit gelingt möglicherweise nur eine Float-, aber keine (sichere) Fixed-Lösung. Diese kann durchaus mehrere Zyklen unsicher sein und – bezogen auf eine ca. 20 cm große Trägerwellenlänge – eine Pseudoentfernung um ein Vielfaches von 20 cm verfälschen. Eine aus der Float-Lösung ganzzahlig gerundete Fixed-Lösung wäre dann ebenfalls derartig verfälscht, obwohl man bei ihrer „fehlerfreien" Einführung in die Doppel-Differenzen nur noch von Trägerphasen-Messrauschen im mm-Bereich ausginge. Falls man nicht länger beobachten kann, wäre eine Mehrdeutigkeitslösung über Suchalgorithmen (Abschnitt 11.4.3.3.5) anstelle der klassischen geometrischen Methode erfolgversprechender.

Die geometrische Methode ist für statische Beobachtungen sowie lange Basislinien geeignet und erfordert längere Beobachtungszeiten ab ca. 0,5 h für eine „starke" Geometrie: Koordinaten(differenzen) und Mehrdeutigkeiten lassen sich numerisch gut auftrennen, und die Unsicherheit der Mehrdeutigkeiten liegt unter 1 Zyklus, so dass man einen Integer-Wert einfach aus der Float-Lösung runden kann.
Das Verfahren nutzt die Bewegung der Satelliten aus, so dass die gesamte Satelliten-Empfänger-Konstellation sich vom Messbeginn bis zum Ende möglichst stark ändert. Jede Messepoche liefert einen neuen Satz Beobachtungsgleichungen, deren Koeffizienten zur Vermeidung linearer Abhängigkeiten möglichst unterschiedlich sein sollten. Unter anderem geschieht dies durch sich ändernde Satelliten-Ephemeriden.

Auch die Mehrdeutigkeiten ändern sich, da sich die Satelliten dem Empfänger nähern oder von ihm entfernen. Würde man sie für jede Messepoche immer wieder als neue Unbekannte N_0, N_1, N_2, N_3 usw. einführen, hätte man deutlich weniger Redundanz als bei der Schätzung nur einer Start-Mehrdeutigkeit N_{Start}. Bei laufender Messung wird jeder neue Phasennulldurchgang ohnehin erfasst, so dass in den aufeinander folgenden Beobachtungsgleichungen für Messepoche 0, 1, 2, 3 usw. die Mehrdeutigkeiten als N_{Start}, $N_{Start+1}$, $N_{Start+2}$, $N_{Start+3}$ usw. mit einer gemeinsamen Unbekannten eingeführt werden.

Da die Beobachtungsgleichungen meist Doppel-Differenzen gemäß (11-45) sind, werden genau genommen nicht direkt Mehrdeutigkeiten N, sondern deren Doppel-Differenzen $\nabla\Delta N$ geschätzt.

b) Nutzung der Empfängergeometrie

Wenn die 3D-Koordinaten beider Empfängerstandpunkte einer Basislinie bekannt sind und in den Doppel-Differenz-Gleichungen (11-45) festgesetzt werden, lassen sich die Mehrdeutigkeits-Unbekannten direkt und schnell (über nur wenige, redundante Messepochen) bestimmen. Die Vorgehensweise hat für Echtzeit-Punktaufnahmen in der Stop-and-Go-Kinematik eine gewisse Bedeutung. Nach einmaliger Lösung der Mehrdeutigkeiten werden die verschiedenen Punkte unter permanenter Satellitenbeobachtung besucht. Ist nach einem Signalabriss eine erneute Mehrdeutigkeitsbestimmung nötig, kann man leicht auf einen bereits koordinierten Punkt zurückkehren.

11.4.3.3.5 Suchalgorithmen

Für schnelle statische Anwendungen (Rapid Static, bis 0,5 h Beobachtungszeit) und kurze Basislinien können, wie unter Abschnitt 11.4.3.3.4 erwähnt, die direkt bestimmten Mehrdeutigkeiten (Ambiguities) mehr als 1 Zyklus unsicher werden. Eine einfache Rundung eines reellen (float) Wertes auf die nächste ganze Zahl (integer) funktioniert also nicht.

Die Problematik verschärft sich noch für Echtzeit-kinematische Anwendungen, wenn Mehrdeutigkeiten zu Beginn eines Stop-and-Go-Verfahrens im Minutenbereich oder sogar bei bewegter Antenne on-the-fly zusammen mit sich ändernden Positionsunbekannten zu lösen sind.

Zunächst werden reelle Mehrdeutigkeitslösungen über geometrische Methoden direkt geschätzt, einschließlich Genauigkeitsangaben. Danach werden für diese Fälle Suchalgorithmen angewendet, welche alle möglichen Kombinationen ganzzahliger Mehrdeutigkeitswerte in der Nähe der reellen Mehrdeutigkeiten absuchen und statistisch testen.

Unter den Prämissen:

- wenige Beobachtungsepochen verwenden,
- Mehrdeutigkeitsunbekannte sind hochkorreliert,
- Integer-Eigenschaft der zu suchenden Mehrdeutigkeiten nutzen,
- keine direkten Lösungen, sondern wahrscheinlichste Lösungen finden,

sind verschiedene Suchstrategien entwickelt worden (siehe z.B. KIM, LANGLEY 2000), wie

- Least Squares Ambiguity Search Technique, LSAST (HATCH 1990),
- Fast Ambiguity Search Filter, FASF (z.B. CHEN, LACHAPELLE 1994),
- Fast Ambiguity Resolution Approach, FARA (FREI, BEUTLER 1990),
- Least-squares Ambiguity Decorrelation Adjustment, LAMBDA (z.B. TEUNISSEN 1995),
- Modified Cholesky Decomposition Method (EULER, LANDAU 1992),
- Ambiguity Function (z.B. MADER 1992).

Die grundsätzliche Problematik aller dieser Suchstrategien ist, wegen der vielen zu prüfenden Lösungsmöglichkeiten

- den Suchraum sinnvoll zu beschränken,
- rechenintensiv bzw. auch speicherplatzintensiv zu sein,
- sichere Testentscheidungen für die richtige Lösung zu treffen.

Ein sehr frühes Konzept, um neben statischen Messungen wirtschaftlicher und etwas ungenauer auch schnelle statische (rapid static) Messungen durchführen zu können, ist der

a) Fast Ambiguity Resolution Approach (FARA).

Die Grundidee für diesen und ähnliche Ansätze findet man z.B. in BAUER 2003 zweidimensional veranschaulicht: In der Lage-Positionierung bräuchte man zwei (Pseudo-) Strecken, die jeweils den Radius zweier konzentrischer Kreise um die Sendequellen, also die Satelliten, darstellen würden. Die gesuchte Position wäre dann der entsprechende Bogenschnitt. Sind die Strecken jedoch in diskreten Intervallen von z.B. λ_1 = 19 cm mehrdeutig, sind viele Bogenschnitte möglich und es gibt keine eindeutige Lösung (Bild 11-38 links).

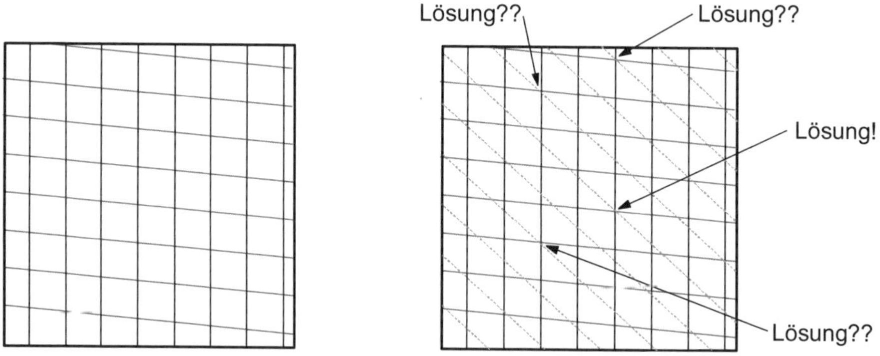

Bild 11-38: Mehrdeutigkeitsschätzung über Suchalgorithmen. Die sich schneidenden Kreisausschnitte sind wegen des großen Radius' quasi Geraden. Links: Beliebig viele Lösungen. Rechts: Ausgewählte wahrscheinliche Lösungen.

Kommt eine dritte Sendequelle mit einer dritten (Pseudo-)Strecke hinzu, erwartet man im Lösungsraum eine Position, in der sich 3 Kreise der Kreisscharen genau schneiden würden. Ansonsten würden sich immer nur 2 Kreise schneiden. Auf Grund der diskutierten Fehlereinflüsse in den Pseudostrecken gibt es in der Praxis diese idealen Schnittpunkte nicht, sondern immer nur „fast". Da solche „Fast"-Lösungen mehrfach auftreten, entscheidet man sich über statistische Tests für eine beste Lösung gegenüber einer zweitbesten Lösung.

Die Lösung ist natürlich zuverlässiger, wenn noch mehr Sendequellen, also Satelliten, mit ihren Strecken sowie auch Strecken mit anderen Mehrdeutigkeiten (bei GPS mit λ_2 = 24 cm) hinzukommen.

Wie bei allen Suchstrategien geht hier eine geometrische Float-Lösung voraus, die zwar um einige λ und Bruchteile davon falsch sein kann, aber den Lösungsraum sinnvoll lokalisiert und begrenzt.

<u>b) Least-squares Ambiguity Decorrelation Adjustment (LAMBDA)</u>

Nach der Methode der kleinsten Quadrate werden Residuen zwischen (den geometrisch bestimmten) reellwertigen und möglichen ganzzahligen Mehrdeutigkeiten in einem sinnvollen, beschränkten Suchraum gemeinsam minimiert:

$$(\underline{\hat{a}} - \underline{z})^T \cdot \underline{Q}_{\hat{a}\hat{a}}^{-1} \cdot (\underline{\hat{a}} - \underline{z}) \rightarrow \min \qquad (11\text{-}58)$$

$\underline{\hat{a}}$ = Float-Ambiguities, direkt geometrisch geschätzt

$\underline{z} \in Z$ = potentielle Kandidaten für Integer-Ambiguities

$\underline{Q}_{\hat{a}\hat{a}}$ = Varianz-Kovarianz-Matrix von $\underline{\hat{a}}$, hohe Korrelation!

Damit hat man im Prinzip den allgemeinen LSAST-Ansatz (nach der Methode der kleinsten Quadrate) vor sich, in welchem geeignete z-Lösungen korrelationsbedingt erst nach vielen Versuchen zu finden sind.

Im weiteren LAMBDA-Prozedere hingegen werden durch geeignete Z-Transformation die Korrelationen zwischen den geschätzten Mehrdeutigkeiten minimiert (nicht eliminiert), um die Ganzzahl-Kandidaten deutlich schneller in einem reduzierten (kugelförmigen) Suchraum identifizieren zu können.

c) Ambiguity Function

Der Ansatz stammt ursprünglich aus der Radar-Ortung. Er ist für GPS mehrfach aufgegriffen und weiterentwickelt worden; einen wichtigen Meilenstein findet man z.B. bei MADER 1992 mit einem Cosinus-Ansatz für Doppel-Differenz-Trägerphasenbeobachtungen.

Beobachtet wird auf dem bekannten Endpunkt P_0 und dem unbekannten Endpunkt P_1 einer Basislinie. Anhand einer geometrischen Mehrdeutigkeitslösung werden die Koordinaten des Neupunktes P_1 genähert bestimmt. Um die Näherungskoordinaten herum wird ein diskretes, dreidimensionales Suchgitter gelegt. Alle seine Knoten P_G sind mögliche Punktlagen von P_1; ihr Abstand richtet sich nach der geforderten Punktgenauigkeit und liegt im mm ... cm-Bereich. Die richtige Punktlage wird durch Vergleich von gemessenen und gerechneten Doppel-Differenzen gefunden:

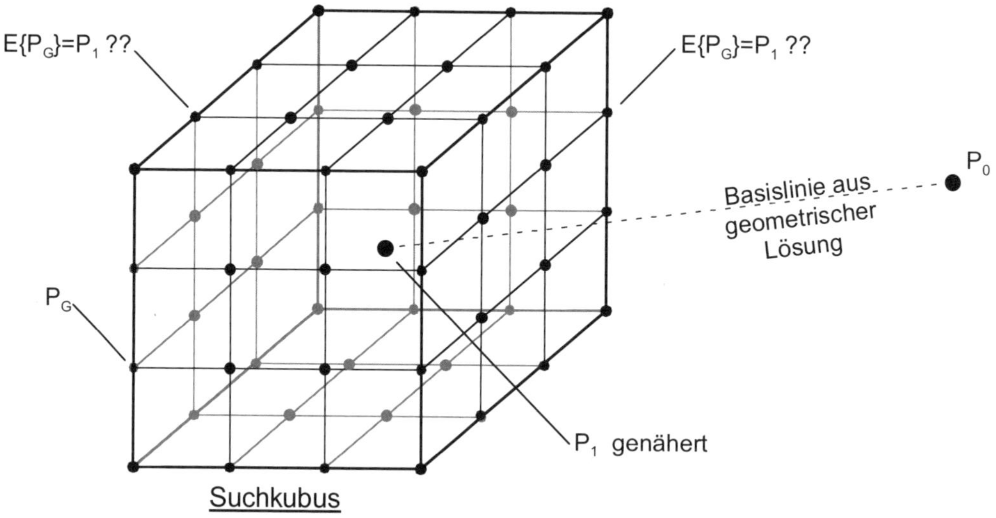

Bild 11-39: Lösungsraum für eine Ambiguity Function

Wenn Signale der Wellenlänge λ_s von Satelliten i und l abgestrahlt und zum Zeitpunkt t_r auf den Punkten P_0 und P_1 gemeinsam empfangen wurden, kann man als Beobachtungsgröße nach (11-45) folgende Doppel-Differenz aufstellen:

$$\nabla\Delta PR_{s0,1}^{i,l}(t_r)_{beob.} = \nabla\Delta\left|\vec{R}(t_r)\right|_{0,1}^{i,l} + \lambda_s \cdot \nabla\Delta N_{s0,1}^{i,l}(t_r) + c \cdot \nabla\Delta dT_{Ausbr,s0,1}^{i,l}(t_r) + \nabla\Delta\varepsilon_{s0,1}^{i,l}(t_r) \,. \tag{11-59}$$

Der links stehende Beobachtungswert hängt neben den Unbekannten für Mehrdeutigkeit und P_1-Koordinaten gemäß (11-45) noch von Ausbreitungsrestfehlern und zufälligen Fehlern ab, welche zur vereinfachten Darstellung vernachlässigt seien:

$$\nabla\Delta PR_{s0,1}^{i,l}(t_r)_{beob.} \approx \nabla\Delta\left|\vec{R}(t_r)\right|_{0,1}^{i,l} + \lambda_s \cdot \nabla\Delta N_{s0,1}^{i,l}(t_r) \quad . \tag{11-60}$$

Im exemplarischen Suchkubus des Bildes 11-37 existieren 64 Lösungsmöglichkeiten P_G für den tatsächlichen Punkt P_1. Die zugehörigen Koordinatentripel (X_G,Y_G,Z_G) führt man dann zusammen mit den bekannten Satelliten-Ephemeriden unter Berücksichtigung von (11-34), (11-43), (11-45) einschließlich eines sinnvollen Mehrdeutigkeitsparameters in die rechte Seite von

$$\nabla\Delta PR_{s0,G}^{i,l}(t_r)_{rech.} = \nabla\Delta\left|\vec{R}(t_r)\right|_{0,G}^{i,l} + \lambda_s \cdot \nabla\Delta N_{s0,G}^{i,l}(t_r) \tag{11-61}$$

ein, so dass man links 64 rechnerische Doppel-Differenzen zwischen P_0 und den P_G-Kandidaten erhält. Die Differenzen aus beobachteter und gerechneten Doppel-Differenzen sind immer noch von (ganzzahligen) Mehrdeutigkeiten beeinflusst, welcher man sich ja gerade rechnerisch entledigen möchte. Dies gelingt durch Ansatz der (mit $2n\pi$ periodischen) Cosinus-Funktion

$$X_G = \cos\left[\frac{2\pi}{\lambda_s}\left(\nabla\Delta PR_{s0,1}^{i,l}(t_r)_{beob.} - \nabla\Delta PR_{s0,G}^{i,l}(t_r)_{rech.}\right)\right] \quad . \tag{11-62}$$

Sind ein Punkt P_G auf dem Suchgitter und der Ort P_1 der Empfangsantenne identisch, sind auch beobachtete und rechnerische Doppel-Differenz, bis auf die Mehrdeutigkeit, identisch und man erhält $X_G = 1$, bzw. unter Beachtung unvermeidbaren Messrauschens einen Wert X_G dicht unter 1. Ist ein Punkt P_G ein unzutreffender Kandidat, unterscheiden sich die beiden Doppel-Differenzen deutlich um eine nicht-ganzzahlige Zyklus-Anzahl: Man erhält $X_G << 1$ bis hin zum ungünstigsten Fall von $X_G = -1$. Wegen der diskret ausgewählten Gitterknoten P_G sowie hier nicht modellierter Messabweichungen wird für eine gefundene Lösung $X_G \leq 1$ gelten. Wie allgemein bei Suchstrategien üblich, wird deshalb eine Lösung X_G nicht durch Vergleich mit einem Absolutwert, sondern mit dem zweitgrößten Wert für X_G gefunden.

Durch Aufsummationen kann die Ambiguity Function mehrere Messepochen, mehrere – möglichst 6 – Satelliten und mehrere Frequenzen zur Erhöhung der Zuverlässigkeit kombinieren. Auf Grund des Rechenaufwandes muss der Suchraum sehr lokal begrenzt bleiben, was auch recht gute Näherungskoordinaten für P_1 zum Start bedingt. Werden weitere Fehler mit modelliert, erhöht sich der Rechaufwand nochmals erheblich, weswegen der Ansatz nicht sonderlich verbreitet ist.

11.4.3.4 Geodätische kinematische Messungen

Von den Grundsätzen her, also bezüglich Beobachtungsgleichungen und Mehrdeutigkeitslösungen, sind die kinematischen GNSS-Messungen im vorangehenden Abschnitt 11.4.3.3 bereits mit eingeschlossen. Gerade bei den kinematischen Ansätzen unterscheidet man die technisch häufig baugleichen GNSS-Empfänger nach der festen Referenzstation (Referenz, Reference Station) und dem beweglichen Rover.

Stop-and-Go-Kinematik
Vom Anspruch her handelt es sich um sehr schnelle statische Beobachtungen von Massenpunkten. Um sich jedoch nicht auf jedem Punkt zu lange für die Mehrdeutigkeitslösung aufhalten zu müssen, startet man mit einer Mehrdeutigkeitslösung auf dem ersten Punkt und „trackt" dann die Satelliten durchgehend auf dem Weg über alle Punkte. Bei der Bewegung (Kinematik!) zwischen aufzunehmenden Punkten P_i und P_{i+1} darf also die Empfangsantenne nicht verdeckt und auch nicht zu schnell bewegt werden, um die Mehrdeutigkeiten nicht zu verlieren, sondern mitzählen zu können. Da der – kinematisch zurückgelegte – Weg zwischen den Punkten eigentlich nicht interessiert, spricht man auch von Pseudo-Kinematik.

Zuverlässig und wirtschaftlich ist die Stop-and-Go-Kinematik nur in Echtzeit anzuwenden, da

- man in der Initialisierungsphase unmittelbar sieht, wann die Mehrdeutigkeiten gelöst sind und man starten kann,
- im Falle eines Signalabrisses, wenn man sich z.B. unter Bäumen bewegt, erkennbar ist, dass eine Re-Initialisierung erfolgen muss,
- keine häuslichen Koordinatenberechnungen aus GNSS-Rohdaten mehr erfolgen müssen.

Aus diesen Gründen und da im Vermessungswesen neben der Aufnahme auch die Absteckung große Bedeutung hat, findet man – sofern es sich nicht um Netzmessungen handelt – heute als geodätisches Standardverfahren:

Real-Time-Kinematik (RTK)
Es umfasst Stop-and-Go-Punktaufnahmen, Punktabsteckungen und im „echten" Kinematik-Bereich die Bestimmung von Trajektorien, z.B. als Geländelinien oder zur Führung von Baumaschinen.

Eine RTK-Aufnahme im Stop-and-Go-Modus startet üblicherweise mit einer Initialisierung, also der Mehrdeutigkeitslösung, auf einem bekannten oder unbekannten Punkt. Während auf bekanntem Punkt die Initialisierung quasi sofort erfolgt, liegt der Zeitbedarf auf unbekanntem Punkt meist innerhalb 1 Minute. Zur Mehrdeutigkeitslösung werden im Minimum 5 Satelliten benötigt. Während der anschließenden Messung genügen 4 Satelliten, die auch überlappend wechseln können. Während der Bewegung („Go") zwischen den aufzunehmenden Punkten treten größere, variierende Dopplerverschiebungen der empfangenen Frequenzen auf, was die Tracking Loops im Empfänger berücksichtigen. Auf einem Aufnahmepunkt angelangt, schaltet der Anwender oder eine Automatik in den „Stop"-Modus: Die Filterbandbreite im Empfänger-Front-End wird rauschunterdrückend minimiert, es werden mehrere aufeinanderfolgende Positionsmessungen gemittelt, und nur jetzt werden Koordinaten auch abgespeichert.

Bei einer RTK-Absteckung bzw. Fahrzeug-Führung ist der Empfänger permanent im „Go"-Modus, verbunden mit geeigneten Richtungs-, Distanz- und Höhenanweisungen für den Anwender.

Bei der RTK-Aufnahme von Trajektorien werden (auch) während der Bewegung diskrete Punktkoordinaten distanz- oder zeitabhängig abgespeichert. Die Filterbandbreite im Empfänger-Front-End bleibt (verrauschend) etwas mehr geöffnet.

Für Echtzeit-Lösungen gelten bestimmte Anforderungen und Eigenschaften:

- Die Referenzstation muss firmwareseitig in der Lage sein, in einem bestimmten Takt GNSS-Rohdaten auszugeben, also beobachtete Code- und Trägerphasen z.B. im Takt von 1 Hz oder 10 Hz.
- Es gibt eine eigene oder mobiltelefongestützte Datenfunkstrecke, um von der GNSS-Referenzstation (Sender) Rohdaten zur Weiterverarbeitung an den GNSS-Rover (Empfänger) zu senden. – Bei Virtuellen Referenzstationen ist dies etwas komplexer. Siehe hierzu auch Abschnitt 11.5.2.2.
- Im Rover muss eine Software implementiert sein, welche anhand der Beobachtungen auf Referenz und Rover die Mehrdeutigkeiten in Echtzeit löst, danach die Mehrdeutigkeitsparameter permanent fortführt und laufend Positionskoordinaten rechnet. – Ebenso wie ein Tachymeter muss ein RTK-Rover auf die Positionen auch geodätische Transformationen, Projektionen und Soll-Ist-Vergleiche anwenden können.
- Die Initialisierung (Mehrdeutigkeitslösung) sollte nicht nur während statischer, sondern auch während kinematischer Beobachtungen möglich sein. Bei einer solchen On-the-Fly Ambiguity-Lösung fehlt also die Restriktion, dass der Standpunkt über die Zeit unverändert bleibt, und man benötigt eine spezielle Suchstrategie in einem kinematisch definierten Suchraum (EULER, LANDAU 1992) bzw. nutzt direkt einen rekonstruierten P-Code (WÜBBENA 1988).
- Die verwendeten Schätzalgorithmen laufen rekursiv ab, d.h. die zeitlichen Filtereigenschaften können nur Daten aus der Vergangenheit einbeziehen. Den Auswertungen im Postprocessing hingegen liegt ja das gesamte Datenmaterial vor, so

dass Beobachtungen zur Messepoche t_i, nicht nur mit den Epochen t_{i-1}, t_{i-2}, t_{i-3},..., sondern auch mit den zukünftigen Epochen t_{i+1}, t_{i+2}, t_{i+3},... im Schätzalgorithmus verknüpft werden. Real-Time-Schätzungen beinhalten deswegen einen gewissen Genauigkeits- und Zuverlässigkeitsverlust.
- Genauigkeitsbegrenzend sind insbesondere in der echten Kinematik, z.B. bei Steuerung einer schnellen Baumaschine, das Datenalter (Latency, Zeitbedarf für Bereitstellung, Übertragung und Verarbeitung der Beobachtungsdaten) sowie die Datenrate (Update Rate für die Beobachtungen in Referenz und Rover, heute im 0,1 Hz-Bereich). Hier werden entsprechende Extrapolationen vorgenommen.

Betreibt man neben dem Rover auch die Referenzstation selbst, wird zur Datenübertragung normalerweise eine eigene Datenfunkübertragung im unteren Mikrowellenbereich verwendet (Spread Spectrum, wenige km Reichweite, genehmigungsfrei).

Echte kinematische Anwendungen
Sie sind als eine RTK-Variante bereits erwähnt worden und unterscheiden sich von der Stop-an-Go-Kinematik dadurch, dass im Postprocessing oder in Echtzeit eine vom Rover durchlaufene Trajektorie zu bestimmen ist. Eine Trajektorie ist zwar ein linienhaftes dreidimensionales Kontinuum, wird aber zeit-, distanz- oder krümmungsabhängig in Einzelpunkte zerlegt, die entsprechend zu berechnen und abzuspeichern sind. Die Zuordnung der Messungen bzw. Messungsergebnisse erfolgt – anders als bei der Stop-and-Go-Kinematik – über die Zeit und nicht über Punktnummern.

Einige typische, voll kinematische Anwendungen sind:

- topographische Aufnahme von Gelände-Strukturlinien und Objektgrenzen,
- fahrzeuggestützte Aufnahme von Straßen, Daten für Stadtmodelle etc.,
- Beschickung von Peildaten für ein Vermessungsschiff,
- flugzeuggestütztes Laserscanning oder Photogrammetrie: Direct Georeferencing bzw. Stützung der Aerotriangulation,
- beliebige Absteckungen,
- Baumaschinensteuerung als weit verbreitete, präzise Navigationsanwendung,

mit folgenden gelegentlichen Besonderheiten im GNSS-Empfangssystem:

- Anpassung der empfängerinternen Filterbandbreiten an die dynamikbedingten Dopplerverschiebungen der Empfangssignale in den Regelkreisen,
- auf dynamische Bewegungen ausgelegte Antennencharakteristiken, so dass die Signale bei schräg ausgerichteter Antenne nicht gleich abreißen (Flugzeug beim Wenden zwischen zwei Laserscanner- oder photogrammetrischen Streifen),

- kurzzeitige Stützung des GNSS durch ein Trägheitsnavigationssystem (Inertial Navigation System, INS), um bei hochdynamischen Beobachtungen (Flugzeug) mögliche Phasensprünge (Cycle Slips) zu erkennen und zu beheben. Gerade in heutigen Messflugzeugen sind GNSS und INS ohnehin vorhanden, und langzeitstabiles GNSS sowie kurzzeitstabiles INS ergänzen sich hervorragend.

11.5 Unterstützende Systeme

11.5.1 International GNSS Service, IGS

Grundsätzlich verwendet man als Bahndaten so genannte Broadcast Ephemeris (siehe auch Abschnitt 11.2.1.6), welche in der Satellitennachricht stehen. Sie werden – im Beispiel des GPS – aus Code-Pseudostrecken-Beobachtungen extrapoliert, die auf den rund 10 GPS-Monitorstationen des Kontrollsegments durchgeführt werden.

Will man im Postprocessing für präzise, ausgedehnte Netzmessungen genauere Bahndaten nutzen, lässt sich auf Precise Ephemeris (Präzise Ephemeriden) z.B. des IGS zurückgreifen. Sie basieren auf nachträglichen Bahnberechnungen auf Grund von Trägerphasenbeobachtungen in ca. 100 weltweit verteilten Stationen. Sie lassen sich nach 2 Wochen als IGS Orbits bzw. innerhalb eines Tages als IGR (rapid) Orbits mit einer Genauigkeit von mehreren cm im Internet abrufen. Es gibt auch IGU Orbits (ultra rapid) als Extrapolation von einem Subset der IGS Stationen, die man – nach Lösung informationslogistischer Probleme – auch in Echtzeit anwenden kann. Für GLONASS erhält man zum Zeitpunkt der Drucklegung des Buches allerdings nur die 2 Wochen alten (final) Orbits.

Nähere und aktuelle Informationen finden sich über die IGS-Website, die auch viele nützliche GNSS-Links bietet: http://igscb.jpl.nasa.gov.

11.5.2 GNSS-Referenznetze

GNSS-Referenznetze sind zunächst einmal logistische Erweiterungen der Messkonzepte DGNSS und PDGNSS, bzw. früher nur DGPS und PDGPS. Anstatt dass mehrere Nutzer ihre eigenen Referenzstation vorhalten, aufbauen und umsetzen, betreibt ein Dienst Permanentstationen, deren (Korrektur-)Daten viele Nutzer flexibel im Postprocessing oder in Echtzeit verwenden können. Auf Grund der nötigen Stationsüberwachung durch den Betreiber kann zudem eine unabhängige Integritätsprüfung stattfinden.

Insbesondere für die Trägerphasennutzung im cm-Bereich (PDGNSS) sind die Basislinienlängen auf 20 - 50 km zu begrenzen, weil sonst die Annahmen über gemeinsam wirkende Orbit- und Ausbreitungsfehler nicht mehr zuträfen (vergleiche Abschnitte 11.3.1.6, 11.3.2, 11.4.2 und 11.4.3.3). Flächendeckend aufgestellte Referenzstationen dürften dann maximal 50 - 100 km getrennt sein, damit sich ein Rover eine noch ausreichend nahe Referenz auswählen kann. Um aus wirtschaftlichen Gründen ohne Einbuße an Genauigkeit und RTK-Fähigkeit den Stationsabstand ungefähr verdoppeln zu können, sind die Permanentstationen heute informationstechnisch und algorithmisch vernetzt:

Nachdem die Mehrdeutigkeiten im Permanentnetz selbst gelöst sind, werden Daten mehrerer Referenzstationen gemeinsam genutzt, um die entfernungsabhängigen Fehler auf Grund Ionosphäre, Troposphäre und Orbit ortsabhängig zu modellieren. Mit diesem breiter aufgesetzten Fehlermodell kann dann ein Rover effektiv über eine längere Basislinie beobachten als bei einer singulären Referenzstation (WANNINGER 2000, 2002b, 2006; WÜBBENA et al. 2001).

Insbesondere hinsichtlich eines repräsentativen Troposphärenmodells sei an dieser Stelle auf ein mögliches Höhenproblem hingewiesen: Findet man eine bewegte Topographie vor, in welcher der Rover sich in deutlich anderer Höhe als die Referenzstationen befindet, sind die Beobachtungen und Modellrechnungen im Referenznetz möglicherweise nicht repräsentativ genug. Streng genommen kommt es also nicht nur auf eine entfernungsabhängige, sondern eine basislinienabhängige Fehlermodellierung an. Während eine Entfernung nur den skalaren Abstandswert zwischen Referenz und Rover darstellt, ist eine Basislinie der Raumvektor dazwischen (vgl. Abschnitt 11.2.4) und bezieht folglich eine Höhenaussage mit ein.

Bei geodätischen Echtzeitmessungen im Referenznetz spricht man von Netz-RTK. Und gerade hier ist man von der Qualität, also der Repräsentativität, der entfernungsbezogenen Korrekturen besonders abhängig.

Die Bedeutung von GNSS-Referenznetzen ist für Vermessungseinsätze in entwickelten, aber auch in Schwellen-Ländern sehr groß. Zudem bilden die grundlegenden Konzepte, Modelle und Datenstandards einen Schwerpunkt in der GNSS-Weiterentwicklung, so dass sie als unverzichtbarer GNSS-Systembestandteil hier unbedingt zu skizzieren sind.

Referenzstationsnetze werden meist regional oder national betrieben, wie z.B. der Satelliten-Positionierungsdienst (SAPOS, www.sapos.de) der deutschen Landesvermessung mit den Diensten

- EPS (Echtzeit-Positionierungs-Service, DGNSS, m-genau),
- HEPS (Hochpräziser Echtzeit-Positionierungs-Service, Netz-RTK, cm-genau) und
- GPPS/GHPS (Geodätischer Präziser bzw. Hochpräziser Positionierungs-Service, also für PDGNSS im Postprocessing, mm...cm-genau)

für GPS und teilweise auch GLONASS. Der privatwirtschaftliche Dienst ascos nutzt teilweise dieselben Referenzstationen mit vergleichbaren und zusätzlichen Angeboten.

Ein wichtiger Aspekt in der Nutzung eines GNSS-Referenznetzes ist die Informationslogistik:

- Permanent werden die Daten aller Referenzstationen in die Zentrale übertragen und gemeinsam verrechnet: Mehrdeutigkeitslösung, Modellbildung, Integritätsprüfung.
- Der Rover muss sich für Abrechnungszwecke dem Netzrechner gegenüber identifizieren und zur Korrekturberechnung seine Näherungsposition, also seine Navigationslösung, mitteilen.
- Der Netzrechner muss mehr oder weniger individuelle Korrekturen bereitstellen.
- Die Kommunikationswege für DGNSS-Korrekturen verlaufen in einer Richtung, sind wenig belastet (geringer Datenumfang alle paar Sekunden) und nutzen UKW-Rundfunk (mit Radio Data System, RDS), Mobiltelefon oder eigene Mittelwellen- bzw. Langwellensender sowie auch Nachrichtensatelliten.
- Bei Netz-RTK ist die Echtzeit-Kommunikation bidirektional (je nach Konzept unterschiedlich ausgeprägt), datenintensiv (code- und trägerphasenbezogen im Sekundentakt) und erfolgt vorwiegend über Mobilfunknetze oder auch eigene UKW-Sender. Die Datenübertragungs-Standards (RTCM-Formate, siehe Abschnitt 11.6) sind mit den Fehlerkorrektur-Konzepten eng verknüpft, und mit neuen Forschungsergebnissen werden sie schrittweise fortgeschrieben.
- Außerdem sind für geodätische Postprocessing-Anwendungen (PDGNSS) die im Netz beobachteten Daten in zeitlich gestaffelter Dichte über das Internet und andere Kommunikationskanäle bereitzustellen.

Da nicht voraussehbar ist, welche GNSS-Empfängersysteme einmal auf den Permanentstationen betrieben werden bzw. welche GNSS-Rover der Nutzer einsetzen wird, sollten sämtliche beteiligten GNSS-Antennen als so genannte Nullantennen absolut kalibriert sein. Praktisch muss das auf der Roverseite nur für Präzisionsmessungen, nicht jedoch für das ungenauere Netz-RTK, erfüllt sein. Die Permanentstationen sollten aber mit Nullantennen für die verschiedensten Anwendungen vorbereitet sein.

Zwar auf derselben Idee basierend, gibt es methodisch und logistisch unterschiedliche Konzepte für Netz-RTK. Einen Überblick hierzu findet man in WÜBBENA et al. 2001 sowie einige Hinweise zu möglichen Repräsentationsfehlern der verschiedenen Ansätze in WÜBBENA 2007.

11.5.2.1 Flächenkorrekturparameter (FKP)

Ein Rover verrechnet seine Messungen zusammen mit den Daten der ihm nächstliegenden Referenzstation. Die Rover-Beobachtungen werden dabei mit Parametern – den FKP – über eine Flächenfunktion korrigiert, welche den Ort des Rovers aus der Navigationslösung berücksichtigt.

Wie werden nun Korrekturen anhand FKP modelliert: Beim laufenden Auswerten der Referenzstations-Messungen im Netz selbst müssen – wie oben erwähnt – zunächst die Mehrdeutigkeiten gelöst sein. Für die Orte der Referenzempfänger erhält man dann Residuen in den Doppel-Differenzen von Trägerphasenbeobachtungen, die sich im Wesentlichen aus folgenden entfernungsabhängigen Fehlerkomponenten zusammensetzen:

- ionosphärische Laufzeitfehler,
- geometrische bzw. ionosphärenfreie Einflüsse:
  - troposphärische Laufzeitfehler,
  - Orbitfehler.

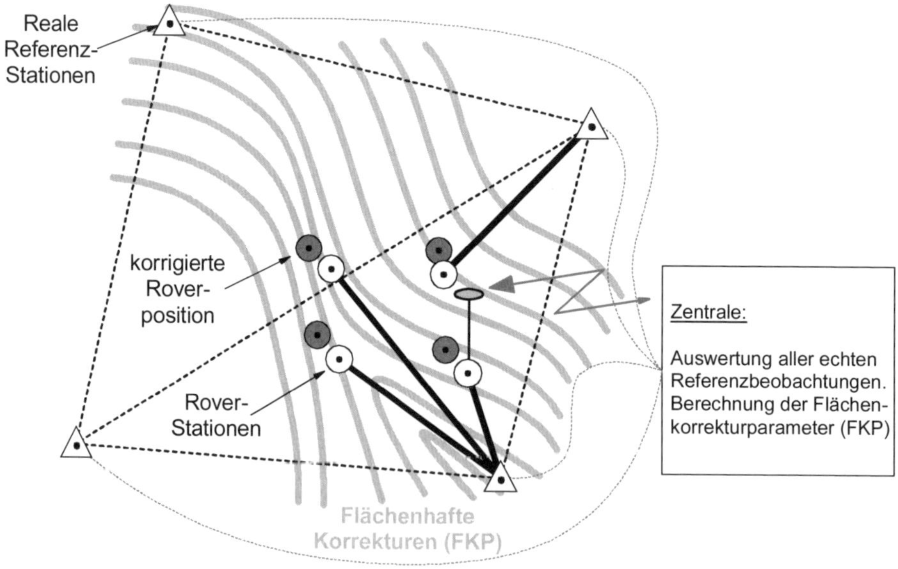

Bild 11-40: Vernetzte GNSS-Referenzstationen: Flächenkorrekturparameter

Diese ortsabhängigen Einflüsse lassen sich aus den Referenzstations-Messungen als Parameter eines so genannten Zustandsraums (State Space) schätzen und z.B. in der Lagedarstellung des Bildes 11-40 als graue Isolinien visualisieren. Ebenso wie Höhenlinien in ihrem Verlauf eine bestimmte Höhen angeben, stehen die Isolinien für einen bestimmten ionosphärischen bzw. geometrischen Korrekturwert für Trägerphasenbeobachtungen eines Rovers an diesem Ort.

Diese Einflüsse sind möglichst einfach, aber erwartungstreu zu repräsentieren: Die unregelmäßige, im Bild durch die Isolinien dargestellte Fläche wird hierzu stückweise durch Raumebenen angenähert, welche um die jeweiligen Referenzstationen zentriert sind. Damit ergeben sich entfernungsabhängige Fehler δr_0 [ppm] für das geometrische, also ionosphärenfreie Signal bzw. δr_I [ppm] für das ionosphärische Signal anhand satellitenindividueller Flächenkorrekturparameter (FKP) N_0, E_0 bzw. N_1, E_1:

$$\begin{aligned} \delta r_0 &= 6{,}37 \cdot \left[N_0 \cdot (\varphi - \varphi_R) + E_0 \cdot (\lambda - \lambda_R) \cdot \cos\varphi_R\right] \\ \delta r_I &= 6{,}37 \cdot H \cdot \left[N_I \cdot (\varphi - \varphi_R) + E_I \cdot (\lambda - \lambda_R) \cdot \cos\varphi_R\right]. \end{aligned} \qquad (11\text{-}63)$$

Die Bezugsflächen für die linearen Funktionen in (11-63) sind Parallelflächen zum WGS 84-Ellipsoid durch die jeweilige Referenzstation. Es bedeuten im Einzelnen (WÜBBENA, BAGGE 2002):

- N_0, E_0 = FKP [ppm] in Nord-Süd- und in Ost-West-Richtung für das geometrische (ionosphärenfreie) Signal,
- N_I, E_I = FKP [ppm] in Nord-Süd- und in Ost-West-Richtung für das ionosphärische (geometriefreie) Signal,
- φ_R, λ_R = Breite und Länge [rad] der Referenzstation im WGS 84-Datum, mit welcher der Rover eine Basislinie bildet,
- φ, λ = aktuelle Breite und Länge [rad] des Rovers im WGS 84-Datum, z.B. aus seiner Navigationslösung,
- H = $H = 1 + 16\,(0{,}53 - E/\pi^3)$, mit: E = Elevationswinkel [rad] des betrachteten Satelliten,
- δr_0 = entfernungsabhängiger Fehler [m] für das geometrische (ionosphärenfreie) Signal; zur Korrektur am Rover,
- δr_I = entfernungsabhängiger Fehler [m] für das ionosphärische (geometriefreie) Signal; zur Korrektur am Rover.

Die numerische Trennung in geometrische und ionosphärische Flächenkorrekturparameter (FKP) ist im Referenznetz natürlich nur möglich, da die Empfänger auf den Permanentstationen mindestens zwei Frequenzen f_1 und f_2 empfangen und man z.B. Wide-Lane- und Narrow-Lane-Kombinationen (Abschnitt 11.4.3.3.2) verwenden kann.

Die geometrischen Fehlereinflüsse sind in allen Signalen δr_0 gleich enthalten, nur der dispersive Effekt der Ionosphäre beschleunigt Trägerphasen-Signale bzw. verzögert Codephasen-Signale frequenzabhängig (Abschnitt 11.3). Unter Zuhilfenahme von Tabelle 11-1 sind die entfernungsabhängigen Fehler aus (11-63) zur Korrektur der L_1- und L_2-Signale noch auf diese umzurechnen, wenn es sich beispielsweise um GPS-Beobachtungen handelt:

$$\begin{aligned} \delta r_1 &= \delta r_0 + \frac{f_2}{f_1} \cdot \delta r_l = \delta r_0 + \frac{120}{154} \cdot \delta r_l \\ \delta r_2 &= \delta r_0 + \frac{f_1}{f_2} \cdot \delta r_l = \delta r_0 + \frac{154}{120} \cdot \delta r_l \end{aligned} \tag{11-64}$$

mit

δr_1 = entfernungsabhängiger Fehler des L_1-Trägerphasen-Signals,
δr_2 = entfernungsabhängiger Fehler des L_2-Trägerphasen-Signals.

Für Codephasen-Signale werden übrigens in (11-64) auf beiden Frequenzen die Pluszeichen zu Minuszeichen.

Eine Pseudoentfernung (Pseudo Range) PR, die im Rover auf seiner Position (φ, λ) über Trägerphasenauswertung gemessen wurde, ist dann ortsabhängig nach $PR_{korr.}$ gemäß

$$PR_{korr.} = PR - \delta r \tag{11-65}$$

zu korrigieren. Die Korrektur δr besitzt folgende Eigenschaften:

- Sie ist individuell für jeden Satelliten und jede Frequenz. Entsprechend viele FKP-Daten sind vorzuhalten.
- Sie ist orts- und damit entfernungsabhängig, d.h. sie berücksichtigt die Positionen vom Rover und von der Referenzstation, deren Beobachtungen der Rover mit auswertet.
- Sie ist zeitabhängig, wobei der geometrische Anteil eher innerhalb ±1 ppm bleibt und sich eher langsam – im Rahmen einer halben Stunde – ändert. Die ionosphärischen Einflüsse erreichen schnell ±3 ppm und mehr im Minutenbereich.

Vor allem im Vergleich zum international weit verbreiteten Konzept der Virtuellen Referenz-Station (VRS, siehe Abschnitt 11.5.2.2) seien noch wichtige operationelle Aspekte in der FKP-Anwendung aufgeführt:

- Völlig unabhängig von potentiellen Nutzern verrechnet der RTK-Netzbetreiber die Referenzstationsmessungen zu Flächenkorrekturparametern und strahlt diese zusammen ab. Der quasi eindimensionale Datenverkehr lässt vorteilhaft sehr viele Nutzer zu – ohne Mehrbelastung der Datenstrecke und der Rechenzentrale.
- Die nötigen Datenübertragungen sowie die Korrekturberechnungen im Rover entsprechen nicht dem Standardfall, also wenn der Nutzer für seinen Rover eine eigene Referenzstation betreiben würde. Der netzwerkfähige Rover muss also mit einer FKP-spezifische Korrektur-Software einschließlich Daten-Interface ausgestattet sein.
- Die FKP sind grundsätzlich im Zustandsraum (State Space, WÜBBENA, WILLGALIS 2001) geschätzt und definiert. Die FKP gehören zum Zustandsvektor eines (Kalman-)Filters, und die Beobachtungen aller Referenzstationen stehen in einem Beobachtungsvektor. Das geschlossene, rekursive Filtermodell ist im Sinne der verwendeten Satelliten- und Stationsanzahl hochredundant und minimiert individuelle Fehler in den Referenzstationen sehr effektiv.
- Das Referenznetz liefert ein einfaches – in diesem Falle lineares – Korrekturmodell, welches lokale Variationen in der Troposphäre oder ionosphärische Turbulenzen glättet. Solche Fehlereinflüsse höherer Ordnung nehmen mit der Entfernung zur verwendeten Referenzstation zu. Da dem Rover die Positionen der benutzten Referenzstationen bekannt sind, kann er ggf. solche Fehler höherer Ordnung selbst modellieren, z.B. durch eine stochastische Ionosphärenmodellierung.
- Die FKP modellieren keine Absolutdaten zur Troposphäre, sondern Gradienten. Da der Rover ja Daten einer konkreten Referenzstation mit verwendet, kann der dortige Troposphäreneinfluss ermittelt und bei den roverinternen Rechnungen korrekt berücksichtigt werden.

11.5.2.2 Virtuelle Referenzstation, Virtual Reference Station (VRS)

Im Standardfall, also ohne GNSS-Referenznetz, empfängt ein RTK-Rover über ein bestimmtes RTCM-Format die Daten von seiner eigenen Referenzstation und rechnet damit Mehrdeutigkeitslösungen und Positionen. Im VRS-Konzept soll eine solche Konfiguration nachgebildet werden, um den Rover ohne weitere Veränderungen – außer einer geeigneten Kommunikationsvorrichtung – auch in einem GNSS-Referenznetz nutzen zu können.

Der Rover kombiniert hierzu seine Messungen mit den „Beobachtungen“ einer rechnerisch in die Nähe gelegten, virtuellen Referenzstation (Bild 11-41). Eine grundsätzliche Darstellung des VRS-Konzeptes liefert WANNINGER 1997. Der Ablauf sei hier wie folgt skizziert:

- Der Rover berechnet eine Navigationslösung und übermittelt sie als Näherungsposition an den Zentralrechner des GNSS-Permanentnetzes.
- Der Zentralrechner führt die erhaltenen Koordinaten als Position einer virtuellen Referenzstation ein. Damit und mit den Satellitenkoordinaten werden im Prinzip rückwärts aus Beobachtungsgleichungen (11-39) für jeden Satelliten, jede Frequenz und jede Messepoche trägerphasenbasierte Pseudodistanzen PR_{VRS} gerechnet.
- Aus dem im Netz laufend berechneten FKP-Modell werden mit (11-63) bis (11-65) Korrekturen δr_{VRS} gerechnet, und zwar zwischen virtueller Referenzstation
  $$(\varphi, \lambda) = (\varphi_{VRS}, \lambda_{VRS})$$
  und nächstliegender realer Referenzstation
  $$(\varphi_R, \lambda_R) = (\varphi_{reale\ RS}, \lambda_{reale\ RS}) \ .$$
- Die individualisiert korrigierten Pseudodistanzen der virtuellen Referenzstation sind dann – innerhalb der Modellgenauigkeit – frei von geometrischen und ionosphärischen Fehlereinflüssen:
  $$PR_{VRS,korr.} = PR_{VRS} - \delta r_{VRS} \ .$$
- Die korrigierten Beobachtungen $PR_{VRS,\ korr.}$ werden laufend neu berechnet und an den Rover übermittelt.
- Der Rover rechnet Mehrdeutigkeitslösungen und Positionen nur noch über die sehr kurze Entfernung zur VRS, so dass man hier von identischen Fehleranteilen auf Rover und VRS ausgehen kann, welche in der Differenzbildung herausfallen.

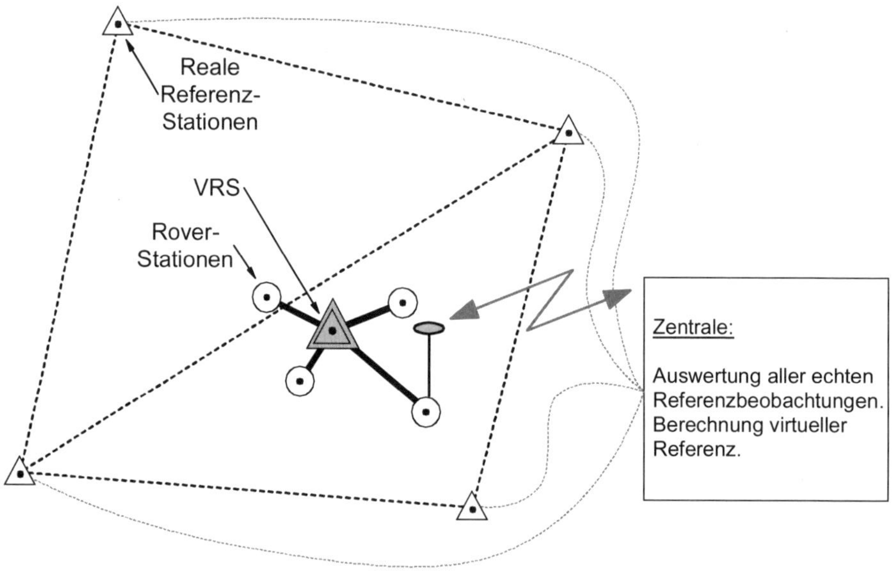

Bild 11-41: Vernetzte GNSS-Referenzstationen: virtuelle Referenzstation

Der Rover könnte sich eine VRS aus FKP-Daten auch selbst rechnen, so dass die Korrekturparameter weiterhin im Zustandsraum vorlägen und nur einseitig abgestrahlt werden müssten. Außerdem: Der Netzrechner kann die VRS-Beobachtungen auch direkt mit im Beobachtungsraum ermittelten Korrekturen versehen, die durch Interpolation aus den Referenzstations-Beobachtungen – etwa in einer Masche aus 3 Stationen – weniger redundant entstünden. Welches Verfahren hinter der VRS-Berechnung steht, ist für den Nutzer nicht sichtbar.

Insbesondere da die Positionen der wahren Referenzstationen dem Rover vollständig verborgen sind, könnten im VRS-Konzept einige methodische Nachteile wirken:

- Eigentlich sollten die Referenzstations-Daten nicht eigenständig wegen ihrer troposphärischen Einflüsse korrigiert werden, sondern dies sollte der Rover in seiner RTK-Lösung mit übernehmen, damit auf Referenz- und auf Roverseite dasselbe troposphärische Modell angesetzt wird. Da dem Rover die wahren Referenzstationen aber verborgen bleiben, könnte er die Troposphärenmodellierung allenfalls – wenig repräsentativ – zusammen mit der VRS durchführen. Also bleibt nur der Weg einer Troposphärenkorrektur auf Referenzstationsebene, allerdings dann mit einem möglicherweise anderen Troposphärenmodell als im Rover.
- Ebenfalls auf Grund der verborgenen Referenzstationen kann der Rover keine entfernungsabhängigen Korrekturen höherer Ordnung für lokale Variationen in der Troposphäre oder ionosphärische Turbulenzen modellieren.
- Meist wird der Rover bewegt, beispielsweise in einem Stop-and-Go-Verfahren. Die üblichen RTK-Software-Realisierungen lassen jedoch nicht zu, dass sich die VRS mitbewegt; sie bleibt also mit erstmaliger Mehrdeutigkeitslösung ortsfest. Das bedeutet aber wiederum, dass zwar am Anfang – für die Mehrdeutigkeitslösung – die entfernungsabhängigen Fehleranteile in Rover und dicht benachbarter VRS fast identisch sind und wie gesagt herausfallen, mit zunehmender Entfernung aber unter den oben beschriebenen Schwierigkeiten zu modellieren wären.
- Dies bedeutet insgesamt, dass die Repräsentationsfehler für die wahren Fehlereinflüsse im VRS-Ansatz gegenüber dem FKP-Konzept etwas größer ausfallen und damit zu geringerer Genauigkeit und verzögerter Mehrdeutigkeitslösung führen können. In der praktischen cm-genauen Vermessungsarbeit ist dies kaum signifikant spürbar.

Zusammenfassend ist festzustellen, dass die Nutzerseite durch die Weiterverwendbarkeit einer Standard-RTK-Lösung eher entlastet, die Netzzentrale dagegen durch umfangreichere und zudem individualisierte Berechnungen stärker belastet ist und zudem gewisse fehlertheoretische Nachteile eintreten könnten.

Die deutschen Dienste SAPOS und ascos bieten RTK-Daten sowohl im FKP- als auch im VRS-Konzept an, und zwar durchgängig für GPS und teilweise für GLONASS.

11.5.2.3 Master-Auxiliary Concept (MAC)

Insbesondere im Hinblick auf die Datentransparenz, die Anzahl verwendeter Referenzstationen und eine einfach strukturierte Datenkommunikation ist die Firma LEICA-GEOSYSTEMS mit dem Master-Auxiliary Concept in den Markt getreten (EULER et al. 2001 und 2002, LEICA 2005).

Für den Rover sind alle zu verwendenden Referenzstationen mit ihren Positionen und Korrekturen der Rohdaten sichtbar, und er positioniert sich selbst im Netz durch eine „multiple“ Basislinienlösung. Das heißt die in den anderen Verfahren bereits im Netz gerechnete, flächenhafte Korrekturinformation bestimmt sich der Rover jetzt selbst – in einem eigenen Modell anhand der Beobachtungen der ihn umgebenden Referenzstationen.

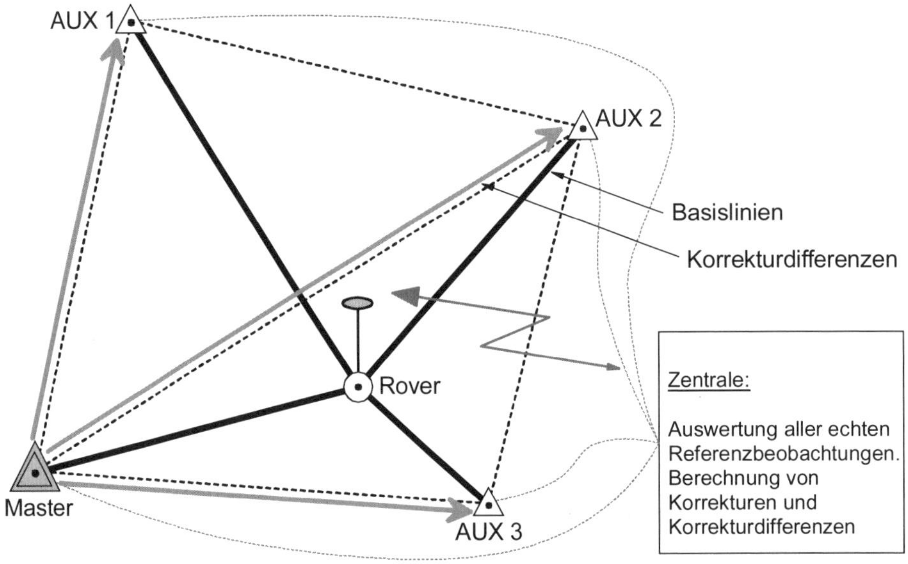

Bild 11-42: Master-Auxiliary Concept

Netzintern werden die Referenzstations-Beobachtungen dementsprechend wie folgt vorverarbeitet:

- Wie bei den anderen Ansätzen auch, müssen im Referenznetz die Mehrdeutigkeiten gelöst sein, so dass in den Residuen der Beobachtungs-Doppel-Differenzen nur noch die entfernungsabhängigen Fehleranteile enthalten sind.
- Pro Satellit, Frequenz und Referenz-Empfänger werden dann ebenfalls die geometrischen und ionosphärischen Korrektionen gerechnet.

- Auf die Korrektionen werden jedoch keine weiteren Modelle zur Berechnung von FKP- oder VRS-Beobachtungen angewendet; dies wird den Rovern überlassen. Man bleibt also in dieser Stufe vollständig im Beobachtungsraum (Observation Space).
- Um die auszustrahlende Datenmenge zu reduzieren, findet noch eine simple Vorverarbeitung statt, die im Rover auch leicht wieder umkehrbar ist: Eine Referenzstation ist – willkürlich – als Master-Station definiert, für welche die Korrekturen und die Koordinaten vollständig bleiben. Für alle anderen, ebenso willkürlich nachgeordneten Referenzstationen, also die Auxiliary-Stations, werden in Bezug auf die Master-Station Differenzen ihrer Korrekturen und Koordinaten gebildet.
- Die derart vorverarbeiteten Daten werden permanent in 1 Richtung ausgesandt. Die geometrischen Korrekturen werden mit geringerer Datenrate und nur einmalig, die ionosphärischen Korrekturen hingegen mit höherer Datenrate und für jede Frequenz gesondert übertragen (vgl. Abschnitt 11.5.2.1).

Die Modellierung der entfernungsabhängigen Fehler für seine Position obliegt jetzt dem Rover:

- Im einfachsten Fall kann der Rover eine einzige Basislinie zu einer geeigneten Referenzstation auswerten – wozu man allerdings keine vernetzten Referenzstationen bräuchte.
- Der Rover befindet sich immer in einer Masche von 3 Referenzstationen – bestehend aus einer Master-Station und zwei Auxiliary-Stations. Aus den 3 Korrekturwerten, oder genauer 1 Korrekturwert und 2 Korrekturdifferenzen, ist dann ein Korrekturwert für die Roverposition interpolierbar.
- In einer weiteren Verfeinerung können die Daten von mehr als 3 Referenzstationen für eine flächenhafte Korrekturfunktion, wie sie etwa den FKP zugrunde liegt, verwendet werden.

Ähnlich wie beim FKP-Konzept ist auch bei MAC die Datenkommunikation nicht zwingend auf 1 Richtung beschränkt: Zur Auswahl einer geeigneten Master-Referenzstation kann der Rover ggf. seine Navigationslösung an die Netzzentrale übermitteln.

11.5.3 Unterstützende satellitenbasierende Systeme (SBAS)

Während bei den unter Abschnitt 11.5.2 beschriebenen Permanentnetzen das trägerphasenbasierende Netz-RTK (PDGNSS) im Vordergrund steht, liefern die Satellite Based Augmentation Systems (SBAS) eher Codephasen-Korrekturen für DGNSS-Anwendungen, und zwar vor allem für das Global Positioning System. Die vernetzten Referenzstationen sind großräumiger angelegt – in einigen 100 km Abstand – und die Korrekturdaten werden wie in Abschnitt 11.5.2 ermittelt.

Die DGNSS-Korrekturen sowie nachgebildete L_1-C/A-Code- und auch andere Satellitensignale werden über Nachrichtensatelliten (wie Inmarsat in Europa) im L-Band abgestrahlt. Statt einer 10 m-Genauigkeit bei Navigationslösungen sind somit mit einem geeigneten Empfänger m- bis dm-Genauigkeiten erreichbar. Die wichtigen Systeme seien nachfolgend kurz aufgelistet, wobei man sich zu ihrem aktuellen Status über die angegebenen Internetadressen informieren möge.

Der OmniSTAR DGPS-Dienst (www.omnistar.com) ist ein privatwirtschaftliches System für DGPS-Vermessungsanwendungen mit Genauigkeiten bis im dm-Bereich. Es bietet eine weltweit bedeutende Überdeckung und benötigt speziell ausgerüstete Empfänger.

Generell ist die Einrichtung von SBAS vor allem durch Luftfahrtbehörden vorangetrieben worden. Neben der Genauigkeitssteigerung durch DGNSS-Korrekturen ist hier die Überwachung der GNSS-Integrität und ggf. die Ausgabe einer Integritätswarnung innerhalb von 5 bis 10 s sicherheitsrelevant. Über die Nachrichtensatelliten sind zudem die Flugzeuge problemlos mit Korrekturdaten und Integritätsinformation versorgbar. Die existierenden Systeme erfordern ebenfalls spezielle Empfänger und sind – ihrem Haupteinsatzzweck entsprechend – miteinander kompatibel:

- EGNOS, European Geostationary Overlay Service der European Space Agency (ESA), www.esa.int/esaNA/egnos.html
- WAAS, Wide Area Augmentation System der Federal Aviation Agency (FAA) der USA, www.faa.gov/about/office_org/headquarters_offices/ato/service_units/techops/navservices/gnss/waas/
- MSAS, MTSAT / Multi-functional Satellite-based Augmentation System des Japan Civil Aviation Bureau unter Nutzung der meteorologischen und Nachrichtensatelliten MTSAT der Japan Meteorological Agency (JMA), www.kasc.go.jp/_english/msas_01.htm
- GAGAN, GPS Aided Geo Augmented Navigation, im Aufbau in Indien durch die Airports Authority of India (AAI) und die Indian Space Research Organization (ISRO), mit Unterstützung der FAA

Während die satellitengestützte Datenübermittlung zum Flugzeug eher ein Vorteil ist, kann die Verbindung zum Nachrichtensatelliten bei Vermessungsarbeiten im Felde auch problematisch sein, wenn man sich nicht auf einem freien Hügel positionieren kann.

11.5.4 Assisted GPS (A-GPS)

Für so genannte Location Based Services (LBS), also standortbezogene Dienste einschließlich Notfalldiensten, werden als Endgeräte Mobiltelefone verwendet. Die übliche Positionsbestimmung über Identifikation der Mobilfunkzelle, in welcher sich das Mobiltelefon befindet, ist für viele Anwendungen zu ungenau. Aus diesem Grunde gibt es zunehmend Mobiltelefone mit integriertem GPS-Empfänger für 10 m-genaue Navigationslösungen.

Unter der Zielstellung, für diese hochmobilen Endgeräte

- die Zeit bis zur ersten Positionsbestimmung nach dem Empfängerstart, also die Time-to-First-Fix (TTFF) zu verkürzen,
- auch in Innenräumen, beim so genannten Indoor-GPS, oder bei sonstigen urbanen Abschattungen noch empfangbare GPS-Restsignale zu nutzen,
- die nötige Rechenleistung und damit auch den Stromverbrauch zu reduzieren,

können Assistenzinformation in unterschiedlichen Ebenen über die Infrastruktur von Mobilfunknetzen bereitgestellt werden, wenn diese um GPS-Empfangsmöglichkeiten und entsprechende Rechenleistung erweitert sind.

Bislang sind nur Endgeräte mit GPS-Chips ohne Berücksichtigung von GLONASS usw. bekannt, woher der Begriff A-GPS rührt. Eine Einführung in das Konzept geben LaMANCE et al. 2002. Folgende Lösungsebenen kommen in Frage:

- Auf Grund der genutzten Mobilfunk-Zelle kann die Netzzentrale der Mobileinheit ihre genäherte Position mitteilen, um den Suchraum für das Tracken der Satelliten einzugrenzen und in wenigen Sekunden zu einer Position zu gelangen. Unter differenzierter Nutzung mehrerer Mobilfunksender und ihrer Baken kann man über Trilateration (Signalstärken) und Triangulation (verwendete Sektoren) die a priori-Genauigkeiten steigern.
- Wenn die Satellitennachricht von einer abgeschatteten oder im Innenraum befindlichen GPS-Mobileinheit nicht mehr vollständig detektierbar ist, kann sie von außen über das Mobilfunknetz bezogen werden, welches die Daten über eigene GPS-Empfänger oder einen entsprechenden Dienst ungestört akquiriert. Mit den darin enthaltenen Satellitenkoordinaten sind Dopplerverschiebungen der Signale rechenbar, so dass das Tracken der Satelliten im Mobilgerät unterstützt und eine Positionsberechnung überhaupt erst möglich wird.

- Stark gedämpfte und durch Multipath beeinflusste GPS-Signale, wie sie etwa in Innenräumen empfangen werden, können mit der Rechenleistung der Netzzentrale eher rekonstruiert werden als in der Mobileinheit, so dass die Positionsrechnung in Fällen wie Indoor-GPS von der Zentrale übernommen werden kann.
- Zur Genauigkeitssteigerung lassen sich DGPS-Korrekturen übermitteln, die z.B. in einem Netzwerk (Abschnitte 11.5.2, 11.5.3) modelliert werden.

High Sensitivity GPS (HS GPS):
Oben wurde kurz aufgezählt, wie LBS-Forderungen mit Hilfe von Assisted GPS erfüllt werden können. Eine gewisse Alternative, teilweise auch eine Ergänzung, sind High Sensitivity GPS-Empfänger, wie in CARVER 2005 diskutiert wird.

Viele Location Based Services müssen auch in Innenräumen funktionieren: Um die unzureichend empfangenen Signale noch auswerten zu können, sind GPS-Empfänger-Bausteine mit einer hohen Anzahl von Korrelatoren hilfreich – in ähnlichem Sinne wie schon unter Abschnitt 11.3.3.2.2 für durch Multipath deformierte Signale diskutiert. Wenn ein üblicher GPS-Empfänger über 1 ms – entsprechend der C/A-Code-Dauer – integriert und nun Tausende von Korrelatoren eintausendmal so lange integrieren, lassen sich auch eintausendmal schwächere Signale akquirieren.

Im Außenraum, wenn die Signale nicht abgeschwächt sind, hilft die hohe Korrelatorenzahl, dass die Regelkreise im Empfänger schneller gerastet sind. Man erhält früher die erste Position, die Time to First Fix wird verkürzt, was ja einer weiteren Forderung des LBS-Marktes entspricht.

11.6 Interfacing im GNSS-Zusammenhang

Für den GNSS-bezogenen Datenaustausch im Beobachtungs- oder Koordinatenraum werden nachfolgend die relevanten Formate aufgelistet. Auf Versionsnummern wird verzichtet. Während z.B. BAUER 2003, HOFMANN-WELLENHOF et al. 2007 den grundsätzlichen Aufbau der genannten Formate darstellen, lassen sich aktuelle Erweiterungen oder Änderungen – etwa beim RTCM-Format wegen der Netz-RTK-Konzepte oder der Einführung von Galileo – über das Internet verfolgen.

11.6.1 RINEX: Rohdaten für das Postprocessing

Beispielsweise nach einer geodätischen Netzmessung wird ein Download der in den GNSS-Empfängern gespeicherten Rohdaten vorgenommen, um dann in einer Auswertesoftware über Mehrdeutigkeitslösung und Cycle-Slip-Beseitigung zu Basislinien bzw. Koordinaten zu gelangen. Sofern Empfänger und Postprocessing-Software als

Komplettpaket eines Herstellers vorliegen, werden die Daten in einem proprietären Format übertragen. Sind unterschiedliche Hersteller in Hardware bzw. Software beteiligt, müssen Daten in das standardisierte RINEX-Format gewandelt und entsprechend importiert werden.

Beispielsweise werden Beobachtungsdaten im SAPOS-Referenznetz für die Dienste GPPS und GHPS (siehe Abschnitt 11.5.2) zum Postprocessing im RINEX-Format abgegeben. RINEX steht für Receiver Independent Exchange Format und ist vom Grundsatz her eine Entwicklung der Universität Bern. Entsprechende Dokumentationen des dortigen Astronomischen Instituts findet man unter: www.aiub-download.unibe.ch/rinex/. Ferner stehen auch Beschreibungen auf den Internetseiten der deutschen Landesvermessungsämter.

11.6.2 RTCM: Korrekturdaten für PDGPS und DGPS

Immer wenn in Echtzeit differentiell, unter Verwendung von Referenzstationen gemessen wird, sind Korrekturdaten zum Rover zu übertragen, und zwar prinzipiell über Funk, Mobiltelefon oder Internet. Zwar gibt es auch hier proprietäre Formate, aber gerade zur freizügigen Nutzung vorhandener GNSS-Referenznetze sind Datenübertragungsstandards nötig. Namensgebend für RTCM ist die US-amerikanische Radio Technical Commission for Maritime Service und hier speziell das RTCM-Special Committee 104, welches als RTCM-SC104 sowohl für Code- als auch für Trägerphasenkorrekturen Standards entwickelt und pflegt.

Die erforderlichen Standards sind unterschiedlich tief definiert. So sind z.B. die Anforderungen für Codekorrekturen relativ gering; eine Aufdatierung nach mehreren Sekunden ist ausreichend. Der SAPOS-Dienst EPS stellt Codekorrekturen in entsprechendem RTCM-Standard bereit. Die Anforderungen an Trägerphasenkorrekturen beim Netz-RTK, z.B. im SAPOS-Dienst HEPS, sind höher hinsichtlich Datenrate, minimaler Verzögerung und flächenhafter Modellierung der Signalausbreitungsbedingungen. Hier sind noch Weiterentwicklungen zu erwarten, siehe z.B. WÜBBENA 2007. Dies gilt auch für die zukünftige Einbindung von GPS-, GLONASS- und Galileo-Daten usw. Eine aktuelle Quelle ist www.rtcm.org.

In Analogie zur Schifffahrt gibt es für die Luftfahrt Standards der Radio Technical Commission for Aeronautics, RTCA, www.rtca.org. Speziell im Vermessungsbereich sind allerdings nur die RTCM-Formate von Bedeutung, wenn Netz-RTK angewandt wird.

11.6.3 NMEA: Ausgabe von Positionsdaten

Ganz allgemein definiert der Standard NMEA 0183 die Ausgabe von Positionskoordinaten durch Navigationsgeräte, wie z.B. GPS, an Computer usw. NMEA bedeutet National Marine Electronics Association, entsprechend den Ursprüngen in der Schifffahrt. Typische Anwendungen sind Positionsausgaben eines DGPS-Empfängers an einen PDA für Mobile Mapping oder bei Netz-RTK die Übermittlung einer groben Rover-Position an die Netzzentrale. Details zum Format stehen z.B. unter www.nmea.de/nmea0183datensaetze.html.

11.7 Weitere GNSS

Unter weiteren globalen Navigationssystemen neben GPS sind aktuell vor allem das ursprünglich sowjetische und jetzt russische GLONASS sowie das im Aufbau befindliche europäische Galileo zu erwähnen. Hinzu kommt, teilweise als Antwort auf diese Alternativen, ein GPS-Modernisierungsprogramm. Alle drei Themen werden unter den Abschnitten 11.7.1 bis 11.7.3 nochmals aufgenommen, wobei weiterführende Informationen in HOFMANN-WELLENHOF et al. 2007 zusammengefasst sind. Die unter dem Begriff GNSS ebenfalls subsummierten SBAS sind bereits unter Abschnitt 11.5.3 angesprochen worden.

Zumindest genannt seien ferner asiatische Entwicklungen, und zwar zunächst das chinesische COMPASS, welches zwar global geplant ist, aber möglicherweise regional begrenzt bleibt. Neben Satelliten in geosynchronen sowie in höheren Umlaufbahnen sind, ähnlich wie bei EGNOS in Europa, auch regionale, geostationäre Satelliten namens Beidou eingeschlossen und teilweise bereits verfügbar.

Ein weiteres, in Planung befindliches System, das indische IRNSS (Indian Regional Navigation Satellite System), soll mit seinen verschieden geneigten, geosynchronen Satelliten-Umlaufbahnen regional aufgestellt bleiben.

Seinem grundsätzlichen Design entsprechend, würde GPS der weltweiten Nutzergemeinde als Positionierungswerkzeug genügen. Dennoch gab und gibt es politisch-wirtschaftliche Gründe für die Alternativsysteme, die sich technisch wie folgt darstellen:

Unabhängigkeit, Redundanz und Integrität
Insbesondere GLONASS, aber auch das europäische Galileo sind als globale, eigenständige Systeme vorgesehen, um nicht zuletzt unabhängig vom amerikanischen GPS zu sein. Allein schon die Abhängigkeit von GPS-Systemverschlechterungen

durch die – derzeit inaktive – Selective Availability und das – genauigkeitsmindernde – Anti Spoofing sind ein Grund für den Aufbau von Alternativsystemen, auch wenn die GPS-Modernisierungspläne entsprechende Vorbehalte mildern.

Bei voller Operabilität von GLONASS oder Galileo könnte man sich unabhängig von GPS positionieren; im Regelfall wird GPS aber zusammen mit GLONASS bzw. Galileo genutzt werden. Mehr nutzbare Satelliten von zudem unabhängigen Systemen erhöhen die Redundanz und damit die Zuverlässigkeit sowie die Integrität der Ergebnisse. Dies gilt grundsätzlich auch für die oben genannten asiatischen Systeme.

Höhere Verfügbarkeit

Zusammen mit obigen Überlegungen, mehrere Navigationssysteme gleichzeitig zu nutzen, lassen sich dort noch satellitengestützte Positionen bestimmen, wo wegen Abschattungen von 1 System alleine zu wenig Satelliten sichtbar wären. Ein entsprechend hybrider GNSS-Empfänger ist also freizügiger einsetzbar, was mit kombinierten GPS-GLONASS-Empfängern bereits seit längerem praktiziert wird. Trotz gemeinsamer Prinzipien hinter den verschiedenen GNSS ist die Empfängertechnik entsprechend anzupassen und zu erweitern, wie z.T. weiter unten diskutiert wird. Deswegen und weil auch die Zahl der erforderlichen Empfangskanäle in einem multiplen Empfängern anwächst, werden die Endgeräte aufwendiger – mit möglichen Rückwirkungen auf die Preissituation.

Verbesserte Signale

Bei den Neuentwicklungen im Rahmen von Galileo und dem GPS-Modernisierungsprogramm sind Verbesserungen in den Signalen – also z.B. für L1C, L2C und L5 bei GPS – vorgesehen:

- Höhere Chipraten verbessern Datendurchsatz und Codeauflösung.
- Für die tatsächlichen Signale werden sofort Fehlerkorrekturen mit ausgestrahlt, um die Demodulierung zu erleichtern.
- Grundsätzlich sind auf die Trägersignale Codes und ggf. Nachrichten moduliert. Zum Rasten der Regelschleifen sind die Nachrichtendaten wieder zu demodulieren. In den neuen Signalen sollen Teile ihres Spektralbereiches, so genannte Pilot Carrier, datenlos bleiben, um das Tracken in den Regelschleifen zu erleichtern.
- Längere Codes, teilweise unterstützt durch Sekundärcodes, sind weniger empfindlich gegen schmalbandige Störungen und Interferenzen zwischen den verschiedenen Satellitensignalen. Es gibt dann auch keine Code-Mehrdeutigkeiten mehr.
- Neue Strukturen der Satellitennachrichten verkürzen die Time-to-First-Fix (TTFF) und erleichtern die Demodulation.

Einen Überblick über die aktuellen und neuen Signale bekommt man aus nachrichtentechnischer Sicht in LO et al. 2006, worauf sich auch Bild 11-43 bezieht. Erwähnenswert ist, dass – wenngleich mühsame – Abstimmungen in der Signalstruktur zwischen den GPS- und Galileo-Verantwortlichen stattgefunden haben.

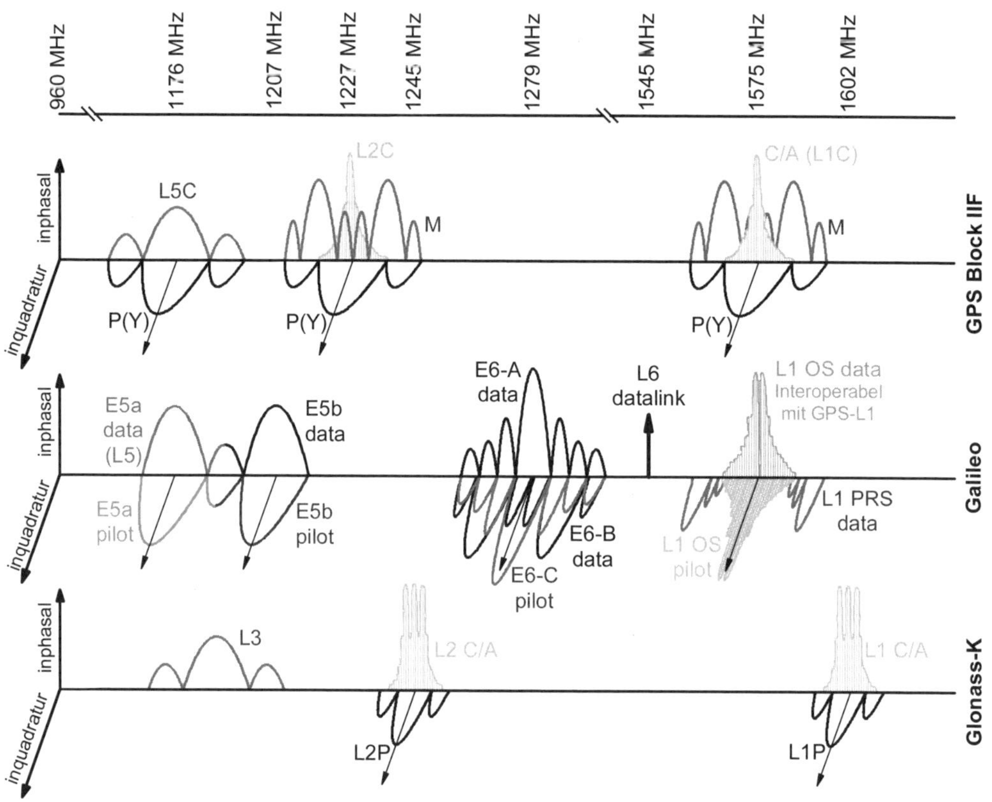

Bild 11-43: Zukünftig verfügbare GNSS-Signale für GPS, Galileo und GLONASS; das Inquadratur-Signal ist zum Inphasal-Signal um 90° phasenverschoben

11.7.1 GPS-Modernisierung

Das laufende und in Planung befindliche Modernisierungsprogramm ist durch neuere militärische Erkenntnisse, gewachsene zivile Marktanforderungen und den Wettbewerb mit anderen GNSS, vor allem Galileo, geprägt. Allein schon die bisherigen, langjährigen Erfahrungen in Technik und Anwendung haben einige Nachteile im bisherigen GPS aufgezeigt:

- Zivile Navigationslösungen können nur den C/A-Code auf L_1 nutzen, so dass nicht aus Zweifrequenzmessungen ionosphärische Korrekturen modelliert werden können und die Positionierungsgenauigkeit begrenzt bleibt.
- Im Frequenzspektrum von L_1 und L_2 sind die militärisch wichtigen P(Y)-Signale relativ stark um die Hauptmaxima gebündelt und schwieriger zu schützen.
- Die L_1- und L_2-Signale sind relativ schwach, sie dringen kaum in geschlossene Räume ein und sind empfindlich gegen Interferenzen oder Störungen (Jamming).
- Eine Überlagerung durch Mehrwegesignale ruft Positionsfehler hervor.

Die Ziele einer GPS-Modernisierung sollen vor allem Navigationslösungen verbessern und sind entsprechend:

- Generell: Erhöhung der Signalstärke auf L_1 und L_2
- Militärisch: Hinzufügen neuer Signale (M) auf L_1 und L_2, die von den zivilen spektral besser getrennt sind und eine größere Signalstärke besitzen
- Zivil: Hinzufügen neuer Signale, um die (Navigations-)Genauigkeit mindestens um das Zweifache, die Satellitenverfügbarkeit und anhand größerer Redundanz auch die Zuverlässigkeit zu verbessern. Ein neues Signal (L_2 Civil) auf L_2 soll Zweifrequenzmessungen ermöglichen, und ein drittes ziviles Signal (L_5) soll in einem für Aeronautical Radio Navigation Services (ARNS) – und damit Safety-of-Life-Anwendungen – reservierten Spektralbereich ausgestrahlt werden.

Damit einher gehen Verbesserungen im Kontrollsegment. Die neuen Signale erfordern neue Empfänger, die wegen zusätzlicher Kanäle aufwendiger werden, sowie neue Satelliten, so dass die Operabilität in Phasen über mehrere Jahre herzustellen ist. Die Phasen werden meist anhand der zugehörigen Satellitentypen klassifiziert, wobei der vorhandene Typ IIR in einen Typ IIR-M modernisiert wurde und in Umlauf gebracht wurde und wird. In der Nachfolge stellen die Block IIF-Satelliten dann die vierte und neueste GPS-Generation dar. Die grundsätzliche Konfiguration des Raumsegments, also die Anzahl der Satelliten und ihre Bahnen, wird nicht verändert. Ebenso bleiben die bereits vorhandenen Signale mit jedem Modernisierungsschritt erhalten – es kommt also nur etwas hinzu. Einen Einstieg in die Modernisierungsdetails findet man über die United States Coast Guard und ihre Linksammlung www.navcen.uscg.gov/gps/modernization/.

<u>Block IIR-Modernisierung auf IIR-M Satelliten</u>
- Erhöhung der Signalstärken vom C/A-Code auf L_1 sowie vom P(Y)-Code auf L_1, L_2
- Einführung des geschützten, militärischen M-Codes auf L_1 und L_2
- Einführung des neuen zivilen Codes L_2 Civil, oft kurz L2C genannt

Mit L2C sind für Navigationslösungen jetzt Zweifrequenzmessungen möglich, obwohl man nicht einfach den C/A-Code auf L_2 gelegt, sondern stattdessen einen moderneren Code verwendet hat. Wenn man für eine Navigationslösung mit C/A-Code auf L_1 eine Genauigkeit von 10 - 20 m zugrunde legt, sollen durch Einbezug von L2C auf L_2 dann 5 - 10 m erreicht werden.

Volle Operabilität (Full Operational Capability, FOC) ist nach 2010 zu erwarten.

Block IIF-Modernisierung

- Einführung von L_5 Civil, oder kurz L5, ein neuer ziviler Code auf einer neuen Frequenz in einem für die Luftfahrt reservierten Bereich, um aus Sicherheitsgründen Interferenzen mit Fremdsignalen auszuschließen

Auf L5 sind längere Codes mit größerer Chiprate sowie eine nochmals erhöhte Signalstärke vorgesehen. In der Kombination von C/A-Code auf L_1, von L2C auf L_2 sowie dem weiteren zivilen Code auf L_5 werden dann Navigationsgenauigkeiten von 1 - 5 m erwartet. DGPS-Anwendungen können dann durch reine Navigationslösungen ersetzt werden, aber verschiedentlich zur Integritätsüberwachung bestehen bleiben. Die Update-Rate für DGPS-Korrekturen lässt sich dann jedoch um 1 bis 2 Größenordnungen herabsetzen.

Volle Operabilität ist ab 2015 vorgesehen.

GPS III

Für die nächste GPS-Generation, die nach der Block IIF-Modernisierung bis mindestens 2030 Bestand haben soll, sind geplant

- der Ersatz des C/A-Codes durch einen moderneren L1 Civil Code, kurz L1C,
  - welcher den Codeeigenschaften von L2C und L5 entspricht,
  - zum C/A-Code rückwärtskompatibel ist, d.h. mit C/A-Code-Empfängern weiterhin genutzt werden kann, und
  - nach einem Abkommen zwischen EU und USA mit dem L1-Signal des Galileo Open Service, kurz L1 OS, interoperabel sein soll, so dass rund 60 Satelliten fast identische L1-Signale ausstrahlen werden,
- aus militärischer Sicht Verbesserungen im M-Code gegen Jamming sowie
- zwei weitere regional anwendbare, zivile Signale, teilweise mit deutlich höherer Sendeleistung.

Zum Einfluss der GPS-Modernisierung auf die cm-genaue Vermessung:

Der um L2C erweiterte Signalumfang in der ersten Modernisierungsphase (IIR-M) ist für geodätische Anwendungen kaum relevant:

- Ionosphärenkorrekturen lassen sich über die rekonstruierten Trägerphasen bereits heute ermitteln. Zwar lässt sich ein L2C-Signal sicher besser tracken als das verschlüsselte L2P, also der P(Y)-Code, und die L_2-Trägerphasen werden nach Entfernung eines nun vollständig bekannten Codes (L2C) weniger verrauscht sein – aber die Auswirkung auf die Schätzung des Ionosphäreneinflusses wird eher gering sein.
- Ein Durchbruch beim Lösen der Trägerphasenmehrdeutigkeiten ist ebenfalls nicht möglich, da der zusätzliche Code keinen Genauigkeitsgewinn z.B. für eine direkte Lösung im 20 cm-Bereich erbringt. Die Kombination von Code- und Trägerphasen zur geometriefreien Mehrdeutigkeitslösung könnte jedoch – gerade für On-the-Fly-Anwendungen – erleichtert werden.
- Hierbei ist aber zu bedenken, dass eine Kombination von zum Beispiel L2P in der Referenzstation und L2C im Rover auf Grund der 90°-Phasenverschiebung wiederum erschwert wird – siehe Bild 11-43 mit Inphasal- und Inquadratur-Komponenten. Ein derartiger Mix wäre aber in bestehenden Referenznetzen zunächst kaum vermeidbar.

Die Block IIF-Modernisierung mit L5 beeinflusst die geodätische Anwendung stärker:

- RTK-Anwendungen profitieren von zusätzlichem Code und Träger in L_5, da die entfernungsabhängigen Korrekturen zuverlässiger und genauer geschätzt werden können. Dies beschleunigt die Initialisierungen bzw. erlaubt Entfernungen vom Rover zu einer Referenzstation von ca. 100 km – bzw. bei Netz-RTK entsprechend weiter.
- Im Postprocessing wird die dritte Trägerfrequenz L_5 vor allem bei der Beseitigung von Phasensprüngen (Cycle Slips) hilfreich sein, indem so genanntes Tri-Laning, also die Linearkombination von 3 Wellenlängen, die ganzzahligen, phasensprungbedingten Mehrdeutigkeiten detektiert.

11.7.2 GLONASS

Im Grundsatz entsprechen die Konzepte von GLONASS und GPS einander. 24 Satelliten umkreisen in 3 um 65° geneigten Bahnebenen die Erde und dienen über Pseudodistanzmessungen der dreidimensionalen Positionierung.

GLONASS leidet unter einem politisch-wirtschaftlichen Manko, indem das System über viele Jahre nicht voll operabel gehalten worden ist. Verschiedene Starts neuer Satelliten sowie selbstverpflichtende Aussagen der russischen Regierung scheinen das Problem nachhaltig zu beheben – allerdings zu einer Zeit, in welcher GPS längst in der weltweiten Nutzergemeinde etabliert ist und das Galileo-Programm beschlossen wurde. Aktuelle Informationen zu GLONASS stehen unter www.glonass-ianc.rsa.ru.

Dem zivilen Nutzer stehen auf den GPS-ähnlichen Frequenzen L_1 und L_2 Code- und Trägerphasen zur Verfügung. Dennoch unterscheiden sich empfängertechnisch ein GLONASS- und ein GPS-Front-End, vergleiche auch Abschnitt 11.3.3. Nicht nur die Codes und Satellitennachrichten sowie das geodätische Datum und Zeitskala sind unterschiedlich zu detektieren, sondern:

- Es werden identische Satellitensignale auf unterschiedlichen Frequenzen ausgestrahlt (Frequency Division Multiple Access, FDMA). Dabei verwenden auf gegenüberliegenden Seiten der Erde befindliche Satelliten (Antipoden) dieselben Frequenzen, um mögliche Überlappungen mit anderen Frequenznutzern zu minimieren.

  Signal L_1 : $f_{01} = 1602\,\text{MHz} + f_{(1)} \cdot \Delta f_1$

  Signal L_2 : $f_{02} = 1246\,\text{MHz} + f_{(2)} \cdot \Delta f_2$

  $$\text{Kanalfrequenz } f_{(1)} = 178{,}0 + K \cdot \frac{9}{16}, \quad \text{für Träger } L_1 \tag{11-67}$$

  $$\text{Kanalfrequenz } f_{(2)} = 178{,}0 + K \cdot \frac{12}{16}, \quad \text{für Träger } L_2$$

  K = Kanalnummer für 12 Satelliten, ganze Zahl zwischen −4 und +7

  Frequenzabstand $\Delta f_1 = 0{,}5625\,\text{MHz}$
  Frequenzabstand $\Delta f_2 = 0{,}4375\,\text{MHz}$

  Bei GPS hingegen werden für jeden Satelliten unterschiedliche Signale (Codes) auf den selben Frequenzen (Code Division Multiple Access, CDMA) abgestrahlt. Auch für GLONASS wird das CDMA-Multiplexing übrigens in Erwägung gezogen.

- Die verschiedenen Frequenzen der GLONASS-Satelliten bedingen unterschiedliche Hardware-Verzögerungen (Interfrequency Biases), die schwer modellierbar sind. Sie sind zudem zeit- und empfängertypabhängig sowie nicht durch die üblichen Differenzenbildungen eliminierbar:

  In den Doppel-Differenzen (11-45) eines bestimmten, zum Zeitpunkt t_r empfangenen Signals s ist als ganzzahlige Mehrdeutigkeit der Doppel-Differenz

  $\nabla\Delta N_{s\,j,k}^{\;i,l}(t_r)$; j,k = beteiligte Empfänger; i,l = beteiligte Satelliten

  enthalten. Auf Grund der FDMA-Eigenschaft von GLONASS ist jetzt nicht mehr eine einzige Wellenlänge λ_s, sondern jeweils eine Wellenlänge λ_i für den Satelliten i und eine Wellenlänge λ_l für den Satelliten l beteiligt. Ein weiteres, hardwarebedingtes

Problem ist zudem der unterschiedliche Zeitpunkt t_r, zu welchem die Signale der beteiligten Satelliten empfangen werden. Die Abhängigkeit von t sei deshalb nachfolgend vereinfachend nicht mehr dargestellt.

Für die Doppel-Differenz-Mehrdeutigkeit muss man dann eigentlich schreiben

$$\nabla\Delta N_{j,k}^{i,l} = \Delta N_{j,k}^{l} - \Delta N_{j,k}^{i} - \frac{\lambda_i - \lambda_l}{\lambda_l} \cdot \Delta N_{j,k}^{i} \ , \qquad (11\text{-}68)$$

und man kann sie nicht direkt z.B. durch Dreifach-Differenzen eliminieren und danach ganzzahlig festsetzen. Vielmehr lässt sich beispielsweise in erweiterten Schätzansätzen der rechte, rationale Anteil in (11-68) über systematische Uhrenfehler modellieren – was aber den Aufwand nur andeuten soll, wieder ganzzahlige Mehrdeutigkeiten bereitzustellen. Das angesprochene Problem ist natürlich speziell für geodätische Anwendungen relevant.

– Die Codes sind ähnlich wie bei GPS – allerdings mit halber Frequenz – auf die Träger modulierte PRN-Codes:

  Grobcode, oder auch C/A-Code, ursprünglich nur auf L_1, ab 2003 mit den neueren GLONASS-M Satelliten auch auf L_2:

    Chiprate 0,511 MHz, also $\lambda_{C/A}$ = 587 m
    Codelänge 511 C/A-Chips, entsprechend 1 ms

  Präziser Code, oder auch P-Code, auf L_1 und L_2:

    Chiprate 5,11 MHz, also λ_P = 58,7 m
    Codelänge $5{,}11 \cdot 10^6$ P-Chips, entsprechend 1 s

– Die Navigationsnachricht ist wie bei GPS durch Phasensprünge zusätzlich aufmoduliert, allerdings gibt es zwei unterschiedliche Nachrichten für beide Codes:

  C/A-Code-Navigationsnachricht:

    1 Rahmen mit 5 Unterrahmen, 2,5 min Übertragungsdauer

  P-Code-Navigationsnachricht:

    1 Rahmen mit 72 Unterrahmen, max. 12 min Übertragungsdauer

Anwenderrelevante Unterschiede von GLONASS und GPS sind fernerhin:

- Es gibt kein Anti-Spoofing. Allerdings ist nur der Grobcode freigegeben. Zwar ist der P-Code auf L_1 und L_2 bekannt; er soll aber ohne russische Erlaubnis nicht genutzt werden, da er jederzeit verschlüsselt werden könnte.
- Die Neigung der nur (drei statt sechs) Bahnen ist mit 65° (statt 55°) gegen die Äquatorebene geneigt, was in den polnäheren Regionen geometrisch vorteilhaft ist.

Nicht zuletzt wegen der zeitweise eingeschränkten Operabilität wird meist GLONASS nicht als Alternative, sondern als Ergänzung zu GPS verstanden, so dass zunehmend (geodätische) Zweisystem-Empfänger im Markt zu finden sind. In der Kombination ist dann speziell zu berücksichtigen:

- Das geodätische Datum von GLONASS ist als PZ 90, Parametrie Zemli = Erdparameter, abweichend vom WGS 84 realisiert. Der Abstand der Systemursprünge beträgt etwa 2,5 m und beide Systeme sind etwa 0,4“ gegeneinander verdreht, was einem Bahnfehler von ca. 39 m entspräche.
  Mit konventionellen Transformationsparametern werden die Positionen der GLONASS-Satelliten in das WGS 84 transformiert. Damit sind nur noch Restfehler in den Positionen enthalten, welche eine Navigationslösung zwar direkt beeinflussen. Differentielle Ansätze sind aber von den entfernungsabhängigen Einflüssen solcher „Bahnfehler“ nur noch im 0,001 ppm-Bereich betroffen. Die Transformationen erfolgen für den Anwender quasi unsichtbar in den empfängergestützten Echtzeitlösungen bzw. Postprocessing-Programmen der Hersteller. Seit Ende 2007 ist eine Version PZ90.02 zu berücksichtigen, welche achsparallel zum ITRF2000 ist.
- Die GLONASS-Systemzeit (GLONASST) weicht von der GPS-Systemzeit (vgl. Abschnitt 11.2.3) ab und entspricht der Moskauer Zonenzeit, mit der sie bei maximal 1 μs Abweichung durch Russland – gleichzeitig mit Anpassungen an UT1 – synchronisiert wird:

  GLONASST = UTC(CIS) + 3h 00 min 00 s

  In einer Navigationslösung rufen 1 μs Zeitabweichung etwa 300 m Fehler hervor. In einer GPS-GLONASS-Navigationslösung müssen deswegen für den First Fix mindestens 1 GPS- und 1 GLONASS-Satellit bei insgesamt 5 Satelliten gegeben sein, um die Zeitdifferenz der Systeme zu schätzen. Wenn der Navigationsempfänger danach weiterläuft, genügen für kombinierte GPS-GLONASS-Positionierungen insgesamt 4 Satelliten – wie grundsätzlich bei reinen GPS-Positionsbestimmungen.

  Bei differentiellen Beobachtungen ist der entfernungsabhängige Einfluss eines solchen „Satellitenuhrfehlers“ gemäß Abschnitt 11.4.3.2 und 11.4.3.3 unkritischer und beträgt über 1000 km Basis gerade 0,03 mm.

- Für geodätische RTK-Messungen sind zur Initialisierung die Mehrdeutigkeiten zu lösen: Um den Fehlerhaushalt von GLONASS, neben GPS, über Doppel-Differenzen entsprechend berücksichtigen zu können, benötigt man zur Initialisierung mindestens 2 GLONASS-Satelliten zusätzlich zu 4 GPS-Satelliten. Möglich sind auch die Kombinationen 3+3 und 4+2. Eine GPS-GLONASS-Initialisierung erfordert also 6 Satelliten – eine reine GPS-Initialisierung hingegen nur 5.

  Bei der folgenden RTK-Punktaufnahme muss die Initialisierung für beide Systeme aufrechterhalten werden: Um die nun ermittelten Mehrdeutigkeiten fortzuführen, ist von GLONASS oder GPS mindestens 1 Satellit weiter zu tracken. Minimal müssen 1+4, 2+3, 3+2 oder 4+1 GLONASS+GPS-Satelliten sichtbar sein. In Summe sind also 5 Satelliten nötig – statt nur 4 bei einer reinen GPS-Lösung.

Der wesentliche Vorteil einer kombinierten GPS-GLONASS-Messung ist eine erhöhte Satellitenverfügbarkeit angesichts möglicher Abschattungen. In städtischen Straßenschluchten (Urban Canyons) z.B. können zusätzliche GLONASS-Satelliten eine Messung überhaupt erst ermöglichen, wenngleich nur bei schwacher Geometrie, also mit in Straßenlängsrichtung aufgereihten Satelliten.

Redundanz, Genauigkeit und Schnelligkeit werden eher unwesentlich verbessert, da ja zusätzliche Unbekannte in frequenzbedingt komplexeren Modellen zu schätzen sind. Wenn genügend Satelliten verfügbar sind, kann GLONASS als von GPS unabhängiges System zu einer höheren Integrität beitragen.

In einer weiteren Generation von GLONASS-K Satelliten ist eine dritte Frequenz L_3 für Code- und Trägerphasenmessungen vorgesehen, deren Vorteile denen von L_5 bei GPS vergleichbar sind.

11.7.3 Galileo

Galileo ist ein im Aufbau befindliches europäisches GNSS, initiiert durch die Europäische Union in Kooperation mit anderen, auch außereuropäischen Staaten. Als vollwertiges globales System wird es unabhängig von GPS oder GLONASS verwendbar sein. Nicht zuletzt nach Abstimmungen mit den USA geht man mittlerweile von einer Kombination Galileo-GPS-SBAS als Regelnutzung aus. Galileo soll nach 2012 voll operabel sein, wobei man über www.gsa.europa.eu einen Einstieg zum aktuellen terminlichen und technischen Status findet.

Das Systemdesign wurde vor allem durch zivile Marktanforderungen bestimmt, z.B. für standortbezogene Dienste, Luftfahrt, Rettungswesen usw. Es sollen mehrere Dienste unterschiedlichen Leistungsumfangs angeboten werden: Open Service (OS),

Commercial Service (CS), Public Regulated Service (PRS) und Safety of Life Service (SoL), wobei die häufigsten zivilen Anwendungen beim kostenfreien Open Service, ca. 5 - 10 m genau, und kostenpflichtigen Commercial Services, mit dm- bis m-Genauigkeit, liegen dürften. Der Open Service entspricht der heutigen GPS-Nutzung, allerdings ohne Anti Spoofing. Bei geodätischer Auswertung der Trägerphasen sind mindestens die Genauigkeiten und Beobachtungszeiten wie bei GPS zu erwarten.

Die grundsätzliche Technik stimmt für GPS und Galileo überein; im Einzelnen ist Galileo gekennzeichnet durch

- 30 MEO-Satelliten in 3 Bahnebenen mit einer Inklination von 55°, wobei MEO für Mean Earth Orbit steht; die große Satellitenanzahl pro Bahn kompensiert teilweise die geometrischen Nachteile der um nur 55° geneigten Bahnen, so dass sich Positionierungen in größeren geographischen Breiten sowie die Sichtbarkeiten in engen Stadtstraßen (Urban Canyons), also Genauigkeit, Geschwindigkeit und Verfügbarkeit, verbessern sollen,
- 3 und mehr GEO-Satelliten, also geostationäre Satelliten wie beim unterstützenden System EGNOS, um in Galileo DGNSS- bzw. SBAS-Korrekturen zu integrieren,
- 3 Frequenzen L1, E5 und E6, wobei die beiden Frequenzen L1 sowie E5 jedermann im Open Service zur Ionosphärenkorrektur bereitstehen sollen und E6 dem Commercial und Public Regulated Service dienen soll,
- folgende Beobachtungsgrößen: 3 Trägerwellen, 3 GPS-ähnliche PRN-Codes, 3 zusätzliche datenlose Kanäle zum Stützen des Trackings und damit der Entfernungsmessung,
- die Übertragung einer Integritätsinformation (Integrity Message) z.B. für die Luftfahrt mit einer Alarmzeit (Time to Alarm) im Fehlerfalle von < 6 s,
- einen Rückkanal über die Frequenz L6 für Notfälle (SAR, Search and Rescue),
- eine Verfügbarkeit von 99,99%.

Die Signale auf L1, E5 und E6 finden sich in den Leistungsspektren des Bildes 11-43 wieder, wobei herauszustellen ist:

- In allen drei Frequenzbereichen gibt es ein phasenverschobenes Inquadratur-Signal, das für ein verbessertes Tracking datenlos ist – auch Pilot Channel genannt.
- Die Signaleigenschaften entsprechen weitgehend der GPS-Modernisierung. Auch GPS wird dann 2 oder gar 3 zivil zugängliche Frequenzen, höhere Sendestärken, größere Chipraten und Pilot Channels aufweisen. Im Wettbewerb mit GPS ist abzuwarten, welcher Signalumfang kostenpflichtig bleibt oder nicht.
- E5 ist aufgespreizt in E5a und E5b; beide sind kohärent und lassen sich wie 1 Signal auffassen. Wegen E5a und E5b wird bei Galileo gelegentlich auch von 4 Frequenzen, unter Einbezug des SAR-Kanals L6 sogar von 5 Frequenzen gesprochen.

- L1 von Galileo und GPS sind nicht völlig identisch, aber interoperabel (siehe Abschnitt 11.7.1), was das Design kombinierter GPS-Galileo-Empfänger erleichtert.
- E5a von Galileo entspricht L5 von GPS.
- Die dritte Frequenz E6 ist nur mit Entschlüsselungs-ASIC (Application Specific Integrated Circuit) im Empfänger verfügbar – im Commercial Service (CS) allerdings auch im zivilen Bereich. Somit sind 3-Frequenz-Messungen möglich. Ferner ist der Mehrwegeeinfluss im E6-Signal sehr gering, so dass mit differentiellen Codephasenmessungen 10 - 20 cm-Genauigkeiten erreichbar sind. E6 hat keine unmittelbare Entsprechung bei GPS.
- Insgesamt sind die Frequenzen bzw. Signale von GPS und Galileo jetzt kompatibel zueinander. Zum Tracken der Galileo-Signale ist jedoch prinzipiell eine neue Empfänger-Hardware erforderlich – und nicht nur ein Software-Upgrade – , die sich mit anwachsender Kanalzahl zudem verteuert.

Speziell aus geodätischer Sicht ist für kombinierte Galileo- und GPS-Beobachtungen neben einer größeren Redundanz vor allem eine schnellere und sicherere Trägerphasen-Mehrdeutigkeitslösung interessant und zu erwarten:

- Galileo- und GPS-Satelliten senden auf gleicher Frequenz und werden im CDMA-Verfahren identifiziert (vgl. Abschnitt 11.7.2). Anders als beim Hinzuziehen von GLONASS mit unterschiedlichen Frequenzen im FDMA-Verfahren liefern die Doppel-Differenzen nun weiterhin ganzzahlige Mehrdeutigkeitsparameter, die sich deutlich leichter festsetzen lassen.
- Zu untersuchen sind die Chancen nach einer geometriefreien Mehrdeutigkeitslösung für die lokalen Fälle, dass mit differentiellen E6-Codemessungen Streckengenauigkeiten besser als die Trägerwellenlängen erreichbar sind. Hierzu gehört auch die Verwendung geeigneter Linearkombinationen der Signale aus je 2 bis 3 Galileo- und GPS-Frequenzen.

12 Energieversorgung

Eine sichere Stromversorgung elektronischer Entfernungsmesser, Theodolite und Tachymeter ist für den praktischen Betrieb von größter Wichtigkeit. Deshalb sollen nach der Erläuterung einiger Grundbegriffe die gebräuchlichsten Akku-Typen und deren Behandlung besprochen werden.

12.1 Grundbegriffe

Ein Akkumulator ist ein chemischer Energiespeicher. Er besteht aus einer Zelle, in der zwei Platten aus unterschiedlichen chemischen Substanzen voneinander isoliert eingebracht sind. Diese Platten bilden die beiden Elektroden, die Anode (+Pol) und die Kathode (–Pol). Zwischen den Elektroden befindet sich ein Elektrolyt, eine elektrisch leitende Flüssigkeit, die teilweise auch gelartig verfestigt oder durch ein saugfähiges Material gebunden ist. Durch Laden wird elektrische Energie in chemische Energie umgewandelt, die gespeichert und nach Bedarf bis zur erlaubten Grenze (Kapazitätsgrenze) wieder abgegeben wird.

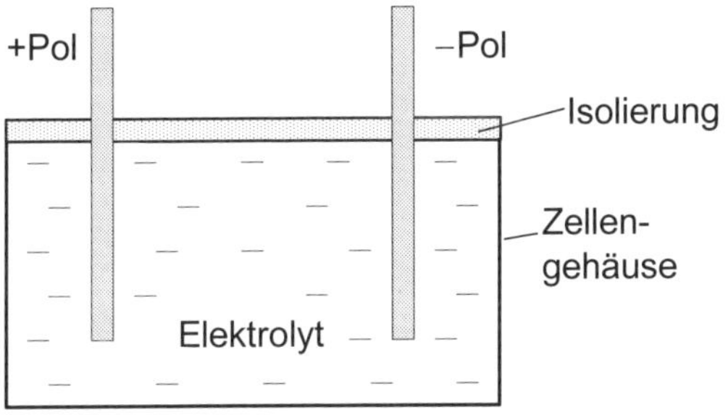

Bild 12-1: Aufbau einer Akku-Zelle

Bei Primärelementen sind diese chemischen Prozesse nicht umkehrbar, sie können deshalb nach Verbrauch der Energie nicht wieder aufgeladen werden (z.B. Taschenlampenbatterien). Wegen dieses Nachteils und weil sie im Allgemeinen nicht mit denselben Stromstärken belastbar sind, werden Primärelemente, wie z.B. alle auf Alkali-Basis aufbauenden Zellen oder die Kohle-Zink-Zelle, in der EDM nur selten benutzt. Verwendet werden fast immer wiederaufladbare Zellen, sog. Sekundärelemente, mit umkehrbarem chemischem Prozess.

Je nach den verwendeten chemischen Substanzen ergibt sich in der Zelle eine bestimmte Spannung (U); sie wird in Volt (V) angegeben. Die Spannung ist nicht konstant. Die Ruhespannung, auch Leerlaufspannung genannt, ist oft höher als die angegebene Nennspannung einer Zelle. Sobald ein Verbraucher angeschlossen ist, fällt infolge des Innenwiderstandes die Spannung sofort auf die Klemmspannung ab,

um danach stetig weiter bis zur zulässigen Minimalspannung (Entladeschlussspannung) abzusinken, ab der die Zelle wieder aufgeladen werden muss. Während des Ladevorganges schließlich stellt sich eine Ladespannung ein, die sogar höher als die Ruhespannung ist.
Die in der EDM gebräuchlichen Sekundärelemente sind

Blei-Akkuzelle	mit ca. 2,0 V Nennspannung,
Nickel-Cadmium-Akkuzelle	mit ca. 1,2 V Nennspannung,
Nickel-Metallhydrid-Akkuzelle	mit ca. 1,2 V Nennspannung

und neuerdings

Lithium-Ionen-Akkuzelle	mit ca. 3,6 V Nennspannung.

Da die Spannung einer einzelnen Zelle meist nicht ausreicht, können mehrere Zellen in Serie zu einer Batterie zusammengeschaltet werden. Jeweils der +Pol der vorangehenden Zelle ist mit dem –Pol der nächstfolgenden verbunden. Die Spannung ist dann die Summe der Einzelzellenspannungen, die Kapazität bleibt unverändert.

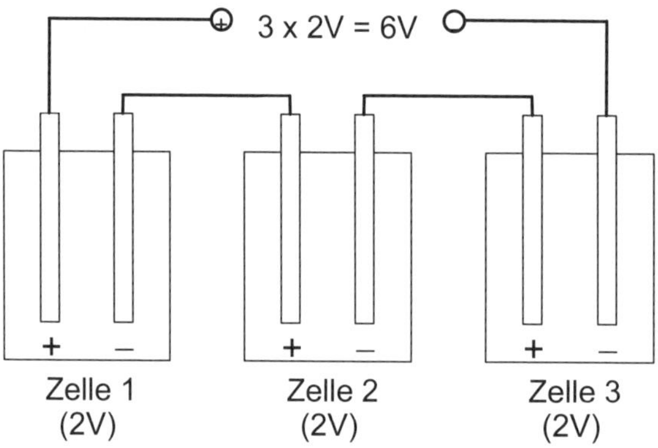

Bild 12-2: Serienschaltung einer Batterie aus 3 Akkuzellen

Die Ladungsmenge, welche eine Akkuzelle maximal speichern kann, wird durch die Kapazität (C) in Ampèrestunden (Ah) angegeben.

Beispiel:

Kapazität C = 7 Ah bedeutet, dass (theoretisch) aus dem vollgeladenen Akku

	1,0 Std. lang	7,0 A
oder	10,0 Std. lang	0,7 A
oder	0,1 Std. lang	70,0 A usw.

Strom entnommen werden kann.

Die tatsächlich verfügbare Kapazität sinkt mit höherem Entladestrom. Möchte man die Kapazität erhöhen, so werden mehrere Akkus mit gleicher Spannung parallelgeschaltet. Dazu werden die +Pole einerseits und die −Pole andererseits miteinander verbunden. Die so entstehende Kapazität ist die Summe der Einzelkapazitäten, die Spannung bleibt unverändert.

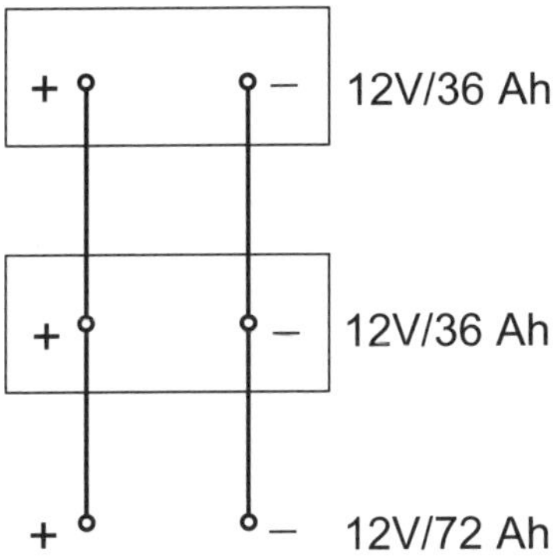

Bild 12-3: Parallelschaltung zur Kapazitätserhöhung

Beim Laden und Entladen werden die erforderlichen Stromstärken häufig als Bruchteile oder Vielfache der so genannten C-Rate angegeben. Die C-Rate (CA) ist diejenige Stromstärke in Ampère, die der Kapazitätsangabe eines Akkus in Ampèrestunden entspricht.

Beispiel:

Kapazität C = 7 Ah,
C-Rate CA = 7 A.
Ein Entladestrom I mit 1/10 der C-Rate bedeutet demnach $I = 0{,}1 \cdot CA = 0{,}1 \cdot 7\ A = 0{,}7\ A$.

12.2 Blei-Akkumulatoren (Pb-Akku)

Blei-Akkus sind in der EDM weniger häufig anzutreffen, weil sie groß und schwer und damit nicht in die Instrumente integrierbar sind. Der Blei-Akku wird jedoch bei Instrumenten mit hohem Leistungsbedarf oder als Reserve-Stromquelle (Autobatterie!) verwendet. Oft benutzt man den Blei-Akku für GPS-Referenzstationen, insbesondere mit Real-Time-Funktion und Daten-Funkübertragung, wenn viel Leistung mit langer Betriebszeit am selben Punkt verlangt ist.

12.2.1 Aufbau und Wirkungsweise

Beim Pb-Akku bestehen die Elektroden aus Blei-Dioxid (PbO_2) an der Anode und aus reinem Blei an der Kathode. Als Elektrolyt dient verdünnte Schwefelsäure (H_2SO_4 in Wasser). Eine Zelle liefert eine Ruhespannung von ca. 2,1 ... 2,2 V.
Beim Entladen entsteht allmählich an beiden Elektroden Bleisulfat ($PbSO_4$) unter zusätzlicher Wasserbildung (H_2O). Durch diese Verdünnung der Säurekonzentration fällt das spezifische Gewicht von

1,24 ... 1,30 g/cm bei vollgeladenem Zustand auf
< 1,10 g/cm bei entladenem Zustand.

Mit einem Säureprüfer kann auf diese Weise der Ladezustand ermittelt werden. Beim Laden verläuft der Vorgang umgekehrt; Schwefelsäure wird nachgebildet und bei der Verminderung des Wasseranteils entweichen Gasblasen (Wasserstoff und Sauerstoff).
Pb-Zellen haben meist prismatischen (rechteckigen) Aufbau; neuerdings gibt es sie auch als Rundzellen.

Seit einiger Zeit werden zunehmend so genannte verschlossene Bleiakkumulatoren eingesetzt. Man bezeichnet den gekapselten Bleiakku auch als SLA-Zelle (Sealed Lead-Acid). Dies wird erreicht, indem der Elektrolyt mittels Gel (SiO_2-Pulver) oder Glasfasern (Durchmesser ca. 1 ... 10 µm) immobilisiert wird. Sie weisen mehrere Vorteile auf. Sie sind

- auslaufsicher und können deshalb in jeder Lage transportiert und benutzt werden,
- wartungsfrei und
- billiger als Ni/Cd-Akkus gleicher Kapazität.

12.2.2 Entladeverhalten

Unter Belastung fällt die Entladespannung gemäß der charakteristischen Kurve (Bild 12-4) ab.
Gegenüber dem Ni/Cd-Akku ist die Entladespannung eines Pb-Akkus wesentlich weniger konstant. Dieser für das EDM nachteilige Effekt kann aber für eine grobe Abschätzung des Ladezustandes genutzt werden.

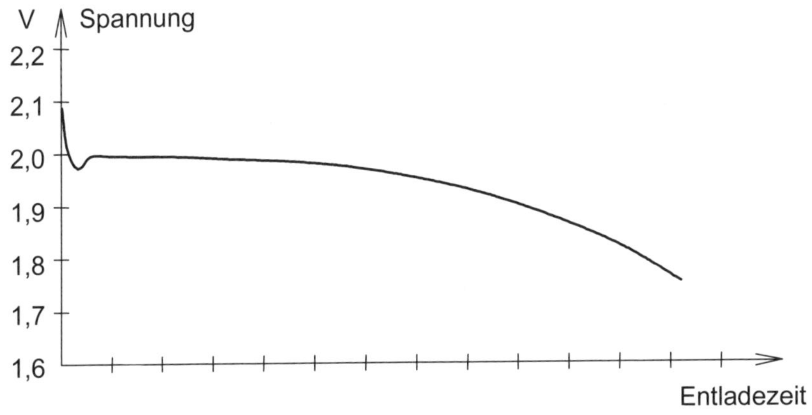

Bild 12-4: Charakteristischer Verlauf der Entladespannung eines Blei-Akkus

Die Selbstentladung ist stark temperaturabhängig, bei tiefen Temperaturen ist sie am geringsten (Bild 12-5). Im Vergleich zu Ni/Cd-Akkus ist die Selbstentladung wesentlich günstiger. Die Entladeschlussspannung einer Pb-Zelle liegt im Ruhezustand bei 1,75 V; unter diesen Wert darf die Ruhespannung nie abfallen, sonst treten Dauerschäden auf.

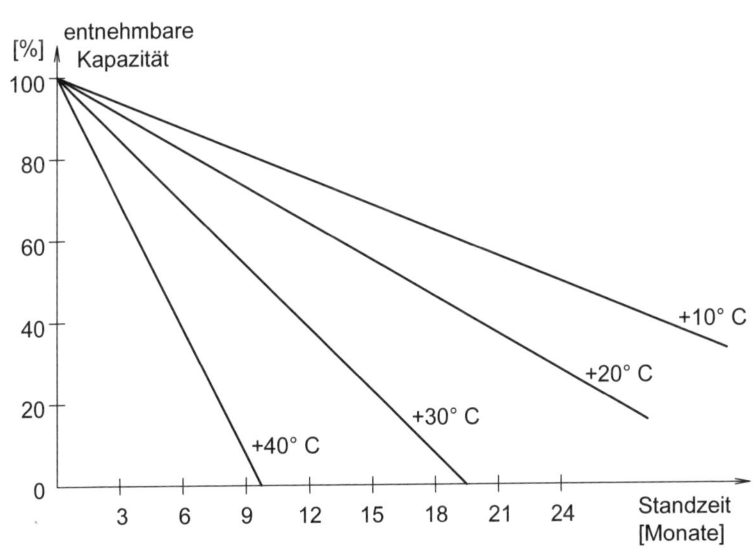

Bild 12-5: Selbstentladung eines Blei-Akkus (nach RETZBACH 1987)

Die Nennkapazität einer Pb-Autobatterie liegt bei 36 ... 100 Ah. Die tatsächlich entnehmbare Kapazität hängt von der Größe des Entladestromes und von der Temperatur ab, bei niedrigen Temperaturen sinkt die Kapazität schnell.

12.2.3 Lademethoden

Das Laden eines Pb-Akkus ist unproblematisch, solange die Ladespannung 2,3 V pro Zelle nicht überschreitet! Es kann sogar ohne Zeitbegrenzung geladen werden. Der Ladestrom darf durch das Ladegerät nicht konstant gehalten werden, er regelt sich selbständig entsprechend dem Ladezustand. Am Anfang fließt ein hoher Ladestrom, bei voller Batterie nur noch ein Erhaltungsstrom von ca. 1 mA je Ah der Nennkapazität. Da der Ladestrom somit variabel ist, lässt sich daraus die nötige Ladezeit nicht wie beim Ni/Cd-Akku berechnen. Nach 8 – 16 Stunden Ladezeit ist die Batterie voll, wobei – wie bereits erwähnt – eine längere Ladezeit nicht schadet. Das Ladegerät muss also über eine Spannungsbegrenzung bei variablem Strom verfügen; bei einer 6 V-Batterie ist die Ladespannung z.B. auf 6,9 V, bei einer 12 V-Batterie auf 13,8 V zu begrenzen.
Während des Ladevorganges sind bei einer Flüssigkeitsbatterie die Zellverschlüsse zu öffnen, damit Gas entweichen kann. Ein „Kochen" der Flüssigkeit ist ein Zeichen für zu hohe Ladespannung, es ist zu vermeiden!

Vorsicht: Austretende Säure gefährdet Augen, Haut und Kleider.
Beim Laden in geschlossenen Räumen kann explosives Knallgas entstehen!

12.2.4 Behandlung und Lagerung

Die beste Behandlung für eine Pb-Batterie ist ständiger Einsatz.

Wartung: Bei Flüssigkeitsbatterien ist der Flüssigkeitsstand zu kontrollieren; die Platten müssen bedeckt sein. Bei Mangel ist destilliertes Wasser (niemals Säure!) nachzufüllen.

Lagerung: Vor der Lagerung muss die Batterie unbedingt aufgeladen werden. Kühles Lagern verringert die Selbstentladung. Lagerung in entladenem Zustand (oder nach mehrmonatigem unbenütztem Stehen) schadet der Pb-Batterie, da durch das sog. Sulfatieren die chemischen Reaktionen nachlassen.
Wie bei der Ni/Cd-Batterie kann auch hier durch einige Lade-/Entladezyklen die Batterie teilweise regeneriert werden. Eine Tiefentladung unter 1,75 V/Zelle ist aber auf alle Fälle zu vermeiden.

Bei Batterien, welche eine antimonfreie Blei-Calcium-Legierung als Bestandteil der Gitterplatten enthalten, kommt als zusätzlicher Vorteil die weit geringere Selbstentladung (bei niederen Temperaturen kleiner 0,1% pro Tag) hinzu, wodurch die Lagerfähigkeit erheblich verbessert wird.

12.3 Nickel-Cadmium-Akkumulatoren (Ni/Cd-Akku)

Der Ni/Cd-Akku wird bei Nahbereichsentfernungsmessern nach wie vor häufig verwendet.

12.3.1 Aufbau

Beim Ni/Cd-Akku bestehen die Elektroden aus Nickel- bzw. Cadmium-Verbindungen, als Elektrolyt dient Kalilauge (KOH). Eine Zelle liefert eine Ruhespannung von ca. 1,3 ... 1,4 V. Bei zylindrischen Zellen, wie sie in der EDM verwendet werden, bestehen die Elektroden aus einem porösen Sintergerüst, in welchem die Nickel-Sauerstoff-Verbindung für Anode und eine Cadmium-Sauerstoff-Verbindung für die Kathode eingetränkt sind. Das Gehäuse aus vernickeltem Stahlblech dient als negativer Anschluss und der Deckel als positiver Anschluss.
Die Kapazität von sog. „Sinterzellen" liegt zwischen 100 mAh und 7,8 Ah.

12.3.2 Entladeverhalten

Der prinzipielle Spannungsverlauf einer Nickel-Cadmium-Zelle ist im Bild 12-6 gezeigt. Beginnend bei 1,3 ... 1,4 V bei vollem Zustand fällt die Ruhespannung unter Belastung mit einem Entladestrom von I = 0,1·CA schnell auf ein mittleres Niveau von 1,25 V und sinkt erst kurz vor Erreichen der Entladeschlussspannung (1,1 V) erneut deutlich ab. Die lange Zeit, mit der eine Ni/Cd-Zelle etwa konstante Spannung liefert, ist ein Vorteil für das angeschlossene Instrument. Von Nachteil ist es aber hinsichtlich der Beurteilung der Restkapazität einer teilentladenen Batterie, da die gemessene Spannung nur ein unsicheres Indiz ist, zumal auch andere Faktoren, z.B. die Temperatur, die Spannung beeinflussen.

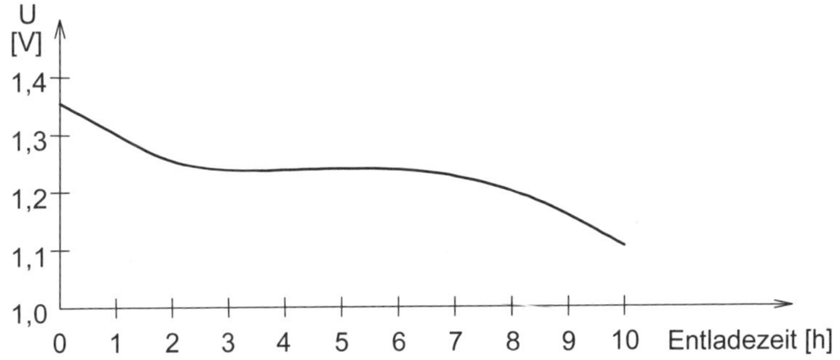

Bild 12-6: Zeitlicher Verlauf der Entladespannung einer Ni/Cd-Zelle, gemessen als Ruhespannung, bei Raumtemperatur und Belastung mit I = 0,1·CA

Auch ohne Verbraucher entlädt sich eine Sinterzelle bei Lagerung. Die Ni/Cd-Zelle verliert ungefähr 10% ihrer Kapazität schon in den ersten 24 Stunden, danach verringert sich die Selbstentladung auf ca. 10% pro Monat. Je höher die Umgebungstemperatur, desto stärker ist die Selbstentladung (Bild 12-7).

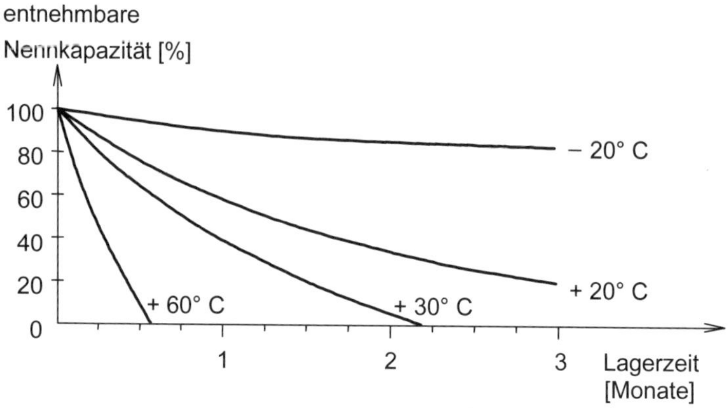

Bild 12-7: Selbstentladung bei verschiedenen Temperaturen

Bei niedrigen Temperaturen ist zwar die Selbstentladung am geringsten, aber gleichzeitig geht auch die entnehmbare Kapazität stark zurück (Bild 12-8). Die Kapazität hat bei ca. 25 °C ein Optimum, bei höheren Temperaturen nimmt sie wieder ab.

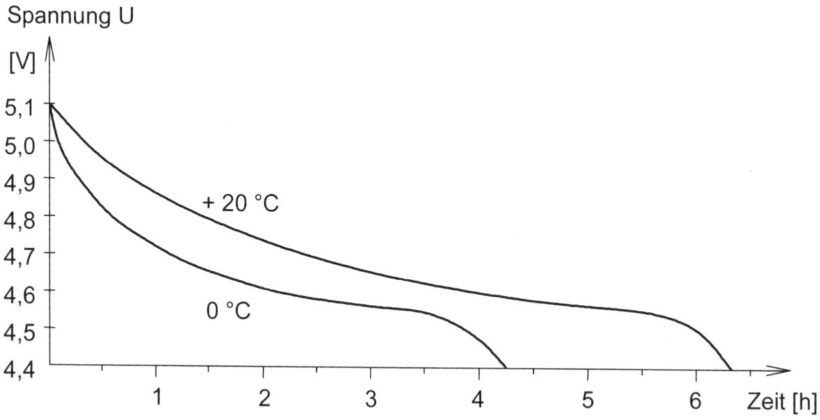

Bild 12-8: Spannungsverhalten eines Ni/Cd-Akkus bei Belastung mit einem EDM bei verschiedenen Temperaturen

Gewöhnlich sind mehrere Ni/Cd-Zellen in Serie zu einer Batterie zusammengeschaltet, wobei die einzelnen Zellen unterschiedliche Kapazitätswerte aufweisen können. Gegen Ende der Entladung wird deshalb diejenige Zelle, die als erste „leer" ist, von den übrigen Zellen wieder gefüllt, was aber eine Umpolung der „leeren" Zelle zur Folge hat. Um solche kapazitätsmindernden Tiefentladungen zu vermeiden, sollten Ni/Cd-Zellen nur bis minimal 0,9 V je Zelle entladen werden, bei einer sechszelligen Batterie darf die minimale Lagerspannung also ca. 5,4 V betragen.

12.3.3 Lademethoden

Die Normalladung eines Ni/Cd-Akkus erfolgt mit dem Ladefaktor 1,4, d.h. es ist mindestens das 1,4fache der vorher entnommenen Kapazität wieder einzuladen, um den begrenzten Wirkungsgrad des Ladevorganges wieder auszugleichen. Die Ladezeit richtet sich nach dem Ladestrom, der für Ni/Cd-Akkus konstant zu halten ist. Der Ladenennstrom ist gleich dem zehnstündigen Entladestrom $I_{10} = 0{,}1 \cdot CA$, mit dem die entladene Batterie unter Berücksichtigung des Ladefaktors $1{,}4 \cdot 10$ h = 14 h lang aufzuladen ist. Gelegentliches Überladen von Ni/Cd-Akkumulatoren mit Nennstrom $I_{10} = 0{,}1 \cdot CA$ ist nicht schädlich. Deshalb kann auch bei unbekanntem Entladezustand einer Batterie eine manuell oder durch Zeitschaltuhr auf 12 h begrenzte Ladung erfolgen.
Allerdings ist die Ladung bei unbekanntem Ladezustand wegen des „Memory-Effektes" nicht zu empfehlen. Hierunter versteht man die (unerwünschte) Eigenschaft der Ni/Cd-Zelle, dass sich bei Ladung vor vollständiger Entladung auf der negativen Elektrode Cadmiumkristalle bilden, durch die eine zweite Entladestufe entsteht (Bild 12-9).

Nicht vollständige Entladung:
Beim Laden kann nicht mehr die volle Spannung erreicht werden – **Memory-Effekt**

Vollständige Entladung:
Der Akku erhält beim Laden seine vollständige Spannung zurück

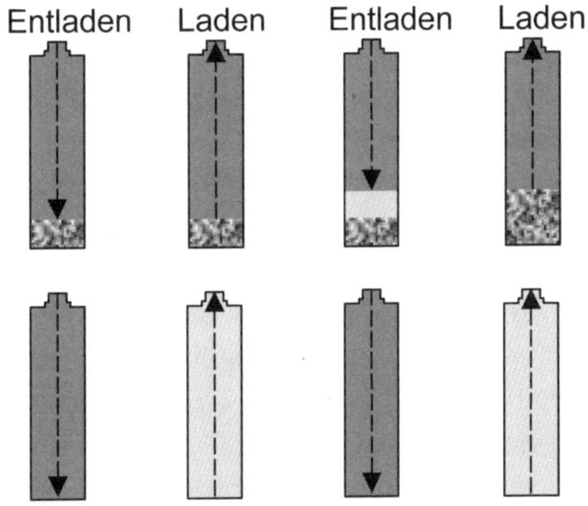

Bild 12-9: Memory-Effekt bei einem Ni/Cd-Akku

Die Batterie speichert diese Stufe als Entladestufe für den nächsten Zyklus in ihrem Gedächtnis („memory"), obwohl „darunter" noch Kapazität verfügbar ist. Beim nächsten Entladevorgang erinnert sich die Batterie nur noch an diese – reduzierte – Kapazität. Folgen weitere unvollständige Entladezyklen, so schaukelt sich der Prozess immer weiter hoch und die Leistungsfähigkeit der Batterie nimmt immer weiter ab. Der

Akku kann dann ein Gerät nicht mehr über die gesamte übliche Betriebsdauer mit genügend hoher Spannung versorgen, denn das Gerät, z.B. ein EDM oder Tachymeter, schaltet bei Erreichen der Geräteabschaltspannung vorzeitig ab (Bild 12-10).

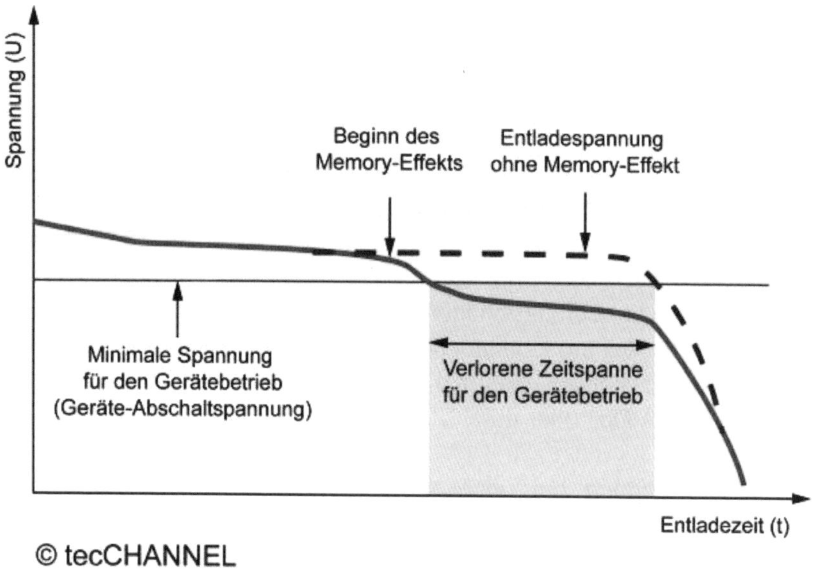

Bild 12-10: Spannungsverlauf bei einem Ni/Cd-Akku mit Memory-Effekt (nach tecCHANNEL)

Ni/Cd-Zellen sollten deshalb hin und wieder vollständig entladen werden. Auf diese Weise wird der Memory-Effekt vermieden und die Lebensdauer der Batterie verlängert. Man sollte also einen Ni/Cd-Akku am besten nicht vorsorglich nachladen, sondern immer erst so lange entleeren, bis das EDM nicht mehr funktioniert.

Bei tiefentladenen Batterien oder solchen, die länger als drei Monate eingelagert und dadurch selbstentladen waren, sollte man eine Langzeitladung von 24 Stunden Dauer mit dem Ladenennstrom durchführen.
In Ausnahmefällen ist auch eine <u>Schnellladung</u> möglich. Ohne Überwachung der Zellenspannung (die bei 20 °C 1,55 V pro Zelle nicht überschreiten darf) sollte höchstens bis zum dreifachen Ladenennstrom gegangen werden. Es ergeben sich z.B. folgende Schnellladevarianten:

<u>Beispiel für C = 7 Ah ⇒ CA = 7 A :</u>
7 h mit 2 × Ladenennstrom $I = 2 \cdot I_{10} = 2 \cdot 0{,}1 \cdot 7\ A = 1{,}4\ A$
4,5 ... 5 h mit 3 × " " $I = 3 \cdot I_{10} = 3 \cdot 0{,}1 \cdot 7\ A = 2{,}1\ A$

Bei Schnellladung reduziert sich die entnehmbare Kapazität auf 70% bis 90% der Nennkapazität.

Die Erhaltungsladung ist ein dauerndes Laden, um bei einer vollen Batterie die Selbstentladung zu kompensieren. Für zylindrische Zellen ist ein Erhaltungsladestrom von 0,02 bis 0,05 der C-Rate empfohlen (im Beispiel also I = 0,14 ... 0,35 A). Die Ladegeräte der elektronischen Entfernungsmessgeräte schalten teilweise nach der 12- bis 14stündigen Normalladung automatisch auf einen Erhaltungsladestrom um, mit dem – wahlweise – auch eine leere Batterie in ca. 60 Stunden aufgefüllt werden kann (z.B. ZEISS-Geräte).
Der Ladevorgang ist bei allen Methoden temperaturabhängig. Die Ladespannung steigt im Bereich tiefer Temperaturen stark an. Es muss vermieden werden, dass eine Ladespannung den zulässigen Grenzwert von 1,55 V übersteigt. Dies wird erreicht, indem die Höhe des Ladestromes bei tiefen Temperaturen drastisch gesenkt wird. Zugelassen sind Ströme zwischen 0,02 CA bis 0,05 CA im Bereich von 0 °C bis –20 °C. Zur Vollladung benötigt man dann eine entsprechend längere Zeit.
Bei hohen Temperaturen (ab +30 °C) fällt die Ladespannung ab. Der Temperaturkoeffizient liegt je nach Art der Zelle und Höhe des Ladestromes zwischen –2 mV und –4 mV pro Grad Temperaturerhöhung. Bei normaler Ladung mit einem Strom von 0,1·CA bleibt dann die erreichbare Ladespannung unter 1,4 V und die mögliche Ladungsaufnahme verringert sich.
Für das Laden zylindrischer Ni/Cd-Zellen bei verschiedenen Temperaturen gelten nach VARTA 1995 die in folgender Tabelle zusammengefassten Empfehlungen:

Temperatur	Empf. Ladestrom	Ladezeit
über +30 °C	> 0,2 CA	< 7 h
+10 °C bis +30 °C	0,2 CA	7 bis 8 h
0 °C bis +10 °C	0,1 CA	14 bis 16 h
–5 °C bis 0 °C	0,05 CA	28 bis 32 h
–10 °C bis –5 °C	0,03 CA	48 bis 53 h
unter –10 °C	≤ 0,02 CA	> 70 h

Tabelle 12-1: Empfohlene Ladebedingungen bei unterschiedlichen Temperaturen

12.3.4 Behandlung und Lagerung

Gasdichte Nickel-Cadmium-Akkumulatoren sind wartungsfrei. Sie können beliebig lange und bei jedem Ladezustand (auch leer) bei Temperaturen zwischen 0 und 35 °C, am besten kühl, gelagert werden. Durch zeitabhängige und temperaturbedingte Selbstentladung ist nach längerer Zeit der Ladezustand unbekannt, die Zellen werden daher mit Ladenennstrom 24 Stunden aufgeladen und erhalten nach zwei bis drei normalen Lade-/Entladezyklen wieder ihre volle Kapazität. Die Entladung für ein solches Regenerieren erfolgt am besten über eine Glühlampe mit einem Entladestrom I = 0,1·CA (im Beispiel I = 0,1·7 A = 0,7 A).

Die Lebensdauer ist hauptsächlich vom richtigen Laden abhängig und beträgt dann etwa 1000 Lade-/Entladezyklen. Im Gegensatz zum Bleiakkumulator beeinträchtigt ein Tiefentladen die Lebensdauer einer einzelnen Ni/Cd-Zelle nicht. Da jedoch in der EDM i. Allg. Batterien aus mehreren Zellen benutzt werden, besteht – wie schon erwähnt – die Gefahr der Umpolung der schwächsten Zelle, was die Lebensdauer der Batterie verkürzt.

12.4 Nickel-Metallhydrid-Akkumulatoren (Ni/MH-Akku)

Die Suche nach Sekundärelementen mit höheren massen- und volumenbezogenen Energiedichten bei gleichzeitig hoher Leistungsabgabe führte in den letzten Jahren zu weiteren Entwicklungen, insbesondere zum Nickel-Metallhydrid-Akkumulator. Er wird manchmal auch vereinfacht Nickel-Hydrid-Akkumulator genannt. Für den Ni/MH-Akku kommen vor allem Einsatzbereiche in Betracht, in denen bisher der Ni/Cd-Akku dominierte.

12.4.1 Aufbau und Wirkungsweise

Aufbau und Wirkungsweise sind denjenigen des Ni/Cd-Akkus sehr ähnlich. Gegenüber der giftigen Cadmium-Elektrode wird aber beim Ni/MH-Akku eine Wasserstoff speichernde Metalllegierung (Metallhydrid) als negative Elektrode eingesetzt. Als Elektrolyt dient wieder eine alkalische Lösung (KOH).
Der gasdichte Aufbau ist sowohl mit Rundzellen wie auch prismatischen Zellen möglich. Bei prismatischen Zellen bestehen die Elektroden aus flachen Platten, die durch den gefalteten Separator voneinander isoliert sind, während bei Rundzellen der Elektrodensatz gewickelt in einem zylindrischen, vernickelten Stahlbecher untergebracht ist. Der vernickelte Stahlbecher dient als negativer, der Zellendeckel als positiver Pol.

Die wichtigsten Eigenschaften einer Ni/MH-Zelle sind:

- Nennspannung 1,2 Volt (bei einem Entladestrom von 0,2·CA),
- Zellenleerlaufspannung 1,3 bis 1,4 V, maximal 1,5 V,
- Entladeschlussspannung 1,1 bis 0,9 V,
- Ladeschlussspannung ca. 1,5 V bei Raumtemperatur,
- Nennkapazität bei Rundzellen bis ca. 5,0 Ah, bei prismatischen Zellen ca. 0,9 Ah.

Im Moment ist dieser Typ als Gerätebatterie bis ca. 10 Ah auf dem Markt.

12.4.2 Entladeverhalten

Die elektrischen Eigenschaften beim Entladen einer Ni/MH-Zelle sind denjenigen eines Ni/Cd-Akkus sehr ähnlich. Die entnehmbare Kapazität ist jedoch gegenüber einer Ni/Cd-Zelle gleicher Größe nahezu doppelt so hoch (Bild 12-11).

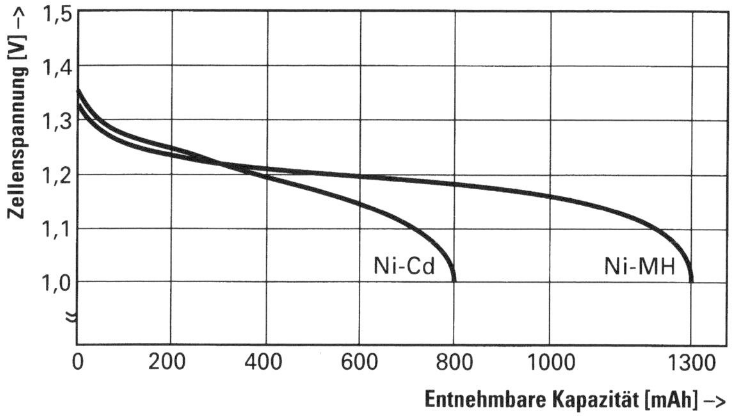

Bild 12-11: Entladespannung und entnehmbare Kapazität bei einer Ni/MH-Zelle im Vergleich zur Ni/Cd-Zelle (VARTA 1997)

Das Spannungs- und Kapazitätsverhalten wird durch verschiedene Betriebsbedingungen beeinflusst. Je höher der Entladestrom, desto niedriger ist die Entladespannung und die entnehmbare Kapazität (Bild 12-12).

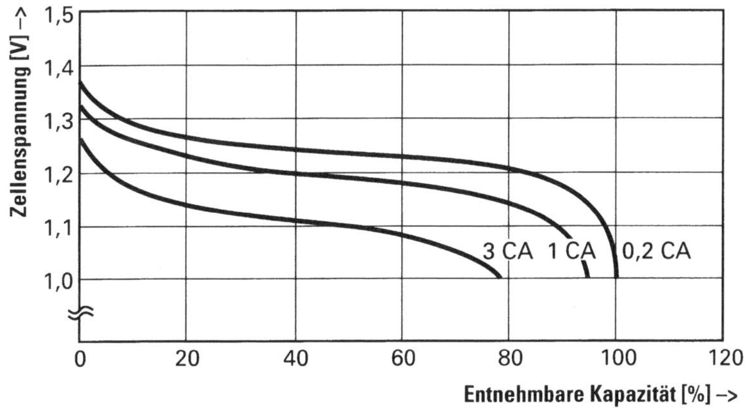

Bild 12-12: Zellenspannung als Funktion der entnehmbaren Kapazität bei unterschiedlichen Entladeströmen (VARTA 1997)

Beim Entladen mit 0,2·CA sinkt die Entladespannung und die entnehmbare Kapazität bei Raumtemperatur (+20 °C) am geringsten. Bei sehr hohen Temperaturen (+60 °C) ist der Verlauf etwas ungünstiger, bei sehr tiefen Temperaturen (–20 °C) ist mit deutlichen Einbußen zu rechnen (Bild 12-13).

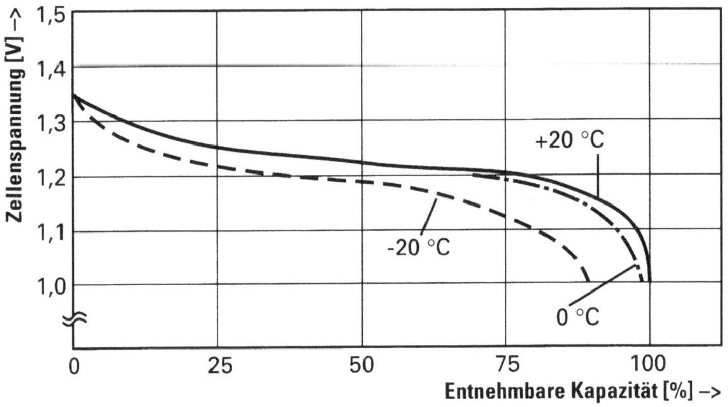

Bild 12-13: Zellenspannung als Funktion der entnehmbaren Kapazität bei verschiedenen Temperaturen (VARTA 1997)

Niedrige Temperaturen wirken sich umso ungünstiger auf die entnehmbare Kapazität aus, je höher der Entladestrom ist. Im Vergleich zum Ni/Cd-Akku ist das Verhalten bei niedrigen Temperaturen etwas günstiger.
Die Selbstentladung der Ni/MH-Zelle ist etwa 1,5- bis 2-mal größer als beim Ni/Cd-Akku. Sie ist ebenfalls temperaturabhängig, am geringsten ist sie bei niedriger Temperatur.

12.4.3 Ladeverhalten und Lademethoden

Der Verlauf der Zellenspannung als Funktion der Ladestrommenge ist ebenfalls dem der Ni/Cd-Zelle vergleichbar. Nach Ladung von ca. 75% der Nennkapazität erhöht sich die Spannung aufgrund von Sauerstoffentwicklung an der positiven Elektrode. Nach einem Spannungsmaximum bei ca. 100% der eingeladenen Kapazität erfolgt ein Spannungsrückgang, welcher durch Selbsterwärmung der Zelle verursacht wird. Das Spannungsmaximum am Ende des Ladevorganges ist weniger ausgeprägt als beim Ni/Cd-Akku (Bild 12-14). Je niedriger die Umgebungstemperatur, desto höher ist die Ladespannung. Auch ein stärkerer Ladestrom erhöht die Zellenspannung beim Ladevorgang.

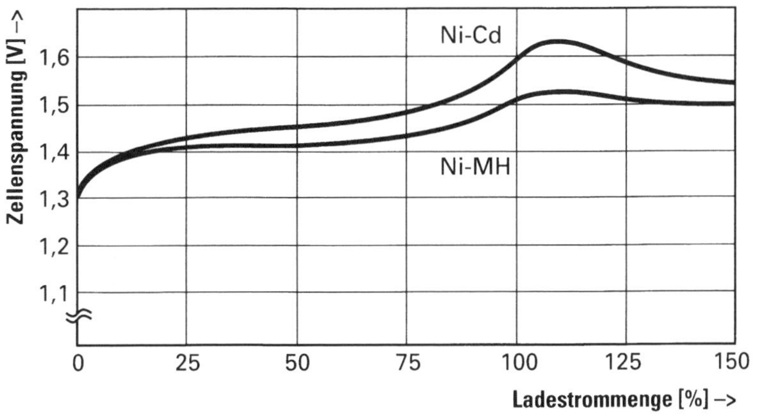

Bild 12-14: Vergleich der Ladespannungsverläufe von Ni/MH- und Ni/Cd-Zellen (VARTA 1997)

Die Ladung von Ni/MH-Akkus erfolgt wie bei Ni/Cd-Akkus mit konstanter Stromstärke. Als Ladeverfahren bieten sich die Standardladung, das beschleunigte Laden und die Schnellladung an. Der Ladewirkungsgrad hängt von der Umgebungstemperatur ab, deshalb verringert sich die entnehmbare Kapazität, wenn bei höheren Temperaturen geladen wird, insbesondere bei kleinen Ladeströmen.

Die Standardlademethode ist dieselbe wie bei Ni/Cd-Akkus: Laden mit konstantem Nennstrom (0,1·CA) und zeitgesteuerter Ladeabschaltung nach 14 – 16 Stunden. Eine Überladung bis 100 Stunden ist bei diesem niedrigen Ladestrom jedoch unschädlich.

Beim beschleunigten Laden wird mit konstantem Strom von 0,3·CA etwa 5 Stunden lang geladen, dies entspricht einer zugeführten Kapazität von 150%. Der Ladevorgang sollte zudem temperaturüberwacht werden, was mit Hilfe einer automatischen Temperaturabschaltung (TCO = Temperature Cut Off) erreichbar ist. Der Ladevorgang ist bei einer Temperatur von +55 bis +60 °C zu beenden.

Eine Variante der beschleunigten Ladung besteht in der Energiezufuhr mit einem maximalen Ladestrom von 0,3·CA für nur 2 bis 2,5 Stunden und anschließender Umschaltung auf 0,1·CA bei gleichzeitiger Kontrolle der Ladespannung und Zellentemperatur.

Die Schnellladung erfolgt mit konstantem Strom von 0,5 bis 1,0·CA. Wegen ihrer höheren Empfindlichkeit gegen Überladung mit so hohem Ladestrom ist jedoch bei Ni/MH-Akkus besonders auf rechtzeitige Umschaltung auf Erhaltungsladung zu achten. Der Einsatz einer Schaltuhr ist nicht ausreichend. Hierzu wurden spezielle Schnellladekonzepte entwickelt, welche für eine exakt dosierte Energiezufuhr sorgen (BLAESNER 1993, VARTA 1997). Das genaueste Indiz ist die Temperaturänderung als Funktion der Zeit. Bei einer Temperaturanstiegsänderung von +1 K/min sollte der Ladevorgang gestoppt und auf Erhaltungsladung von 0,03 bis 0,05·CA umgeschaltet werden.

Bei Ni/MH-Zellen tritt im Gegensatz zu den Ni/Cd-Zellen kein „Memory-Effekt" auf (vgl. Abschnitt 12.3.3). Nachteilig jedoch ist der ähnlich wirkende „Lazy-Battery-Effekt", der ebenfalls durch eine nicht vollständige Entladung des Akkus während des Betriebs beziehungsweise durch eine Dauerladung mit zu geringem Strom entsteht. Ähnlich wie beim Memory-Effekt bilden sich Kristalle an der positiven Nickelhydroxid-Elektrode. Im Gegensatz zum Memory-Effekt bricht die Spannung beim Lazy-Battery-Effekt nicht schon an der Stelle der Teilentladung ein, sondern sie fällt über die gesamte Entladezeit geringfügig ab (Bild 12-15). Dadurch liegt die Spannung zwar immer unter der Normspannung, aber die Betriebsdauer verkürzt sich nur geringfügig. Der Lazy-Battery-Effekt ist reversibel und kann durch mehrere Lade- und Entladevorgänge beseitigt werden.

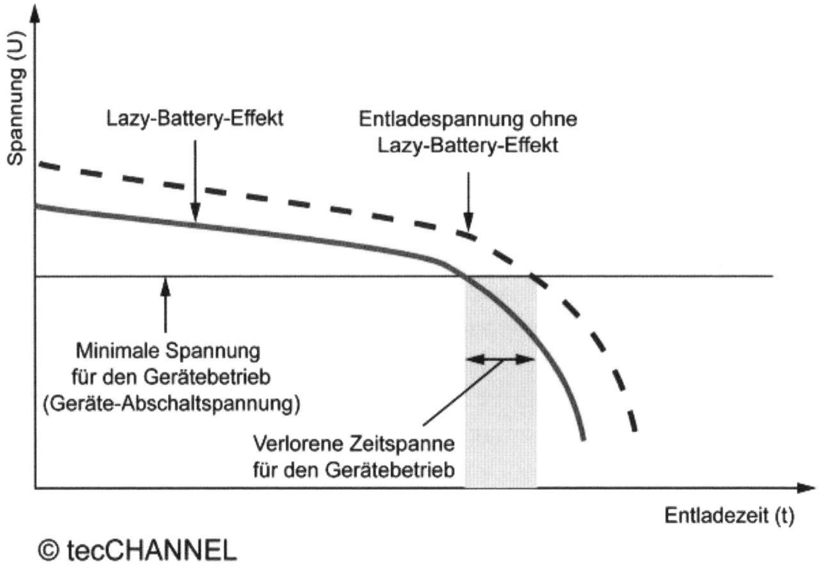

Bild 12-15: Lazy-Battery-Effekt bei Ni/MH-Akkus (nach tecCHANNEL)

12.4.4 Behandlung und Lagerung

Die Lebensdauer eines Ni/MH-Akkus beträgt 500 – 1000 Zyklen. Die Zellen sind gasdicht und wartungsfrei. Die Lagerung ist in jedem Ladezustand möglich und kann über viele Jahre gehen. Es werden hierfür Lagertemperaturen zwischen –20 und +35 °C bei einer relativen Luftfeuchtigkeit von ca. 50% empfohlen. Soll die Funktionsfähigkeit bei Lagerung aufrechterhalten bleiben, so ist wegen der schnellen Selbstentladung mit einer permanenten Erhaltungsladung von 0,03 bis 0,05 CA zu arbeiten. Nach einer Langzeitlagerung (z.B. mehr als ein Jahr bei Raumtemperatur) kann die volle Kapazität wieder durch drei vollständige Lade- und Entladezyklen erreicht werden.

12.5 Lithium-Ionen-Akkumulatoren (Li/Ion-Akku)

12.5.1 Aufbau und Wirkungsweise

Als Primärzellen gibt es auf Lithium basierende Batterien bereits seit über 20 Jahren. Seit einiger Zeit sind auch wiederaufladbare Lithium-Sekundärbatterien auf dem Markt (HAKE 1996). Der Durchbruch gelang, als man als Anode anstelle des metallischen Lithiums so genannte Kohlenstoff-Einlagerungselektroden aus Koks oder Graphit einführte. Hierbei wird Lithium beim Laden reversibel in diese Kohlenstoffgitter eingelagert. Als Kathode dienen Lithiumkobaltoxid, Lithiumnickeloxid oder auch spezielle Lithiummanganoxide. Als Elektrolyt dienen entweder flüssiges organisches Lithium-Salz, das in speziellen Solventien gelöst ist, oder ein fester Polymer, welcher die Flüssigelektrolyte aufnimmt. Der Separator besteht aus einem mikroporösen Film aus Polypropylen (PP) oder Polyethylen (PE). Da lediglich Lithium-Ionen zwischen den Elektrodengittern ausgetauscht werden, spricht man – als Abgrenzung zu Lithium-Metall-Batterien – hier von Lithium-Ionen-Batterien.
Lithium-Ionen-Zellen werden als Wickelzellen gebaut, bei denen die große Oberfläche für sehr effiziente Reaktionen zwischen Anode und Kathode sorgt und infolgedessen hohe Ströme fließen können. Dieses bewirkt eine schnelle Ladefähigkeit und ermöglicht hohe Entladeströme.
Mit ihnen lassen sich Zellspannungen von ca. 3,6 bis 3,8 Volt realisieren, also etwa dreimal so hoch wie bei Ni/MH oder Ni/Cd.
Somit vermag also eine Lithium-Zelle spannungskompatibel drei Ni/Cd-Zellen bei gleichem Volumen zu ersetzen. Eine zylindrische Rundzelle von ca. 18 mm Durchmesser und 65 mm Höhe hat eine Kapazität bis ca. 1300 mAh. Damit gehören Lithium-Batterien zu den Akkumulatoren, die die höchsten Energiedichten besitzen, also am meisten Energie – bezogen auf ein bestimmtes Volumen oder Gewicht – speichern und reversibel als Strom abgeben können. Die Lebensdauer wird mit 500 – 1000 Zyklen angegeben, also ähnlich wie bei Ni/MH-Zellen.

12.5.2 Entladeverhalten

Beim Entladen darf eine Spannungsuntergrenze von 2,7 V (Lithium-Manganoxid-Kathode) oder 2,3 V (Lithium-Kobaldoxid-Kathode) nicht unterschritten werden. Je nach Anwendung wird auch schon bei höheren Spannungen (ca. 3,1 V) abgeschaltet. Lithium-Ionen-Zellen können sowohl mit Konstant- als auch speziellen Pulsströmen entladen werden. Dabei betragen die zulässigen Maximalströme für Konstantentladung 1 bis 2·CA und für Pulsentladung 3 bis 4·CA. Der zulässige Temperaturbereich liegt zwischen –20 °C und +60 °C, wobei die Belastbarkeit bei tiefen Temperaturen stark sinkt (HAKE 1996).

Bild 12-16 zeigt den Vergleich der Entladekurven zweier Rundzellen 17 mm x 50 mm (Graphit) und 18 mm x 65 mm (Koks) bei Raumtemperatur und Entladung mit Konstantstrom I = 700 mA bis zur Abschaltspannung 3,1 V. Die Entladekurve der Graphitzelle verläuft deutlich flacher als die der Kokszelle und fällt erst zum Schluss stark ab. Trotz des um ca. 50% kleineren Volumens ermöglicht die Graphitzelle eine längere Entladezeit und somit mehr Kapazität als die größere Kokszelle.

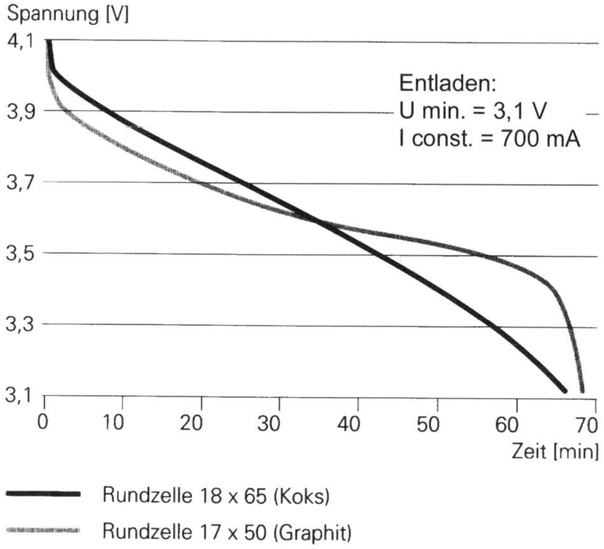

Bild 12-16: Entladekurven zweier Lithium-Zellen (HAKE 1996)

12.5.3 Ladeverhalten und Lademethoden

Li/Ion-Zellen sind im Gegensatz zu Ni/Cd- und Ni/MH-Zellen leider sehr empfindlich gegen Überladung. Es muss eine vorgegebene Abschaltspannung von 4,20 V (±50 mV) unbedingt eingehalten werden. Li/Ion-Zellen werden nach dem so genannten I/U-Verfahren geladen. Dabei beginnt man mit konstantem einstündigem Ladestrom (I = 1 CA), bis die Abschaltspannung von 4,2 V erreicht ist. Danach wird die Spannung (U) konstant gehalten, indem der Ladestrom kontinuierlich heruntergeregelt wird. Um 100% der Kapazität einzulagern, sind nach dieser Methode ca. 3 Stunden erforderlich. Der zulässige Temperaturbereich beim Laden liegt zwischen 0 °C und +45 °C. Wegen dieser speziellen Anforderungen an die Ladetechnik benötigt man besondere Ladegeräte, weil sie sich mit gewöhnlichen Ladegeräten, wie sie für Ni/Cd- oder Ni/MH-Zellen benutzt werden, nicht erreichen lassen. Ein Memory-Effekt wie bei Ni/Cd-Batterien existiert nicht.

Ein Beispiel für eine solche I/U-Ladung zeigt Bild 12-17. Wenn der Akku zum Beispiel eine Kapazität von 0,7 Ah hat, so beträgt die C-Rate somit CA = 0,7 A. Der Ladestrom beginnt mit Konstantstrom I = 1 CA, also I = 700 mA, bis 4,2 V erreicht sind. Danach fällt der Ladestrom ab bis auf Null nach 180 Minuten. Nach einer Stunde sind bereits mehr als 80% der Gesamtkapazität eingeladen, nach zwei Stunden mehr als 99%.

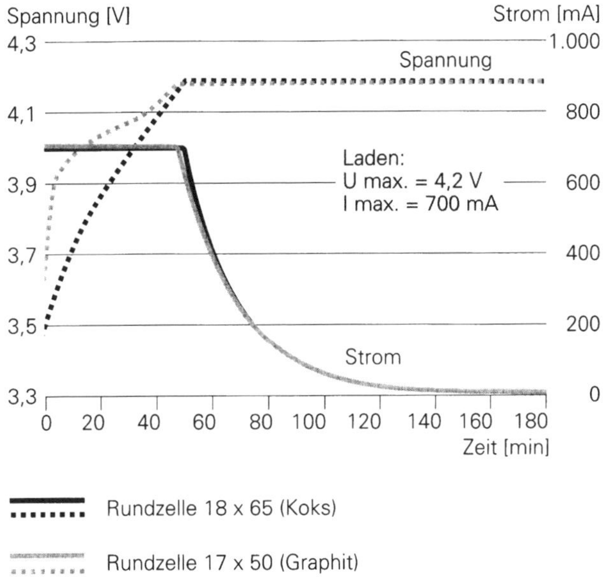

Bild 12-17: Ladekurven zweier Lithium-Zellen (Koks bzw. Graphit) (nach HAKE 1996)

12.6 Vergleich zwischen Ni/Cd-, Ni/MH- und Li/Ion-Zellen

Lithium-Ionen-Zellen sind nicht kompatibel zu Ni/Cd- oder Ni/MH-Zellen. Sie erfordern eine spezielle Ladetechnik (siehe Abschnitt 12.5.3) und ein Sicherheitskonzept mit Zellmanagement, wie z.B. Berstventil und Schutzschaltungen gegen unzulässige Spannungen und Ströme.

Gegenüber Ni/Cd ist Li/Ion in der Energiedichte um den Faktor 2 bis 3 besser, Ni/MH erreicht in der volumenbezogenen Energiedichte (Wh/l) mit neuen Hochkapazitätszellen die Werte von Li/Ion, in der gewichtsbezogenen spezifischen Energie (Wh/kg) liegt Li/Ion um ca. 40% höher. Im Preisvergleich der drei Systeme verhalten sich Ni/Cd:Ni/MH:Li/Ion wie ca. 1:2:≥4 (bezogen auf die gleiche Baugröße).

Nachstehende Tabelle soll die technischen Eigenschaften dreier Rundzellen gleicher Bauart (Mignon AA) vergleichen:

Rundzelle (Beispiel)	Ni/Cd	Ni/MH	Li/Ion
∅ x Höhe [mm²]	14 x 50	14 x 50	14 x 50
Volumen [ml]	8,25	8,25	8,25
Gewicht [g]	26	27	18
Kapazität [mAh]	750	1600	500
Spannung [V]	1,2	1,2	3,6
Energie [Wh]	0,9	1,9	1,8
Energiedichte [Wh/l]	109	230	218
Spezif. Energie [Wh/kg]	35	70	100

Tabelle 12-2: Vergleich der technischen Eigenschaften einer Mignon AA Rundzelle

Ein Wertungsvergleich aller Akku-Systeme ist in nachstehender Tabelle zusammengefasst (nach VARTA 1997). Obwohl sich zwar Blei-Akkus in der Geräteentwicklung zur EDM und Tachymetrie nicht durchgesetzt haben, sind sie wegen ihrer neuen Aktualität bei GPS-Referenzstationen der Vollständigkeit halber mit aufgeführt.

Eigenschaften	Blei	Ni/Cd	Ni/MH	Li/Ion
Energiedichte (volumenbezogen)	–	–	++	++
Energiedichte (gewichtsbezogen)	––	–	+	++
Sicherheit / Zuverlässigkeit	++	+	+	– *)
Umweltverträglichkeit	––	––	+	+
Lebensdauer (Zyklenfestigkeit)	–	++	+	+
Spannungskompatibilität	–	++	++	––
Selbstentladung	+	+	+	++
Spannungsstabilität beim Entladen	–	++	+	+
Schnellladefähigkeit	–	++	+	+
Hochstrombelastbarkeit	–	++	+	+
Kosten	++	+	–	––
Memoryeffekt	nein	ja	nein	nein

*) benötigt Ladeelektronik

Tabelle 12-3: Bewertung unterschiedlicher Akku-Systeme

Bei den aktuellen Tachymeter-Systemen der Firmen LEICA (z.B. TPS 1200) und TRIMBLE (z.B. S6) werden heute Li-Ionen-Akkus eingesetzt, desgleichen auch in GNSS-Systemen.

12.7 Entwicklungstendenzen

Sowohl beim Akkumulatoren- wie auch beim Ladegerätebau zeichnen sich weitere Entwicklungen ab.
Vor allem für Elektrofahrzeuge werden neue Stromquellen entwickelt, die auch für die EDM einsetzbar wären. Zu nennen ist hier das ZEBRA-System (zero emission battery research activity) (DUSTMANN 1996), bei welchem im Prinzip beim Laden Kochsalz und Nickel in Natrium und Nickelchlorid überführt werden. Beim Entladen verläuft der Vorgang in umgekehrter Richtung. Eine Zelle hat 2,58 Volt Leerlaufspannung und eine Kapazität von 32 Ah. Sie ist langlebig, 1000 Lade- und Entladezyklen sind möglich.
Der neu entwickelte Zink-Brom-Akku (Zn/Br-Akku) besteht aus einer festen Zinkelektrode und einer flüssigen Bromelektrode. Er ist unempfindlich gegen Tiefentladung.
Als weitere Alternative zum Bleiakku wird die Natrium-Schwefel-Batterie (Na/S) genannt (DILL, WENZEL 1996). Sie erwärmt sich im Betrieb infolge des großen Innenwiderstandes und erscheint wegen der erforderlichen Kühlung für Anwendungen im Vermessungsbereich wenig aussichtsreich.
Auch die Lithium-Ionen-Zelle wird derzeit durch Verwendung eines anorganischen Elektrolyten weiterentwickelt (HAMBITZER, DREHER 1996). Die spezifische Energie wird dann ca. 200 bis 300 Wattstunden pro Kilogramm (gegenüber bislang ca. 120) betragen. In der Entwicklung (TOSHIBA) ist ein Lithium-Ionen-Akku, der nach einer Minute Ladezeit 80 Prozent seiner Kapazität erreicht. Der Ladevorgang läuft 60-mal schneller ab. Außerdem soll der Kapazitätsabfall nach 1000 Ladezyklen weniger als 1% betragen, auch aufgrund niedriger oder hoher Temperaturen soll der Kapazitätsabfall nur noch wenige Prozent betragen.
Auch die Weiterentwicklung des Ni/MH-Akkus mittels Polyradikaler- anstatt Metallhydridverbindungen („Organic Radical Battery") soll künftig laut NEC sehr kurze Ladezeiten von nur 30 Sekunden erlauben.

Wie in Abschnitt 12.2.1 erwähnt, kann der Ladezustand von Bleibatterien durch Messung des Säuregehaltes ermittelt werden. Dazu wird an der FH Ulm ein physikalisches Modell entwickelt, welches die Säureschichtung anhand von Messdaten eines Drei-Schicht-Modells bestimmt (EHRET, SCHROER 2001).

Die Anforderungen an ein modernes Ladegerät bestehen vor allem darin, dass es fehlerhafte Betriebszustände des Akkus erkennt und über ein optimales Strommanagement zur Zellüberwachung und -steuerung verfügt. Mit Hilfe eines IC unterbricht es die Ladung, sobald eine zu hohe Zellspannung, ein zu hoher Entladestrom, eine zu hohe Temperatur oder Unterspannung festgestellt wird.

Als Beispiel eines modernen Ladegerätes sei die Professional Ladestation GKL221 (oder ihr Vorgänger, der OMEGA-Charger NCI) der Firma LEICA genannt. Beim NCI handelte sich um ein universell einsetzbares Computer-Ladegerät für Nickel-Cadmium-, Nickel-Hydrid- sowie Blei-Akkus, die neuere Ladestation GKL221 erkennt über einen Identifikations-Chip Zellen der Typen Ni/Cd, Ni/MH und Li-Ionen. Beide Geräte eignen sich zum vollautomatischen optimalen, schonenden Laden und Testen. Die Ladetechnik bevorzugt heute die Schnellladung bzw. das beschleunigte Laden. Durch den optimierten Ladevorgang verlängern sich die Lebenszeiten der Akkus bis zum Dreifachen. Über die eingebaute RS-232-Schnittstelle können die Ladekurven der Akkus in einem PC verwaltet werden. Bleiben vollgeladene Batterien an der Ladestation angeschlossen, so erfolgt automatisch eine Erhaltungsladung, und zwar nur für Ni/Cd- und Ni/MH-Akkus, denn bei Li-Ionen-Akkus ist die Selbstentladung sehr gering.

13 Übersicht von elektronischen Distanzmessern

13.1 Vorwort

Eine komplette Übersicht mit allen Spezifikationen über die am Markt befindlichen Entfernungsmesser und Totalstationen würde trotz der geringer gewordenen Zahl von Herstellerfirmen den Rahmen dieses Buches weit überschreiten. Auch auf die bildliche Darstellung der Geräte wurde verzichtet, da das Aussehen der Instrumente immer ähnlicher wird. Selbst asiatische Hersteller bemühen sich um das einheitliche äußere Erscheinungsbild.

In dieser Zusammenstellung sollen nur die wichtigsten technischen Daten der Entfernungsmesser bzw. EDM-Teile von Totalstationen bereitgestellt werden, die der Praktiker für die Überprüfung des Instrumentes und für die rechnerische Korrektur seiner Messwerte benötigt. Dies sind vor allem die Modulationsfrequenz, die den Maßstab festlegt (vgl. Abschnitt 6.1.3), der Feinmaßstab, der die zu erwartende Periode des zyklischen Phasenfehlers definiert, sowie die ebenfalls den Maßstab bestimmenden Größen Bezugsbrechungsindex (n_0) oder alternativ die Trägerwellenlänge (λ_T) und die meteorologischen Bezugsdaten für Temperatur und Luftdruck (t_0, p_0) und Relative Feuchte (vgl. Abschnitt 7.1). Mit dieser Auswahl kann die hier dargebotene Tabelle nicht zur Kaufentscheidung dienen, sondern soll eine Hilfe für den Anwender sein.

Aufsatzentfernungsmesser bzw. solche, die ganz ohne Theodolit betrieben werden, findet man nur noch als gebrauchte Instrumente, neue werden nicht mehr hergestellt. Heute gibt es nur noch kompakte Tachymetersysteme, so genannte „Totalstationen", bei denen elektronischer Theodolit und Distanzmesser eine untrennbare Einheit bilden. Tachymetersysteme, die nach dem modularen Prinzip aufgebaut sind und wie sie früher oft vorkamen, wurden nicht in diese Übersicht aufgenommen, da sich hier eine Vielzahl von Kombinationsmöglichkeiten ergeben würde. Die Tabelle enthält Daten sowohl neuer als auch vieler älterer, nicht mehr käuflicher Instrumente, die aber noch voll praxistauglich und nach wie vor im Einsatz anzutreffen sind. Die Daten selbst stammen von Firmenangaben oder Firmenprospekten. Eine Gewähr für diese Angaben kann nicht übernommen werden.

13.2 Technische Daten einiger Entfernungsmesser und Tachymeter

E/T = Eingruppierung in Entfernungsmesser (E) oder Tachymeter (T)

Atmosphärische Bezugsdaten:

N_0 = $(n_0-1)\cdot 10^6$ Bezugsbrechungsindex [-]

t_0 = Bezugstemperatur [°C]

p_0 = Bezugsluftdruck [hPa]

RF = Relative Feuchte [%]

λ_T = Trägerwellenlänge [µm]

f = Modulationsfrequenz [MHz]

U = Feinmaßstab [m]

Hersteller / Typ	E/T	λ_T [µm]	N_0 [-]	t_0 [°C]	p_0 [hPa]	RF %	f [MHz]	U=λ/2 [m]
CARL ZEISS								
Eldi 2	E	0,910	302				14,987097	10
Eldi 4	E	0,860	255	20	944		14,9858	10
Eldi 10	E	0,905	253,9	20	938		--	Laufzeit mess.
Elta/RecElta 2/3/4/5/6	T	0,860	255	20	944		14,9858	10
Elta 46R	T	0,910	255	20	944		14,9858	10
Elta 50	T	0,860	255	20	944		14,9858	10
Elta R50/R55/R45	T	0,860	255	20	944		14,9858	10
RecElta 14	T	0,860	255	20	944		14,9858	10
RecElta RL	T	0,910	253,9	20	940		--	Laufzeit mess.
RecElta 13/15	T	0,860	255	20	944		14,9858	10
RecElta RL-S (refl.-los)	T	0,910	253,9	20	1013,25		--	Laufzeit mess.
Elta S10/S20	T	0,850	281,8	12	1013,25		50	3
GEO-FENNEL								
FET 2	T	0,905		20	1013		--	--
Pulsar	E	0,905		20	1013		--	--
JENOPTIK								
AEM 1200	E	0,860		15	988		14,98557	10
RETA 3A	T	0,860		15	988		14,98557	10
RETA 20A	T	0,860		15	988		14,98557	10
Recota	T	0,860		15	986			10
Reta	T	0,860		15	986			10

Hersteller / Typ	E/T	λ_T [µm]	N_0 [-]	t_0 [°C]	p_0 [hPa]	RF %	f [MHz]	$U=\lambda/2$ [m]
GEOTRONICS/GEODIMETER								
114	E	0,880	273,8	20	1013		14,98462	10
136/140/142	T	0,910	273,6	20	1013		14,985528	10
210/216/220	E	0,910	273,6	20	1013		14,984629	10
(bei 60 ppm)								
400 CD	T	0,910	273,6	20	1013		14,984629	10
408/410/412	T	0,910	273,6	20	1013		14,984629	10
420/422/424	T	0,910	273,6	20	1013		14,984629	10
440/444	T	0,910	273,6	20	1013		14,984629	10
460	T	0,910	273,6	20	1013		14,984629	10
468 DR	T	0,850	273,6	20	1013		14,985513	10
510/520/540	T	0,850	273,6	20	1013,25		14,985513	10
610/620/640	T	0,850	273,6	20	1013,25		14,985513	10
4400	T	0,910	273,6	20	1013		14,984629	10
6000	E	0,890	273,8	20	1013		14,984651	10
KERN								
DM 104	E	0,865	282	12	1013		14,9854	10
DM 150	E	0,865	282	12	1013		14,9854	10
DM 500	E	0,875	282	12	1013		14,9854	10
DM 501	E	0,900	281,4	12	1013		14,985406	10
DM 502	E	0,860	282	12	1013		14,9854	10
DM 503/504	E	0,865	282	12	1013		14,9854	10
DM 550	E	0,865	282	12	1013		14,9854	10
KEUFFEL & ESSER								
Autoranger A	E	0,910	310	−17,8	1000		14,984978	10
LEICA/WILD								
DI 3S	E	0,885	281,8				7,4927	20
DI 4	E	0,885	282	12	1013,25		4,870255	30,769
DI 4L	E	0,835	282	12	1013,25		4,870255	30,769
DI 5	E	0,845	281,8	12	1013,25		4,870255	30,769
DI 10	E	0,875	282	12	1013,25		14,985397	10
DI 1000	E	0,865	282	12	1013,25		7,4927	20
DI 1001	E	0,850	282	12	1013,25		ca. 50	ca. 3

Hersteller / Typ	E/T	λ_T [µm]	N_0 [-]	t_0 [°C]	p_0 [hPa]	RF %	f [MHz]	U=λ/2 [m]
Fortsetzung LEICA/WILD								
DI 1600	E	0,850	281,8	12	1013,25		ca. 50	ca. 3
DI 2000	E	0,850	281,8	12	1013,25		14,835546	10,101
DI 2002	E	0,850	281,8	12	1013,25		ca. 50	ca. 3
DI 3000	E	0,865	281,5	12	1013,25		15	Laufzeit mess.
DI 3000 S	E	0,860	281,5	12	1013,25			Laufzeit mess.
DIOR 3002	E	0,865	281,5	12	1013,25		15	Laufzeit mess.
DIOR 3002 S	E	0,860	281,5	12	1013,25			Laufzeit mess.
Mekometer ME 5000	E	0,633	284,5	15	1013		475-495	ca. 0,31
TC 400/500/600	T	0,850	282	12	1013,25		50	3
TC 303/305/307 (reflektorlos)	T	0,78 (0,67)	282	12	1013,25		ca. 100	ca. 1,5
TC 1000	T	0,850	281,8	12	1013,25		50	3
TC 1100/1700/ 1800/2002	T	0,850	282	12	1013,25		50	3
TC 1600	T	0,850	281,8	12	1013,25		50	3
TC 1800	T	0,850	282	12	1013,25		ca. 50	ca. 3
TC 2000	T	0,845	281,8	12	1013,25		4,870255	30,769
TC 2003	T	0,850	282	12	1013,25		ca. 50	ca. 3
TC 1101-1105 (reflektorlos)	T	0,78 (0,67)	282	12	1013,25		ca. 100	ca. 1,5
TPS 1000	T	0,850	282	12	1013,25	60	ca. 50	ca. 3
TPS System 2000 TCA1800, TCA2003	T	0,850	282	12	1013,25	60	ca. 50	ca. 3
TPS 1200 Serie TC 1201,1202,1203,1205	T	0,780	283,4	12	1013,25	60	ca. 100	ca. 1,5
dito, refl.-los, PIN Point R100	T	0,670	282,8	12	1013,25	60	ca. 100	ca. 1,5
dito, refl.-los, PIN Point R300	T	0,670	282,8	12	1013,25	60	100-300 variabel	System Analyzer
dito, refl.-los, Long Range	T	0,670	282,8	12	1013,25	60	100-150 variabel	System Analyzer
TPS 1200+ Serie kombiniertes EDM	T	0,660	286,3	12	1013,25	60	100-150 variabel	System Analyzer

Hersteller / Typ	E/T	λ_T [µm]	N_0 [-]	t_0 [°C]	p_0 [hPa]	RF %	f [MHz]	U=λ/2 [m]
NIKON								
C-100	T	0,850		20	1013		14,98552	10
D-50	T	0,850		20	1013		14,98552	10
DTM-A5/A10/A20	T	0,850		20	1013		74,92	2
DTM-300	T	0,850		20	1013	0	14,98552	10
DTM 302	T	0,970	275	20	1013,25	0	39,961388	3,75
DTM-310	T	0,850		20	1013		14,98552	10
DTM 350/320	T	0,870	275	20	1013,25	0	19,980694	7,70
DTM 500/800	T	0,870	275	20	1013,25	0	74,927604	2,00
DTM-520/530/550	T	0,850		20	1013		74,92	2
DTM-720/730/750	T	0,850		20	1013		74,92	2
DTM-820/830/850	T	0,850		20	1013		74,92	2
NPL 300/800 Serie	T	0,970	275	20	1013,25	0	--	Laufzeit mess.
PENTAX								
PTS III-05	T	0,815		15	1013		15	10
PTS III-10	T	0,815		15	1013		15	10
ATS 105/102/101	T	0,815					15	10
PCS 225/215	T	0,815					15	10
R-300 Serie	T			15	1013			
R-315/325/335/322/323EX(NX)	T			15	1013			
SOKKIA/SOKKISHA								
REDMini 2	E	0,860	278,5	15	1013		15	10
REDMini 3	E	0,860	278,5	15	1013,25		15	10
SET 2	T	0,860	279	15	1013			10
SET 2C II	T	0,860	278,5	15	1013,25		29,97	5
SET 3	T	0,860	279	15	1013			10
SET 3B	T	0,860	278,5	15	1013,25		29,97	5
SET 4	T	0,860	279	15	1013			10
SET 5A/6	T	0,860	278,5	15	1013,25		7,5	20
SET 1000-4000	T	0,860	278,5	15	1013,25		29,970884	5
SET 5F/6F	T	0,860	278,5	15	1013,25		7,492721	20

Hersteller / Typ	E/T	λ_T [µm]	N_0 [-]	t_0 [°C]	p_0 [hPa]	RF %	f [MHz]	U=λ/2 [m]
Fortsetzg. SOKKIA/SOKKISHA								
Serie 10	T	0,860		15	1013,25		29,970884	5
Serie 30R	T	0,690		15	1013,25		74,926940	2
Serie 130R	T	0,690		15	1013,25		74,926940	2
Serie 030R	T	0,690		15	1013,25		74,926940	2
Serie SRX	T	0,690		15	1013,25		ca. 187,5	ca. 0,8
SET X	T	0,690		15	1013,25		ca. 187,6	ca. 0,9
SPECTRA PRECISION AB								
Constructor 100	T	0,850	273,6	20	1013,25		14,985513	10
Geodimeter 468 DR	T	0,880	273,6	20	1013,25		14,984629	10
Geodimeter 608/610/								
620/640/650 M/S Pro	T	0,850	273,6	20	1013,25		14,985513	10
Geodimeter ATS	T	0,880	273,6	20	1013,25		14,984629	10
Geodimeter 4400	T	0,910	273,6	20	1013,25		14,984629	10
TOPCON								
ET-2	T	0,820	279,7	15	1013,25		14,985437	10
DM-A3/A5/S2/S3	E	0,820	279,7	15	1013		14,985437	10
DM-H1	E	0,820	279,7				44,956311	3,333
GTS-3	T	0,820	279,7	15	1013,25		14,985437	10
GTS-320	T	0,820	279,7	15	1013,25		15	10
AP-L1A	T	0,820	279,7	15	1013,25		15	10
GTS-210 Serie								
211D/212/213	T	0,820	279,7	15	1013,25		15	10
GPT-1000 Serie								
GPT-1001/1002	T	0,820	279,7	15	1013,25		30	5
GTS-2		0,820	279,7	15	1013,25		14,985437	10
GTS-301/302/303/305	T							
SNr.:CJ**		0,820	279,7	15	1013,25		14,985437	10
SNr.:EC**		0,820	279,7	15	1013,25		29,970874	5

Hersteller / Typ	E/ T	λ_T [µm]	N_0 [-]	t_0 [°C]	p_0 [hPa]	RF %	f [MHz]	U=λ/2 [m]
Fortsetzung TOPCON								
GTS-4/4B/6/6A/6B	T	0,820	279,7	15	1013,25		29,970874	5
CTS-1/2	T	0,820	279,7	15	1013,25		14,985437	10
GTS-201D/202/203	T	0,820	279,7	15	1013,25		14,985437	10
GTS-211D/212/213	T	0,820	279,7	15	1013,25			
GTS-310 Serie 300/311/312/313	T	0,820	279,7	15	1013,25		29,970874	5
GTS-502E/512E	T	0,820	279,7	15	1013,25		29,970874	5
GTS-700/701/702/703	T	0,820	279,7	15	1013,25		29,970874	5
GTS-710 Serie 710/711/712/713	T	0,820	279,7	15	1013,25		29,970874	5
GTS-800 Serie 800/801/802	T	0,820	279,7	15	1013,25		29,970874	5
GTS-811A/812A/813A/815A	T	0,820	279,7	15	1013,25		29,970874	5
GNT-100/100L	T	0,820	279,7	15	1013,25		29,970874	5
AP-L1/AP-L1A	T	0,820	279,7	15	1013,25		14,985437	10
GRT-2000	T	0,820	279,7	15	1013,25		14,985437	10
GPT-1001/1002/1003/1004	T	0,852	279,1	15	1013,25		--	Laufzeit mess.
GTS-601/602/603/605	T	0,820	279,7	15	1013,25		29,970874	5
GTS-223/225/226/229	T	0,820	279,7	15	1013,25		29,970874	5
GPT-2003/2005/2006/2009	T	0,870	278,9	15	1013,25		14,985449	10
GPT-6001/6003/6005	T	0,870	278,9	15	1013,25		14,985449	10
GPT-8001A/8002A/8003A/8005A	T	0,810	279,9	15	1013,25		14,985434	10
GTS-721/722/723/725	T	0,820	279,7	15	1013,25		29,970874	5
GPT-3002/3003/3005/3007	T	0,810	279,9	15	1013,25		14,985434	10
GPT-7001/7002/7003/7005	T	0,810	279,9	15	1013,25		14,985434	10
GPT-8201A/8202A/8203A/8205A	T	0,810	279,9	15	1013,25		14,985434	10
GTS-821A/822A/823A/825A	T	0,820	279,7	15	1013,25		29,970874	5
GPT-3002LN/ 7003/LH/7005LN/7007LN	T	0,810	279,9	15	1013,25		14,985434	10
GPT-7001L/7002L/7003L/7005L	T	0,810	279,9	15	1013,25		14,985434	10
GPT-9000A	T	0,810	279,9	15	1013,25		14,985434	10

Hersteller / Typ	E/T	λ_T [µm]	N_0 [-]	t_0 [°C]	p_0 [hPa]	RF %	f [MHz]	U=λ/2 [m]
TRIMBLE und Partner								
Geodimeter System 500, 600 und Trimble 5600 bis CU-Version 632-04.06	T	0,850	275	20	1013	0	14,985513	10
Geodimeter System 600 PRO und Trimble 5600, ab CU-Version 632-05.00	T	0,850	274,4	20	1013	0	14,985513	10
Geodimeter System 600 DR200+ und Trimble 5600 DR200+, ab CU-Version 632-05.00	T	0,850	274,4	20	1013	0		Laufzeit mess.
Trimble 5600 DR300+	T	0,850	274,4	20	1013	0		Laufzeit mess.
						0		
Elta S	T	0,850	281,8	12	1013,25	60	ca. 50	ca. 3
Elta C	T	0,850	281,8	12	1013,25	60	ca. 50	ca. 3
Elta R	T	0,850	255	20	944	60	14,985800	10
Trimble 3600 mit IR EDM	T	0,785	275	20	1013	60	30,003401	0,5
Trimble 3600 DR	T	0,660	287,2	20	1013,25	60	30,003401	0,5
						oder	40,004454	0,37
Trimble S6 DR 300+	T	0,870	273,6	20	1013,25	60		Laufzeit mess.
Trimble S6 High Precision	T	0,660	287,2	20	1013,25	60	40,004454	0,37
Trimble M3 DR	T	0,870	275	20	1013,25	0		Laufzeit mess.
Nikon DTM Serien 300, 500, 800								
DTM 302	T	0,870	275	20	1013,25	0	39,961388	3,75
DTM 350, 320	T	0,870	275	20	1013,25	0	19,980694	7,70
DTM 500, 800	T	0,870	275	20	1013,25	0	74,927604	2,00
Nikon NPL Serien 300, 800	T	0,870	275	20	1013,25	0		Laufzeit mess.

Literaturverzeichnis

Abkürzungen

AVN	Allgemeine Vermessungs-Nachrichten
DGK	Deutsche Geodätische Kommission
DVW	Deutscher Verein für Vermessungswesen
HSBw	Schriftenreihe Studiengang Vermessungswesen, Hochschule der Bundeswehr, München
IAG	Internationale Assoziation für Geodäsie
IUGG	Internationale Union für Geodäsie und Geophysik
ÖZfV	Österreichische Zeitschrift für Vermessungswesen und Photogrammetrie
Verm.-Ing.	Der Vermessungsingenieur
VPK	Vermessung, Photogrammetrie, Kulturtechnik
VR	Vermessungswesen und Raumordnung
VT	Vermessungstechnik
ZfV	Zeitschrift für Vermessungswesen

Einzelbeiträge

AdV (1982)
Richtlinien für die elektromagnetische Distanzmessung im Hauptdreiecksnetz. Arbeitsgemeinschaft der Vermessungsverwaltungen der Länder der Bundesrepublik, Mainz 1982

AESCHLIMANN, H., CLEMENT, A. (1992)
Die automatische Messanlage Vicosoprano. VPK 7/1992

AESCHLIMANN, H., STOCKER, R. (1975)
Gerätefehler an elektrooptischen Distanzmessern. VPK 2/1975

ANDERSON, D. Z. (1986)
Optische Gyroskope. Spektrum der Wissenschaft, Heft 6/1986

ANGUS-LEPPAN, P.V., BRUNNER, F.K. (1980)
Atmospheric Temperature Models for Short-Range EDM.
The Canadian Surveyor, 2/1980, S. 52-55

AUCH, W. (1985)
Optische Rotationssensoren. Technisches Messen 5/1985

BAHNERT, G. (1971)
Zum Refraktionseinfluß auf die trigonometrische Höhenmessung.
VT 12/1971, S. 441-444

BAHNERT, G. (1987)
Räumliche Zentrierung von Schrägstreckenmessungen. VT 12/1987, S. 408-410

BAHNERT, G. (1988)
Die atmosphärische Korrektion elektrooptisch gemessener Strecken.
VT 1/1988, S. 27-30

BAHNERT, G. (1988)
Zur Bestimmung und Wirksamkeit der atmosphärischen Korrektion bei elektrooptischen Kurzstreckenmessungen. VT 8/1988, S. 276-278

BARRELL, H., SEARS, J.E. (1939)
The Refraction and Dispersion of Air for the visible Spectrum.
Phil. Trans. Royal Soc., London, 1939, S. 1-64

BAUER, H. (1991)
Lasertechnik. Vogel Verlag, Würzburg

BAUMEISTER, M., HÖCKER, V. (2007)
Diplomarbeit Untersuchung reflektorloser Distanzmesser.
Hochschule für Technik Stuttgart

BENDER, P.L., OWENS, J.C. (1965)
Correction of Optical Distance Measurements for the Fluctuative Atmospheric Index of Refraction. Journal of Geophysical Research 10/1965

BENDER, P.L., OWENS, J.C. (1967)
Multiple Wavelength Optical Distance Measurements Electromagnetic distance measurement. Hilger & Watts, London 1967, S. 159-164

BERGH, A.A., DEAN, P.J. (1976)
Lumineszenzdioden. Hüthig, Heidelberg

BEYER, W. (1990)
Industrielle Winkelmesstechnik. Expert Verlag Ehningen

BLAESNER, W. (1993)
Intelligente Schnelladekonzepte für NiMH-Akkus. Elektor Nr. 11/1993, S. 66-71

BÖCKEM, B. (2001)
Development of a Dispersometer for Implementation into Geodetic High-Accuracy Measurement Systems. Disseration ETH Zürich, Nr. 14252

BÖCKEM, B., FLACH, P., WEISS, A. und HENNES, M. (2000)
Refraction influence analysis and investigation of refraction effects on geodetic measurements. Paper to XVI. IMEKO World Congress, Wien, 25.-28. Sept. 2000

BÖTTINGER, W.U., KNUPFER, K. MONZ, L. (1997)
RecElta 13 CMS von Carl Zeiss – ein Computertachymeter mit Servomotoren und zielfindender Sensorik. VR 3/1997

BOHNENSTINGL, K. (1985)
Reflektorhalter für Schnurgerüstabsteckungen mit elektronischen Tachymetern.
Verm.-Ing. 1985, S. 130

BORNEFELD, R. (1980)
Das ZEISS ELTA 2, ein mikroprozessorgesteuertes Computertachymeter. ZEISS-Information Heft 91/1980

BORNEFELD, R. (1981)
Datenübertragung zwischen elektronischem Tachymeter und Rechenanlage. Sammlung Wichmann, Schriftenreihe Heft 22, Wichmann Verlag, Karlsruhe

BRADSELL, R.H. (1976)
Georan I, a compact two colour EDM-Instrument. Part II Electronic Principles Survey Review XXIII, 1/1976, S. 179 ff.

BREIN, R. (1968)
Die Bestimmung der atmosphärischen Refraktion aus der Dispersion des Lichtes. DGK, Reihe B, Heft Nr. 165

BROCKS, K. (1950)
Die Lichstrahlkrümmung in Bodennähe. Deutsche Hydrographische Zeitschrift, Band 3, Heft 3/4

BRUNNER, F. K. (Herausgeber) (1984)
Geodetic refraction. Springer-Verlag, Berlin/Heidelberg/New York/Tokyo

BRUNNER, W., JUNGE, K. (1989)
Lasertechnik. Hüthig Verlag, Heidelberg

BUCHMANN, P. (1996)
Fehlereinflüsse bei der reflektorlosen Polaraufnahme. VR 7/1996

BUCHMANN, P., SCHERER, M. (1994)
Bauaufnahme mit einem computergesteuerten 3D-Laserscanner. Verm.-Ing. 5/1994, S. 210-215

BÜTTNER, L. (1967)
Modulation und Demodulation des Laserlichts. Internationale Elektronische Rundschau 10/1967

BURKHARDT, R. (1978)
Bauelemente und elektrotechnische Grundlagen elektrooptischer Entfernungsmesser. Seminar „Elektronische Entfernungsmessung", FHT Stuttgart 1978

CAMPBELL, J. (1979)
Die Radiointerferometrie auf langen Basen als geodätisches Meßprinzip hoher Genauigkeit. DGK, Reihe C, Nr. 254

CAMPBELL, J., WITTE, B. (1978)
Grundlagen und geodätische Anwendung der Very Long Baseline Interferometry (VLBI). ZfV Nr. 1, S. 10-20, 1978

CARVER, CHR. (2005)
Myths and Realities of Anywhere GPS – High Sensitivity versus Assisted Techniques. GPS World, September 2005

CHEN, Z., LACHAPELLE, G. (1994)
A Comparison of the FASF and Least Squares Search Algorithms for Ambiguity Resolution On-the-Fly. KIS-94 Symposium, Banff, Canada, 1994

CIDDOR, P.E. (1996)
Refractive index of air: new equations for the visible and near infrared. Applied Optics, Vol. 35, No. 9, 1566-1573, 1996

CIDDOR, P.E. (2002)
Refractive index of air: 3. The role of CO_2, H_2O, and refractivity virials. Applied Optics, Vol. 41, No. 12, 2292-2298, 2002

CIDDOR, P. E., HILL, R. J. (1999)
Refractive index of air: 2. Group index.
Applied Optics, Vol. 38, No. 9, 1663-1667, 1999

COVELL, P.C. (1979)
Periodic and Non-periodic errors of short range distance meters.
Aust. J. Geod. Photo. Surv., No. 30, June 1979

DABROWSKI, W., MAIER, U. (1977)
Zur Bestimmung von Horizontalentfernung und Höhenunterschied bei kombiniertem Einsatz von elektronischem Streckenmeßgerät und Theodolit.
AVN 3/1977, S. 111-117

DEICHL, K. (1984)
Der Brechungsindex für Licht- und Mikrowellen. AVN 3/1984, S. 85-100

DEICHL, K. (1988)
Zur Korrektion von Streckenmessungen. DGK, Reihe B, Nr. 287, 1988, S. 36-45

DEUMLICH, F. (1982)
Drei Jahrzehnte elektronische Streckenmessung. VT 3/1982

DEUMLICH, F. (1982)
Elektrooptische Kurzstreckenmeßgeräte. VT 4/1982

DEWDNEY, A.K. (1986)
Computer-Kurzweil. Spektrum der Wissenschaft, 2/1986, S. 5 ff.

DILL, W., WENZEL, H. (1996)
Elektrolytische Energiespeicher – Erprobung neuer Batteriesysteme unter praxisnahen Bedingungen. DMT-Bericht Nr. 46, Bochum

DIN 1319
Grundlagen der Meßtechnik; Teil 1: Grundbegriffe; Teil 2: Begriffe für die Anwendung von Meßgeräten; Teil 3: Auswertung von Messungen einer einzelnen Meßgröße, Meßunsicherheit

DIN 18723
Feldverfahren zur Genauigkeitsuntersuchung geodätischer Instrumente; Teil 6: Elektrooptische Distanzmesser für den Nahbereich

DIN 55350
Begriffe der Qualitätssicherung und Statistik

DOKTOR, F., STEINHAUER, J. (1975)
Digitale Elektronik in der Meßtechnik und Datenverarbeitung Band II. Philips Fachbücher

DONGES, A., NOLL, R. (1993)
Lasermeßtechnik. Hüthig Buch Verlag, Heidelberg

DREHER, J., HAMBITZER, G. (1996)
Eine Lithium-Batterie mit neuem Funktionsprinzip. Spektrum der Wissenschaft Oktober 1996, S. 103-104

DUSTMANN, C.-H. (1996)
Mobile Stromquellen. Spektrum der Wissenschaft Oktober 1996, S. 96-101

EDLÉN, B. (1953)
The Dispersion of Standard Air. Journal of the Optical Soc. of America, Vol. 43, Nr. 5, 1953, S. 339-344

EDLÉN, B. (1966)
The Refractive Index of Air. Metrologia, Vol. 2, 2/1966, S. 71-80

EGGER, D. (1985)
Systemanalyse der Laserentfernungsmessung. DGK, Reihe C, Nr. 311

EHRET, C., SCHROER, W. (2001)
Säureschichtung in Bleibatterien. Horizonte 19, S. 18-21

EISSFELLER, B. (1995)
GNSS-Empfänger und Fehlermodellierung. Universität der Bundeswehr, München

ERNST, A. (1991)
Digitale Längen- und Winkelmeßtechnik. Bibliothek der Technik, Band 34, Verlag Moderne Industrie Landsberg

ESSEN, L., FROOME, K.D. (1951)
The Refractive Indices and Dielectric Constants of Air and its Principal Constituents at 24000 Mc/s. Proc. Phys. Soc., B, 1951, S. 862-875

EULER, H.-J., KEENAN, C.R., ZEBHAUSR, B.E., WÜBBENA, G. (2001)
Study of a Simplified Approach in Utilizing Information from Permanent Reference Station Arrays. ION GPS 2001, Salt Lake City, Utah, 2001

EULER, H.-J., LANDAU, H. (1992)
Fast GPS Ambiguity Resolution On-The-Fly for Real-Time Applications. Proceedings of the 6th International Geodetic Symposium on Satellite Positioning Columbus, Ohio, 1992

EULER, H.-J., ZEBHAUSR, B.E., TOWNSEND, B.R., WÜBBENA, G. (2002)
Comparison of Different Proposals for Reference Station Network Information Distribution Formats. ION GPS 2002, Portland, Oregon, 2002

FABIANKOWITSCH, J. (1990)
Automatische Richtungsmessung mit digitalen Differenzbildern. Dissertation, Wien.

FABIANKOWITSCH, J., WUNDERLICH, T. (1986)
Die Kalibrierung des Tellurometers MA 100 für den Nahbereich. ÖZfV, 2/1986, S. 94-100

FARKAS-JANDL, T. (1986)
Berücksichtigung der Lichtstrahlkrümmung bei geodätischer Richtungsübertragung. Karlsruher Geowissenschaftliche Schriften; Reihe A, Band 2, S. 123-132

FEICHTINGER, H. (1977)
Gasdichte Ni-Cd-Akkumulatoren – Tips für Anwender. Funkschau 12/1977, S. 107-109

FEIST, W. et al. (1998)
Elta S10 und Elta S20 von Carl Zeiss, Systemtachymeter einer neuen Generation. VR 2+3/1998

FELLETSCHIN, V. (1978)
Analyse und Steigerung der Genauigkeit bei elektronischen Entfernungsmessungen mit Licht- und Mikrowellen im Testnetz Karlsruhe. DGK, Reihe C, Nr. 246

FREI, E., BEUTLER, G. (1990)
Rapid static positioning based on the Fast Ambiguity Resolution Approach: theory and first Results. Manuscripta Geodaetica, No.15

FRIEDEL, R., SCHÜTZLE, R., STOBER, M. (2005)
Entwicklung eines Testmanagements zur Genauigkeitsuntersuchung von SAPOS. Mitteilungsblatt des DVW-Baden-Württemberg, Heft 2, 2005

FRÖHLICH, H. (1983)
VARKOM – Varianzkomponentenschätzung für elektrooptische Distanzmessungen auf Eichlinien; ein Auswerteprogramm. FORUM 1/1983, S. 45 ff.

FRÖHLICH, H. (1992)
Auswertung von Eichmessungen für EDM-Geräte mit AED. Ferd. Dümmlers Verlag, Bonn

FROOME, K.D., BRADSELL, R.H. (1986)
NPL-Mekometer III. AVN 1968, S. 41-59

FROOME, K.D., ESSEN, L. (1969)
The Velocity of Light and Radio Waves. Academic Press, London/New York

GÄCHTER, B. F. (1981)
Grenzempfindlichkeit von positionsempfindlichen Photodetektoren. Internal report, Wild, Heerbrugg

GARCHE, J. (1994)
Elektrochemische Speicher für regenerative Energiesysteme. 9. Internationales Sonnenforum '94, S. 848-855, Stuttgart, 1994

GELHAUS, R. (1981)
Zur Variation der Additionskonstanten elektrooptischer Entfernungsmesser. Wiss. Arb. Fachrichtung Vermessung der Universität Hannover, Nr. 100, S. 117-131

GEORGIADOU, Y., KLEUSBERG, A. (1988)
On Carrier Signal Multipath Effects in Relative GPS Positioning. Manuscripta Geodetica, No. 3

GERVAISE, J. (1984)
First Results of the Geodetic Measurements carried out with the Terrameter, Two-wavelength Electronic Distance Measurement Instrument. HSBw München, Heft 11

GLISSMANN, T. (1976)
Zur Bestimmung des Refraktionswinkels über die Dispersion des Lichtes mittels positionsempfindlicher Photodioden. Wiss. Arbeiten der Lehrstühle für Geodäsie, Photogrammetrie und Kartographie an der Technischen Universität Hannover, Nr. 62

GORT, ALFRED F. (1978)
Die Hewlett-Packard 3820 A Integrierte elektronische Messstation.
VR 2/1978, S. 61-75

GOTTWALD, R. (1996)
Industriemeßsysteme in der 4. Generation. VR 7/1996

GRIMM, K., FRANK, P., GIGER, K. (1986)
Distanzmessung nach dem Laufzeitmessverfahren mit geodätischer Genauigkeit.
VPK 12/1986, S. 627 ff.

GROSSE, H. (1969)
Einfluß der Farbe des Meßlichtes auf den Maßstab von elektrooptischen Entfernungsmessungen. DGK, Reihe C, Nr. 133

GRUEN, A., KAHMEN, H. (1989)
Optical 3-D Measurement Techniques. Wichmann Verlag, Karlsruhe

HAKE, M.G. (1996)
Wiederaufladbare Lithium-Batterien: Li-Ion-Technologie.
Varta Spezial-Report, Oktober 1996

HALLERMANN, L., ZETSCHE, H. (1972)
Die Entwicklung der Nahbereichsentfernungsmesser seit 1968. ZfV 6/1972

HALMOS, F., KADAR, I. (1972)
Die Bestimmung der Additionskonstanten elektronischer Entfernungsmesser.
VT 9/1972, S. 343-346

HALMOS, F., KADAR, I. (1976)
Weitere Untersuchungen zur Bestimmung der Eichkonstanten von elektrooptischen Streckenmeßgeräten kurzer Reichweite. VT 8/1976, S. 309-312

HARTMANN, T., SOFFEL, M., RUDER, H., SCHNEIDER, M. (1992)
Ausbreitung elektromagnetischer Signale in Gravitationsfeldern und Medium bei geodätischen Raumverfahren. DGK, Reihe A, Heft Nr. 108

HATCH, R. (1990)
Instantaneous Ambiguity Resolution. KIS-90 Symposium, Banff, Canada, 1990

HECK, B., HEIL, E. (1981)
Zur Bestimmung der Nullpunktskorrektur elektronischer Distanzmesser durch Streckenmessung in allen Kombinationen. AVN 7/1981, S. 286-298

HECK, B., JÄGER, R. (1986)
Zur Sensitivität von Strecken- und Streckenverhältnismessungen in Deformationsnetzen. ZfV 10/1986, S. 459-468

HEISTER, H. (1988)
Zur Fehlausrichtung von Tripelprismen. ZfV 6/1988, S. 249-258

HEISTER, H., HEUNECKE, O. (2004)
Terrestrisches Laserscanning. Seminar GIS&Internet. UniBw München, 2004

HEISTER, H., PEIPE, J. (1997)
Zur Interaktion geodätischer und photogrammetrischer Meßtechnik bei der 3D-Erfassung industrieller Objekte. AVN 97, S. 224-240

HEISTER, H., STERNBERG, H. (1998)
Hybride Vermessungssysteme. Schriftenreihe des DVW 29/1998, Verlag Konrad Wittwer, Stuttgart

HENNES, M. (1992a)
Leistungsmerkmale des Ein-Mann-Meßsystems Geodimeter System 4000. VR 5+6/1992

HENNES, M. (1992b)
Zur Maßstabsfestlegung bei elektrooptischen Distanzmeßgeräten. BDVI-FORUM, Heft 2, S. 329-338, 1992

HENNES, M. (2006)
Präzises und kinematisches Prüfen. ZfV 6 /2006

HENNES, M., JURETZKO, M., WITTE, B. (1994)
Die prüfstreckenunabhängige Modellierung von Additionskorrektionen elektrooptischer Distanzmesser. AVN Heft 4, S. 121-132, 1994

HENNES, M., WITTE, B. (1991)
Genauigkeitsuntersuchungen an elektronischen Tachymetern und Theodoliten der Baureihe E von Zeiss. VR 1/1991

HERING, E., BRESSLER, K., GUTEKUNST, J. (1998)
Elektronik für Ingenieure. Springer Verlag, Berlin/Heidelberg

HERING, E., MARTIN, R., STOHRER, M. (1997)
Physik für Ingenieure. Springer Verlag, Berlin/Heidelberg

HINDERLING (2004)
Europäische Patentanmeldung Patentblatt 2004/35 vom 25.08.2004

HIPP, J. (1983)
Eine neue Entfernungsmesserfamilie mit Puls-Laufzeit-Meßverfahren (FEN 2000). AVN 11-12/1983, S. 461-464

HIPP, J. (1986)
Reflektorlose Entfernungsmessung mit Pulslaufzeit-Meßverfahren (FEN 101). AVN 5/1986

HIRSCH, O., NGUYEN, T. (1983)
Ein modifiziertes und objektiviertes Meßverfahren mit dem Kern-Mekometer. AVN 2/1983, S. 45 ff.

HÖPCKE, W. (1964)
Über die Bahnkrümmung elektromagnetischer Wellen und ihren Einfluß auf die Streckenmessungen. ZfV 6/1964, S. 183-199

HÖPCKE, W. (1965)
Eine Studie über die Korrelation elektromagnetisch gemessener Strecken. AVN 5/1965

HOFFER, T.M., FISCHER, W. (1977)
Abnahme von Werkzeugmaschinen mit einem Laser-Meßsystem. Hewlett-Packard Vertriebs-GmbH

HOFMANN-WELLENHOF, B., LICHTENEGGER, H., COLLINS, J. (1994)
GPS, Theory and Practise. 3. Edition, Springer-Verlag Wien, 1994

HOPFIELD, H.S. (1969)
Two-quartic tropospheric refractivity profile for correcting satellite data. Journal of Geophysical Research, 74 (18), S. 4487-4499, 1969

HÜBNER, W. (1985)
Zur Ausnutzung der Dispersion für die elektromagnetische Streckenmessung. DGK, Reihe C, Nr. 310

HUEP, W., KATOWSKI, O. (1988)
Theodolitsysteme für industrielle und geodätische Messungen. Technische Rundschau 39/1988

HUG, C. (1996)
Entwicklung und Erprobung eines abbildenden Laseraltimeters für den Flugeinsatz unter Verwendung des Mehrfrequenz-Phasenvergleichsverfahrens. DGK Reihe C; Heft 457, München

HUGGETT, G.R. (1981)
Two-Color Terrameter. Tectonophysics, Bd. 71, 1981, S. 29-39

HUGGETT, G.R., SLATER, L.E. (1974)
Electromagnetic Distance-Measuring Instrument accurate to $1 \cdot 10^{-7}$ without Meteorological Corrections. Proc. Int. Symp. on Terr. EDM and Atmospheric Effects on Angular Measurements, Stockholm 1974, Bd. 1, Nr. 11

HUGGETT, G.R., SLATER, L.E. (1975)
Precision Electromagnetic Distance-Measuring Instrument for Determining Secular Strain and Fault Movement. Tectonophysics, Bd. 29, 1-4/1975

HUGGETT, G.R., SLATER, L.E (1977)
Recent Advances in Multiwave Distance Measurement. Int. Symp. on EDM and the Influence of Atmospheric Refraction, Wageningen, 1977

INGENSAND, H. (1985)
Ein Beitrag zur Entwicklung und Untersuchung hochgenauer elektronischer Neigungssensoren für kontinuierliche Messungen. DGK, Reihe C, Nr. 308

INGENSAND, H. (2004)
Terrestrisches Laserscanning. Vortrag Intergeo, Stuttgart, 2004

INGENSAND, H., RYF, A., SCHULZ, T. (2003)
Performances and Experiences in Terrestrial Laserscanning. Proceedings of "6th Conference on Optical 3D Measurement Techniques", Zürich, 2003

INGENSAND, H., SCHULZ, T. (2004)
Influencing Variables, Precision and Accuracy of Terrestrial Laser Scanning. Proceedings of "INGEO 2004", Bratislava, 2004

IUGG (1960)
Resolution Nr. 1 der XII. Generalversammlung.
Helsinki Bulletin Géodésique, Bd. 58, S. 413

I3MAINZ (2007)
Investigating Laser Scanner Accuracy. Inst. für Raumbezogene Informations- und Messtechnik. Fachhochschule Mainz, http://www.scanning.fh-mainz.de (Zugriff 12/2007)

JACOBS, E. (1980)
Zweckentsprechende und wirtschaftliche Prüfverfahren für elektrooptische Distanzmesser. Verm.-Ing. 2/1980, S. 32 ff.

JÄGER, R. (1985)
Zur Anwendung von Streckenverhältnisbeobachtungen in Überwachungsnetzen und auf Eichstrecken. AVN 1985, S. 52-65

JENNEWEIN, H. GOTTSCHLING, H., TSCHUDI, T. (2000)
Absolute Distanzmessung mit einem faseroptischen Interferometer. Technisches Messen 10/2000

JOECKEL, R. (1975)
Untersuchung eines astronomischen Theodolits mit automatischer Fernrohrnachführung durch Schrittmotoren. Deutsche Geodätische Komission München, Reihe C, Heft Nr. 215

JOECKEL, R. (1983a)
Instrumentelle Voraussetzungen zur freien Stationierung. Mitteilungen DVW-Landesverein Baden-Württ. 1983, Sonderheft „Freie Stationierung“

JOECKEL, R. (1983b)
Aktuelle Tachymetersysteme. Mitteilungen DVW-Landesverein Baden-Württ. 1983, Sonderheft „Freie Stationierung“

JOECKEL, R. (1987a)
Einige Untersuchungsergebnisse aus dem EDM-Labor der FHT Stuttgart. Ingenieurblatt Baden-Württ. (BDB) 2/1987, S. 69-74

JOECKEL, R. (1987b)
Frequenzstabilität und zyklischer Phasenfehler bei neueren elektronischen Entfernungsmessern. Veröffentlichungen der Fachhochschule für Technik Stuttgart, Band 3

JOECKEL, R. (1994a)
Das EDM-Diagnose-Programm der FHT Stuttgart. Veröffentlichungen der Fachhochschule für Technik Stuttgart, Band 28

JOECKEL, R. (1994b)
Automatisches Absttecksystem zur Zuschnittvorgabe von großflächigen Werkstücken. Veröffentlichungen der Fachhochschule für Technik Stuttgart, Band 28

JOECKEL, R. (1995)
Fehlererfassung bei den Entfernungsmessgeräten und Tachymetern der neuesten Generation. Veröffentlichungen der HfT Stuttgart, Band 31

JOECKEL, R. (1996)
Reflektorlose Entfernungsmessung. Veröffentlichungen der HfT Stuttgart, Band 36

JOECKEL, R. (1997)
Überprüfung der Instrumente zur reflektorlosen Entfernungsmessung. Veröffentlichungen der HfT Stuttgart, Band 40

JOECKEL, R. (1998)
Schwierigkeiten bei der reflektorlosen Entfernungsmessung. Ingenieurblatt Baden-Württemberg (BDB) 4/1998, S. 185-187

JOECKEL, R., MERGL, M., REDER, A. (1994)
Entwicklung eines „Ein-Mann“-Industriemeßsystems. Ingenieurblatt Baden-Württemberg 4/1994

JOECKEL, R., STOBER, M. (1982)
Elektronische Distanzmessung an der Fachhochschule für Technik Stuttgart. Veröff. d. FHT Stuttgart, Heft 1, S. 143-151

JOECKEL, R., STOBER, M. (1983)
Das Labor für elektronische Entfernungsmessung der Fachhochschule für Technik Stuttgart. DVW Mitteilungen Baden-Württ., 1/1983, S. 5-24

JOECKEL, R., STOBER, M. (1990)
Industrielle Messtechnik: Festschrift 125 Jahre Vermessung. Veröffentlichungen der FHT Stuttgart, Band 8

JOECKEL, R., STOBER, M. (1993a)
Präzisionsstreckenmessung mit Laser-Interferometer und automatisch ausrichtbarem Reflektor. AVN 1/1993, S. 3-12

JOECKEL, R., STOBER, M. (1993b)
Streckenmessung höchster Genauigkeit. Verm.-Ing. 2/1993, S. 53-58

JOECKEL, R., STOBER, M. (1993c)
Präzisionsstreckenmessung mit Laser-Interferometer. Veröffentlichungen der Fachhochschule für Technik Stuttgart, Band 22

JOECKEL, R., STOBER, M. (1994)
Das EDM-Diagnose-Programm der FHT Stuttgart. Veröffentlichungen der Fachhochschule für Technik Stuttgart, Band 28, S. 62, 1994.

JOHANNSEN, T. (1967)
Zum Verhalten der Signalperioden eines Theodoliten mit elektrooptischer Teilkreisabtastung. Diss. Univ. Bonn

JOHANSSON, M. (2002)
Explorations into the Behaviour of Three Different High-Resolution Ground-Based Laser Scanners in the Built Environment. In: Proceedings of the CIPA WG 6 International Workshop on Scanning for Cultural Heritage Recording, Corfu (Greece), 2002

JURETZKO, M. (2004)
Reflektorlose Video-Tachymetrie – ein integrales Verfahren zur Erfassung geometrischer und visueller Informationen. Dissertation, Bochum

KAHMEN, H. (1973)
Untersuchung von analogen und digitalen Phasenmeßsystemen in der elektrooptischen Entfernungsmessung. DGK, Reihe C, Heft 186

KAHMEN, H. (1975)
Numerical Filtering of Trilateration Networks. XVI. General Assembly of the IUGG-IAG, Grenoble, August 1975

KAHMEN, H. (1980a)
Instrumenteller Entwicklungsstand der elektronischen Tachymetrie. AVN 1/1980

KAHMEN, H. (1980b)
Neuere Entwicklungen auf den Gebieten der elektronischen Distanz- und Richtungsmessung. Beitr. VIII. Intern. Kurs Ing.Verm. 1980, Bd. 1, Nr. A/1

KAHMEN, H. (1981)
Grundlagen der elektronischen Tachymetrie. Sammlung Wichmann, Neue Folge Heft 22 „Datenfluß der elektronischen Tachymetrie“, Herbert Wichmann Verlag, Karlsruhe

KAHMEN, H. (1992)
Hochpräzise Zielerfassung durch Robotertheodolite. Ingenieurvermessung 92, Dümmlerverlag, Bonn

KAHMEN, H., ZETSCHE, H. (1974)
Vergleichende Untersuchungen an elektrooptischen Nahbereichsentfernungsmessern. ZfV 1974, S. 68 – 81

KAMPMANN, G. (1993)
Die Egalisierung des Einflusses der Geometrie der Prüfstrecke bei der Bestimmung der Additionskorrektion von elektrooptischen Distanzmessern.
Verm-Ing. Nr. 3, S. 110-113

KAMPMANN, G., SPARLA, P., MÜLLER, H. (1986)
Auswertung von EDM-Kalibrierungen mit unterstützendemrobustem Schätzer.
FORUM 2/1986, S. 336 ff.

KAROLUS, A., HELMBERGER, J. (1969)
Untersuchungen von Kerrzellen auf ihren Einsatz zur Modulation kohärenten Lichtes.
DGK, Reihe A, Nr. 63

KAROLUS, A., HELMBERGER, J. (1969)
Einsatz eines KDP-Lichtmodulators zur sinusförmigenHelligkeitssteuerung von Laserlicht. DGK, Reihe A, Nr. 66

KATOWSKI, O., SALZMANN, W. (1983)
Das Kreisabgriffsystem im THEOMAT Wild T 2000. Wild Heerbrugg AG, Heerbrugg

KERN, F. (2003)
Automatisierte Modellierung von Bauwerksgeometrien aus 3D-Laserscan-Daten. Dissertation. Geodätische Schriftenreihe der Technischen Universität Braunschweig Nr.19

KERNER, M. (1970)
Meßprinzip des Mekometers. VI. Int. Kurs für Ingenieurvermessung hoher Präzision, Graz

KIESLICH, L., HEIDER, M., PREUSSE, S. (1994)
Mobile Koordinatenmeßtechnik – ganz einfach. AVN 10/94

KIM, D., LANGLEY, R.B. (2000)
GPS Ambiguity Resolution and Validation: Methodologies, Trends and Issues. 7th GNSS Workshop – International Symposium On GPS/GNSS, Seoul, Korea, 2000

KOCH, K.R. (1981)
Varianz- und Kovarianzkomponentenschätzung für Streckenmessungen auf Eichlinien. AVN 4/1981, S. 125-132

KOCH, K.R. (1987)
Zur Auswertung von Streckenmessungen auf Eichlinien mittels Varianzkomponentenschätzung. AVN 2/1987, S. 63 ff.

KOCH, W. (1981)
Ein Beitrag zum Umgang mit elektrooptischen Nahbereichsentfernungsmessern – Wesentliche Fehlergrößen und notwendige Überprüfungsmaßnahmen. Das Markscheidewesen, 8/1981, S. 373 ff.

KÖHLER, M. (1994)
Einige theoretische Grundlagen für die reflektorlose Messung mit dem Zeiss-Tachymeter RecElta RL. Verm.-Ing. 5/1994, S. 216-221

KÖNGETER, W., RUOPP, M. (1984)
Genauigkeitssteigerung bei Nahbereichsentfernungsmessern. HSBw München, Heft 11/1984, S. 131-147

KROITSCH, V. (1969)
Über die Ursache der Alterungserscheinungen an Schwingquarzen. VT 8/1969

KUNTZ, E. (1976)
Das Mekometer ME 3000 – Untersuchungen und praktische Erfahrungen. VII. Int. Kurs für Ingenieurvermessung hoher Präzision, Darmstadt 1976, Bd. I, S. 187-201

KUNTZ, E., MÖLLER, D. (1971)
Gleichzeitige elektronische Entfernungsmessung mit Licht- und Mikrowellen. AVN 7/1971

LA CHAPELLE, G., BRUTON, A., HENRIKSON, J., CANNON, M.E., McMILLAN, C. (1996)
Evaluation of High Performance Multipath Reduction Technologies for Precise Shipborne Positioning. The Hydrographic Journal, USA, No. 82, October 1996

LAMANCE, J., JARVINEN, J., DESALAS, J. (2002)
Assisted GPS: A Low-Infrastructure Approach. GPS World, March 2002

LANGE, R. (2000)
3D-Time-of-Flight Distance Measurement with CustomSolid-State Image Sensors in CMOS/CCD-Technology. 2000 Universität-Gesamthochschule Siegen

LEICA (2005)
Network Reference Systems. Leica-Geosystems, White Paper, Heerbrugg

LEITZ, H. (1977)
Zur Genauigkeit und Reichweite von elektrooptischen Distanzmessern am Beispiel des Zeiss ELDI 2. ZfV 4/1977, S. 152-156

LEITZ, H. (1978)
Zehn Jahre elektronische Tachymetrie – Zeiss: 1968 RegElta 14 – 1978 Elta 2 und Elta 4. ZfV 9/1978

LEITZ, H. (1982)
Elektronische Tachymetrie – Hardware und Software. Mitteilungsblatt DVW Bayern 1982, S. 157-179

LEITZ, H., MICHELBACHER, E. (1977)
Moderne Instrumente zur elektrooptischen Distanzmessung. Mitteilg. DVW Baden-Württemberg, Heft 1/1977

LEMME, H. (1979)
Im Blickpunkt Batterien. Elektronik Report 5/1979

LIU JIYU (1984)
Some Recommendations for Improving Two-Color Distances. The Canadian Surveyor, 4/1984, S. 295-298

LIU JIYU (1988)
Some Improvements for Designing Three-Wavelength Distances. ZfV 6/1988, S. 276-281

LO, S., CHEN, A., ENGE, P., GAO, G., AKOS, D., ISSLER, J.-L., RIES, L., GREILER, T., DANTEPAL, J. (2006)
Images and Spectral Signatures of the New GNSS Signals. Inside GNSS, May/June 2006

LOSER, R., MEIER, D., MÜNCH, K.H., SCHWARZ, W. (1991)
Das Funktionsprinzip des Mekometers ME 5000. AVN 10/1991

LUFFT
Messprinzipien und Sensoren zur Temperatur-, Feuchte- und Druckmessung. http//:www.lufft.de/D/3_Me_temFeu.html

LUHS, W. (1986)
Interferometrische Längenmessung im Maschinenbau Qualität und Zuverlässigkeit 4/1986

MADER, G.L. (1992)
Rapid Static and Kinematic GPS Solutions using the Ambiguity Function Technique. Journal of Geophysical Research, Vol. 97, No B3

MAIER, U. (1977)
Genauigkeitsuntersuchungen zur elektrooptischen Messung langer Strecken. Diss. Univ. Karlsruhe

MARCHESINI, C. (1990)
Zum Fehlermodell bei Streckenmessungen. ZfV 11/1990, S. 481-488

MARKENDORF, A. (1990)
Räumliche Bewegungen mit der 3D-Laserinterferometrie erfassen. Laserpraxis, Carl Hanser Verlag München, Oktober 1990

MAURER, W. (1991)
Geodimetersystem 4000. Das „Ein-Mann"-Meßsystem für die Tachymetrie. ZfV 4/1991

MAURER, W., ROSSMEIER, F., SCHNÄDELBACH, K. (1987)
Messung periodischer Bewegungen mit dem Laser-Interferometer. AVN 8-9/1987

MAURER, W., SCHIRMER, W., SCHWARZ, W. (1988)
Wirkungsweise und Einsatzmöglichkeiten des Mekometer ME 5000 Ingenieurvermessung 88. Dümmlerverlag Bonn

MAURER, W., SCHNÄDELBACH, K. (1980)
Kalibrierung geodätischer Präzisionsinstrumente mit dem Laser-Interferometer HP 5526 A. VIII. Internationaler Kurs für Ingenieurvermessung, Zürich 1980

MAYER, M. (2006)
Modellbildung für die Auswertung von GPS-Messungen im Bereich der Antarktischen Halbinsel. DGK, Reihe C, Heft 597

MECKENSTOCK, H. (1963)
Untersuchung über die Fehlereinflüsse und Reduktionen bei der elektrischen Entfernungsmessung für geodätische Zwecke. Veröff. Geod. Inst. RWTH Aachen, Nr. 6, 1963

MEIER, D., LOSER, R. (1986)
Das Mekometer ME 5000 – Ein neuer Präzisionsdistanzmesser.
AVN 5/1986, S. 182 ff.

MEIER-HIRMER, B. (1975a)
Präzisionsstreckenmessung mit dem Mekometer ME 3000. AVN 2/1975, S. 41 ff.

MEIER-HIRMER, B. (1975b)
Frequenzuntersuchungen am Mekometer ME 3000. AVN 11/1975, S. 373-387

MEIER-HIRMER, B. (1977)
Mekometer ME 3000 – Theoretical Aspects, Frequency Calibration, Field Tests. Int. Symp. on EDM and the Influence of Atmospheric Refraction, Wageningen

MEIER-HIRMER, B. (1978)
Untersuchungen zur Langzeitstabilität des Maßstabsnormals verschiedener EDM-Geräte. AVN 4/1978, S. 121-128

MEIER-HIRMER, B., MEIER-HIRMER, R. (1996)
Untersuchungen zum Reflexionsverhalten des Zeiss-Tachymeters RecElta RL an strukturierten Oberflächen. AVN 6/1996, S. 233-240

MEISENHEIMER, D. (1992)
Untersuchungen von EDM-Geräten für den Nahbereich hinsichtlich großer Temperaturunterschiede. AVN 5/1992

MEYER, R. (1997)
Theodolitindustriemeßsysteme im Automobilbau. AVN 97, S. 176-184

MICHELBACHER, E. (1990)
Die Baureihe E von Carl Zeiss zum Geodätentag 1990. VR 5+6/1990

MICHELBACHER, E. (1993)
Ein neues elektronisches Tachymeter mit reflektorloser Distanzmessung.
VR 5+6/1993

MÖSER, M., FUNDHELLER, J., JOPE, A. (1997)
Erfahrungen mit dem Industriemeßsystem Axyz im Nahbereich. AVN 10/1997

MORITZ, H. (1961)
Zur Reduktion elektronisch gemessener Strecken und beobachteter Winkel wegen Refraktion. ZfV 7/1961, S. 246-252

MORITZ, H. (1962)
Zur Geometrie der Refraktion. ÖzfVuPh, Jg. 50

MÜNCH, K.H. (1983)
Der elektronische Präzisionstheodolit Kern E 2. Presented Paper zum 17. FIG-Kongress 1983

MÜNCH, K.H. (1987)
Neue Kern-Geräte und Systeme. Verm.-Ing. 5/1987, S. 186 ff.

MUSIOL, F., LÜBBERS, L., MOORKAMP, M., BERTRAM, R. (1994)
Nickel/Hydrid-Akkumulatoren – Bausteine einer solaren Energiewirtschaft 9. Internationales Sonnenforum '94, S. 843-847, Stuttgart 1994

NEUBERT, R., RISCHEL, B., GRUNWALDT, L. (1987)
Zum Einsatz von Impulsgruppen für die Laserentfernungsmessung. VT 4/1987

NEUFANG, O. (1982)
Grundlagen der Optoelektronik. AT Verlag, Aarau/Stuttgart

PAULI, W. (1968)
Messung einer kurzen Basis mit dem EOS durch Streckenmessung in allen Kombinationen. VT 7/1968, S. 242 ff.

PAULI, W. (1969)
Vorteile eines kippbaren Reflektors bei der elektrooptischen Streckenmessung. VT 11/1969, S. 412-415

PAULI, W. (1977a)
Ausgleichende Sinuslinie für die Eichkorrektur elektrooptischer Streckenmeßgeräte. VT 5/1977, S. 168 ff.

PAULI, W. (1977b)
Über Eichung und Eichstrecken elektrooptischer Entfernungsmeßgeräte. VT 8/1977, S. 265 ff.

PAULI, W. (1982)
Fehlerformel für elektrooptische Streckenmeßgeräte am Beispiel des RECOTA. VT 3/1982, S. 76 ff.

PFEIFER, T., WALTUR, J., LYNEN, E. (1992)
Verfahren der Mehrwellenlängeninterferometrie. Jahrbuch für Optik und Feinmechanik 1992, Fachverlag Schiele und Schön, Berlin

PRILEPIN, M.T. (1957)
Light Modulating Method for Determining the Average Index of Refraction for Air along a line (Translation). Institute of Geodesy, Aeronomy and Cartography, UDSSR, Nr. 114, S. 127-130

RAUDSZUS, W. (1980)
Wenn NiCd-Akkumulatoren ruhen. Elektrotechnik 1-2/1980, S. 10 ff.

REICHL, M. (1968)
Vielpoldrehmelder, Winkelcodierer und Schrittschaltmotoren. Siemens-Z. Jg. 42 (1968) Nr. 4

REISSMANN, G. (1982)
Elektronische Streckenmessung in allen Kombinationen und Bestimmung der Additionskonstanten. VT 9/1982, S. 311 ff.

RETZBACH, L. (1987)
Akkus und Ladegeräte. Neckarverlag, Villingen-Schwenningen

REUTER, H.-G. (1970)
Empirische Ermittlung von Korrelationen bei elektromagnetischen Streckenmessungen. Wiss. Arb. Lehrstühle Geod. Inst. Univ. Hannover, Heft 41

RIETDORF, A. (2005)
Automatisierte Auswertung und Kalibrierung von scannenden Messsystemen mit tachymetrischem Messprinzip. Dissertation. Berlin

RINNER, K., BENZ, F. (1966)
Handbuch der Vermessungskunde Band VI: „Die Entfernungsmessung mit elektromagnetischen Wellen und ihre geodätische Anwendung“. J.B. Metzlersche Verlagsbuchhandlung, Stuttgart

RODLOFF, R. (1989)
ELSY – Konzept für einen Laserkreisel höchster Präzision. Laser und Optoelektronik 1/1989

ROTHACHER, M., ZEBHAUSER, B. (2000)
Einführung in GPS – Tutorial zum 3. SAPOS- Symposium 2000 in München. Institut für Astronomische und Physikalische Geodäsie / Forschungseinrichtung Satellitengeodäsie, No. 8, München 2000

RÜEGER, J.M. (1976a)
Eine Hilfe für die Projektierung von Eichstrecken elektronischer Distanzmesser. VPK 9/1976, S. 249 ff.

RÜEGER, J.M. (1976b)
Probleme bei der gemeinsamen Bestimmung von zyklischen Fehlern und Additionskonstante bei elektrooptischen Distanzmessern. AVN 10/1976, S. 338-344

RÜEGER, J.M. (1977)
Design and Use of Base Lines for the Calibration of EDM-Instruments. 20. Australian Survey Congress, Darwin 1977, S. 175 ff.

RÜEGER, J.M. (1978)
Eichung der Frequenz elektronischer Kurzdistanzmesser. VPK 5/1978, S. 125 ff.

RÜEGER, J.M. (1987)
Zielsetzung der Kalibrierung elektronischer Distanzmesser. VR 8/1987, S. 433-445

RÜEGER, J.M. (1992)
Testing a pulse distance meter Wild DI 3000. AVN (International Edition) 1992

RÜEGER, J. M. (1996)
Electronic Distance Measurement. An Introduction. Fourth Edition, Springer-Verlag Berlin/Heidelberg

RÜEGER, J. M. (1998)
Refractive index formulae for electro-optical distance measurement. Proceedings, Comm. 5, 21st International Congress (FIG 98), International Federation of Surveyors, 19-25 July 1998, Brighton, UK, paper TS28/1, pp. 191-208.

RÜEGER, J. M. (2002a)
Refractive Index Formulae for Electronic Distance Measurement with Radio and Millimeter Waves. Uniserv Report S-68, School of Surveying and Spatial Information Systems, University of New South Wales, UNSW SYDNEY NSW 2052, Australia, pp. 1-52, 2002.

RÜEGER, J. M. (2002b)
Refractive Index Formulae for Radio Waves. JS28, FIG, XXII International Congress, Washington/USA, April 19-26, 2002

RÜEGER, J.M., COVELL, P.C. (1980)
Zur Konstanz und Vielfältigkeit zyklischer Fehler in elektrooptischen Distanzmessern. VPK 6/1980, S. 261 ff.

RUNNE, H. (1993)
Geodätische Datengewinnung für Gebäudeinformationssysteme unter Anwendung reflektorloser tachymetrischer Verfahren. Geodätische Schriftenreihe der TU Braunschweig Nr. 11

RUOPP, M. (1969)
Präzisionsentfernungsmessungen mit Geodimeter 6. ZfV 1/1969, S. 26-33

RUOPP, M. (1980)
Entwicklungen und Probleme der geodätischen Längenmessung. Mitteilg. DVW Baden-Württ., Heft 1/1980, S. 3-27

RUOPP, M. (1981)
Zur Bestimmung der Additionskonstante elektronischer Entfernungsmesser aus Streckenmessungen in allen Kombinationen. AVN 4/1981, S. 132-139

SAASTAMOINEN, J. (1967)
On the Path Curvature of Electromagnetic Waves Electromagnetic distant measurement. Hilger & Watts, London 1967, S. 137-158

SAASTAMOINEN, J. (1973)
Contribution to the theory of atmospheric refraction. Bulletin Géodésique, 107, S. 13-34, 1973

SCHAUERTE, W., FASSBENDER, H. (1997)
Anpassung der Maßstabskalibrierung auf „rechnende“ EDM-Instrumente. VR 8/1997

SCHAUERTE, W., MÜLLER, C., SCHOLL, R. (1994)
Untersuchungsergebnisse der Totalstation DTM-750 von NIKON. VR 4+5/1994

SCHAUERTE, W., WITTE, B. (1994)
Aspekte zur experimentellen Bestimmung des Brechungsindexes der Atmosphäre. ZfV 9/1994

SCHERER, M. (1982)
Entwicklung eines weitreichenden Präzisionsdistanzmessers als Grundlage für ein Mehrwellengerät. DGK, Reihe C, Nr. 272

SCHERER, M. (1983)
Testerfahrungen mit der Totalstation OMNI-1 der Firma Alpha Electronics. VR 7/1983

SCHERER, M. (1985)
Der Präzisionsdistanzmesser CR 204 GEOMENSOR – Funktionsprinzip und erste Felderprobungen. ZfV 4/1985, S. 135-145

SCHERER, M. (2007)
Nahe Verwandte des Laserscanners: Intelligente Totalstation und 3D-Kamera. Schriftenreihe des DVW, Band 53

SCHERRER, R. (1982)
Distanzreduktion bei Infrarot-Distanzmessern. VPK 8/1982, S. 252-259

SCHIRMER, W. (1993)
Vom Umgang mit Industriemeßsystemen – einige praktische Erfahrungen. AVN 6/1993

SCHLEMMER, H. (1975)
Laser-Interferenz-Komparator zur Prüfung von Präzisionsnivellierlatten. DGK, Reihe C, Heft 210

SCHLEMMER, H. (1989)
Anforderungen, Stand und Entwicklung von Industriemeßsystemen. ZfV 114, S. 365-372

SCHLICHTING, R. (1980)
Vereinfachte Additionswertbestimmung eines EDM nach der Methode der Streckenmessung in allen Kombinationen. Verm.-Ing. 5/1980, S. 158-162

SCHLICHTING, R. (1981)
Vereinfachung der Additionswertbestimmung eines EDM durch Ausgleichung von Streckenmessungen in allen Kombinationen. AVN 4/1981, S. 139 ff.

SCHLICHTING, R., WIENEFELD, W. (1986)
Untersuchungen am Impulsentfernungsmesser FENNEL FEN 101. VR 1986, S. 333-346

SCHNÄDELBACH, K. (1980)
Neue Verfahren zur präzisen Längen- und Höhenmessung. AVN 1/1980

SCHNÄDELBACH, K. (1981)
Zur Reduktion von Entfernungsmessungen mit dem Mekometer ME 3000. AVN 4/1981, S. 145 ff.

SCHNÄDELBACH, K. (1984)
Das Mekometer ME 3000 – Wirkungsweise und Probleme. HSBw München, Heft 11, 1984, S. 5-18

SCHOPPNIES, E. (1992)
Lexikon der Sensortechnik. vde-Verlag Berlin

SCHRÖDER, G. (1998)
Technische Optik. Vogel Verlag, Würzburg

SCHWARZ, W. (1981)
Kalibrierung elektrooptischer Distanzmesser. VR 2/1981

SCHWARZ, W. (1981)
Kalibrierung elektrooptischer Distanzmesser. VR 3/1981, S. 65-90

SCHWARZ, W. (1983a)
Zur Entfernungsabhängigkeit der Additionskorrektur elektrooptischer Distanzmesser. Das Markscheidewesen, 2/1983, S. 238-239

SCHWARZ, W. (1983b)
Die Additionskorrektion bei elektrooptischen Distanzmessern. AVN 2/1983, S. 54 ff.

SCHWARZ, W. (1985)
Zur Ermittlung der integralen Temperatur der Atmosphäre mit Ultraschall für Refraktionsbestimmungen im Nahbereich. Diss., Veröff. Geod.Inst. RWTH Aachen, Nr. 38

SCHWENDENER, H.R. (1971)
Elektronische Distanzmesser für kurze Strecken – Genauigkeitsfragen und Prüfverfahren. VPK 1971 S. 59-67

SECKL, B. (1983)
Schwingungsmessungen an einem Kirchturm mit einem Laser-Interferometer. AVN 2/1983

SEEBER, G. (1989)
Satellitengeodäsie. De Gruyter-Verlag, Berlin/New York

SEEBER, G. (2003)
Satellite Geodesy: Foundations, methods and applications. 2., überarbeitete Auflage, Walter de Gruyter Verlag, Berlin

SLOTWINSKI (2006)
Patent Nr. US7,139,446B2, Nov. 21

SMITH E.K., WEINTRAUB, S. (1953)
The constants in the equation for atmospheric refractive index at radio frequencies. Proceedings of the Institute of Radio Engineers (41), New York, S. 1035-1037

SOBOTTA, C., SCHWARZ, W., WITTE, B. (1980)
Frequenzprüfung elektrooptischer Entfernungsmesser mit Photodioden. AVN 6/1980, S. 257-265

SPARLA, P. (1987)
Der Laserimpuls-Distanzmesser Distomat Wild DI 3000 – Messprinzip und Genauigkeitsuntersuchung. AVN 4/1987, S. 133-146

SPATA, M. (1983)
Genauigkeitsuntersuchungen an elektrooptischen Distanzmessern für den Nahbereich – Anmerkungen zu einem Vorschlag für DIN 18723, Teil 6.
VR 7/1983, S. 355 ff.; VR 3/1984

STAHL, K. (1967)
Photoelektronische Bauelemente und deren Anwendung. Internationale Elektronische Rundschau 11/1967

STAIGER, R. (1987)
Die Anwendung von Golomb-Linealen zur Anlage von Prüfstrecken für elektronische Distanzmesser. AVN 10/1987, S. 361 ff.

STAIGER, R. (1988)
Theoretische Untersuchungen zum Einsatz von Industriemeßsystemen.
DGK, Reihe C, Nr. 340

STAIGER, R. (1992)
Automatische und dynamische Koordinatenmessung mit mobilen Sensorsystemen.
Schriftenreihe des DVW im Verlag Konrad Wittwer, Band 1/1992

STAIGER, R. (1998)
Verfahren der automatisierten Zielpunkterfassung und -verfolgung.
DVW-Schriftenreihe 29/1998

STAIGER, R. (2003)
Terrestrial Laser Scanning – Technology, Systems and Applications. In: Proceedings 2nd FIG Regional Conference, Marrakech (Morocco), 2003

STEMPFHUBER, W. (2004)
Synchronisation von zielverfolgenden Servotachymetern für kinematische Anwendungen. DVW-Schriftenreihe 45/2004

STEMPFHUBER, W., MAURER, W. (2001)
Leistungsmerkmale von zielverfolgenden Tachymetern bei dynamischen Applikationen. DVW-Schriftenreihe 42/2001

STOBER, M. (1978)
Kennzeichen, Aufbau und Arbeitsweise moderner elektrooptischer Entfernungsmesser. Geodätisches Fortbildungsseminar, FHT Stuttgart, 28./29.9.1978.

STOBER, M. (1987)
Zur Entfernungsabhängigkeit der Nullpunktskorrektion bei elektrooptischen Entfernungsmessern. AVN 4/1987, S. 155-162

STOBER, M. (1994)
Implementierung der Laser-Interferometrie zur Bestimmung des zyklischen Phasenfehlers elektrooptischer Entfernungsmesser. Veröffentlichungen der Fachhochschule für Technik Stuttgart, Band 28, S. 7-8

STOBER, M. (1996a)
Mehrwegeffekte als Störeinflüsse bei GPS. Veröffentlichungen der Fachhochschule Stuttgart – Hochschule für Technik, Band 36, S. 79-85, Forschungsbericht

STOBER, M. (1996b)
Exzentrizitäten des Antennenbezugspunktes bei GPS-Empfängern. Veröffentlichungen der Fachhochschule Stuttgart – Hochschule für Technik, Band 36, S. 86-89, Forschungsbericht

STOBER, M. (1998)
Einsatz von Real-Time-GPS für Profilfahrten in Hydrographie und Straßenbau. Veröffentlichungen der Fachhochschule Stuttgart – Hochschule für Technik, Band 41, S.91-94

STOBER, M. (2000)
Erfahrungen bei der kombinierten Nutzung von GPS und GLONASS für die präzise Punktbestimmung. Deutscher Verein für Vermessungswesen, Landesverein Baden-Württemberg, Mitteilungen Heft 2, S. 73-84

STOBER, M. (2001)
Untersuchungen zur Kombination der Satellitenpositionierungssysteme GPS und GLONASS. Veröffentlichungen der HfT Stuttgart, Band 52, S. 129-135, Forschungsbericht

STOBER, M., JOECKEL, R. (2005)
Entwicklung eines Testmanagements zur Genauigkeitsuntersuchung von SAPOS. Forschungsbericht 2004, HfT Stuttgart, 2005

STOBER, M., STOHRER, M. (1994)
Neue Meßsensorik zur Bestimmung bodennaher Temperaturschichtungen. Veröffentlichungen der Fachhochschule für Technik Stuttgart, Band 28

STOHRER, M., FUX, V., KREUTTER, J. (1994)
Neue Meßsensorik zur Bestimmung bodennaher Temperaturschichtungen. Veröffentlichungen der Fachhochschule für Technik Stuttgart, Band 28, S. 93-95

TEUNISSEN, P.J.G. (1995)
The least-squares ambiguity decorrelation adjustment: a method for fast GPS integer ambiguity estimation. Journal of Geodesy, Vol. 70

VAN DIERENDONCK, A.J., FENTON, P., FORD, T. (1992)
Theory and Performance of Narrow Correlator Spacing in a GPS Receiver. Navigation, Journal of the Institute of Navigation, USA, Vol. 39, No. 3

VARTA (1994)
Ni/MH-Rund- und prismatische Zellen. Lieferprogramm und Technisches Handbuch, VARTA Batterie AG

VARTA (1995)
Gasdichte Ni-Cd-Zellen. Lieferprogramm und Technisches Handbuch, VARTA Batterie AG

VARTA (1997)
Ni-MH-Rund-und prismatische Zellen. Lieferprogramm und Technisches Handbuch, VARTA Batterie AG

WALCKER, H. (1985)
Winkel- und Wegmessung im Maschinenbau. VDI-Verlag, Düsseldorf

WANNINGER, L. (1993)
Der Einfluss ionosphärischer Störungen auf präzise GPS-Messungen in Mitteleuropa. ZfV 1/1993

WANNINGER, L. (1997)
Virtuelle Referenzstationen in regionalen GPS-Netzen. DVW-Schriftenreihe Nr. 35, 1997

WANNINGER, L. (2000)
Präzise Positionierung in regionalen GPS- Referenzstationsnetzen. DGK, Reihe C, Heft 508

WANNINGER, L. (2002a)
Die Bedeutung der Ionosphäre für Referenzstationsnetze. 4. SAPOS-Symposium, Hannover, 2002

WANNINGER, L. (2002b)
Möglichkeiten und Grenzen der relativen GPS- Antennenkalibrierung. ZfV 1/2002

WANNINGER, L. (2006)
Netz-RTK. In: „GPS und Galileo – Methoden, Lösungen und neueste Entwicklungen", 66. DVW- Seminar, Darmstadt, 2006

WELSCH, W., SCHLEMMER, H., LANG, M. (1992)
Geodätische Meßverfahren im Maschinenbau. Schriftenreihe des DVW 1/1992, Konrad Wittwer Verlag, Stuttgart

WERMANN, G. (1979)
Überprüfung elektrooptischer Entfernungsmeßgeräte für Triangulierungen 3. und 4. Ordnung. AVN 7/1979, S. 265-283, AVN 11-12/1979, S. 435-446

WIEMANN, M. (1987)
Power-Pack, ein neuer Meßgeräteakku für alle elektronischen Vermessungsgeräte. Verm.-Ing. 1/1987, S. 9-11

WIEMANN, M. (1995)
Die neue Freiheit: Messen mit und ohne Reflektor. Verm.-Ing. 2/1995, S. 64-66

WILDERMUTH, E. (1959)
Der Resolver – ein moderner Analogierechenbaustein. Feinwerktechnik Jg. 63 (1959), Nr. 9

WILDNER, H., JANSSEN, A. (1992)
Der Distant Permanent – ein neuer Impulsentfernungsmesser hoher Auflösung für Deformationsmessungen. AVN 4/1992

WINSTEL, G., WEYRICH, C. (1981)
Optoelektronik, Band 1: Lumineszenz- und Laserdioden. Springer, Berlin

WITTE, B. (1986)
Zur Problematik der „inneren“ und „äußeren“ Genauigkeit elektrooptischer Distanzmesser. AVN 1/1986, S. 18-26

WITTE, B., FRÖHLICH, H. (1978)
Eichung elektrooptischer Entfernungsmesser – Anlage von Eichstrecken und Auswertung der Eichmessungen. FORUM 3/1978, S. 337-347

WITTE, B., SCHWARZ, W. (1979)
Der Autoranger A – Ein genauer elektronischer Distanzmesser. AVN 11-12/1979

WITTE, B., SCHWARZ, W. (1981)
General Remarks on Electro-optical Rangefinder. Calibration and Experience gained in Calibrating K+E Autoranger A. FIG XVI. Internat. Congress, Nr. 5.14, Montreux, 1981

WITTE, B., SCHWARZ, W. (1984)
Genauigkeitsuntersuchungen an elektrooptischen Distanzmessern für den Nahbereich – Anmerkungen zu einem Vorschlag für DIN 18723, Teil 6. VR 3/1984, S. 163-169

WITTE, B., YANG, J. (1994)
Das Hand-Lasermeter DISTO der Firma LEICA. VR 4+5/1994

WOLFRUM, O. (1981)
Zur geometrischen Streckenreduktion für große Entfernungen.
AVN 5/1981, S. 178-188

WÜBBENA, G. (1988)
GPS Carrier Phases and Clock Modelling. In: E. Groten, R. Strauß (Hrsg.): GPS Techniques Applied to Geodesy and Surveying, International, GPS Workshop, Darmstadt, 1988

WÜBBENA, G. (1991)
Zur Modellierung von GPS-Beobachtungen für die Hochgenaue Positionsbestimmung. Wissenschaftliche Arbeiten der Fachrichtung Vermessungswesen der Universität Hannover, Nr. 168

WÜBBENA, G. (2007)
Überblick zu netzbasierten GNSS-Echtzeitlösungen. Intergeo, Leipzig, 2007

WÜBBENA, G., BAGGE, A. (2002)
RTCM Message Type 59-FKP for transmission of FKP.
Geo++ White Paper Nr. 2002.01, Garbsen

WÜBBENA, G., BAGGE, A., SCHMITZ, M. (2001)
Network-Based Techniques for RTK Applications. GPS JIN 2001, Tokyo 2001

WÜBBENA, G., SCHMITZ, M., MENGE, F., BÖDER, V., SEEBER, G. (2000)
Automated Absolute Field Calibration of GPS Antennas in Real-Time. Presented at ION GPS, Salt Lake City, Utah, 2000

WÜBBENA, G., WILLGALIS, S. (2001)
State Space Approach for Precise Real Time Positioning in GPS Reference Networks. KIS-01, Banff, Canada, 2001

WULF-MATHIES, C. (1989)
Integrierte Optik für faseroptische Sensoren. Laser und Optoelektronik 1/1989

WUNDERLICH, T. (1985)
Die voraussetzungsfreie Bestimmung von Refraktionswinkeln. Geowissenschaftliche Mitteilungen, Heft 26, Studienrichtung Vermessungswesen, Technische Universität Wien

YIN, L. (1992)
Untersuchungen zur Arbeitsweise und Genauigkeit von elektrooptischen Distanzmessern nach dem Impulslaufzeitverfahren. Veröffentlichungen des Geodätischen Instituts der RWTH Aachen Nr. 48

ZEISKE, K. (1982)
Prüfverfahren für elektronische Tachymeter – gezeigt am Beispiel des Wild TC 1. Verm.-Ing. 6/1982, S. 188 ff.

ZETSCHE, H. (1984)
Vom Mekometer zum Geomensor. HSBw München, Heft 11, 1984, S. 187-196

ZIMMERMANN, T. (1992)
Die Aufhebung der Reichweitenbegrenzung bei Impulsentfernungsmeßsystemen mittels optimaler Signalverarbeitung nach dem Maximum-Likelihood-Prinzip. AVN 6/1992

ZUMBERGE, M.A. (1985)
Frequency stability of a Zeeman-stabilized Laser. APPLIED OPTICS, Vol. 24 Nr. 13

Lehrbücher

BAUER, M. (2003)
Vermessung und Ortung mit Satelliten. Wichmann Verlag, Heidelberg

BOLSAKOV, V.D., DEUMLICH, F., GOLUBEV, A.N., VASILEV, V.P. (1985)
Elektronische Streckenmessung. VEB Verlag für Bauwesen, Berlin

BURNSIDE, C.D. (1991)
Electromagnetic Distance Measurement. Granada Publishing Limited

DEUMLICH, F., STAIGER, R. (2002)
Instrumentenkunde der Vermessungstechnik. Wichmann Verlag, Heidelberg

GIGAS, E. (1966)
Physikalisch-Geodätische Meßverfahren. Ferd. Dümmlers Verlag, Bonn

GOISER, A. (1998)
Handbuch der Spread-Spectrum-Technik. Springer Verlag, Wien

HOFMANN-WELLENHOF, B., LICHTENEGGER, H., COLLINS, J. (2001)
GPS Theory and Practice. Springer-Verlag Wien/New York

HOFMANN-WELLENHOF, B., LICHTENEGGER, H., WASLE, E. (2007)
GNSS Global Navigation Satellite Systems – GPS, GLONASS, Galileo & more. Springer Verlag, Wien

KAHMEN, H. (1978)
Elektronische Meßverfahren in der Geodäsie. Wichmann Verlag, Karlsruhe

MANSFELD, W. (2004)
Satellitenortung und Navigation – Grundlagen und Anwendung globaler Satellitennavigationssysteme. Friedr. Vieweg & Sohn Verlag, Wiesbaden

PFEIFER, T. (2001)
Fertigungsmesstechnik Oldenburg. Wissenschaftsverlag München

PROAKIS, J.G. (1995)
Digital Communications. McGraw-Hill, New York

RINNER, K., BENZ, F. (1966)
Handbuch der Vermessungskunde Band VI: „Die Entfernungsmessung mit elektromagnetischen Wellen und ihre geodätische Anwendung“. J.B. Metzlersche Verlagsbuchhandlung, Stuttgart

RÜEGER, J.M. (1996)
Electronic Distance Measurement. Springer Verlag, Berlin/Heidelberg/New York

SCHLEMMER, H. (1996)
Grundlagen der Sensorik. Wichmann Verlag, Heidelberg

SEEBER, G. (2003)
Satellite Geodesy: Foundations, methods and applications. De Gruyter-Verlag, Berlin/New York

VDI (1985)
Dokumentation Laserinterferometrie in der Längenmeßtechnik. VDI-Berichte 548, VDI Verlag, Düsseldorf

XU, GUOCHANG (2003)
GPS – Theory, Algorithms and Applications. Springer Verlag, Berlin

ZETSCHE, H. (1979)
Elektronische Entfernungsmessung (EDM). Verlag Konrad Wittwer, Stuttgart

Stichwortverzeichnis